普通高等教育"十一五"国家级规划教材
21世纪交通版高等学校教材

工程机械概论

（第二版）

王　进　主编

李自光
郭小宏　主审

人民交通出版社

内容提要

本书为普通高等教育"十一五"国家级规划教材、21世纪交通版高等学校教材。全书共11章，较系统地介绍了目前在公路和建筑工程中广泛使用的各种新型工程机械的基本构造、工作原理、主要性能、应用范围和选用方法。内容包括工程机械基础知识、工程机械动力装置、挖掘机械、铲土运输机械、压实机械、混凝土机械、路面机械、桩工机械、起重机械、钢筋及预应力机械和装修机械。本书针对建设工程的实际情况，选择了应用广和有代表性的新机型，书中配有大量结构插图，内容丰富、新颖，叙述简明扼要、通俗易懂，具有较强的实用性。

本书为高等学校道路桥梁与渡河工程、土木工程(道路方向)、建筑工程、设备安装和工程机械等专业的教材，也可作为培训教材使用。

图书在版编目(CIP)数据

工程机械概论 / 王进主编. —2版. —北京:人民交通出版社,2011.5

ISBN 978-7-114-08465-2

Ⅰ.①工… Ⅱ.①王… Ⅲ.①工程机械—高等学校—教材 Ⅳ.①TU6

中国版本图书馆CIP数据核字(2011)第106467号

普通高等教育"十一五"国家级规划教材

21世纪交通版高等学校教材

书　　名:工程机械概论(第二版)

著 作 者:王　进

责任编辑:沈鸿雁　郑蕉林

出版发行:人民交通出版社

地　　址:(100011)北京市朝阳区安定门外外馆斜街3号

网　　址:http://www.ccpress.com.cn

销售电话:(010)59757973

总 经 销:人民交通出版社发行部

经　　销:各地新华书店

印　　刷:大厂回族自治县正兴印务有限公司

开　　本:787×1092　1/16

印　　张:18.75

字　　数:468千

版　　次:2002年9月第1版　2011年5月第2版

印　　次:2020年7月第2版　第6次印刷　总第11次印刷

书　　号:ISBN 978-7-114-08465-2

定　　价:36.00元

前　言

工程机械是国民经济建设的重要装备,在城镇建设、交通运输、农田水利、能源开发、抢险救灾和国防建设中,起着十分重要的作用。机械化施工可节省大量人力,降低劳动强度,完成靠人力难以承担的高强度工程施工,能大幅度提高工作效率和经济效益,降低成本,对加快工程建设速度、确保工程质量提供了可靠的保证。

近10年来,随着经济的高速发展,工程机械行业快速发展壮大。目前,我国工程机械行业已经具备了较强的研发能力和制造能力,从过去的引进、消化、吸收为主,转变到现在的自主创新为主,并开始向原始创新迈进。许多产品已接近或达到国际先进水平,部分产品出口国外,我国已成为工程机械的生产大国,在全球同行中占有重要位置。但由于受到企业规模、国际化程度,尤其是关键核心技术等影响,中国并不是工程机械的制造强国。我们要继续坚定地走自主创新之路,奋发努力,使工程机械行业切实由“规模增长”向“核心能力增长”转变,由“产品”向“品牌”转轨,由“制造大国”向“制造强国”迈进。

我们在总结多年教学经验和收集国内外最新工程机械资料的基础上,针对建设工程的实际应用和《工程机械概论》课程教学大纲的要求编写了本教材。选择目前建设工程中应用广泛、有代表性的新型工程机械作为教材内容。全书共十一章:第一章工程机械基础知识,第二章工程机械动力装置,第三章挖掘机械,第四章铲土运输机械,第五章压实机械,第六章混凝土机械、第七章路面机械,第八章桩工机械,第九章起重机械,第十章钢筋及预应力机械,第十一章装修机械。书中系统地介绍了工程机械的构造、工作原理、主要性能、应用范围和选用方法的基本知识,配有大量插图。本书内容丰富新颖,叙述简明扼要、通俗易懂,基本覆盖了建设工程广泛使用的主要工程机械,具有较强的实用性。

由于工程机械产品更新换代快,本书修订时,对教材内容进行了大量的修改,删除了淘汰落后产品,增补了工程机械新产品和新知识,以适应当前工程机械的发展趋势和应用水平的要求。

本教材由长沙理工大学李自光教授及重庆交通大学郭小宏教授主审,由长安大学王进主编和统稿。参加编写的人员有:长安大学王进(绪论、第一、三、四、六、九、十一章)、童占荣(第二章)、刘晓婷(第五章)、杨士敏(第七章)、马军星(第八章)、马志奇(第十章)。

由于编者水平和实际工作经验有限,书中不足和错漏之处在所难免,敬请使用本教材的读者批评指正。

作者

2009.11

目　录

绪　论

一、工程机械在国民经济中的作用及发展概况

1. 工程机械的作用和使用范围

工程机械在城市建设、交通运输、农田水利、能源开发和国防建设中起着十分重要的作用，是国民经济建设不可缺少的技术装备。提高基础建设机械化施工水平，可以大幅度地提高劳动生产率、节省大量人力、降低劳动强度、完成靠人力难以承担的高强度工程施工，加快工程建设速度，是确保工程质量、降低工程造价、减轻繁重体力劳动、提高经济效益和社会效益的重要手段。

工程机械是机械工业的重要组成部分。它与交通运输建设（公路、铁路、港口、机场、管道输送等）、能源工业建设和生产（煤炭、石油、火电、水电、核电等）、原材料工业建设和生产（黑色矿山、有色矿山、建材矿山、化工原料矿山等）、农林水利建设（农田土壤改良、农村筑路、农田水利、农村建设和改造、林区筑路和维护、储木场建设、育材、采伐、树根和树枝收集、江河堤坝建设和维护、湖河管理、河道清淤、防洪堵漏等）、工业民用建筑（各种工业建筑、民用建筑、城市建设和改造、环境保护工程等）以及国防工程建设诸领域的发展息息相关，与这些领域实现现代化建设的关系更加密切。以上诸领域是工程机械的最主要市场。

2. 工程机械的定义和类型

工程机械的定义：凡土方工程、石方工程、流动式起重装卸工程（即非固定作业地点起重装卸工程）和各种建筑工程，综合机械化施工以及同上述工程相关的工业生产过程的机械化作业所必需的机械设备。

工程机械涵盖的产品分为以下十八大类：

（1）挖掘机械（单斗挖掘机、挖掘装载机、斗轮挖掘机、掘进机械等）；

（2）铲土运输机械（推土机、装载机、铲运机、平地机、自卸车等）；

（3）工程起重机械（塔式起重机、轮式起重机、履带式起重机、卷扬机、施工升降机、高空作业机械等）；

（4）工业车辆（叉车、堆垛机、牵引车等）；

（5）压实机械（压路机、夯实机械等）；

（6）路面机械（摊铺机、拌和设备、路基养护机械等）；

（7）桩工机械（打桩锤、压桩机、钻孔机、旋挖钻机等）；

（8）混凝土机械（混凝土搅拌车、搅拌站（楼）、振动器、混凝土泵、混凝土泵车、混凝土制品机械等）；

（9）钢筋和预应力机械（钢筋强化机械、钢筋加工机械、预应力机械、钢筋焊机等）；

（10）装修机械（涂料喷刷机械、地面修整机械、高空作业吊篮、擦窗机等）；

（11）凿岩机械（凿岩机、破碎机、钻机（车）等）；

（12）气动工具（回转式及冲击式气动工具、气动马达等）；

(13)铁路线路机械(道床作业机械、轨排轨枕机械等);

(14)市政工程与环卫机械(市政机械、环卫机械、垃圾处理设备、园林机械等);

(15)军用工程机械(路桥机械、军用工程车辆、挖壕机等);

(16)电梯与扶梯(电梯、扶梯、自动人行道等);

(17)工程机械专用零部件(液压件、传动件、驾驶室等);

(18)其他专用工程机械(电站、水利专用工程机械等)。

3. 工程机械行业的发展概况

新中国成立以来,我国工程机械行业经历了创业、形成和全面发展三个阶段。尤其是改革开放以来,工程机械行业快速发展,增长速度远高于同期其他机械产品的增长水平。

(1)创业时期(1949~1960年)。1949年以前,我国没有工程机械制造业,仅有为数有限的几个作坊式的修理厂,而且只能维修简易的工程机械设备和机具。解放后到1960年,工程机械在我国仍未形成独立行业,无独立大型工程机械制造厂,只由别的行业兼产一小部分简易的小型工程机械产品。

"一五"期间(1953~1957年),由于国家大规模经济建设的发展,对工程机械的需求量猛增,机械制造部门生产的产品远远不能满足需要,因而其他工业部门(如当时的建筑工程部、交通部、铁道部等)为了装备本部门的施工队伍,便自行生产一些简易的工程机械。这时全国主要工程机械制造企业发展到10多个。这期间,工程机械需求矛盾突出,工程机械进口数量大幅度增加。

(2)行业形成时期(1961~1978年)。我国工程机械行业兴起较晚,从1960年开始正式成立工程机械管理局。在原机械部重型矿山机械行业中分离出来18个企业(固定资产原值9 639万元,机床978台,职工总数9 857人)作为基础进行统一规划,组建工程机械专业行业,生产工程机械,成立工程机械研究所,有关大专院校也设立工程机械专业,培养人才,为行业发展奠定了基础。当时工程机械占机械工业的比重很小,只是一个小的行业。投资也少,在产业政策上未得到重视,发展较慢。

(3)全面发展时期(1979年至今)。改革开放以来,随着国民经济稳定高速发展,国家对交通运输、能源水利、原材料和建筑业等基础设施建设的投资力度不断加大,从而带动工程机械的迅速发展。工程机械行业高速发展主要从"七五"计划开始,全国有18个省市都曾把工程机械产品作为本地区的支柱产业来发展,投资力度不断加大。20世纪80年代以来,全国组建17个工程机械集团公司。在"七五"期间,各企业完成技改基建投资14.4亿元,"八五"期间达到50亿元,"九五"期间已完成技改投资35亿元,行业累计完成投资近100多亿元。其中不包括外商来华投资到位资金3.45亿美元。进入21世纪以来,工程机械保持了高速增长态势,年平均增长率达到25%。工程机械行业创新理念得到了全面发挥,在企业体制、机制、管理改革、自主知识产权创新、营销理念和营销网络方面都取得了明显成效。科技投入不断增加,提高了企业核心竞争能力。徐工集团、中联重工、三一重工、柳工集团、厦工股份、龙工集团、山推股份、合叉集团、杭叉股份、常林集团等一批企业已经走上国际化的舞台,不仅国内市场销售额年年创新高,并以更惊人的速度挺进国际市场。

工程机械行业销售额在全国机械工业各行业中,仅次于汽车、农机、电工电器三个行业,名列第四位,已经形成产品门类齐全、品种基本完善的一个工业体系。产品质量,技术水平有很大提高,有的产品已达到或超过了国际先进水平。

2009年,我国工程机械行业规模以上生产企业约有1 400家(其中主机企业710家),职工

33.85 万余人；固定资产原值 668 亿元，净值 485 亿元；资产总额达到 2 210 亿元；全年实现销售额 3157 亿元，比上年增长 13.85%；税后利润 237 亿元，比上年增长 16.29%，平均利润率为 7.51%。2010 年工程机械行业销售收入突破 4 000 亿元，同比增长 27% 以上。2009 年销售额达到 100 ~ 500 亿元有 4 家，50 ~ 100 亿元的企业有 12 家，10 ~ 50 亿元的企业有 34 家，10 亿元以上 50 家，上述总销售额达到 2725 亿元，占全行业的比重达 85%。2010 年销售额 100 亿以上的企业将突破 10 家（徐工、中联、三一、柳工、山推、龙工、小松中国、斗山中国、日立建机、神户制钢）。

我国工程机械虽然有较快发展，产品技术水平部分接近国际先进水平，但还不完全适应经济发展需要，仍处于发展时期。在工程机械行业中除排头企业集团实力较强，生产增长、经济效益较好外，多数企业设备陈旧，产品品种多为中小型中低档次，技术改造任务缺乏资金，产品更新换代慢，竞争能力差。要赶上先进水平，无论是产品品种还是质量、价格和售后服务都要提高。为此，必须提高企业整体素质和管理水平，树立有效益、有发展、满足用户需要的企业新形象。尤其是近几年外商、外资产品纷纷进入中国市场，据不完全统计有 60 个国家、地区外商进入中国市场搞生产合作或独资生产经营、市场竞争越来越激烈，对国内市场和生产企业冲击很大，很多企业不花大力气难以摆脱被动局面。

随着国民经济发展，交通运输、能源、原材料、建筑业、农田水利建设、治水防洪、植树造林以及与社会效益相关工程的实施，工程机械的市场需求不断增长。尽管市场竞争激烈，对企业来说是挑战与机遇并存。

4. 产品发展概况

工程机械行业经过 50 余年的发展，目前已能设计制造各种类型工程机械产品达 18 类，初步统计有 300 个系列，2 500 多个基本型号，4 500 多个型号规格产品。基本能为各类建设工程提供成套工程机械设备，国内市场满足率达 75% 以上。

5. 工程机械的发展趋势

（1）广泛应用各行业的新技术，新结构和新产品不断涌现。

（2）系列化、特大型化。系列化是工程机械发展的重要趋势。国外著名大公司逐步实现其产品系列化进程，形成了从微型到特大型不同规格的产品，与此同时，产品更新换代的周期明显缩短。特大型工程机械产品特点是科技含量高，研制与生产周期较长，投资大，市场容量有限，市场竞争主要集中少数几家公司。

（3）多用途、微型化。为了全方位地满足不同用户的需求，国外工程机械在朝着系列化、特大型方向发展的同时，已进入多用途、微型化发展阶段。一方面，工作机械通用性的提高，用户可在不增加投资的前提下充分发挥设备本身的效能，能完成更多的工作；另一方面，为了尽可能地用机器作业替代人力劳动，提高生产效率，适应城市狭窄施工场所的使用要求，小型及微型工程机械得到了较快的发展。各厂商都相继推出了多用途、小型和微型工程机械。

（4）电子化与信息化。以微电子、Internet 为重要标志的信息时代，不断研制出集液压、微电子、电子监控及信息技术于一体的智能系统，并广泛应用于工程机械的产品，进一步提高了产品的性能及高科技含量。

（5）节能与环保。为提高产品的节能效果和满足日益苛刻的环保要求，主要从降低发动机排放、提高液压系统效率和减振、降噪等方面入手。

（6）不断提高整机的可靠性。

二、工程施工对工程机械的基本要求

工程施工中所使用的工程机械,我们也称为施工机械。

工程机械的工作环境恶劣,使用条件多变,工作机构在作业时产生的冲击和振动荷载,对整机的稳定性和寿命有直接影响,其工作场所有时狭窄且受自然及各种条件影响很大。因此,为保证工程机械能长期处于最佳工况下工作,应满足下列要求:

(1)适应性。工程机械的使用地区,从热带到高寒带,自然条件和地理条件差别很大,工况是由地下、水下到高空,既要满足一般施工要求,还要满足各种特殊施工要求。工程机械多数在野外、露天作业,常年在粉尘飞扬和风吹日晒的情况下工作,易受风雨的侵蚀和粉尘的磨损,要求具有良好的防尘和耐腐蚀性能。

(2)可靠性。大多数工程机械是在移动中作业,工作对象有沙土、碎石、沥青、混凝土等,作业条件严酷恶劣,机器受力复杂,振动与磨损剧烈。底盘和工作装置动作频繁,且经常处于满负荷工作状态,构件易于变形,常常因疲劳而损坏。因此,要求机械有很高的可靠性。

(3)经济性。经济性是一个综合性指标。工程机械的经济性体现在满足使用性能要求的前提下,力求结构简单、重量轻、零件种类和数量少,以减少原材料的消耗。制造经济性体现在工艺上合理,加工方便和制造成本低;使用经济性则应体现在高效率、能耗少和较低的管理及维护费用等。

(4)安全性。工程机械在现场作业,易于出现意外危险,为此,对机械的安全保护装置有严格要求。目前常见的翻车保护装置(ROPS)和落物保护装置(FOPS)已在国际标准中有专门的规定。我国工程机械的标准规范也明确规定,不装设规定的安全保护装置不许出厂。

三、本课程的性质、任务和学习方法

工程机械是公路与建筑等专业的技术基础课。对于从事工程施工与管理工作的工程技术人员来说,在工程施工过程中,必然会遇到机械设备的科学管理、正确使用、维护保养和如何充分发挥其效能的问题。从现代科学技术的发展来看,各种技术的相互渗透日益广泛、日益深入,为了保证施工生产的顺利进行、施工工艺的不断改进、施工技术的不断提高,都必须掌握有关机械方面的知识。本课程的任务和要求是:

(1)掌握工程机械传动中常用机构和主要通用零件的类型、工作原理、特点和应用,并具有运用和分析简单传动装置的能力。

(2)了解液压传动中常用液压元件及典型基本回路的工作原理、特点和应用,并具有阅读简单液压系统图的初步能力。

(3)掌握各种工程机械的基本构造、工作原理、主要性能参数和适用范围。

(4)具有合理地选用工程机械的能力和定期维护保养知识,为学好施工技术和施工组织课程,以及毕业后从事施工管理工作打下良好的基础。

工程机械课程涉及知识面广,内容多,整个教材以介绍工程机械结构和工作原理为主。教师讲授时需借助实物、模型、挂图,使学生产生直观的感性认识,建立机械传动的概念。如条件允许可采用工程机械 CAI 课件,用现代化教学手段,把教学授课内容、图像、资料与声音、影像和动画相结合,效果好,立体感强,学生容易理解。

教师应安排学生参观一些施工现场,多接触一些机械,使学生对机械产生兴趣,真正了解工程机械在建筑和道路施工中的重要作用,自发地、主动地、理论联系实际地学好工程机械课。

第一章　工程机械基础知识

第一节　概　　述

工程机械从动力装置（内燃机）得到原动力，通过中间传动装置把动力输送给工作装置、行走装置、操作机构和控制装置等。传动装置的作用除传递动力外，还能改变工程机械的行驶速度、牵引力、运动方向及运动形式等。

工程机械上常用的传动装置有四种类型：机械传动、液压与液力传动、气力传动和电力传动。

机械传动目前使用最为广泛，它的基本形式有两种：一种是零件直接接触的传动，如齿轮、蜗轮、摩擦轮和摩擦盘等传动；另一种是通过挠性件的间接传动，如皮带、链条等的传动。这两类传动按其性质可分为摩擦传动和啮合传动两种。

液压与液力传动都是以液体作为介质进行能量传递的。液压传动是靠液体的静压力来传递能量的；液力传动则是以液体的动能来实现能量传递的。液压与液力传动可以在很大范围内实行无级调速；在工作过程中能自动调节速度和送进量，又能自动换向；与电气配合，可实现多种自动化，且运动平缓、均匀，能自动防止过载。

气力传动是以高压气体作为工作介质传递能量的。它必须具备空气压缩机和储气装置。由于其生产的气体压力不高，且气体的可压缩性很大，因而会产生传递速度不均匀现象。所以它大多只用于各种控制机构。

电力传动是利用电动机来分别传递动力。电力传动可使机械构造简单、体积小、自重轻。

工程机械中常采用综合形式的传动，例如：机械—液压传动；电力—液压传动；气压—液压传动等。

第二节　机 械 传 动

机械传动一般按传动件相互作用的方式不同，可分为摩擦传动和啮合传动。摩擦传动是利用传动件之间所产生的摩擦力来传递动力。工程机械常用的摩擦传动有摩擦轮传动和皮带传动。啮合传动是依靠传动件的刚性啮合来传递转矩。它一般可分为直接啮合的齿轮传动和通过挠性件间接啮合的链传动两种形式。

一、带传动

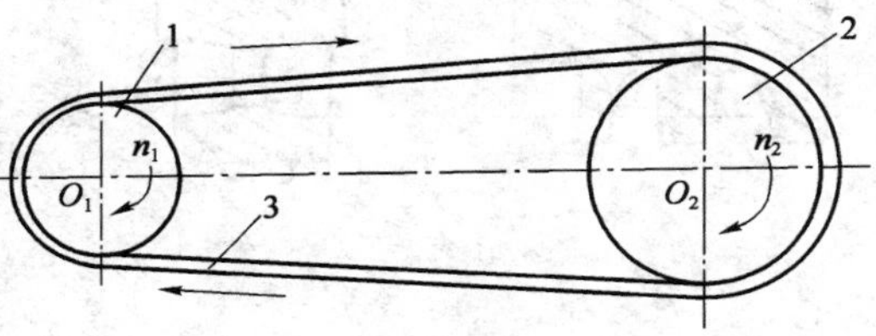

如图 1-1 所示，带传动是由主动轮 1、从动轮 2 和紧套在两轮上的传动带 3 组成，借助带和带轮之间的摩擦或啮合（齿形带）来传递运动和动力的。带传动具有传动平稳、构造简单、

图 1-1　带传动
1-主动轮；2-从动轮；3-传动带

造价低廉、不需润滑和能缓冲吸振等优点，故在工程机械中广泛应用。

1. 带传动的类型、特点及应用

根据传动原理不同，带传动可分为摩擦传动和啮合传动两大类（图 1-2）。摩擦传动是依靠传动带和带轮之间的摩擦力传递运动和动力，胶带具有弹性，可缓冲、吸振，噪声小，结构简单、传动平稳、过载可打滑，但传动比不准确；啮合传动指同步带传动，它靠同步带表面的齿和同步带轮的齿槽的啮合来传递运动，它综合了带和齿轮传动的优点，可以保证传动同步，已经得到了广泛的应用，如图 1-2d）所示。

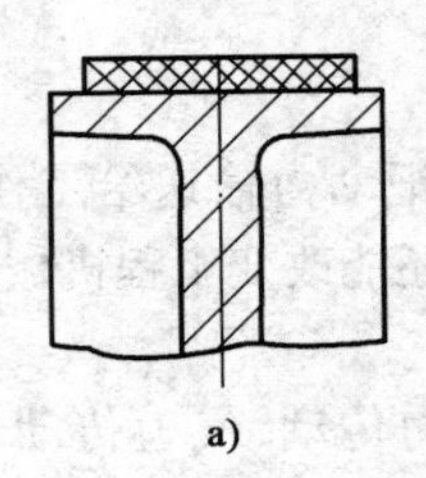
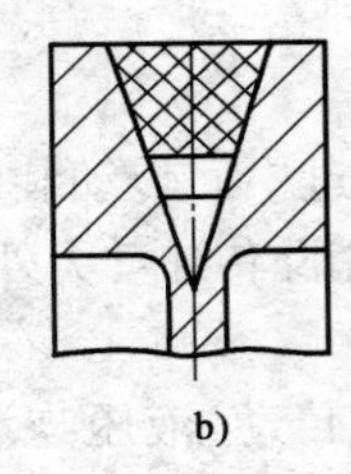

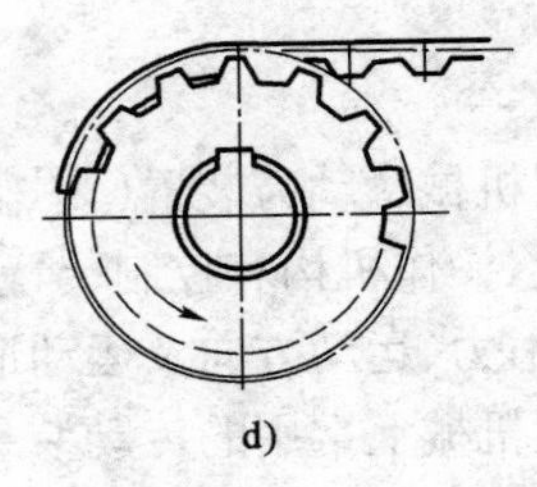

a)　b)　c)　d)

图 1-2　带传动的类型

a）平形带传动；b）V 形带传动；c）圆形带传动；d）同步齿形带传动

摩擦传动的传动带根据截面形状分为梯形的 V 带、矩形的平带和特殊截面的带。

平带有橡胶布带、皮革带、缝合棉布带等。由于平带易打滑，传递功率小，结构又不紧凑，故机械中很少采用。为了增加皮带传动的摩擦力，提高其传动效果，普遍采用 V 带传动。V 带带截面为梯形。

V 带传动的实际摩擦力相当于平皮带的 3 倍左右，所以它能传递较大的转矩。目前对传动装置要求紧凑、两轮中心距小、传动转矩大的场合普遍采用 V 带传动。在工程机械中使用最普遍的是 V 带传动。

2. 带轮的结构

V 带轮由轮缘、轮辐和轮毂组成。V 带轮轮缘上有槽，它是与皮带直接接触的部分，其槽数及结构尺寸与所选 V 带的根数和型号相对应。

带轮的典型结构如图 1-3 所示，直径较小采用实心式，中等直径采用辐板式，直径较大的采用轮辐式。

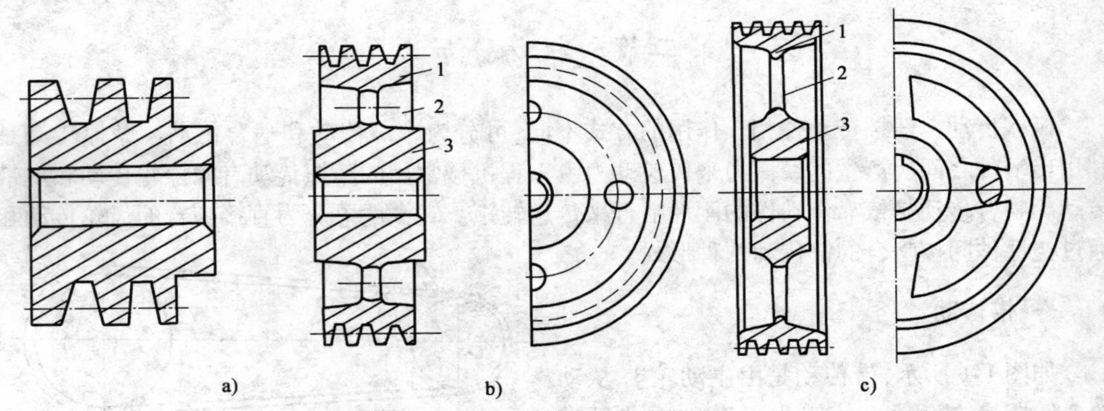

图 1-3　V 形带轮的结构

a）实心轮；b）辐板轮；c）轮辐轮

1-轮缘；2-轮辐；3-轮毂

3. 带传动的张紧装置

带传动工作一定时间后，传动带因产生永久变形发生松弛现象，使张紧力降低，影响带传动的正常工作，因此应采用张紧装置。常用的张紧装置如图1-4所示。

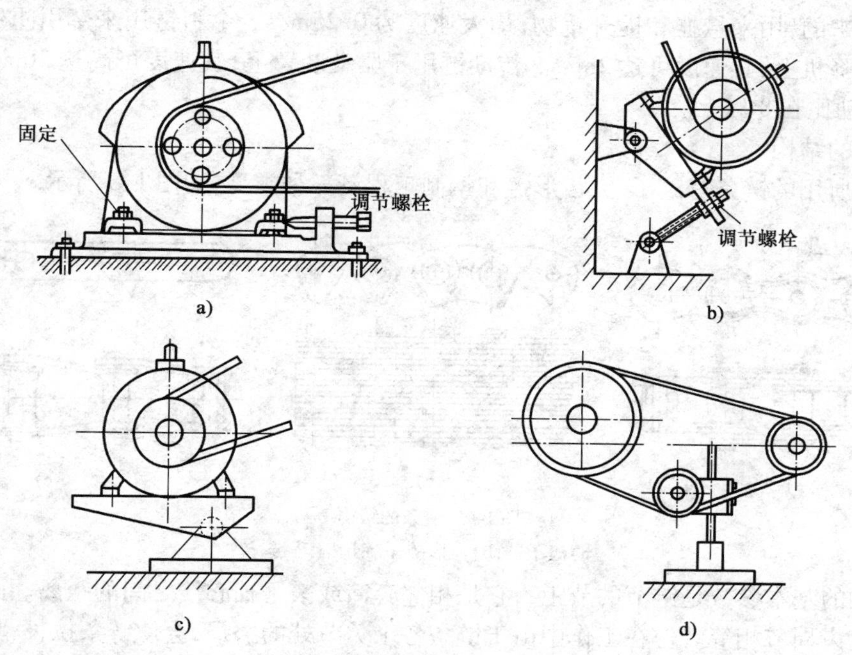

图1-4 常用的张紧装置

如图1-4a)所示，松开固定螺栓，旋转调节螺钉，改变电动机位置，以调整带的初拉力。这种方法适用于水平或接近于水平布置的传动。

如图1-4b)所示，摆动机座上装有电动机及带轮，通过调节螺母，使机座绕销轴转动。这种方法适应于接近垂直布置的传动。

如图1-4c)所示，电动机及带轮装在摆架上，靠电动机、摆架的重力自动调整带的初拉力。

如图1-4d)所示，采用张紧轮装置，V形带传动张紧轮应装在松边内侧靠近大带轮的位置，使小带轮的包角不至于过小。

4. 安装与维护

(1)安装时，两轴必须平行，否则带单侧磨损严重。

(2)在同一带轮上，新旧胶带不能同时并用，以免新旧带受力不均匀。

(3)带传动必须加防护罩，主要是保证人身安全，其次防止油、酸、碱等腐蚀胶带。

二、链传动

1. 链传动的组成和类型

如图1-5所示链传动由两个链轮1、2和一根链条3组成，依靠链条与链轮轮齿相啮合来传递运动和动力。链传动是具有中间挠性件的啮合传动，兼有齿轮传动与带传动的一些特点，用于两轴较远地平行布置，且又要求有精确传动比的传动机构上，两轴的旋转方向相同。

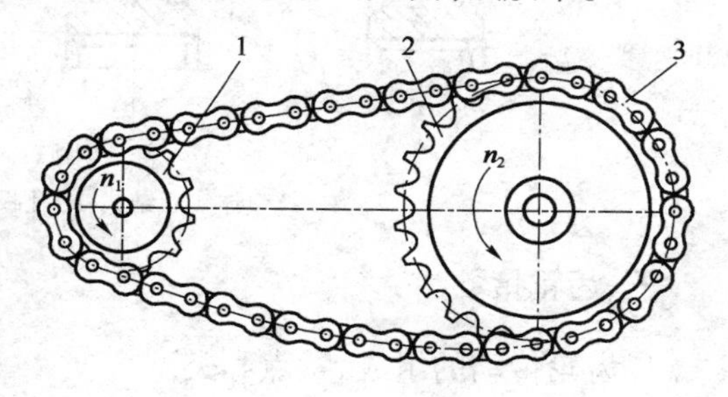

图1-5 链传动

1-小链轮；2-大链轮；3-链条

链传动具有结构简单、传动功率大、效率高、传动比准确、环境适应性强、耐用和维修保养容易等优点。

按照工作性质分：链条有起重链、牵引链和传动链三种类型。起重链是由许多椭圆形圆环相互套连起来的，用来悬挂和提升重物，最大速度为0.25m/s。牵引链用来牵引重物，多用于输送机和升降机上，其速度可达2m/s。传动链用于驱动装置上，其速度可高达30m/s，效率可达98%，传动比在8以上。

2. 链条的结构

传动链所用的链条有滚子链、齿形链和钢制工程链三种类型，如图1-6所示。

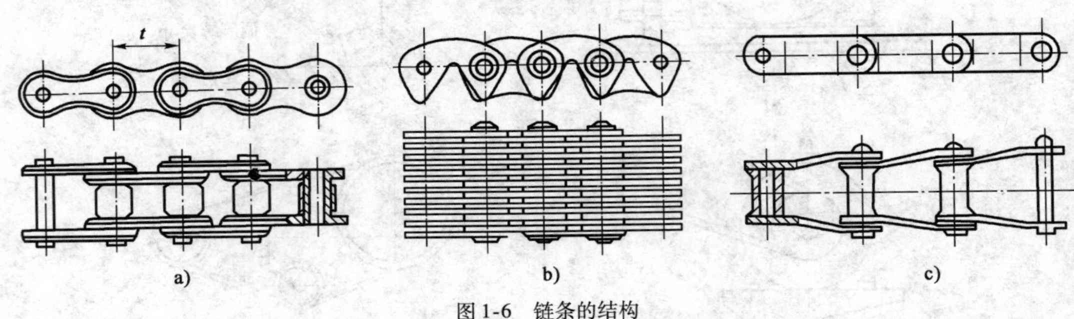

图1-6 链条的结构

a）滚子链；b）齿形链；c）钢制工程链

链传动的基本参数是链节的节距 t，它是相邻套筒或滚子轴心线之间的距离。此节距应与链轮上的轮齿周节相等。但在工作中由于链条各个关节处的磨损，会使链条拉长，其节距就会大于链轮轮齿的周节，使得链传动产生传动不均匀现象。链节磨损越大，链条拉伸越长，传动就越不均匀。因此，链条要经常保养。另外，链传动对动荷载很敏感，不宜用于周期性的间歇或反向传动。这是因为链条的节距不可能与链轮齿的周节完全一致，而有啮合间隙，使其工作时会伴随有较大冲击荷载，导致链传动机构使用寿命下降。

3. 链轮结构

图1-7为链轮几种常用的结构。小直径的链轮制成整体实心结构（图1-7a）；中等直径的链轮多采用孔板式（图1-7b）；大直径的链轮常采用组合式，齿圈与轮芯可用不同材料制成，用螺栓连接（图1-7c）或焊接（图1-7d）成一体，前者齿圈磨损后便于更换。

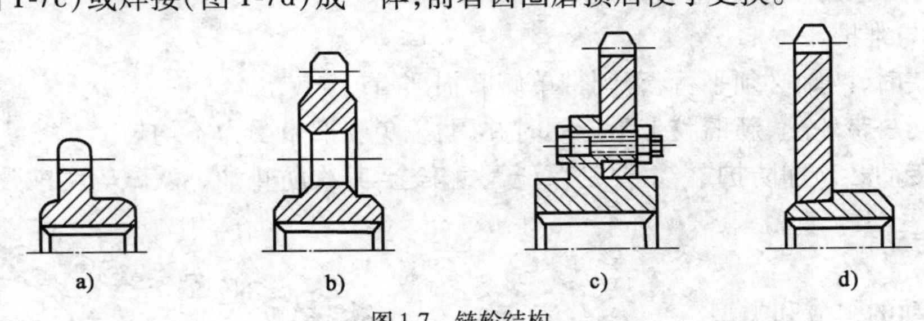

图1-7 链轮结构

a）整体实心结式；b）孔板式；c）螺栓连接式；d）焊接式

三、齿轮传动

1. 齿轮传动的组成、特点和类型

齿轮传动由主动齿轮和被动齿轮组成，利用齿轮之间的啮合来传递运动和动力，是各类机械传动中应用最广泛的一种。齿轮传动与其他机械传动相比较，具有传动比准确，工作可靠，传动平稳，结构紧凑，传递功率和圆周速度范围大，传动效率高，使用寿命长等优点。因此，齿轮传动也是工程机械传动机构中应用最为广泛的一种传动形式。

齿轮传动的类型很多，按照一对齿轮轴线的相互位置以及齿形可按表 1-1 和图 1-8 所示分类。

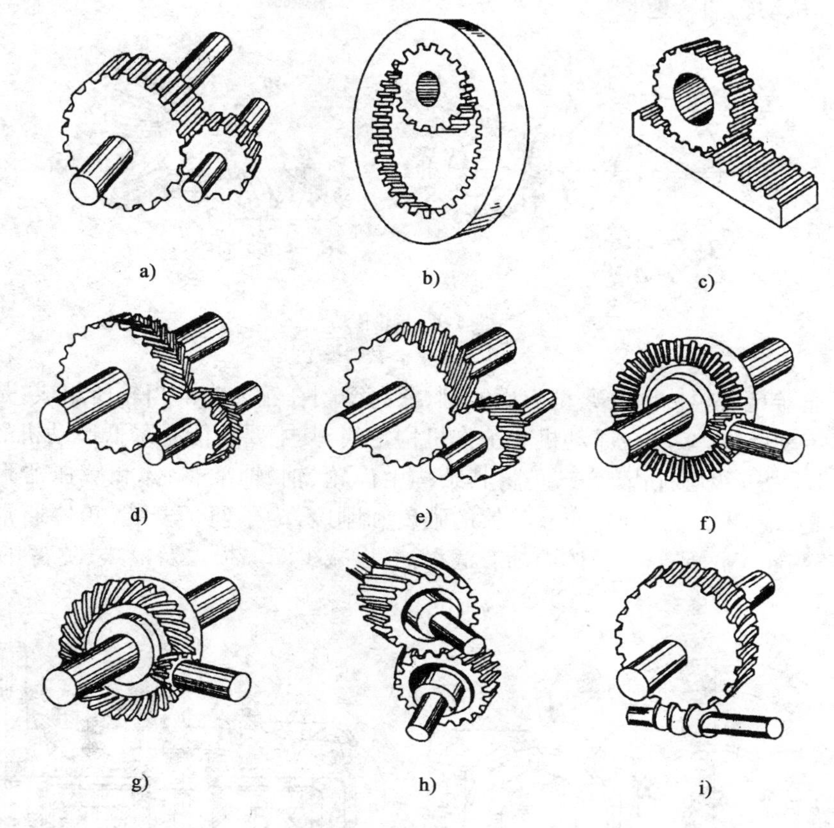

图 1-8　齿轮传动的类型

a）外啮合传动；b）内啮合传动；c）齿轮齿条传动；d）人字齿传动；e）斜齿传动；f）直齿传动；g）曲齿传动；h）螺旋齿轮传动；i）蜗杆传动

齿轮传动的类型　　表 1-1

<table>
<tr><td rowspan="3">齿轮传动</td><td rowspan="3">两轴线平行齿轮传动（圆柱齿轮）</td><td>直齿传动</td><td>外啮合　图 1-7a）
内啮合　图 1-7b）
齿轮齿条　图 1-7c）</td><td rowspan="3">两轴线不平行齿轮传动</td><td>圆锥齿轮传动（两轴线相交）</td><td>直齿　图 1-7f）
斜齿
曲齿　图 1-7g）</td></tr>
<tr><td>斜齿传动 图 1-7e）</td><td>外啮合
内啮合
齿轮齿条</td><td rowspan="2">两轴交错的齿轮传动</td><td rowspan="2">螺旋齿轮　图 1-7h）
蜗杆传动　图 1-7i）
双曲线齿轮</td></tr>
<tr><td>人字齿传动</td><td>图 1-7d）</td></tr>
</table>

2. 齿轮传动的传动比

在齿轮传动中，两轮的转速与它们的齿数成反比，如图 1-9 所示。因此，一对啮合齿轮传动的传动比：

$$i = \frac{n_1}{n_2} = \frac{Z_2}{Z_1} \tag{1-1}$$

式中：Z_1——主动轮的齿数；

Z_2——从动轮的齿数；

n_1——主动轮的转速；

n_2——从动轮的转速。

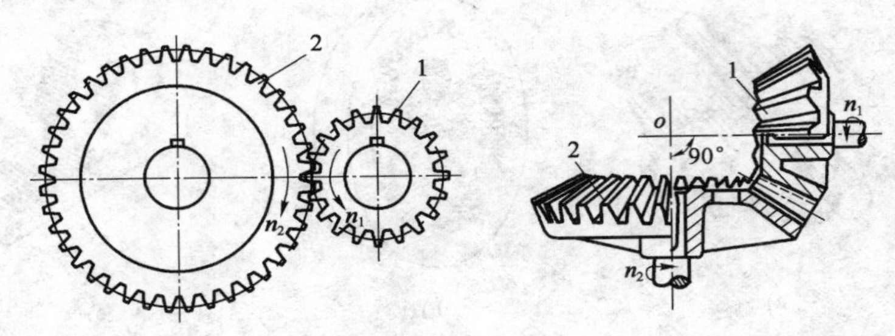

图 1-9　齿轮传动

1-主动齿轮；2-被动齿轮

齿轮减速器是齿轮传动的典型应用实例，它由密闭在箱体内的齿轮所组成，是具有固定传动比的独立传动部件，多用在原动机和工作机构之间，其主要功能是降低原动机的转速并增大转矩。图 1-10 为一级圆柱齿轮减速器，其结构由齿轮、轴、轴承、箱体和减速器附件组成。减速器的箱体是传动零件的基座，应有足够的强度和刚度，为了便于安装，箱体通常做成剖分结构，分为箱盖与箱座两部分。箱体内加有润滑油，以减少摩擦损失及发热、防腐、防锈和提高传动效率。

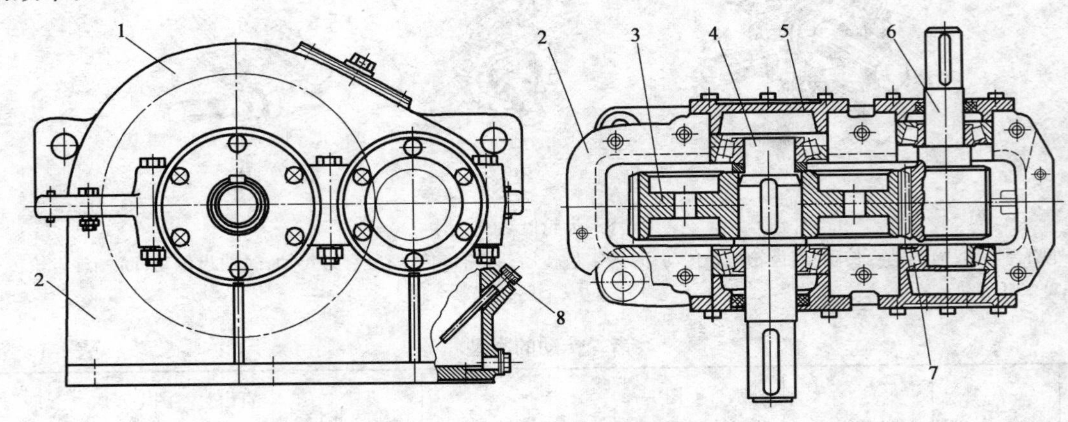

图 1-10　一级圆柱齿轮减速器

1-箱盖；2-箱座；3-大齿轮；4-输出轴；5-端盖；6-输入齿轮轴；7-轴承；8-油尺

四、蜗杆传动

蜗杆传动用于传递空间交错的两轴之间的动力和运动。它通常采用的轴交角 $\alpha = 90°$，多数作为减速传动，蜗杆和蜗轮的螺旋方向一般取为右旋，如图 1-11a）所示。

蜗杆上的螺旋线可以有 1 至数根，通常 2 ~ 4 根用得最多。同一条螺旋线在节圆柱上相邻两点间的轴向距离称为螺旋线的导程 S。当蜗杆转一周时，可驱使蜗轮转过一个相当的角度，此角度在蜗轮节圆上的弧长等于导程 S。蜗杆上相邻两根螺旋线在节圆柱上的两点之间的轴向距离称作节距 t，如图 1-12 所示。若以 Z_1 代表蜗杆上螺旋线的根数，则

$$S = Z_1 t \tag{1-2}$$

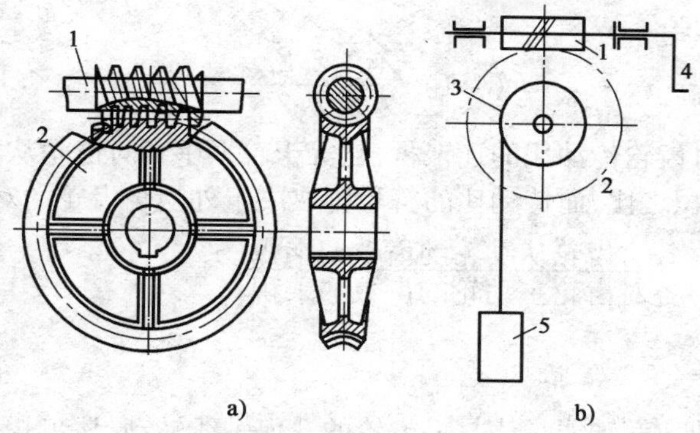

图 1-11　蜗轮与蜗杆传动

a）蜗轮与蜗杆；b）蜗轮传动示意图

1-蜗杆；2-蜗轮；3-绳轮；4-手摇把；5-重物

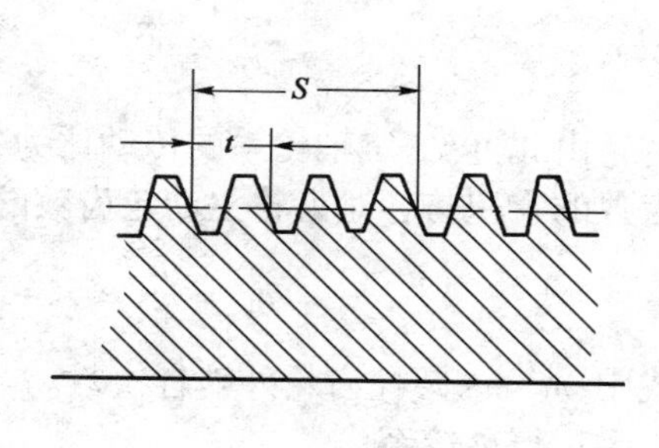

图 1-12　三线蜗杆部分纵截面图

当具有 Z_1 根螺旋线的蜗杆每转一圈时，将驱动蜗轮也同样转过 Z_1 个齿。设蜗轮上有 Z_2 个齿，就有传动比

$$i = \frac{n_1}{n_2} = \frac{Z_2}{Z_1} \tag{1-3}$$

式中：n_1、n_2——分别为蜗杆、蜗轮的转速。

由于蜗杆线数 Z_1 很少，其蜗杆传动可以获得很大的传动比。在减速传动中传动比 i 的范围为 $5 \leqslant i \leqslant 80$，在分度机构中可达 $i = 1\,000$，但是结构尺寸却相应很小。此外，蜗杆传动还具有传动平稳，振动、冲击和噪声均比较小，且有自锁作用等优点。

自锁作用就是在外力作用于蜗轮上不可能反过来驱动蜗杆旋转，如图 1-11b）所示。这一性能对于起重机构是很重要的，也就等于它能起到自行制动的作用。

蜗杆机构的缺点是传动效率较低以及连续持久工作时易发热。在工程机械中大多用于非长期连续工作，而又要求有自锁安全作用的场合，例如起重机的起升机构等。

五、轮系

由一对齿轮组成的传动机构是齿轮传动的最简单形式。为了增大齿轮传动的传动比，工程机械通常需要在主动轴和从动轮（或动力输入轴与输出轴）之间采用多级齿轮来传递运动。这种由多级齿轮所组成的齿轮传动系统称为轮系，轮系分为定轴轮系和行星轮系两类。

1. 定轴轮系

当轮系运转时，各齿轮轴线均为固定不动，称为定轴轮系，如图 1-13 所示。

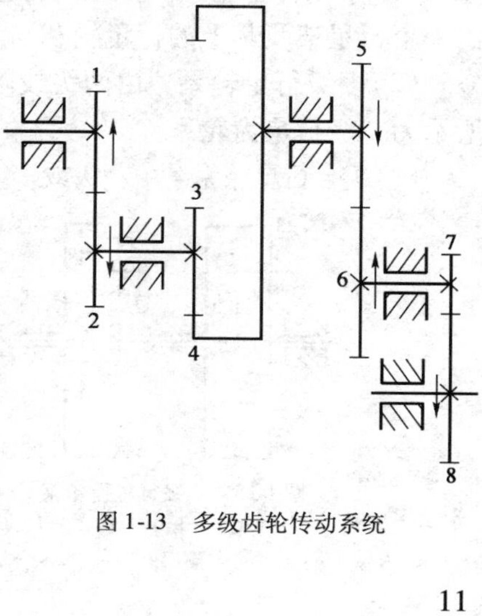

在计算定轴轮系的传动比时作如下规定：对于轴线平行的齿轮传动，主动轮与从动轮转向相同时，传动比为正；两轮转向相反时，传动比为负。按图 1-13 所示的定轴轮系可以分别计算出各对齿轮的传动比：

$$\begin{aligned} i_{12} &= \frac{n_1}{n_2} = -\frac{Z_2}{Z_1} \qquad i_{34} = \frac{n_3}{n_4} = \frac{Z_4}{Z_3} \\ i_{56} &= \frac{n_5}{n_6} = -\frac{Z_6}{Z_5} \qquad i_{78} = \frac{n_7}{n_8} = -\frac{Z_8}{Z_7} \end{aligned} \tag{1-4}$$

图 1-13　多级齿轮传动系统

总传动比：

$$i_{18} = \frac{n_1}{n_7} = i_{12} \cdot i_{34} \cdot i_{56} \cdot i_{78} = (-1)^3 \frac{Z_2Z_4Z_6Z_8}{Z_1Z_3Z_5Z_7} \tag{1-5}$$

由此可见，定轴轮系的传动比为各对齿轮传动比的连乘积，它等于轮系中各对齿轮从动轮齿数的乘积与各对齿轮主动轮齿数的乘积之比，而传动比的符号则取决于外啮合齿轮的对数。

$$i_{ik} = \frac{n_i}{n_k} = (-1)^m \frac{\text{各对齿轮从动轮的齿数的乘积}}{\text{各对齿轮主动轮的齿数的乘积}} \tag{1-6}$$

式中：m——圆柱齿轮外啮合次数。

2. 行星轮系

当齿轮系运转时，至少有一个齿轮的几何轴线是绕另一齿轮的几何轴线转动，该齿轮系称为行星轮系。行星轮系主要由内齿圈3、行星齿轮2、行星架4和太阳轮1组成，如图1-14a)所示，图1-14b)为行星轮系的简图。

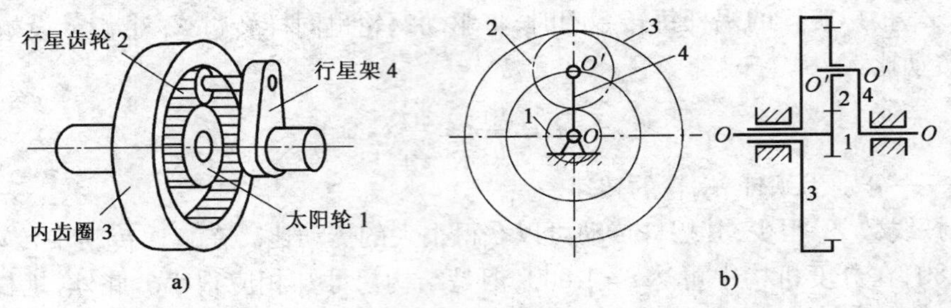

图1-14　行星轮系结构图

a)行星轮系结构图；b)行星轮系简图

1-太阳轮；2-行星齿轮；3-内齿圈；4-行星架

在图1-14b)所示的行星轮系中，套在构件4上的齿轮2，一方面绕自身的轴线$O'O'$回转，另一方面又随构件4绕固定轴线OO回转，犹如天体中的行星，兼有自转和公转，故把作行星运动的齿轮2称为行星齿轮。支承行星齿轮的构件4称为行星架。与行星齿轮相啮合且轴线固定的齿轮1和3称为中心轮。其中外齿中心轮称为太阳轮；而内齿中心轮称为内齿圈。

行星轮系中一般都以中心轮和行星架作为运动的输入或输出构件，故称它们为行星轮系的基本构件。根据结构复杂程度不同，行星轮系可分为以下三类：

(1)单级行星轮系。由一级行星齿轮传动机构构成的轮系，称为单级行星齿轮系。它是由一个行星架及其上的行星轮和与之相啮合的中心轮所构成的齿轮系，如图1-14所示。

(2)多级行星轮系。由两级或两级以上同类型单级行星齿轮传动机构构成的轮系，图1-15所示为二级行星齿轮系。

(3)组合行星轮系。由一级或多级行星齿轮系与定轴齿轮系所组成的齿轮系，如图1-16所示。

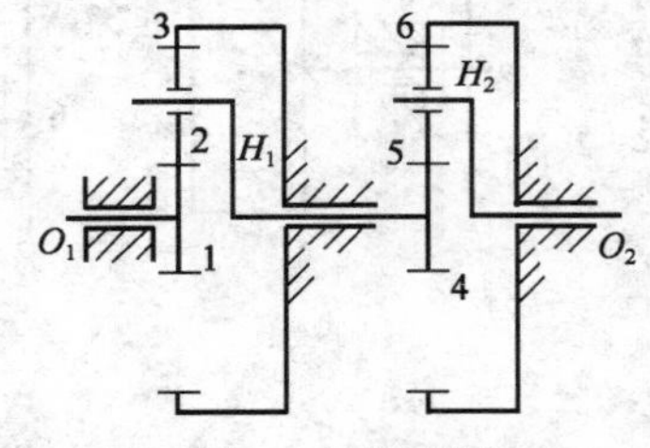

图1-15　二级行星齿轮系

1、4-太阳轮；2、5-行星轮；3、6-内齿圈；H_1、H_2-行星架；O_1-动力输入端、O_2-动力输出端

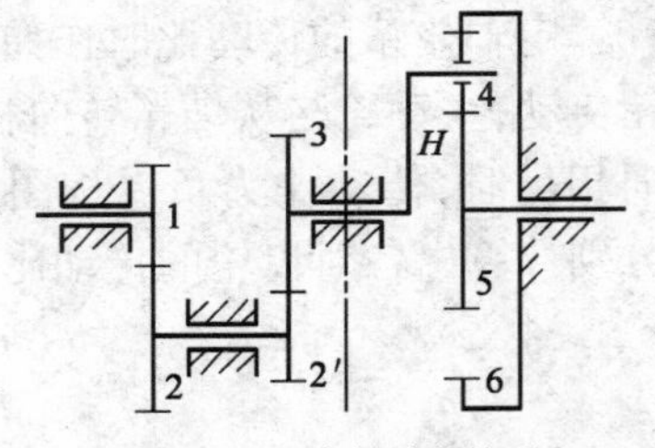

图1-16　组合行星齿轮系

1、4-太阳轮；2、5-行星轮；3、6-内齿圈；H-行星架

在行星轮系中，若两个中心轮都是活动的，称为差动轮系，如图1-17a)所示；若有一个中心轮是固定不动的，则称为行星轮系，如图1-17b)所示。图中的行星轮数目可以是2个、3个或多个，主要是为了提高齿轮的强度和传动装置的刚度。

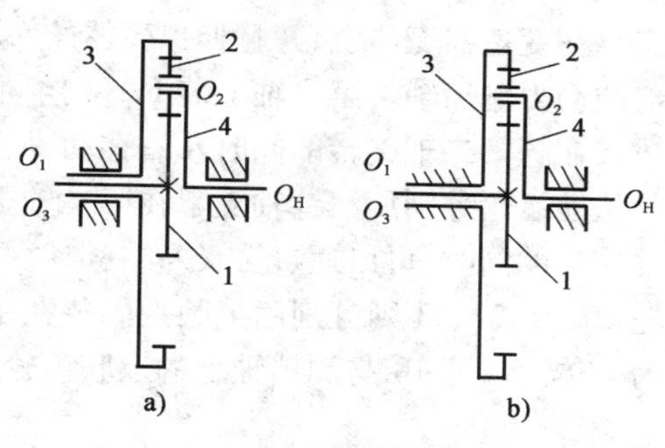

图1-17　轮系结构

a)差动轮系；b)行星轮系

1-太阳轮；2-行星齿轮；3-内齿圈；4-行星架

行星轮系体积小，传动比大，传动可靠。行星轮系的减速传动装置广泛应用于工程机械的传动系统和行走系统。

3. 轮系的应用

轮系主要有以下用途：①可以得到很大的传动比，如齿轮减速器和行星减速器；②可以实现变速、变向的传动，如变速器；③可以适用主动轴与从动轴距离较远的传动；④可以将两个以上转动合成为一个转动或将一个转动分成两个以上的转动，如分动箱。

1)行星减速器

行星减速器多用于要求速比大、空间小的工作场合。图1-18为二级行星齿轮减速器，一级齿圈3和二级齿圈6装于壳体内部并为一体。液压马达输出轴驱动第一级太阳轮1，然后将动力通过一级行星轮2和一级行星架H_1传给二级太阳轮4。二级太阳轮通过行星轮5将动力传给二级行星架H_2，行星架H_2和输出轴花键连接，将动力输出。通过二级行星减速，减速器输出轴获得低速大扭矩。

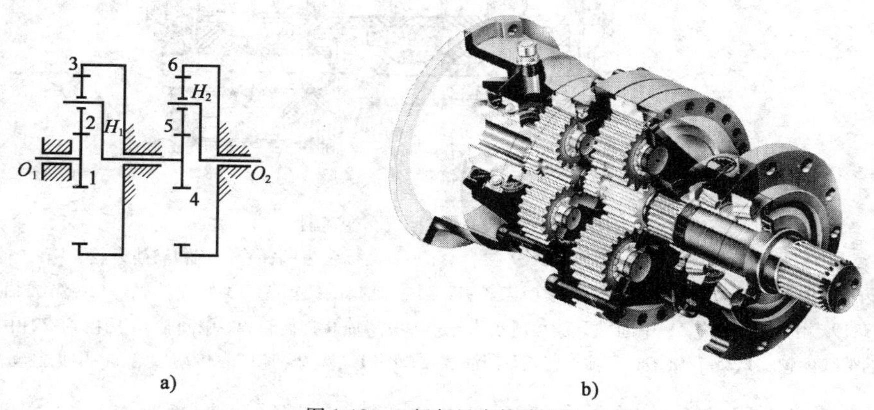

图1-18　二级行星齿轮减速器

a)行星减速器示意图；b)行星减速器立体结构图

1、4-太阳轮；2、5-行星轮；3、6-内齿圈；H_1、H_2-行星架；O_1-动力输入端；O_2-动力输出端

2)变速器

变速器是一个多速比输出的变速箱，广泛应用于工程机械，它安装在发动机与工作机构之间，通过选择变速器的不同挡位，得到不同的输出力矩和工作速度，以满足工程机械不同工作条件的要求。变速器的倒挡还可改变工程机械的运动方向；利用变速器空挡，便于工程机械暂时停车，便于发动机起动、怠速和暂不熄火。

图1-19为EQ140型汽车变速器，它具有5个前进挡和1个后退挡。

变速器第一轴1是动力输入轴，也是离合器轴。它的前端用滚珠轴承支承在发动机飞轮中心孔内，后端也是用滚珠轴承支承在变速器壳体上。另外，后端有带中心孔的轴齿轮2(常啮主动齿轮)，第二轴14的前端就以滚针轴承支承在此中心孔内。第二轴的后端用滚珠轴承支承在变速器壳体上，并且伸出壳体的一段上带有花键，以便向外输出动力，故第二轴为变速器的动力输出轴。第二轴上装 IV、V 挡同步器 9、24 和 II、III 挡同步器 4、25，它们可分别通过拨叉在随第二轴旋转的同时左右移动，从而实现第 IV、V 挡及 II、III 挡的操作。第 IV、III、II 挡的从动齿轮分别用滚针轴支承在第二轴上。I、倒挡齿轮则以花键套装在第二轴上，在随第二轴旋转的同时，可以通过拨叉左右移动。中间轴的两端均用滚珠轴承支承在变速器壳体上，齿轮 20、21、22、23 则分别用半圆键固装在中间轴上。中间轴的右端为 I 挡齿轮，它与中间轴制为一体。齿轮 18 与倒挡轴上的双联齿轮常啮合。

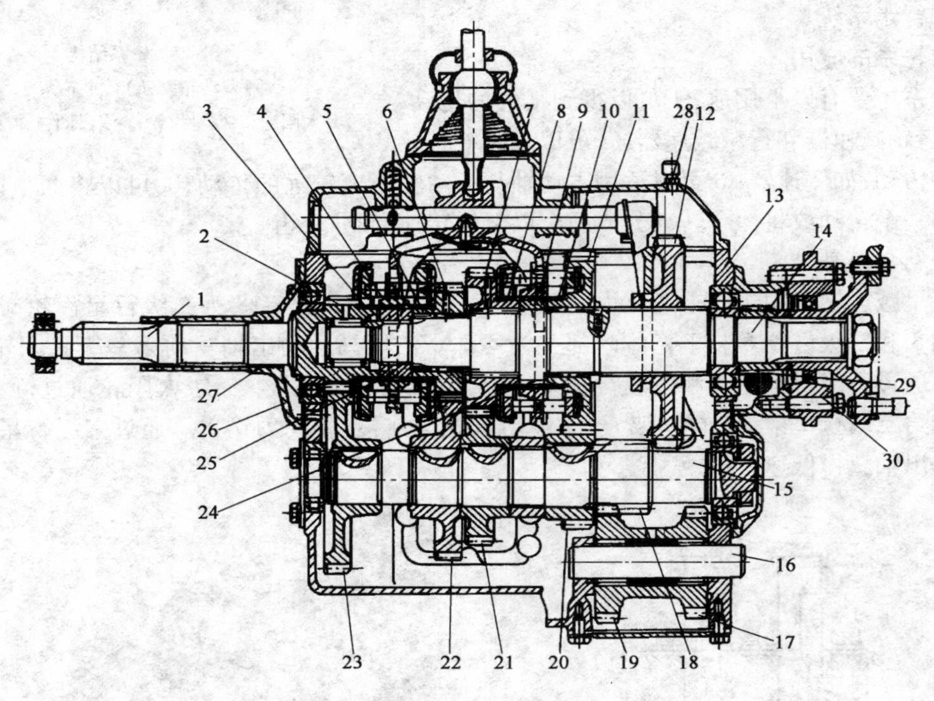

图 1-19　EQ140 型汽车变速器

1-第一轴；2-第一轴常啮齿轮；3-第一轴接合齿圈；4、9-接合套；5-IV 挡接合齿圈；6-第二轴 IV 挡齿轮；7-第二轴 III 挡齿轮；8-III 挡接合齿圈；10-II 挡接合齿圈；11-第二轴 II 挡齿轮；12-第二轴 I、倒挡齿轮；13-变速器壳体；14-第二轴；15-中间轴；16-倒挡轴；17、19-倒挡中间齿轮；18-中间轴 I、倒挡滑动齿轮；20-中间轴 II 挡齿轮；21-中间轴 III 挡齿轮；22-中间轴 IV 挡齿轮；23-中间轴常啮齿轮；24、25-花键毂；26-轴承盖；27-回油螺纹；28-通气塞；29-速度表传动齿轮；30-中央制动器底座

变速器前进挡中的 I、II、III、IV 挡都是由两对齿轮啮合，为两级齿轮传动。倒挡是采用三对齿轮传动。前进挡中的第五挡动力由第一轴直接传给第二轴，故可称为直接挡。汽车行驶中，驾驶员拨动变速器操纵杆在不同挡位，可以得到相应的 5 个前进速度和实现倒车。

图 1-20 所示是 TY120 型推土机采用的齿轮换挡变速器，具有五个前进挡和四个倒挡。在变速器壳 14 内，平行地安装着三根花键轴，第一轴 21、第二轴 10 和中间轴 17。各轴上装有齿轮，并借滚动轴承支承在壳体的轴承座内。

第一轴 21 的左端通过连接盘与离合器轴连接，动力从该端输入，右端伸出变速箱壳外，并在花键部位装着油泵驱动齿轮 7、8。中间的花键部位装着进退齿轮 3、4（双联齿轮）和可在轴上滑动的第一轴 V 挡齿轮 6。前进挡主动齿轮 3 与惰轮 18 经常啮合。

中间轴 17 上装着三个滑动齿轮：中间轴换向齿轮 15，中间轴 III、IV 挡主动齿轮 29、30（双联齿轮）和中间轴 I、II 挡主动齿轮 11、12（双联齿轮）。这些齿轮均随轴一起旋转，并可做轴向移动，以实现挡位的变换与动力传递。

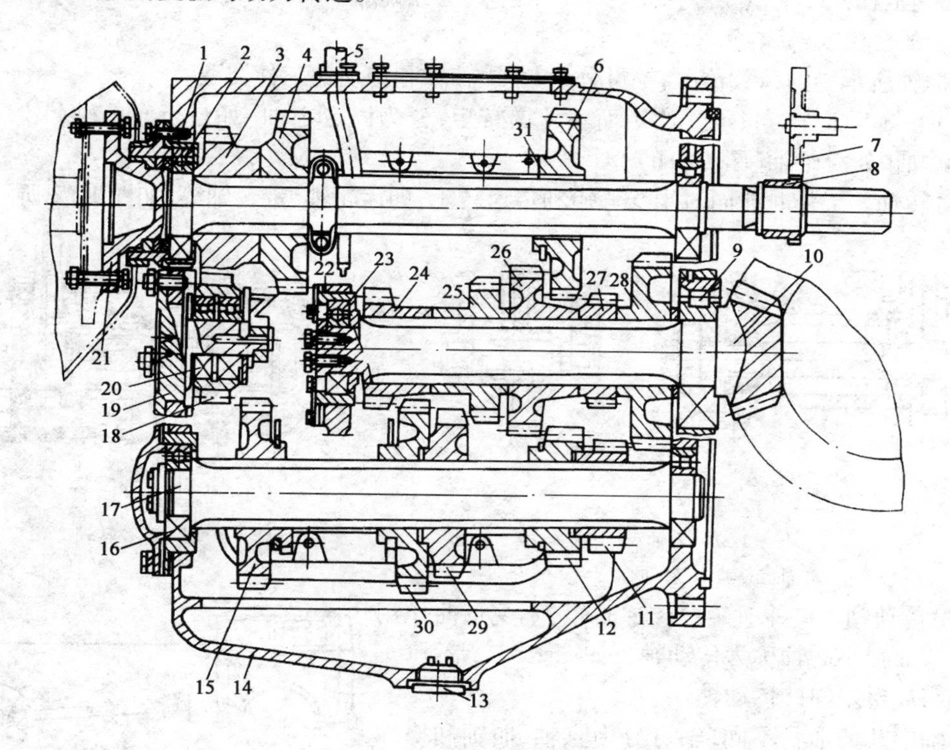

图 1-20　TY120 型推土机变速器

1-轴承壳体；2-滚珠轴承；3-前进挡主动齿轮；4-倒挡主动齿轮；5-油标尺座；6-V 挡主动齿轮；7-油泵从动齿轮；8-油泵主动齿轮；9-滚柱轴承；10-第二轴；11-I 挡主动齿轮；12-II 挡主动齿轮；13-放油螺塞；14-变速器壳；15-换向齿轮；16-滚珠轴承；17-中间轴；18-前进挡中间齿轮；19-惰轮轴；20-滚柱轴承；21-第一轴；22-调整垫片；23-滚珠轴承；24-IV 挡从动齿轮；25-III 挡从动齿轮；26-II 挡从动齿轮；27-V 挡从动齿轮；28-I 挡从动齿轮；29-III 挡主动齿轮；30-IV 挡主动齿轮；31-拨叉

第二轴 10 的花键上装着三个齿轮：第二轴 III、IV 挡从动齿轮 24、25（双联齿轮），第二轴 II 挡从动齿轮 26 和第二轴 I、V 挡从动齿轮 27、28（双联齿轮）。第二轴后端的小锥形齿轮伸出变速箱壳外，与后桥壳中的大锥形齿轮啮合。

该变速器的变速传动机构实际上属于组合式，包括换向机构和变速传动机构两个部分。其换向机构的工作原理是：换向齿轮左移与齿轮 18 啮合时动力经三级齿轮传动，推土机向前行驶；换向齿轮右移与齿轮 4 啮合时动力经两级齿轮传动，推土机向后行驶。该变速器倒挡挡位较多，以适应推土机各作业情况及提高生产率的需要。操纵变速杆和换向杆，就可以通过换挡拨叉轴和换挡拨叉拨动相应齿轮啮合，从而得到所需要的挡位。

在变速箱壳内有润滑油，以润滑齿轮的摩擦表面及滚动轴承。润滑油的加注应适量，它由装在壳体顶部的油尺来检查，底部装有磁性放油塞 13。

第三节　轴、轴承与联轴器

一、轴

轴大多为一根圆截面的实心或空心杆件，它的作用是支承机械中旋转部件并传递转矩。

因此，轴是工程机械上重要零件之一。

1. 轴的分类

根据轴所承受的荷载情况，轴可分为心轴、转轴和传动轴三种类型。

(1)心轴。工作时只承受弯矩而不传递转矩，分为固定心轴［如自行车前轴(图1-21a)］和转动心轴［如滑轮轴(图1-21b)］。

(2)转轴。工作时能同时承受弯矩和传递转矩，如齿轮轴、带轮轴等，如图1-22所示。

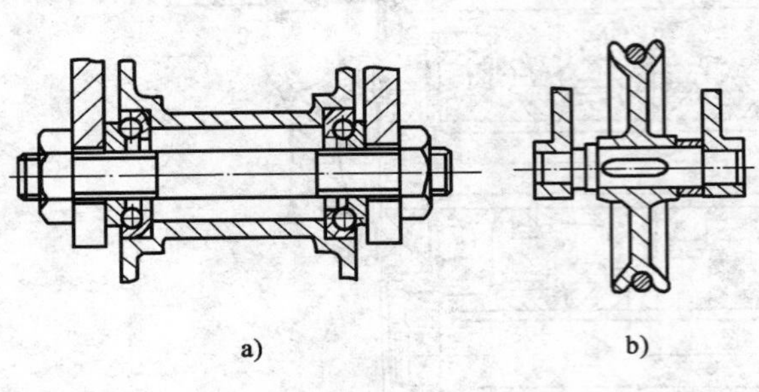

图1-21　心轴

a)固定心轴；b)转动心轴

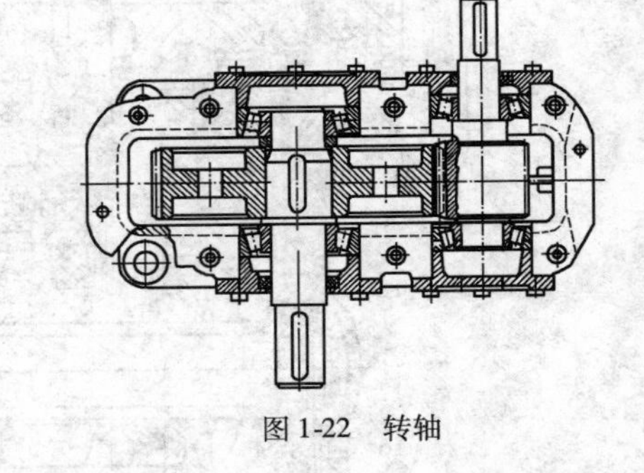
图1-22　转轴

(3)传动轴。工作时主要传递转矩，不受弯曲作用或所受弯曲很小的轴称为传动轴。如图1-23所示汽车变速器与后桥之间的传动轴。

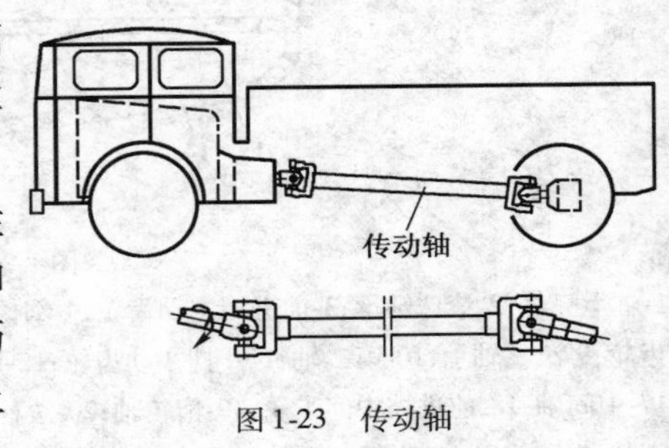

图1-23　传动轴

按轴的几何形状不同，轴可分为直轴、曲轴和挠性轴，如图1-24和图1-25所示。曲轴应用于回转运动和往复直线运动互相转换的机构，如内燃机、冲床和钢筋切断机等机械。挠性轴具有良好的挠曲性，用于混凝土振捣器、下水管道疏通器等传动。

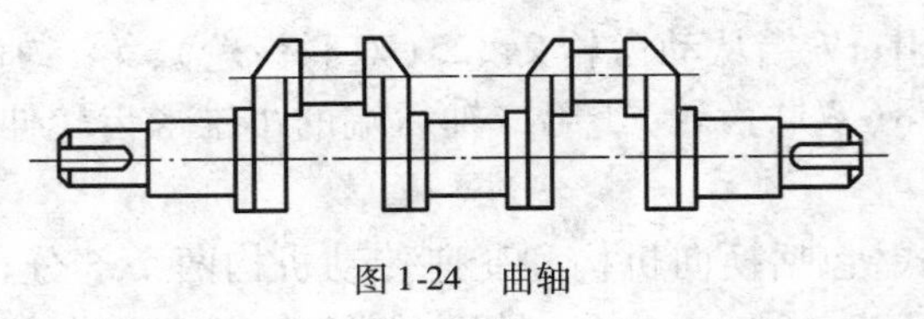
图1-24　曲轴

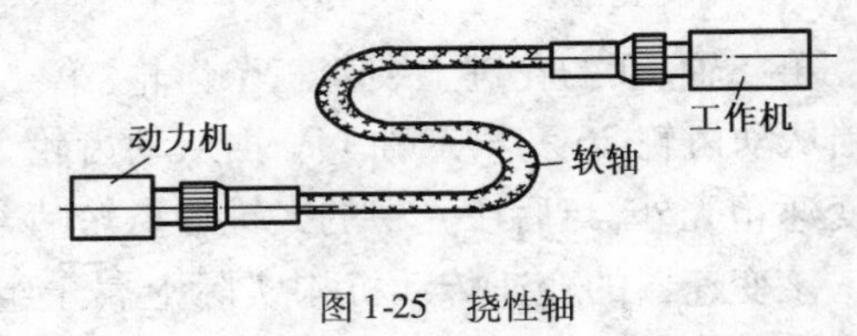

图1-25　挠性轴

2. 轴的结构

轴上用以安装回转零件的部分称为轴头，与轴承配合的部分称为轴颈，连接轴头与轴颈的部分称为轴身。在每个剖面变化阶梯的地方称轴肩或轴环，轴肩起轴向定位作用。轴上铣槽的部位称为键槽。

3. 轴的材料

轴的材料主要是优质碳素钢或合金钢。碳素钢价格便宜，力学性能较好，常用的碳素钢有30号、40号、45号和50号钢，其中最为常见的为45号钢。合金钢比碳素钢具有更高的力学性能，但价格较高，一般多用于有特殊要求的轴。常用的合金钢有20Cr、40Cr、40MnB等。为保证钢材的力学性能，这些钢一般应进行调质或正火等热处理。

二、轴承

轴承是支承轴的零件，承受来自轴上的全部作用力。根据轴承工作面的摩擦性质不同，轴承可分为滑动轴承和滚动轴承。

（一）滑动轴承

滑动轴承与轴颈成面接触，工作时二者产生滑动摩擦。滑动轴承工作平稳可靠、无噪声，能承受较大的冲击荷载。它主要用于高精度或重荷载载、受冲击荷载等轴颈的支承上。

滑动轴承有整体式和剖分式两种。

1. 整体式滑动轴承

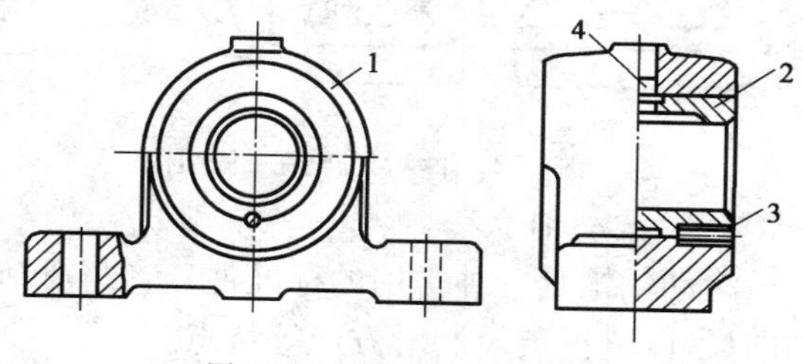

图1-26　整体式向心滑动轴承

1-轴承座；2-轴瓦；3-紧固螺钉；4-油孔

整体式滑动轴承由轴承座1和轴瓦2组成，构造如图1-26所示。轴承座与轴瓦用紧固螺钉3固定，轴承座有油孔4，轴套上有油孔和油沟。这种轴承拆装必须通过轴端，磨损后轴承孔变大也无法调整，故多用于低速、轻载和间歇工作轴的支承上。

轴承座材料多采用铸铁，也有用铸钢，并用螺栓与机架相连。

2. 剖分式滑动轴承

剖分式滑动轴承构造如图1-27所示，是由轴承座1、轴承盖2，剖分的上轴瓦4、下轴瓦5、连接螺栓6和润滑装置3等组成，多用于连续工作轴的支承。为保证轴承盖与轴承座对中，在剖分面上制成定位止口。在剖分面上有少量薄垫片，以调整轴颈和轴瓦的间隙。轴承盖用长螺栓6紧装在轴承座上，轴承座则用固定螺栓固定在机架上。轴承座用铸铁或钢制成。轴瓦直接与轴颈接触，承受摩擦，易磨损，它大多采用耐磨材料。

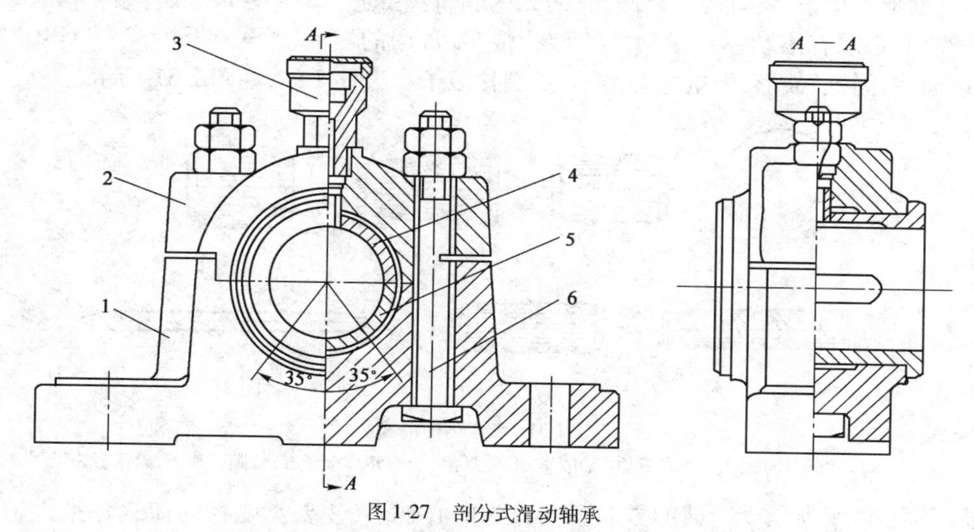

图1-27　剖分式滑动轴承

1-轴承座；2-轴承盖；3-润滑装置；4-上轴瓦；5-下轴瓦；6-连接螺栓

3. 轴瓦的结构和材料

（1）轴瓦的结构。轴瓦可用单一减磨材料，也可在轴瓦内表面浇铸一层减磨材料，称为轴承衬。为使轴承衬与轴瓦牢固贴附，在轴瓦上预制一些沟槽如图1-28所示。轴瓦的结构如图1-29所示，两端凸缘可用来限制轴瓦轴向窜动。为使润滑油能流到轴瓦的整个工作表面上，轴瓦上要开油孔和油沟，油沟取轴瓦长度的0.8倍，不应开通，以减少润滑油从两端流失。

（2）轴瓦材料。对轴瓦材料的要求是：减磨性和耐磨性好；抗胶合能力高；具有足够的抗压、抗冲击和抗疲劳强度；导热性好；工艺性好。常用轴瓦材料：轴承合金、青铜、粉末冶金和非金属(石墨、橡胶、塑料)等材料。根据用途和工作场合选择不同的材料。

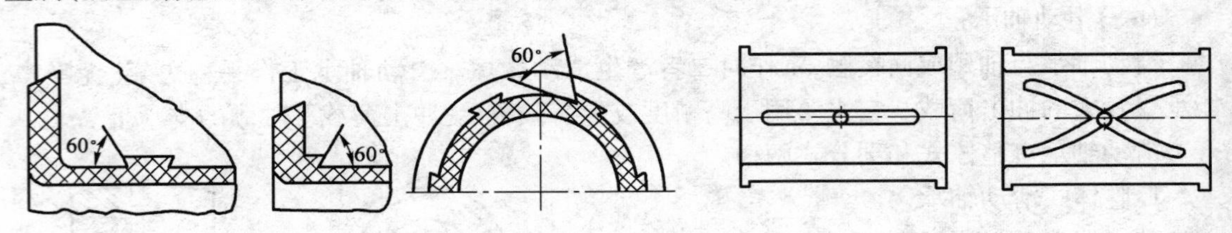

图1-28 轴承衬与轴瓦贴附结构　　图1-29 轴瓦结构

(二)滚动轴承

滚动轴承是一种常用的标准件。它与滑动轴承相比较,具有阻力小、效率高、径向尺寸大、轴向尺寸小、拆装及润滑方便等特点。

1. 滚动轴承的构造、材料和特点

滚动轴承如图1-30所示,主要是由外圈1、内圈2、滚动体3和保持架4组成。通常外圈加工出内滚道、内圈加工出外滚道,以限制滚动体轴向移动。保持架的作用是把滚动体均匀隔开,防止运动时相邻滚动体彼此接触而产生摩擦。使用时,内圈与轴颈装配在一起,随轴转动;外圈则与轴承座或机座装配在一起固定不动,但也有外圈转动而内圈固定不动或内外圈同时转动的。

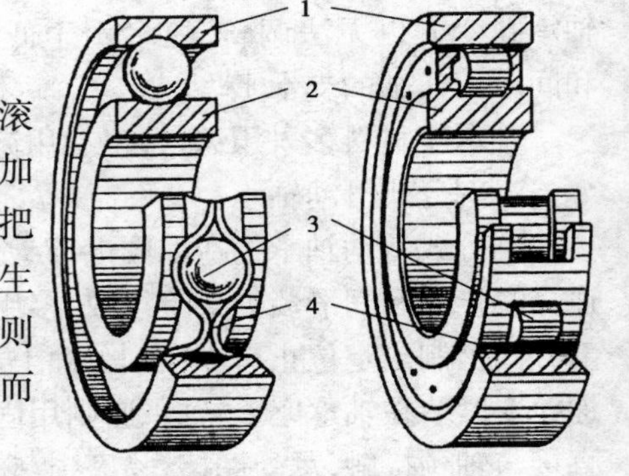

图1-30 滚动轴承的结构

1-外圈;2-内圈;3-滚动体;4-保持架

滚动轴承类型很多,有的无外圈,有的无内圈,也有的无保持架,但必须有滚动体。滚动体的形状很多,常用的有球、短圆柱、圆锥、鼓形、中空螺旋滚子、长圆柱滚子和滚针7种,如图1-31所示。

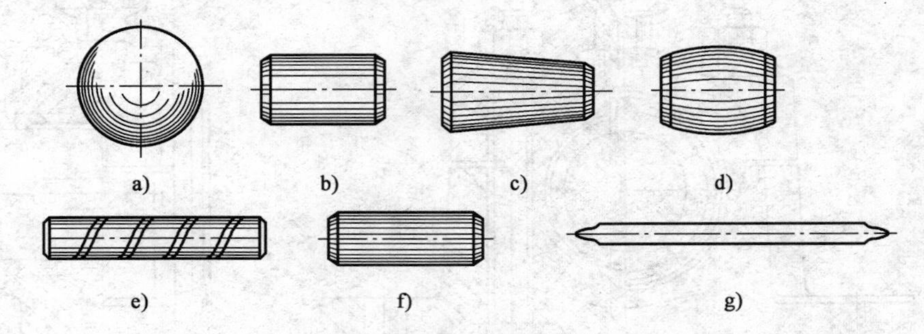

图1-31 滚动体的形状

a)球滚子;b)短圆柱滚子;c)圆锥滚子;d)鼓形滚子;e)螺旋滚子;f)长圆柱滚子;g)滚针

根据滚动轴承所承受荷载的方向不同分为向心轴承(主要承受径向荷载)、推力轴承(只能承受轴向荷载)和向心推力轴承(同时承受径向和轴向荷载)。

滚动轴承的内外圈和滚动体的材料应具有高的硬度、接触疲劳强度、耐磨性和冲击韧性。一般用轴承钢GCr6、GCr9、GCr15等,热处理后硬度在HRC61~65之间,工作表面须经磨削和抛光。保持架一般为低碳钢、有色金属或塑料等材料制成。

2. 滚动轴承的代号

滚动轴承代号是以字母和数字来表示滚动轴承的类型、结构、尺寸、精度及技术要求等的产品识别符号,以便于组织生产和选用。《滚动轴承代号方法》(GB/T 272—93)中规定,我国滚动轴承代号由基本代号、前置代号和后置代号组成,其构成见表1-2。

滚动轴承代号的构成 表 1-2

<table>
<tr><td>前置代号</td><td colspan="5">基　本　代　号</td><td colspan="8">后　置　代　号</td></tr>
<tr><td rowspan="3">成套轴承分部件代号</td><td>五</td><td>四</td><td>三</td><td>二</td><td>一</td><td rowspan="3">内部结构代号</td><td rowspan="3">密封与防尘结构代号</td><td rowspan="3">保持架及其材料代号</td><td rowspan="3">特殊轴承材料代号</td><td rowspan="3">公差等级代号</td><td rowspan="3">游隙代号</td><td rowspan="3">多轴承配置代号</td><td rowspan="3">其他代号</td></tr>
<tr><td rowspan="2">类型代号</td><td colspan="2">尺寸系列代号</td><td colspan="2" rowspan="2">内径代号</td></tr>
<tr><td>宽度系列代号</td><td>直径系列代号</td></tr>
</table>

滚动轴承的主要类型、特性及应用范围见表 1-3。

滚动轴承的主要类型、特性及应用范围 表 1-3

类型名称及类型代号	结构简图	能承受荷载的方向	特性及应用范围
调心球轴承 1			用于承受径向荷载，也能承受微量的轴向荷载。受轴向力后会造成只有一列球工作，轴承寿命将显著下降。常用于鼓风机、柴油机、水泵等
调心滚子轴承 2			用于承受径向荷载，其承载能力比双列向心球面球轴承约大一倍。也能承受较大的轴向荷载。 可用于轴的刚度较小或轴承孔的同心度较差以及多支点轴的支承上，多用于桥式起重机，空气压缩机等
推力调心滚子轴承 2			用于承受很大的轴向荷载，并同时承受一定的径向荷载，转速可高于推力球轴承
圆锥滚子轴承 3			用于承受径向荷载和单向的轴向荷载。由于线接触、承载能力比向心推力轴承大，但极限转速低，因此常用于圆锥齿轮、斜齿轮的轴承及蜗杆蜗轮减速器等
推力球轴承 5			用于承受单向轴向荷载，如承受双向轴向荷载，应采用双向推力球轴承。高速时离心力大，会降低轴承寿命，所以用于极限转速低的蜗杆蜗轮减速器及起重吊钩等。 为了防止钢球与滚道之间的滑动，工作时必须加有一定的轴向荷载。高速时离心力大，钢球与保持架易磨损，发热严重，寿命降低，故极限转速很低。轴线必须与轴承座底面垂直，荷载必须与轴线重合，以保证钢球荷载的均匀分配
深沟球轴承 6			主要承受径向荷载，也能承受一定的轴向荷载（两个方向均可）。适用于高速，也可以用来承受纯轴向荷载，常用于小功率电动机、调速器、水泵等

续上表

类型名称 及类型代号	结构简图	能承受荷 载的方向	特性及应用范围
角接触球轴承 7			用于承受径向荷载和单向的轴向荷载。接触角 α 有 12°、26°、36°三种。接触角越大承受轴向荷载的能力也越大。 常用于机床主轴、液力传动箱输入、输出的轴和蜗杆蜗轮减速器等
外圈无挡边的 圆柱滚子轴承 N			用于承受纯径向荷载,完全不能承受轴向荷载。承载能力比尺寸相同的球轴承大,能用于高速。工作时内外圈可有小的相对轴向位移。常用于大功率电动机柴油机曲轴等
滚针轴承 NA			用于承受纯径向荷载,完全不能承受轴向荷载,由于滚针数目多,所以承载能力大。高速、低速均可使用。 一般用于径向尺寸受限制,受力又较大的地方

三、联轴器

联轴器是用来将两轴端头连接起来并传递转矩的。用于永久连接者称为联轴器,用于随时可以连接和分离者称为离合器。

联轴器有凸缘联轴器、弹性柱销联轴器、轮胎联轴器和万向联轴器等。

1. 凸缘联轴器

凸缘联轴器是由两个带凸缘的半联轴器所组成,如图1-32 所示。两个圆盘分别用键与轴相连接而装在轴端,靠几个螺栓将它们锁紧连成一体。荷载由主动轴通过键、半联轴器和螺栓等传给从动轴。

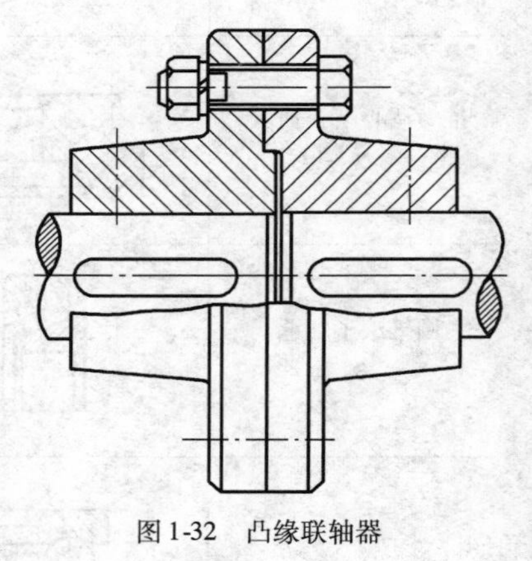

图 1-32　凸缘联轴器

凸缘联轴器一般用于荷载平稳、低速、无冲击振动及对中性要求高的两轴的连接。

2. 弹性柱销联轴器

弹性柱销联轴器是一种可移式弹性联轴器,它主要由柱销 1、弹性圈 2 和两个半联轴器 3、4 等组成,如图 1-33 所示。主动轴的运动通过半联轴器、柱销和弹性圈传递给从动轴。弹性圈的作用是利用其弹性补偿两轴偏斜和位移,而且能够缓冲和吸振。弹性柱销联轴器常用于起动频繁,高速运转,经常反向和两轴不便于严格对中的连接。

3. 轮胎联轴器

轮胎联轴器是由橡胶或橡胶织物制成轮胎形的弹性单元,用压板与螺栓压紧在两半联轴器之间,如图 1-34 所示。这种联轴器因为具有橡胶轮胎特性的弹性零件,所以允许两轴有综合位移并能缓冲减振,适合于潮湿多尘、冲击大、起动频繁及经常正反转的场合。

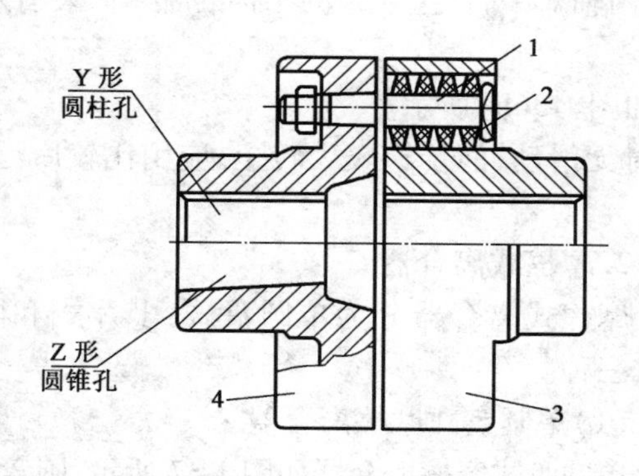

图 1-33 弹性柱销联轴器

1-柱销;2-弹性圈;3、4-半联轴器

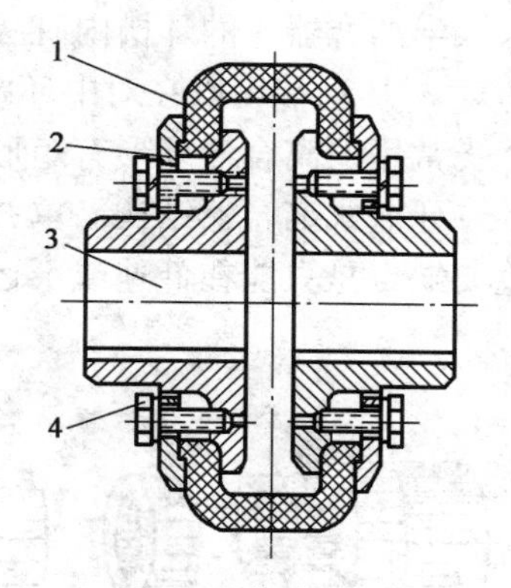

图 1-34 轮胎联轴器

1-轮胎;2-压板;3-半联轴器;4-螺栓

4. 万向联轴器

如图 1-35a)所示,万向联轴器是由分别装在两轴端的叉形半联轴器 1 和 2,以及与其相连的十字形零件 3 组成。这种联轴器可用在两轴有较大的夹角 α 下工作,一般要求 $\alpha \leqslant 45°$。这种联轴器当主动轴以等角速度 ω_1 转动时,从动轴角速度 ω_2 在每转中周期性变化,因而在传动中引起附加动荷载。为避免这种情况,常将两万向联轴器连在一起使用,如图 1-35b)所示的双万向联轴器。为确保从动轴与主动轴的角速度随时相等,必须使中间轴上的两个叉子位于同一平面内,且应使主、从动轴与中间轴的夹角 α 相等。图 1-35c)为传动轴外形结构图。

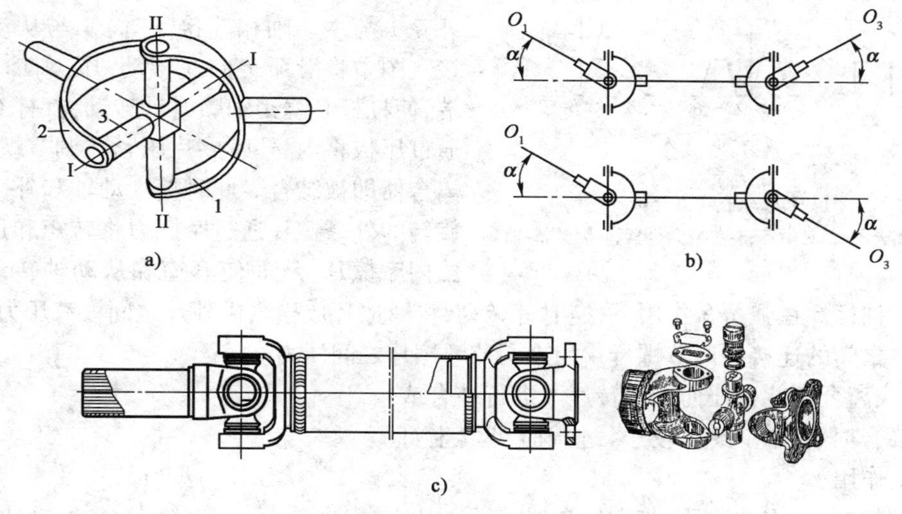

图 1-35 万向联轴器

a)万向联轴器;b)双万向联轴器示意图;c)双万向联轴器结构图

四、离合器

离合器的类型很多,根据工作原理不同,主要有啮合式和摩擦式两类。啮合式是利用牙齿的啮合传递转矩,摩擦式是依靠工作面的摩擦来传递转矩。

1. 牙嵌式离合器

如图 1-36a)所示,它由在两个结合端面上具有凸牙的半离合器组成。其中半离合器 1 固定在主动轴的末端,半离合器 3 和从动轴采用导向平键连接,可以轴向移动。操纵杆的拨叉 4

卡入半离合器3的环槽内，控制结合或分离。为使两轴对中，在主动轴的半离合器1内装有对中环2，从动端可以在对中环中自由转动。

常用的离合器牙形有矩形、梯形和锯齿形等，如图1-36b）所示。

牙嵌式离合器结构简单，外廓尺寸较小，工作时无滑动，能传递较大转矩，应用比较广泛。主要缺点是只能在低速或不运转的时候接合。

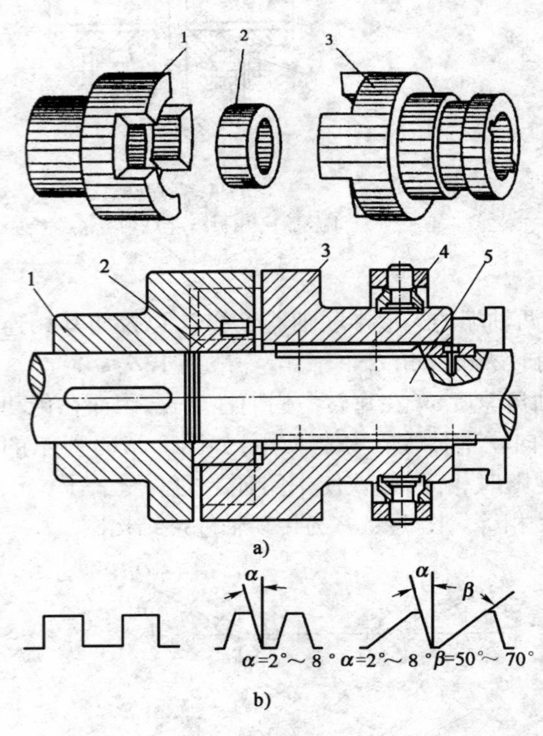

图1-36　牙嵌式离合器

1-左半离合器；2-对中环；3-右半离合器；4-拨叉；5-轴

2. 摩擦式离合器

摩擦式离合器分为单圆盘式、多片式和圆锥式三种。

（1）单圆盘式摩擦离合器

单圆盘式摩擦离合器如图1-37所示，圆盘3固定在主动轴1上，圆盘4装在从动轴2上，滑环5、操纵圆盘4轴向移动，以实现两盘结合或分离。轴向压力Q使两圆盘的工作面产生摩擦力。

（2）多片式摩擦离合器

多片式摩擦离合器如图1-38所示，有两组摩擦片，一组外片和一组内片。外壳1上开有槽与一组外摩擦片2外圆上的凸齿形成花键式连接，套筒8的花键齿与另一组内摩擦片3的花键孔形成花键连接。内、外摩擦片交错排列，外壳1与主动轴相连接，套筒8与从动轴相连接。图中将滑环7向左移动，压下杠杆6的右端，使杠杆6绕销轴顺时针转动，杠杆6的左端通过压板将内、外摩擦片压紧在调节螺母4上，离合器即被结合。此时随主动轴和外壳1一起旋转的外摩擦片通过摩擦力将转矩和运动传递给内摩擦片，从而使套筒和从动轴转动。将滑环节右移，杠杆6在弹簧5作用下，逆时针转动，将摩擦片放松。内外片之间没有压力，切断了主、从动轴之间的连接。调节螺母4用来调节摩擦片之间压力。

摩擦式离合器能在任何不同转速下进行结合或者分离，接合时冲击和振动较小，过载时可发生打滑，起安全作用。

离合器的操纵方法有手动或脚踏，也有采用电磁力、气动力和液动力操纵的。

3. 安全离合器

摩擦式安全离合器如图1-39所示，能在传递的转矩超过允许值时，发生打滑或分开，将传动断开，以防止损坏机器。它与多片式摩擦离合器相似，用弹簧压紧机构代替操纵机构，当转矩超过允许值，摩擦片间打滑，离合器处于分离状态。当转矩降低，在弹簧力作用下离合器恢复连接。

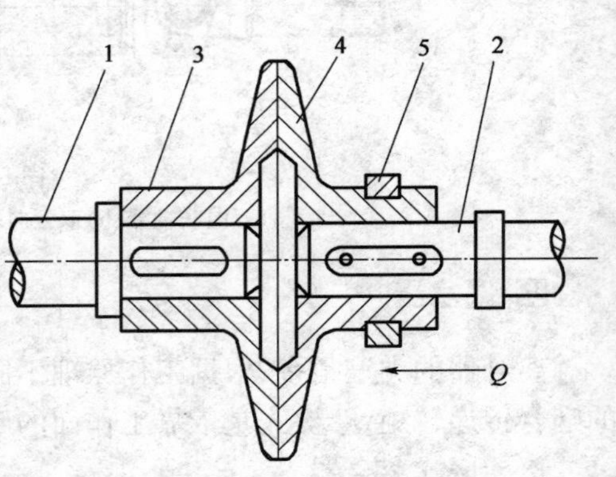

图1-37　单圆盘式摩擦离合器

1-主动轴；2-从动轴；3、4-圆盘；5-滑环

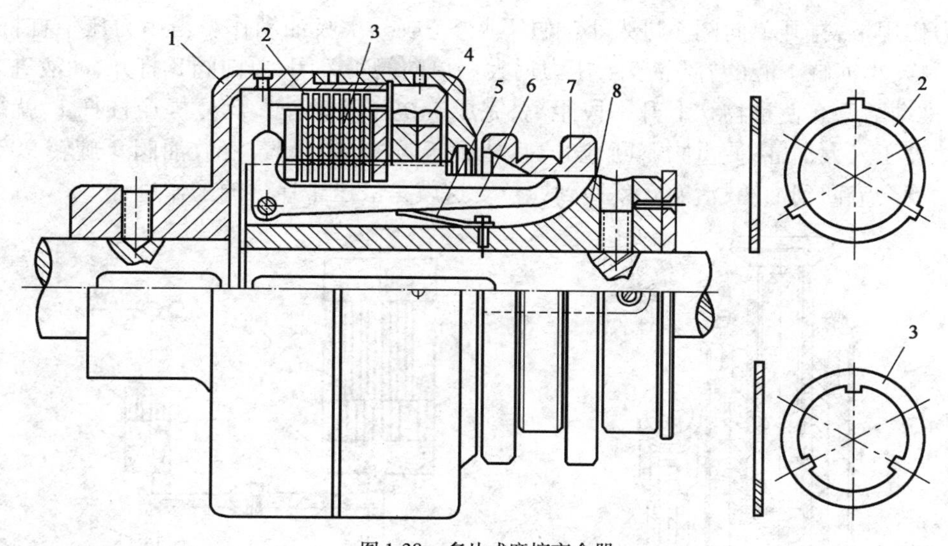

图 1-38　多片式摩擦离合器

1-外壳;2-外摩擦片;3-内摩擦片;4-调节螺母;5-弹簧;6-杠杆;7-滑环;8-套筒

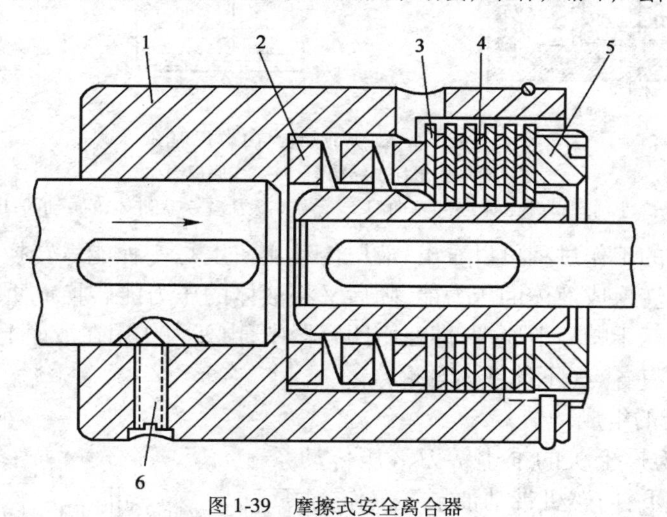

图 1-39　摩擦式安全离合器

1-外壳;2-压紧弹簧;3-外摩擦片;4-内摩擦片;5-固定螺母;6-防松螺钉

第四节　液 压 传 动

液压传动是以液体为工作介质,利用密闭系统中的受压液体来传递运动和动力的一种传动方式。按工作原理分液压式和液力式两类。近年来,液压与微电子、计算机技术相结合,使液压技术的发展和在工程机械中广泛应用进入了一个新的阶段,成为发展速度最快的技术之一。

一、液压传动的基本知识

(一)液压传动的工作原理

液压传动的工作原理,可以用一个液压千斤顶的工作原理来说明。图 1-40 为液压千斤顶的结构图和工作原理图。图中大缸体 7 和小缸体 3 的底部用油管连通。当提起杠杆 1 时,小活塞 2 被带动上升,小油缸下腔的密闭容积增大,压力减小产生局部真空,油箱 10 中的油液在大气压力作用下，打开单向阀 4 进入小油缸下腔，完成一次吸油动作。当用力压下杠杆 1 时，小活塞下移，小油缸下腔的容积减小，压力增大。单向阀 4 关闭，单向阀 8 打开，油液进入大油缸下腔，推动活塞 6 使重物 5 上升一段距离，完成一次压油动作。反复提压杠杆 1，就能使油液不断地被压入大油缸，使重物不断地升高，达到起重的目的。若将放油阀 9 旋转 90°，大油腔里的油就会流回到油箱，活塞 6 就回到原位。这就是液压千斤顶的工作过程。

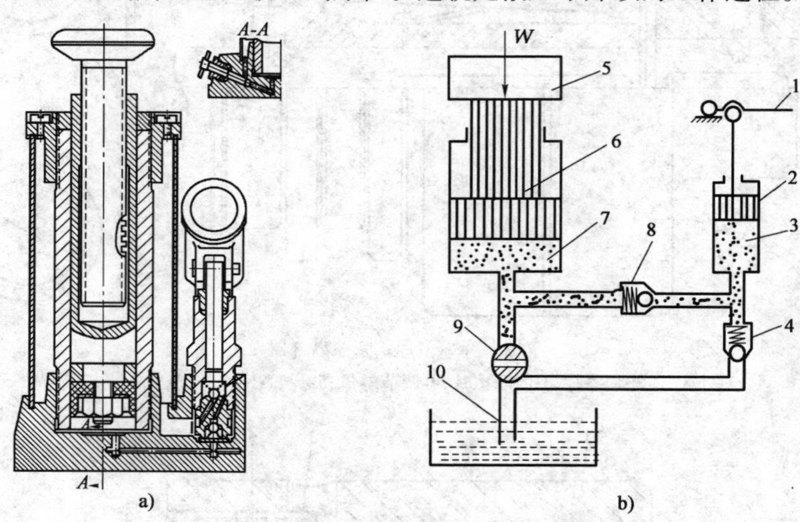

图 1-40　液压千斤顶结构与工作原理图

a）液压千斤顶结构图；b）工作原理图

1-杠杆；2-小活塞；3-小缸体；4、8-单向阀；5-重物；6-大活塞；7-大缸体；9-放油阀；10-油箱

从液压千斤顶的工作过程可以看出，液压传动实质上是一种能量转换装置。它先将杠杆上下运动的机械能转换成液体的压力能，随后又将液体的压力能转换成重物上升的机械能而做功。液压传动是基于帕斯卡原理，即在密闭容器中，由外力作用在液面上的压力能等值地传递到液体内部的所有各点（不计液体自重）。

（二）液压系统的组成

图 1-41 所示为推土机的推土铲刀液压传动系统。其工作过程如下：内燃机带动油泵 3 工作，油泵将油从油箱 2 中吸入并从出油口排出压力油，经油管 7 进入换向阀 5 内。换向阀处于中位时，又经油管 10 流回油箱。当换向阀阀芯向右移动，压力油通过换向阀，经油管 8 进入油缸 6 的上腔，推动活塞杆外伸推刀下降。油缸下腔的油液经油管 9，换向阀及油管 10 排回油箱。当换向阀阀芯向左移动，压力油则由换向阀，经油管 9 进入油缸的下腔，推动活塞杆收回推刀被提升，油缸上腔油液经油管 8、换向阀及油管 10 排回油箱。由此可见，操纵换向阀便可使油缸伸长和缩短，从而实现推刀液压操纵。安全阀 4 是为了防止液压系统过载。当油缸受到的外荷载过大，使系统油压超过所允许压力值时，压力油可通过安全阀流回油箱，使系统油压下降。滤油网 1 用于

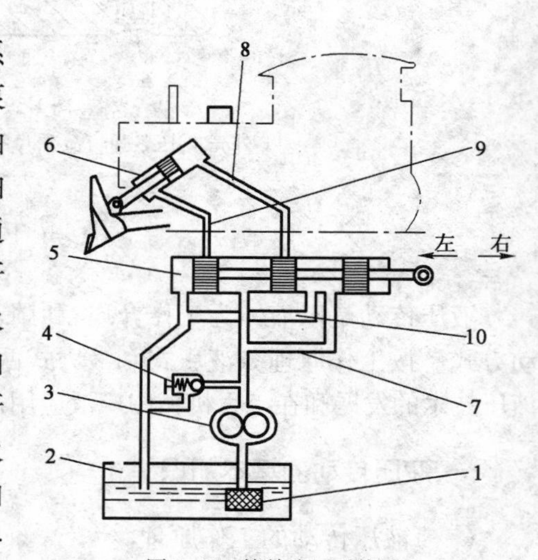

图 1-41　简单液压系统图

1-滤油网；2-油箱；3-油泵；4-安全阀；5-换向阀；6-油缸；7～10-油管

过滤油液中的杂质,以防止各液压件和密封件的损伤。

由上可知,液压系统是为了完成某种特定任务而由各种液压元件组成的回路。图1-41是最简单的液压系统,实际上不同的工程机械具有各种各样的动作要求,因而各液压元件的数量和布置也各不相同。归纳起来一个完整的液压系统应由以下几部分组成:

(1)动力元件——各种液压泵。它用来将原动机的机械能转换为液体的压力能。

(2)执行元件——各类液压油缸和液压马达。它们接受压力油,将液体压力能转化为机械能。液压缸完成往复直线运动;液压马达完成旋转运动。

(3)控制元件——各种控制阀。用来对液流的压力、流量和方向进行控制,以满足对传动性能的要求。

(4)辅助元件——油箱、滤油器、管路和压力表等。此外,为了改善传动装置的性能,还采用蓄能器、冷却器及加热器等辅助元件。

(5)工作介质——液压油,用来传递能量和润滑。

液压传动系统是由上述各种液压元件按设计要求组合起来,形成一个完整的回路,完成预期的工作要求。为了说明液压系统的组成,工程上采用的液压系统图是用液压元件的图形符号来表示各种元件的职能以及相互连接关系。

液压系统图不能反映元件的具体结构及元件具体安装部位,只能表示其中一个动作时的油路状态。

图1-41所示的液压系统如用液压元件图形符号表示,则如图1-42所示。

我国对液压系统的图形符号,进行了标准化。液体系统图常用图形符号见表1-4。

(三)液压系统的主要参数

1.压力

油液作用在单位面积上的力称为液体的压力,用p表示,单位是兆帕(MPa)。图1-43所示,活塞上的液体作用力F,活塞的有效作用面积为A,则有:

$$p = \frac{F}{A} \tag{1-7}$$

式中:A——活塞的有效作用面积(mm^2);

F——液体作用在活塞上的作用力(N)。

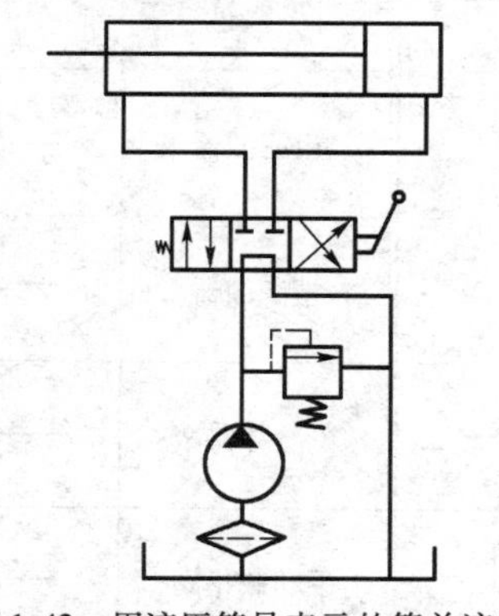

图1-42　用液压符号表示的简单液压系统图

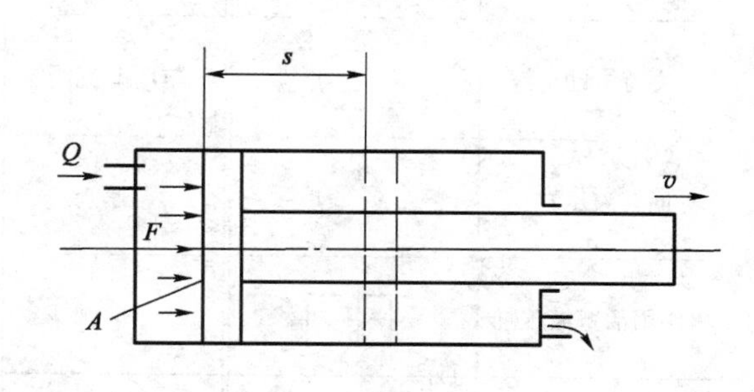

图1-43　油缸工作示意图

液压系统的压力p随外界负载的变化而变化,负载大压力就大,负载小压力就小。在液压系统中,通常把压力分成几个等级,低压(≤2.5MPa)、中压(2.5～8MPa)、中高压(8～

16MPa)、高压(16～32MPa)和超高压(＞32MPa)。

2. 流量

流量是指单位时间内流过某一截面的液体体积,用符号 Q 表示,单位是米^3/秒(m^3/s)。若在时间 t 内流过液体的体积为 V,则流量为:

$$Q = \frac{V}{t} \tag{1-8}$$

表 1-4

液压系统图常用图形符号

名　称	符　号	名　称	符　号	名　称	符　号
工作管路		泄漏管路		交叉管路	
控制管路		连接管路		软　管	
通油箱管路		差动液压缸		二位三通阀	
单向定量液压泵		溢流阀		三位四通阀	
双向定量液压泵		远控溢流阀		手动杠杆控制	
单向变量液压泵		减压阀		电磁力控制	
双向变量液压泵		顺序阀		电磁液压控制	
单向定量液压马达		节流阀		压力继电器	
双向变量液压马达		可调节流阀		蓄能器	
交流电动机	D	单向节流阀		粗滤油器	
回转液压缸		调速阀		精滤油器	
单作用活塞液压缸		单向阀		冷却器	
单作用柱塞液压缸		液控单向阀		手动截止阀	
双作用活塞液压缸		二位四通阀		压力表	

显然，如果活塞的有效面积为 A，活塞移动的速度为 v，则流量：

$$Q = Av \tag{1-9}$$

即当液压缸面积 A 一定时，则活塞的移动速度取决于进入液压缸的液体的流量。

3. 功率

通常功率等于力乘速度，因此液压缸输出功率就是液压缸的负载阻力 F 乘以液压缸（或活塞）运动速度 v，即

$$W = Fv = \frac{pQ}{102} \tag{1-10}$$

式中：W——功率（kW）；

p——工作压力（MPa）；

Q——流量（m^3/s）。

（四）液压油的选择

液压油是液压传动系统的工作介质，它还有润滑液压元件和冷却传动系统的作用，故液压油的性质将直接影响液压传动的工作效率。一般液压传动系统中，常采用 10 号、20 号、30 号机械油及 22 号、30 号汽轮机油。选用液压油要注意以下几点：

（1）一般液压油标号越高，则黏度越大，工作环境温度对油的黏度影响较大。当工作环境温度较高时，用高黏度的油，反之用低黏度的油。如冬季多用 10 号机械油，夏季用 20 号机械油，酷热时用 30 号机械油。

（2）工作压力高时，用高标号机械油；工作压力低时，用较低标号的机械油。

（3）液压部件运动速度较高时，用低标号的机械油；运动部件速度较低时，宜采用高标号的机械油。

选择液压油时，除注意以上几点外，还应根据液压泵和液压元件的种类、工作温度和系统压力等，确定黏度范围，再选择合适的液压油品种。

二、液压系统的主要元件

液压系统的主要液压元件有液压泵、液压马达、油缸、控制阀和辅助元件等。

（一）液压泵

液压泵是供给系统压力油的元件，它将动力装置输出的机械能转换为液体的压力能，以推动整个液压系统工作。

液压泵按结构不同分为有齿轮泵、叶片泵和柱塞泵等。按输出的流量能否变化分为定量泵和变量泵。

1. 齿轮泵

齿轮泵主要由泵壳、端盖和一对相互啮合的齿轮组成，如图 1-44 所示。图 1-45 为齿轮泵工作原理图。齿轮被包围在泵壳和两端盖所形成的密封容积中，齿轮的 M 点为啮合点，它将泵腔分隔成不相通的两部分即吸油腔和压油腔。当主动齿轮轴在原动机带动下进行顺时针旋转时，吸油腔轮齿脱离啮合，容积由小变大，形成了局部真空，油箱油液在大气压力作用下，由吸油腔进入油泵填满齿间，并由转动的轮齿带到油泵另一端的压油腔，随着齿轮的不断啮合这一容腔的容积由大变小，于是将腔内油挤出，并使油压升高。由于齿轮的连续旋转，吸油和排油周而复始的进行。

齿轮泵结构简单，制造容易，工作可靠，价格低。缺点是泄漏多，效率低。一般适用于工程机械的中、低压系统。

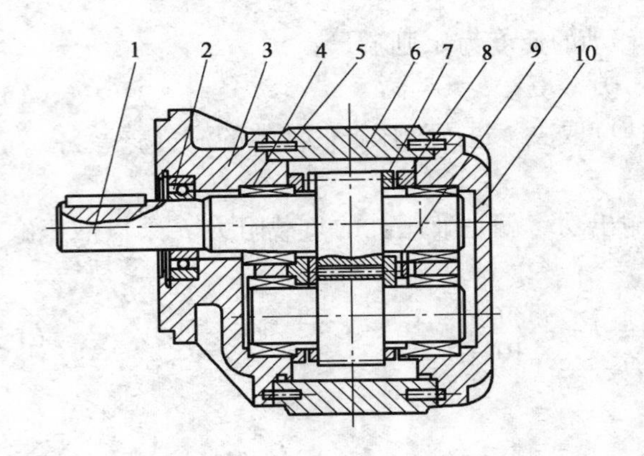

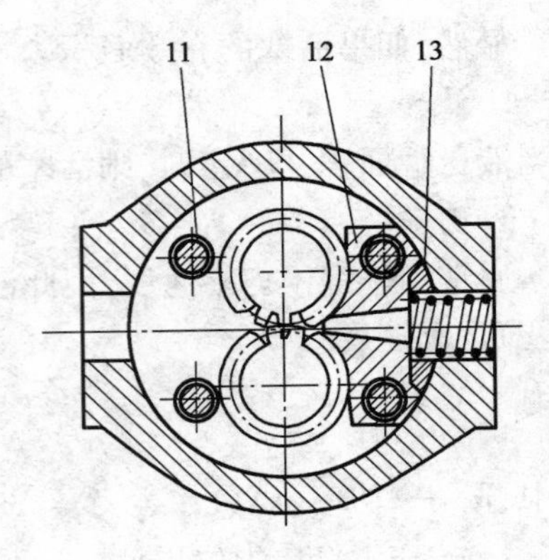

图 1-44 CBZ 型高压齿轮泵

1-主动齿轮轴；2-轴承；3-前泵盖；4-轴承；5-定位销；6-泵体；7-侧板；8-垫板；9-支承套；10-后泵盖；11-螺栓；12-径向密封块；13-鞍形密封圈

2. 柱塞泵

柱塞泵最显著的特点是压力高，流量脉动小，且流量容易调节。适用于工程机械高、中压液压系统。根据柱塞泵中柱塞的排列不同可将柱塞泵分为径向柱塞泵和轴向柱塞泵两大类。工程机械主要采用轴向柱塞泵。

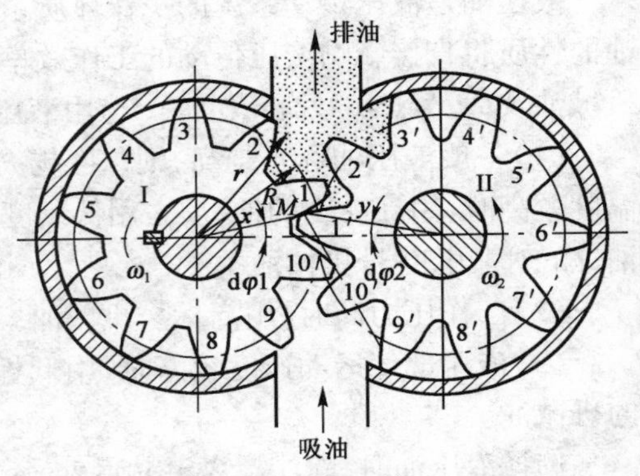

图 1-45 齿轮泵工作原理

轴向柱塞泵主要由柱塞 5、缸体 7、配油盘 10 和斜盘 1 等组成，工作原理图如图 1-46 所示。斜盘 1 和配油盘 10 固定不动，斜盘法线和缸体轴线间的交角为 γ。缸体由轴 9 带动旋转，缸体上均匀分布了若干个轴向柱塞孔，孔内装有柱塞 5，套筒 4 在弹簧 6 作用下，通过压板 3 而使柱塞头部的滑履 2 和斜盘压紧，同时套筒 8 则使缸体 7 和配油盘 10 紧密接触，起密封作用。当缸体按图示方向转动时，由于斜盘和压盘的作用，迫使柱塞在缸体内作往复运动。当缸孔自最低位置向前上方转动（前面半周）时，柱塞在转角 $0\sim\pi$ 范围内逐渐向左伸出，柱塞端部的缸孔内密封容积增大，经配油盘吸油窗口吸油。当柱塞在转角 $\pi\sim2\pi$（里面半周）范围内，柱塞被斜盘逐步压入缸体，柱塞端部密封容积减小，经配油盘排油窗口而压油。

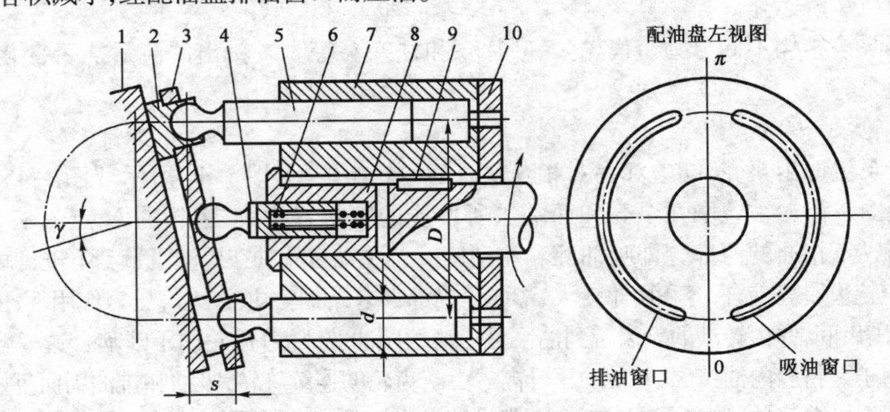

图 1-46 轴向柱塞泵的工作原理图

1-斜盘；2-滑履；3-压板；4-套筒；5-柱塞；6-弹簧；7-缸体；8-套筒；9-轴；10-配油盘

如果改变斜盘倾角 γ 的大小，就能改变柱塞的往复行程，也就改变了泵的流量。如果改变斜盘倾角的方向，就能改变泵的吸压油方向，就成为双向变量轴向柱塞泵。

图 1-47 为 CY 型轴向柱塞泵结构图，由泵体部分和变量机构两部分组成。

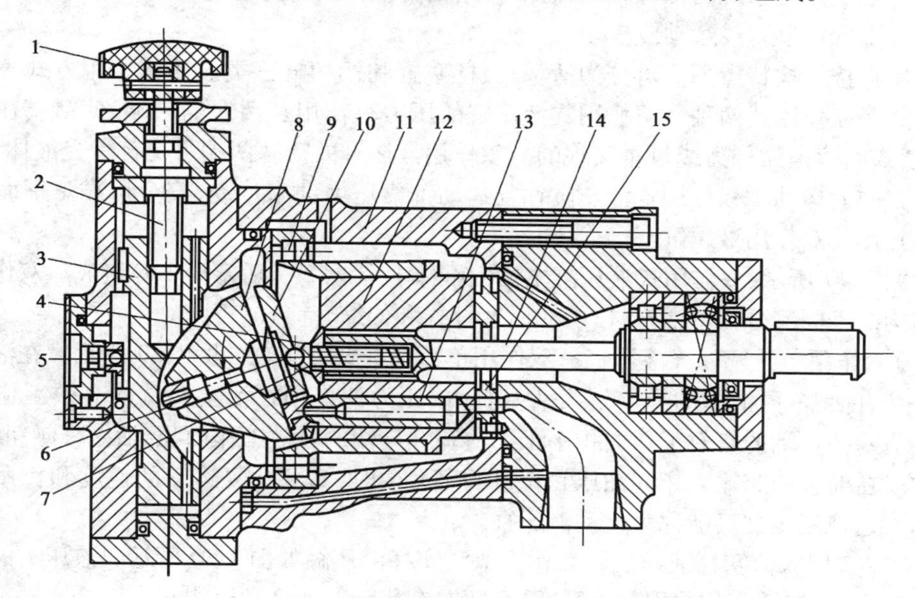

图 1-47　CY 型轴向柱塞泵结构图

1-手轮；2-调节螺杆；3-变量活塞；4-外套；5-钢球；6-销子；7-内套；8-斜盘；9-轴承；10-回程盘；11-壳体；12-旋转缸体；13-柱塞；14-传动轴；15-配流盘

轴向柱塞泵结构紧凑、径向尺寸小、密封性好、泄漏少、效率高、工作压力高、容易实现流量的调整和流向的改变。但是，它的结构复杂、价格较贵，适用于高压大功率系统。

（二）液压马达

液压马达是液压系统的执行元件，它是将液体的压力能转换为机械能的装置。液压马达实现机械的回转运动。

从工作原理来说，液压马达实质是液压泵工作的逆状态，从能量转换的观点看，液压马达和液压泵可互换使用。当原动机带动液压泵转动时，原动机的机械能转变为液体压力能；反之，当液压系统将压力油提供给马达转子时，则转子被推动而旋转，液体压力能又转变为机械能，即是液压马达。其结构可参见液压泵的结构。液压马达按结构也可分为齿轮式、叶片式和柱塞式三大类。下面以齿轮马达为例介绍其工作原理。

图 1-48 为齿轮马达的工作原理。M 点为两齿轮的啮合点，设齿高为 h，啮合点 M 到齿根的距离分别为 a 和 b，齿宽为 B。当压力油进入压力腔后，压力作用在齿面上（如图中的箭头所示，凡齿面两边受力平衡的部分都未用箭头表示），两个齿面上就各有一个使它们产生旋转的作用力 $pB(h-a)$ 和 $pB(h-b)$，其中 p 为输入油液的压力。在上述作用力的推动下，两齿轮按图示的方向旋转，并把油带到低压油腔排出。

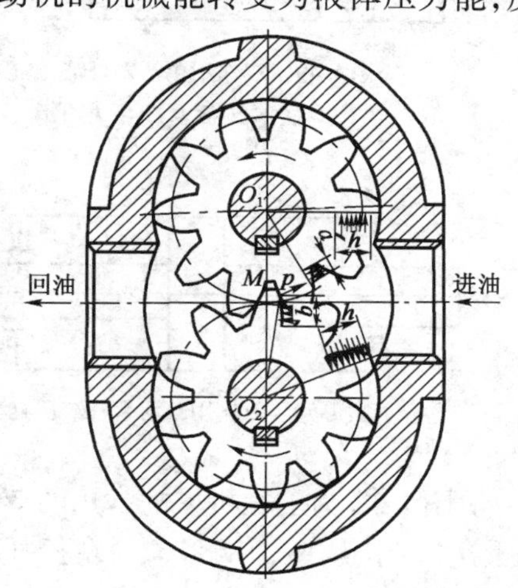

图 1-48　齿轮马达的工作原理

液压马达质量轻、结构紧凑易于实现无级变速，因此得到广泛的应用。

（三）液压缸

液压缸是液压系统的执行元件，它的作用是将液体的压力能转变为运动部件的机械能，使运动部件实现往复直线运动或摆动。

液压缸按结构特点不同可分为活塞缸、柱塞缸和摆动缸三类。按其作用方式不同可分为单作用式和双作用式两种。单作用式液压缸的压力只作用在活塞的一端，使活塞往一个方向运动，活塞回程是靠外力或自重实现的。双作用液压缸的活塞两端可交替承受液体压力，可实现两个方向的运动。双作用式液压缸往复运动都靠压力油来推动，安全可靠。下面介绍工程机械中常用的双作用液压缸。

如图1-49所示，双作用式液压缸主要由缸体1、活塞2和活塞杆3等组成。双作用式液压缸按结构的不同又分为单活塞杆式、双活塞杆式和伸缩套筒式三种。

(1)双作用单活塞杆式液压缸。双作用单活塞杆式液压缸如图1-49所示。在液压缸内活塞的一端有活塞杆，活塞的另一端无活塞杆，故压力油作用在活塞两端的有效工作面积不一样。有活塞杆一端的有效工作面积小于无活塞杆一端的有效工作面积，活塞杆越粗，则面积相差越大。在油缸两腔输入相同油压和流量的压力油时，活塞往复运动的速度和作用力都不相等，因此，这种液压缸又被称为差动液压缸。

(2)双作用双活塞杆液压缸。双作用双活塞杆液压缸如图1-50所示。液压缸的两端均有活塞杆伸出，两根活塞杆共用一个活塞，活塞左右移动的速度和行程相同。

(3)双作用伸缩套筒液压缸。双作用伸缩套筒液压缸如图1-51所示。它由缸体和多个互相联动的活塞杆组成，活塞可双向运动。其特点是：当其活塞杆缩回时，油缸尺寸很小，而活塞杆伸出时行程很大，适用于一般油缸无法满足长行程要求的机械。如汽车式起重机上的液压伸缩臂等。

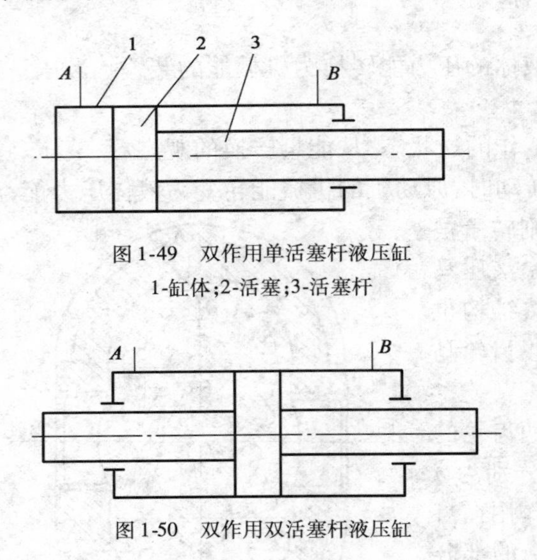

图1-49　双作用单活塞杆液压缸

1-缸体；2-活塞；3-活塞杆

图1-50　双作用双活塞杆液压缸

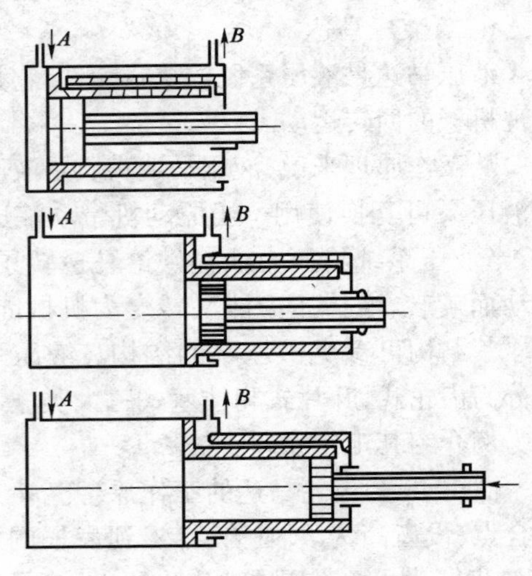

图1-51　双作用伸缩套筒液压缸

图1-52为工程机械的常用的双作用液压缸，主要由缸筒耳环1、活塞5、缸筒9、活塞杆10、缸盖11、卡键15、卡环16、活塞杆耳环19和密封圈等组成。

图1-52a)为内卡键连接的双作用液压缸，缸筒9一端与缸筒耳环1焊接，另一端与缸盖11采用卡键15连接，以便拆装检修，两端设有工作油口 A 和 B。活塞5与活塞杆10采用螺纹

连接,结构简单紧凑,并便于拆装。缸筒内壁表面应具有较低的粗糙度,为避免与活塞直接发生摩擦而发生拉缸事故,活塞上套有支承环6,通常用聚四氟乙烯或尼龙等耐磨材料制成,但不起密封作用。缸内两腔之间的密封是靠活塞上的格莱圈7密封的。活塞杆表面同样具有较低的粗糙度。活塞杆10与缸盖11之间采用斯特封12和Y形密封圈14密封。考虑到活塞杆外露部分会黏附尘土,缸盖孔口处设有防尘圈18。在缸底和活塞杆顶端的耳环上,有与工作机构连接用的销轴孔。该销轴孔必须保证液压缸为中心受压、活塞杆不受弯矩作用,为此,耳环内一般装有关节轴承。

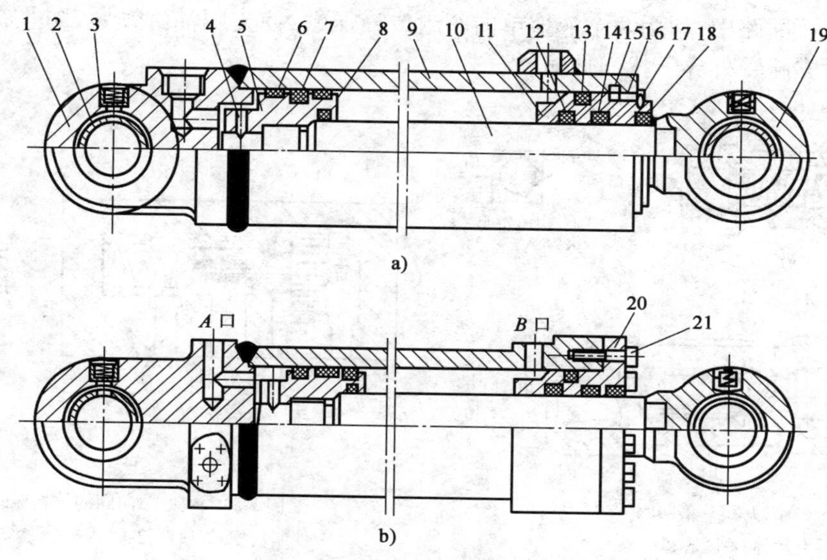

图1-52 HSG系列工程机械液压缸常用内部结构图

a)缸盖内卡键连接;b)缸盖法兰连接

1-缸筒耳环;2-关节轴承;3-油杯;4-定位销;5-内螺纹活塞;6-支承环;7-格莱圈;8-O形密封圈;9-缸筒;10-活塞杆;11-卡键式缸盖;12-斯特封;13-C形密封圈;14-Y形密封圈;15-卡键;16-挡环;17-挡圈;18-防尘圈;19-活塞杆耳环;20-法兰缸盖;21-螺栓

图1-52b)为法兰连接的双作用液压缸,缸筒一端与缸筒耳环焊接,另一端与缸盖20采用螺栓21连接,其他部分结构与内卡键油缸基本相同。

(四)控制元件

控制元件的作用是控制和调节液体压力的高低、流量的大小及液流的方向,以保证液压执行元件完成预定的动作,适应力(力矩)、速度和方向等方面的变化要求,从而保护液压系统能安全可靠地工作。根据控制元件在液压系统中的作用可分为方向控制阀、压力控制阀和流量控制阀三大类。

1. 方向控制阀

方向控制阀用于控制液压系统中液压油的流动方向,使执行元件按要求的动作进行工作。方向控制阀分为单向阀和换向阀两类。

(1)单向阀。单向阀的作用是使油液只向一个方向流动,反向流动截止。单向阀主要由阀体1、阀芯2和弹簧3等组成,如图1-53所示。阀芯在弹簧的作用下关闭阀体的进油口,当进油口的油压作用力高于阀芯弹簧的压紧力时,将阀芯顶起,接通油路,油从进油口流向出油口。而油液反向流入阀时,油的压力将阀芯紧紧压在阀体上,油路不通。

单向阀的阀芯有球阀和锥阀两种。球阀结构简单,但易产生泄漏、振动和噪声,一般用于流量小的油路上；锥阀图 1-53b）结构比较复杂，但密封性好，工作平稳可靠，在大多数情况下都采用锥阀。

（2）液控单向阀。液控单向阀除了具有普通单向阀的作用外，还可以通过接通控制压力油，使阀反向导通。图 1-54a）所示为液控单向阀的原理图。该阀主要由控制活塞 1、顶杆 2、阀芯 3、弹簧 4 和阀体 5 等组成。在控制油口 K 未接通压力油时此阀与普通单向阀作用相同。当需要反向导通时，在控制油口 K 接通压力油，活塞 1 向右移动，通过顶杆 2 顶开阀芯 3，使单向阀打开，液体从出油口 P_2 向进油口 P_1 反向流动。图 1-54b）为液控单向阀的图形符号。在起重机支腿液压回路中，利用两个液控单向阀组成液压锁，使支腿油缸锁紧，防止在吊装中或起重机行走时支腿受外界干扰而伸缩。

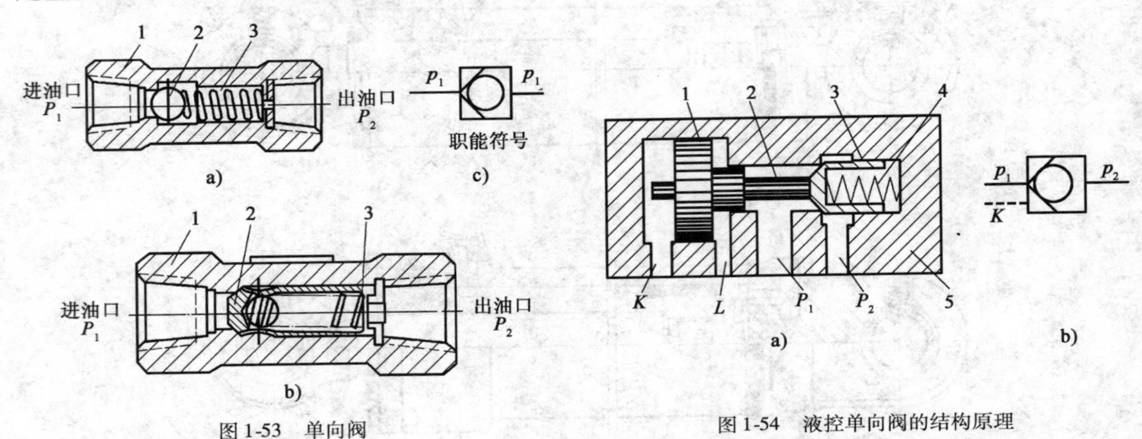

图 1-53　单向阀

1-阀体；2-阀芯；3-弹簧

图 1-54　液控单向阀的结构原理

1-控制活塞；2-顶杆；3-阀芯；4-弹簧；5-阀体

（3）换向阀。换向阀的作用是利用阀芯和阀体间的相对运动来切换油路，以改变油流方向，接通或关闭油路。

换向阀按阀芯在阀体内的工作位置数分为二位、三位和四位阀；按阀体与系统的油管连通数分为二通、三通、四通、五通和六通阀；按阀芯运动的操纵方式分为手动、电磁、液动和电液动阀；按阀芯与阀体的相对运动方式分为滑阀和转阀。因此，换向阀的全称应包含以上四个内容。如二位二通手动转阀、三位四通电磁滑阀。工程机械中多采用手动滑阀、液动和电液动阀。

换向阀的主要工作机构是阀体和阀芯。阀体内加工成环形通道，与阀芯上相应的沟槽相配合。操纵阀芯在阀体内移动时，就能改变各通道之间的连接关系，从而达到改变液流方向或接通和切断油路的目的。

图 1-55 为几种滑阀的结构原理和图形符号。图 1-55a）为二位二通滑阀；图 1-55b）为二位三通阀；图 c）为二位四通阀；图 d）为三位四通阀。在换向阀的图形符号中，方块数代表位数，在一个方块内的连接管数代表通数，方块中的箭头表示油流方向，方块中的"⊥"符号表示该油口被截断。为了便于连接管道，将各油口标以不同字母。P 表示供油口，T 表示回油口，A 和 B 表示与执行元件相接通的油口。

图 1-56 所示为操纵三位四通换向阀的阀芯在中位、左位和右位时，各通道之间的连接关系和油流的方向变化。该阀的元件符号如图 1-55d）所示。阀芯在中位时，进、回油油路和工作油路关闭，处于非工作状态。阀芯左位时，P 与 A 连通，给执行元件供压力油，B 与 T 连通回油。阀芯右位时，P 与 B 连通，给执行元件供压力油，A 与 T 连通回油。

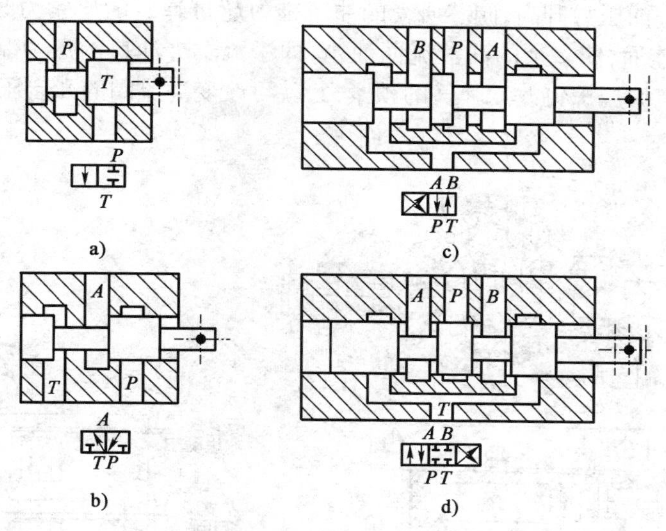

图 1-55　滑阀式换向阀的结构原理和图形符号

a）二位二通；b）二位三通；c）二位四通；d）三位四通

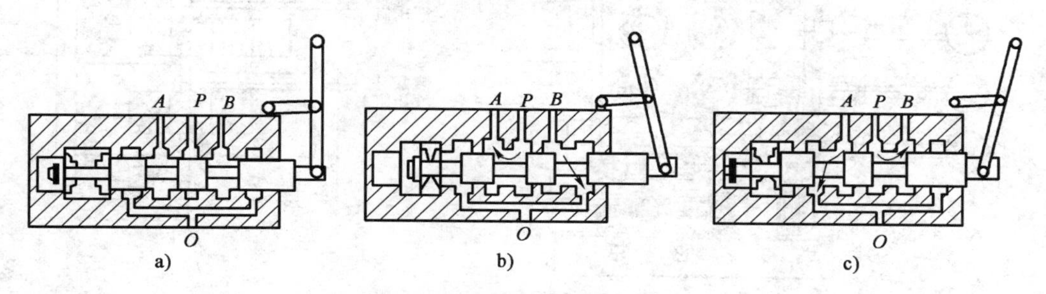

图 1-56　三位四通换向阀工作原理图

a）阀芯中位；b）阀芯左位；c）阀芯右位

图 1-57 为某挖掘装载机采用四联多路阀组，采用并联回路。液压泵来的液压油从 P 口进入阀组，然后分成两路，一路油经过各联换向阀中位回油道至 P' 口，通往另一组多路阀，另一路油进入各联换向阀的进油口。当多路阀中的任一联换向时，通往 P' 口的油路切断，高压油进入液压缸工作腔，推动工作机构运动，另一工作腔返回的油经 O 口回到液压油箱。

2. 压力阀

压力阀主要有溢流阀（安全阀）、减压阀、顺序阀等，用于控制和调节液压系统中的压力。它们的共同特点都是利用作用在阀芯上油液压力和弹簧力相平衡的原理进行工作的。

（1）溢流阀（安全阀）。溢流阀用于使系统的工作压力和油路的压力不超过规定的极限压力，以保证液压系统的安全。一般设置在油泵出口的溢流阀称为安全阀，安全阀使液压系统的工作压力保持恒定。设置在工作油路上的溢流阀使液压系统的局部压力保持恒定。溢流阀卸载后将多余的压力油通过管路流回油箱。

按工作原理溢流阀可分为直动式和先导式两类。

①直动式溢流阀。直动式溢流阀是依靠系统中的压力油直接作用在阀芯上与弹簧力相平衡来控制阀芯启闭动作的溢流阀。图 1-58 为直动式溢流阀工作原理图。阀体的内腔有两个环形槽，进油口 P 和出油口 T 分别与两槽相通。阀芯上端有弹簧压紧，另一端和进油口相通。常态时阀芯在弹簧的作用下处于底部，进、出油口被隔开，此时，阀芯底部油压力的作用力小于

弹簧的预紧力。当进油压力升高，阀芯所受的油压推力超过弹簧的压紧力时，阀芯抬起，将进油口 P 和出油口 T 连通，使多余的油液流回油箱，即溢流。进油口的压力基本保持在弹簧调整的压力。通过调节调压螺钉改变弹簧的预紧力，就可改变溢流阀的开启压力，从而起调节系统压力的作用。

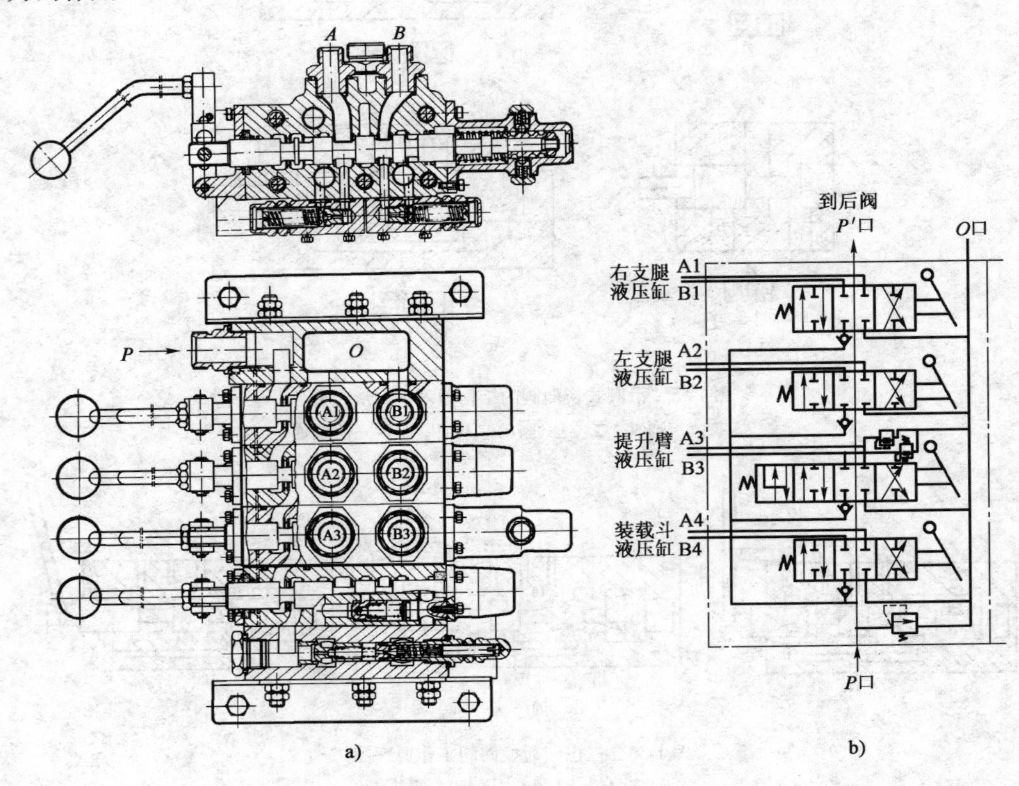

图 1-57　四联多路阀组结构图

a) 四联多路阀结构图；b) 四联多路阀结构原理

②先导式溢流阀。先导式溢流阀由先导阀和主阀两部分组成。图 1-59 所示为 Y 形先导式溢流阀的结构原理图。当压力油从系统流入主阀的进油口 P 以后，部分油液进入主阀芯1

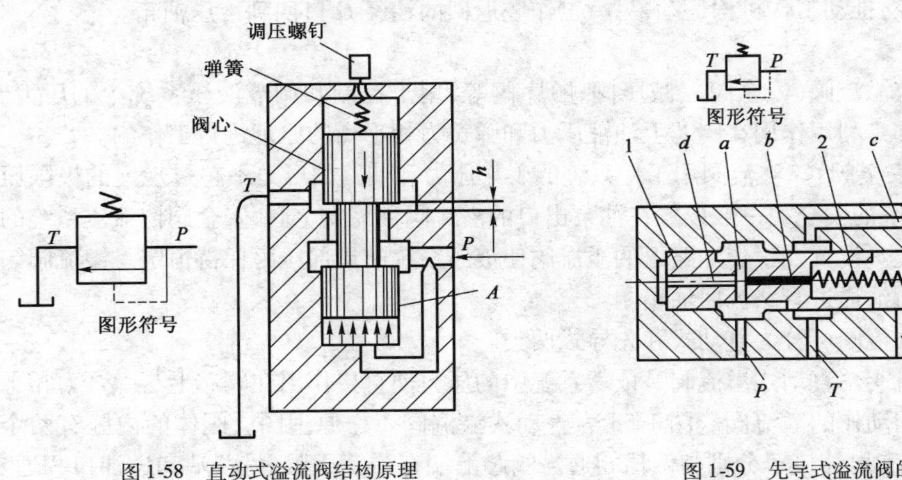

图 1-58　直动式溢流阀结构原理

图 1-59　先导式溢流阀的结构原理

1-主阀芯；2-平衡弹簧；3-螺钉；4-弹簧；5-导锥阀芯

的径向孔 a 后分成两路：一路经轴向小孔 d 流到阀芯的左端；另一路经阻尼小孔 b 流到阀芯的右端和先导锥阀芯 5 的底部（通常外控口 K_1 是被堵死的）。当作用在先导锥阀芯上的油压力小于调压弹簧 4 的作用力时，先导阀不打开，主阀芯也打不开。当系统压力升高，使锥阀芯底部的液压推力大于调压弹簧 4 的作用力时，锥阀便被顶开，部分油液经泄油孔 c 流到回油口 T 再流回到油箱。由于阻尼小孔 b 有较大的液阻，因而使主阀芯两端形成一定的压力差。在此压力差的作用下，主阀芯克服右端平衡弹簧 2 的压紧力向右移动，使进油口 P 和出油口 T 连通，系统中大部分压力油从此溢回油箱。

拧动螺钉 3，可调节弹簧 4 的作用力，从而调节系统的压力。

（2）减压阀。减压阀是利用油液流过缝隙时产生压降的原理，使系统某一支路获得比系统压力低而平稳的压力油的液压阀。

图 1-60 所示为先导式减压阀的结构原理图。压力为 p_1 的压力油从阀的进油口 P_1 流入，经过缝隙减压后压力降低为 p_2 从出油口 P_2 流出。当出口压力 p_2 大于调整压力时，锥阀就被顶开，主阀芯右端油腔中的部分油液经锥阀开口及泄油孔 L 流回油箱。由于主阀芯内部阻尼小孔的作用，主阀芯右端油腔中的油压降低，阀芯失去平衡而向右移动，使缝隙 δ 减小，减压作用增强，使出口压力 p_2 降低至调整的数值。当出口压力小于调整压力时，其作用过程与上述过程相反。减压阀出口压力的稳定数值可以通过上部调压螺钉来调节。

（3）顺序阀。顺序阀是利用油路中压力的变化控制阀口启闭，以实现执行元件顺序动作的液压阀。其结构与溢流阀类同。所不同的是溢流阀将油流回油箱，而顺序阀的出油口与第二个执行元件的进油口连通。

图 1-61 所示为顺序阀的工作原理图。压力油从进油口 P_1 进入阀内，经油孔 K 作用于阀芯底部，当压力较低不能克服阀芯上部弹簧力时，阀芯不动，进、出油口不通。当进油口压力上升到一定值达到预调的数值以后，阀芯克服弹簧力的预紧力向上运动，进、出油口连通，压力油就从阀中通过，从出油口 P_2 流出进入第二个执行元件做功。顺序阀开启压力的大小可用调压螺钉来调节。

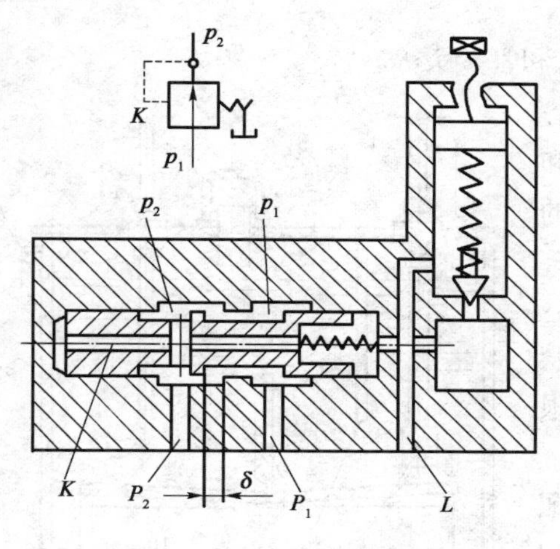

图 1-60 减压阀的结构原理和符号

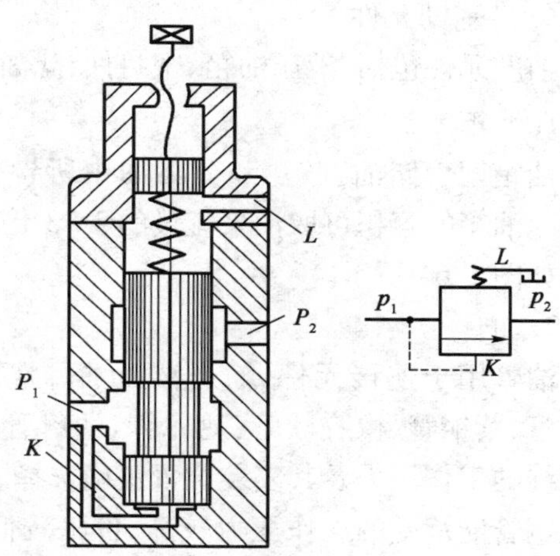

图 1-61 顺序阀的结构原理和符号

3. 流量控制阀

流量阀用于控制流量，调节执行机构的运动速度，其调速原理均为改变通流面积来控制流量的大小，从而使机构获得所需要的工作速度。常用的有节流阀和调速阀等。

(1)节流阀。节流阀是最基本的流量控制阀。图1-62所示为节流阀的结构原理图。液压油从进油口 P_1 流入,经过阀芯下端轴向三角槽式节流口 P_2 从出油口流出。拧动阀上方的调节螺钉,可使阀芯做轴向移动,从而改变阀口的流通面积,使通过的流量得到调节。节流口的形式很多,其工作原理相同。

节流阀结构简单,使用方便。但负载和温度的变化对流量稳定性的影响较大,因此只适用于负载和温度变化不大或速度稳定性要求不高的液压系统。

(2)调速阀。图1-63所示为调速阀工作原理图。调速阀是由定差减压阀和节流阀串联而成的组合阀。节流阀用来调节通过的流量,定差减压阀则自动补偿负载变化的影响,使节流阀前后的压差为定值,消除了负载变化对流量的影响,常用于对速度稳定性要求高的液压系统中。

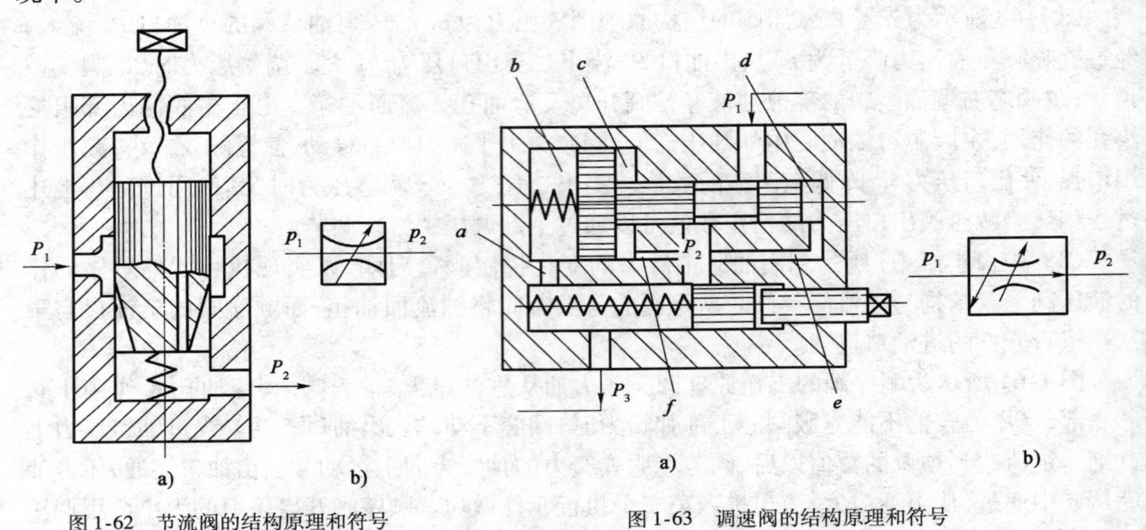

图1-62 节流阀的结构原理和符号

图1-63 调速阀的结构原理和符号

(五)辅助元件

辅助元件包括:液压油箱、密封件、滤油器、油管和管接头等。

1.油箱

油箱用于储油、散热和分离油中所含的空气和杂质。油箱的容积可取油泵流量的2~3倍。油箱的结构如图1-64所示。

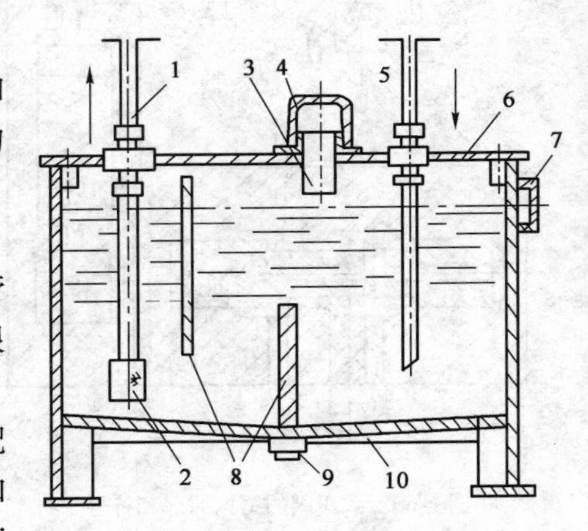

图1-64 液压油箱结构示意图

1-吸油管;2-网式滤油器;3-滤油网(兼作空气滤清器);4-通气孔;5-回油管;6-顶盖板;7-油面指示器;8-隔板;9-放油塞;10-箱体

2.油管

油管用于连接元件,输送液压油。常用的油管有钢管、紫铜管、橡胶软管、尼龙管、塑料管等。需根据系统的工作压力及其安装位置正确选择。

钢管能承受的工作压力较高,价格较低,但装配时不能任意弯曲,多用于装配位置比较方便、固定和功率较大的液压系统中。高压软管由耐油橡胶夹钢丝编织网制成,用作两相对运动部件的连接油管,如图1-65所示。低压软管由耐油橡胶夹帆布制成,一般只用作回油管。

3. 管接头

在液压系统中,金属油管之间及金属油管与液压元件之间的连接,一般采用法兰连接和管接头连接。法兰连接主要用于大口径的管道连接,一般耐压可达 6.5 ~20MPa。直径在 50mm 以下金属管普遍采用管接头连接。常用的有焊接式和卡套式管接头。

(1)焊接式管接头。焊接式管接头如图 1-66 所示。在油管端部焊一管接头接管 2,用螺母 3 将接管 2 与接头体 1 连接起来。接管与接头体接合处用 O 形圈和组合密封垫圈密封。

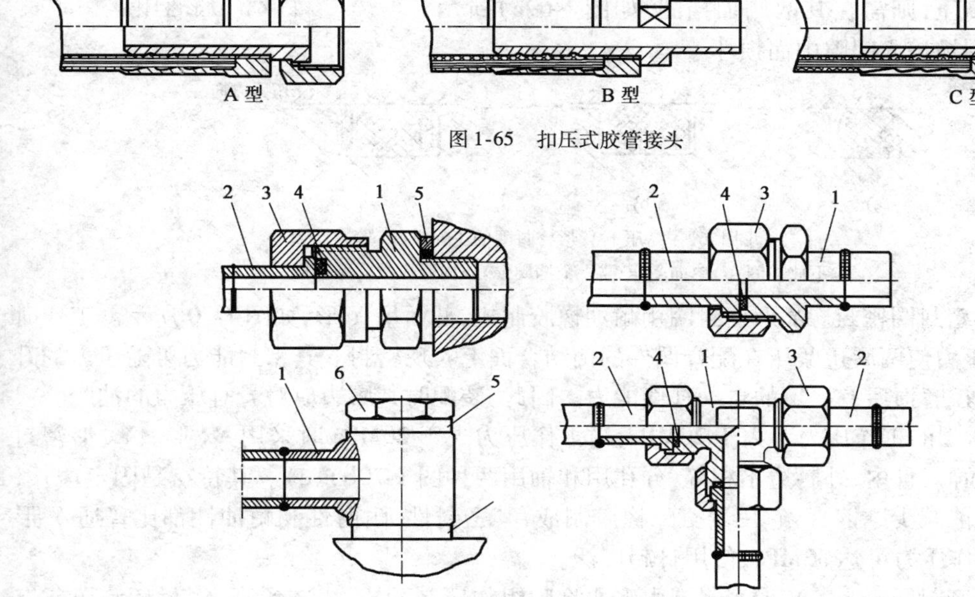

图 1-65　扣压式胶管接头

图 1-66　焊接式螺纹连接管接头

1-接头体;2-接管;3-螺母;4-O 形密封圈;5-组合垫圈;6-铰接螺栓

(2)卡套式管接头。卡套式管接头如图 1-67 所示。拧紧螺母 3 时,卡套 4 使接管 2 的端面与接头体 1 的端面彼此压紧。这种连接由于卡套具有良好的弹性,故能耐较大的冲击和振动,性能可靠,装卸方便,工作压力可达 32MPa,是应用较广的一种连接方式。

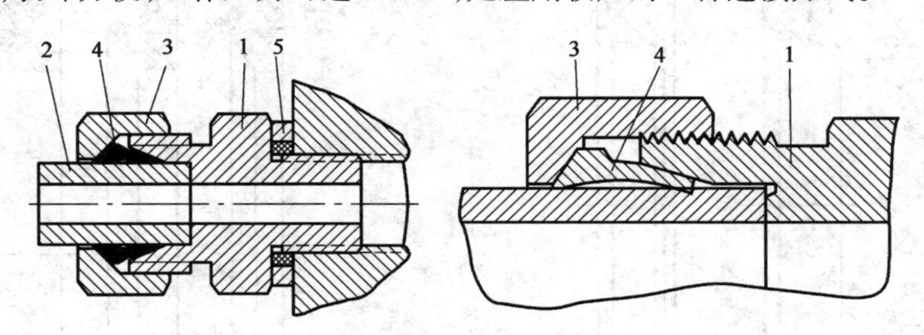

图 1-67　卡套式管接头

1-接头体;2-接管;3-螺母;4-卡套;5-组合垫圈

4. 密封装置

密封装置是防止压力油泄漏的一种手段。常采用的有 O 形、V 形、Y 形和 U 形等密封件。密封件已标准化,需用时可以从液压手册中查取。

(1)O 形密封圈密封。O 形密封圈一般用耐油橡胶制成,截面为圆形,如图 1-68 所示。它结构简单、制造容易、成本低,密封性好,动摩擦阻力小,使用非常方便,因此应用广泛。

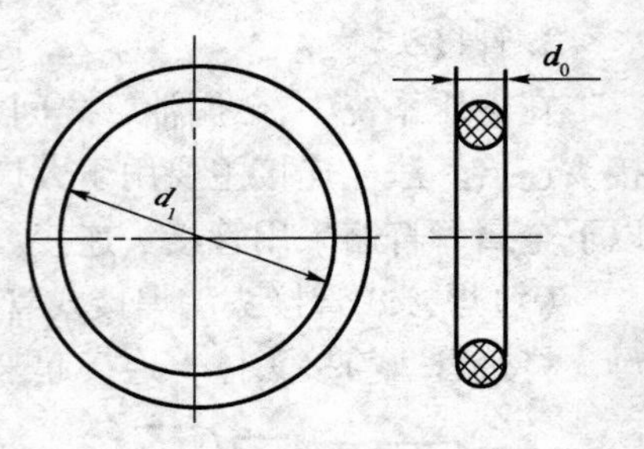

图 1-68 O 形密封圈

O 形密封圈安装时,要有合适的预压紧量如图 1-69a)所示。它在沟槽中受到油压作用变形,会紧贴槽侧及配合偶件的壁,因而其密封性能可随压力的增高而提高。在使用 O 形密封圈时,若工作压力大于 10MPa,需在密封圈低压侧设置聚四氟乙烯或尼龙制成的挡圈,如图 1-69b)所示。若其双向受高压,则需在其两侧加挡圈,如图 1-69c)所示,以防止密封圈被挤入间隙中而损坏。

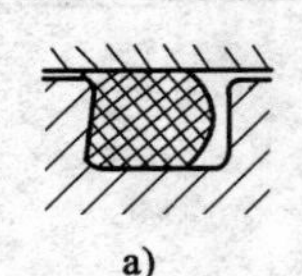
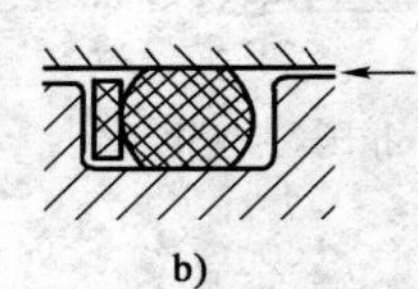
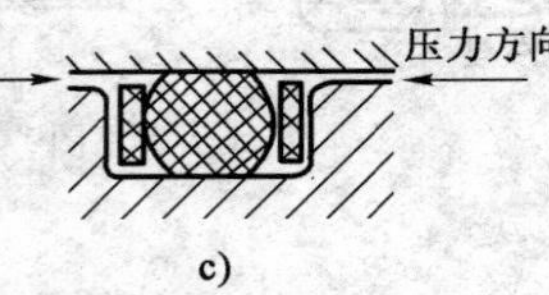

a) b) c)

图 1-69 高压下 O 形密封圈的工作情况

a)不放挡圈;b)单向受压 放一个挡圈;c)双向受压放二个挡圈

(2)Y 形密封圈密封。Y 形密封圈用耐油橡胶制成,截面呈 Y 形,如图 1-70 所示。工作时它利用油的压力使两唇边紧压在配合偶件的两结合面上实现密封。其密封能力可随压力的升高而提高,并在磨损后有一定的自动补偿能力。因此,装配时其唇边应对着有压力的油腔。

Y 形密封圈的工作压力不大于 20MPa,当工作压力大于 20MPa 时采用 Yx 形。Yx 形密封圈的截面宽而薄,且内、外唇边不相等,分孔用和轴用两种图 1-70b)、c)。其特点是固定边长,滑动唇边短(能减少摩擦)。它用聚氨酯橡胶制成,其密封性、耐磨性和耐油性都比普通 Y 形密封圈好,工作压力可达 32MPa,使用日趋广泛。

(3)V 形密封圈密封。V 形密封圈由多层涂胶织物压制而成,由支承环、密封环和压环三环叠加在一起使用,形状如图 1-71 所示。当工作压力高于 10MPa 时可增加密封环的数量。安装时应将密封环的开口面向压力油腔。调整压环压力时,应以不漏油为限,不可压得过紧,以防密封阻力过大。

a) b) c)

图 1-70 Y 形密封圈

a)普通 Y 形;b)Yx 形(孔用);c)Yx 形(轴用)

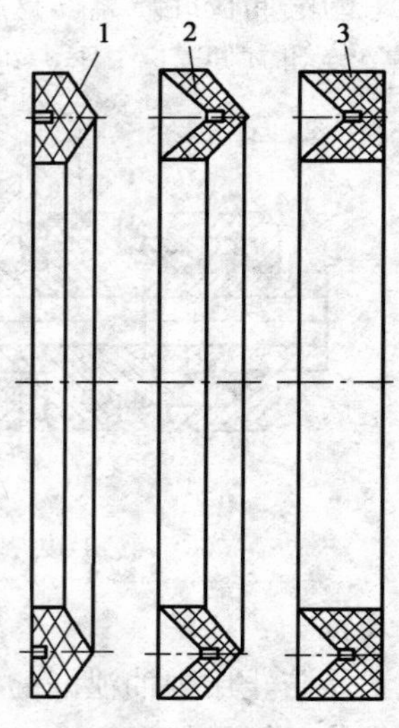

图 1-71 V 形密封圈

1-支承环;2-密封环;3-压环

V形密封圈密封长度大，密封性能好，摩擦阻力大，主要用于压力较高，移动速度较低的场合。

5. 滤油器

滤油器是用来清除液压油中的各种杂质，以免划伤、磨损有相对运动的零件，避免堵塞零件上的小孔及缝隙，影响系统正常工作。滤油器可以使油液保持清洁，保证液压系统正常工作，提高液压元件的寿命。

滤油器的过滤精度是指滤油器滤除杂质颗粒直径 d 的公称尺寸（单位 μm）。滤油器按过滤精度不同可分为四个等级：粗滤油器（$d \geqslant 100\mu m$）；普通滤油器（$d \geqslant 10 \sim 100\mu m$）；精滤油器（$d \geqslant 5 \sim 10\mu m$）；特精滤油器（$d \geqslant 1 \sim 5\mu m$）。

滤油器按滤芯的材料和结构形式分为网式、缝隙式、纸芯式、烧结式及磁性滤油器等。

（1）网式滤油器如图1-72所示，是在金属筒形骨架上包着一层或两层铜丝网，过滤精度由网孔大小和层数决定，有80μm、100μm和180μm三个等级。网式滤油器结构简单，清洗方便，通油能力大。但过滤精度低，常用于吸油管路对油液进行粗滤。

（2）缝隙式滤油器如图1-73所示，它用铜线或铝线密绕在筒形芯架的外部构成滤芯，装在壳体内。油液经线间缝隙和芯架槽孔流入滤油器内，再从上部孔道流出。该滤油器控制的精度在30～100μm之间，结构简单，通油能力大，过滤效果好，但不易清洗。

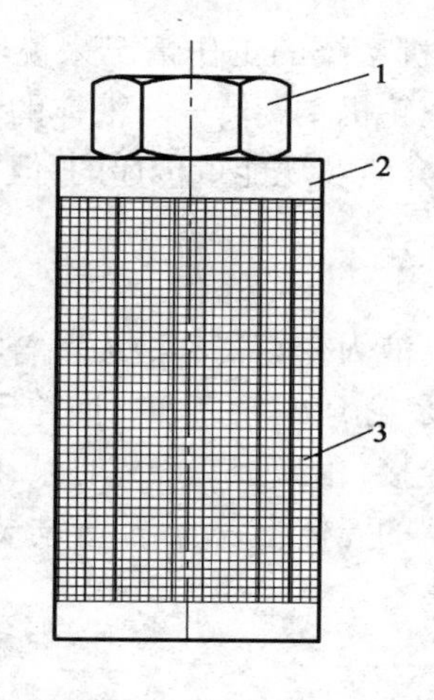

图1-72　网式滤油器

1-螺纹接口；2-筒形骨架；3-铜丝滤网

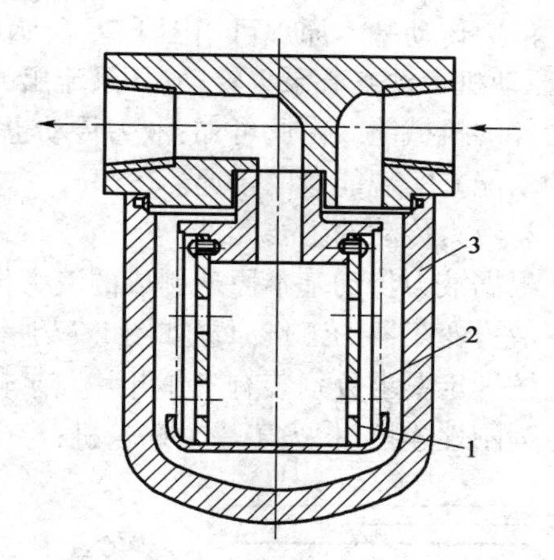

图1-73　缝隙式滤油器

1-芯架；2-绕线；3-壳体

（3）纸芯式滤油器如图1-74所示，又称纸质滤油器，滤芯为纸质。滤芯由三层组成：外层为粗眼钢板网；中层为折叠的星状滤纸；内层由金属丝网与折叠滤纸组成，提高滤芯强度。纸质滤油器的过滤精度高（5～30μm），可在高压（38MPa）下工作，结构紧凑，通油能力较大。缺点是无法清洗，须定期更换。

（4）烧结式滤油器。如图1-75所示，滤芯按需要制成不同的形状、选择不同粒度的粉末烧结成不同厚度，获得不同的过滤精度（10～100μm）。烧结式滤油器的过滤精度较高，滤芯的强度高，抗冲击性能好，能在较高的温度下工作，有良好的抗腐蚀性，且制造简单。缺点是易堵塞、难清洗，烧结颗粒在使用中可能会脱落。

（5）磁性滤油器，是利用磁铁吸附油液中的铁质微粒，对其他污染物不起作用，它可作为复式滤油器的组成部分。

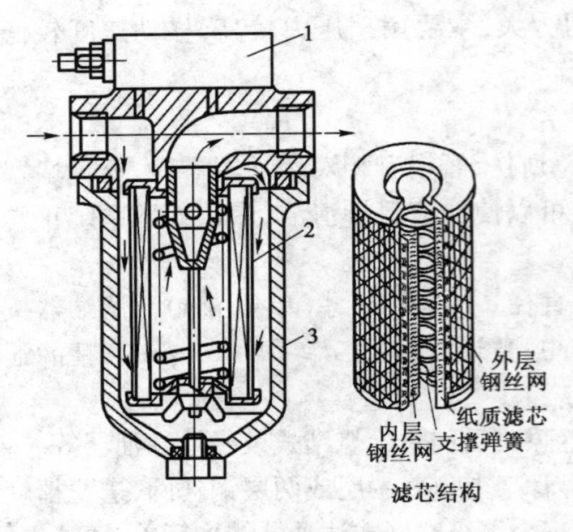

图 1-74　纸质滤油器

1-堵塞状态发讯装置;2-滤芯;3-壳体

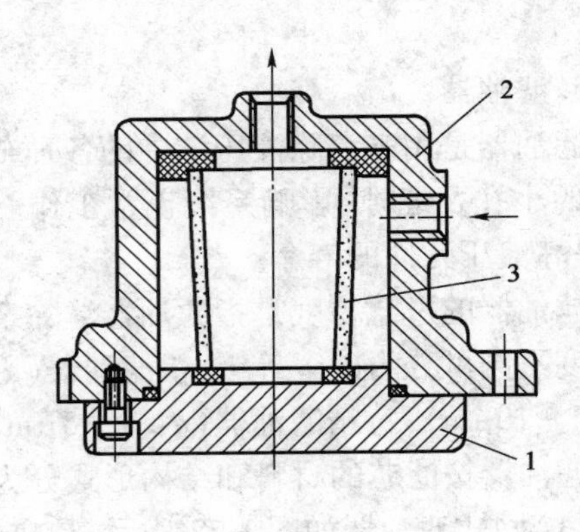

图 1-75　烧结式滤油器

1-端盖;2-壳体;3-滤芯

三、液力传动基本知识

1. 液力传动的原理

液力传动基本原理可用图 1-76 所示的离心泵—蜗轮机系统的工作情况来说明其工作原理:原动机带动离心泵 1 转动,从泵流出的高速液体推动蜗轮机 4 旋转——液体的动能转变为从动件的机械能。由此可知:液力传动也是以液体为工作介质实现能量传递的,但它是借助液体的动能来实现能量的传递。

2. 液力传动的主要元件

根据液力传动基本原理制成的液力传动元件,主要有:液力变矩器和液力耦合器。

液力变矩器的工作原理如图 1-77 所示。机壳内安装泵轮 1、蜗轮 2 和导向轮 3 等,在三个轮上按一定要求分别装有工作叶片。泵轮与输入轴刚性连接,相当于一个离心泵;蜗轮与输出轴也为刚性连接,相当于一个蜗轮机;导向轮固定在变矩器的壳体上,相当于导向装置。

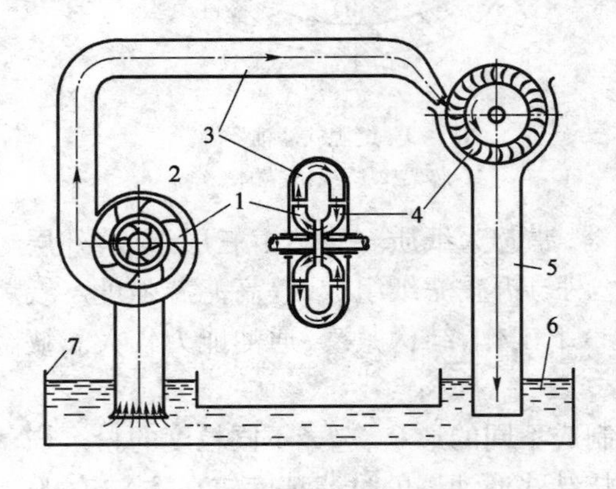

图 1-76　液力传动基本原理

1-离心泵;2-叶轮;3-进水管;4-蜗轮机;5-回水管;6-液体;7-水箱

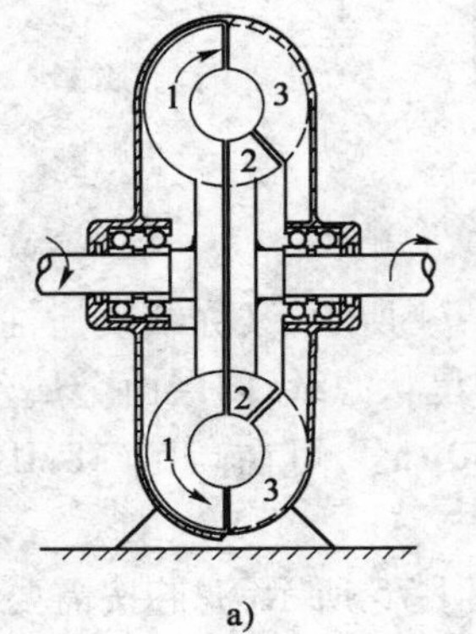

图 1-77　液力变矩器原理简图与结构图

a)原理简图;b)结构图

1-泵轮,2-蜗轮,3-导向轮

当原动机通过输入轴带动泵轮 1 转动,泵轮将原动机能量转换成液体动能,使液体按箭头所示方向,经导向轮 3 后,高速流入蜗轮 2 中,推动蜗轮转动,并将液体动能转换成机械能经输出轴输出。液体由蜗轮流出后，又返回泵轮，如此循环流动，形成液力变矩器的正常运转。液力变矩器最大特点是通过导向轮的作用使输出轴转矩增大，故名变矩器。输出轴转矩与输入轴转矩的比值称为液力变矩器的变矩系数，变矩器的变矩系数可达1.6~5左右。

液力变矩器按结构特点可分为单级与多级两类。在单级变矩器中，液流在循环圆中只经过一列蜗轮与导轮的叶片，其结构简单，效率高。多级变矩器中，液流在循环圆内要经过多列蜗轮与导轮的叶片，可获得较高的变矩系数。在筑路机械上大多采用这种类型。

作业与复习题

1. 工程机械的传动装置主要有哪几种类型？其主要功能和各自的特点是什么？
2. 带传动与链传动各有何特点？举例说明在工程机械中的应用？
3. 齿轮传动的类型有哪些？各有何特点？
4. 何谓传动比？齿轮传动的传动比如何计算？轮系传动比怎么计算？
5. 说明减速器和变速器的差异？举例说明在工程机械中的应用？
6. 轴的类型有几种，各种轴的受载特点有何不同？
7. 试述轴承的类型、特点和应用场合？
8. 叙述联轴器的作用、类型和应用场合？
9. 简述工程机械液压传动的工作原理？
10. 工程机械液压系统有哪几部分组成？各起什么作用？
11. 叙述齿轮泵和柱塞泵的结构和工作原理。
12. 液压泵与液压马达工作原理有何区别？
13. 简述方向、压力和流量控制阀的类型和各自的作用。
14. 液压系统的辅助元件有哪些？各起什么作用？
15. 叙述液力变矩器的组成及其工作原理。

第二章　工程机械动力装置

一、概述

动力装置是驱动工程机械进行工作的源动力。工程机械采用的动力装置主要有蒸汽机、内燃机、空气压缩机和电动机等。由于要满足工程机械的施工特点和结构要求，动力装置多采用内燃机作动力。

内燃机是一种将热能转变为机械能的热力发动机。它是将燃料和空气混合成可燃混合气，在汽缸内燃烧转变为"热能"，再通过一定的机构使之再转变为"机械能"。由于燃料的燃烧是在产生动力的空间（通常为汽缸）中进行的，因此它被称为内燃机。内燃机具有结构紧凑、轻便、热效率高以及起动性好、功率和转速范围大等优点，在无电源供应的固定式或移动式的工程机械上被普遍采用。

二、内燃机的分类型号

内燃机按照所用燃料的不同可分为柴油机、汽油机和煤气机三种。

内燃机按照冷却方式不同分为水冷式和风冷式两种。工程机械多数是水冷式的。

按照完成一个工作循环所需的行程数可分为四冲程和二冲程内燃机。

按照进气是否增压可分为增压式和非增压式内燃机。

内燃机的型号由气缸数、机型、缸径、特征及变型代号等组成，其编制规定如下：

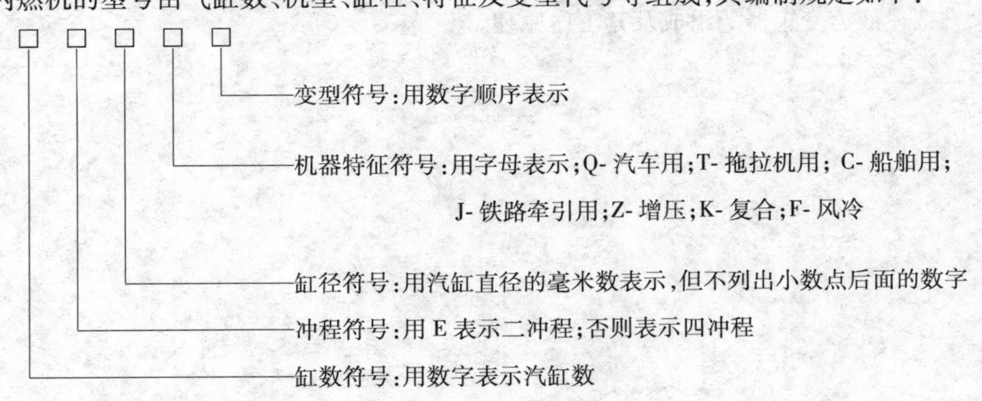

内燃机型号编制举例：

1）6135 柴油机：表示 6 缸四冲程，缸径为 135mm，水冷式。

2）8E430Z 柴油机：表示 8 缸二冲程，缸径为 430mm，带增压器。

三、内燃机的基本原理

内燃机主要由排气门 1、进气门 2、喷油器 3、汽缸 4、活塞 5、活塞销 6、连杆 7 和曲轴 8 等组成。图 2-1 所示为单缸四冲程柴油机的结构简图。

由图 2-1 可以看出,活塞在汽缸中上、下各移动一个行程,曲轴旋转一圈。活塞在离曲轴中心最远处,即活塞顶在最高位置,称为上止点。活塞离曲轴中心最近处,即活塞顶在最低位置,称为下止点。上、下止点间的距离 S 称为活塞行程。曲轴与连杆下端的连接中心至曲轴中心的距离 R 称为曲轴回转半径,则活塞行程等于曲轴回转半径 R 的两倍,即 $S=2R$。在上、下止点时,活塞的运动方向改变,同时它的速度等于零。

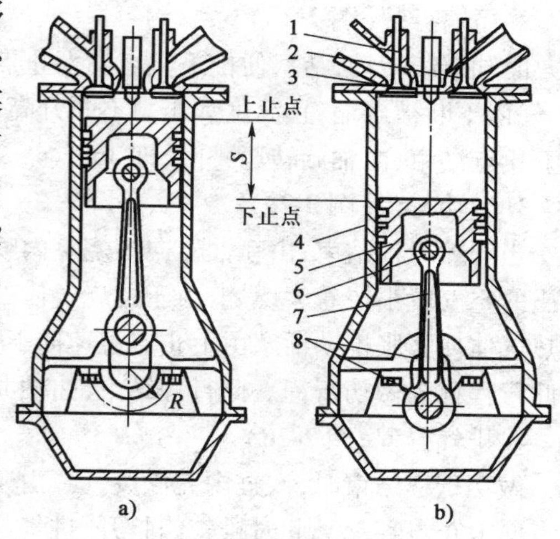

图 2-1 单缸四冲程柴油机结构简图

a)活塞在上止点;b)活塞在下止点

1-排气门;2-进气门;3-喷油器;4-汽缸;5-活塞;6-活塞销;7-连杆;8-曲轴

活塞从上止点移动到下止点所扫过的容积,称为汽缸的工作容积,以 V_h 表示。活塞运动到上止点时,活塞顶上部的汽缸容积,称为燃烧室容积,以 V_c 表示。活塞移动到下止点时,活塞顶上部汽缸容积,称为汽缸总容积,以 V_a 表示。汽缸总容积为燃烧室容积与汽缸工作容积之和,即 $V_a=V_h+V_c$。

汽缸总容积与燃烧室容积之比,表示汽缸中气体压缩的程度,称为压缩比,以 ε 表示。$\varepsilon=V_a/V_c$ 它是内燃机的一个重要技术指标(压缩比高,热效率亦高)。一般汽油机的压缩比为 6~10;柴油机的压缩比约为 12~22。

(一)单缸四冲程柴油机的工作原理

如图 2-2 所示为单缸四冲程柴油机的工作过程示意图。四冲程柴油机由进气、压缩、做功和排气四个行程组成一个工作循环。

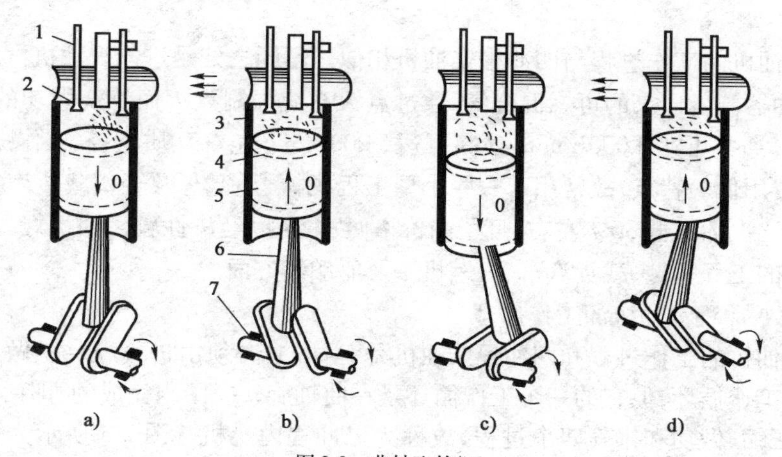

图 2-2 曲轴飞轮组

a)进气过程;b)压缩过程;c)做功过程;d)排气过程

1-进气管;2-进气门;3-汽缸;4-活塞环;5-活塞;6-连杆;7-曲轴

1. 进气行程(图 2-2a)

当曲轴转动,活塞由上止点向下止点移动,由于汽缸容积增大,(此时进气门开启,排气门关闭)新鲜空气便在汽缸内外压力差的作用下被吸入汽缸内。当活塞移动到下止点,进气门关闭,进气行程结束,此时曲轴旋转半圈,即 180°。

2. 压缩行程(图 2-2b)

曲轴继续转动,活塞便由下止点向上止点移动。由于进、排气门均关闭,汽缸容积不断减小,气体不断被压缩,且温度和压力不断升高,为喷入柴油自行着火创造了有利条件,压缩行程至上止点结束,曲轴旋转至一圈,即 360°。

3. 做功行程(图 2-2c)

当压缩行程结束,由喷油器向燃烧室内喷入一定数量的高压雾化柴油,雾化柴油遇到高温高压的空气就很快着火燃烧,由于燃烧气体的温度高达 2 000 ℃,压力达到 6 000 ~ 9 000kPa,受热气体便膨胀推动活塞由上止点迅速向下止点移动,并通过连杆迫使曲轴旋转而产生动力,故此行程称为做功行程。此行程结束,曲轴共旋转一圈半,即 540°。

4. 排气行程(图 2-2d)

做功行程结束时,汽缸内充满废气。由于飞轮的惯性作用使曲轴继续旋转,推动活塞由下止点向上止点移动。此时排气门打开,进气门仍关闭。做功后的废气压力高于外界大气压力,废气在压力差及活塞的排挤作用下,迅速经排气门排出汽缸外。当活塞移动到上止点时,排气行程终止,曲轴共旋转两圈,即 720°。

活塞经过上述四个连续行程,曲轴旋转两圈即完成了一个工作循环。当活塞再次从上止点向下止点移动,又重新开始进行下一个工作循环。这样周而复始地继续下去,柴油机就能保持连续运转而做功。

四冲程内燃机每完成一个工作循环,其中只有一个是做功行程,其余三个都是为了完成做功行程而必需的辅助行程,是消耗动力的。由于曲轴在做功行程时的转速大于其他三个行程的转速,因此单缸内燃机的工作不平稳。多缸内燃机就可克服这个弊病。例如四缸四冲程内燃机的一个工作循环中每一行程均有一个汽缸为做功行程。因此,曲轴旋转较均匀,内燃机工作就较平稳。

四冲程汽油机的工作过程与四冲程柴油机相似。不同之处是进入汽油机汽缸的不是纯空气,而是由化油器制备出来的可燃混合气,通过点火系统强制点火而燃烧做功的。同时,汽油机具有转速高(通常可达 3 000r/min,最高可达 5 000r/min 左右)、质量轻、工作噪声小、启动容易、制造维修费用低等特点,故常用于一些小型工程机械、小客车及轻型载货汽车上。柴油机的耗油率平均比汽油机低 30% 左右,且柴油价格便宜,所以经济性较汽油机好,故柴油机广泛应用于大中型的工程机械、载货汽车、内燃机车及船舶等方面。

(二)单缸二冲程汽油机的工作原理

二冲程汽油机的工作过程和四冲程柴油机是一样的,必须由进气、压缩、做功和排气四个过程组成一个工作循环,但它的一个工作循环是在曲轴旋转一圈内完成的,即活塞在两个行程内完成进气、压缩、做功和排气四个过程,故称为二冲程内燃机。图 2-3 所示为单缸二冲程汽油机的工作原理图。

汽油机的汽缸上有三个孔,即进气孔 1、排气孔 2 和换气孔 3;进气孔与曲轴箱和化油器连通,混合气经曲轴箱由换气孔进入汽缸,其工作过程如下:

1. 第一个活塞行程

曲轴旋转推动活塞由下止点向上止点移动。当活塞将汽缸上的三个孔全部关闭时,汽缸内的混合气体被压缩(图 2-3a)。同时因活塞上行,曲轴箱内的容积增大,压力下降。当活塞上行使进气孔 1 开启,在大气压力作用下化油器供应的混合气进入曲轴箱(图 2-3b)。

2. 第二个活塞行程

当活塞上行接近上止点时，由电火花点燃汽缸内的混合气，活塞在燃气压力作用下，向下移动而对外做功(图 2-3c)。活塞下移到关闭进气孔时，进入曲轴箱内的混合气就被预压。当活塞继续下行越过排气孔后，燃烧后的废气就从排气孔排入大气；同时，换气孔 3 也被开启，曲轴箱内被预压的混合气通过换气孔进入汽缸，并将剩余的废气驱出缸外(图 2-3d)。

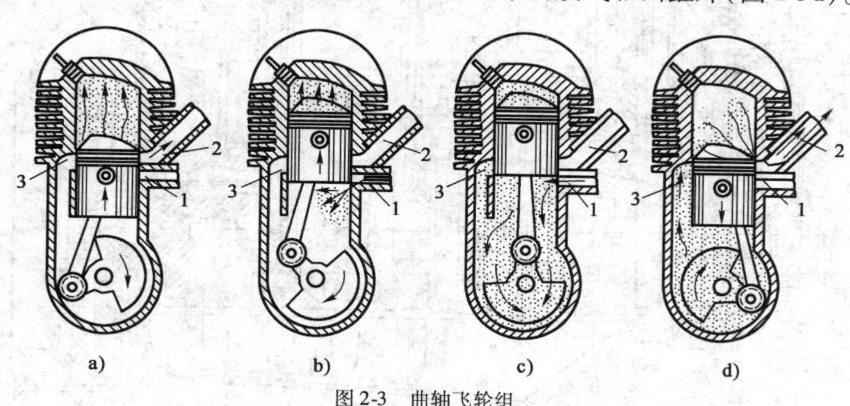

图 2-3　曲轴飞轮组

a)压缩；b)进气(到曲轴箱)；c)做功；d)排气(换气)

1-进气孔；2-排气孔；3-换气孔

由此可知，活塞第一行程完成进气缸压缩两个过程；而活塞的第二个行程又完成了做功和排气两个过程。曲轴旋转一周，活塞往复运动一次即两个行程，就完成了一个工作循环。二冲程汽油机具有体积小、质量轻、结构简单、工作平稳等优点，但由于它的废气排出不干净，并有部分未燃混合气随废气排走，燃油消耗多，因此不经济。二冲程汽油机主要用于摩托车或作柴油机的启动机用。

四、内燃机构造

内燃机由机体、曲柄连杆机构、配气机构、燃料供给系统、润滑系统、冷却系统和起动装置等组成，如图 2-4 所示。这些机构和系统共同保证内燃机进行正常的工作循环，实现能量转换。下面介绍四行程内燃机的总体构造。

1. 机体

机体包括汽缸盖 3、汽缸体 7 和油底壳 11 等(图 2-4)。汽缸体的结构如图 2-5 所示。机体是柴油机各机构及各系统的装配基体，它具有足够的刚度和强度。汽缸套镶在汽缸体内组成汽缸，汽缸套直接与冷却水接触。汽缸盖安装在汽缸体上部，用来密封汽缸使其形成燃烧室。它的上部装有火花塞(或喷油器)等零件，内部设有空心套，用来储存冷却水，使做功后的内燃机迅速冷却。为了散热，在汽缸套的外面设有水套(水冷却)或散热片(风冷却)。下曲轴箱又称油底壳，位于汽缸体底部，用来盛装润滑油。

2. 曲轴连杆机构

曲轴连杆机构是内燃机完成能量转换的基本机构。包括活塞连杆组和曲轴飞轮组。

(1)活塞连杆组

活塞连杆组主要由活塞 1、活塞环、活塞销 8 和连杆 10 等部分组成，如图 2-6 所示。连杆小头通过活塞销 8 与活塞 1 连接，连杆大头与曲轴连接，活塞 1 直接承受燃烧气体的压力，并将此力通过活塞销 8 传给连杆 10，将活塞的往复直线运动变为曲轴的旋转运动。活塞上部的

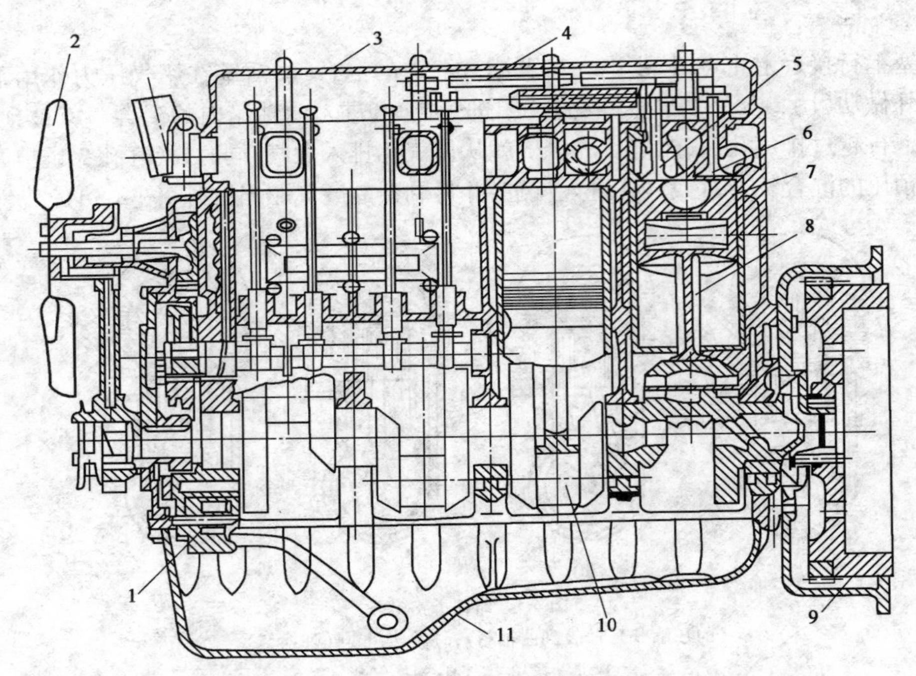

图 2-4　四行程柴油机构造

1-机油泵；2-风扇；3-汽缸盖；4-减压轴；5-排气门；6-进气门；7-汽缸体；8-活塞连杆组；9-飞轮；10-曲轴；11-油底壳

侧面有若干道槽，槽中安装有弹性的活塞环。活塞环有气环 2、3 和油环 4 之分。气环使活塞与汽缸密封；油环则将多余的润滑油刮回油底壳。

(2)曲轴飞轮组

曲轴飞轮组主要由曲轴和飞轮组成，如图 2-7 所示。

曲轴的作用是承受连杆传来的力，并将活塞的往复移动变为曲轴本身的旋转运动，然后将其旋转转矩传送出去。另外，曲轴带动曲轴齿轮 5 驱动配气机构和其他辅助装置工作。

曲轴主要由连杆轴颈 2、曲轴轴颈 3 以及飞轮 1 和曲轴齿轮 5 等部分组成，曲轴轴颈通过曲轴轴承铰接在汽缸体上，连杆轴颈 2 与连杆大端轴承孔相铰接。飞轮是一个铸铁的大圆盘，其质量集中在飞轮的圆周处，目的是为了在同样质量下增加其转动惯性。它的作用是在做功行程中储存能量以带动曲轴连杆机构克服其他三个辅助行程的阻力，使曲轴旋转均匀。

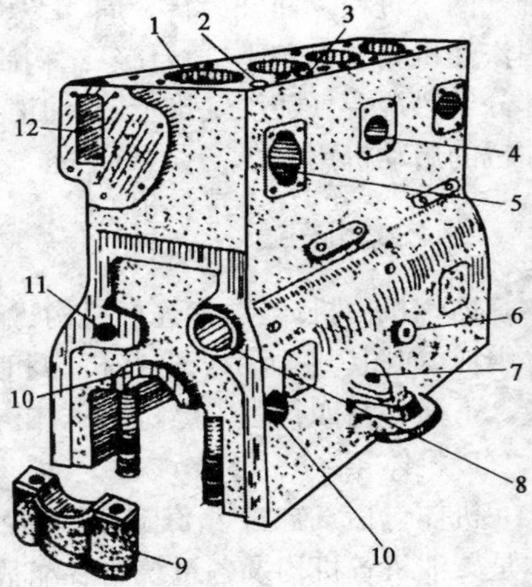

图 2-5　汽缸体

1-汽缸孔；2-进气门座；3-排气门；4-进气道；5-排气道；6-机油泵出油管孔；7-油尺孔；8-凸轮轴孔；9、10-主轴承盖；11-中间齿轮销孔；12-配水管

3. 配气机构

配气机构的作用是按照内燃机工作循环的次序，定时向汽缸内供给新鲜空气(柴油机)或可燃混合气(汽油机)，并将燃烧后的废气定时排出汽缸，以保证内燃机的正常运转。气门开闭由凸轮轴上的凸轮控制，凸轮轴由曲轴通过齿轮来驱动。

配气机构按气门安装位置的不同，可分为侧置式和顶置式两种。配气机构主要由气门组和气门传动两大部分组成。现以顶置式气门机构，如图 2-8 所示，简述其工作过程。

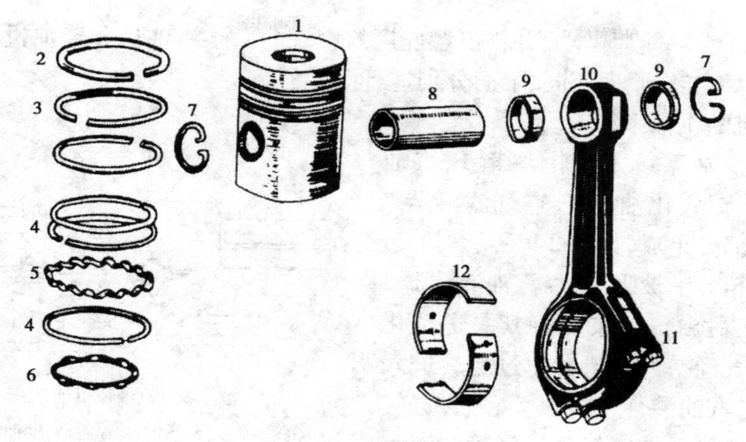

图 2-6　活塞连杆组

1-活塞;2、3-气环;4-油环;5-油环轴向封环;6-油环径向衬环;7-活塞销挡圈;8-活塞销;9-连杆衬套;10-连杆;11-连杆螺栓;12-连杆轴承

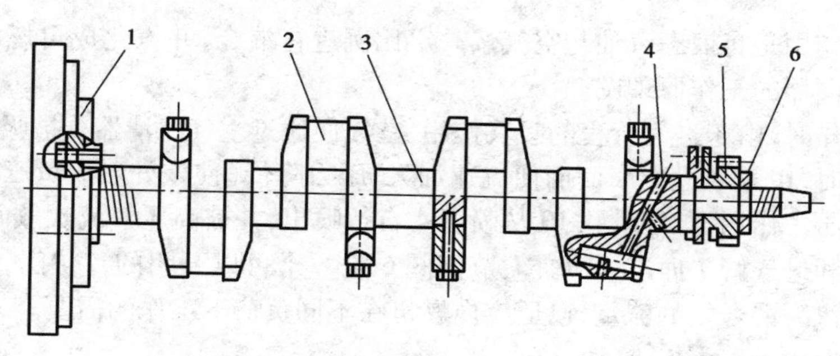

图 2-7　曲轴飞轮组

1-飞轮;2-连杆轴颈;3-曲轴轴颈;4-油道;5-曲轴齿轮;6-螺帽

内燃机运转时,曲轴通过其前端的一对正时齿轮驱动凸轮轴 15 旋转。当凸轮轴的凸起部分顶起挺柱 14 时,通过推杆 13 使摇臂 10 绕摇臂轴 9 向下摆动,迫使气门 3 克服气门主、副弹簧 4 和 5 的张力下压而开启,这时就进气(进气门)或排气(排气门)。当凸轮轴的凸起部分离开挺柱时,推杆和挺柱就下移,这是由于气门尾端解除了施压力,气门弹簧伸长,使气门上升紧压在气门座上而关闭,终止了进气缸排气工作。

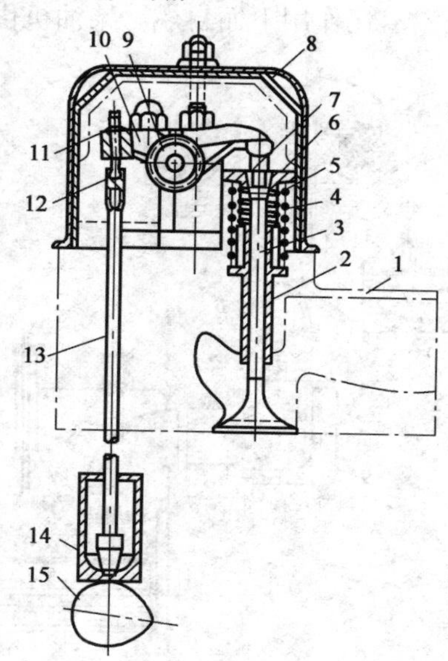

图 2-8　顶置式配气机构

1-汽缸盖;2-汽缸垫;3-气门;4、5-气门弹簧;6-弹簧座;7-锁片;8-气门室罩;9-摇臂轴;10-摇臂;11-锁紧螺母;12-调整螺钉;13-推杆;14-挺杆;15-凸轮轴

顶置式气门与侧置式气门相比较:顶置式气门传动机械增加了推杆、摇臂和摇臂轴等零件,结构较为复杂,整机高度增加,但它的燃烧室紧凑,有利于提高压缩比并可减少进、排气系统的流体阻力,可提高发动机功率。

4. 供油系统

供油系统的作用是按内燃机的工作需要,定时、定量地向汽缸内供给燃料(柴油)或可燃混合气(汽油),使之燃烧产生热能而做功,并排出燃烧后的废气。由于汽油机和柴油机的供油系统的燃料不同,其结构和工作原理不同,下面分别进行简述。

(1)汽油机的供油系统

汽油机的供油系统主要由油箱1、汽油滤清器3、汽油泵4、化油器5、空气滤清器7以及油管2等部分组成,如图2-9所示。

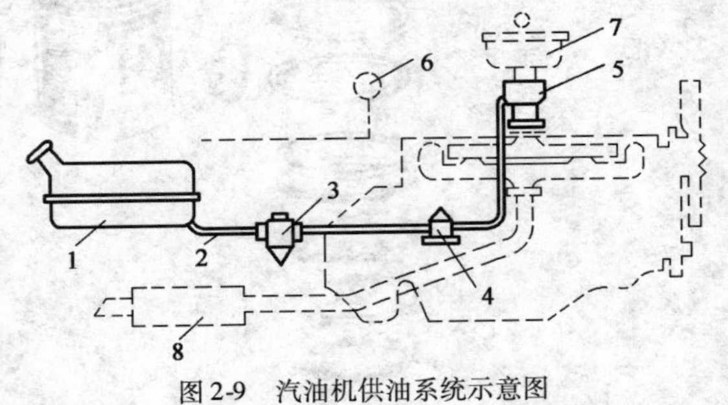

图2-9 汽油机供油系统示意图

1-汽油箱;2-油管;3-汽油滤清器;4-汽油泵;5-化油器;6-汽油表;7-空气滤清器;8-消声器

汽油从油箱1中被吸出,经汽油滤清器3过滤其杂质,然后由汽油泵4将其泵送到化油器5内。空气经空气滤清器7过滤后进入化油器,在此与汽油混合并"汽化",通过进气管进入汽缸。燃烧后的废气经排气管和消声器8而进入大气。消声器的作用是减轻排气噪声。

化油器的作用是将液态汽油与空气按一定比例进行混合,并汽化成可燃混合气。图2-10所示为简单化油器的工作原理图。

汽油机工作时,由于进气行程的吸气作用,空气便通过空气滤清器1被吸入化油器。当空气流经喉管5时,由于通过狭窄面而使流速加大、压力降低(使该处形成负压)。浮子室11内的汽油在大气压力作用下,经量孔10从喷管4自行喷出,并被高压气流吹散而雾化成混合气,通过节流阀6和进气管7而进入汽缸。节流阀6是一个可以开闭的片状门,俗称油门。其作用是调节进入汽缸混合气的流量,以适应内燃机在不同负荷下工作的需要。

(2)柴油机的供油系统

柴油机在进气行程中吸入的是空气,压缩行程将近终了时喷入雾化柴油,柴油在压缩气体的高温氧化作用下而自燃。柴油机供油系统的基本组成如图2-11所示。

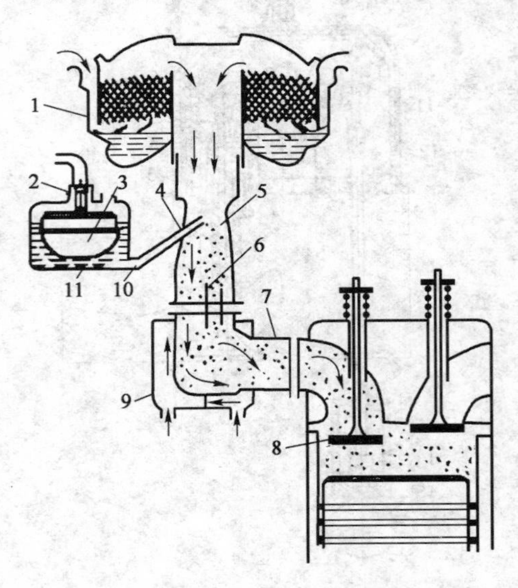

图2-10 简单化油器工作原理

1-空气滤清器;2-针阀;3-浮子;4-喷管;5-喉管;6-节流阀;7-进气管;8-进气门;9-进气预热套管;10-量孔;11-浮子室

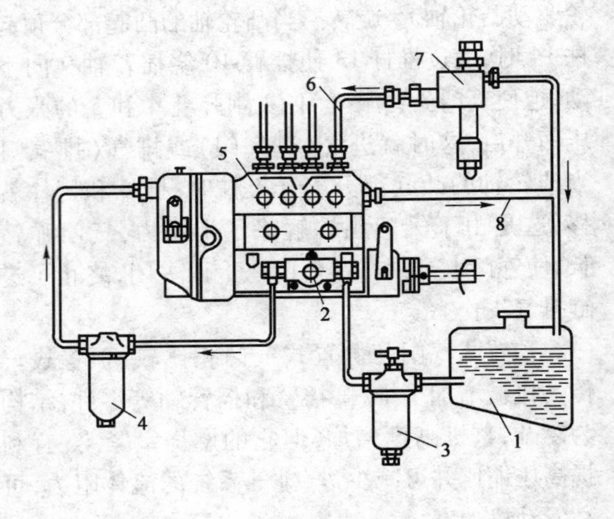

图2-11 柴油机供油系统简图

1-油箱;2-输油泵;3-粗滤器;4-细滤器;5-喷油泵;6-高压油管;7-喷油器;8-回油管

柴油机供油系统，由柴油箱1、输油泵2、柴油滤清器（分粗滤器3和细滤器4）、喷油器7以及油管等部分组成。柴油从柴油箱流出，沿油管经粗滤器3的初步过滤，被吸入油泵2中。经输油泵初步增压后流入细滤器4进一步过滤而进入喷油泵5（又称高压油泵），通过喷油泵再次增压，输出的高压柴油（按时、按量）沿高压油管而送往各缸的喷油器7。喷油器将柴油变成雾状喷入汽缸燃烧室。喷油器泄漏的少量柴油经回油管8流回柴油箱。

5. 润滑系统

内燃机工作时，许多零件都是在相对运动（即相互摩擦）的条件下运转，从而产生摩擦阻力而引起发热和磨损，且消耗一定的功。若在两个零件摩擦表面之间加入一层润滑油使其隔开，则功率消耗和磨损就大为减少。润滑系统就是为了满足这一要求而设置的。润滑系统除了起润滑作用外，还能够起到清洗、冷却和密封等作用。

图2-12所示为柴油机润滑系示意图，它主要由机油泵5、机油滤清器6、机油散热器10及管道等部分组成。

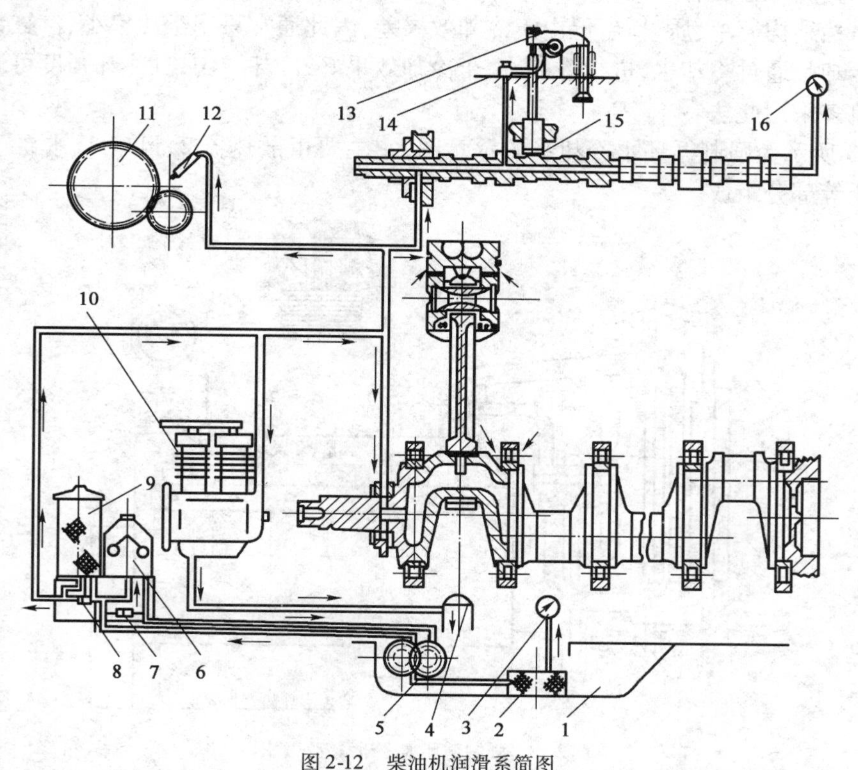

图2-12　柴油机润滑系简图

1-油底壳；2-滤网；3-油温表；4-加油口；5-机油泵；6-机油滤清器；7-调压阀；8-旁通阀；9-粗滤器；10-机油散热器；11-齿轮系；12-齿轮润滑喷嘴；13-气门摇臂；14-汽缸盖；15-挺柱；16-机油压力表

当内燃机运转时，油底壳1内的机油经过滤网2被机油泵5吸出和增压，具有一定压力的机油经缸体上的油道进入机油散热器10中冷却。冷却后的机油沿管道进入机油滤清器6，过滤后的机油由主油道经各分管分配到润滑部位进行润滑。

主油道的机油分两路送向润滑部位：一路由若干个分管顺次经曲轴的轴颈、连杆的轴颈及活塞销与连杆衬套，最后从连杆小头油孔中喷出，冷却活塞顶后流回油底壳和润滑活塞销座，使沿路的曲轴轴颈与轴承、连杆轴颈与轴承，以及活塞销与衬套都得到润滑。另一路沿分管向上进入气门摇臂13，经油道流至调整螺钉和滚轮，分别润滑调整螺钉的球形头与推杆的接触表面和气门脚,然后流回油底壳。以上部位采用的是压力润滑法。从曲轴轴承和连杆轴承间隙处泄漏到外面的机油,被旋转的曲轴飞溅于整个曲轴箱空间,分别落在汽缸壁、活塞、气门挺柱,凸轮轴轴颈及凸轮表面等处进行润滑,这里采用的是飞溅润滑法。

6. 冷却系统

冷却系统的作用是将内燃机受热零件的热量传出,以保证内燃机正常的工作温度(水温约 80 ~90℃)。由于内燃机在工作过程中,汽缸内的局部温度高达 1 800 ~2 000℃ ,高温使汽缸充气量降低,造成功率下降;同时使机油变稀,材料的机械性能下降,零件磨损加剧,还可能造成运动零件的“卡死”。为此,内燃机工作时需要冷却。但冷却过强也有弊病,如热量散失过多,会造成功率下降;燃料不易蒸发,造成启动困难;机油变稠,润滑不良等。因此,冷却系的作用就是将内燃机工作中多余的热量散发出去,以保证它在一定的温度范围内(71 ~85℃)正常工作。

内燃机的冷却方法有风冷和水冷两种。风冷就是将机内高温直接散入大气中。采用这种冷却方法虽然结构简单、质量轻,但由于冷却效果差,因此通常只用于功率小、汽缸数少的内燃机上。水冷却是通过冷却水,进行冷却,由于冷却效果好,冷却均匀,且冷却强度可调节,因此,多缸内燃机多采用此法。

图 2-13 所示为强制循环水冷却系的示意图,它主要由散热器 2、风扇 4、水泵 5、节温器 6及水温表 7 等部分组成。

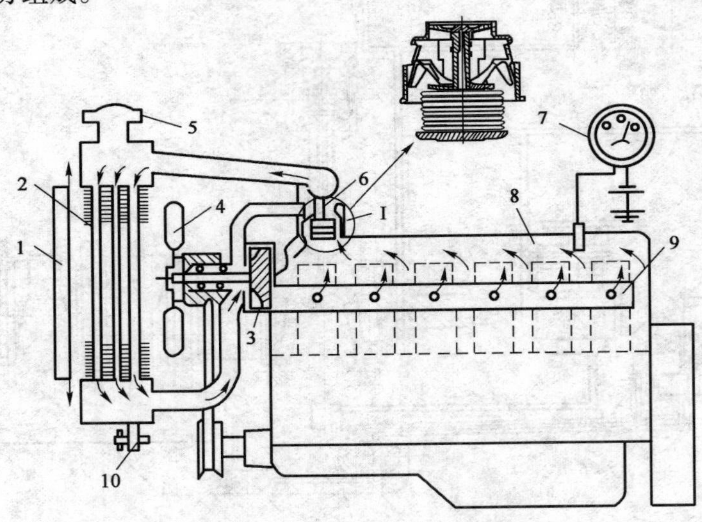

图 2-13　强制循环水冷却系统示意图

1-百叶窗;2-散热器;3-散热器上下水箱盖;4-风扇;5-水泵;6-节温器;7-水温表;8-水套;9-分水管;10-放水开关

水泵 5 将散热器 2 中的冷却水吸出,经增压后,水由出水口通过分水管 9 进入汽缸体的水套 8。冷却水吸收热量后经节温器 6 和回水管又回到散热器内,形成了一个冷却水循环。热水流经散热器时,由于风扇 4 的强制通风,便将其热量散入空气中,经过冷却的水又被水泵送入汽缸的水套内。这样周而复始的循环下去就能将内燃机多余的热量连续地散发出去,以保证内燃机正常的工作。

安装在回水管内的节温器 6 用于控制冷却水的温度。当水温低于 70℃时,水不流经散热器,只能经过旁通孔进行小循环,于是水温就迅速上升。当水温超过 70℃时,皱纹筒内易挥发的液体使皱纹筒伸长,这时一部分水流经散热器进行大循环,另一部分水仍经旁通孔进行小循环。当水温升到80℃以上时,水全部流经散热器进行大循环,使冷却水迅速散热。另外,可利用安装在散热器前的百叶窗1调节流经散热器的空气流量,使内燃机的冷却强度改善。

7. 起动装置

静止的柴油机起动必须有外力作用,柴油机由静止转入工作状态的全过程称为起动过程。完成起动过程所需的装置称为起动装置,它是为静止的内燃机转入工作状态提供动力。起动装置主要包括起动机和便于起动的辅助动力装置,工程机械常用人力起动、辅助发动机起动或电动机起动。便于起动的辅助动力装置的使用是为了提高汽缸内的温度和降低起动阻力,为柴油机的起动创造条件。通常使用的主要有减压机构和预热装置。

五、工程机械对柴油机的要求

工程机械的技术性能和构造特点在很大程度上决定于发动机类型、特性和技术水平,而柴油机的构造和成本对工程机械的技术经济指标起着显著的影响,因此设计工程机械时,合理地选择柴油机是很重要的。工程机械对柴油机的特殊要求如下:

(1)适应外荷载多变的要求。工程机械工作时,经常遇到急剧变速、变负荷工况,且经常超负荷运行,要使柴油机在较大的速度范围内稳定地工作,必须配备性能良好的全制式调速器。

(2)柴油机具有工作所需要的理想转矩特性。输出转矩不仅要大,而且要有足够的转矩储备,其转矩储备系数一般为1.25~1.4,不得低于1.15~1.20。

(3)施工现场空气含尘量很大,约达到1.5~2.0g/m³,因此不但要配有效率高、容量大的空气滤清器,而且还应配备高效率的燃油滤清器和机油滤清器,以保证柴油机有较长的使用寿命。

(4)能适应冲击振动的要求。工程机械作业过程中,工作机构的起动、制动频繁,而且承受较大的冲击荷载。而柴油机具有足够的强度和刚度,能适应冲击振动荷载的不利影响。

(5)工程机械柴油机应按12h功率标定。

(6)工程机械在严寒或炎热地区工作时应保证燃油、机油冷却和起动系统工作可靠,功率发挥正常。

(7)柴油机与其他形式的传动装置配合后,可以改变整个工程机械的动力性能。例如柴油机匹配液力变矩器后可以显著改善柴油机的超载性能,同时也扩大了调速范围,简化了机械变速器,且具有完全不同于柴油机的动力性能。如果柴油机加上电力传动或液压传动的传动装置后,整个动力性能也改变成为电力传动或液压传动所具有的动力性能,以满足工程机械对动力特性的要求。

柴油机作为工程机械的独立能源,具有较大的机动性,可满足工程机械流动性的要求。由于不受外界能源的牵制,所以工程机械可以在到达场地后随时投入工作。但是柴油机与其他的驱动装置比较存在着不少缺点:①承受超载能力差,在超负荷运转时容易熄火;②柴油机不能带载起动;③柴油机在严寒地区运转,要采取措施,改善起动性能。这些不足通过相应的传动机构可以克服。

六、内燃机的主要性能指标和特性曲线

内燃机的主要性能指标是用来评定其工作性能的。主要包括:有效转矩、有效功率、耗油量及耗油率等。

1. 有效转矩 M_e

内燃机飞轮对外实际输出的转矩,称为有效转矩,单位为牛·米(N·m)。它是指发动机克服内部各运动部件的摩擦阻力和驱动各辅助装置,在飞轮上可以供给外界使用的转矩。

2. 有效功率 N_e

内燃机正常运转时从输出轴输出的功率,称为有效功率。单位为瓦(W)。有效功率是内燃机最主要的性能指标之一,可用下列公式来计算:

$$N_e = \frac{2\pi n}{60} M_e \times 10^{-3} \tag{2-1}$$

式中:n——内燃机每分钟输出轴的旋转圈数(r/min);

M_e——内燃机输出的有效转矩(N·m)。

我国根据内燃机的不同用途,标定内燃机功率的方式有 15min 功率、1h 功率、12h 功率和持久功率四种。其中 12h 功率又称为额定功率,用 N_e 表示。工作中应严格按照规定的功率范围使用,否则,容易使内燃机发生故障或使其寿命缩短。

3. 耗油率 g_e

耗油率是指输出单位有效功率,在 1h 内所消耗燃油的克数。耗油率越低,内燃机的经济性越好。它是衡量内燃机经济性的重要指标,可用下式来计算:

$$g_e = \frac{G_f}{N_e} \times 10^3 \quad (\text{g} \cdot \text{kW} \cdot \text{h}) \tag{2-2}$$

式中:G_f——每小时内消耗的燃油质量(kg/h);

N_e——有效功率(kW)。

4. 内燃机的特性曲线

内燃机的特性曲线主要有负荷特性和速度特性两大类。负荷特性指内燃机保持某一转速不变,其他性能指标(N_e、g_e、G_f 等)随负荷变化的关系。速度特性指内燃机供油量在某一定值,其他性能指标(N_e、M_e、g_e、G_f 等)随转速变化的关系。在最大供油量情况下测得的速度特性曲线称为外特性曲线。外特性曲线用来评价内燃机的好坏,以寻求改善内燃机性能的具体措施;也可以用来评定内燃机是否适合某一种工程机械的要求及各种工况下的性能等。

图 2-14 和图 2-15 分别是柴油机和汽油机的外特性曲线,两曲线的有效功率 N_e 曲线基本相似。低转速区域内有效功率 N_e 随转速 n 接近正比例变化;中速区域内,转速 n 增加有效功率 N_e 增加较为缓慢;高速区域转速 n 增加而有效功率 N_e 下降。

有效转矩 M_e 与转速 n 呈反比关系,转速 n 增高有效转矩减小,转速降低有效转矩增加。

在上述曲线图中,当转速为 n_1 时内燃机转矩达到最大 M_{emax},转速增至 n_H 时额定转矩为 M_H,最大转矩 M_{emax} 与额定转矩 M_H 之比值称为内燃机的转矩储备系数。它表示内燃机具有短期超负荷的能力。柴油机的转矩储备系数为 1.05~1.15。

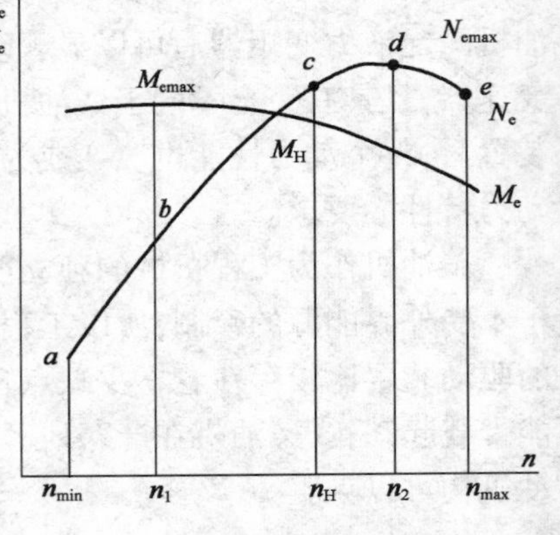

图 2-14　柴油机的外特性曲线

由柴油机外特性曲线可知,在低速范围内转矩变化较小(即 M_e 的曲线较平直),并达到最大值 M_{emax},这说明柴油机比较适用于低速大转矩作业的工程机械。

由汽油机外特性曲线可知,汽油机在低、高速范围内,转矩 M_e 的变化都较大,中转速时转

矩达到最大值 M_{emax}，故汽油机的转矩储备系数较大，一般为 1.1 ~ 1.4。

图 2-16 为内燃机荷载特性曲线。它是在不同有效功率 N_e 下耗油量 G_f 与耗油率 g_e 绘成的两条曲线。由图可以看出，内燃机是接近满载时最经济，即耗油率 g_e 最低。

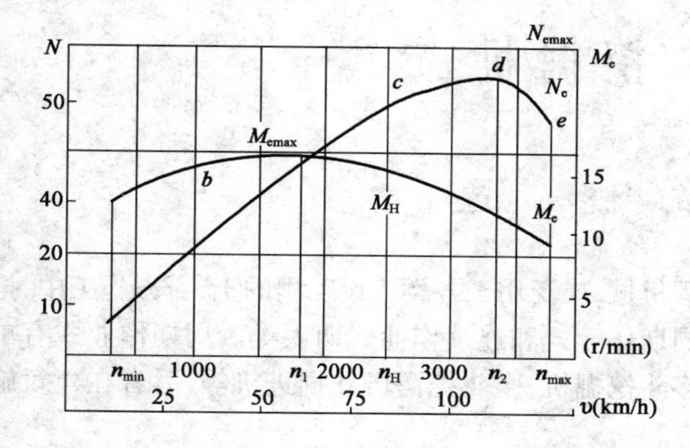

图 2-15 汽油机的外特性曲线

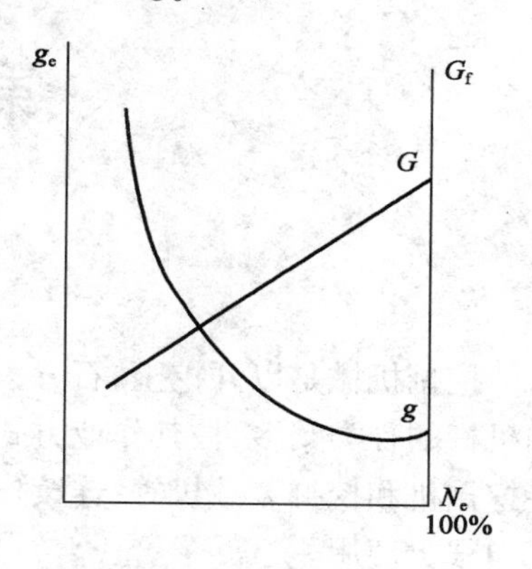

图 2-16 荷载特性曲线

作业与复习题

1. 工程机械常用哪种动力装置？动力装置的作用是什么？
2. 说明单缸四冲程柴油机的工作原理？
3. 简述四缸柴油机的基本组成？说明各部分的作用是什么？
4. 工程机械对选用柴油机有何要求？

第三章 挖掘机械

第一节 概述

挖掘机械是以开挖土、石方为主的工程机械，广泛用于各类建设工程的土、石方施工中，挖掘机械的种类繁多，按其作业方式可分为周期作业式和连续作业式两大类。周期作业式有单斗挖掘机和挖掘装载机等；连续作业式有多斗挖掘机、多斗挖沟机和掘进机等，后者在建筑施工中很少使用。

挖掘机械型号及表示方法见表3-1。

挖掘机械型号分类及表示方法（ZBJ 04008—88） 表3-1

类型					特性	产品		主参数		
名称		代号	名称	代号	代号	名称	代号	名称	单位	表示法
挖掘机械	单斗挖掘机	W（挖）	履带式		D（电） Y（液）	履带式机械挖掘机 履带式电动挖掘机 履带式液压挖掘机	W WD WY	整机质量	t	主参数×10
			汽车式	Q（汽）	Y（液）	汽车式液压挖掘机	WQY			
			轮胎式	L（轮）	Y（液）	轮胎式机械挖掘机 轮胎式液压挖掘机	WL WLY			
			步履式	B（步）	Y（液）	步履式液压挖掘机	WBY			
	多斗挖掘机		斗轮式	U（轮）	Y（液）	斗轮式机械挖掘机 斗轮式液压挖掘机	WU WUY	生产率	m^3/h	
			链斗式	T（条）	Y（液）	链斗式机械挖掘机 链斗式液压挖掘机	WT WTY			
	挖掘装载机	WZ（挖装）				挖掘装载机	WZ	标准斗容量 额定装载举升力	m^3 kN	
	掘进机	J（掘）	盾构式 顶管式 隧道式 涵洞式	D（盾） G（管） S（隧） H（涵）		盾构掘进机 顶管掘进机 隧道掘进机 涵洞掘进机	JD JG JS JH	盾构直径 管子直径 刀盘直径 掘进直径	m	主参数×10

挖掘机型号第一个字母用W表示，后面的数字表示机重。如W表示履带式机械单斗挖掘机，WY表示履带式液压挖掘机，WLY表示轮胎式液压挖掘机，WY200表示机重为20t的履带式液压挖掘机。

第二节　单斗挖掘机

单斗挖掘机是挖掘机械中使用最普遍的机械。有专用型和通用型之分，专用型都是大型挖掘机，有机械式和液压式两种形式，供矿山采掘用；通用型都是中型液压挖掘机，主要用在各种建设工程的施工中。其特点是挖掘力大，可以挖Ⅵ级以下的土质和爆破后的岩石。可以将挖出的土石就近卸掉或配备一定数量的自卸车进行远距离的运送。此外，单斗挖掘机的工作装置根据建设工程的需要可换抓斗、装载、起重、碎石和钻孔等多种工作装置，扩大了挖掘机的使用范围。

单斗挖掘机按传动的类型不同可分为机械式和液压式两类，如图 3-1 和图 3-2 所示。

图 3-1　机械式单斗挖掘机

图 3-2　单斗液压挖掘机

目前，机械式挖掘机已被液压挖掘机所取代。除大型采矿挖掘机外，中小型挖掘机都是液压挖掘机。尤其是规格齐全的履带式液压挖掘机，均采用先进的液压技术和计算机技术，可配备多种工作装置，使用可靠，生产率高。其中国产 WY200、SW200、XW200、HW200 与合资和独资 PC200、EX200、CAT320、SK200、DH-V 系列、R942 等挖掘机，均代表目前先进的设计制造水平。在单斗挖掘机的生产和使用中，单斗液压挖掘机处于主导地位，因而本章只介绍单斗液压挖掘机的结构、性能和工作原理。

第三节　单斗液压挖掘机

单斗液压挖掘机是一种周期性作业的土石方机械，主要用于挖掘各种土质。按行走装置的不同分为履带式、轮胎式、步履式三种，如图 3-3 所示。它可更换不同的作业装置，可进行挖掘、装载、抓取、起重、钻孔、打桩、破碎、修坡和清沟等作业。

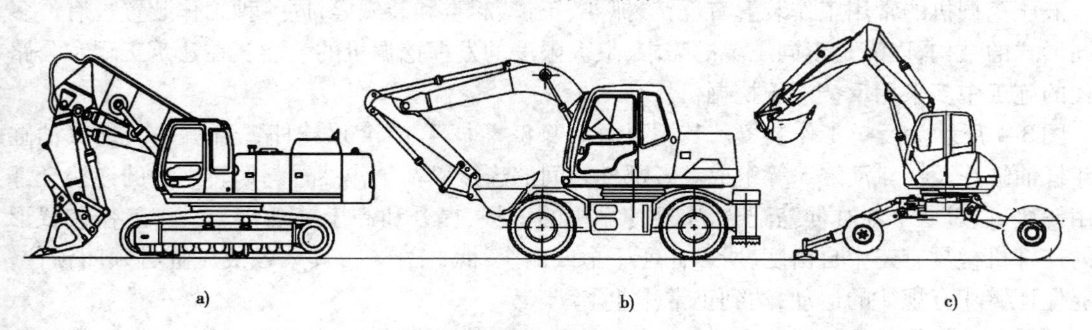

a)　　b)　　c)

图 3-3　挖掘机行走装置的结构形式

a）履带式；b）轮胎式；c）步履式

一、单斗液压挖掘机的基本构造

单斗挖掘机主要由工作装置、回转机构、回转平台、行走装置、动力装置、液压系统、电气系统和辅助系统等组成。工作装置是可更换的,它可以根据作业对象和施工的要求进行选用。图 3-4 所示为 EX200V 型单斗液压挖掘机构造简图。

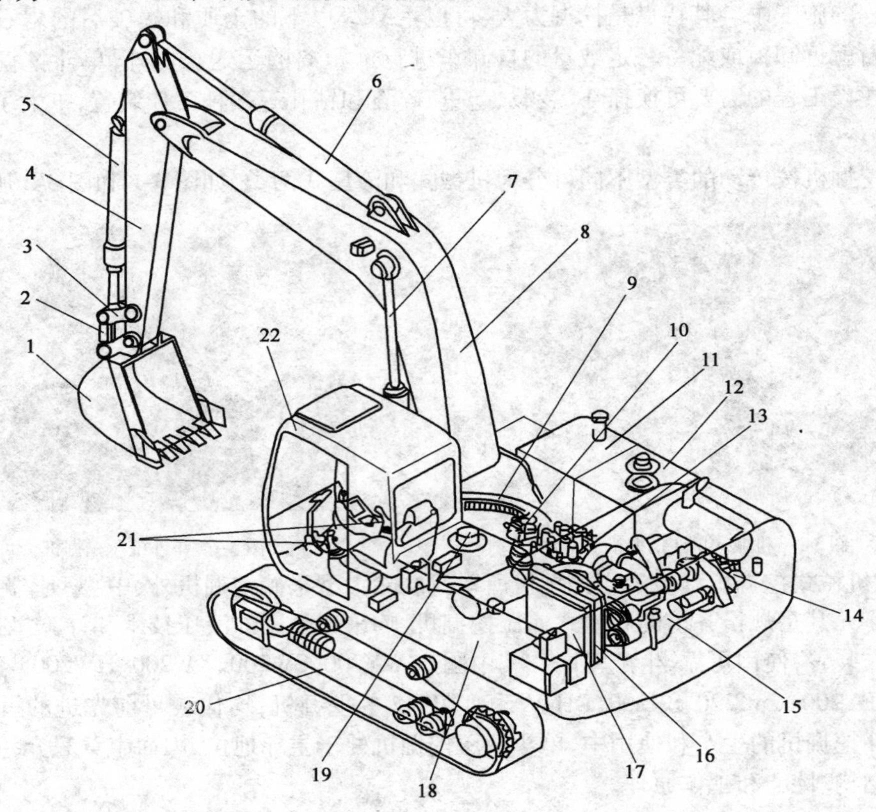

图 3-4 EX200V 型液压挖掘机总体构造简图

1-铲斗;2-连杆;3-摇杆;4-斗杆;5-铲斗油缸;6-斗杆油缸;7-动臂油缸;8-动臂;9-回转支承;10-回转驱动装置;11-燃油箱;12-液压油箱;13-控制阀;14-液压泵;15-发动机;16-水箱;17-液压油冷却器;18-平台;19-中央回转接头;20-行走装置;21-操作系统;22-驾驶室

1. 工作装置

液压挖掘机的常用工作装置有反铲、抓斗、正铲、起重和装载等,同一种工作装置也有许多不同形式的结构,以满足不同工况的需求,最大限度的发挥挖掘机的效能。在建筑工程和公路工程的施工中多采用反铲液压挖掘机。

图 3-4 所示为反铲工作装置。其主要由动臂 8、斗杆 4、铲斗 1、连杆 2、摇杆 3 及动臂油缸 7、斗杆油缸 6 及铲斗油缸 5 等组成。各部件之间的连接以及工作装置与回转平台的连接全部采用铰接,通过三个油缸伸缩配合,实现挖掘机的挖掘、提升和卸土等动作。由于工作装置形成的连杆机构具有三个自由度,所以任何一个或两个油缸工作时,其余各液压缸必须闭锁住,才能保证铲斗有规律的运动,达到正常作业。

动臂和斗杆是工作装置的主要构件,由高强度钢板焊接而成,多采用整体式结构,结构简单、强度好等特点。它决定了挖掘机的工作尺寸,并影响挖掘机的工作性能和整体稳定性。铲斗的形状和大小与作业对象有很大关系，为适应不同工况要求，同一挖掘机可配置多种工作装置和不同斗容的铲斗。

调节三个液压缸的伸缩长度可使铲斗在不同的工作位置进行挖掘，这些液压缸的伸缩不等，可组合成许多铲斗挖掘位置。许许多多位置可形成一个最大的斗齿尖活动范围（即斗尖所能控制的工作范围），如图3-5所示的包络图。图中可显示挖掘机的铲斗尖所能达到的最大挖掘深度A，最大挖掘半径尺D，最大挖掘高度B及最大卸载高度C，这些尺寸就是挖掘机的主要工作尺寸。

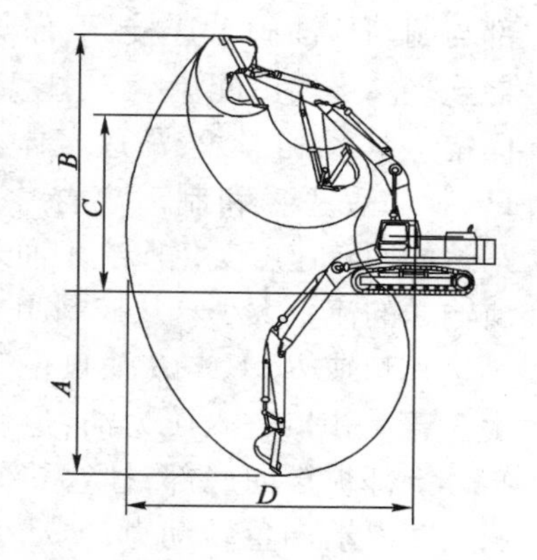

图3-5 挖掘机工作范围包络图

2. 回转平台

回转平台（图3-4）上布置有发动机15、驾驶室22、液压泵14、回转驱动装置10、回转支承9、多路控制阀13、液压油箱12和柴油箱11等部件。工作装置铰接在平台的前端。

回转平台通过回转支承与行走装置连接，回转驱动装置使平台相对底盘360°全回转，从而带动工作装置绕回转中心转动。

平台本体是由型钢和钢板焊接而成的框架结构，如图3-6所示。转台两根纵向布置的主梁主要承受工作外载。工作时，平台主要承受轴向和径向荷载、轴向转矩和倾覆力矩，通过回转支承将荷载传给行走机构。因此，平台应具有良好的抗弯、抗扭强度和刚度。

3. 回转机构

回转机构由回转驱动装置1和回转支承2组成，如图3-7所示。回转支承连接平台与行走装置，承受平台上的各种弯矩、转矩和荷载。

液压挖掘机常用的回转支承有单排滚珠、双排滚珠和交叉滚柱式三种形式。EX200挖掘机采用单排滚珠式回转支承（图3-7），由外圈3、内圈4、滚球5、隔离块6和上下封圈7等组成。滚球之间用隔离块隔开，内齿圈4固定在行走架上，外圈3固定在回转平台上。

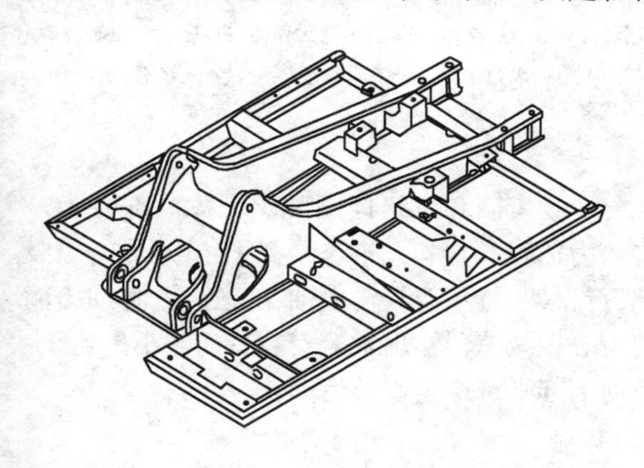
图3-6 平台结构图

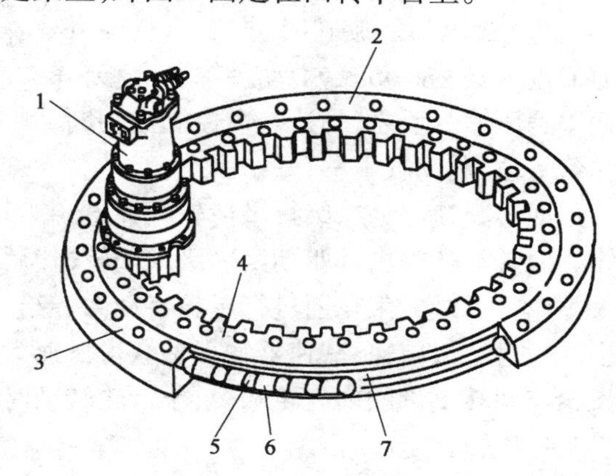

图3-7 回转机构

1-回转驱动装置；2-回转支承；3-外圈；4-内圈；5-滚球；6-隔离块；7-上下密封圈

驱动装置给回转机构提供动力，如图3-8所示。由制动补油阀、回转马达及二级行星减速器和回转小齿轮等组成。工作时，压力油驱动马达转动，高速马达经二级行星减速器减速后带动回转小齿轮绕回转支承上的固定齿圈滚动，带动平台做360°的全回转。回转机构工作时冲击荷载大、发热大。

回转马达是斜盘式轴向柱塞马达。上部与制动补油阀1连接，下部与回转减速器连接。主要由配流盘2、柱塞6、滑靴7、固定斜盘8、缸体9、马达壳体10、输出轴11、制动活塞4和制动离合片5等组成。马达的回转速度变化取决于油泵经控制阀所输送的流量大小。从控制阀来的油进入马达*A*口或*B*口，*A*、*B*油口位于马达顶盖上。若从*A*口进入压力油，迫使柱塞6从缸体上部被推向底部，柱塞6使滑靴7沿斜盘8滑动产生转动力，转动力带动缸体9及输出轴11旋转输出动力，并带动回转减速器齿轮转动。回油经回油口*B*后流回油箱中。当*B*口进压力油，*A*口回油时，马达则改变转动方向。

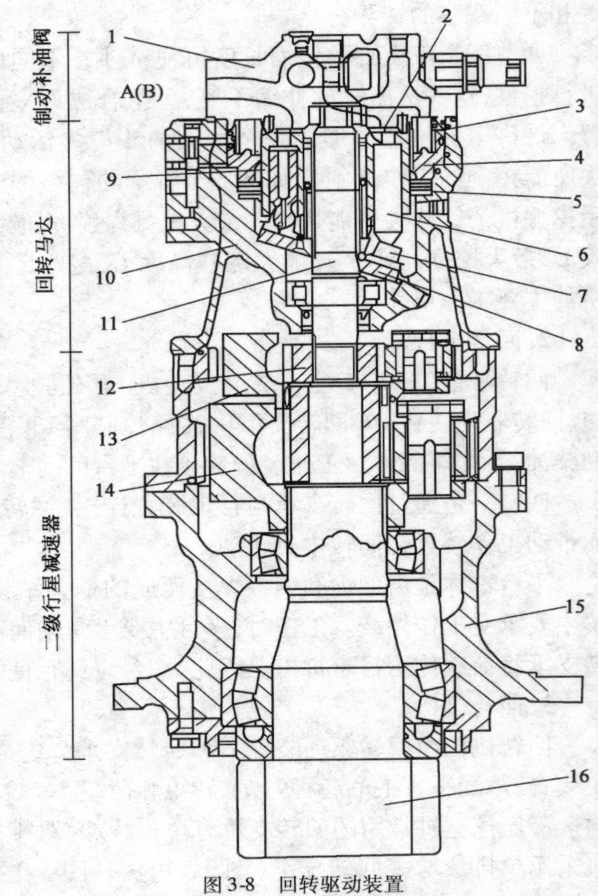

图3-8　回转驱动装置

1-制动补油阀；2-配流盘；3-弹簧；4-制动活塞；5-制动离合片；6-柱塞；7-滑靴；8-固定斜盘；9-缸体；10-马达壳体；11-马达输出轴；12-太阳轮；13-第一级行星排；14-第二级行星排；15-减速器壳体；16-回转小齿轮

制动补油阀由补油阀和溢流阀组成，并安装于马达顶盖内。补油阀用于补偿马达因突然停止所缺少的油，起到补油作用，防止气穴产生，保持转台平稳地旋转。溢流阀对马达回转作业中起过载保护作用，防止压力过高而损坏马达。

停放制动器为常闭湿式多片制动器（图3-8）。由制动活塞4、离合片5和弹簧3组成。操纵马达旋转时，控制口供油，压力油进入马达制动腔，推动活塞4上移，弹簧受到压缩。反之，马达操纵控制油切断，弹簧复位，制动缸下移，开始制动。

回转减速器为二级行星齿轮减速器（图3-8），一级齿圈和二级齿圈装于壳体内部并为一体。回转马达输出轴驱动第一级太阳轮，然后将动力通过一级行星轮和一级行星架传给二级太阳轮。二级太阳轮通过行星轮将动力传给二级行星架，行星架和输出轴花键连接，将动力输出。通过二级减速，减速器输出轴获得低速大转矩。在减速器输出轴上安装有回转小齿轮，小齿轮与回转支承的内齿轮啮合，小齿轮转动时带动上部平台产生旋转运动。

4. 履带行走装置

液压挖掘机的行走装置是整个挖掘机的支承部分，它支承整机自重和工作荷载，完成工作性和转场性移动。行走装置分为履带式和轮胎式两大类，常用的为履带式底盘。

履带式行走装置如图3-9所示。由行走架1、中心回转接头2、行走驱动装置3、驱动轮4、托链轮5、支重轮6、引导轮8、履带9和履带张紧装置7等组成。

（1）行走架。行走架由X形底架1、履带架2和回转支承底座3组成，是行走装置的骨架，用弯曲成型的高强度钢板和型材焊接而成，如图3-10所示。引导轮、支重轮、托链轮及驱动轮等安装在行走架上,并通过回转支承与平台连接,承受平台以上的工作荷载,通过X形底架传递到履带架,再到支重轮和履带上。

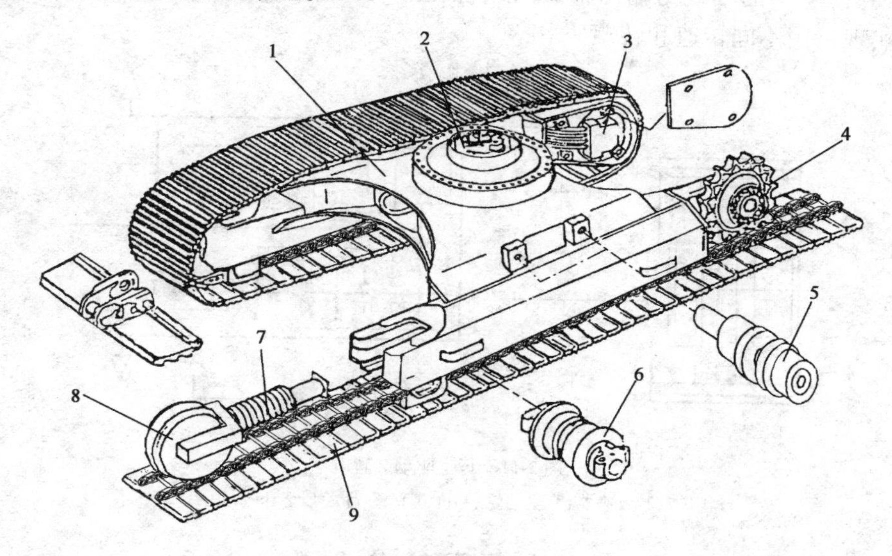

图3-9 履带式行走装置

1-行走架;2-中心回转接头;3-行走驱动装置;4-驱动轮;5-托链轮;6-支重轮履;7-带张紧装置;8-引导轮;9-履带

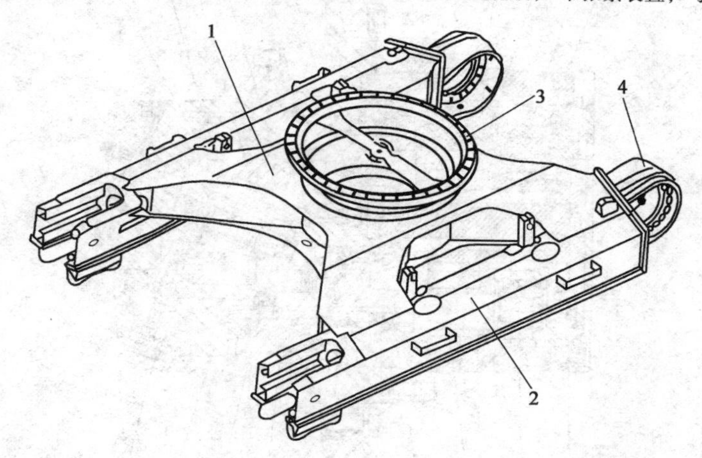

图3-10 行走架结构

1-X形底架;2-履带架;3-回转支承底座;4-驱动装置固定座

(2)驱动装置。驱动装置由行走液压马达5、减速器2、驱动轮3和内制动器等组成,如图3-11所示。它是典型的内藏式一体化结构,履带对驱动装置起到保护作用,适用范围广,具有工作可靠、通过性好等优点。马达的动力经减速器后传给驱动轮,使驱动轮转动,带动整机行走。

行走马达是行走机构的动力源,它将液压系统的压力能转变为机械能,如图3-12所示。它由鼓轮12、马达壳体13、柱塞14、马达后盖15、变量控制阀16、轨道板17、配流盘18、缸体19、制动活塞20;制动片21、马达输出轴22等组成。该马达为斜轴式变量双速马达。工作时,操纵行走先导阀使主控阀给马达供油,同时先导系统及主油路解除制动活塞20的机械制动力及后盖15内制动阀的制动作用,使压力油通过配流盘18进入缸体19,缸体中的柱塞14在油压作用下实现直线运动,产生径向力作用于输出轴22上,使输出轴22旋转而输出转矩和转速。改变马达进油方向即可改变马达旋转方向。变量控制阀16可改变马达配流盘18的两个工作位置，使缸体19的轴线与输出轴22相对位置角度改变，可改变马达输出轴的转矩及转速，使马达实现二挡不同转速和转矩。

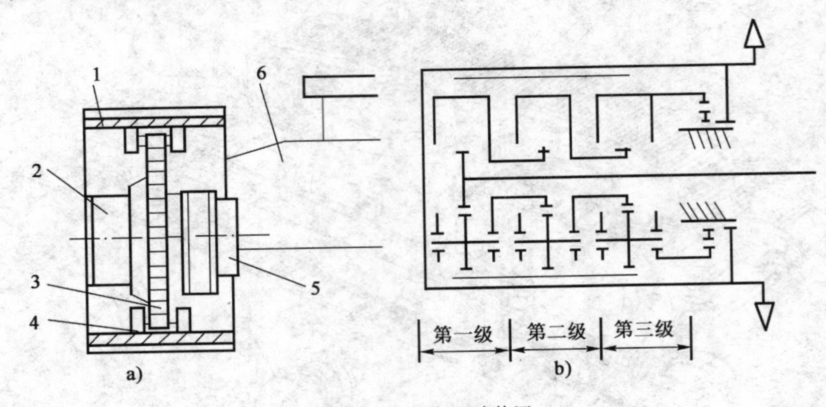

图3-11 行走驱动装置

1-履带；2-减速器；3-驱动轮；4-轨链节；5-行走马达；6-行走架

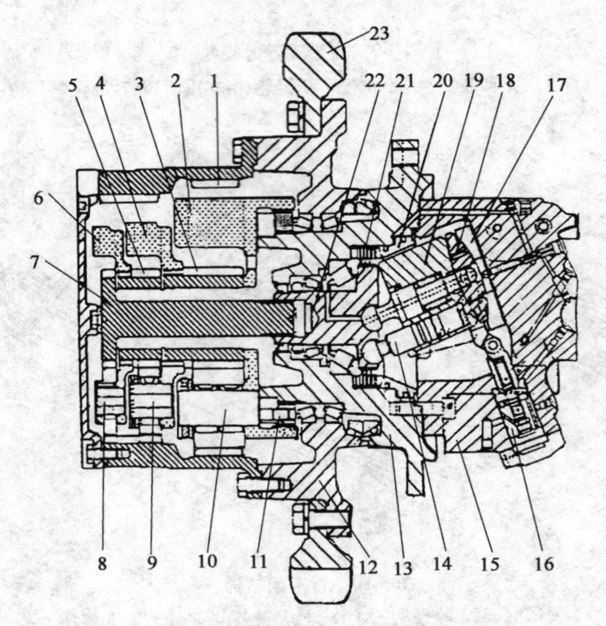

图3-12 行走减速器与行走马达

1-内齿圈；2、4、6-行星架；3、5-太阳轮；7-第一级太阳轮轴；8、9、10-行星齿轮；11-轮毂；12-鼓轮；13-马达壳体；14-柱塞；15-马达后盖；16-变量控制阀；17-轨道板；18-配流盘；19-缸体；20-制动活塞；21-制动片；22-马达输出轴；23-驱动轮

行走减速器（图3-12）为三级行星齿轮传动。马达输出轴带动减速器第一级太阳轮轴7转动→带动第一级行星齿轮8→第一级行星架6→第二级太阳轮5→第二级行星齿轮9→第二级行星架4→第三级太阳轮3→第三级行星齿轮10传动→从而把驱动力传给第三级行星架2和内齿圈1。由于第三级行星架固定于行走马达壳体13和轮毂11上，是静止不动的，而内齿圈1和驱动轮23是用螺栓连接在鼓轮12上的，故它们一起转动。

由于两个行走马达可以独立操纵，因此，当操纵两条履带同方向运行时即可前进或后退。当一条履带制动，另一条履带前进时即可绕这条制动的履带转弯，若两条履带运动方向相反时即可绕整机中心原地转弯。

（3）中心回转接头。中心回转接头用于平台与底盘、行走马达之间油路连接。当上部平台转动时，中心回转接头可避免管路扭绞，使液压油平稳地进出行走马达，如图3-13所示。它由配流轴4、壳体5及密封环6等组成。配流轴4装于回转台上，壳体5用螺栓紧固于行走架的回转中心，各油道之间有密封环6防止相邻油道之间液压油内窜和泄漏。

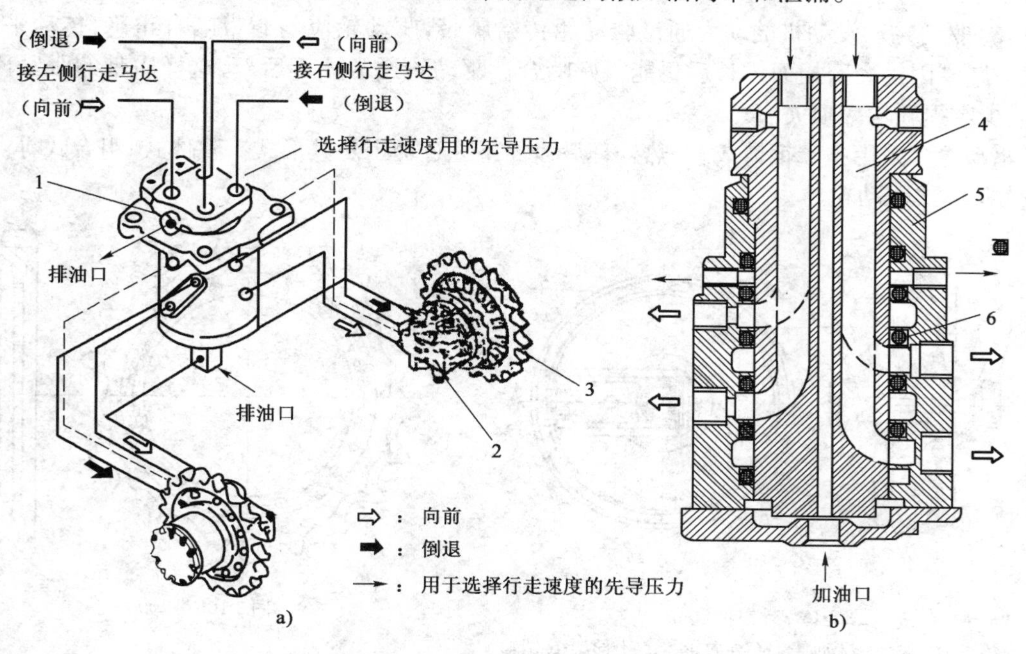

图3-13　中心回转接头

1-中心回转接头；2-行走驱动装置；3-驱动轮；4-配流轴；5-壳体；6-密封环

（4）履带。履带的作用是将整机的重量与荷载传给地面，并保证挖掘机有足够的驱动力，同时履带给支重轮铺设行驶的道轨。由于履带经常在泥水中工作，工作条件恶劣，极易磨损。因此，除了要求它具有良好的附着性能外，还要求它有足够的强度、刚度和耐磨性。

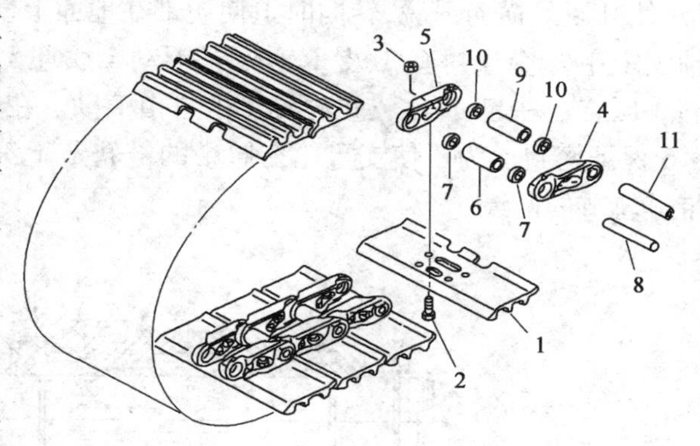

图3-14　组合履带总成

1-履带板；2-螺栓；3-螺母；4-右链轨节；5-左轨节；6-销套；7-密封圈；8-销轴；9-活销套；10-密封圈；11-活销轴

履带如图3-14所示。履带由履带板1、右链轨节4、左链轨节5、履带销套6、9和履带销8、11等部分组成。链轨节之间用销套和销轴连接，每条履带有数十块履带板组成，每块履带板用螺栓2固定在左右链轨节4、5上。

由于履带板的支承面较宽并带有履齿，故机械有较好的附着性和通过性。缺点是机械行驶时要破坏路面，且行驶速度受到限制。目前一些工程机械采用的橡胶履带，克服了钢制履带的缺点。

（5）导向轮。导向轮的功用是支承链轨和引导履带正确地卷绕，可以防止跑偏和越轨，同时它与后面安装的张紧装置一起使履带保持一定的张紧度,并缓和道路传来的冲击力,减少履带在运动过程中的振跳现象。履带运动过程的振跳会导致冲击荷载和额外的功率消耗,加快履带销和销孔之间的磨损。当履带遇到障碍物时,张紧装置可以让引导轮后移一些,避免履带过于局部张紧。导向轮结构如图3-15所示,主要由导向轮体4、销轴6、引导架5、浮动油封3等组成。

(6)驱动轮。发动机的动力通过驱动轮传给履带,驱动轮应与履带啮合正确,传动平稳,并且当履带因销套磨损而伸长后仍能很好啮合。驱动轮通常置于后部,这样履带的张紧段较短,减少磨损和功率损失。

驱动轮多采用中碳钢铸成,经热处理后齿面不经过加工。其形式有整体式、组合式等。图3-16为整体式驱动轮。

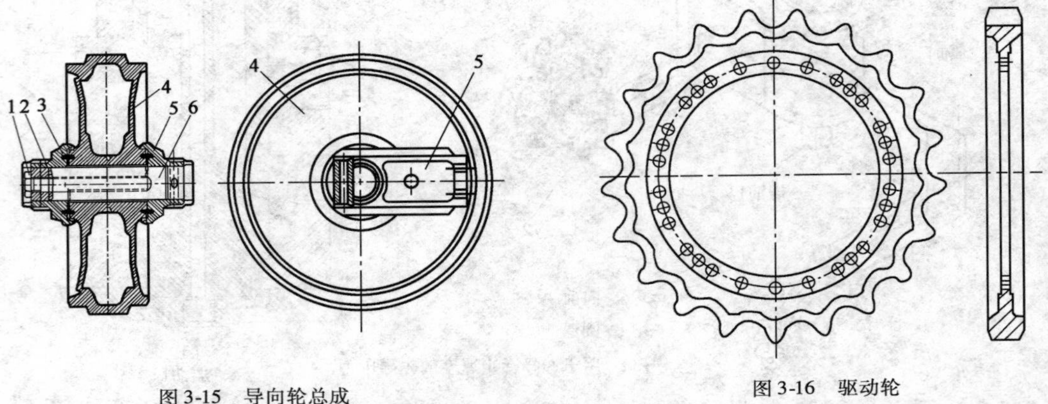

图3-15　导向轮总成

1-螺栓;2-密封圈;3-浮动油封;4-导向轮体;5-引导架;6-销轴

图3-16　驱动轮

(7)支重轮。支重轮用来支承整机重力和荷载,并在履带的链轨节上滚动;还用来夹持履带,使其不致横向滑脱;转向时迫使履带在地面上横向滑移。支重轮如图3-17所示,由轮轴1、轴固定座2、金属衬套3、支重轮体4、浮动金属环5和O形圈6等组成。支重轮体4和金属衬套3压装在一起,可在支重轮轴1上自由滚动。在轮轴中有存储润滑脂的油腔,并用浮动油封5、6保证密封。为了使支重轮在履带的链轨节上滚动时不致横向滑脱,其轮圈上制有包住履带链轨节的凸缘。

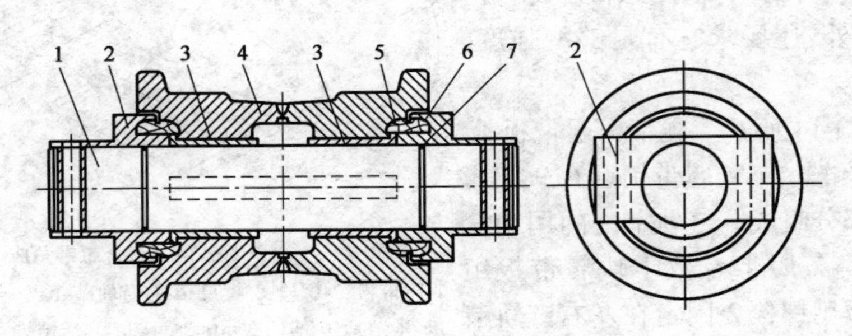

图3-17　支重轮总成

1-轮轴;2-轴固定座;3-金属衬套;4-支重轮体;5-浮动金属环;6-O形圈;7-密封圈

(8)托链轮。托链轮如图3-18所示。用来托住上部的履带,防止履带下垂过多,以减少履带运动时的跳动现象,并防止履带的侧向摇摆。主要由端盖2、轴固定盖3、金属衬套4、拖链轮体5、浮动油封6和7、油封盖8和轮轴10等组成。托链轮安装在台车架纵梁的上面,一般每条履带有一到两个托链轮。与支重轮相比，托链轮的受力较小，工作条件较好，故其尺寸较小，采用金属衬套4支承，结构也较简单。在轮轴中有存储润滑脂的油腔，并用浮动油封6、7保证密封。

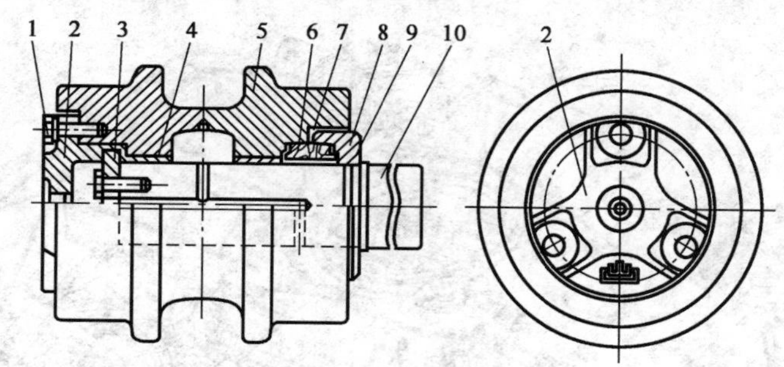

图 3-18 拖链轮总成

1-螺栓；2-端盖；3-轴固定盖；4-金属衬套；5-拖链轮体；6-O 形圈；7-浮动金属环；8-油封盖；9-密封圈；10-轮轴

（9）张紧装置。履带在运转过程中因销轴的磨损，导致张紧的履带变得松弛，从而影响履带的正常运转，可由张紧装置调整其松紧度。张紧装置主要由连接叉1、张紧油缸3、缓冲弹簧5和固定座7等组成，如图3-19所示。张紧装置使履带经常保持一定的张紧度，防止履带脱轨或松弛碰履带架。减少履带在运动过程中的振动和跳动，从而减少冲击荷载和功率消耗，减少履带销和销孔的磨损。张紧装置可以缓和履带行走装置在行驶中由于地形不平或履带中夹有石块等物对机件所产生的冲击作用，减少机件的损坏。调整履带松紧度可通过注入或放出油缸黄油来实现。

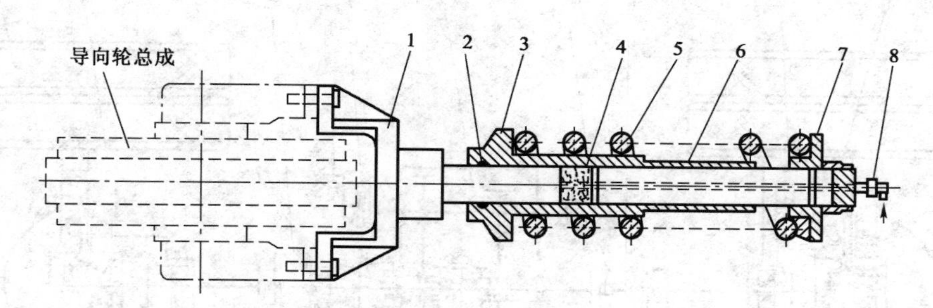

图 3-19 张紧装置总成

1-连接叉；2-密封圈；3-张紧油缸；4-黄油；5-缓冲弹簧；6-套；7-固定座；8-油嘴

履带行走装置的特点是牵引力大，接地比压小、转弯半径小、机动灵活，但行走速度低，通常在0.5～0.6km/h，转移工地时需用平板车搬运。履带行走装置应用最多。

由于履带行走装置优良的工作特性，除在挖掘机上应用外，在推土机、打桩机、旋挖机、起重机等多种工程机械也广泛应用。

5. 轮胎式行走装置

轮胎式行走装置有多种形式，采用轮式拖拉机底盘和标准汽车底盘改装的液压挖掘机斗容量小。对斗容0.5m³以上较大斗容量，工作性能要求较高的轮式挖掘机采用专用底盘。

图3-20为轮胎式液压挖掘机的专用底盘。由车架1、中心回转接头2、驱动装置7、传动轴6、转向前桥9、后桥5、支腿4液压悬挂装置9和轮边减速器10等组成。为改善作业行走性能，后桥采用刚性固定，前桥采用中间液压悬挂的平衡装置。轮胎专用底盘的行走驱动装置主要采用液压机械传动，如图3-21所示。采用变量高速马达，工作可靠，行驶性能较好。马达直接装在二挡变速分动箱上（变速分动箱固定在车架上），变速分动箱输出传动轴驱动前后桥，

并经轮边行星减速器减速和增矩来驱动前后轮，实现挖掘机行走。变量马达与液压泵的功率调节机构相匹配，充分发挥发动机功率，并实现行驶速度的无级调节，以适应不同工况的需求。

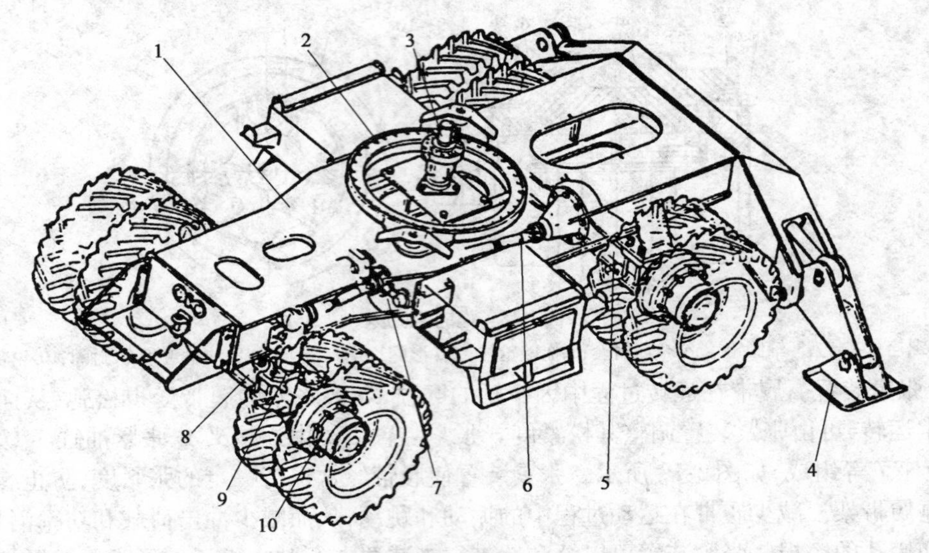

图 3-20　轮式行走装置

1-车架；2-回转支承；3-中心回转接头；4-支腿；5-后桥；6-传动轴；7-驱动装置；8-转向前桥；9-液压悬挂装置；10-轮边减速器

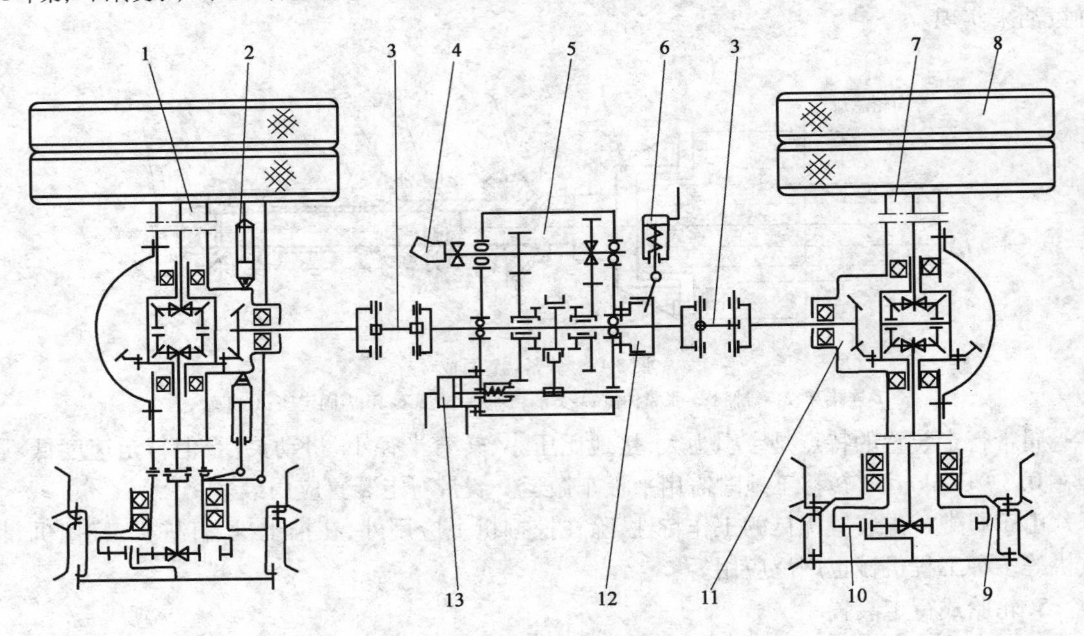

图 3-21　轮式挖掘机行走液压机械传动

1-转向驱动桥；2-转向油缸；3-传动轴；4-行走马达；5-变速器；6-制动汽缸；7-驱动桥；8-轮胎；9-制动鼓；10-轮边减速器；11-主减速器；12-制动器；13-换挡汽缸

变速分动箱有越野挡（低速）和公路挡（高速）和拖挂挡（空挡）三种速度形式，如图 3-22 所示。液压悬挂的平衡装置如图 3-23 所示。挖掘作业时控制阀 1 将两个液压缸 2 的工作腔切断，使平衡装置锁住，有利于稳定工作。行走时控制阀将两个液压缸的工作腔接通，前桥可适应地面高低起伏而上下摆动，使轮胎与地面接触良好，充分发挥牵引力。

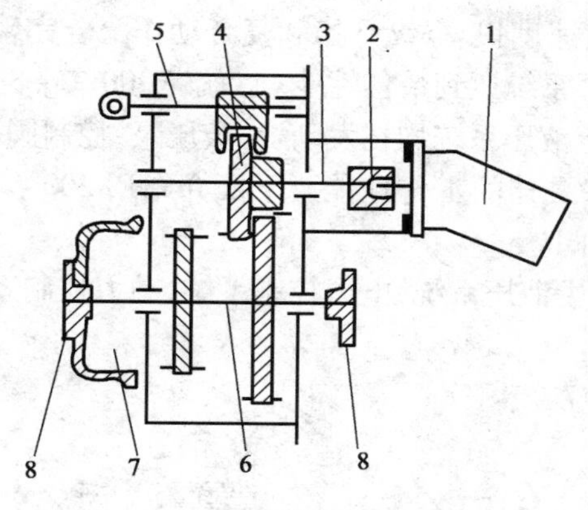

图 3-22　三挡变速器

1-液压马达；2-联轴节；3-变速轴；4-滑动齿轮；
5-变速滑杆；6-输出轴；7-停车制动器；8-输出盘

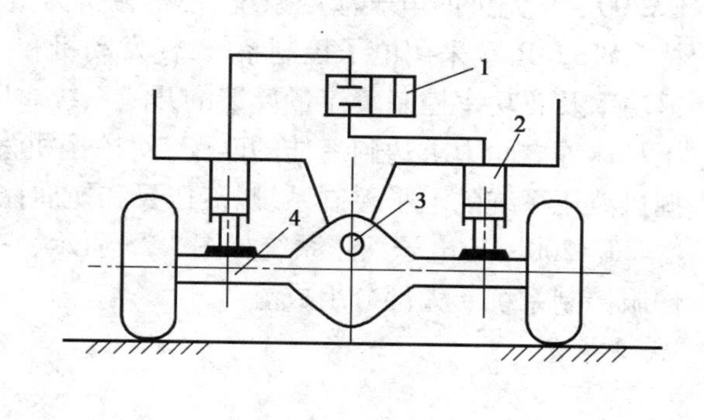

图 3-23　液压悬挂平衡装置

1-控制阀；2-悬挂液压缸；3-摆动销；4-前桥

轮式挖掘机的特点是机动性能好，运行速度快（通常达 20～30km/h）。如用牵引车长距离拖运时，速度可达 60km/h。它的缺点是轮胎接地比压大，爬坡能力小，挖掘时机身稳定性较差，适宜土方量不大的狭窄场地上快速作业。故轮式行走装置仅用在斗容量 0.8m^3 和机重 20t 以下的挖掘机中。

6. 步履式挖掘机

步履式液压挖掘机如图 3-24 所示。与一般通用挖掘机相比差异在下车，它用 4 个支脚支撑整机，两前支脚带一对支承爪，在前支脚上也可带一对行走轮，长度可以调节，两后支脚带一对行走胶轮。4 个支脚的支撑位置可根据工作要求在水平面内和垂直面内调节，使挖掘机的整机稳定性大大提高，适应性能提高。工作时，两带刺的前支承爪附着地面，能克服挖掘时的水平分力，防止向前窜动。这种行走装置有四轮驱动、二轮驱动和无驱动三种。无行走驱动装置时，依靠工作装置支于地面，将前爪抬起，利用工作装置收缩，使整机向前移动一个距离，然后放下，如此重复完成短距离的运行。依靠工作装置与回转机构的配合动作实现整机转弯。二轮或四轮驱动的步履式挖掘机能在高低不平的路面上行走，行走性能绝对优于轮胎式挖掘机。依靠工作装置与支脚的配合动作，步履式挖掘机自行登上卡车进行运输。它的优点是自重轻、造价低、结构简单、适应性好，能在斜坡上和恶劣的场地和山地上挖掘作业。

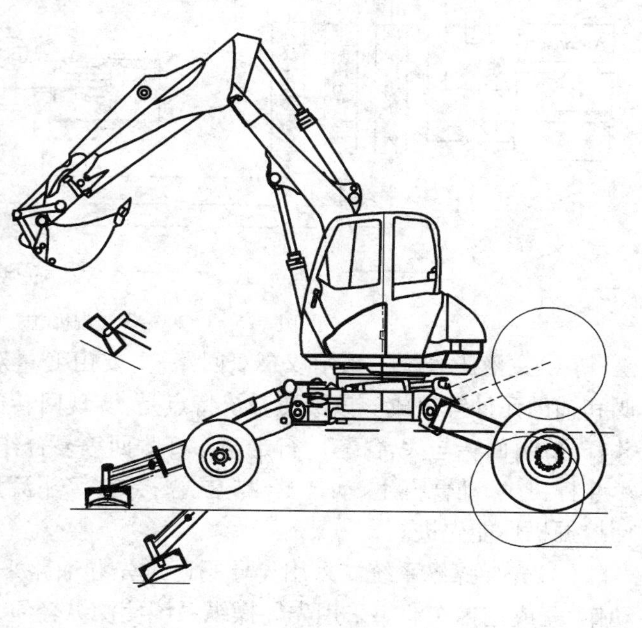

图 3-24　步履式液压挖掘机

7. 挖掘机液压系统

20 世纪 90 年代以后，国内外挖掘机厂家从节能、提高工作效率、操纵性能和可靠性等方面开发了多种先进的挖掘机液压系统。例如：小松 PC200－6 系列智能液压闭式负感应系统；日立

EX200－V 先进的电子液压系统,使挖掘机力量大、速度快、操纵平稳和复合动作配合完善;卡特 CAT320B/C 采用电子控制系统,使发动机和液压系统达到最佳性能;上海SW200LC－3采用恒功率及总功率控制负流量反馈的开式系统。以上液压系统均在发动机、液压泵、控制阀和液压马达等之间力求达到最佳的匹配,使挖掘机发挥最佳的工作性能。下面介绍EX200－V 挖掘机液压系统的电子控制系统、液压泵和换向控制阀。

EX200－V 电子液压系统如图 3-25 所示,它由主液压系统、电子控制系统、动力控制系统、伺服控制系统 4 大部分组成。

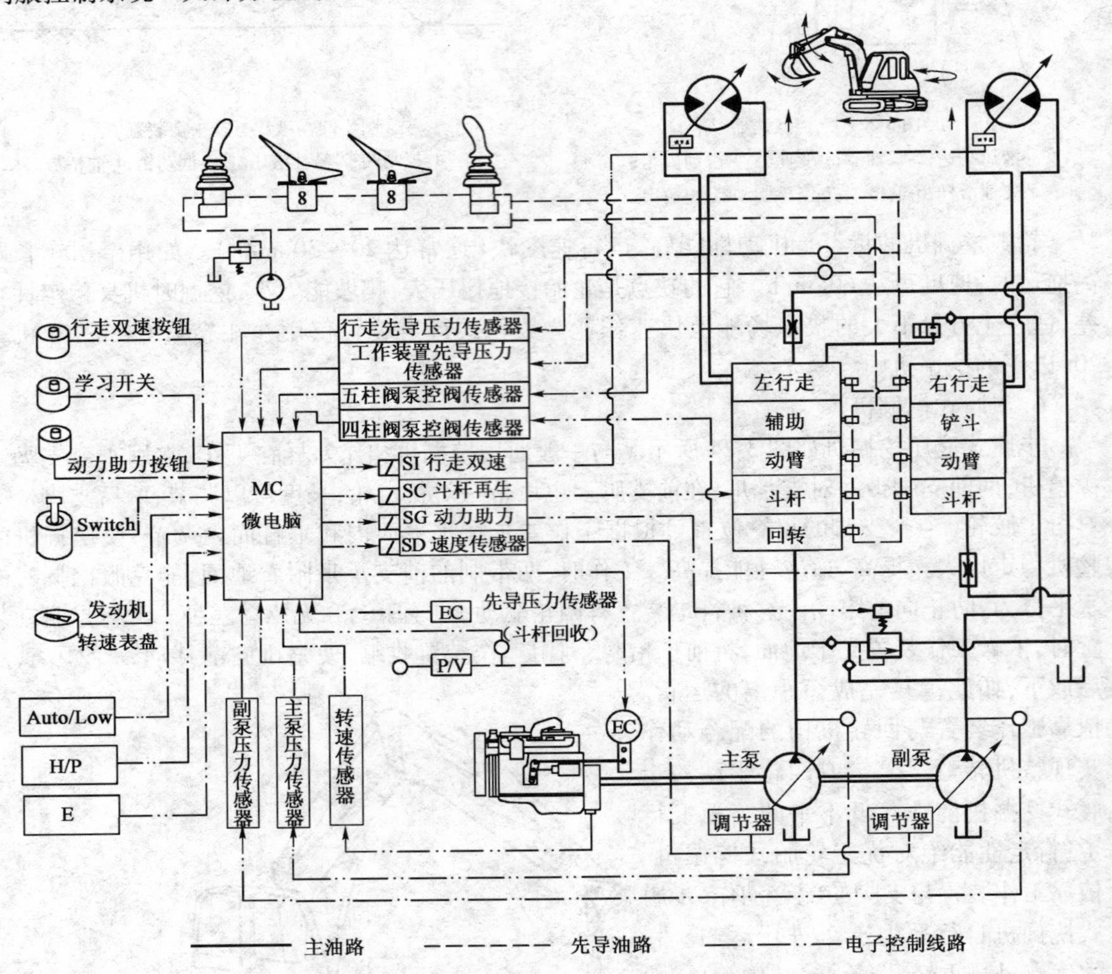

图 3-25　EX200－V 挖掘机电子液压系统原理图

(1)主液压系统。采用双泵双回路,主要由变量双泵、组合换向阀、油缸、液压马达、控制阀和辅助元件等组成。该液压系统特点是:实现回转优先、行走流量汇合直线前进、动臂合流、斗杆合流;回转与大臂提升、行走与斗杆收回等复合作业;它具备一般挖掘机的特征外,还设计了斗杆再生、动臂再生、动臂及斗杆抗漂移阀,铲斗流量控制,泵控阀等多种先进的控制部分。使挖掘机性能先进。

(2)先导操纵系统。采用先导阀通过先导油路来操纵换向阀,实现挖掘机各工作机构的动作,完成挖掘作业。采用先导操纵系统使操纵轻便,工作效率提高,工作强度降低。另外,电子控制系统也从先导工作油路测取相应的工作信号,参与挖掘机工作状态的控制。

（3）电子控制系统。将各种人工指令信号、发动机控制表盘油门转速、液压系统的压力反馈控制信号及各种传感器信号进行处理，并发出相应的指令电信号。实现发动机功率控制（EC 马达）、行走马达双速控制、斗杆再生控制、动力助力（提高溢流阀设定压力）液压泵驱动转矩控制（改变泵输出转矩即改变泵流量）。

工作方式控制：实现挖掘一般工作方式、平整土地、修整边坡、物料搬运的精确方式和辅助作业等四种工作方式的控制。使挖掘机在相应的工作状态下发挥最佳的工作性能。

输入 AUTO/LOW 信号：当各操纵杆空挡超过 4s，MC 就命令 EC 马达使发动机降低速度。

HP 方式控制：当系统作业需求更大的动力，它就将发动机输出功率增加 8% 以提高重载作业效率。轻载时自动降到原设定的功率以节约燃油。

E 方式控制：E 方式控制用于轻载作业，可降低发动机速度、节省燃油。

（4）动力控制系统。动力控制系统是依据作业工况设定在发动机控制表盘上一个目标速度，输入到 MC，再将发动机转速 n 传感接器接受的实际运转速度进行处理，发出指令到 EC 马达，实现发动机油门大小控制，以获得 n_{max} 到 n_{min} 之间一个满足负载要求的最佳发动机转速。

图 3-26 所示为 EX200 – V 挖掘机液压泵。由主泵 3、副泵 5、先导泵 12、泵壳 8、主泵调节器 11、副泵调节器 10、转速传感器 9 及泵输出压力传感器 2、6 等组成。主泵和副泵结构基本相同，为变排量斜盘式柱塞泵，等速转动、转向相反的并联双泵，工作时给主液压系统提供压力油。调节器 10、11 根据多路阀的反馈压力、副泵（主泵）输出压力等参数实现主泵（副泵）排量的增减控制，使作业速度的变化与发动机功率相匹配。

先导泵为外啮合齿轮泵，为主副泵调节器控制器、伺服操纵系统和控制系统提供动力。

图 3-27 所示为 EX200 – V 挖掘机换向控制阀。用来控制液压系统油路的压力、流量和方向。该阀由一组 4 联阀组和一组 5 联阀组用螺栓连接为一体。

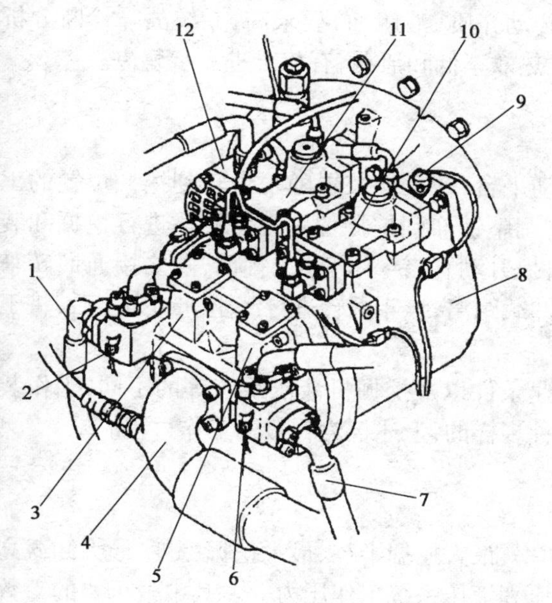

图 3-26　液压泵装置

1-主泵出油口；2-主泵输出压力传感器；3-主泵；4-进油管；5-副泵；6-副泵输出压力传感器；7-副泵出油口；8-泵壳；9-转速传感器；10-副泵调节器；11-主泵调节器；12-先导泵

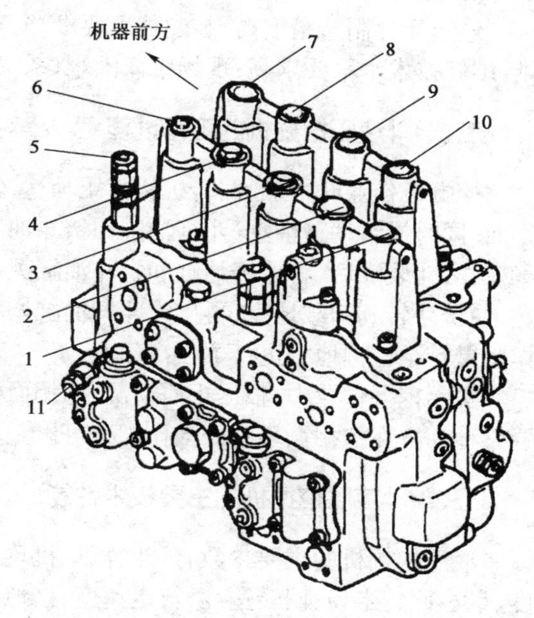

图 3-27　换向控制阀

1-回转阀；2-斗杆 I 阀；3-大臂 II 阀；4-辅助阀；5-主溢流阀；6-左行走阀；7-右行走阀；8-铲斗阀；9-大臂 I 阀；10-斗杆 II 阀；11-泵控制阀

换向控制阀组为先导伺服压力操纵式，主要由主溢流阀6、分路溢流阀、泵控制阀1、流量汇合阀及主阀等组成。四联换向阀组控制右行走马达、铲斗、大臂I、斗杆II油缸；五联换向阀组控制左行走马达、辅助、大臂II、斗杆I油缸和回转马达。

主溢流阀用以调节主油路的工作压力，并对主液压泵、油缸、马达和液压系统起保护作用。分路溢流阀装于大臂、斗杆、铲斗等控制阀的出油口上，用于调节工作油缸的闭锁压力。当油缸因受过大外力而产生过高压力时，分路溢流阀就能保护油缸油路免受过高压力而损坏。

流量汇合阀确保在行走联合作业时能直线行走。

泵控制阀装于多路换向阀回路通道的下游油路上，依据负荷回油压力的大小来改变泵控制压力提供给主泵调节器，使泵的排量发生变化。

单斗液压挖掘机由于采用液压传动和先进的电子控制系统与机械式单斗挖掘机相比较，具有以下优点：

①挖掘机的牵引力大，传动平稳，作业效率高，更换工作装置方便，变速范围大。

②操纵灵活轻便，改善了驾驶员的工作条件。

③重力比同级机械传动挖掘机减轻30%，接地比压降低，大大改善了挖掘机的工作性能。使挖掘机的行驶性、原地旋转、跨越沟渠及自救等能力大大提高。

④各液压件可相对独立布置，结构紧凑，布局合理，传动机构简化。

⑤液压传动有过载保护的能力，使用安全可靠。

⑥易于实现自动化控制，便于与电、气、液联合组成自动控制和遥控系统。

⑦液压元件易实现标准化、通用化、系列化等有利于减少品种规格批量生产，同时提高零部件的通用性，互换性。

液压元件制造精度高，装配技术要求严，对传动介质（液压油）要求高，系统故障诊断分析难，维修技术水平要求高，现场维修困难，系统发热效率低和泄漏，有待于进一步解决。

二、单斗液压挖掘机的工作过程

挖掘机作业时，接通回转机构液压马达，转动平台，使工作装置随平台转到挖掘位置的工作面，同时操纵动臂油缸、斗杆油缸和铲斗油缸，调整铲斗到挖掘位置。使铲斗进行挖掘和装载工作，斗装满后，将斗杆油缸和铲斗油缸关闭，提升动臂，铲斗离开挖掘面，随之接通回转马达，使铲斗转到卸载地点，再操纵斗杆油缸调整卸载距离，铲斗翻转进行卸土。卸完土后，将工作装置转至挖掘地点进行下一次作业。

实际挖掘作业中，根据土质情况、挖掘面作业条件以及挖掘机液压系统等的不同，工作装置三种油缸在挖掘循环中的动作配合可以是多种多样的，上述仅为一般的工作过程。

三、单斗液压挖掘机的主要技术性能

液压挖掘机的主要参数有：斗容量、机重、功率、最大挖掘半径、最大挖掘深度、最大卸载高度、最小回转半径、回转速度、行走速度、接地比压和液压系统工作压力等。其中最重要的参数有三个，即标准斗容量、机重和额定功率，也称为主参数。用来作为液压挖掘机分级的标志参数，反映液压挖掘机级别的大小。我国液压挖掘机的规格级别按机重分级。常见的液压挖掘机主要有3t，4t，5t，6t，8t，10t，12t，16t，20t，21t，22t，23t，25t，26t，28t，30t，32t，…400t等。

标准斗容量：指挖掘IV级土质时，铲斗堆尖时的斗容量（m^3）。它直接反映了挖掘机的挖掘能力和效果,并以此选用施工中的配套运输车辆。为充分发挥挖掘机的挖掘能力,对于不同级别的土壤可配备相应不同斗容的铲斗。

机重:指带标准反铲或正铲工作装置的整机质量(t)。反映了机械本身的质量级,它对技术参数指标影响很大,影响挖掘能力的发挥,功率的充分利用和机械的稳定性。故机重反映了挖掘机的实际工作能力。

功率:指发动机的额定功率,即正常运转条件下,飞轮输出的净功率(kW)。它反映了挖掘机的动力性能,是机械正常运转的必要条件。

作业与复习题

1. 单斗挖掘机有哪几种类型?型号的表示方法是什么?
2. 单斗液压挖掘机由哪几部分组成?各部分起什么作用?
3. 液压挖掘机可以更换哪些工作装置?说明其特点和应用场合。
4. 履带式挖掘机与轮式挖掘机有何特点?各适用什么场合?

第四章　铲土运输机械

铲土运输机械包括推土机、装载机、铲运机、平地机和运土车等，是工程准备工作和土石方作业的主要机械，用来完成土石方和散粒物料的切削、推挖、铲运、装卸堆积物料、平整场地和露天矿剥离等作业。它广泛用在建筑、道路、水利、矿山开采、码头建设、农田改造及国防等工程中。铲土运输机械型号分类及表示方法见表4-1。

铲土运输机械型号分类及表示方法　　表4-1

类	组	型	特　性	代　号	代号含义	主参数代号		
						名　称	单位	表示法
铲土运输机械	推土机T(推)	履带式	—	T	履带机械推土机	功率	kW	主参数
			Y(液)	TY	履带液压推土机			
			S(湿)	TS	履带湿地推土机			
		轮胎式L(轮)	—	TL	轮胎液压推土机			
	铲运机C(铲)	轮胎式L(轮)	—	CL	轮胎液压铲运机	铲斗几何容积	m^3	
		拖式T(拖)	Y(液)	CTY	液压拖式铲运机			
	装载机Z(装)	履带式	—	Z	履带装载机	装载能力	t	
		轮胎式L(轮)	—	ZL	轮胎液压装载机			
	平地机P(平)	自行式	Y(液)	PY	液压平地机	功　率	kW	
	翻斗车FC(翻斗)	—	—	FC	机械翻斗车	载重量	t	主参数×10
		—	Y(液)	FCY	液压翻斗车			

第一节　推　土　机

一、推土机的用途、分类及编号

推土机是以履带式或轮式拖拉机牵引车为主机，再配置悬式铲刀的工程机械。推土机作业时，将铲刀切入土中，依靠机械的牵引力，完成土的切割和推运。可完成铲土、运土、填土、平地、松土、压实以及清除杂物等作业，还可为铲运机松土和助铲以及牵引各种拖式工作装置等作业。履带式推土机是使用最广泛的一种推土机，它适宜于III级及III级以下土的推运。当推运IV级和IV级以上土和冻土时，必须先进行松土。推土机的合理运距为50～100m。

推土机的类型很多，通常按下列方法分类：

按发动机功率分为小型、中型和大型推土机。发动机功率小于75kW为小型，发动机功率为75～239kW为中型，发动机功率大于239kW为大型。

按行走装置分为履带式和轮式推土机，如图4-1、图4-2所示。履带式推土机附着性能好，接地比压小，通过性好、爬坡能力强，宜在山区和恶劣的条件下作业。轮式推土机行走速度快，运距稍长，机动灵活，不破坏路面。当前，推土机仍以履带式行走装置为主。

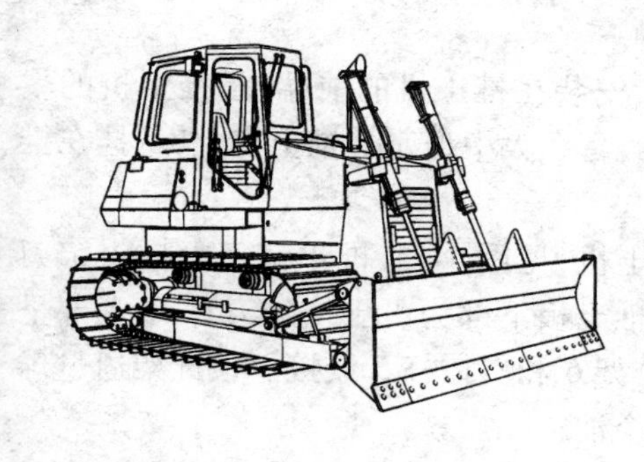

图 4-1　履带式推土机

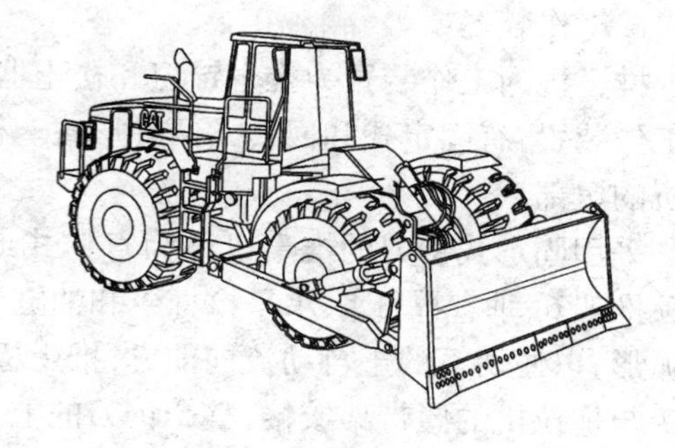

图 4-2　轮胎式推土机

按底盘传动形式分为机械传动、液力机械传动和全液压传动三种。液力机械传动应用最广，机械传动只用于小型推土机。

按用途可分为通用型和专用型两种。专用型用于特定的工况，如采用三角形履带板以降低接地比压的湿地推土机（比压为0.02～0.04MPa）和沼泽地推土机（比压在0.02MPa以下），还有水陆两用、水下和无人驾驶推土机等。

推土机型号用字母T表示，L表示轮式，Y表示液压式，后面的数字表示功率（马力）。

二、推土机的基本构造

履带式推土机以履带式拖拉机配置推土铲刀而成，轮胎式推土机以轮式牵引车配置推土铲刀而成。有些推土机后部装有松土器，遇到坚硬土质时，先用松土器松土，然后再推土。推土机主要由发动机、底盘、液压系统、电气系统、工作装置和辅助设备等组成，如图4-3所示。

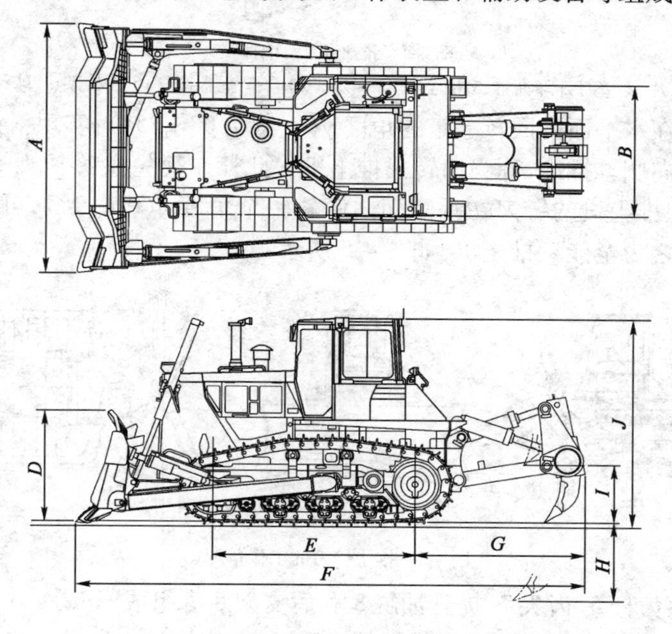

图 4-3　推土机的总体构造

发动机是推土机的动力装置，大多采用柴油机。发动机往往布置在推土机的前部，通过减震装置固定在机架上。

电气系统包括发动机的电起动装置和全机照明装置。辅助设备主要由燃油箱、驾驶室等组成。

1. 工作装置

推土机的工作装置为推土铲刀和松土器。推土铲刀安装在推土机的前端，是推土机的主要工作装置，有固定式和回转式两种形式。松土器通常配备在大中型履带推土机上，悬挂在推土机的尾部。

采用固定式铲刀的推土机称为直铲式或正铲式推土机，见图 4-4。推土铲刀由推土铲刀 3、顶推架 6、垂直撑杆 5、水平撑杆 4 和油缸 2 等组成。推土板下部为可更换的刀片 1，上部呈圆弧形，以便切下的土自动流向前方，推土板后部与顶推架 6 和斜撑杆 5 铰接。顶推架通过球铰 7 与拖拉机的履带架铰接，整个铲刀的上下运动由两个油缸 2 操纵。

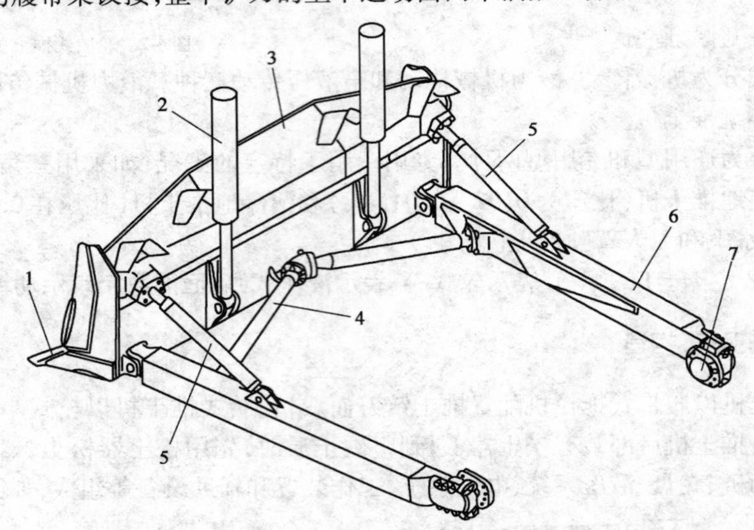

图 4-4　推土机铲刀结构

1-刀片；2-铲刀升降油缸；3-推土铲刀；4-水平斜撑；5-垂直撑杆；6-顶推架；7-球铰

回转式铲刀可在水平面内回转一定的角度 γ（一般为 0° ~25°），实现斜铲作业。推土机在直线行走时将土壤向侧方推卸，称为回转式推土机。此外在某些施工中，如修边坡或切削阻力大进行局部切削时，推土机的铲刀在垂直面内倾斜一个角度 δ（0° ~9°），可实现侧铲作业，这种推土机有时也称之为全能型推土机，如图 4-5 所示。

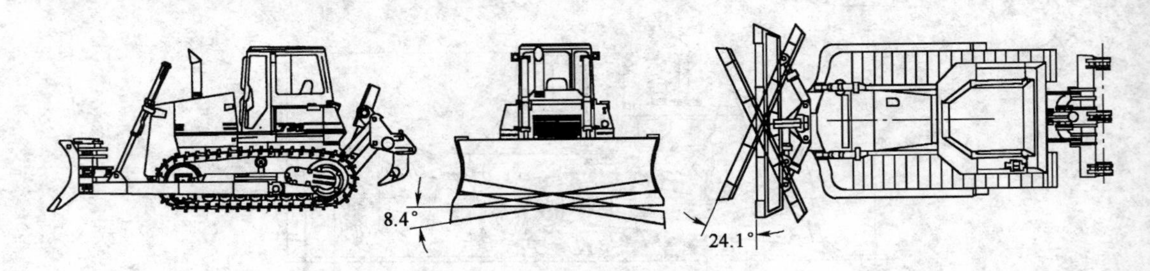

图 4-5　推土铲刀的工作角度

松土器主要由齿杆 5、齿尖 7、提升油缸 3 和后支架 8 等组成，如图 4-6 所示。由液压缸操纵，使之提升或放下。推土机作业遇到坚硬的土质时，可先用松土器耙松再推土，则效果较好。

2. 底盘

底盘部分由主离合器（或液力变矩器）、变速器、转向机构、后桥、行走装置和机架等组成。底盘的作用是支承整机，并将发动机的动力传给行走机构及各个操纵机构，主离合器装在柴油机和变速器之间，用来平稳地接合和分离动力。如为液力传动，液力变矩器代替主离合器传递动力。变速器和后桥用来改变推土机的运行速度、方向和牵引力。后桥是指在变速器之后驱动轮之前的所有传动机构，转向离合器改变行走方向。行走装置用于支承机体，并使推土机行走。机架是整机的骨架，用来安装发动机、底盘及工作装置，使全机成为一个整体。

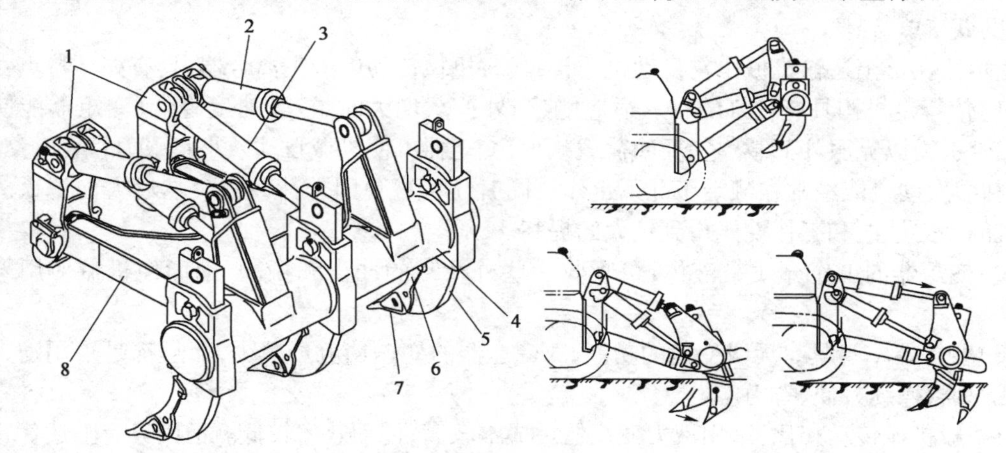

图 4-6　推土机的松土器

1-安装架；2-倾斜油缸；3-提升油缸；4-横梁；5-齿杆；6-保护盖；7-齿尖；8-后支架

图 4-7 为山推 D85A—18 型推土机的传动系统，采用 NT—855 型柴油机，额定功率 162kW。采用液力机械传动方式，装有三元件单级液力变矩器和 TORQFLOW 型行星齿轮式动力换挡变速器。该变速器有 4 个行星排和 5 个换挡离合器组成。左右两端的转向离合器采用湿式多片、弹簧加压式结构，关闭或连接动力，把动力换挡变速器输出的动力传送到终端减速器，使推土机改变行走方向。

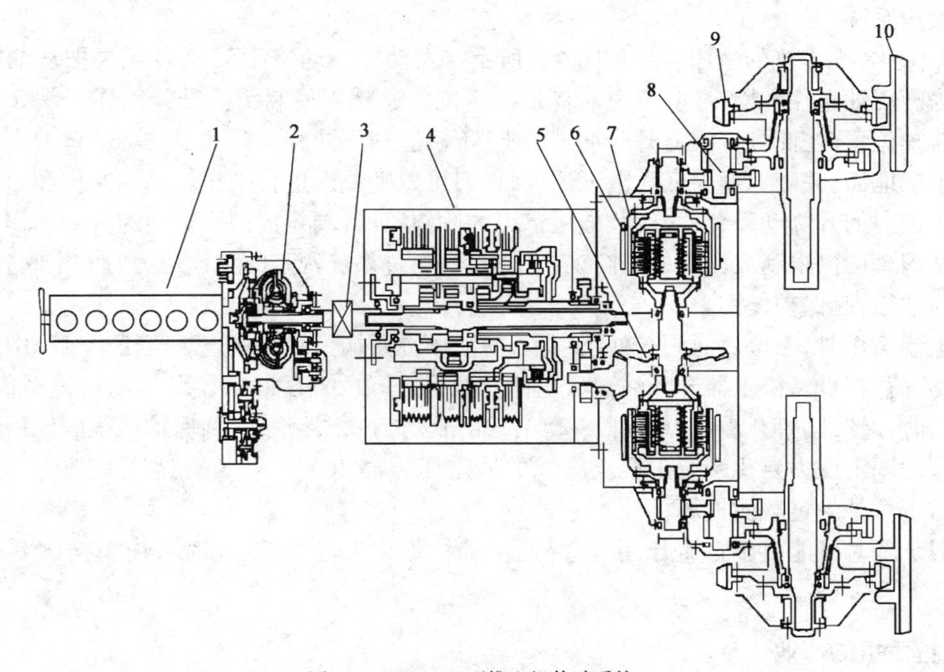

图 4-7　D85A-18 型推土机传动系统

1-发动机；2-液力变矩器；3-联轴器；4-TORQFLOW 行星变速器；5-后桥；6-转向制动器；7-转向离合器；8-最终传动；9-驱动轮；10-履带

发动机的飞轮与变矩器的泵轮连接，发动机的动力由泵轮经导轮传给蜗轮，再由蜗轮轴传给 TORQFLOW 型变速器后传至驱动桥和驱动轮，带动整机行走。它能随着推土阻力的变化自动调整牵引力和速度，改善牵引性能，提高生产率。阻力过大时发动机也不会熄火，能防止过载，操纵简单，轻便。

变矩器在铲土运输机械中与发动机连接，代替机械传动中的主离合器，具有如下特点：

(1)使行走机构具有良好的自动适应能，当外荷载增大时，行驶速度降低，变矩器能使机械增加牵引力以克服外荷载。相反如荷载减少，变矩器可使机械自动减小牵引力，增加行驶速度。因此，发动机能经常在额定工况下工作。同时还可避免因外荷载的突然增大而熄火。使推土机的动力性能和工作性能得到较大的提高。

(2)变矩器的工作介质是液体，可吸收一些外荷载的冲击和振动，因而使机械使用寿命提高。

(3)变矩器本身具有无级变速的功能，故变速器的变速挡就可减少，而且都是采用动力换挡的变速器，操纵方便、省力。

与一般机械传动相比，采用液力变矩器后成本较高，传动效率较低。但因具有上述优良性能，在铲土运输机械中广泛应用。

3. 全液压推土机的传动系统

全液压推土机是近年来发展的新机型，是中小型推土机的发展方向。液压推土机的发动机与液压泵直接连接，液压泵把发动机的输出动力转变为液压能，驱动两个行走液压马达转动，行走马达经行星减速器后带动驱动轮转动，实现整机行走，如图 4-8 所示。动力传递方式与液压挖掘机相近，取消了主离合器、变速器等部件使结构简单、紧凑，重力减轻，但效率低及价格较贵，由于受液压技术的限制，有待于进一步研究和发展。

4. 液压系统

D85A—18 推土机的液压系统如图 4-9 所示。发动机驱动液压泵 1，液压泵把从油箱吸出的油变为高压油送往各操纵阀，压力油首先经四位六通阀 3 控制铲刀升降动作。阀 3 最左位为铲刀浮动位置，在此位置铲刀升降油缸的上、下两腔与回油路、液压泵均连通，铲刀在自重作用下支承于地面，并随地形高低而上下浮动，铲刀可以随地形进行推土。阀 3 左位和右位分别控制推土铲刀的升降动作，阀 5 调节推土铲刀的倾斜角度，阀 6 控制松土器的升降动作。

安全阀 2 可以限制液压泵的最高工作压力，当超过系统调定的工作压力时安全阀打开，高压油返回油箱，起保护作用。

松土器工作时，三位六通阀 6 处于中位，使液压缸两端呈封闭状态。若松土过程中耙齿遇到障碍物，荷载急增，松土器升降油缸活塞杆受拉，液压缸小腔油压升高，当超过过载阀 13 的调定压力时，过载阀打开溢流，单向阀 12 给液压缸大腔进行补油，起到保护系统的作用。松土器过载阀的调定压力要比系统主安全阀 2 的调定压力高 30% ~40%。这样就避免了在松土作业中由于意外的过载而损坏机件。

铲刀下降时可能由于自重作用、下降速度加快形成大腔吸空，此时可由单向阀 8 进行补油。

三、推土机的作业

1. 作业过程

依靠机械的牵引力，推土机可以独立地完成铲土、运土和卸土三种作业过程(图 4-10)。

铲土作业时，将铲刀切入地平面，行进中铲掘土。运土作业时将铲刀提至地平面，把土推运到卸土地点。卸土作业有两种：

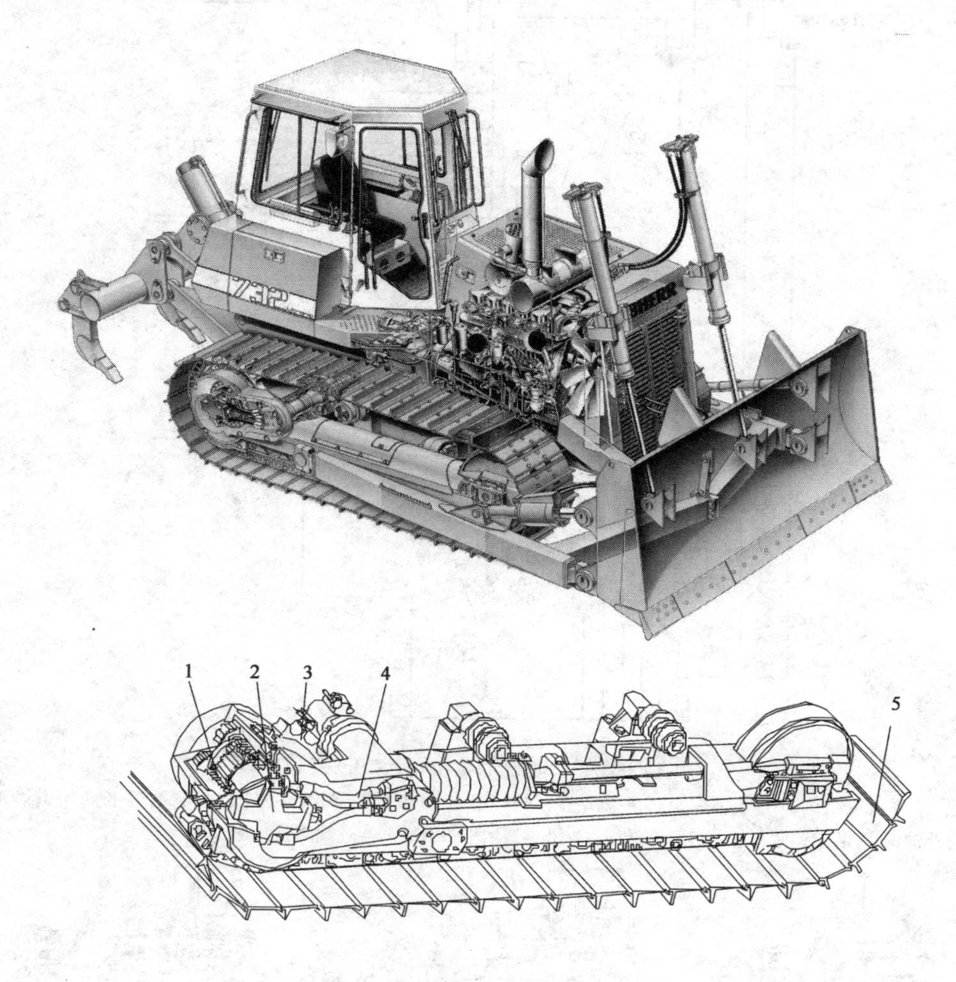

图4-8　全液压推土机传动系统

1-行走减速器；2-行走马达；3-驱动轮；4-油管；5-履带

（1）局部卸土法。推土机将土推至卸土位置，略提铲刀，机械后退至铲土地点。

（2）分层铺卸法。推土机将土推至卸土位置，将铲刀提升一定高度，机械继续前进，土即从铲刀下方卸掉，然后推土机退回原处进行下一次铲土。

2. 作业方式

（1）直铲作业，是推土机最常用的作业方法，用于推送土、石渣和平整场地作业。其经济作业距离为：小型履带推土机一般为50m以内；中型履带推土机为50～100m，最远不宜超过120m；大型履带推土机为50～100m，最远不宜超过150m；轮胎式推土机为50～80m，最远不宜超过150m。

（2）侧铲作业，用于傍山铲土、单侧弃土。此时，推土板的水平回转角一般为左右各25°。作业时能一边切削土，一边将土移至另一侧。侧铲作业的经济运距一般较直铲作业时短，生产率也低。

（3）斜铲作业，主要应用在坡度不大的斜坡上铲运硬土及挖沟等作业，推土板可在垂直面内上下各倾斜9°。工作时，场地的纵向坡度应不大于30°，横向坡度应不大于25°。

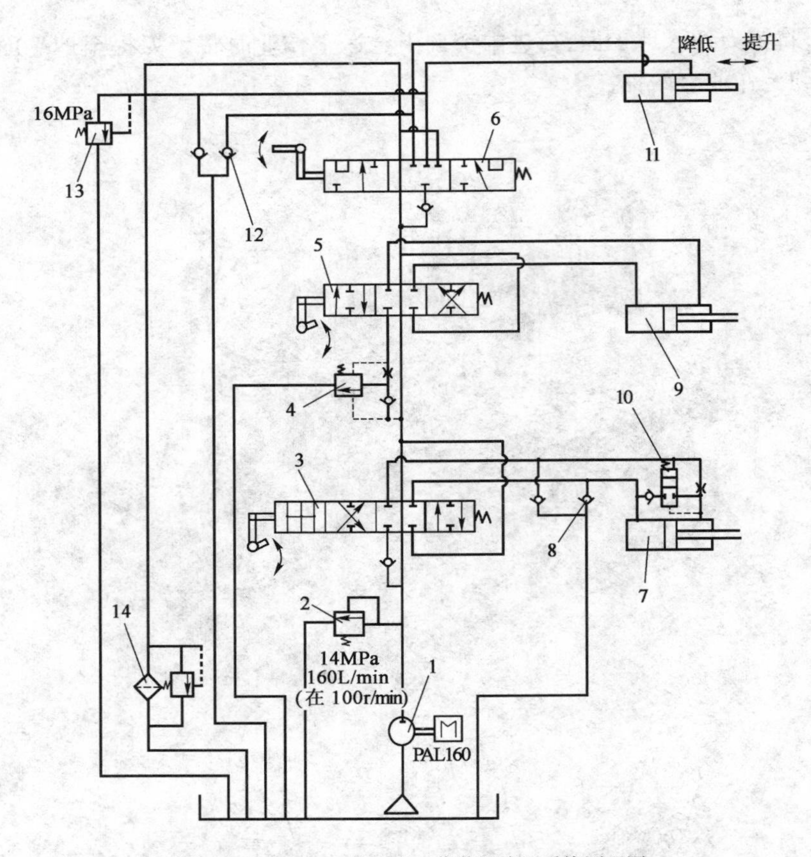

图 4-9 D85A—18 推土机工作装置液压系统原理图

1-液压泵;2-系统安全阀;3-推土刀控制阀;4-流动止回阀;5-推土刀倾斜控制阀;6-松土器控制阀;7-推土刀升降油缸;8、12-单向补油阀;9-推土铲倾斜油缸;10-快降阀;11-松土器油缸;13-松土器过载阀;14-滤油器

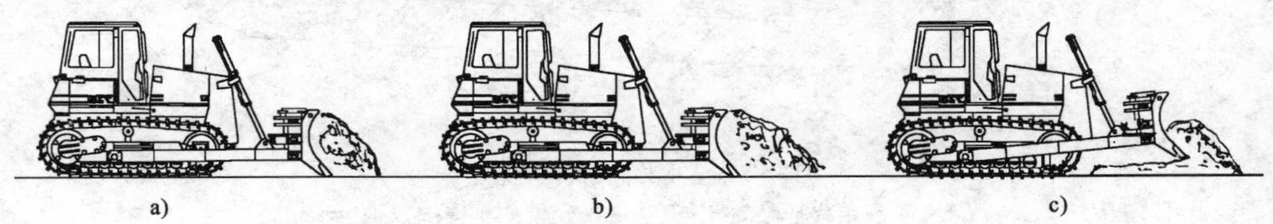

图 4-10 推土机的作业状态

a)铲土;b)运土;c)卸土

3. 松土器作业

一般大中型履带式推土机的后部有悬挂液压松土器,松土器有多齿和单齿两种。多齿松土器挖凿力较小,主要用于疏松较薄的硬土、冻土层等。单齿松土器有较大的挖凿力,除了能疏松硬土、冻土外,还可以劈裂风化岩和有裂缝的岩石,并可拔除树根。

推土机还可以对铲运机进行助铲和预松土,以及牵引各种拖式土方机械等作业,如图 4-11 所示。

图 4-11 推土机助推和拖挂作业

四、推土机的主要技术参数

推土机的主要技术参数为发动机额定功率、机重、最大牵引力接地比压、爬坡能力、履带长度和铲刀的宽度及高度等。

第二节　装　载　机

一、装载机的用途、分类及编号

装载机是一种作业效率较高的铲装机械,用来装载松散物料和爆破后的碎石及以对土壤作轻度的铲掘工作,同时还能用于清理、刮平场地、短距离装运物料及牵引等作业。如果更换相应的工作装置后,还可以完成推土、挖土、松土、起重以及装载棒料等工作(图4-12)。因此,被广泛用于建筑、筑路、矿山、港口、水利等领域。

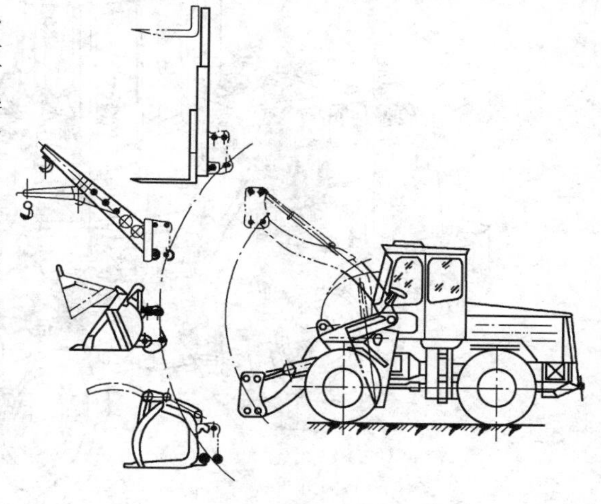

图4-12　装载机可更换工作装置

随着计算机、液压、机电一体化技术的发展,高新技术在装载机上的广泛应用,使得装载机的性能更趋完善。目前装载机在品种和数量方面都发展很快,类型很多。

按发动机功率分为小、中、大和特大型装载机。功率小于74kW为小型,如ZL30装载机;功率74~147kW为中型,如ZL40装载机;功率147~515kW为大型,如ZL50装载机;功率大于515kW为特大型。

按行走方式分为轮胎式和履带式两种,如图4-13所示。

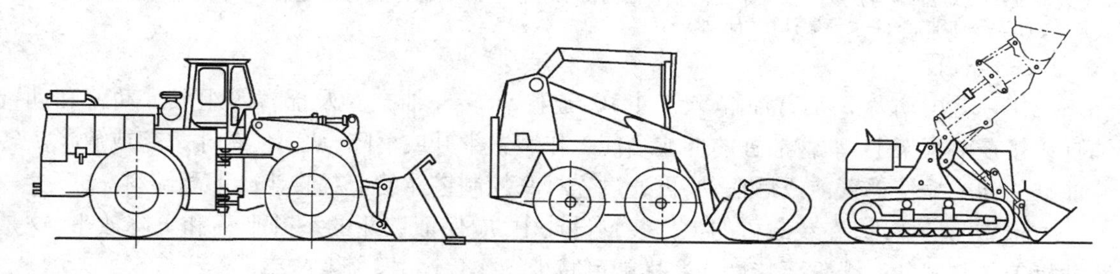

图4-13　轮胎式和履带式装载机

轮胎式装载机是以轮胎式底盘为基础,配置工作装置和操纵系统组成。优点是质量小、运行速度快、机动灵活、作业效率高,行走时不破坏路面。若在作业点较分散,转移频繁的情况下,其生产率要比履带式高得多。缺点是轮胎接地比压大、重心高、通过性和稳定性差。目前国产ZL系列装载机都是轮式装载机,应用非常广泛。

履带式装载机是以专用履带底盘为基础,配置工作装置和操纵系统组成。履带式装载机的履带接地面积大,接地比压小,通过性好,整机重心低,稳定性好。履带与地面附着性能强,牵引力大。履带式装载机对地面要求不高。缺点是行走速度低,不够灵活,行走时破坏路面。因此,转移工地时要用平板车拖运。

国产装载机型号编号的第一个字母 Z 表示，第二个字母 L 代表轮式装载机，无 L 代表履带式装载机，Z 或 L 后面的数字代表额定载重量。例如：ZL30 型装载机，代表额定载重量为 3t 的轮胎式装载机。

二、轮式装载机的基本构造

轮式装载机由工作装置、行走装置、发动机、传动系统、转向制动系统、液压系统、操纵系统和辅助系统组成，如图 4-14 所示。

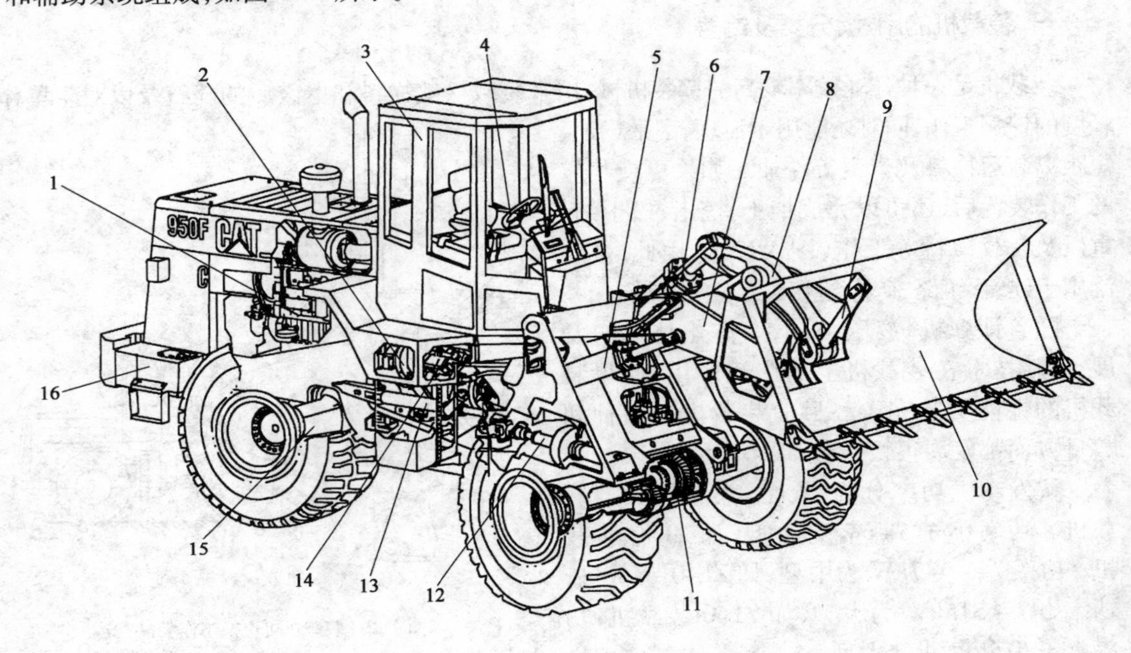

图 4-14　轮式装载机总体结构

1-发动机；2-变矩器；3-驾驶室；4-操纵系统；5-动臂油缸；6-转斗油缸；7-动臂；8-摇臂；9-连杆；10-铲斗；11-前驱动桥；12-传动轴；13-转向油缸；14-变速器；15-后驱动桥；16-车架

1. 工作装置

工作装置由动臂 7、动臂油缸 5、铲斗 10、连杆 9、转斗油缸 6 及摇臂 8 组成。动臂和动臂油缸铰接在前车架上，动臂油缸的伸或缩使工作装置举升或下降，从而使铲斗举起或放下。转斗油缸的伸或缩使摇臂前或后摆动，再通过连杆 9 控制铲斗的上翻收斗或下翻卸料。

由于作业的要求，在装载机的工作装置设计中，应保证铲斗的举升平移和下降放平，这是装载机工作装置的一个重要特性。这样就可减少操作程序，提高生产率。

（1）铲斗举升平移。当铲斗油缸使铲斗上翻收斗后，在动臂举升的全过程中，转斗油缸伸出的长度不变，铲斗平移（铲斗在空间移动），旋转不大于 15°。

（2）铲斗下降放平。当动臂处于最大举升高度、铲斗下翻卸料（铲斗斗底与水平线夹角为 45°）时，转斗油缸保持不变，当动臂油缸收缩，动臂放置最低位置时，铲斗能够自动放平处于铲掘位置，从而使铲斗卸料后，不必操纵铲斗油缸，只要操纵动臂油缸使动臂放下，铲斗就可自动处于铲掘位置。

工作装置运动的具体步骤是：铲斗在地面由铲掘位置收斗（收斗角为 α）→动臂举升铲斗至最高位置→铲斗下翻卸料（斗底与水平线夹角 $\beta=45°$）→动臂下降至最低位置→铲斗自动放平。如图 4-15 所示。

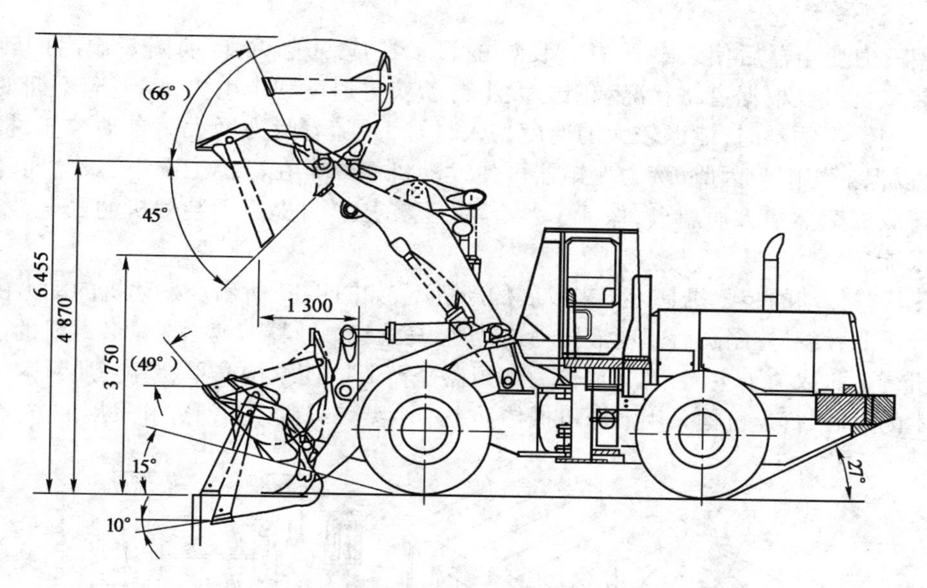

图 4-15　装载机主要工作尺寸(尺寸单位:mm)

2. 传动系统

装载机的铲料是靠行走机构的牵引力使铲斗插入料堆中的。铲斗插入料堆时会受到很大的阻力,有时甚至使发动机熄火。为了充分发挥其牵引力,故前后、桥都制成驱动式的。装载机的传动系统一般都装有液力变矩器,采用液力传动。目前,一些新型的中小型装载机采用液压机械传动,使传动系统的结构简化。

图 4-16 为 ZL50 装载机传动系统,采用液力传动。发动机 1 装在后架上,发动机的动力经液力变矩器 2 传至行星换挡变速器 6,再由变速器把动力经传动轴 8 和 13 分别传到前、后桥 9 及轮边减速器 10,以驱动车轮转动。发动机的动力还经过分动箱驱动工作装置油泵 3 工作。

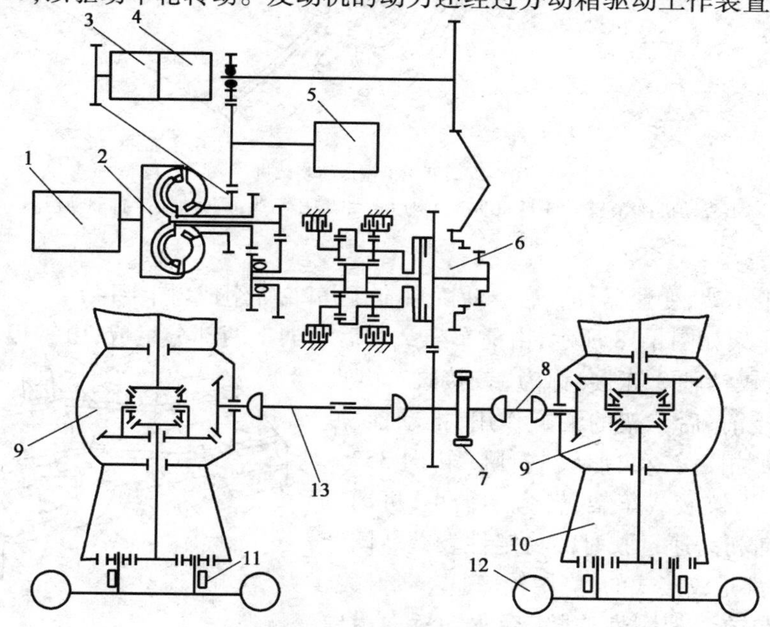

图 4-16　ZL50 型装载机传动系统

1-发动机;2-液力变矩器;3-液压泵;4-变速液压泵;5-转向液压泵;6-变速器;7-手制动;8、13-传动轴;9-驱动桥;10-轮边减速器;11-脚制动器;12-轮胎采用液力变矩器后使装载机具有良好的自动适应性能，能自动调节输出的转矩和转速。使装载机可以根据道路状况和阻力大小自动变更速度和牵引力，以适应不断变化的各种工况。当铲削物料时，能以较大的速度切入料堆，并随着阻力增大而自动减速，提高轮边牵引力，以保证切削。因此，液力变矩器可使发动机能经常在额定工况下工作，同时还可避免因外荷载的突然增大而熄火，保证了各个液压泵的工作，提高了装载机的安全性、可靠性和牵引性能。

液压机械传动的装载机是近年来发展的新机型，如图4-17所示。发动机的动力由液压泵转变为液压能，经过控制阀后驱动液压马达转动，马达经减速器减速后驱动装载机的前、后桥，实现整机行走。取消了主离合器（或液力变矩器）等部件，使结构简单、紧凑，质量减小。随着液压技术的发展，行走机构采用液压机械传动是中小型装载机今后研究和发展的方向。

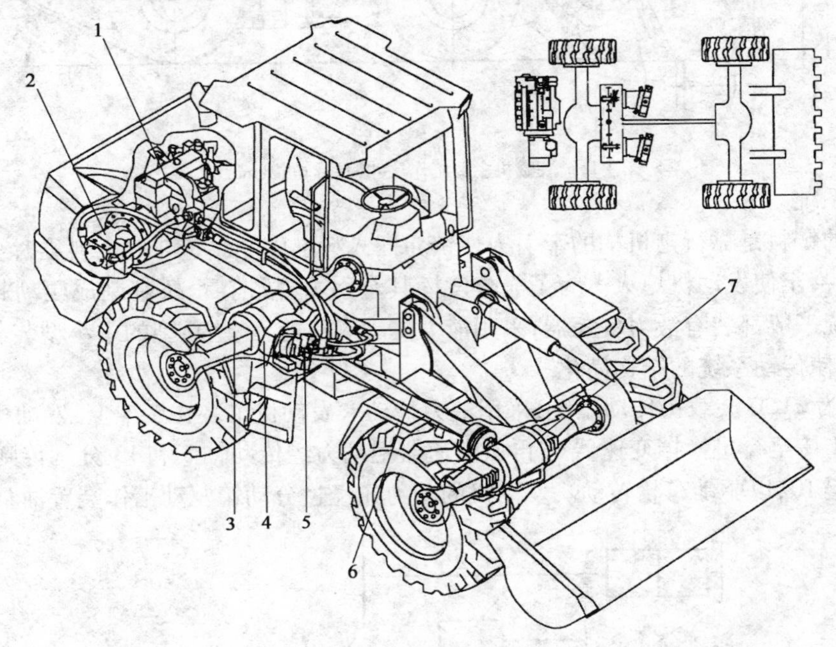

图4-17　液压机械传动装载机

1-发动机；2-液压泵；3-后驱动桥；4-动力箱；5-液压马达；6-传动轴；7-前驱动桥

3. 行走装置

行走装置由车架，变速器，前、后驱动桥和前、后车轮等组成（图4-14）。

装载机的车架如图4-18所示，由前车架2和后车架1两部分组成，由钢板和型材焊接而成，中间用垂直铰销轴3连接，称为“铰接式”车架。转向时通过连接前、后车架的油缸作用，推动前、后车架绕垂直铰销相对转动，形成“折腰”转向35°~45°。装载机采用铰接式车架，转弯半径小，机动灵活。缺点是转向和高速行驶时的稳定性较差。国产ZL系列装载机都是铰接式的，应用较普遍。

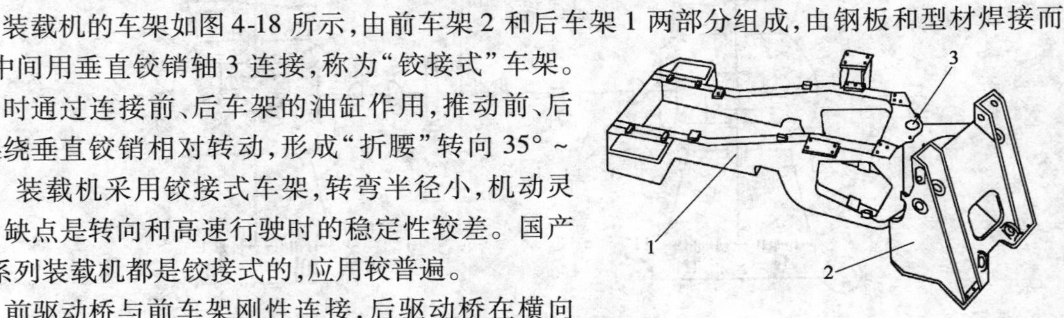

图4-18　ZL50型装载机车架

1-后车架；2-前车架；3-销轴

前驱动桥与前车架刚性连接，后驱动桥在横向可以相对于后车架摆动，从而保证装载机四轮触地。铰接式装载机的前、后桥可以通用，结构简单，制造较为方便。在驱动桥两端车轮内侧装有行走制动器,变速器输出轴处装有停车制动器,实现机械的制动。

装载机其他装置包括驾驶室、仪表、灯光等。现代化的装载机还应配置空调和音响等设备。

4. 液压系统

图4-19为ZL50装载机的工作装置液压系统。发动机驱动液压泵1,液压泵输出的高压油通向换向阀4控制铲斗油缸7和换向阀5控制动臂油缸6。图示位置为两阀都放在中位,压力油通过阀后流回油箱。

换向阀4为三位六通阀,它可控制铲斗后倾、固定和前倾三个动作。换向阀5为四位六通阀,它控制动臂上升、固定、下降和浮动四个动作。动臂的浮动位置是装载机在作业时,由于工作装置的自重支于地面,铲料时随着地形的高低而浮动。这两个换向阀之间采用顺序回路组合,即两个阀只能单独动作而不能同时动作,保证液压缸推力大,以利于铲掘。

安全阀2的作用是限制系统工作压力,当系统压力超过额定值时安全阀打开,高压油流回油箱,以免损坏其他液压元件。两个双作用溢流阀3并联在铲斗液压缸的油路中。它的作用是用于补偿由于工作装置不是平行四边形结构,而在运动中产生的不协调。

ZL50装载机转向系统如图4-20所示,转向液压缸的换向阀由先导油路来控制换向,先导油路的流量变化与主油路中进入转向缸的流量变化成比例,从主油路分流经减压阀减压后作为先导油路的动力源。方向盘不转动时,转向器两出口关闭,流量放大阀2的主阀杆在复位弹簧作用下保持在中位,转向液压泵5与转向液压缸1的油路被断开,主油路经过流量放大阀中的流量控制阀卸荷回油箱。转动方向盘时,转向器排出的油与方向盘的转角成正比,先导油进入流量放大阀后,通过主阀杆上的计量小孔控制主阀杆位移,即控制开口的大小,从而控制进入转向液压缸的流量,由于流量放大阀采用了压力补偿,使得进出口的压差基本上为一定值,

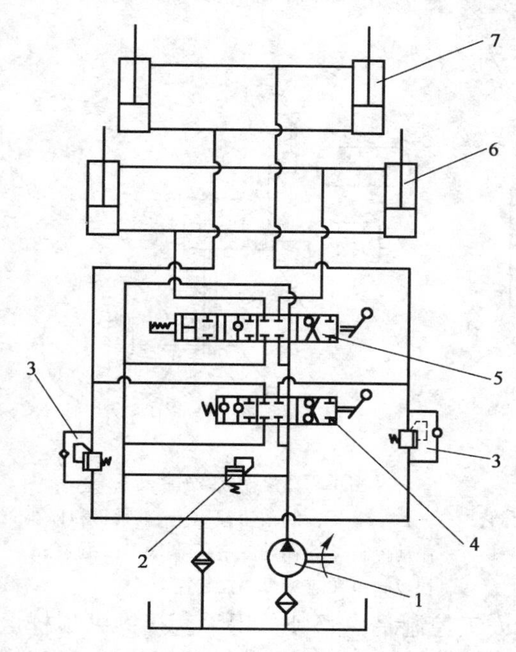

图4-19　ZL50装载机工作装置液压系统原理图

1-液压泵;2、3-溢流阀;4、5-换向阀;6-动臂液压缸;7-铲斗液压缸

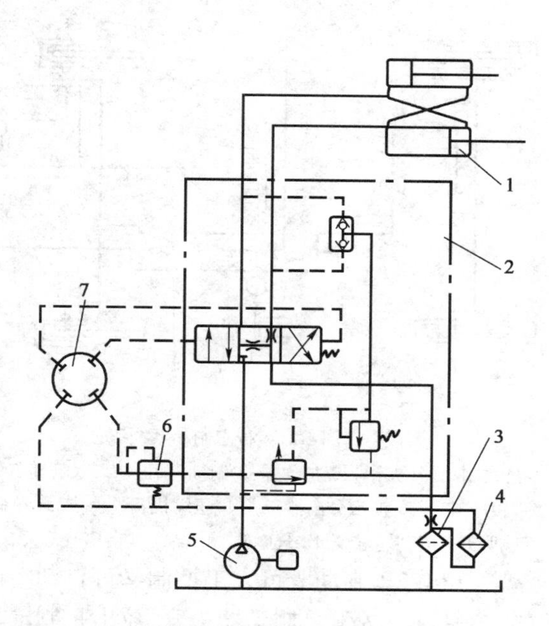

图4-20　转向系统液压原理图

1-转向液压缸;2-流量放大阀;3-过滤器;4-散热器;5-转向液压泵;6-减压阀;7-全液压转向器

因而进入转向液压缸的流量与负载无关,而只与主阀杆上开口大小有关。停止转向后,主阀杆一端先导压力油经计量小孔卸压,两端油压趋于平衡,在复位弹簧的作用下,主阀杆回复到中位,从而切断到液压缸的主油路。

液压操纵转向机构操纵力小,驾驶员不易疲劳,动作迅速有利于提高生产率。故在大中型的轮式机械中都采用液压转向机构。

5. 制动系统

ZL50 装载机设有两套制动系统。

(1)行车制动系统。采用气顶液四轮盘式制动,如图 4-21 所示。用于经常性的一般行驶中速度控制、停车。

由空气压缩机 7、油水分离器 6、压力控制器 5、单向阀 9、贮气罐 8、双管路气制动阀 4、加力器 2 和盘式制动器 1 等组成。贮气压缩机由发动机带动,压缩空气经油水分离器、压力控制器、单向阀进入贮气罐,压力为 0.68 ~ 0.7MPa。踩下双管路气制动阀,气分两路,分别进入前、后加力器,推动盘式制动器的活塞、摩擦片,压向制动盘而制动车轮。放松脚踏板,加力器的压缩空气从双管路气制动阀排出大气,制动状态解除。

(2)紧急和停车制动系统。用于装载机在工作中出现紧急情况时制动以及停车后的制动,停车后的制动使装载机保持在原位置上,不致因路面倾斜或其他外力的作用而移动。另外,当制动气压低于安全气压(约 0.28 ~ 0.3 MPa)时,该系统自动起作用使装载机紧急停车,以确保安全使用。

该系统如图 4-22 所示,由控制按钮 2、紧急和停车制动控制阀 4、制动气室 5、制动器 6、气制动快速松脱阀 8 等组成。从贮气罐中来的压缩空气进入紧急和停车制动控制阀、控制制动室的工作。当压缩空气进入制动气室时,压缩大弹簧,制动器被松开,当气压被释放时,大弹簧复位使制动器接合,装载机制动。

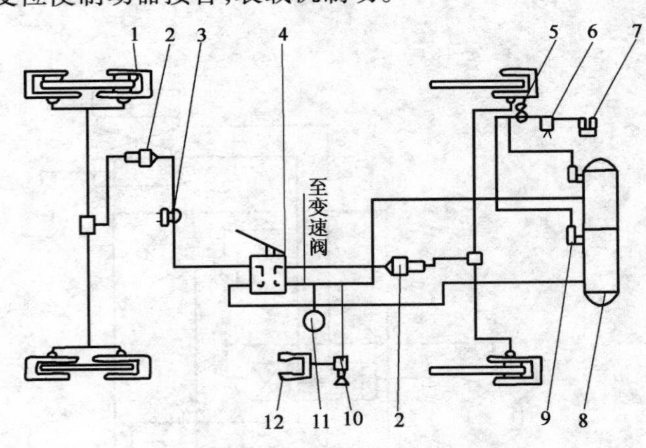

图 4-21 行车制动系统

1-盘式制动器(夹钳);2-加力器;3-制动灯开关;4-双管路气制动阀;5-压力控制器;6-油水分离器;7-空气压缩机;8-贮气罐;9-单向阀;10-气喇叭开关;11-气压表;12-气喇叭

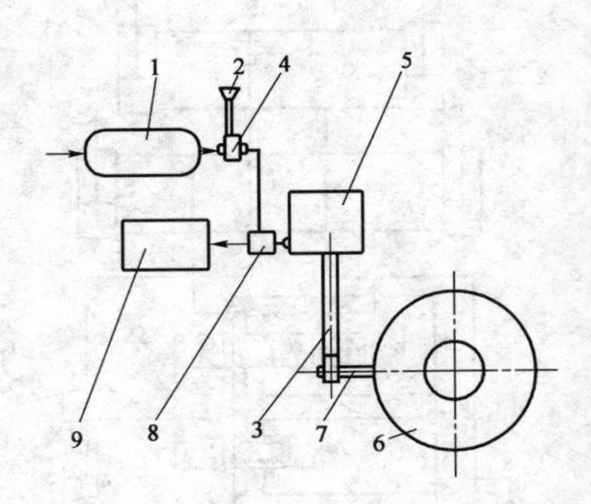

图 4-22 紧急与停车制动系统

1-贮气罐;2-控制按钮;3-顶杆;4-紧急和停车制动控制阀;5-制动气室;6-制动器;7-拉杆;8-快放阀;9-变速操纵空挡装置

紧急和停车制动既可人工控制又可自动控制,人工控制是由驾驶员用手直接操纵顶杆上端的控制按钮,按下是制动器松开,拉出是制动器接合;自动控制是当系统的气压过低时,制动器会自动进入制动状态,此时变速器离合器由于变速操纵系统空挡装置的作用将自动挂空挡。

当装载机发动后,贮气罐中的气压还未达到最低工作气压时,制动器处于制动状态,不允许开机工作，当贮气罐中的气压超过最低工作气压时，操作者必须按下控制按钮，并保持一段时间，以释放制动器，机器方可正常工作，如果按钮按下去之后立即弹起来，则说明气压太低，停车制动器没有松脱，在气压未达到最低工作压力之前不要开动装载机，若停车制动器未松脱就开动，将会导致制动器损坏。

三、装载机的选用与作业方式

在建筑工程施工中通常选用轻型和中型装载机，在矿山和采石场选用重型装载机。装载机工作时要配以自卸卡车等运输车辆，可得到较高的生产率。

装载机与运输车输配合作业时，一般以2~3斗装满车辆为宜。若选较大装载机，一斗即可装满车辆时，应减慢卸载速度。

装载机自身运料时的合理运距为：履带式装载机一般不要超过50m；轮式装载机一般应控制在50~100m，最大不超过100m，否则会降低经济效益。

装载机经常与自卸汽车配合进行作业，常见的作业方式有以下4种（图4-23）。其中"V"形作业效率最高，特别适于铰接式装载机。

（1）"I"形作业法[图4-23a）]

装载机装满铲斗后直线后退一段距离，在装载机后退并把铲斗举升到卸载高度的过程中，自卸车后退到与装载机相垂直的位置，铲斗卸载后，自卸车前进一段距离，装载机前进驶向料堆铲装物料，进行下一个作业循环，直到自卸车装满为止。作业效率低，只有在场地较窄时采用。

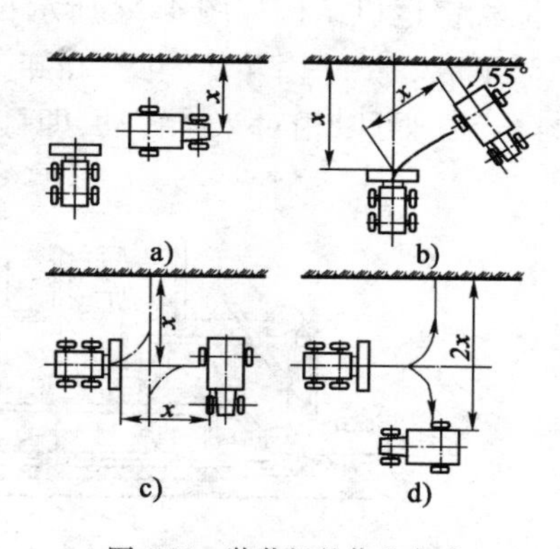

图4-23　装载机的作业方式

（2）"V"形作业法[图4-23b）]

自卸车与工作面成60°角，装载机装满铲斗后，在倒车驶离工作面的过程中掉头60°使装载机垂直于自卸车，然后驶向自卸车卸料。卸料后装载机驶离自卸车，并掉头驶向料推，进行下一个作业循环。

（3）"L"形作业法[图4-23c）]

自卸车垂直于工作面，装载机铲装物料后后退并调转90°，然后驶向自卸车卸料，空载装载机后退，并调整90°，然后直线驶向料推，进行下一个作业循环。

（4）"T"形作业法[图4-23d）]

此种作业法便于运输车辆顺序就位装料驶走。

四、装载机的主要技术参数

装载机的主要技术参数为：发动机额定功率、额定载质量、最大牵引力、机重、铲起力、铲斗容量、最小转弯半径、卸载高度、卸载距离、铲斗的收斗角和卸载角等。

第三节　铲　运　机

一、铲运机的用途、分类及编号

铲运机也是一种挖土兼运土的机械设备，它可以在一个工作循环中独立完成挖土、装土、运输和卸土等工作。还兼有一定的压实和平地作用。铲运机运土距离较远,铲斗的容量也较大,是土方工程中应用最广泛的重要机种之一,主要用于大土方量的填挖和运输作业。拖式铲运机经济运距为100~800m,自行式铲运机经济运距为800~2 000m。

铲运机按行走方式分为拖式和自行式两种。

铲运机按卸土方式分为强制式、半强制式和自由式三种。

铲运机按铲斗容量分为小型($3m^3$ 以下)、中型($4\sim15m^3$)、大型($15\sim30m^3$)、特大型($30m^3$ 以上)。斗容量是按推装几何容量计算的,尖装时可多装约1/3以上。

铲运机的型号编号用字母C表示,L表示轮式,无L为履带式,T表示拖式,后面的数字表示铲运机的几何斗容。如C-6表示几何斗容为$6m^3$的铲运机。

二、铲运机的基本构造

拖式铲运机本身不带动力,工作时由履带式或轮式拖拉机牵引。这种铲运机的特点是牵引车的利用率高,接地比压小,附着能力大和爬坡能力强等优点,在短距离和松软潮湿地带工程中普遍使用,工作效率低于自行式铲运机。

拖式铲运机结构如图4-24所示,由拖把1、辕架4、工作油缸5、机架8、前轮2、后轮9和铲斗7等组成。铲斗由斗体、斗门和卸土板组成。斗体底部的前面装有刀片,用于切土。斗体可以升降,斗门可以相对斗体转动,即打开或关闭斗门。以适应铲土、运土和卸土等不同作业的要求。

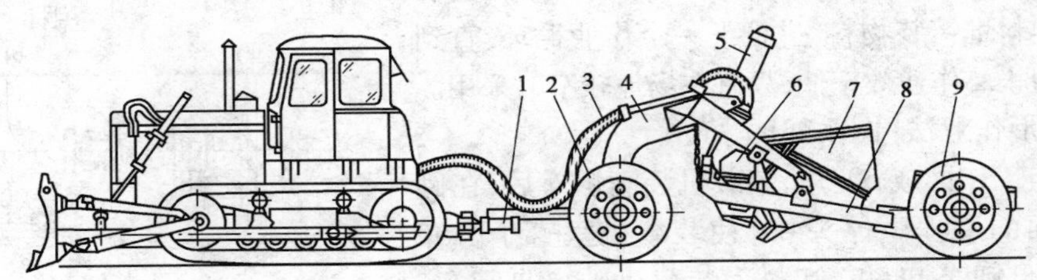

图4-24　CTY2.5型铲运机的构造

1-拖把;2-前轮;3-油管;4-辕架;5-工作油缸;6-斗门;7-铲斗;8-机架;9-后轮

自行式铲运机多为轮胎式,一般由单轴牵引车和单轴铲斗两部分组成,如图4-25所示。有的在单轴铲斗后还装有一台发动机,铲土工作时可采用两台发动机同时驱动,如图4-26所示。采用单轴牵引车驱动铲土工作时,有时需要推土机助铲。轮胎式自行铲运机均采用低压宽基轮胎,以改善机器的通过性能。自行式铲运机本身具有动力,结构紧凑,附着力大,行驶速度快,机动性好,通过性好,在中距离土方转移施工中应用较多,效率比拖式铲运机高。

CL7型自行式铲运机是斗容量为$7\sim9m^3$的中型、液压操纵、强制卸土的国产自行式铲运机。该机由单轴牵引车和铲运斗两部分组成,如图4-25所示。单轴牵引车采用液力机械传动、全液压转向、最终轮边行星减速和内涨蹄式气制动等机构。铲运斗由辕架6、提升油缸7、斗门8、斗门油缸9、铲斗10、卸土板13、卸土油缸14、后轮11和尾架12等组成,采用液压操纵。

627B型铲运机是美国卡特彼勒(CATERPIIIAB)公司生产的自行式铲运机,如图4-26所示。斗容量为$11\sim16m^3$的中型铲运机。采用全轮驱动,液压操纵、强制卸土、采用两台发动机,牵引车和铲运机的发动机均为卡特皮勒3306型四冲程蜗轮增压式发动机,总功率为

336kW。采用半自动动力换挡变速器，利用电—液系统控制牵引车与铲运机的变速器同步换挡。因此，该车机动性能好，工作效率较高。该机在牵引车和铲运机之间设有氮气—液压缓冲连接装置，可以减缓车辆运行时的地面振动冲击，减轻驾驶员的疲劳，降低对道路的要求，提高车辆的行驶速度。

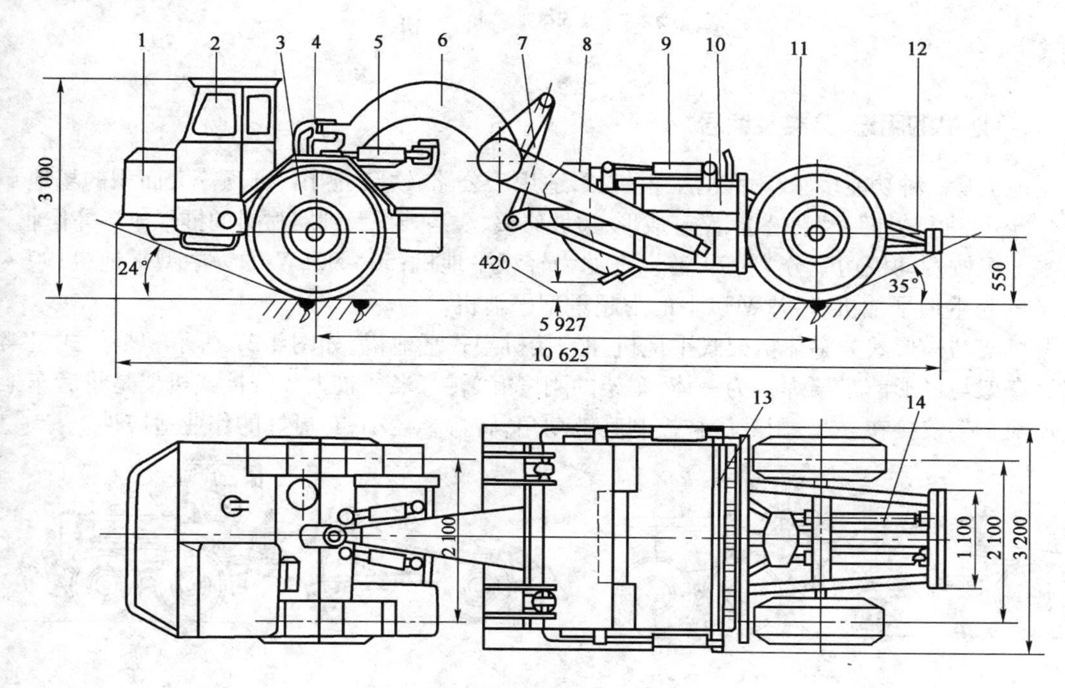

图 4-25 CL7 型铲运机(尺寸单位:mm)

1-发动机;2-单轴牵引车;3-前轮;4-转向支架;5-转向液压缸;6-辕架;7-提升油缸; 8-斗门;9-斗门油缸;10-铲斗;11-后轮;12-尾架;13-卸土板;14-卸土油缸

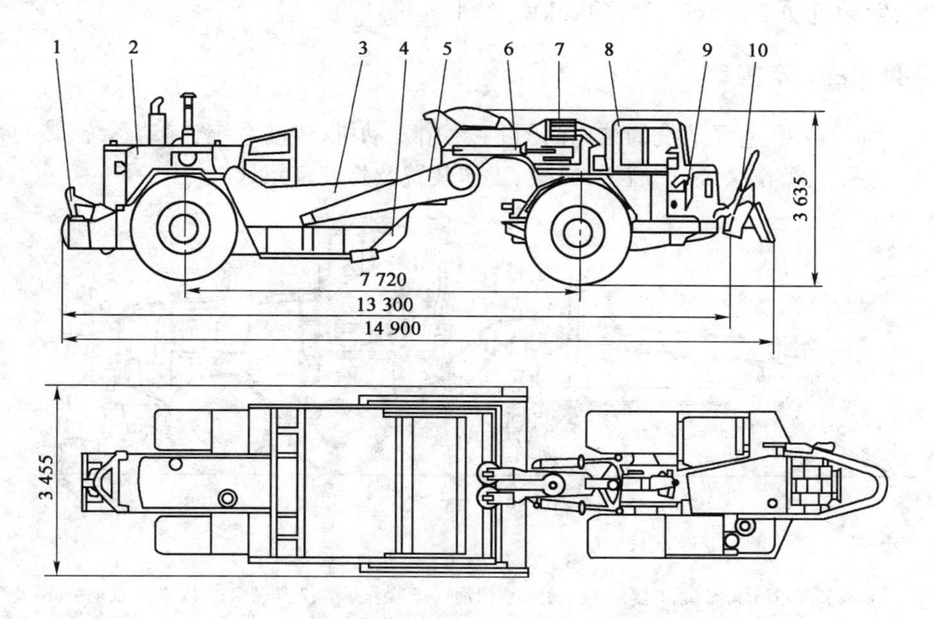

图 4-26 627B 型铲运机(尺寸单位:mm)

1-尾架;2-铲运机发动机;3-铲运斗;4-斗门机构;5-辕架;6-转向油缸;7-转向支架;8-驾驶室;9-牵引车发动机;10-推拉架

627B 型铲运机设有电子监控系统,有助于保护机器。机上装有预警系统和电子监控系统,监控机器上的各系统工作状态,并利用三种警级的警告,或向驾驶员发出警告及提示驾驶员应作出的恰当反应。

第四节　平　地　机

一、平地机的用途、分类及编号

平地机是一种功能多、效率高的工程机械,适用于公路、铁路、矿山、机场等大面积的场地平整作业,还可进行轻度铲掘、松土、路基成形、边坡修整、浅沟开挖及铺路材料的推平成形等作业。

平地机按发动机功率分为:56kW 以下的为轻型平地机;56 ~ 90kW 的为中型平地机;90 ~ 149kW 的为重型平地机;149kW 以上的为超重型平地机。

按机架结构形式分整体机架式平地机和铰接机架式平地机,如图 4-27 所示。整体式机架是将后车架与弓形前车架焊接为一体,车架的刚度好,转弯半径较大。铰接式机架是将后车架与弓形前车架铰接在一起,用液压缸控制其转动角,转弯半径小,有更好的作业适应性。

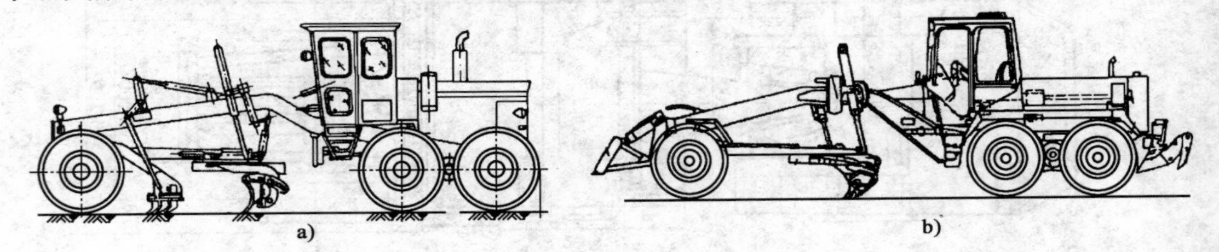

图 4-27　平地机结构

a)PY160 型平地机(整体式车架);b)PY180 型平地机(铰接式车架)

平地机机型编号的第一个字母为 P,Y 表示液压式,后面的数字表示发动机功率。如 PY160 表示发动机功率为 160 马力(119kW)的平地机。

二、平地机的基本构造

图 4-28 为 PY180 型平地机的结构简图,主要由发动机、传动系统、制动系统、转向系统、液压系统、电气系统、操作系统、前后桥、机架、工作装置及驾驶室组成。

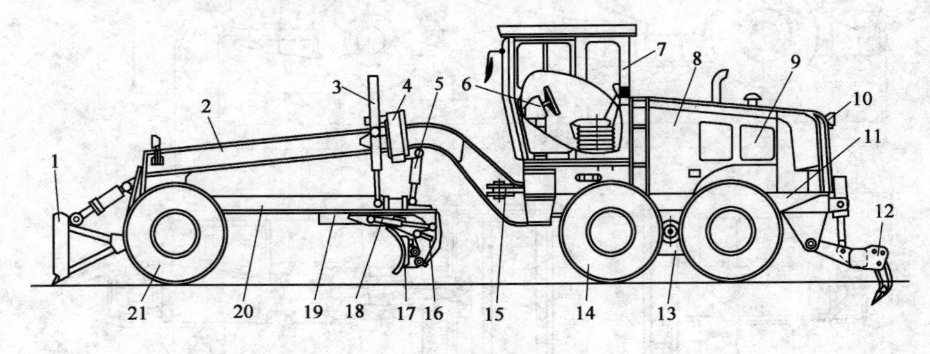

图 4-28　PY180 型平地机

1-推土板;2-前机架;3-刮刀升降油缸;4-摆架;5-牵引架引出油缸;6-操作系统;7-驾驶室;8-机罩;9-发动机;10-电气系统;11-后机架;12-松土器;13-后桥;14-后轮;15-转向油缸;16-角位器;17-刮土装置;18-刮土角变换油缸;19-转盘齿圈;20-牵引架;21-转向轮

1. 机架

机架是平地机的主要支撑和受力部件，是所有部件的安装基础。铰接式平地机的机架由前机架、后机架两个部分组成，中间通过圆柱销铰接连接，如图 4-29 所示。

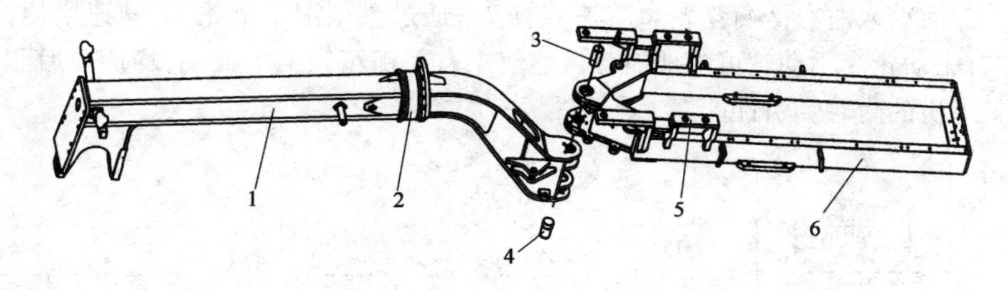

图 4-29　车架结构图

1-前机架；2-旋转架座；3、4-圆柱销；5-驾驶室座；6-后机架

前机架梁主体形状近似弓形，由后至前向下倾斜，使平地机具有良好的视野。主截面是由四块高强度钢板焊接成的箱形结构，结构简单，强度高。前机架上安装有摆架、铲刀作业装置、前桥总成和推土板等。前机架头部与前桥通过销轴连接，前机架尾部的铰接支座与后机架铰接安装，铰接点处装有关节轴承。

后机架为实心梁焊接的框架结构。左右梁为厚钢板，前后分别用支承座和钢板组焊成框架结构。后机架上安装有驾驶室、发动机、液力变矩器、动力换挡变速器、后桥总成、平衡箱总成、松土器和油箱等装置。

平地机前机架、后机架中间通过圆柱销铰接连接，在机架两侧，各安装有一个铰接转向油缸，如图 4-30 所示。当左转向油缸伸长（或收缩）、右转向油缸收缩（或伸长）时，前机架向右（或左）偏转，实现右（或左）铰接转向。当平地机在正常行驶过程中，突然铰接转向动作，将会产生危险。为保证安全，在前、后机架连接处还设有安全锁定拉杆 6。在平地机正常行驶时，一般只采用前轮转向即可。因此，在正常行驶或运输时，应用拉杆 6 将将前、后机架相对位置锁定，确保安全。

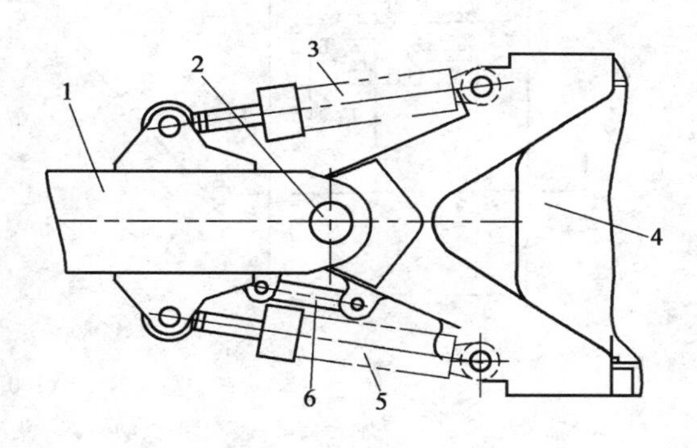

图 4-30　铰接与转向

1-前车架；2-圆柱销；3-右油缸；4-后车架；5-左油缸；6-拉杆

2. 传动系统

目前平地机常采用传动系统有四种：①发动机—液力变矩器—主离合器—机械换挡变速箱，国产 PY160A 型平地机采用；②发动机—动力换挡变速箱，CAT 公司的 G 系列平地机，小松 GD505A－2 平地机采用；③发动机—液力变矩器—动力换挡变速箱，国内外各主要生产厂家生产的较大功率的平地机采用这种传动形式，应用广泛。PY180 型平地机的传动系属于此种形式。④发动机—液压泵—液压马达—减速平衡箱，是新型静液压传动的平地机。

PY180 型平地机传动系统如图 4-31 所示，采用 ZF 液力变矩器—变速箱，液力变矩器与动力换挡变速箱共壳体，液力变矩器端的壳体与发动机飞轮壳体用螺栓连接，变速箱整体固定在平地机的后机架上。

发动机14输出的动力经液力变矩器15，然后从变速器16输出轴输出，经万向节传动轴18输入三段型驱动桥19的中央传动。中央传动设有无滑转差速器，保证输出功率作用于车轮上，能适应各种场地的作业。左右半轴分别与左右行星减速装置20的太阳轮相连，动力由齿圈输出，然后输入左右平衡箱轮边减速装置21，通过重型滚子链轮22减速增扭，再经车轮轴驱动左右驱动轮。驱动轮可随地面起伏迫使左右平衡箱做上下摆动，均衡前后驱动轮的荷载，提高平地机的附着牵引性能。

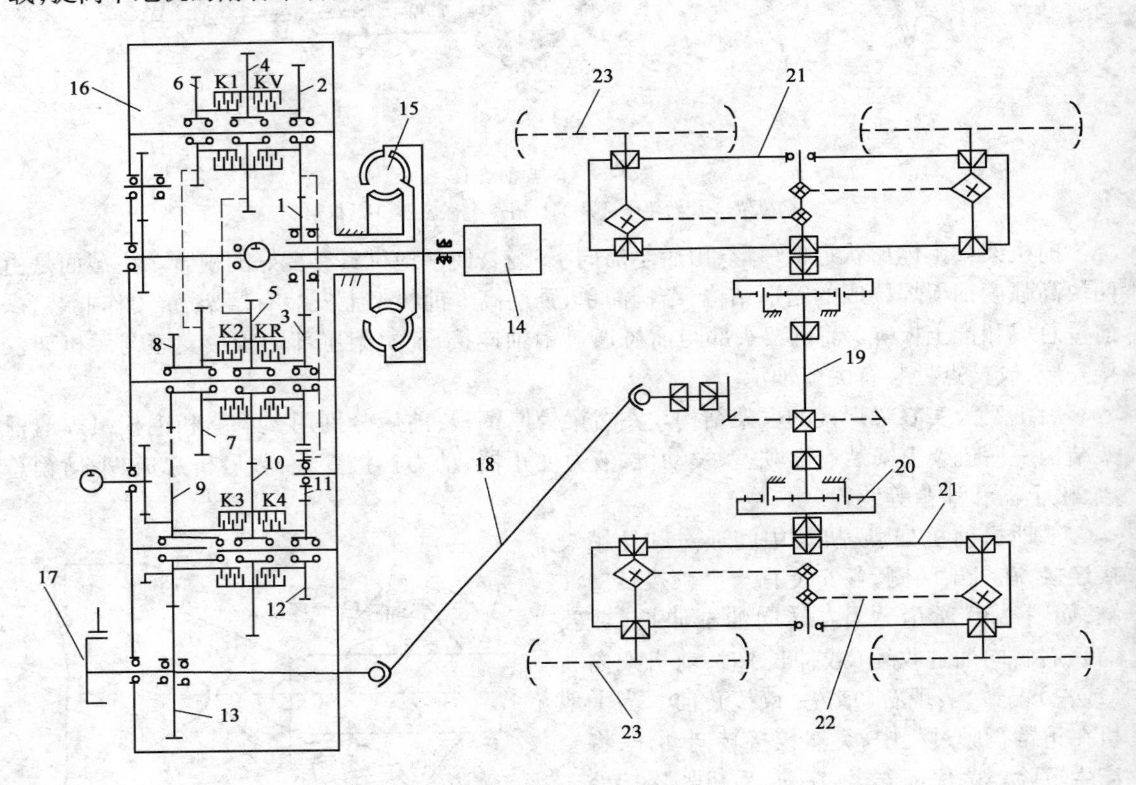

图4-31　PY180型平地机传动系统图

1-蜗轮轴齿轮；2～13-常啮合传动齿轮；14-发动机；15-变矩器；16-动力换挡变速器；17-停车制动器；18-传动轴；19-驱动桥；20-行星减速器；21-平衡箱；22-链轮；23-车轮；KV、K1、K2、K3、K4-换挡离合器；KR-换向离合器

液力变矩器为三单元单级变矩器，具有一定的正透性。变矩器泵轮通过弹性盘与发动机飞轮直接相连，蜗轮轴为定轴式动力换挡变速器的输入轴。

变速器为6WG180型定轴式动力换挡变速器，由主、副变速器串联而成，具有6个前进挡和3个倒退挡。设有5个换挡离合器（KV、K1、K2、K3、K4）和1个换向离合器（KR），均采用常啮合齿轮定轴传动。换挡离合器为多片式双离合器结构，“KV—K1”、“KR—K2”、“K3—K4”换挡离合器均为单作用双离合器，即左右离合器在传动时可以单独接合，也可以同时接合传递动力。

变速器的各挡传动路线如表4-2所示（参见图4-31）。

静液压传动的平地机是近年来发展的新机型，与现有的平地机相比，差异在传动系统。静液压传动是发动机通过弹性联轴器带动变量柱塞泵工作，变量柱塞泵工作驱动两个变量柱塞马达工作，两个液压马达经减速平衡箱后驱动平地机车轮，结构如图4-32所示。省去液力变矩器、变速箱、传动轴、驱动桥。静液压传动通过改变液压泵的斜盘方向来控制平地机前进或倒退的行驶方向；通过改变液压马达的斜盘倾斜角度的大小，实现对平地机车速的控制。

PY180 型平地机各挡传动路线 表 4-2

挡位		动力传动路线	行驶速度（km/h）
前进挡	I	蜗轮轴齿轮 1→齿轮 2→KV→齿轮 6→齿轮 7→齿轮 8→齿轮 9→齿轮 13→输出轴	6.2
	II	蜗轮轴齿轮 1→齿轮 2→齿轮 11→齿轮 12→K4→齿轮 10→齿轮 5→齿轮 4→K1→齿轮 6→齿轮 7→齿轮 8→齿轮 9→齿轮 13→输出轴	9.4
	III	蜗轮轴齿轮 1→齿轮 2→KV→齿轮 4→齿轮 5→K2→齿轮 8→齿轮 9→齿轮 13→输出轴	14.1
	IV	蜗轮轴齿轮 1→齿轮 2→齿轮 11→齿轮 12→K4→齿轮 10→齿轮 5→K2→齿轮 8→齿轮 9→齿轮 13→输出轴	21.2
	V	蜗轮轴齿轮 1→齿轮 2→KV→齿轮 4→齿轮 5→齿轮 10→K3→齿轮 9→齿轮 13→输出轴	30.3
	VI	蜗轮轴齿轮 1→齿轮 2→齿轮 11→齿轮 12→K4→K3→齿轮 9→齿轮 13→输出轴	42.3
倒退挡	I	蜗轮轴齿轮 1→齿轮 3→KR→齿轮 5→齿轮 4→K1→齿轮 6→齿轮 7→齿轮 8→齿轮 9→齿轮 13→输出轴	6.2
	II	蜗轮轴齿轮 1→齿轮 3→KR→K2→齿轮 8→齿轮 9→齿轮 13→输出轴	14.1
	III	蜗轮轴齿轮 1→齿轮 3→KR→齿轮 5→齿轮 10→K3→齿轮 9→齿轮 13→输出轴	30.3

挡位变速系统采用计算机、液压和光电传感测控的自动换挡、自动无级变速和自动改变车轮驱动扭矩技术，通过感应因外载变化而引起的驱动系统内发动机转速、液压泵的压力等参数的变化，并按照预先设定的程序来控制电磁阀动作，从而改变液压马达的斜盘角度，实现变速。使平地机在行驶和作业工况下均可根据外负荷和车速的变化以及发动机转速和输出功率的变化自动换挡，自动改变车速和输出扭矩，充分利用发动机功率，使平地机在行驶和作业的每一时刻都能发挥其最大效率，改善和提高了平地机整机牵引能力。

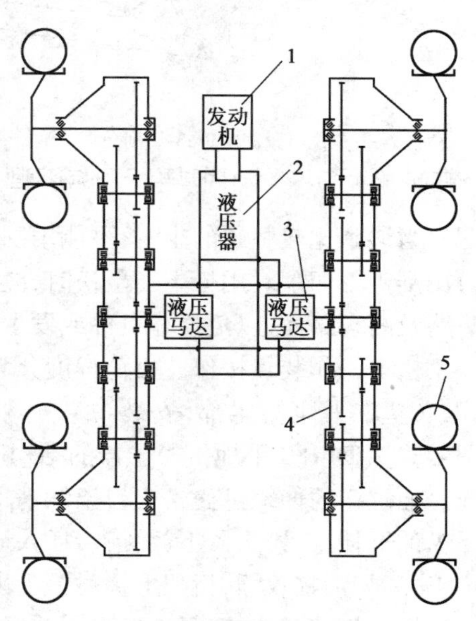

图 4-32 静液压驱动原理图

1-发动机；2-液压泵；3-液压马达；4-减速平衡箱；5-车轮

液压泵和液压马达既是液压传动元件又是换挡变速（换向）装置，替代了现有技术中的液力变矩器和动力换挡变速器的功能；从而取消了现有技术中的结构复杂、生产制造成本高并且极易发生故障的变矩器（或离合器）、变速箱等传动部件。所以具有结构简单、技术性能先进、传动变速可靠、维修方便、制造成本低、质量稳定、使用效果好等优点。

3. 工作装置

平地机的工作装置为刮土装置、松土装置和推土装置。

刮土装置是平地机的主要工作装置，如图4-33所示。牵引架5的前端是个球形铰，与车架前端铰接连接，后端固定回转圈12，通过升降油缸6、7和摆架与平地机前车架相连，刮土刀9与回转圈8连接，在驱动装置4的驱动下带动刮土刀全回转。刮刀背面的侧移油缸11推动刮刀沿两条滑轨10侧向滑动。切削角调节油缸3可改变刮土刀的切削角（也称铲土角）。因此，平地机的刮土刀可以升降、倾斜、侧移、引出和360°回转等运动，其位置可以在较大范围内进行调整，以满足平地机平地、切削、侧面移土、路基成形和边坡修整等作业要求。

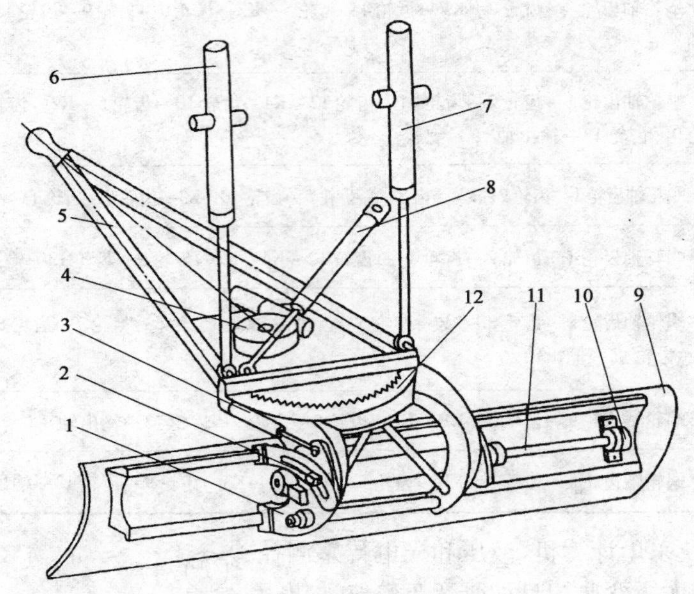

图4-33　刮土工作装置

1-角位器;2-角位器紧固螺母;3-切削角调节油缸;4-回转驱动装置 5-牵引架;6-右升降油缸;7-左升降油缸;8-牵引架引出油缸;9-刮土刀;10-滑轨;11-刮刀侧移油缸;12-回转圈

当遇到比较坚硬的土时，不能用刮土刀直接切削的地面，可先用松土装置将土疏松，然后再用刮土刀切削。用松土器翻松时，应慢速逐渐下齿，以免折断齿顶，不准使用松土器翻松石渣路及高级路面，以免损坏机件或发生意外。

松土工作装置按作业负荷程度分为松土器和松土耙。松土器负荷较大，采用后置布置方式，布置在平地机尾部，安装位置离驱动轮较近，车架刚度大，允许进行重负荷松土作业。图4-34为PY180平地机松土器的结构图，主要由安装座1、油缸2、松土齿架3和松土齿4等组成。油缸2的伸缩可使松土齿架绕销轴5转动，带动松土器上下运动。需要用松土器松土时，操纵油缸伸长，松土器下放，齿尖插入地里，随着平地机的行进，松土齿将硬土翻松。当松土器不工作时，油缸收缩，齿架上提时松土齿远离地面。

松土耙负荷比较小，一般采用前置布置方式，布置在刮土刀和前轮之间，结构如图4-35所示，PY160平地机采用。需要使用松土耙时，将松土耙放下并固定。在不使用时，松土耙抬起并锁定。

平地机在公路上行驶时，必须将铲刀和松土器提到最高处，并将铲刀斜放，两端不超出后轮外侧。

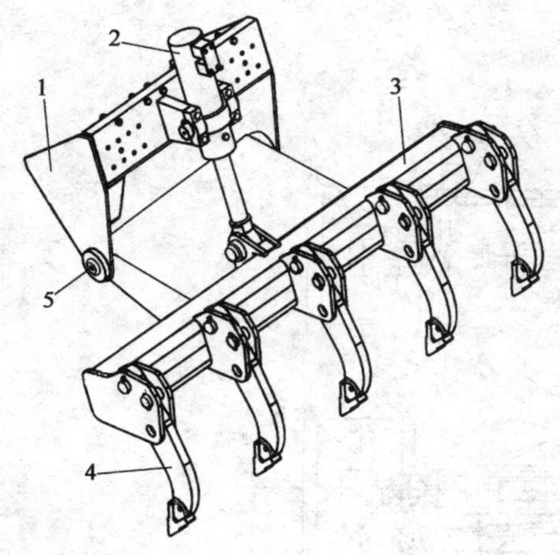

图4-34　松土器结构

1-安装座；2-油缸；3-松土齿架；4-松土齿；5-齿架销轴

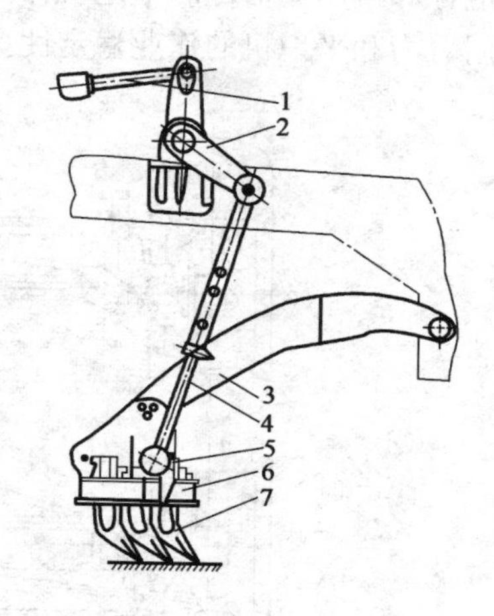

图4-35　松土耙器结构

1-耙子收放油缸；2-摇臂机构；3-弯臂；4-伸缩杆；5-齿楔；6-耙子架；7-耙齿

4. 摆架

摆架安装于平地机前机架的中部，主要由摆架下座1、摆架上盖2、叉子总成3、锁销油缸4和插销8等组成，如图4-36所示。摆架上盖和摆架下座通过螺栓连接，装在机架上的摆架支承上，摆架可绕摆架支承转动。铲刀左右提升油缸、摆动油缸分别安装在三个叉子上。

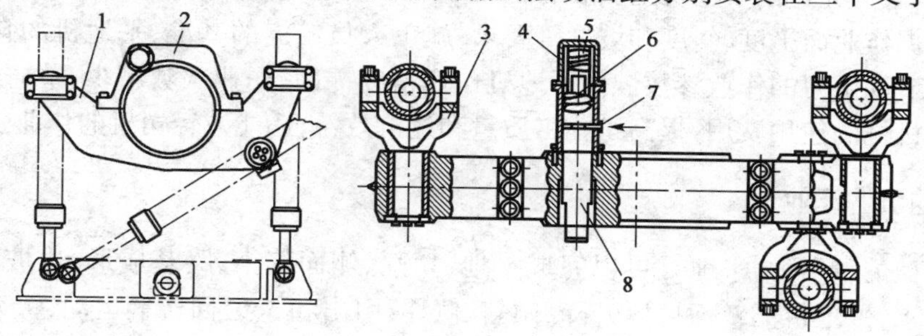

图4-36　摆架结构

1-摆架下座；2-摆架上盖；3-叉子总成；4-锁销油缸；5-弹簧；6-活塞；7-进油口；8-插销

锁销油缸4通过螺钉固定在摆架上盖。锁销油缸的缸体内装有活塞6，活塞杆腔有弹簧5，活塞连着插销8。在活塞顶端位置的缸体上，有进油口7，在摆架支承上有一排与插销8活动位置相对应的锁定孔。当操作人员按下插销油缸控制按钮时，液压油进入油缸，推动活塞压缩弹簧，使插销从摆架支承的锁定孔中拔出，解除摆架锁定，摆架即可旋转，调整铲刀。松开插销油缸控制按钮后，液压油压力消失，插销在弹簧的作用下，插入摆架支承的锁定孔内，将摆架锁定。

5. 前桥

PY180平地机的前桥如图4-37所示，主要由倾斜拉杆1、前桥横梁2、倾斜油缸3、转向节支承4、车轮轴5、转向节6、转向油缸7、梯形拉杆8和转向节销9等零部件组成。前桥横梁与前机架铰接，可绕前机架铰接轴上下摆动，用以提高前轮对地面的适应性。前桥为转向桥，左右车轮可通过转向油缸推动左右转向节偏转，实现平地机转向，也可通过倾斜油缸和倾斜拉杆实现前轮左右倾斜。转向时,将前轮向转向内侧倾斜,可以进一步减小弯半径,提高平地机的作业适应性和机动灵活性。平地机在横坡上作业时,倾斜前轮使之处于垂直状态,有利于提高前轮的附着力和平地机的作业稳定性。

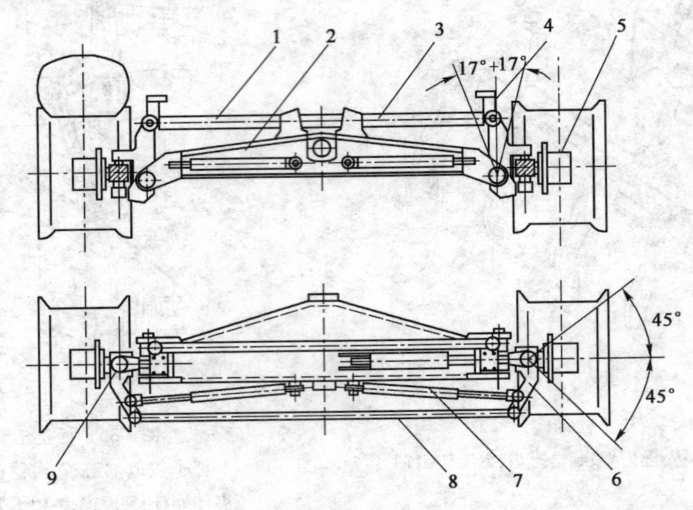

图 4-37　PY180 型平地机的前桥

1-倾斜拉杆;2-前桥横梁;3-倾斜油缸;4-转向节支承;5-车轮轴;6-转向节;7-转向油缸;8-梯形拉杆;9-转向节销

6. 自动调平机构

近年来,较为先进的平地机上安装有自动调平装置,常用的自动调平系统有电子型和激光型两种。根据作业面平度、斜度和坡度等要求,施工人员给定的基准,平地机的自动调平装置能自动地调节刮土刀的作业参数。使平地机作业精度提高,作业次数减少,节省了作业时间,从而降低了机械的使用费用,提高了施工质量和经济效益,还能减轻司机的作业强度。

三、平地机的作业

依靠机械的牵引力,平地机可以完成平地、切削、侧面移土、路基成形、边坡修整等作业。根据作业要求,平地机的铲刀可以升降、倾斜、侧移、引出和360°回转等运动,铲刀的位置可以在较大范内进行调整,以达到最佳的作业效果。

1. 平地机刮刀的工作角度

在平地机作业过程中,必须根据工作进程的需要正确调整平地机的铲土刮刀的工作角度。即刮刀水平回转角 α 和刮刀切土角 γ,如图 4-38 所示。

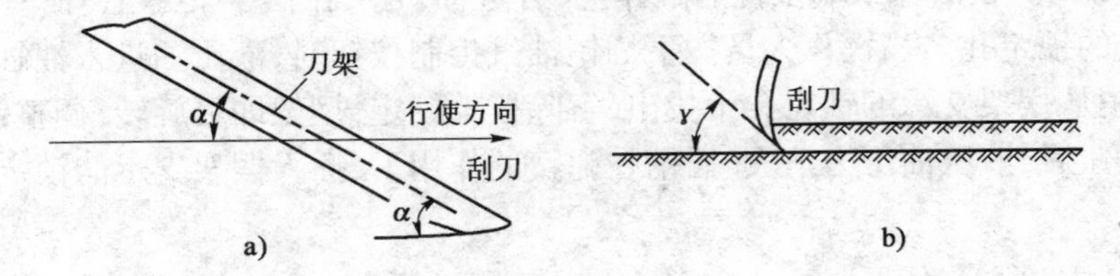

图 4-38　平地机刮刀的工作角度

a)刮刀水平回转角 α;b)刮刀切土角 γ

刮刀水平回转角 α 为刮刀中线与行驶方向在水平面上的角度,如图 4-38a)所示。当回转角增大时,工作宽度减小,但物料的侧移输送能力提高,切削能力也提高,刮刀单位切削宽度上的切削力增大。对于剥离、摊铺、混合作业及硬土切削作业，回转角可取30°~50°；对于推土摊铺或进行最后一道刮平以及进行松软或轻质土刮整作业时，回转角可取0°~30°。回转角应视具体情况及要求来确定。

铲刀的切土角γ为铲土刮刀切削边缘的切线与水平面的角度，如图4-38b）所示。铲刀角的大小一般依作业类型来确定。中等切削角（60°左右）适用于通常的平整作业。在切削、剥离土壤时，需要较小的铲土角，以降低切削阻力。当进行物料混合和摊铺时，选用较大的铲土角。

2. 刮刀移土作业

刮土直移作业（图4-39a）。将刮刀回转角置为0°，即刮刀轴线垂直于行驶方向，此时切削宽度最大，但只能以较小的切入深度作业，主要用于铺平作业。

刮土侧移作业（图4-39b）。将刮刀保持一定的回转角，在切削和运土过程中，土沿刮刀侧向流动，回转角越大，切土和移土能力越强。刮土侧移作业用于铺平时还应采用适当的回转角，始终保证刮刀前有少量的但却是足够的料，既要运行阻力小，又要保证铺平质量。

斜行作业（图4-39c）。刮刀侧移时应注意不要使车轮在料堆上行驶，应使物料从车轮中间或两侧流过，必要时可采用斜行方法进行作业，使料离开车轮更远一些。

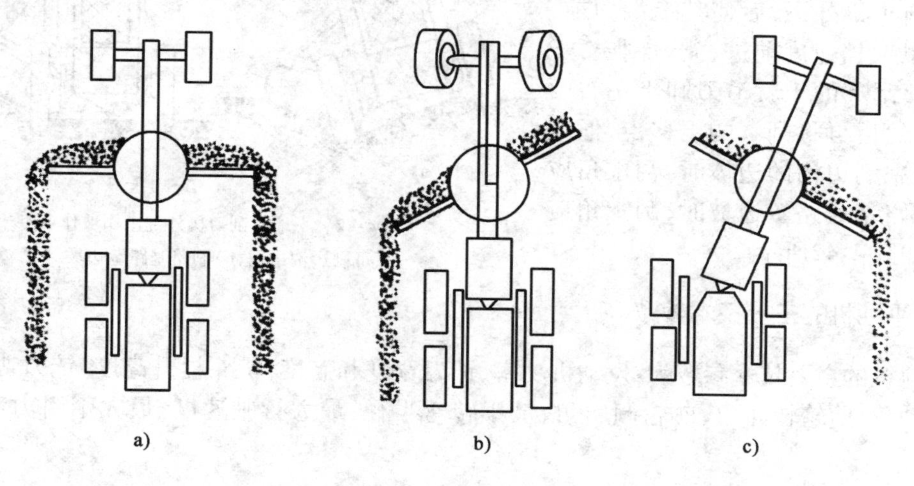

图4-39 刮刀移土作业

a）刮土直移作业；b）刮土侧移作业；c）斜行作业

3. 刮刀侧移作业

平地机作业时，在弯道上或作业面边界呈不规则的曲线状地段作业时，可以同时操纵转向和刮刀侧向移动，机动灵活地沿曲折的边界作业。当侧面遇到障碍物时，一般不采用转向的方法躲避，而是将刮刀侧向收回，过了障碍物后再将刮刀伸出。如图4-40所示。

4. 刀角铲土侧移作业

适用于挖出边沟的土来修整路型或填筑低路堤。先根据土的性质调整好刮刀铲土角和刮土角。平地机以一挡速度前进后，让铲刀前置端下降切土，后置端抬升，形成最大的倾角，如图4-41a）所示，被刀角铲下的土层就侧卸于左右轮之间。

为了便于掌握方向，刮刀的前置端应正对前轮之后，遇有障碍物时，可将刮刀的前置端侧伸于机外，再下降铲土。但必须注意，此时所卸之土也应处于前轮的内侧，如图4-41b）所示，这样不被驱动后轮压上，以免影响平地机的牵引力。

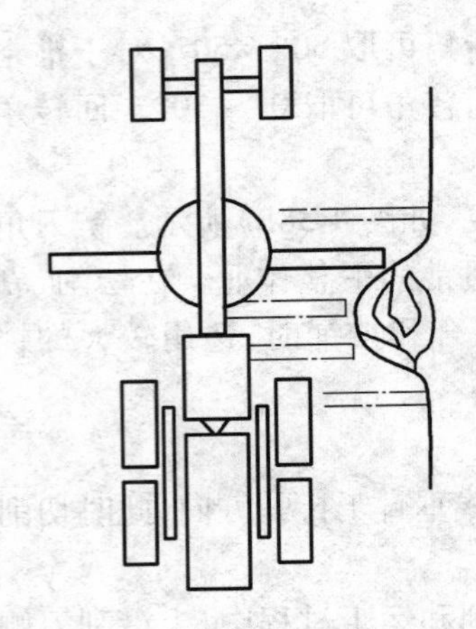

图 4-40　刮刀侧移作业

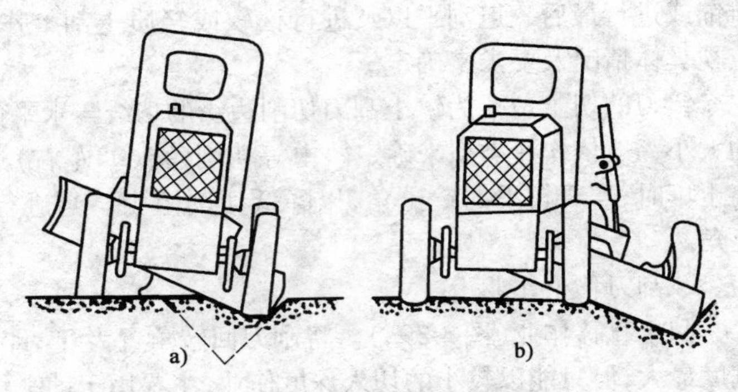

图 4-41　平地机刀角铲土侧移作业

a)刮刀一端下倾铲土;b)刮刀侧升后下倾铲土

5. 机外刮土作业

这种作业多用于修整路基、路堑边坡和开挖边沟等工作。工作前首先将刮刀倾斜于机外,然后使其上端向前,平地机以一挡速度前进,放刀刮土,于是被刮刀刮下的土就沿刀卸于左右两轮之间,然后再将刮下的土移走,但应注意,用来刷边沟的边坡时,刮土角应小些;刷路基或路堑边坡时,刮土角应大些。如图 4-42所示。

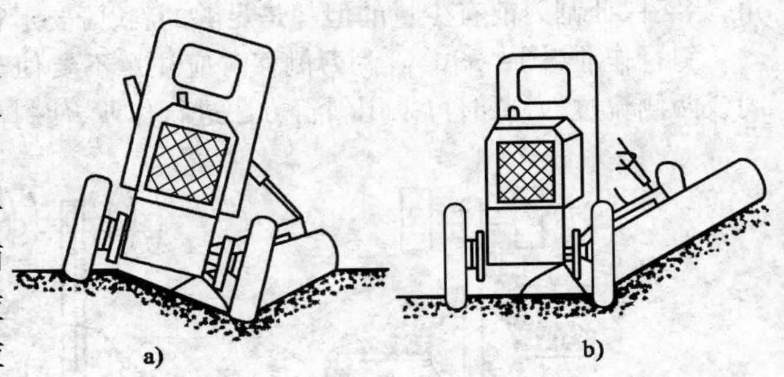

图 4-42　平地机刮刀机外刮土刷坡作业

a)刷边沟边坡;b)刷路基路堑边坡

四、平地机的主要技术参数

平地机的主要技术参数为:发动机功率、铲刀宽度和高度,铲斗提升高度、铲刀切土深度,前桥摆动角、前轮转向角、前轮倾斜角、最小转弯半径、最大行驶速度、最大牵引力和整机质量等。

作业与复习题

1. 推土机有哪几种类型,各有何特点?
2. 叙述履带推土机的基本组成与作用。
3. 全液压驱动的推土机与液力驱动的推土机有何区别和特点?
4. 叙述装载机的基本组成,并解释为什么装载机多采用前后桥驱动。
5. 装载机的一个作业循环包括哪些环节?简述装载机的作业过程。
6. 为什么装载机、推土机和平地机在传动系统中大多采用液力变矩器?
7. 叙述平地机的用途、类型和型号表示。
8. 平地机的刮刀有几个调整动作?调整的目的是什么?怎样进行调节?
9. 平地机能完成哪几种作业?
10. 叙述铲土运输机械包括哪些机型?它们各自适合从事何种土方作业?

第五章　压 实 机 械

第一节　概　　述

在建设工程中，压实机械主要用来对道路路基、路面、建筑物基础、堤坝和机场跑道等进行压实，以提高土石方基础的强度，降低雨水的渗透性，保持基础稳定，防止沉陷。

压实机械按其压实原理可分为静力式、振动式和冲击式三种类型，图5-1为压实原理示意图。

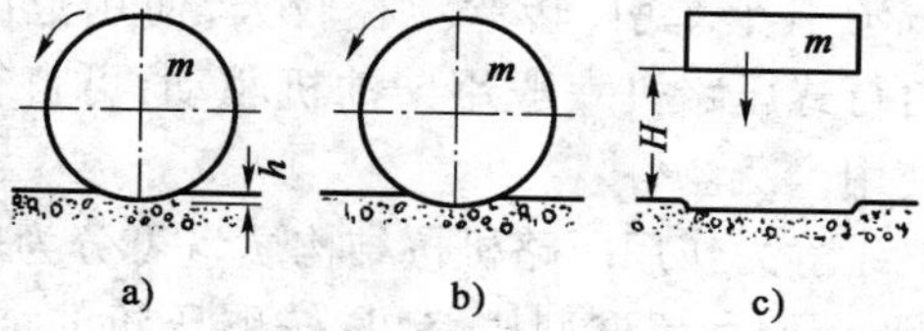

静力式压实机械沿被压实材料表面往复滚动，利用机械自重产生静压力作用，迫使其产生永久变形而达到压实的目的。

图5-1　压实原理示意图
a）静力碾压；b）振动压实；c）冲击压实

振动式压实机械是利用固定在质量为 m 的物体上的振动器所产生的激振力，迫使被压实材料作垂直强迫振动，从而减小土颗粒间的空隙，增加密实度，达到压实的目的。

冲击式压实机械是利用一块质量为 m 的物体，从一定高度落下，冲击被压实材料从而达到压实的目的。

国产压实机械的类、组和型分类见表5-1。

压实机械的分类　　表5-1

类	组	型	特性	代号	代号含义	主参数	
						名称	单位
压实机械	光轮压路机 Y(压)	拖式		Y	拖式压路机	加载后质量	t
		两轮自行式	 Y(液)	2Y 2YY	两轮压路机 液压(转向)压路机		
		三轮自行式	 Y(液)	3Y 3YY	三轮压路机 液压(转向)压路机		
	羊脚压路机 YJ(压、脚)	拖式 自行式	T(拖)	YJT YJ	拖式羊脚压路机 自行式羊脚压路机	加载总质量	t
	轮胎压路机 YL(压、轮)	自行式		YL	自行式轮胎压路机	加载总质量	t
	振动压路机 YZ(压、振)	拖式 自行式 手扶式	T(拖) S(手扶)	YZT YZ YZS	拖式振动压路机 自行式振动压路机 手扶式振动压路机	结构质量	t t kg
	振动夯实机 H(夯)	振动式	Z(振) R(燃)	HZ HZR	振动夯实机 内燃振动夯实机	结构质量	kg
	夯实机 H(夯)	蛙式	W(蛙)	HW	蛙式夯实机	结构质量	kg

压实机械按其工作原理可分为静力作用压路机、振动式压路机、冲击式压路机和夯实机械四类。下面分别予以介绍。

第二节　静力作用压路机

一、用途、分类及型号表示

静力作用压路机是应用静力压实原理来完成工作，可用来压实路基、路面、广场和其他各类工程的地基等。

静力作用压路机按行驶方式可分为自行式压路机和拖式压路机。拖式压路机需用拖拉机或牵引车牵引，转弯半径较大，使用范围较小。自行式压路机一般用柴油机驱动，可自行行驶，使用广泛。

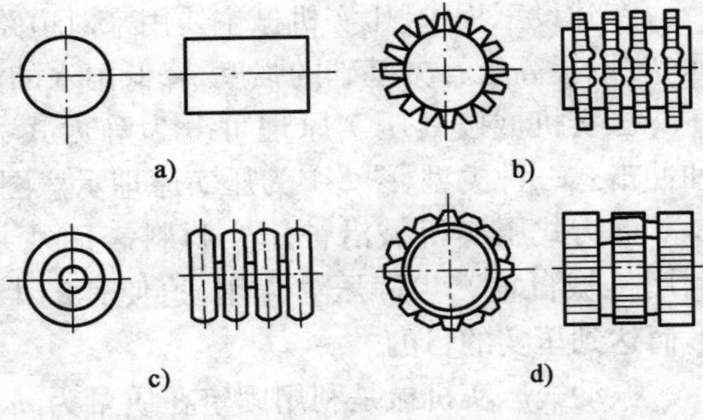

图 5-2　滚压工作机构简图

a）光滚轮；b）羊脚轮；c）气胎轮；d）凸块轮

静力作用压路机按结构质量可分为轻型、中型、重型和超重型压路机；按碾压轮的结构特点可分为钢制光轮、凸块轮（或羊脚碾）和轮胎压路机，结构简图如图 5-2 所示；按碾压轮数量可分为单轮、双轮和三轮压路机；按动力传动方式可分为机械传动式、液力机械传动式和全液压传动式压路机。

静力作用压路机的型号编制如下：

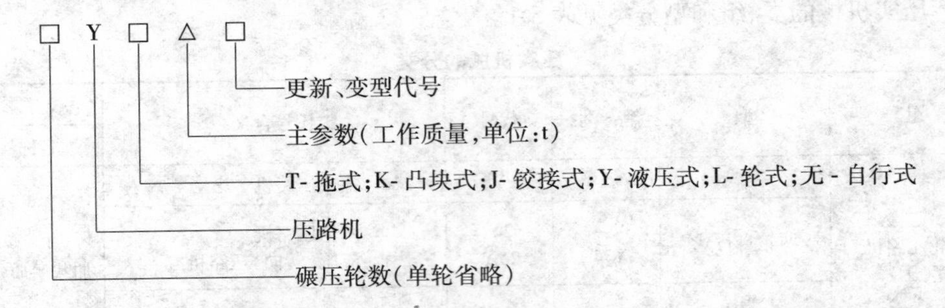

例：3Y12/15 表示最小工作质量为 12t、最大工作质量为 15t 的三轮光轮压路机。

二、光轮压路机

1. 基本构造

自行式光轮压路机根据滚轮和轮轴数目主要分为二轮二轴式和三轮二轴式。如图 5-3 所示。二轮压路机主要用于路面压实，三轮压路机一般质量较大，主要用于路基压实。

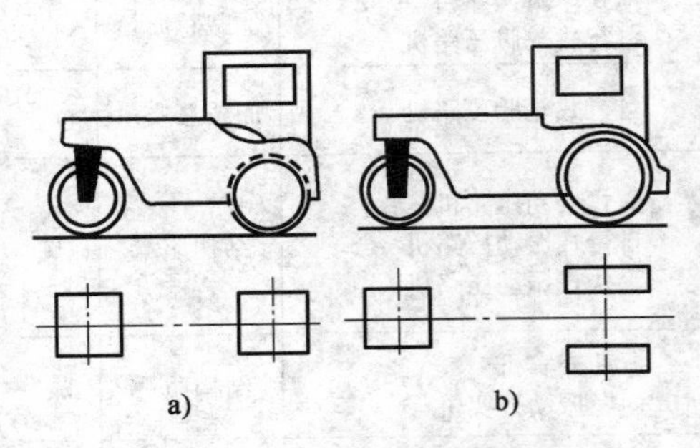

图 5-3　压路机按滚轮数和轴数分类

a）二轮二轴式；b）三轮二轴式

三轮二轴式光轮压路机结构如图 5-4 所示，由动力装置、传动系统、操纵系统、行驶滚轮、机架和驾驶室等部分组成。柴油机安装在机架的前部。机架由型钢和钢板焊接而成，分别支承在前后轮轴上。前轮为方向轮，后轮为驱动轮。

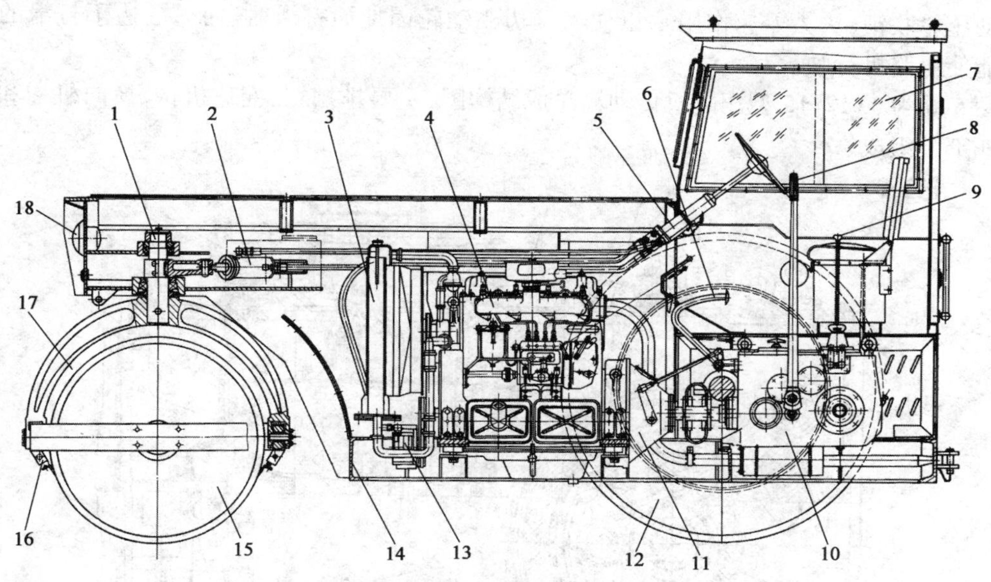

图5-4　3Y12/15型压路机的结构

1-转向立轴；2-转向油缸；3-水箱；4-发动机；5-操作系统；6-离合器踏板；7-驾驶室；8-换向操纵手柄；9-变速操纵杆；10-传动箱；11-离合器总成；12-驱动轮；13-液压油泵；14-机架；15-方向轮；16-刮泥板；17-“门”形架；18-电气系统

2. 传动系统

图5-5为3Y12/15型压路机的传动系统原理图，主要由主离合器4、变速机构5、换向机构6、差速机构7、末级传动机构8等组成。发动机3输出的动力经主离合器4传至变速器5，变速后(三个挡位)的动力通过变速器第二轴末端的锥形驱动齿轮带动换向机构6，然后通过横轴中部的圆柱齿轮带动差速器7，最终经侧传动齿轮8和9传至驱动轮10使之旋转。

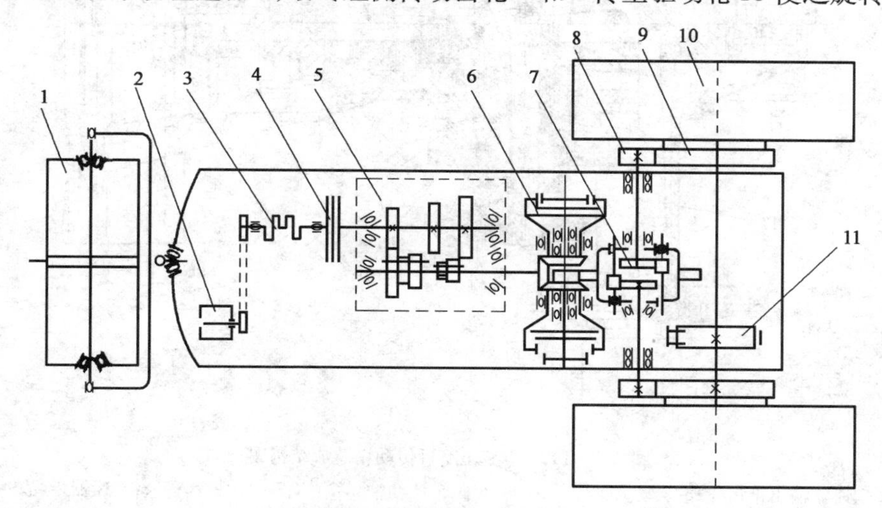

图5-5　3Y12/15型压路机传动系统图

1-导向轮；2-电动机；3-发动机；4-主离合器；5-变速器；6-换向机构；7-差速器；8-侧传动小齿轮；9-侧传动大齿轮；10-驱动轮；11-差速锁

三轮压路机的传动系统中都装置有一个带差速锁的差速器7。差速器的作用是在压路机转向或行驶在高低不平、松实不均的路段时，能使两个驱动压轮在相同的时间内滚过不相同的距离，从而实现驱动压轮无滑移滚动，避免机件损坏和保证压实质量。差速锁 11 的作用是使两驱动压轮联锁（失去差速作用），以便当一边驱动轮因地面打滑时，而另一边不打滑的驱动轮仍能使压路机行驶。

图 5-6 为 3Y12/15 型压路机传动箱总成结构图，主要排挡箱、变速机构、换向机构和差速机构四部分组成。

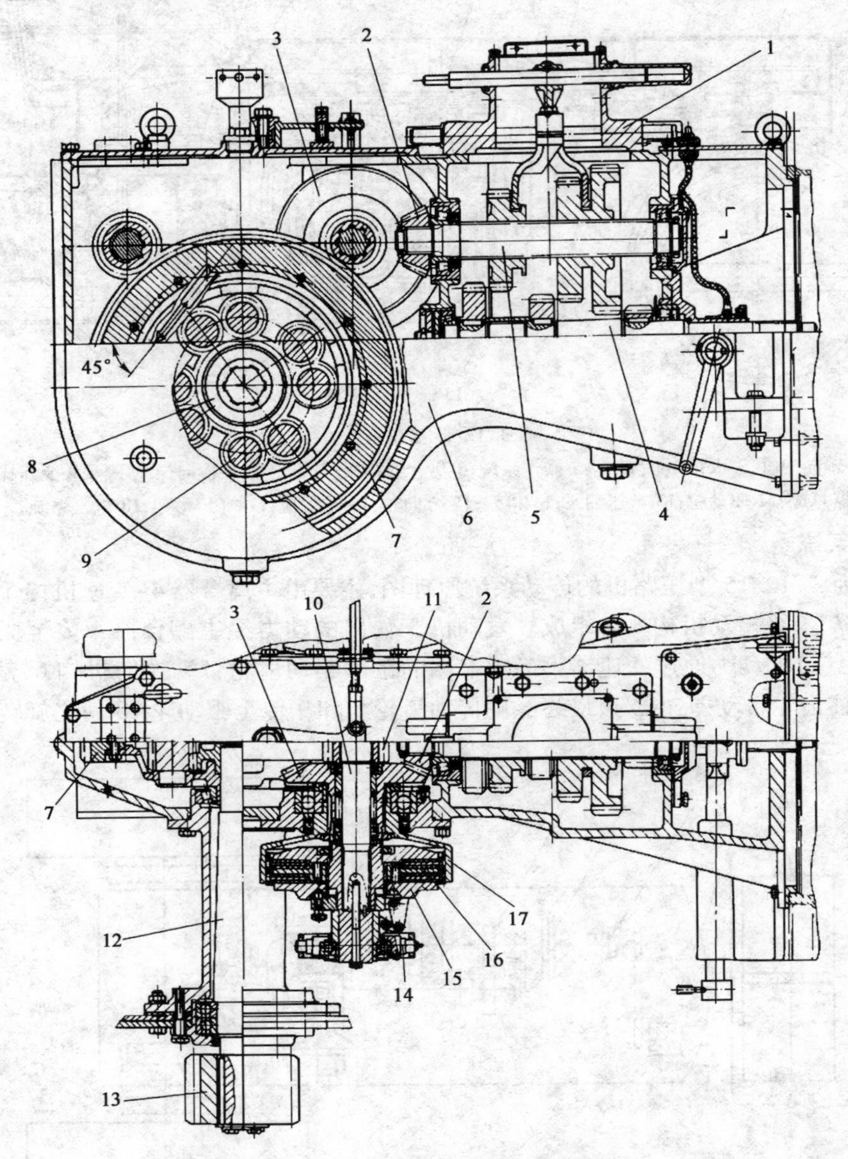

图 5-6　Y12/15 型压路机传动箱总成结构图

1-排挡箱；2-变速器输出锥齿轮；3-从动大锥齿轮；4-主动轴；5-从动轴；6-箱体；7-差速器齿圈；8-差速器齿轮；9-差速器行星齿轮；10-离合器轴；11-驱动齿轮；12-差速器半轴；13-末级传动齿轮；14-离合器操纵机构；15-离合器压盘；16-离合器；17-离合器外壳

变速器由排挡箱 1、主动轴 4、从动轴 5 和六个齿轮组成。下面三个齿轮用平键固装在主动轴 4 上，另外三个滑动齿轮装在从动轴 5 上，排挡箱上的拨叉可拨动这三个齿轮在从动轴上左右移动，分别与下面的三个齿轮啮合实现不同的速度挡。

差速器内装着八个圆柱直齿的行星齿轮 9，四个为一组，分别与两个差速的齿轮 8 啮合，并且不同组的相邻两个行星齿轮为一对，相互啮合。差速器齿轮 8 是两个相同的圆柱直齿轮，各自通过花键与差速半轴 12 相连接。

换向机构由离合器和操纵机构等组成。两个大锥形齿轮 3 通过滚柱轴承支承在离合器轴 10 上，它与变速箱输出轴上的锥形齿轮 2 常啮合。离合器外壳 17 用花键装在大锥形齿轮 3 的轮毂上，并通过滚珠轴承支承在变速箱壳体两侧的端盖上。两面铆有摩擦衬片的主动齿片，以外齿与离合器壳的内齿相啮合，同时还可轴向移动。驱动齿轮 11 装在离合器轴 10 上。操纵机构 14 控制离合器 16 的结合与分离。

3. 工作装置

压路机的碾压轮既是压路机实施碾压作业的工作装置，也是自行式压路机的行走装置，由驱动轮和方向轮组成。

驱动轮的功用是驱动压路机运行，并承担压路机的主要压实功能。图 5-7 为 3Y12/15 型压路机的驱动轮，由轮圈 12、内轮辐 14、外轮辐 15、轮毂 2 及齿圈 1 等组成。轮圈 12 和内外轮辐 13、15 由钢板焊成，轮轴 4 的两端支承在两个驱动轮的轮毂 2 上。在轮毂的内端装着从动大齿圈 1。在外轮辐 15 上有两个装砂孔，用盖板 13 封着，可向轮内添加配重砂，用来调节压路机的质量。

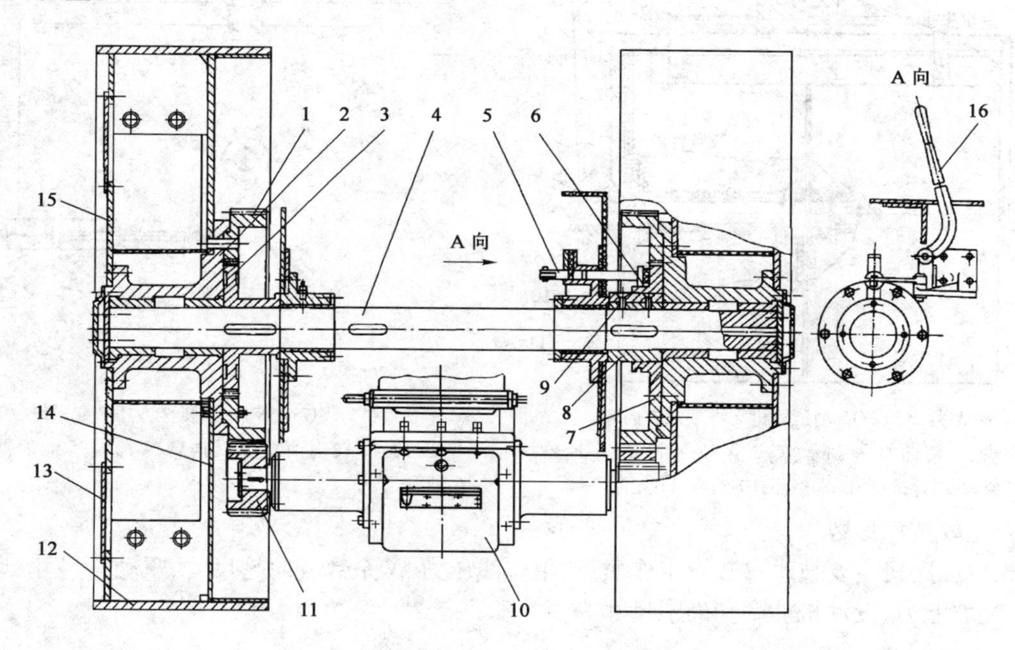

图 5-7　3Y12/15 型压路机末级传动机构、差速锁及驱动轮

1-末级传动大齿圈；2-轮毂；3-连接齿轮；4-驱动轮轴；5-拨叉轴；6-拨叉；7-锁定齿轮；8-轴套；9-滑键；10-变速器总成；11-末级传动小齿轮；12-轮圈；13-盖板；14-内轮辐；15-外轮辐；16-差速锁操纵手柄

3Y12/15 型压路机的差速锁装置在末级传动大齿圈处，用于两驱动轮的联锁，由差速锁操作手柄 16 操纵，如图 5-7 所示。末级传动左侧大齿圈 1 与连接齿轮 3 啮合，而连接齿轮 3 则以平键与驱动轮轴 4 连接。右侧大齿圈处滑装着锁定齿轮 7，可沿轴套 8 上的滑键 9 轴向滑动，而轴套 8 又通过平键与驱动轮轴 4 相连接。末级传动大齿圈固装在驱动轮内侧，末级传动小齿轮 11 固装在差速半轴上，动力经差速器传给末级传动机构。

方向轮受转向机构控制，引导压路机转向和实施部分压实功能，其机构形式主要有框架式和无框架式两种。图5-8为3Y12/15型压路机无框架式方向轮结构简图，它由滚轮5、轮轴8、Π形架6和转向立轴3等组成。因为滚轮较宽，为了便于转向，一般都制成相同的左右两个部分，分别通过两个轴承支承在前轮轴8上，可以单独自由旋转，互不干扰。轮轴8直接用轴盖、螺栓固装在Π形架6上，Π形架上部用横销4与立轴3铰接。立轴靠轴承支承，立轴上端固装着与转向油缸连接的转向臂1。

图5-9所示为3Y12/15型压路机所采用的摆线转子泵液压操纵随动系统，由转阀式转向加力器1、转向油缸2、齿轮油泵6和油箱4等组成。当转动方向盘时，油泵来的压力油进入转向器1，并进入油缸2的左或右腔，使车轮向左或向右偏转。当压路机直线行驶时，油泵来的压力油通过转向器直接回油箱。当发动机熄火或液压系统出现故障时，转动方向盘即可驱动转向器，压力油被输入油缸的左腔或右腔，完成所需转向。但此时不再是液力转向，而是人力转向。

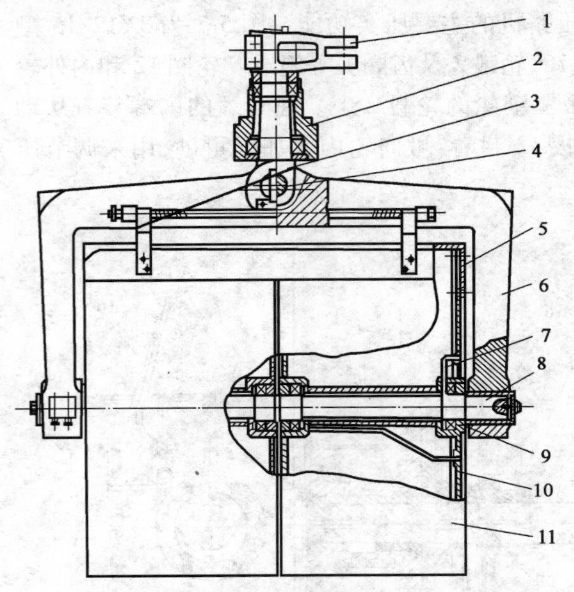

图5-8　3Y12/15型压路机无框架式方向轮

1-转向臂；2-转向立轴轴承座；3-立轴；4-横销；5-封盖；6-Π形架；7-油管；8-轮轴；9-挡环；10-轮辐；11-轮圈

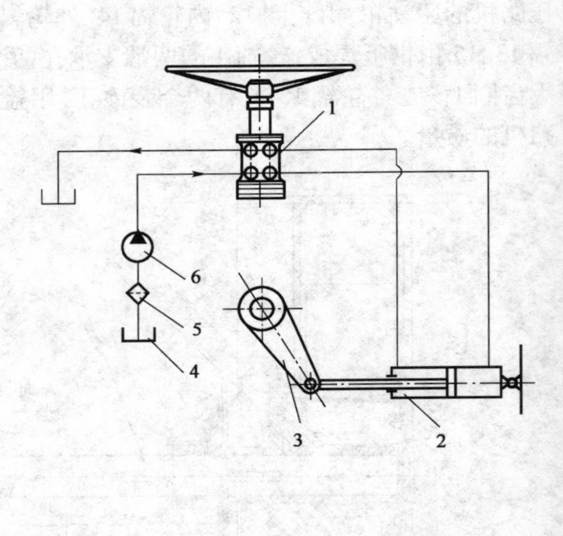

图5-9　3Y12/15型压路机全液压转向系统

1-转向器；2-转向油缸；3-转向臂；4-油箱；5-滤油器；6-油泵

4. 主要技术参数

光轮压路机主要技术参数有工作质量、单位线压力、*N*系数方向轮尺寸、驱动轮尺寸、运行速度、爬坡能力、发动机功率和外形尺寸等。

三、羊脚压路机

羊脚压路机（通称羊脚碾）是在普通光轮压路机的碾轮上装置了若干羊脚（图5-2b）或凸块（图5-2d）的压实机械，故也称凸块压路机。凸块滚轮与羊脚滚轮相比，凸块高度较低，个数较少。除滚压轮外，自行式凸块（羊脚）压路机与光轮压路机的构造基本相同。

四、轮胎压路机

轮胎压路机通过多个特制的充气轮胎来压实铺层材料。除有垂直压实力外，还有水平压实力，这些水平压实力不但沿行驶方向有压实力的作用，而且沿机械横向也有压实力的作用。

由于压实力能沿各个方向移动材料颗粒，这些力的作用加上橡胶轮胎弹性所产生的一种"搓揉作用"结果，就产生了极好的压实效果。同时可改变轮胎充气压力，有利于对各种材料的压实。具有接触面积大，压实均匀性高，因而广泛用于各种材料的基础层、次基础层、填方及沥青面层的压实作业，是建设高等级公路、机场、港口、堤坝的理想压实设备。

1. 基本构造

图5-10是YL26轮胎压路机的构造图。由车架11、发动机13、减速器6、后驱动桥7、前轮总成15、后轮总成10、洒水系统9、操作系统3、转向系统14、液压系统5和6、电气系统18等组成。

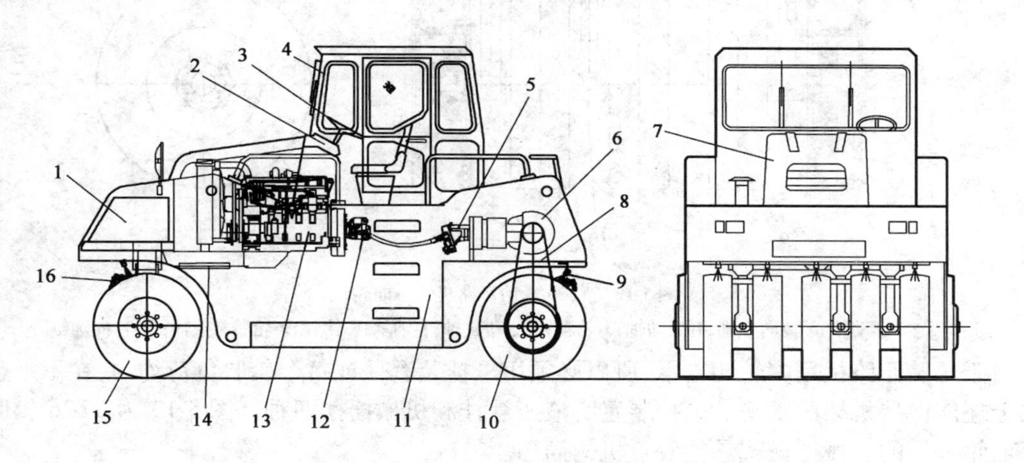

图5-10　YL26型轮胎式压路机

1-水箱；2-方向轮；3-操作系统；4-驾驶室；5-液压马达；6-减速器；7-后驱动桥；8-链条；9-洒水系统；10-后轮总成；11-车架；12-液压泵；13-发动机；14-前轮转向系统；15-前轮总成；16-刮泥板

2. 传动系统

传动系统如图5-11所示。发动机输出的动力经液压泵1转变为液压能传至液压马达2，马达输出的动力经行走减速器4传至后驱动桥6、经驱动桥内的差速器和左右半轴最终将动力传至左右链轮组5和7，再通过链条带动二组后轮行走。

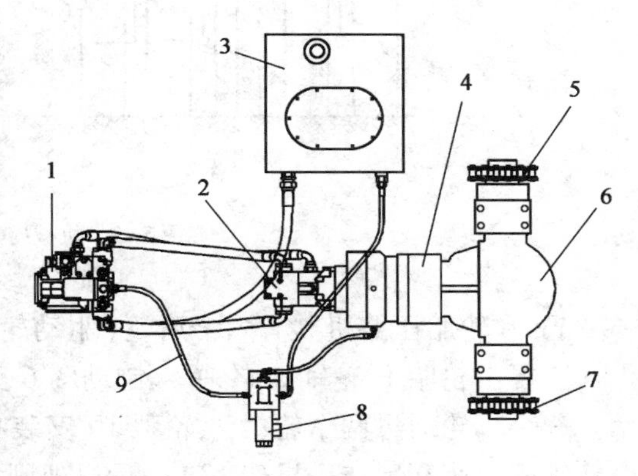

图5-11　YL26胎式压路机传动系统

1-液压泵；2-液压马达；3-液压油箱；4-行走减速器；5-右链轮组；6-后驱动桥；7-左链轮组；8-制动阀；9-油管

3. 工作装置

轮胎压路机的工作装置是充气轮胎，因此对轮胎及其悬挂装置提出了特殊要求，所采用的轮胎都是特制的宽基轮胎，压力分布均匀，从而保证了对沥青面层的压实不会出现裂纹。滚压轮前五后六错开排列，前、后轮迹相互叉开，由后轮压实前轮的漏压部分。轮胎是由耐热、耐油橡胶制成的无花纹的光面轮胎（压路面）或有细花纹的轮胎（专压基础），轮胎气压可以根据压实材料和施工要求加以调整。

前轮总成如图5-12所示，主要由五个前轮胎9、摆动架2、两根摆动轮轴6、固定轮轴11及转向油缸12等组成。五个轮胎分成两组可上下摇摆和一组固定（右轮），通过两根摆动轮轴6和固定轮轴11将五个轮胎装在摆动架2上。摆动架2通过轴4与回转立轴3连接，实现上下摆动，再通过回转立轴3与车架1相连。这样，轮胎可随路面的不平上、下摆动，可有效避免过压、虚压现象。由装在车架上的转向油缸 12 推动摆动架 2 左右转动，实现转向，转向可靠、灵活。

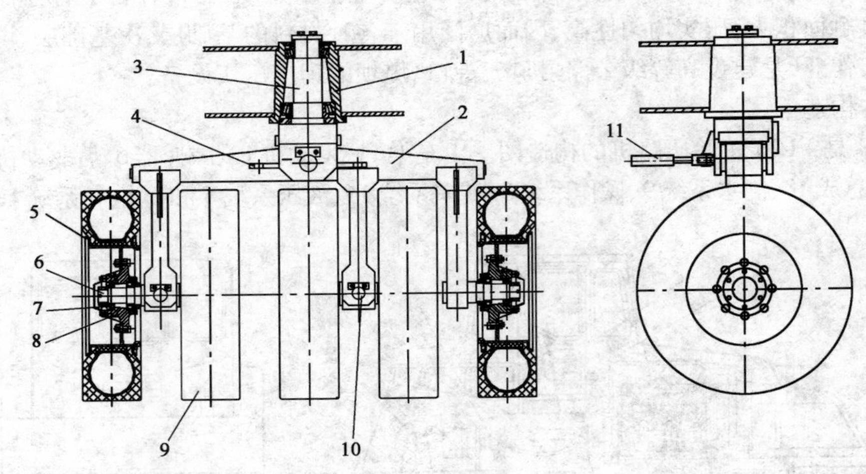

图 5-12　YL26 轮胎压路机的方向轮

1-车架；2-摆动架；3-转向立轴；4-摆动轴；5-轮辋；6-摆动轮轴；7-轴承；8-轮毂；9-轮胎；10-轴；11-转向油缸

由于轮胎压路机用多轮胎支承，所以必须用悬挂装置保证每个轮胎负荷均匀，在不平整的铺层上还能保持机架的水平。悬挂装置有液压悬挂和机械摇摆两种。图 5-13 为 YL26 轮胎压路机前轮采用的机械摇摆式悬挂装置机构简图。

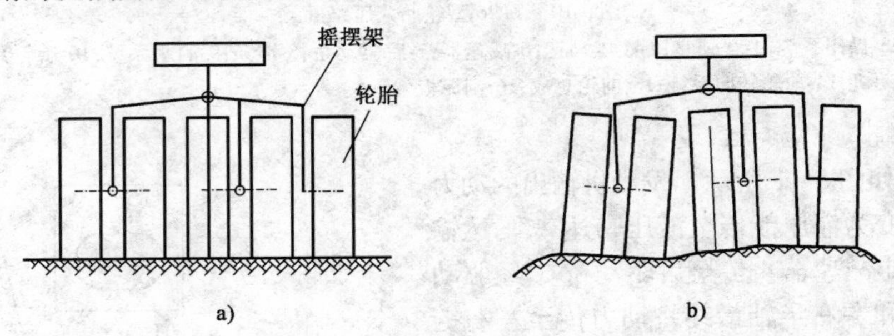

图 5-13　机械摇摆式悬挂装置机构简图

a）路面平整时；b）路面不平时

YL26 轮胎压路机共有六个后轮（驱动轮），分两组，左右对称布置，通过左右链轮驱动行走。主要由轮胎 1、轮轴 2、轮辋 5、制动蹄 6、轮毂 7、轴固定座 9 和链轮 11 组成，如图 5-14 所示。三个车轮通过两个轮毂 7、轮毂 10 安装在轮轴 2 上。左、右轮轴分别通过滚珠轴承和两个轮轴固定座 9 装在后机架 12 上，后机架则和压路机机身连接。两组后驱动轮的左右两个侧车轮内装有制动蹄。

集中充气系统由气泵 1、水分离器 2、卸荷阀 3、过滤器 4、储气罐 5、控制阀 6 和气泵控制阀 8 等组成，工作原理如图 5-15 所示。气泵 1 由柴油机带动，对系统进行充气。系统压力通过气泵控制阀 8 和手动阀 6 进行调节，压力达到设定要求时，气泵控制阀 8 动作，气压推开气泵内离合器，气泵空转，停止向系统供气。卸荷阀 3 的主要作用是在系统压力异常升高时，自动打开排气口实现自动卸荷，确保系统工作安全。

为防止压实作业时，土或沥青混合料粘到轮胎踏面上，轮胎压路机都装有洒水装置。其作用是对轮胎进行压力喷水或喷油，保持轮胎踏面清洁。

4. 主要技术参数

轮胎压路机主要技术参数有工作质量、碾压宽度、轴距、爬坡能力、行驶速度和额定功率等。

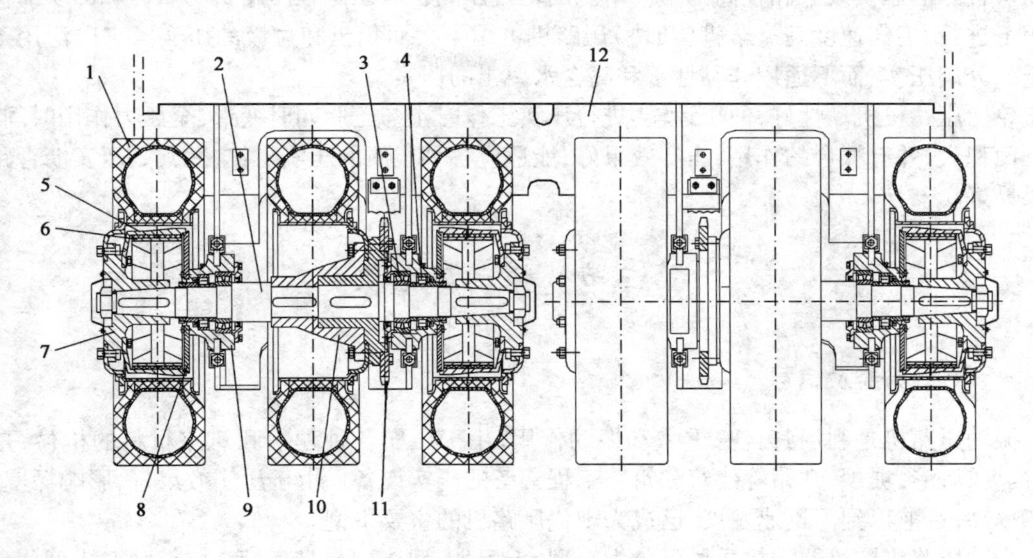

图 5-14 YL26 轮胎压路机的驱动轮总成

1-轮胎;2-后轮轴;3、4-轴承;5-轮辋;6-制动蹄;7-轮毂;8-挡盘;9-轴固定座;10-轮毂;11-链轮;12-后机架

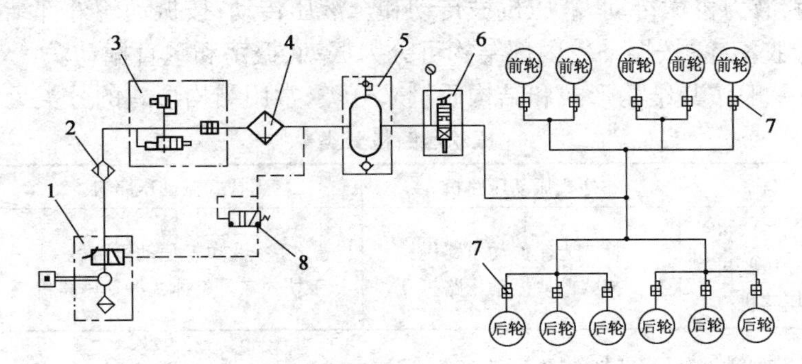

图 5-15 集中充气系统工作原理图

1-气泵;2-水分离器;3-卸荷阀;4-过滤器;5-储气罐;6-控制阀;7-开关阀;8-气泵控制阀

五、静力作用压路机的特点及工作范围

光轮压路机的性能或使用范围都不够理想,但因具有结构简单、维修方便、制造容易、可靠性好等特点,目前仍在使用,但从发展趋势来看,今后会进一步减少,特别是小吨位静碾压路机。光轮压路机按其质量划分及应用范围见表 5-2。

光轮压路机应用范围 表 5-2

压路机形式	质量 (t)	单位线压力 (N/cm)	应 用 范 围
轻型	≤5	200 ~ 400	压实人行道和修补黑色路面,路基和路面的初步预压实
中型	6 ~ 10	400 ~ 600	路基和路面的中间压实以及简易路面的最终压实
重型	12 ~ 15	600 ~ 800	砾石和碎石路基以及沥青混凝土路面的最终压实
超重型	≥16	800 ~ 1200	压实大块石堆砌基础和碎石路面

羊脚压路机有较大的单位压力(包括羊脚的挤压力),压实深度大而均匀,并能挤碎土块,因而有很好的压实效果和较高的生产率。凸块式压路机碾压是在压路机的重力和凸块的糅合作用下进行,工作速度高。羊脚(凸块)压路机可用于大面积土和垃圾的压实。它广泛用于黏性土的分层压实,而不适用非黏性土和高含水率土的压实。

轮胎压路机机动性好,便于运输,进行压实工作时土与轮胎同时变形,全压力作用时间长,接触面积大,并有糅合的作用,压实效果好,能适应各种土质的压实工作,尤其是压实沥青路面效果最好。

第三节　振动压路机

一、用途、分类及编号

振动压路机是利用其自身重力和振动作用,用于压实各种建筑和筑路材料的机械,是公路、机场、海港、堤坝、铁路等建筑和筑路工程必备的压实设备。由于压实效果好,影响深度大,生产率高,目前得到了迅速发展,已成为现代压路机的主要机型。

振动压路机按机器结构质量可分为轻型、小型、中型、重型和超重型;按行驶方式可分为自行式、拖式和手扶式;按驱动轮数量可分为单轮驱动、双轮驱动和全轮驱动;按传动系传动方式可分为机械传动、液力机械传动、液压机械传动和全液压传动;按振动轮外部结构可分为光轮、凸块(羊脚)和橡胶滚轮;按振动轮内部结构可分为振动、振荡和垂直振动。

振动压路机一般按其结构形式和结构质量来分类,常用结构形式的分类见表5-3。

振动压路机分类　　表5-3

自行式振动压路机	拖式振动压路机	手扶式振动压路机	新型振动压路机
轮胎驱动光轮振动压路机 轮胎驱动凸块振动压路机 两轮串联振动压路机	拖式光轮振动压路机 拖式凸块振动压路机	手扶式单轮振动压路机 手扶式双轮整体式振动压路机	振荡压路机 垂直振动压路机

振动压路机的型号编制如下:

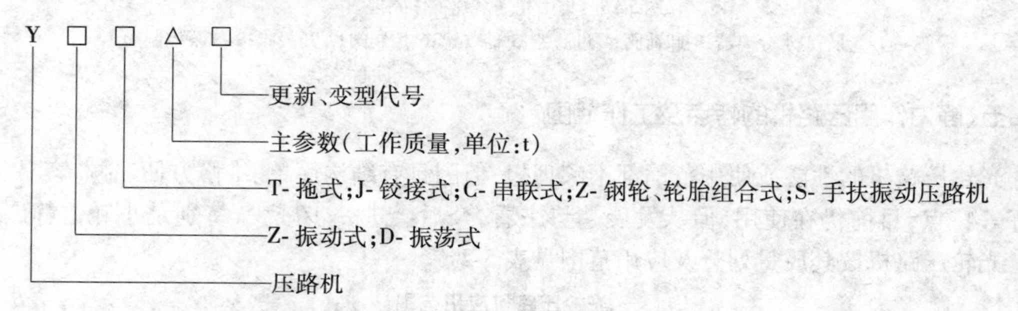

例:YZ18表示工作质量为18t的轮胎驱动光轮振动压路机。

二、身行式振动压路机

1.基本构造

自行式振动压路机主要由动力装置、传动装置、振动装置、行走装置和驾驶操纵等部分组成。

图5-16为YZ18型振动压路机总体结构。该机采用全液压控制、双轮驱动、单钢轮、自行

式结构，属于超重型压路机。主要由电气系统1、操作系统2、驾驶室3、液压系统5、发动机总成6、后车架7、后桥8、后轮9、变速器10、中心铰接架11、转向油缸12、行走马达13、前车架14和振动轮总成15等组成。适合于高等级公路及铁路基础、机场、大坝、码头等高标准工程的压实工作。振动轮部分和驱动车部分通过中心铰接架铰接在一起，车架是压路机的主骨架，其上装有发动机、行驶和振动及转向系统等各种装置。

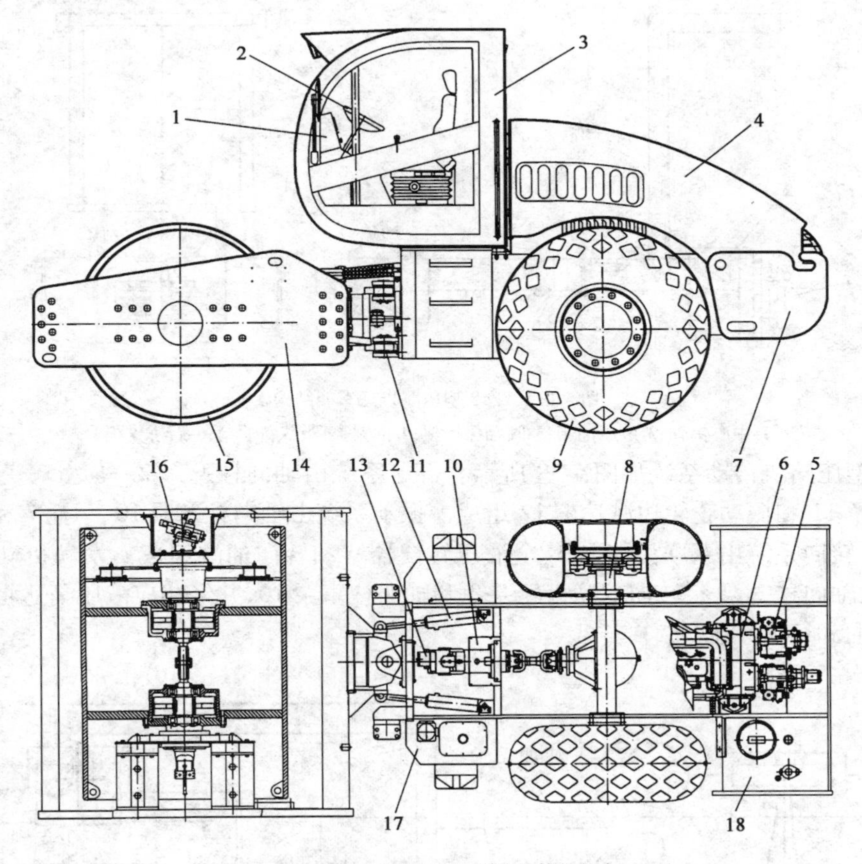

图5-16 YZ18型压路机总体结构

1-电气系统；2-操作系统；3-驾驶室；4-覆盖件；5-液压系统；6-发动机总成；7-后车架；8-后桥；9-后轮；10-变速器；11-中心铰接架；12-转向油缸；13-行走马达；14-前车架；15-振动轮总成；16-行走马达；17-液压油箱；18-柴油箱

车架由前、后车架组成，是压路机的主骨架，车架上装有发动机、行驶和振动及转向系统、操作系统、驾驶室、电气系统和安全保护装置等。

前车架由刮泥板总成、前、后框板、两块侧框板组成。主要功能是支撑振动轮总成。前车架为典型的方框结构，采用高强度钢板焊接而成，应具有足够的强度以抵抗压路机工作时的强冲击力和转矩。

后车架由倾翻保护架3、液压油箱2、框架大梁4和燃油箱5等组成。主要功能是支撑发动机和驾驶室，固定后桥。如图5-17所示。

后车架为长方框结构，前面是和中心铰接架相连的立轴和前板，后面是燃油箱总成，中间是槽钢架。为了保证强度，薄弱部位采用加强筋加强，成箱形梁结构。底部后桥支板用螺栓和后桥总成刚性连接。为了减小振动产生的影响，发动机和后车架之间设有弹性减振块，同时又可方便地将发动机调整到水平位置。

为了消除振动轮对驱动部分和驾驶室的不利影响，在前车架与振动轮之间以及驾驶室与后车架之间都装有起减振缓冲作用的减振块。

2. 传动系统

振动压路机传动系统分为机械传动和液压传动两大类。采用机械传动的压路机，发动机动力通过离合器、变速器、差速器、轮边减速器，最后到达驱动轮。

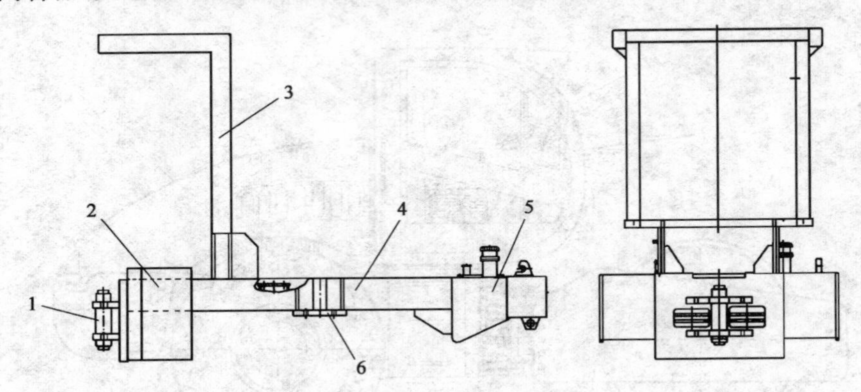

图 5-17 YZ18 型压路机后车架结构

1-中心销轴；2-液压油箱；3-倾翻保护架；4-框架大梁；5-燃油箱；6-后桥支板

YZ18 型压路机传动系统如图 5-18 所示。行走系统由轴向柱塞泵 2、马达 5、变速器 4、传动轴、驱动桥 11 和振动轮轮边减速器 12 组成。振动系统由轴向柱塞泵 10、马达 7 和偏心调幅机构组成。转向系统由双联齿轮泵 3、全液压转向器 9 和转向油缸组成。发动机动力通过分动箱 1 带动轴向柱塞泵 2、转向双联齿轮泵 3 和轴向柱塞泵 10，并经相应液压马达将动力传给振动轮、转向和行走系统。

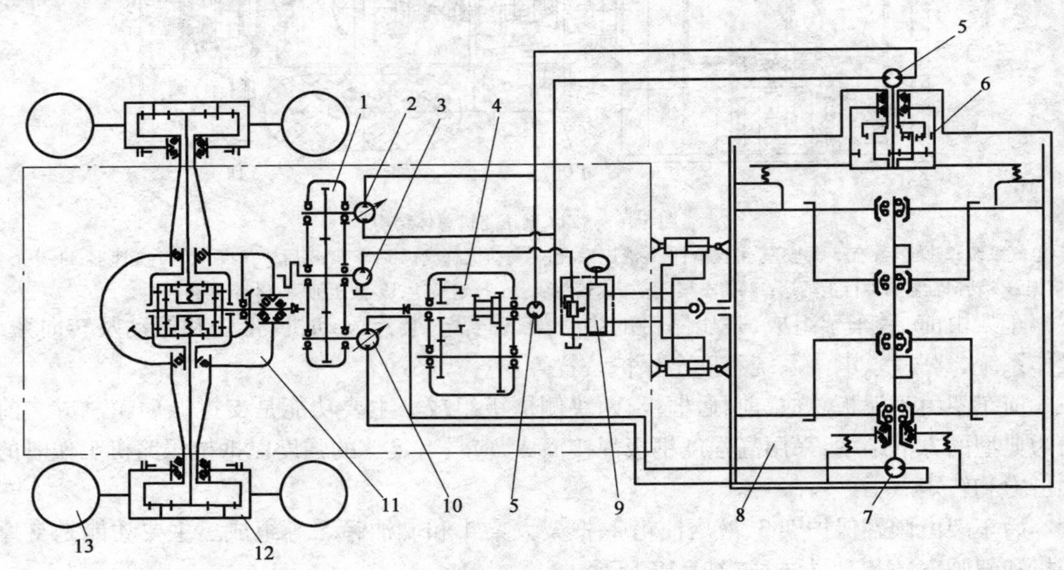

图 5-18 YZ18 型振动压路机传动系统

1-分动箱；2-行走驱动轴向柱塞泵；3-转向及风扇用双联齿轮泵；4-变速箱；5-行走驱动定量马达；6-行星减速器；7-振动驱动定量马达；8-振动轮；9-液压转向器；10-振动驱动变量泵；11-驱动桥；12-轮边行星减速器；13-轮胎

3. 振动轮

振动轮是振动压路机的重要部件，通过振动轮的变频和变幅来完成压实工作。图 5-19 为

YZ18 型压路机振动轮总成结构，由振动轮体 7、行走马达 2、行走减速器 3、左振动轴 4、右振动轴 6、固定偏心块 14、活动偏心块 15、振动马达 11、减振块 8 和 18、右连接支架 9、左连接支架 18 和联轴器 5 等组成。振动轮体采用钢板卷制焊接而成。振动轮内有两个激振机构，是振动压路机产生振动的力源。激振机构由振动轴 4、固定偏心块 14、活动偏心块 15、轴承 12 和封闭箱体 13 等组成。两个激振机构结构相同，两根振动轴 4 和 6 在振动轮中间用联轴器 5 联结为一体同步转动。振动马达带动振动轴高速旋转时，偏心块所产生的离心力就是振动压路机的激振力。

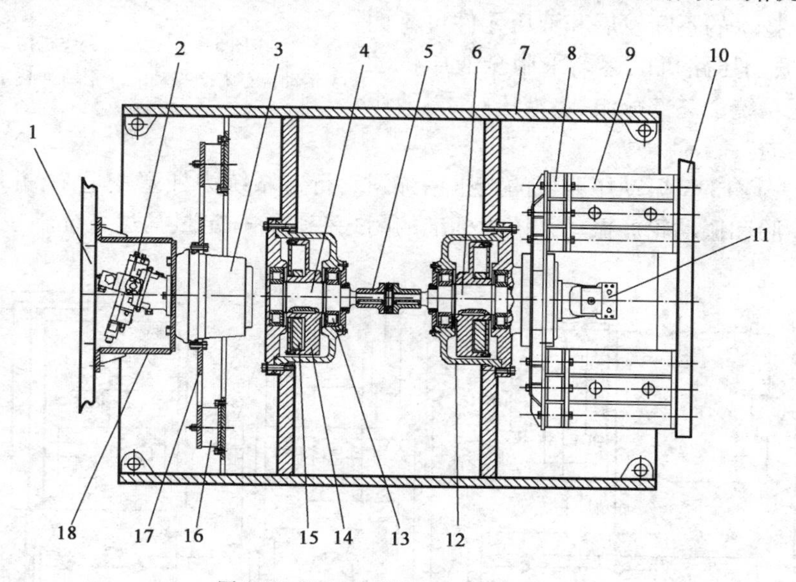

图 5-19 YZ18C 型振动压路机振动轮

1-前车架左侧框板；2-行走马达；3-行走减速器；4-左振动轴；5-联轴器；6-右振动轴；7-振动轮体；8-减振块；9-右连接支架；10-前车架右侧框板；11-振动马达；12-轴承；13-箱体；14-固定偏心轮；15-活动偏心轮；16-减振块；17-行走减速器固定板；18-左连接支架

YZ18 型压路机激振机构装有可调振幅的活动偏心块，活动偏心块套在固定偏心块的轮毂上，调幅装置是一个密封结构，里面充有硅油，结构如图 5-20 所示。

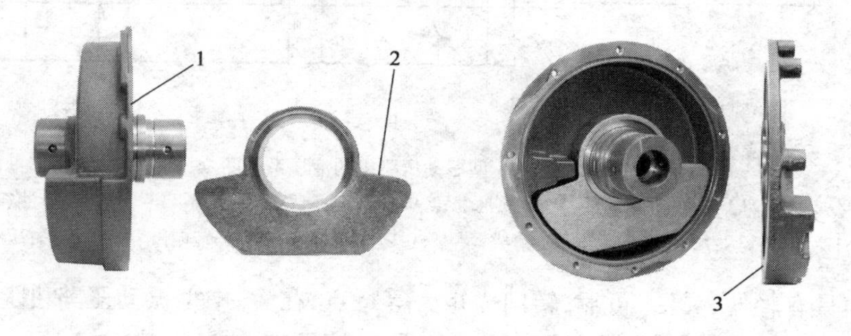

图 5-20 调幅装置结构图

1-固定偏心块；2-活动偏心块；3-固定偏心块盖

调幅装置的工作原理如图 5-21 所示。主要由活动偏心块 1、固定偏心块 4、振动轴 2 和挡块 3 组成。通过改变振动马达旋转方向就可以改变振动轴的旋转方向，借助挡销的作用，使固定偏心块与活动偏心块相叠加或相抵消，以此改变振动轴的偏心距，从而实现高振幅和低振幅，达到调节振幅的目的。在调幅装置的封闭空腔内，装有一定量的硅油。硅油可流动且密度较大，具有良好的阻尼吸振作用，能够衰减因偏心块旋转方向改变而引起的惯性冲击和振动，从而减轻了机件的冲击荷载。

压路机的振动频率表示偏心块的转速，如果偏心质量不变，频率越高，激振力越大。频率可以通过调节振动泵的排量改变振动系统的流量进而改变振动马达的转速来实现。

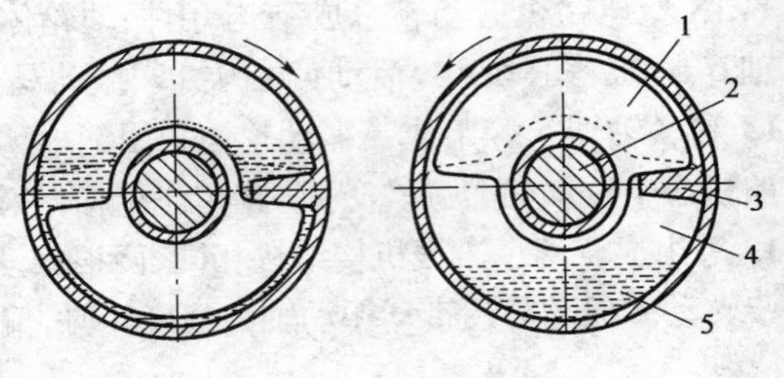

图 5-21 正反转调幅机构示意图

1-活动偏心块；2-振动轴；3-挡销；4-固定偏心块；5-硅油

4. 液压系统

随着液压技术的不断发展和液压元件可靠性的不断提高，振动压路机已逐渐采用全液压传动技术。其液压系统由三部分组成：液压行走、液压振动和液压转向。

图 5-22 是 YZ18 型振动压路机的液压系统图。行走系统为柱塞变量泵，并联两个定量马达分别驱动轮胎和振动轮。振动系统为标准的闭式变量泵—定量马达系统。

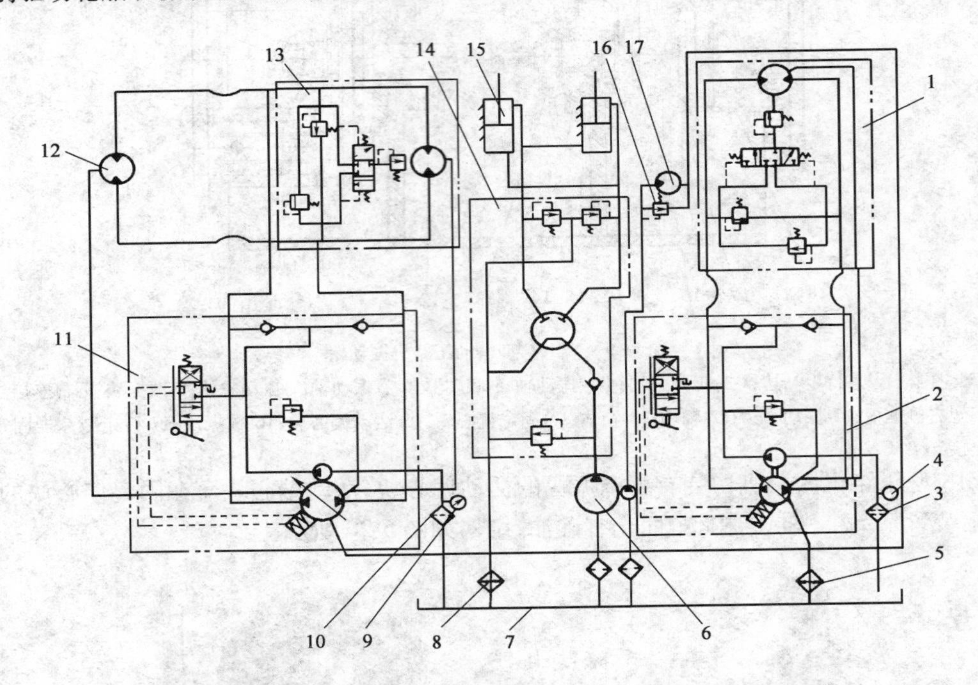

图 5-22 YZ18 型振动压路机的液压系统图

1-振动定量马达（集成元件）；2-振动变量泵；3、10-滤油器；4、9-真空表；5、8-冷却器；6-双联齿轮泵；7-油箱；11-行走变量泵（集成元件）；12-定量马达；13-行走定量马达（集成元件）；14-全液压转向器；15-转向缸；16-溢流阀；17-风扇马达

液压转向具有轻便、灵活、可靠、转向力矩大等特点，在大、中型振动压路机上广泛采用，结构形式多为全液压随动型。转向系统包括转向泵、全液压转向器和转向油缸等。

5. 主要技术参数

振动压路机的主要技术参数有工作质量、振动轮尺寸、振动频率、激振力、速度、额定功率等。

三、双钢轮振动压路机

双轮串联振动压路机一般都采用全轮驱动和全轮振动。全轮振动的目的是充分发挥机器本身的结构功能，提高压实生产率。

图5-23所示为YZC12型振动压路机总体结构。主要由车架、动力装置、振动轮、液压系统、电气系统等组成。该机采用全液压传动、双轮驱动、双轮振动、自行式结构。前后车架通过中心铰接架连接在一起，采用铰接式转向方式。并配有性能优良的蟹行机构，具有良好的贴边压实性能、弯道压实性能和机动性能。

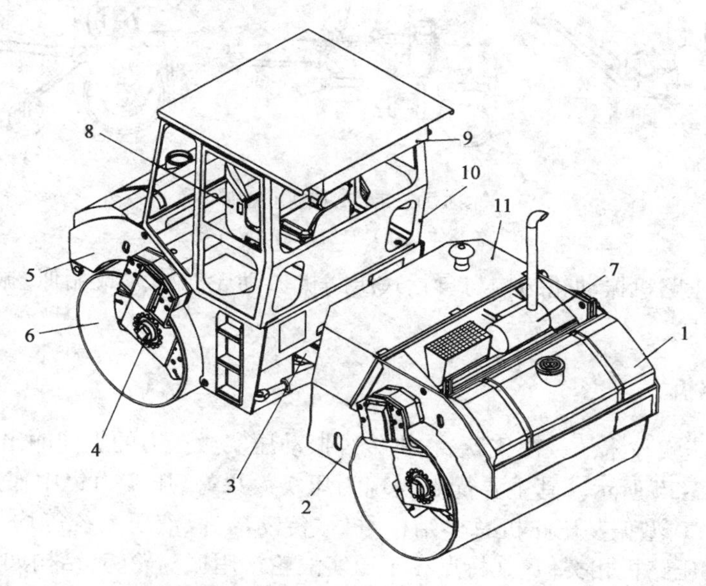

图5-23　双钢轮振动压路机总体结构

1-洒水系统；2-后车架；3-中心铰接架；4-液压系统；5-前车架；6-振动轮；7-动力装置；8-操纵台总成；9-空调；10-驾驶室；11-覆盖件

车架包括前车架及后车架两部分，前、后车架均采用整体焊接结构，通过中心铰接架连接成一个整体。

前车架由前车架体、刮泥板等组成。主要功用是支承驾驶室、前水箱和燃油箱等。燃油箱为两个分体式结构，固定在车架的两端，底部由胶管相连通，加油口设在左侧，刮泥板在压路机工作时可以刮下粘在振动轮上的杂物，刮泥板与钢轮间为弹簧装置自动压紧，无需调整。前车架与驾驶室间装有起减振缓冲作用的减振块，以减轻振动对驾驶员的不利影响。

后车架总成由后车架体、刮泥板等组成。它的主要功用是支承发动机、液压油箱、后水箱等。发动机和后车架之间也装有弹性减振块，同时可方便地将发动机调整到水平位置。

振动轮包括前、后振动轮总成及叉脚等部件。振动轮总成由振动轮体（滚轮）、轴、调幅装置、减振块、驱动马达、振动马达、弹性联轴器、振动轴承、行驶支承、轴承座、梅花板、左右叉脚等组成。支承整机重量，实现压路机行走，是振动压路机的主要工作部件，可将柴油机动力最终转化为对路面的压实力。振动轮与车架的连接处设有橡胶减振块，将振动轮的振动与车架割开。

发动机安装在后车架上，液压系统的泵组直接与发动机相连，液压系统的执行元件（马达、油缸）安装在相应的工作部件处。操纵装置、驾驶室、空调、电气系统的主要部件都安装在前车架上。

前、后振动轮各有一套独立的洒水系统。工作时，洒水系统向碾压钢轮的表面均匀喷水，在轮子表面上形成均匀的覆盖水层，与刮泥板组合能够有效地避免钢轮表面黏结沥青或其他杂物，以防止因钢轮表面黏结沥青而影响压实质量。

四、手扶式振动压路机

手扶式振动压路机主要形式如图 5-24 所示。

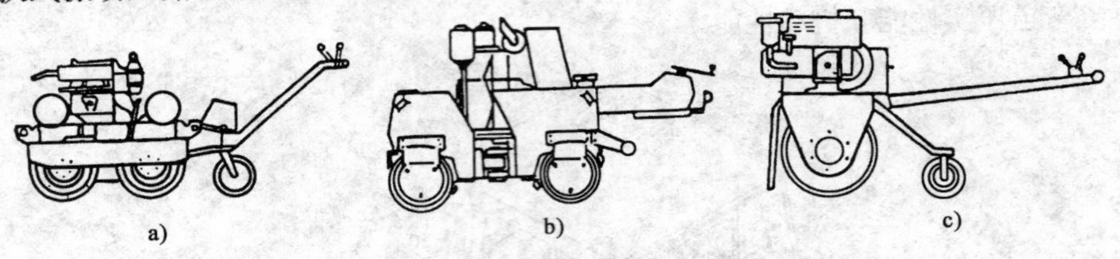

图 5-24　手扶式振动压路机

a) 双轮整体式；b) 双轮铰接式；c) 单轮式

手扶式振动压路机振动轮结构与自行式压路机振动轮结构大致相似，振动轮的激振器结构多采用偏心块式。

五、振荡压路机

振荡压实是压实技术的一次飞跃，它将传统振动压实激振力的纵向输出变为横向输出，工作原理比较如图 5-25 所示。其主要优点表现为压实效果好，压实力集中作用在压实层，防止碾碎筑路材料。YD 型振荡压路机总体结构、机械传动部件、液压系统等均与 YZ 型振动压路机或 YZC 型振动压路机相类似，其特点在于压实滚轮采用振荡轮，其结构如图 5-26 所示。

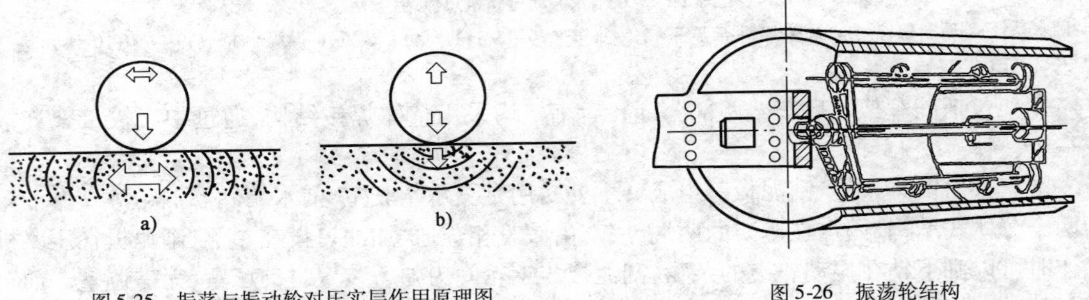

图 5-25　振荡与振动轮对压实层作用原理图

a) 振荡压实；b) 振动压实

图 5-26　振荡轮结构

振荡轮总体结构与振动轮相同，区别在于滚筒内安装了三根轴，其中一根是中心轴，另外两根为偏心轴。振荡马达通过花键套将动力传给中心轴，借助同步齿形带传动，动力驱动偏心轴旋转。两根偏心轴同步旋转产生相互平行的偏心力形成交变转矩使滚筒产生振荡运动。

六、特点及适用范围

光轮振动压路机最适用于压实非黏性土（砂土、砂砾石）、碎石、块石、堆石、沥青混凝土及不同类型、不同厚度的沥青铺层。这种压路机在断开振动机构后，还可用作静力压实机械进行整平碾压作业。羊脚或凸块式振动压路机既可压实非黏性土，又可压实含水率不大的黏性和细颗粒沙砾石以及碎石和土的混合料。

与静力作用压路机相比，振动压路机具有压实效果好、生产效率高，压实后的基础压实度高、稳定性好等特点。压实沥青混凝土面层时，允许沥青混凝土的温度较低，且由于振动作用，可使面层的沥青材料能与其他集料充分渗透、糅合，故路面耐磨性好，返修率低；可压实干硬性水泥混凝土(即 RCC 材料)及大粒径的回填石等静作用压路机难以压实的物料;在压实效果相同的情况下,振动压路机的结构质量为静作用压路机的一半,发动机的功率可降低 30% 左右。

目前国外振动压路机基本上都是全液压驱动,微电子技术得到了广泛应用,并且在外观造型、操纵安全舒适性及压实性能等方面有所突破。德国 BOMAG 公司研究开发的智多星振动压路机代表了目前振动压路机的发展水平。这种自动连续压实控制系统可使振动压路机的振幅、振动方向和作业速度根据被压实材料的情况自动调节,从而以最短的时间达到最佳压实效果。

振动压路机按结构质量分类情况及其适用范围见表 5-4。

振动压路机结构质量分类表

表 5-4

项目 类别	结构质量 (t)	发动机功率 (kW)	适 用 范 围
轻型	<1	<10	狭窄地带和小型工程
小型	1 ~ 4	12 ~ 34	用于修补工作,内槽填土等
中型	5 ~ 8	40 ~ 65	基层、底基层和面层
重型	10 ~ 14	78 ~ 110	用于街道、公路、机场等
超重型	16 ~ 25	120 ~ 188	筑堤,用于公路、土坝等

第四节　冲击式压路机

一、用途

20 世纪 90 年代才实际投入使用的冲击式压路机,是一种不同于传统的静碾压实、振动压实和打夯机压实原理的新型压实设备,特别适用于湿陷性黄土压实和大面积深填土石方的压实工作。

二、主要结构及工作原理

冲击式压路机由牵引车和压实装置两部分组成,中间通过十字缓冲连接组件相连,如图 5-27所示。

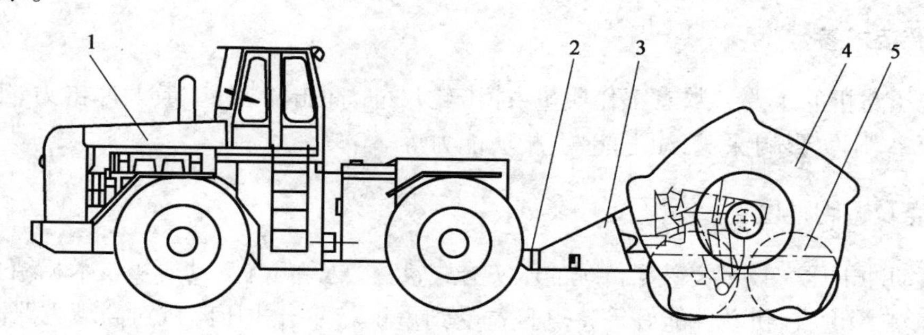

图 5-27　5YCT18 型压路机结构图

1-牵引车;2-十字缓冲连接组件;3-压路机机架;4-五边压实轮;5-机架行走轮胎

5YCT18 冲击式压路机牵引车分前、后车架,中间用转向铰连接作为液压油缸转向机构的回转中心。前车架放置发动机、液力变速器、前轿及驾驶室等部件。

压实装置主要由压实轮组件 7、机架 2、连杆架 8、行走车轮 5、连接头 1、防转器 9 和液压油缸 6 等组成,如图 5-28 所示。由摆杆、限位橡胶块和缓冲液压油缸等部分组成的缓冲机构是为了防止和减少冲击轮对机架的冲击。冲击轮(压实轮)是工作部件,为两个由几段曲线组成的非圆柱形滚筒,分布于机架两侧,中间通过轮轴相连,滚筒用厚钢板焊接而成。由提升油缸、防转器、连杆架、行走轮胎等组成的提升机构和行走机构,主要是用来短途转移和更换施工场地。当提升液压缸伸长时,两个冲击轮离开地面,这时全部重量由 4 个行走轮胎承担,在牵引车的拖动下实现场地转移。防转器是为了防止在工地短途转移时冲击轮自由转动。

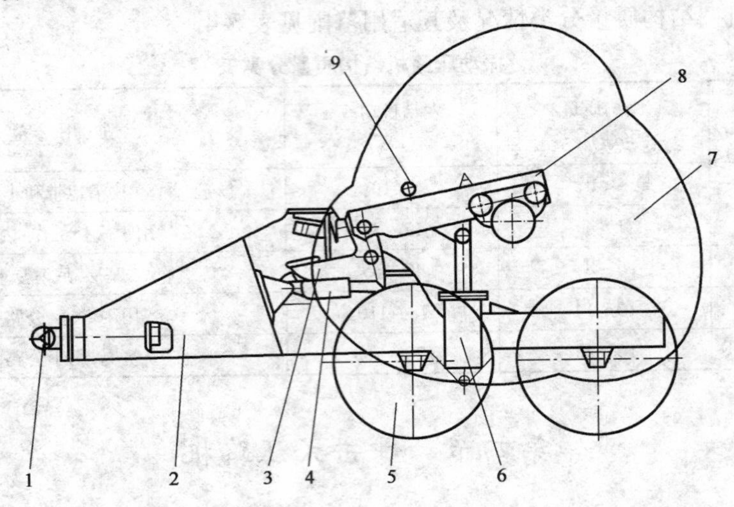

图 5-28　3YCT25 压实装置

1-连接头;2-机架;3-摆杆;4-油缸;5-行走轮胎;6-提升油缸;7-三线压实轮组件;8-连杆架;9-防转器

通过十字连接装置将压实装置与牵引车相连接,连接装置由牵引板、十字接头、销轴、牵引轴、法兰盘和缓冲橡胶套组成,可缓冲冲击轮对牵引车的冲击,并在牵引过程中改善其受力状况,可保证牵引车与压实装置之间具有 3 个转动自由度。

当牵引车拖动压实轮向前滚动时,压实轮重心离地面的高度上下交替变化,产生的势能和动能集中向前、向下碾压,形成巨大的冲击波,通过多边弧形轮子连续均匀地冲击地面,使土体均匀致密。

三、主要技术参数

冲击式压路机的主要参数有工作质量、冲击轮尺寸、冲击轮质量、最大冲击力、工作速度、压实工作频率、压实影响深度、冲击能量、爬坡能力等。

四、特点及适用范围

新型滚动冲击压实技术突破了传统的压实方式,将往复夯击与滚动压实技术相结合,以其压实能量高,影响深度大,机动性能好等特点日益受到重视。冲击式压路机对高填方路段、松沙土原地基的土质压实和石质挤密非常有效。对于那些原地基土质不好的工程,可直接压实而不需换土和分层填方与压实;对于含水率范围的要求很宽,可大大减少干性土的加水量并能将过湿的地基排干,加速软土地基的稳定;对于填方层的压实,每次填方厚度可达 0.5 ~ 1m,压实速度高达 12km/h。冲击式压路机还可用于破碎旧水泥混凝土路面或沥青混凝土路面,包括去除再生前的破碎、毛石破碎、钢筋破碎和深层破碎等。压实能量与冲击面的宽度、铺层厚度、工作速度有关。

第五节　夯实机械

一、用途、分类及编号

夯实机械分振动夯实机械和冲击夯实机械，主要用于沟渠、边角及各种小型土方夯实工程。

夯实机械按夯实冲击能量大小分为轻型、中型和重型夯实机；按结构和工作原理分为自由落锤式夯实机、振动平板夯实机、振动冲击夯实机、爆炸式夯实机和蛙式夯实机。

夯实机械的型号编制如下：

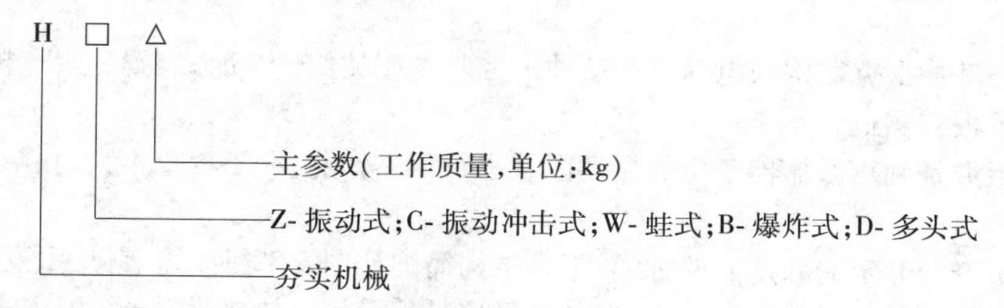

例：HC70—表示工作质量为70kg的振动冲击夯。

二、主要结构及工作原理

1. 蛙式打夯机

蛙式打夯机是利用偏心块旋转产生离心力的冲击作用进行夯实作业的一种小型夯实机械。它结构简单、工作可靠、操作容易，因而广泛用于公路、建筑、水利等施工工程。

蛙式打夯机的构造如图5-29所示，它是由夯头1、夯架2、三角带3、8、底盘4、传动轴架5、电动机6、扶手和三角带轮等组成。电动机通过两级传动驱动偏心块旋转，产生离心力使夯头夯实地面和夯机向前移动。工作原理如图5-30所示。

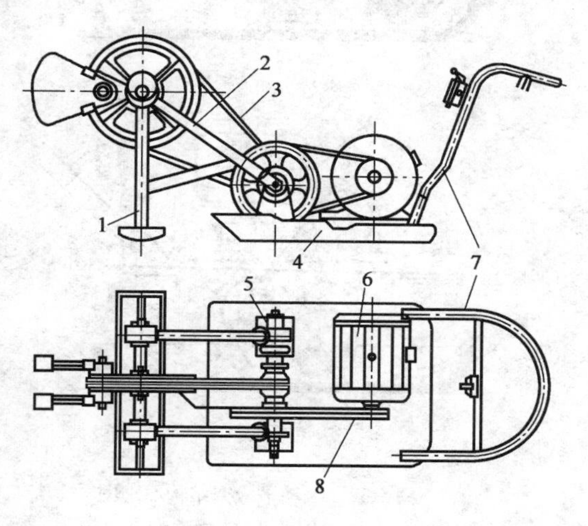

图5-29　蛙夯外形构造图

1-夯头；2-夯架；3、8-三角带；4-底盘；5-传动轴架；6-电动机；7-扶手

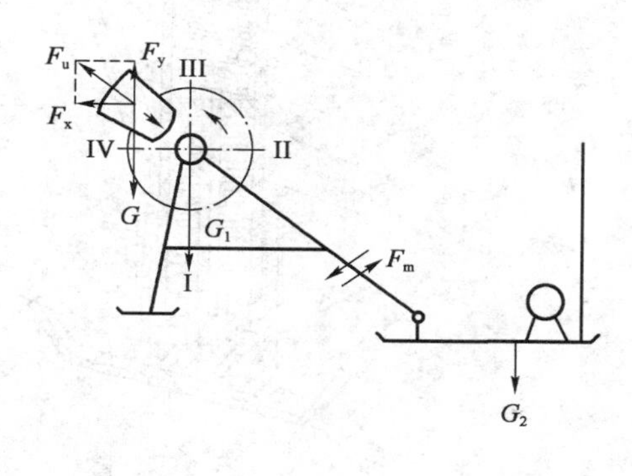

图5-30　电动蛙夯打夯机工作原理图

G-偏心块质量；G_1-带轮及前轴部件质量；G_2-托盘总质量

2. 振动冲击夯实机

振动冲击夯的工作原理是由发动机(电机)带动曲柄连杆机构运动,产生上下往复作用力使夯实机跳离地面。在曲柄连杆机构作用力和夯实机重力作用下,夯板往复冲击被压实材料,达到夯实的目的。

振动冲击夯分内燃式和电动式两种形式。前者的动力是内燃发动机,后者动力是电动机。它们的结构都是由发动机(电机)、激振装置、缸筒和夯板等组成。

图 5-31 所示为 HD60 型快速冲击夯。是一种电动式振动冲击夯。主要由电动机 1、减速器 4、曲柄连杆机构 5、6、活塞 9、弹簧 10、夯板 12 和操纵机构等组成。电动机动力经减速器 4 传给大齿轮,使安装在大齿轮轴上的曲柄 5、连杆 6 运动,带动活塞 9 做上下往复运动,在弹簧力(压缩和伸张)作用下,使机器和夯板跳动,对被压材料产生高频冲击振动作用。

内燃式振动冲击夯结构与电动式振动冲击夯基本相类似,仅动力装置为内燃机。

3. 振动平板夯实机

振动平板夯是利用激振器产生的振动能量进行压实作业,在工程量不大、狭窄场地得到广泛使用。

振动平板夯分非定向和定向两种形式,其结构简图如图 5-32 所示。它是由发动机、夯板、激振器、弹簧悬挂系统等组成。动力由发动机经皮带传给偏心块式激振器,由激振器产生的偏心力矩带动夯板以一定的振幅和激振力振实被压材料。非定向振动平板夯是靠激振器产生的水平分力自动前移,定向振动平板夯是靠两个激振器壳体中心(两激振器中心)所处位置的不同,使振动平板原地垂直振动或在总离心力的水平分力作用下水平移动。

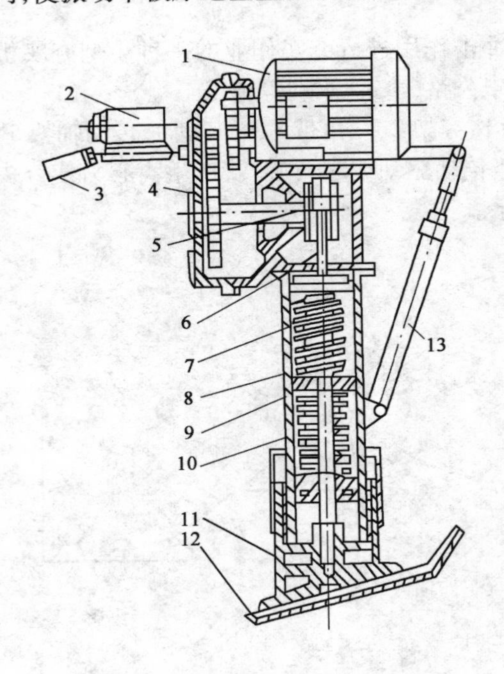

图 5-31　HD60 型电动式快速冲击夯结构

1-电动机;2-电气开关;3-操纵手柄;4-减速器;5-曲柄;6-连杆;7-内套筒;8-机体;9-滑套活塞;10-螺旋弹簧组;11-底座;12-夯板;13-减振器支承器

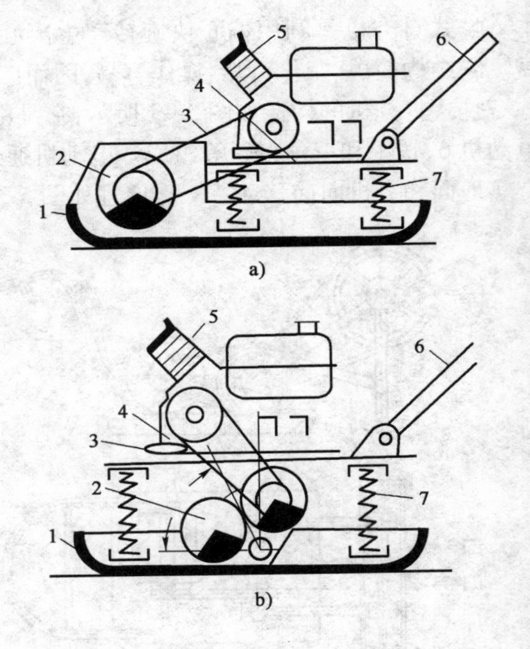

图 5-32　振动平板夯结构原理图

a)非定向振动式;b)定向振动式

1-夯板;2-激振器;3-V 形皮带;4-发动机底架;5-操纵手柄;6-扶手;7-弹簧悬挂系统

三、特点及适用范围

振动夯适用于非黏性土、砾石、碎石的压实，而冲击夯实机或夯实板则适用于黏土、砂质黏土和灰土的夯实作业。

夯实机械按冲击能量分类情况及适用范围见表5-5。

夯实机械按冲击能量分类及适用范围 表5-5

项目 类别	冲击能量(kJ)	适用范围
轻型	0.8~1	适用于沟槽、基坑回填土以及小面积的土方夯实工作
中型	1~10	适用于颗粒性土(砂性土等)的夯实
重型	10~50	夯击土时动负荷大，故使用受限；适用于最终压实

作业与复习题

1. 按压实原理可将压路机械分为几种类型？说明各自的特点和应用场合。
2. 钢轮压路机与轮胎压路机相比各有什么特点？各适合什么工作场合？
3. 叙述静作用力压路机的构造和工作原理。
4. 叙述振动压路机的基本组成和工作原理。
5. 振动压路与振荡压路机的工作原理有何区别？
6. 叙述蛙式打夯机的结构和工作原理。
7. 简述小型夯实机械的类型和应用场合。

第六章　混凝土机械

混凝土是建设工程中应用非常广泛的一种建筑材料。混凝土的拌和料一般为水泥、砂、石等集料,加水和其他添加材料,按一定比例混合,经过搅拌、成型、硬化而成。现代建设工程大量采用混凝土,形成了混凝土工程。混凝土工程所使用的各种机械即为混凝土机械。

第一节　混凝土搅拌机

一、混凝土搅拌机的用途、分类型号

混凝土搅拌机是将混凝土拌和料均匀拌和而制备混凝土的一种专用机械。为适应不同混凝土搅拌要求,搅拌机有多种机型。

按工作原理分为自落式和强制式搅拌机;按工作过程分为周期式和连续式搅拌机;按卸料方式分为倾翻式和非倾翻式(或反转式)搅拌机;按搅拌筒的形状分为锥式、盘式、梨式和槽式以及鼓筒式搅拌机;按搅拌容量分为大型(出料容量 1 ~ $3m^3$)、中型(出料容量0.3 ~ $0.75m^3$)和小型(出料容量 0.05 ~ $0.25m^3$)搅拌机。按搅拌轴的位置,分为立轴式和卧轴式搅拌机。

混凝土搅拌机型号的表示方法见表 6-1。

搅拌机型号的表示方法　　表 6-1

机类	机型	特性	代号	代号含义	主参数
混凝土搅拌机 J(搅)	强制式 Q(强)	强制式搅拌机	JQ	强制式搅拌机	出料容量(L)
		单卧轴式(D)	JD	单卧轴强制式搅拌机	
		双卧轴式(S)	JS	双卧轴强制式搅拌机	
		立轴蜗桨式(W)	JW	立轴蜗桨强制式搅拌机	
		立轴行星式(X)	JX	立轴行星强制式搅拌机	
	锥形反转出料式 Z(锥)		JZ	锥形反转出料式搅拌机	
		齿圈(C)	JZC	齿圈锥形反转出料式搅拌机	
			JF	倾翻出料式锥形搅拌机	
	锥形倾翻出料式 F(翻)	齿圈(C)	JFC	齿圈锥形倾翻出料式搅拌机	

混凝土搅拌机的型号由搅拌机形式、特征和主参数等组成如下:

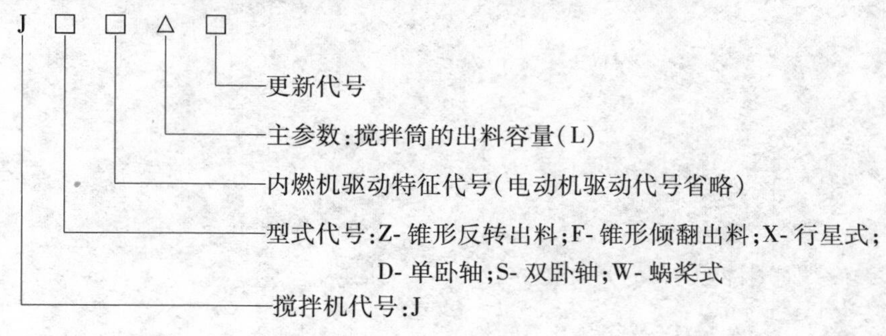

例:JD200 型搅拌机表示出料容量为 200L,电动机驱动的单卧轴强制式搅拌机。

二、混凝土搅拌机的工作原理与基本结构

混凝土搅拌机按工作原理分为自落式和强制式搅拌机两类;强制式搅拌机又分为立轴蜗浆式、立轴行星式、单卧轴式和双卧轴式四种形式。

自落式搅拌机的工作原理如图 6-1 所示。搅拌机构为搅拌筒,沿筒内壁周围安装若干个搅拌叶片。工作时,叶片随筒体绕其自身轴旋转,利用叶片对筒内物料进行分割、提升、洒落和冲击等作用,使配合料的相对位置不断进行重新分布而得到均匀搅拌。它的特点是搅拌强度不大,效率低,适合于搅拌一般集料的塑性混凝土。

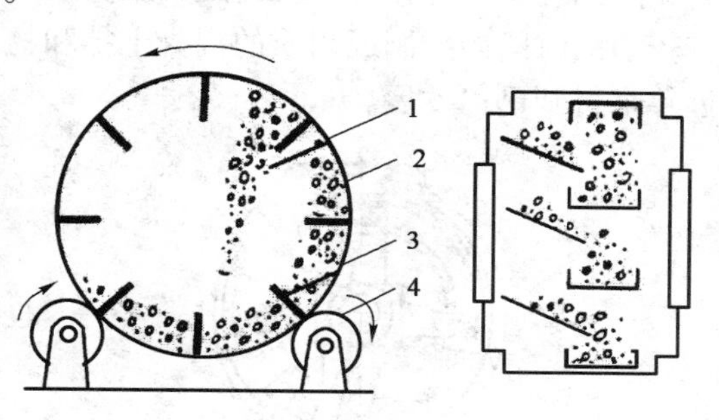

图 6-1　自落式搅拌机工作原理

1-混凝土拌和料;2-搅拌筒;3-搅拌叶片;4-托轮

立轴蜗浆式强制式搅拌机工作原理如图 6-2 所示。搅拌机的圆盘 1 中央有一根竖立转轴,轴上装有几组搅拌叶片 3,当转轴旋转时带动搅拌叶片旋转而进行强制搅拌。蜗浆式搅拌机具有结构紧凑、体积小、密封性能好等优点。

立轴行星式强制式搅拌机工作原理如图 6-3 所示。搅拌机带有搅拌叶片 4 的旋转立轴不是装在搅拌筒 3 中央,而是装在行星架 2 上,它除带动搅拌叶片绕本身轴线自转外,还随行星

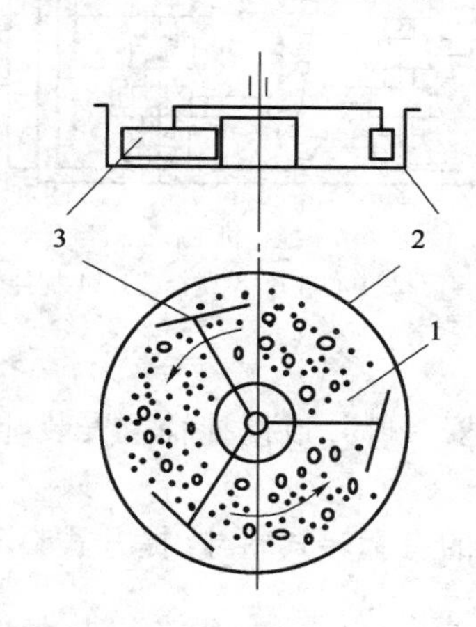

图 6-2　蜗浆式搅拌机工作原理

1-立轴;2-搅拌筒;3-搅拌叶片

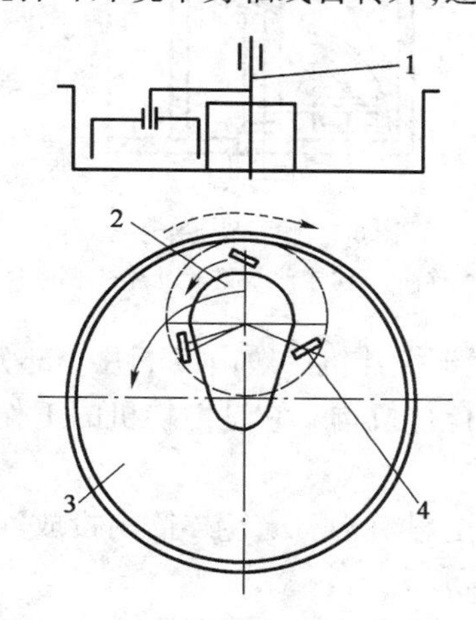

图 6-3　行星式搅拌机工作原理

1-中心轴;2-行星架;3-搅拌筒;4-搅拌叶

架绕搅拌筒的中心轴 1 公转,这比只有自转的蜗浆式产生更加复杂的运动。行星式搅拌机旋转轴的数量按不同容量可以是一个、两个或三个,如图 6-4 所示。行星式的搅拌强烈,且搅拌时间短,搅拌容量大,常用于混凝土搅拌楼(站)。

图 6-4　行星式搅拌机立轴布置

a)单轴;b)双轴;c)三轴

卧轴式搅拌机是通过水平轴的旋转带动叶片进行强制搅拌混凝土的机械。卧轴式搅拌机分单卧轴和双卧轴两种,搅拌筒呈槽形。

单卧轴强制式搅拌机工作原理如图 6-5 所示。搅拌机的一根轴上装有两条大小相同、旋向相反的螺旋叶片 3 和两个侧叶片 4，迫使拌和物作带有圆周和轴向运动的复杂对流运动。

双卧轴强制式搅拌机工作原理如图 6-6 所示。双卧轴搅拌机的复杂对流运动是由两条旋向相同的螺旋叶片作等速反向旋转来实现的。由于卧轴式搅拌机的强烈的对流运动，因而能在较短的时间内拌制成匀质的混凝土拌和物。使这种搅拌机有很好的搅拌效果，适用范围广，近年来得到迅速发展。

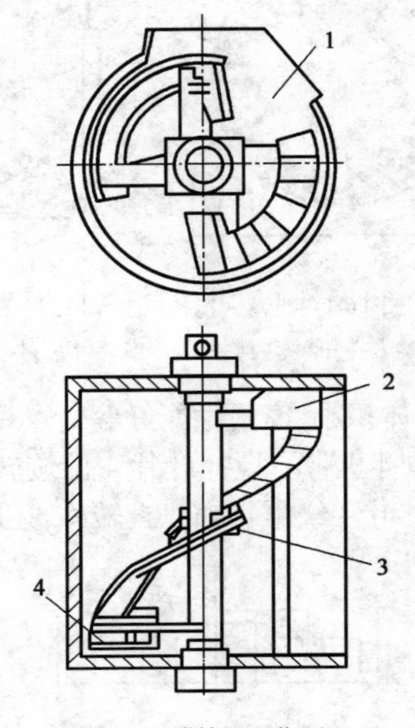

图 6-5　搅拌机工作原理

1-搅拌筒；2-搅拌轴；3-螺旋叶片；4-侧叶片

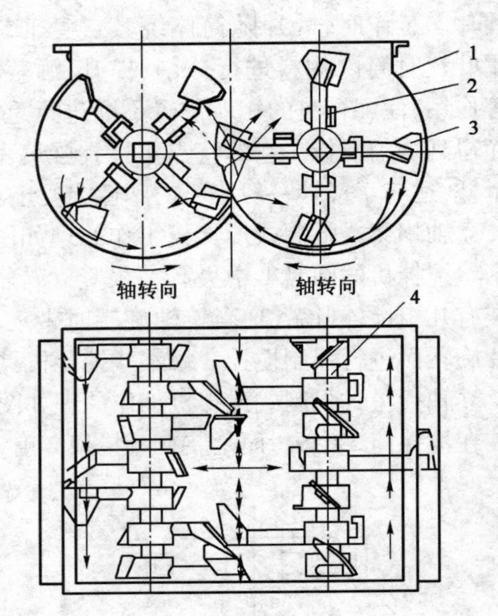

图 6-6　搅拌机工作原理

1-搅拌筒；2-中心叶片；3-搅拌叶片；4-搅拌轴

混凝土搅拌机一般由以下几个部分组成：

(1)搅拌机构。它是搅拌机的工作装置，有搅拌筒内安装叶片或搅拌轴上安装叶片两种结构形式。

(2)上料机构。向搅拌筒内投放配合料的机构，常见的有翻转式料斗、提升式料斗、固定式料斗等形式。

(3)卸料机构。将搅拌好的新鲜混凝土卸出搅拌筒的机构，有卸槽式、倾翻式、螺旋叶片式等。

(4)传动机构。它是将动力传递到搅拌机各工作机构上的装置，主要形式有带传动、摩擦传动、齿轮传动、链传动和液压传动。

(5)配水系统。它是按混凝土配比要求，定量供给搅拌用水的装置。一般有水泵—配水箱系统、水泵—水表系统以及水泵—时间继电器系统。

三、锥形反转出料混凝土搅拌机结构介绍

锥形反转出料混凝土搅拌机的搅拌筒呈双锥形，搅拌筒正转为搅拌，反转为出料。

图 6-7 为 JZC200 型锥形反转出料混凝土搅拌机，该机进料容量为 320L，额定出料容量为 200L，生产率为 6 ~ 8m^3/h。它是一种小容量移动式混凝土搅拌机，其主要由搅拌机构、上料机

构、供水系统、底盘和电气控制系统等组成。

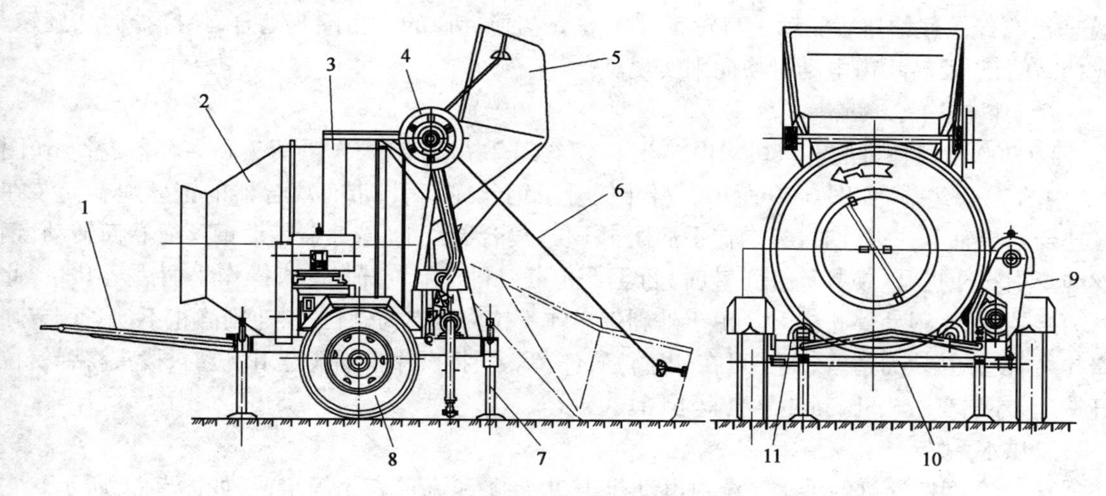

图 6-7 JZC200 型混凝土搅拌机

1-牵引杆；2-搅拌筒；3-大齿圈；4-吊轮；5-料斗；6-钢丝绳；7-支腿；8-行走轮；9-动力及传动机构；10-底盘；11-托轮

1. 搅拌与传动机构

JZC200 型搅拌机搅拌传动机构(图 6-7)主要由搅拌筒 2、传动机构 9 和托轮 11 等组成。

搅拌筒如图 6-8 所示，搅拌筒中间为圆柱体，两端为截头圆锥体，通常采用钢板卷焊而成。搅拌筒内壁焊有一对交叉布置的高位叶片 3 和低位叶片 7，分别与搅拌筒轴线成 45°夹角，且呈相反方向。

当搅拌筒正转时，叶片使物料除作提升和自由下落运动外，而且还强迫物料沿斜面作轴向窜动，并借助于两端锥形筒体的挤压作用，从而使筒内物料在洒落的同时又形成沿轴向往返交叉运动，强化了搅拌作用，提高了搅拌效率和搅拌质量。当混凝土搅拌好后，搅拌筒反转，混凝土拌和物即由低位叶片推向高位叶片，将混凝土卸出搅拌筒外。

图 6-9 为 JZC200 型搅拌机的传动机构，主要由电动机 1、减速器 3、小齿轮 5 和搅拌筒大

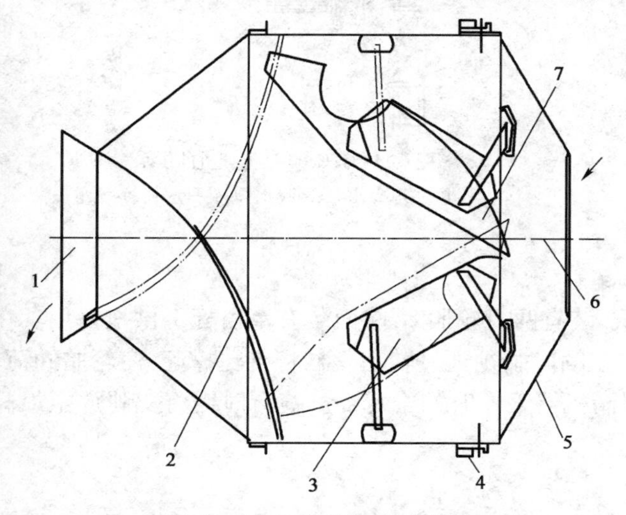

图 6-8 JZC200 型搅拌机的搅拌筒

1-出料口；2-出料叶片；3-高位叶片；4-驱动齿圈；5-搅拌筒体；6-进料口；7-低位叶片

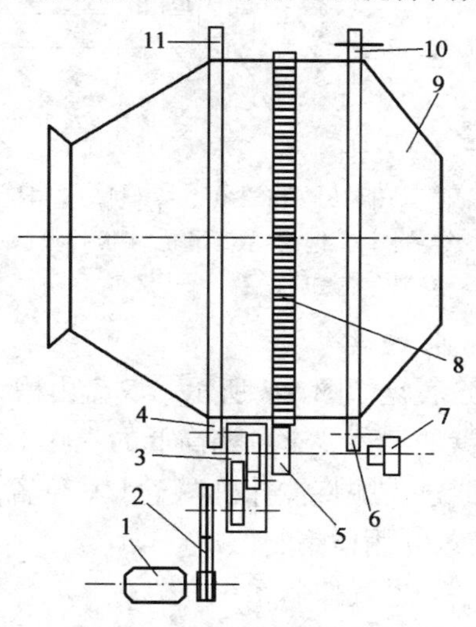

图 6-9 JZC200 型搅拌机的传动机构

1-电动机；2-皮带传动；3-减速器；4、6、10、11-托轮；5-小齿轮；7-离合器卷筒；8-大齿圈；9-搅拌筒

齿圈8等组成。搅拌筒支承在四个托轮上,电动机1的动力经三角皮带2传给二级圆柱齿轮减速器3,经减速增扭后驱动小齿轮5,小齿轮5与搅拌筒的大齿圈8啮合,使搅拌筒9旋转。搅拌筒的正、反转均由电动机换向来实现。

2. 上料机构

JZC200型搅拌机的上料机构由料斗1、钢丝绳2、吊轮3、操作手柄7和离合器卷筒6(图6-9中的7)等组成,如图6-10所示。料斗提升由钢丝绳牵引,带有离合器的钢丝绳卷筒装在减速器输出轴上。提升时,将操作手柄拨至I位,离合器合上,减速器带动钢丝绳卷筒转动,钢丝绳牵引料斗提升(搅拌筒在正转时)行至上止点。料斗限位杆自动将操作手柄拨至II位,此时离合器松开,料斗停止提升。由于外刹带靠弹簧拉力将卷筒刹住,料斗则静止不动。调节弹簧拉杆,使弹簧拉力适宜,料斗可在任意位置停留。当将操作手柄拨至III位时,拨头将弹簧拉杆拨起,外刹车带松开,料斗靠自重下降。

3. 供水系统

JZC200型搅拌机的供水系统由电动机1、水泵2和流量表5等组成,如图6-11所示。它是由电动机1带动水泵2直接向搅拌筒供水,通过时间继电器控制水泵供水时间来实现定量供水。

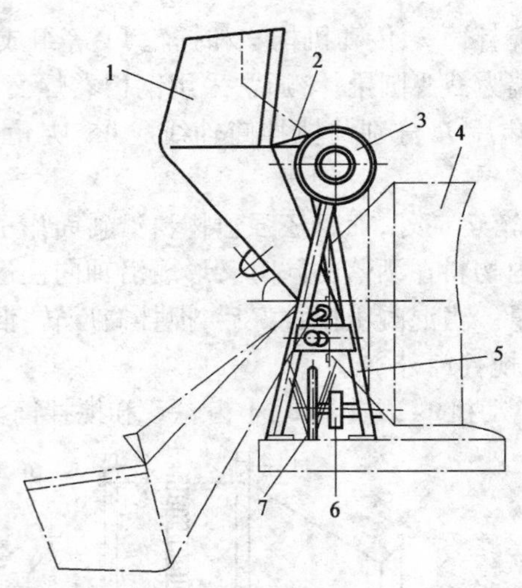

图6-10 JZC200型搅拌机的上料机构

1-料斗;2-钢丝绳;3-吊轮;4-搅拌筒;5-支架;6-离合器卷筒;7-操作手柄

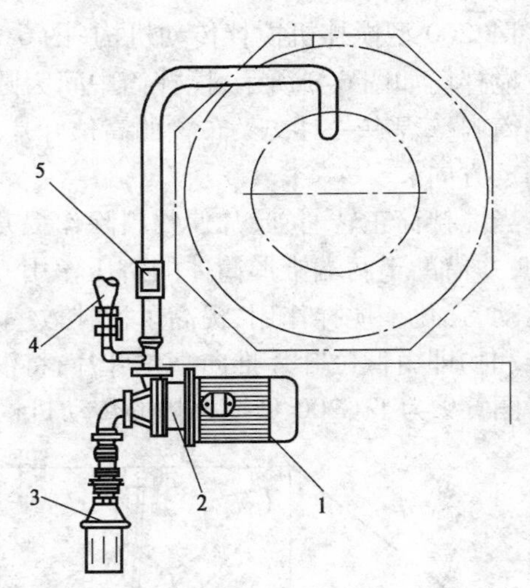

图6-11 JZC200型搅拌机的供水系统

1-电动机;2-水泵;3-吸水阀;4-引水杯;5-流量表

4. 底盘

底盘如图6-7所示。底盘由槽钢焊成,装有两只轮胎8,前面装有牵引杆1供拖行用。在底盘的四角装有可调高低的支腿7,搅拌机工作时,须通过转动丝杠将支腿撑起,使轮胎卸荷,并通过支腿将搅拌机调至水平位置,以提高机器工作时的稳定性。拖行时需将支腿放至最高位置,并用插销定位。

5. 电气控制系统

搅拌筒的正转、停止、反转、水泵的运转、停止和振动分别由6个控制按钮来实现。供水量由时间继电器的延时多少来确定。

锥形反转出料搅拌机具有结构简单、搅拌质量好,生产率高,易实现自动控制等优点,用于中、小容量的搅拌机。其缺点是反转出料时重载起动，消耗功率大，如容量大，易发生起动困难和出料时间较长的现象。

四、卧轴强制式混凝土搅拌机

卧轴强制式混凝土搅拌机兼有自落式和强制式两种机型的优点，即搅拌质量好，生产率高，能耗低，可用于搅拌干硬性、塑性、轻集料混凝土等。在结构上它有单卧轴和双卧轴之分。前者多属小容量机种，后者则适用于大容量机种。两者在搅拌原理、功能特点等方面十分相似，所不同的是搅拌筒、搅拌装置和卸料方式的区别。

图 6-12 为 JS500 型双卧轴强制式混凝土搅拌机。该机主要由搅拌机构、上料机构、传动机构、卸料装置等组成。

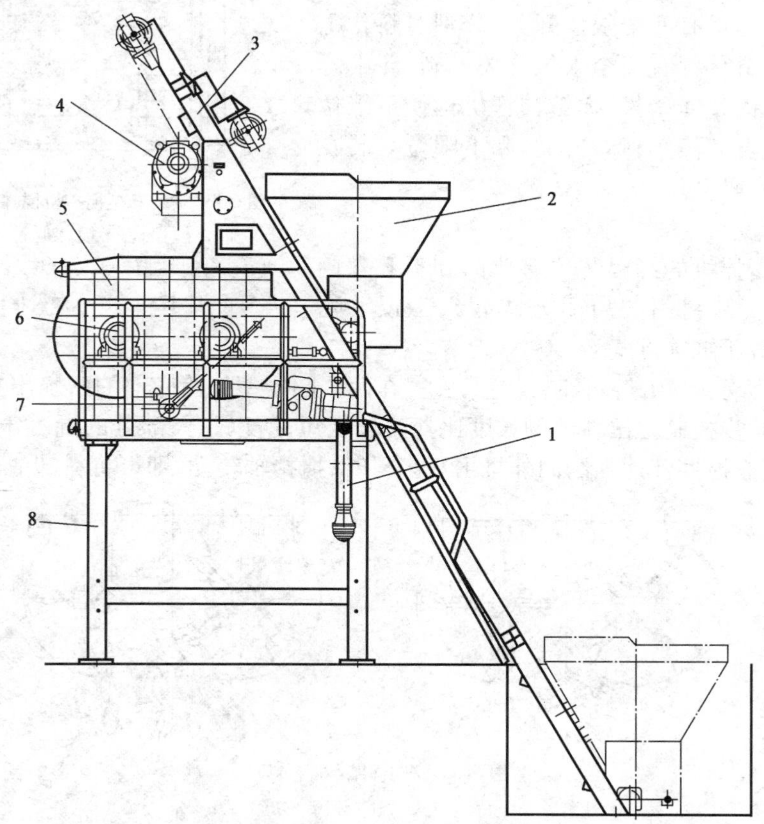

图 6-12　JS500 型双卧轴强制式混凝土搅拌机

1-供水系统；2-上料斗；3-上料架；4-卷扬装置；5-搅拌筒；6-搅拌装置；7-卸料门；8-机架

1. 搅拌与传动机构

如图 6-13 所示，搅拌机构由水平安置的两个相连的圆槽形拌筒 2 和两根按相反方向转动的搅拌轴 1 等组成，在两根轴上安装了几组搅拌叶片 3、4，其前后上下都错开一定的空间，从而使拌和料在两个拌筒内轮番地得到搅拌，一方面将搅拌筒底部和中间的拌和料向上翻滚，另一方面又将拌和料沿轴线分别前后挤压，从而使拌和料得到快速而均匀的搅拌。

搅拌机的传动机构由电动机 5、二级齿轮减速器 7、输出小齿轮 8、搅拌轴输入大齿轮 9、11 等组成。电动机 5 的动力通过皮带 6 传给二级齿轮减速器 7，最后将动力传给小齿轮 8，输出小齿轮 8 同时与大齿轮 9 和介轮 10 啮合，介轮 10 又与另一大齿轮 11 啮合，两个大齿轮分别带动两根水平搅拌轴反向等速转动。皮带传动可防止搅拌阻力过大时电机过载。

2. 上料机构

上料机构主要由上料斗 2、上料架 3 和卷扬装置 4 等组成(图 6-12)。

制动式电机通过减速箱带动卷筒转动,钢丝绳通过滑轮牵引料斗沿上料架轨道向上爬升,当爬升到一定高度时,料斗底部料门上的一对滚轮进入上料架水平岔道,料斗门自动打开,物料经过进料漏斗投入拌筒内。为保证料斗准确就位,在上料架上装有限位开关,上行程有两个限位开关,分别对料斗上升起限位作用,下行程有一个限位开关,当料斗下降至地坑底部时,钢丝绳稍松,弹簧杠杆机构使下限位动作,卷扬机构自动停车,弹簧机构和下限位均装在轨道架顶部的横梁上。

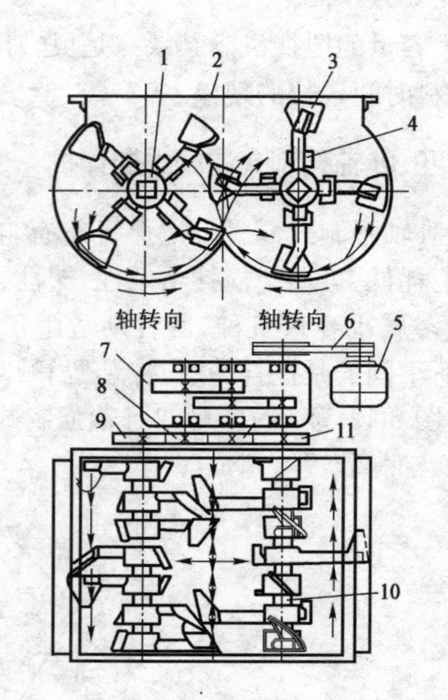

图 6-13 JS500 型搅拌机搅拌与传动机构图
1-水平轴;2-搅拌筒;3-搅拌叶片;4-中心叶片;5-电动机;6-三角皮带传动;7-二级齿轮减速机;8-输出小齿轮;9、11-搅拌轴输入大齿轮;10-介轮

3. 卸料装置

双卧轴式搅拌机的卸料装置有单门卸料和双门卸料两种形式。卸料门的启闭方式有人工扳动摇杆、电动推杆、液压缸等方式。

如图 6-14 所示,双出料门卸料装置,安置在两个圆槽型拌筒底部的两扇出料门,由汽缸经齿轮连杆得到同步控制。出料门的长度比拌筒长度短,所以绝大部分的混凝土是靠自重向外卸出,残留的则靠搅拌叶片强制向外排出。出料时,搅拌轴转动,即可将料卸清。

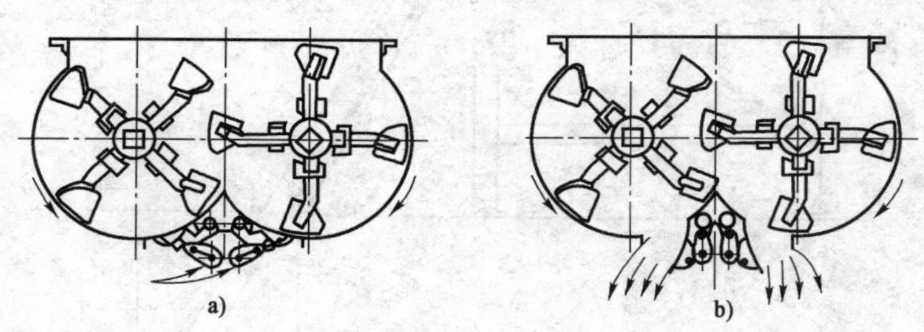

图 6-14 双出料门卸料装置
a) 关闭;b) 开启

第二节 混凝土搅拌楼(站)

一、混凝土搅拌楼(站)的用途、分类及型号

混凝土搅拌楼(站)是用来集中搅拌混凝土的联合装置,又称混凝土预拌工厂。它是由供料、储料、称量、搅拌和控制等系统及结构部件组成,用以完成混凝土原材料(水泥、砂、石子等)的输送、上料、储料、配料、称量、搅拌和出料等工作。混凝土搅拌楼(站)自动化程度高、生产率高,有利于混凝土生产的商品化等特点,所以常用于混凝土工程量大,施工周期长,施工地点集中的大中型建设施工工地。

按结构形式可分为固定式、装拆式及移动式混凝土搅拌楼(站)。

按生产工艺流程可分为单阶式和双阶式。单阶式是指在生产工艺流程中集料经一次提升而完成全部生产过程;双阶式是指在生产工艺流程中集料经两次或两次以上提升而完成全部生产过程,如图 6-15 所示。

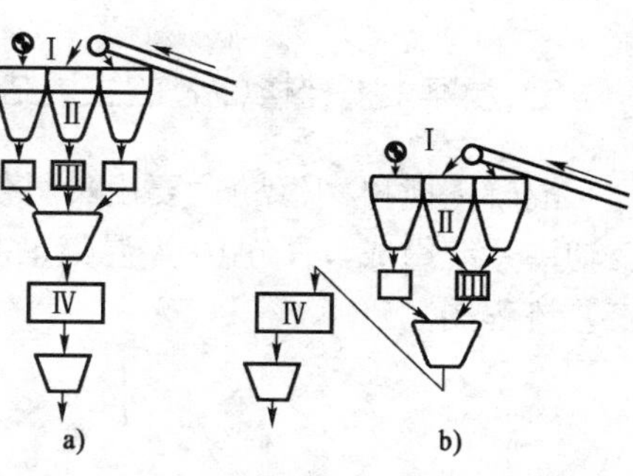

图 6-15　混凝土搅拌楼(站)工艺流程图
a)单阶式;b)双阶式
I-运输设备;II-料斗设备;III-称量设备;IV-搅拌设备

按作业形式可分为周期式和连续式混凝土搅拌楼(站)。

混凝土搅拌楼是一座自动化程度高、生产效率高的混凝土生产工厂,采用单阶式生产工艺流程,整个生产过程用计算机控制。它要配备 2 ~4 台搅拌设备和大型集料运输设备,可同时搅拌多种混凝土。

混凝土搅拌站是一种装拆式或移动式的大型搅拌设备,只需配备小型运输设备,平面布置灵活,但效率和自动化程度较低,一般只安装一台搅拌机,适用于中小产量的混凝土工程。

混凝土搅拌楼(站)型号的表示方法见表 6-2。

混凝土搅拌楼(站)的代号　　表 6-2

机　类	机　型	特　性	代　号	代　号　含　义	主参数
混凝土搅拌楼(站)H(混)	混凝土搅拌楼 L(楼)	锥形反转出料式(Z)	HLZ	锥形反转出料混凝土搅拌楼	生产率(m^3/h)
		锥形倾翻出料式(F)	HLF	锥形倾翻出料混凝土搅拌楼	
		蜗桨式(W)	HLW	蜗桨式混凝土搅拌楼	
		行星式(N)	HLN	行星式混凝土搅拌楼	
		单卧轴式(D)	HLD	单卧轴式混凝土搅拌楼	
		双卧轴式(S)	HLS	双卧轴式混凝土搅拌楼	
	混凝土搅拌站 Z(站)	锥形反转出料式(Z)	HZZ	锥形反转出料混凝土搅拌站	
		锥形倾翻出料式(F)	HZF	锥形倾翻出料混凝土搅拌站	
		蜗桨式(W)	HZW	蜗桨式混凝土搅拌站	
		行星式(X)	HZX	行星式混凝土搅拌站	
		单卧轴式(D)	HZD	单卧轴式混凝土搅拌站	
		双卧轴式(S)	HZS	双卧轴式混凝土搅拌站	

混凝土搅拌楼(站)型号由组代号、搅拌机型号和主参数等组成如下:

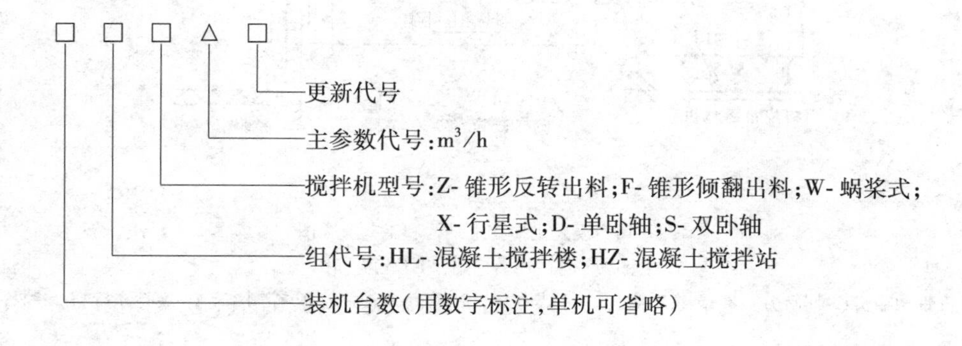

二、混凝土搅拌楼(站)的主要结构和工作原理

混凝土搅拌楼(站)主要由集料供储系统、水泥供储系统、配料系统、搅拌系统、控制系统及辅助系统组成。图6-16为混凝土搅拌楼结构和工艺流程图;图6-17为混凝土搅拌站结构和工艺流程图。

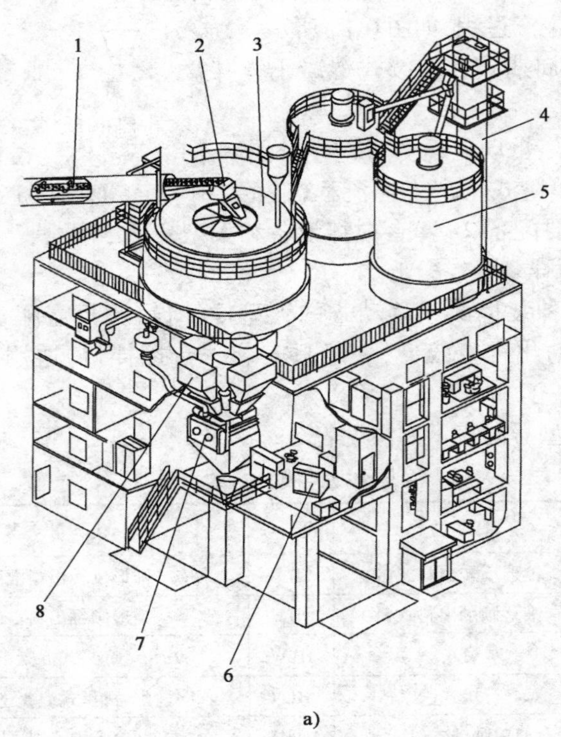

a)

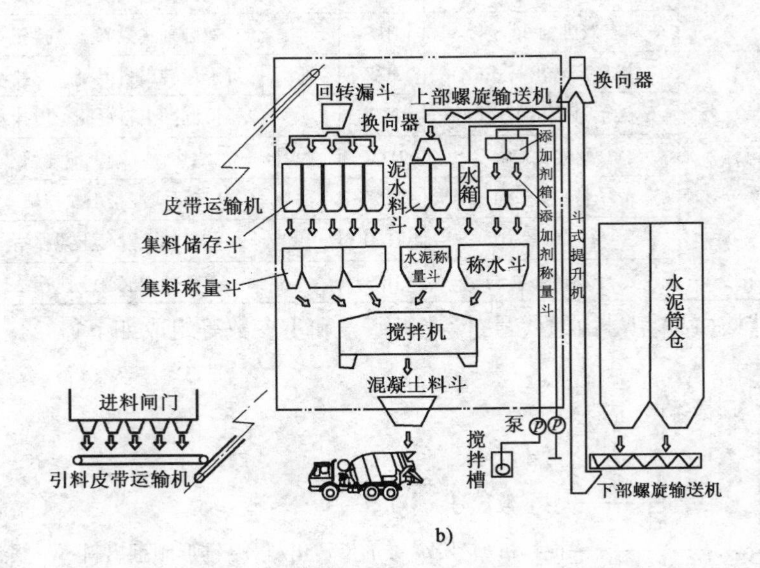

b)

图6-16 混凝土搅拌楼结构和工艺流程图

a)混凝土搅拌楼结构图;b)工艺流程图

1-提升皮带运输机;2-回转分料器;3-集料塔仓;4-斗式垂直提升机;5-水泥筒仓;6-控制系统;7-搅拌系统;8-集料称量斗

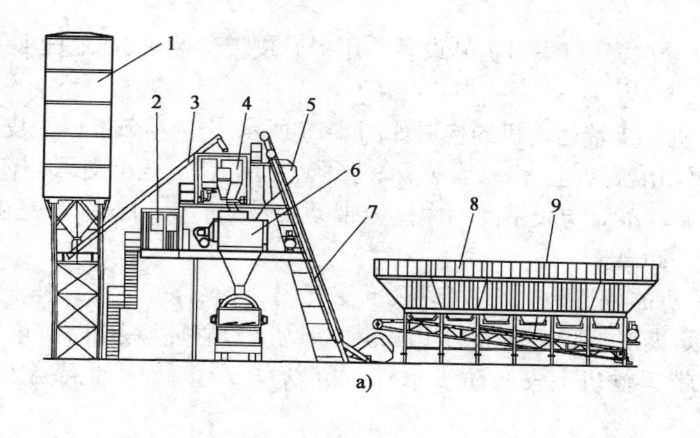

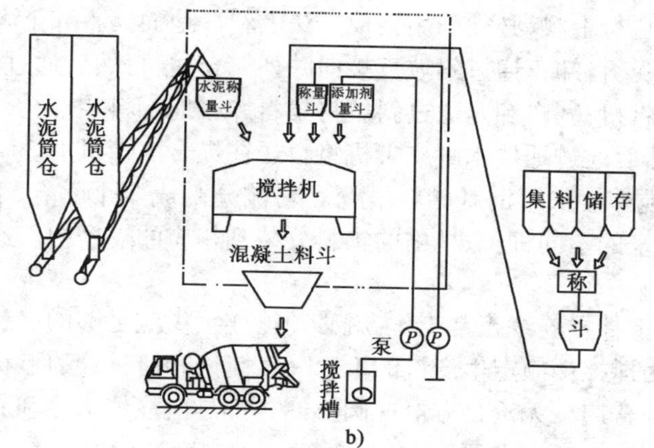

图6-17 混凝土搅拌站结构和工艺流程图

a）混凝土搅拌站结构图；b）工艺流程图

1-水泥筒仓；2-控制系统；3-螺旋输送机；4-配料斗；5-斗式提升机；6-搅拌系统；7-上料导轨；8-集料仓；9-皮带输送机（皮带秤）

（一）供储系统

混凝土搅拌楼（站）的供储系统包括了砂石集料、水泥、粉煤灰、水及添加剂的供给和储存。供储系统一般由运输设备及储料设备组成。砂石集料的运输设备有皮带运输机、拉铲、装载机等；水泥的运输设备有斗式提升机、螺旋输送机、风动运输设备等；而水及添加剂常用泵送。储料设备是由储料斗仓、卸料设备和一些其他附属装置组成。

1. 搅拌楼集料供储系统

搅拌楼的集料供储系统由皮带输送机1、回转分料器2和搅拌楼内的储料塔仓3（图6-18）

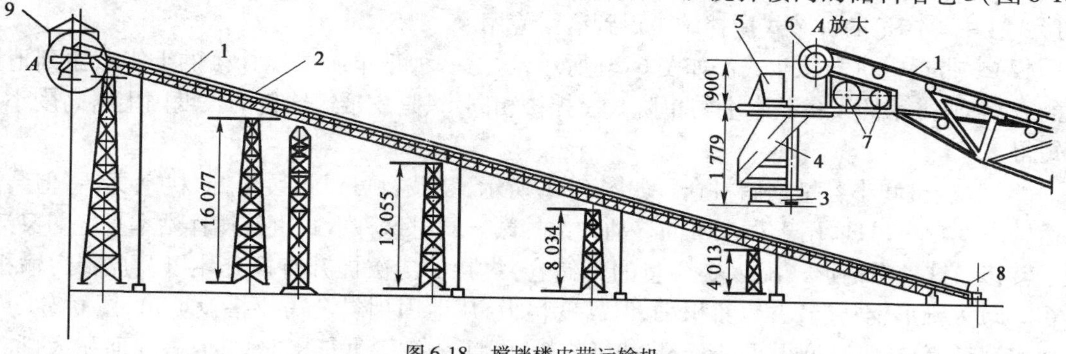

图6-18 搅拌楼皮带运输机

1-运输带；2-型钢支架；3-回转进料斗传动装置；4-回转分料斗；5-挡板；6-卸料滚筒；7-驱动滚筒；8-加料斗；9-机房

等组成。集料提升一次完成，集料提升设备采用提升皮带运输机，把地面上的集料送往搅拌楼内的储料塔仓。

(1)皮带运输机。皮带运输机的构造如图6-18所示。传送胶带1(平皮带或波纹带等)绕在卸料滚筒6和驱动滚筒7上，由张紧装置9张紧，并用上、下托辊支承，当传动装置带动驱动滚筒7回转时，由驱动滚筒与胶带间的摩擦力带动胶带运行。物料一般是由加料斗8加至胶带上，由卸料滚筒处卸出。

采用皮带运输机的特点是生产效率高，不受气候的影响，可以连续作业而不易产生故障，维修费用低，只需定期对某些运动件加注润滑油。为了改善环境条件，防止集料的灰尘飞散和雨水混入，可在皮带运输机上安装防护罩壳。所以，在产量较大的混凝土搅拌楼(站)中广泛使用。

皮带运输机不能自行上料，必须采用其他方法上料。地面储料和上料方式有三种：①装载机直接向皮带机上料；②自卸车通过斜坡直接向并列储仓送料，然后通过储仓下的地槽水平皮带机将料送往提升皮带机；③自卸车通过斜坡将集料卸在地下料斗，由斜皮带及分料机构将料分别储存在储罐内，然后通过地槽水平皮带机将料送往提升皮带机上。

(2)储料塔仓。搅拌楼采用钢制储料塔仓。它被分割成多个隔仓，利用上面的回转分料器把带式输送机送上来的不同种类、规格的集料分装到相应的隔仓中。这种料仓做成防尘、防潮、隔声的密封式。

为了保证混凝土搅拌楼连续正常工作，就必须能连续供应足够的材料。一般说来，搅拌楼储料仓的容量，必须为搅拌楼额定生产量的1.25~2.5倍。储料仓的形状有很多种，其中以矩形、正方形和圆形最为普遍。无论是方形或圆形储斗都是由柱体部分和底部锥体部分组成，而上部有时为一锥形顶盖，有时为平顶盖。

2. 搅拌站集料供储系统

搅拌站的集料一般经两次提升，一次将集料提升到地面上的储料斗(仓)，二次将集料提升到配料斗。根据储料方式和提升设备的不同一次提升可分为四种：①拉铲和星形料仓；②皮带运输机与储斗式；③装载机与储斗式。

(1)悬臂拉铲和星形料仓。悬臂拉铲与星形料仓组合的形式如图6-19所示。悬臂拉铲不需要辅助设备可自行垛料爬升，把材料堆高，在受料口上面形成一个活料区，这部分材料靠自重经卸料口闸门卸出。星形料仓既是料场，又是储存仓。用挡料墙分隔成多仓，节省了大量钢材。由于堆料高，星形料仓的扇形角大，所以集料储存量大，品种规格多。悬臂拉铲的缺点是劳动强度大，满足不了大批量连续生产的需要；转移和安装较麻烦，而且材料受外界影响。这种形式在中等产量的拆装式搅拌站中得到广泛应用。

(2)皮带运输机与储斗式。如图6-20所示，这是一种把单阶式搅拌楼的上半截搬到地上来的方案，所采用的设备基本上与单阶式搅拌楼相同，只是皮带运输机的长度因上料高度小了而短得多。

(3)装载机和小容量钢储料仓。如图6-21所示，装载机可以自装自卸，机动灵活，但装载机运送高度较小，只适用于小产量的移动式搅拌站。同时这种形式也使搅拌站本身轻巧灵活，便于转移。这种运输形式配以小容量的钢储仓，集料的二次提升有提升斗以及皮带运输机。图6-21a)为锥形钢料仓，占地面积小，但高度稍大，从地面到料仓需要搭设坡道；图6-21b)为直列式钢料箱，料箱高度很小，便于装载机装料，而且料箱移动安装方便，但占地面积大，称量装置宜采用与长料箱相适应的皮带秤。

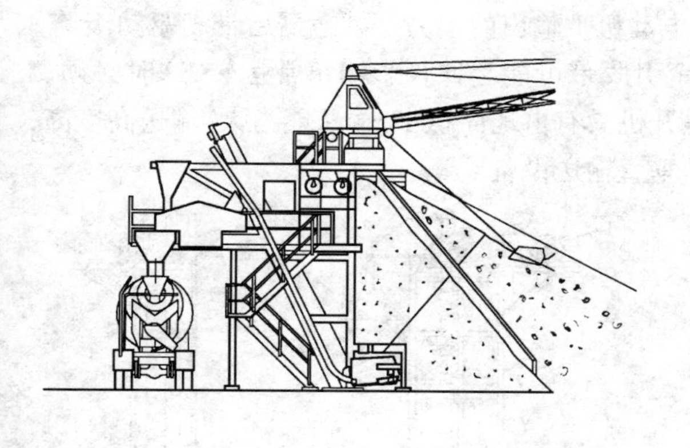

图 6-19　悬臂拉铲与星形料仓

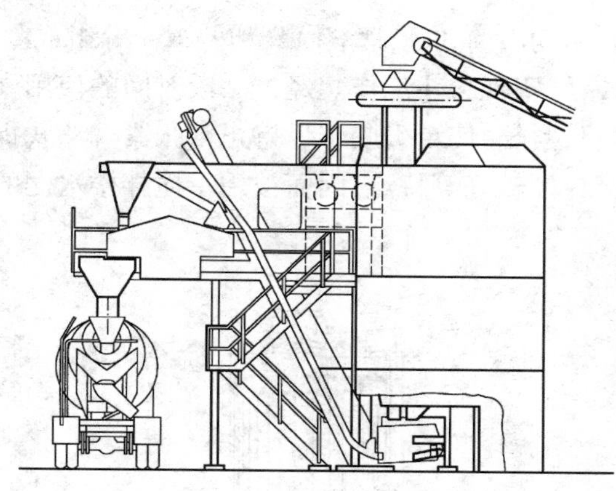

图 6-20　皮带运输机与储斗式

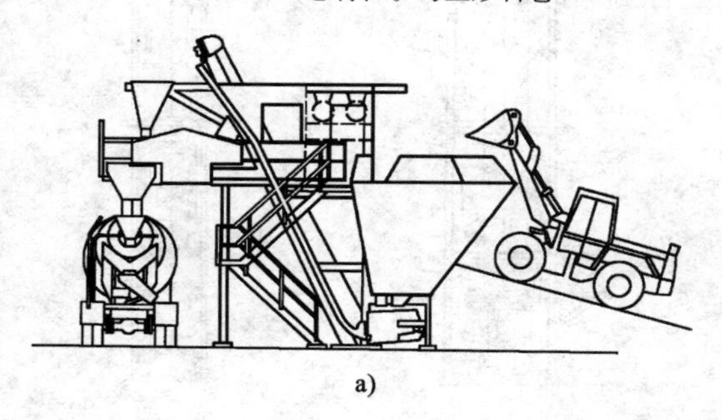

a)

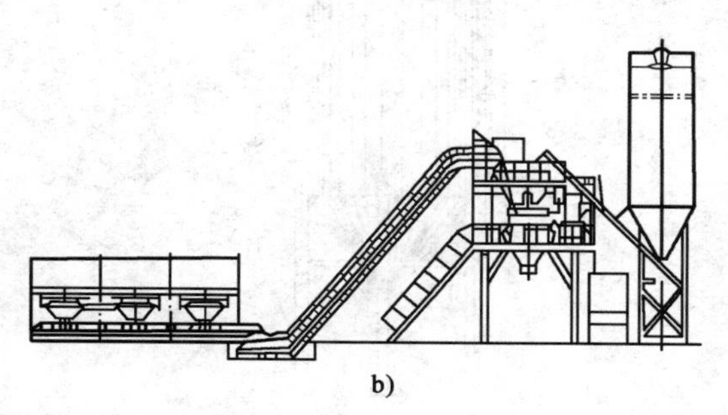

b)

图 6-21　装载机和小容量钢储料仓

a)锥形钢料仓;b)直列式钢料箱

3. 水泥供储系统

水泥供储系统包括水泥筒仓、水泥输送设备和水泥储料斗。水泥筒仓中的水泥通过输送设备运送到水泥储料斗,或直接运送到水泥称量斗中。为了使水泥均匀地卸入称量斗,采用给料机作为配料装置,一般采用螺旋输送机兼作配料和运输用。通常的水泥供储系统由一条与集料分开的独立的密闭通道提升、称量,单独进入搅拌机内,从根本上改变了水泥飞扬现象。在水泥筒仓和储料斗内有料位指示器以实现自动供料。

搅拌楼采用水平运输的螺旋输送机和斗式垂直提升机运送水泥;搅拌站一般采用倾斜式螺旋输送机运送水泥。

气力输送由输送泵、输送管道和吸尘器组成。水泥在输送泵中被压缩空气吹散呈悬浮状态,混合气体沿管道输送到目的地,再由吸尘器把水泥从气流中分离出来。气力输送设备简单,占地面积小,工艺布置灵活,没有噪声,但能耗大。

水泥从筒仓到储料斗或称量斗的输送,大多采用机械输送。散装水泥车向水泥筒仓卸料采用气力输送。水泥筒仓上装有一根输送管道和吸尘器,利用散装水泥车上的输送泵即可把水泥箱送到筒仓内。当使用袋装水泥时,需要一套袋装水泥气力抽吸装置进行气力输送。

(1)水泥储存筒仓。采用散装水泥必须设置水泥储存筒仓,水泥筒仓由仓体 1、仓顶 4、下圆锥 10、支架 9 和辅助设备等 5 部分组成,如图 6-22 所示。一般施工现场使用的水泥筒仓,直径 2.4 ~ 3m,高度 6 ~ 15m,其容量多数是在 25 ~ 60m^3 之间。根据工程的具体需要,有的搅拌站可以同时设置几个水泥筒仓。筒仓一般由钢板焊接而成。

(2)斗式提升机。如图 6-23 所示,斗式提升机主要由驱动装置 1、闭合的牵引胶带 5、料斗

6、驱动滚筒3、张紧滚筒9和外罩4等组成。电动机1输出的动力经减速器后带动驱动滚筒3转动,实现料斗工作。经过一段时间的使用,牵引胶带可能会伸长影响正常运转,这时必须调整张紧轮,使牵引胶带保持正常张紧。斗式提升机具有占地面积小,输送能力大,输送高度高,密封性较好等特点,因而被用于搅拌楼水泥的垂直输送设备。

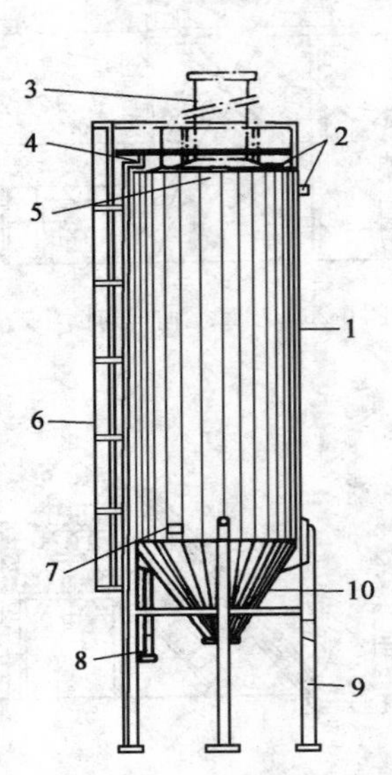

图6-22　水泥储存筒仓

1-筒体;2-上部料位指示器;3-除尘装置;4-仓顶;5-起吊环;6-爬梯;7-下部料位指示器;8-进料管;9-支架;10-下圆锥

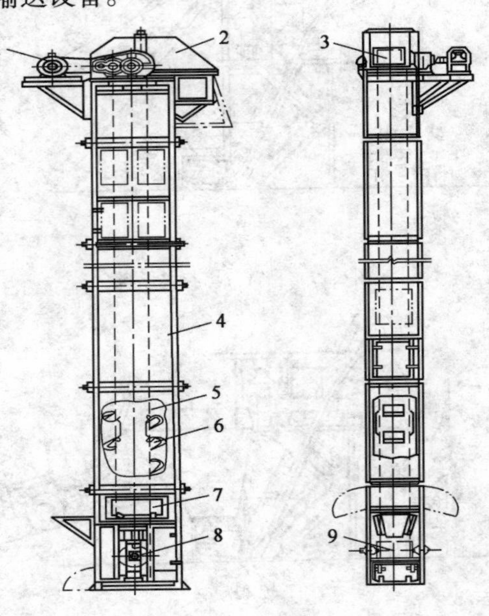

图6-23　斗式提升机构造简图

1-驱动装置;2-减速器;3-驱动滚筒;4-外罩;5-胶带;6-料斗;7-观察孔;8-张紧装置;9-张紧滚筒

斗式提升机的牵引构件分为带式和链式,料斗形式分为深斗式和浅斗式等。运送水泥一般选择深斗式带传动提升机。

(3)螺旋输送机。螺旋输送机是通过控制螺旋叶片的旋转、停止,达到对水泥上料的控制。水泥螺旋输送机的结构如图6-24所示。螺旋输送机的特点是倾斜角度大(可达60°),输送能力强、防尘、防潮性能好。为提高输送能力,采用变螺距输送叶片的形式。下端加料区段较输送区段螺距小,在加料区段填充量大,随着螺距变大填充量减小,可防止高流动粉状物料在输送时倒流。

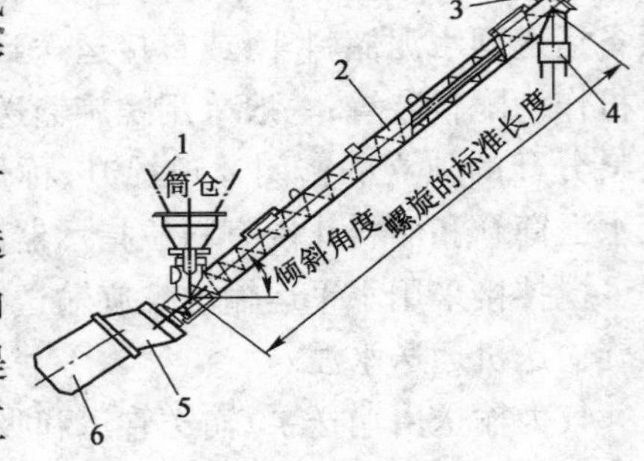

图6-24　螺旋输送机简图

1-筒仓;2-螺旋叶片;3-悬索;4-套管;5-减速器;6-电动机

(二)配料系统

配料系统由配料装置、称量装置及控制部分组成。配料系统是对混凝土的各种组成材料进行配料称量,用以控制各种拌和料的配比。

1. 称量装置的基本要求

(1)称量要准确,称量装置应满足我国现行国家标准规定的对各种材料的称量精度;

(2)称量要快速,以满足搅拌楼(站)工作循环的要求;

(3)称量值预选的种类要多,变换要方便,以适应多种配合比和不同容量的要求;

(4)称量装置应结构简单、操作容易、牢固可靠、性能稳定。

2. 称量过程

称量器应能为多台搅拌机进行称量。为解决快速和准确的矛盾,称量过程要分为粗称和精称两个阶段。粗称阶段大量供料,缩短称量时间。当给料达到90%时,开始精称,精称阶段小量供料,提高称量精度。当达到设定值时,闸门完全关闭,并由显示部分显示测定值。

3. 称量装置的分类

称量装置的分类见图6-25。

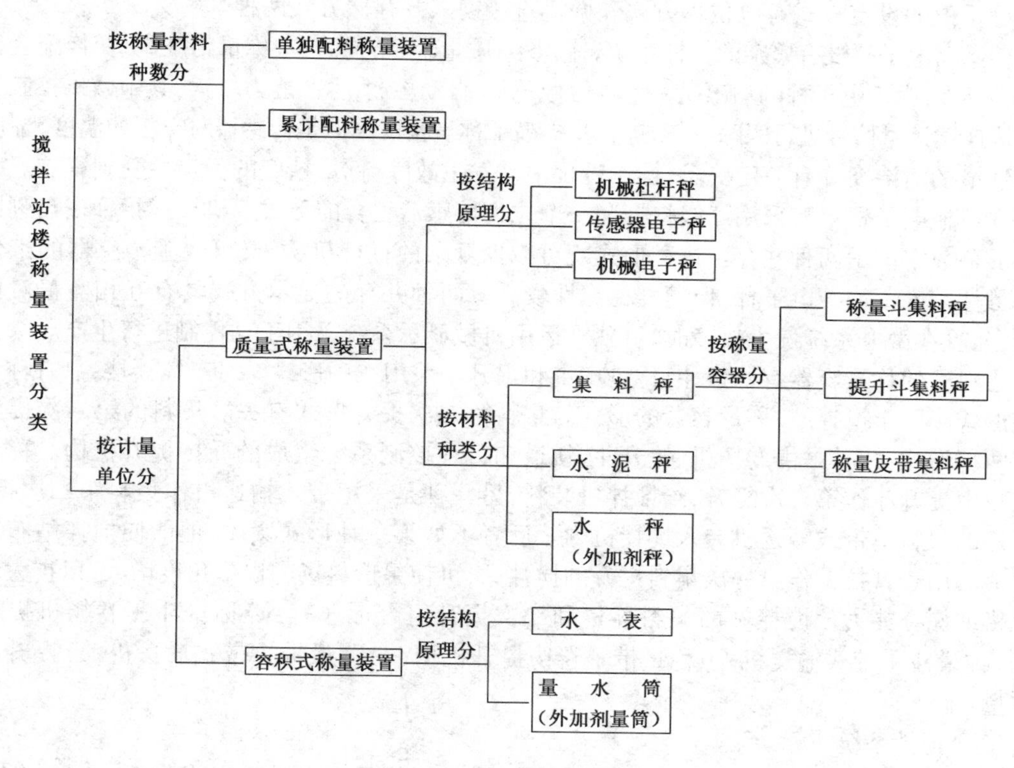

图6-25 称量装置的分类

(1)称量装置按称量材料种数分为单独配料称量和累计配料称量。

单独配料称量精度高、称量时间短,但称量设备多,难以布置。一般只用于搅拌楼中,以适应搅拌楼生产率高的特点。

累计配料称量可以节省称量设备,但称量时间长,并易产生积累误差,所以,一般多用于称量精度较低的集料称量。而大部分搅拌楼(站)均采用单独配料称量和累计配料称量组合的形式。在不影响搅拌楼(站)工作循环和不影响称量精度的前提下尽量节省称量设备。

(2)称量装置按计量单位分为质量式称量和容积式称量。

质量式称量以质量为计量单位,由于混凝土配合比是质量配比,所以这种称量系统精确,用于水泥、砂、石和水等各种材料的称量。容积式称量以容积为计量单位,不能精确控制配比,故很少采用,但因水(或外加剂)在外界条件变化时其容积变化很小,所以它的称量除采用质量式称量装置(水秤)外,也允许采用容积式称量装置(水表、量水筒等)。

质量式称量系统按其构造又可分为机械杠杆秤、传感器电子秤和机械电子秤三种:

①机械杠杆秤是利用杠杆系统传力进行称量的装置。最终测力有杠杆秤和弹簧秤两种。

称量值的显示方法分别为秤砣秤杆刻度显示或指针表盘刻度显示。

机械杠杆秤牢固可靠、性能稳定、维修方便。但称量值的设定麻烦，配合比变换的种类不能太多，自动化程度低，难以满足大容量混凝土生产的需要，而且多级杠杆结构笨重，积累误差较大。

②传感器电子秤是利用拉力传感器传力进行称量的装置。称量时传感器输出一个与外力量值成正比的模拟电信号，此信号通过测量电桥与设定值比较测出被称材料的质量，或者经A/D转换由微机处理实现计量。称量值的显示方式有指针表盘刻度显示和屏幕数字显示两种。称量值的设定方式有电位器方式和微机直接键入并存储方式两种。

传感器电子秤没有繁杂的杠杆系统，体积小、质量轻、结构简单、称量精度高、变换配合比方便且种类多；由于电子秤的输出是一个电信号，便于自动控制，生产能力较大；其中微机控制形式便于按连续计量信号进行跟踪补偿，进一步提高了称量精度。但是传感器对空气的温度、湿度和周围环境的清洁度等有一定要求，操作过程中易发生故障，称量精度的稳定性受到影响。

③机械电子秤一般采用一级杠杆和一个拉力传感器组合的形式。机械式指针表盘刻度显示和屏幕数字显示两种并存。这种形式既可减少复杂的杠杆机构，又可改善传感器的工作环境。虽然精度不如纯电子秤，但精度稳定性较高。两种并存的显示方式具有互相监督对比的作用，而且在微电系统发生故障时，可独立运用机械显示系统采用手动控制进行生产。

集料秤的称量容器有称量斗、称量皮带和提升斗兼用三种形式。对于搅拌楼，只有称量斗一种形式。对于搅拌站，称量容器的形式与集料第二次提升形式有关。集料的第二次提升主要有两种形式：一种是由卷扬机、提升斗、轨道和行程控制系统组成的卷扬提升机构。称量好的集料由提升斗作第二次提升，给搅拌机装料；另一种是采用带式输送机作集料第二次提升，称量好的集料由带式输送机装入搅拌机内。后者不如第一种形式紧凑，但能使搅拌站布置更加灵活。用悬臂拉铲作第一次集料提升的搅拌站，可使星形料场的扇形角度增大，以扩大多品种规格的储存能力。搅拌站的集料称量和二次提升组合形式有：a）称量斗＋卷扬机提升机构；b）称量斗＋带式输送机；c）称量带＋卷扬提升机构；d）称量带＋带式输送机；e）提升斗兼作称量斗。

（三）搅拌系统

自落式和强制式搅拌机均可作为搅拌楼（站）的搅拌机。搅拌楼通常配2～4台搅拌机，因为一台搅拌机不能充分发挥搅拌楼和其他设备的效率，而且由于搅拌机故障或检修将使整座搅拌楼停产是很不经济的。混凝土搅拌站通常只装一台搅拌机，但也有装两台的。搅拌楼（站）所用的搅拌机搅拌容量大，工作效率高。其结构与普通搅拌机的搅拌部分类同。图6-26为搅拌楼（站）常采用大型搅拌机的结构类型。

（四）控制系统

混凝土搅拌楼（站）采用计算机控制系统，实现了对配合料的储存、供应、计量、搅拌和卸料等生产工艺过程的自动控制。控制系统包括硬件系统（如可编程控制器、计算机等）和软件系统（如管理程序和可编程控制器控制程序等）。硬件系统构成如图6-27所示，图6-28为控制系统和监控系统结构图。

混凝土搅拌楼（站）的控制系统的基本功能为：

（1）全屏幕显示混凝土搅拌楼（站）动态工作流程。

（2）实时显示出各种集料、水泥、粉煤灰、水、添加剂的配方值、称量值和落差值；各出料门的状态；螺旋输送机的状态；集料斗的提升、下降、倾翻时的时间和位置；水泥仓和粉煤灰仓的料位。

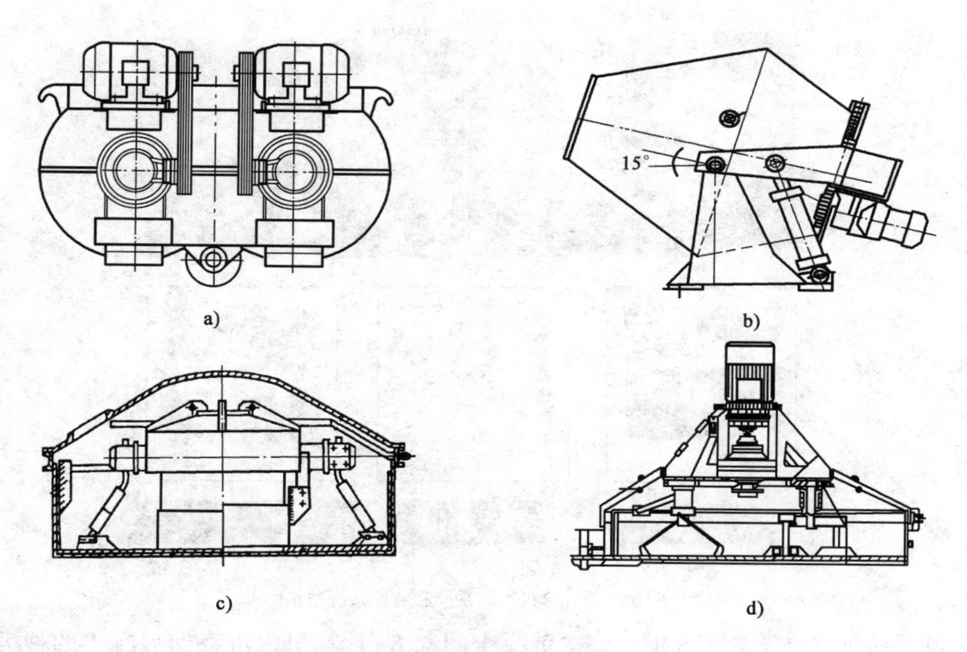

图 6-26　搅拌楼(站)常采用的大型搅拌机结构

a)双卧轴强制式搅拌机;b)锥形倾翻出料搅拌机;c)立轴强制式搅拌机;d)行星强制式搅拌机

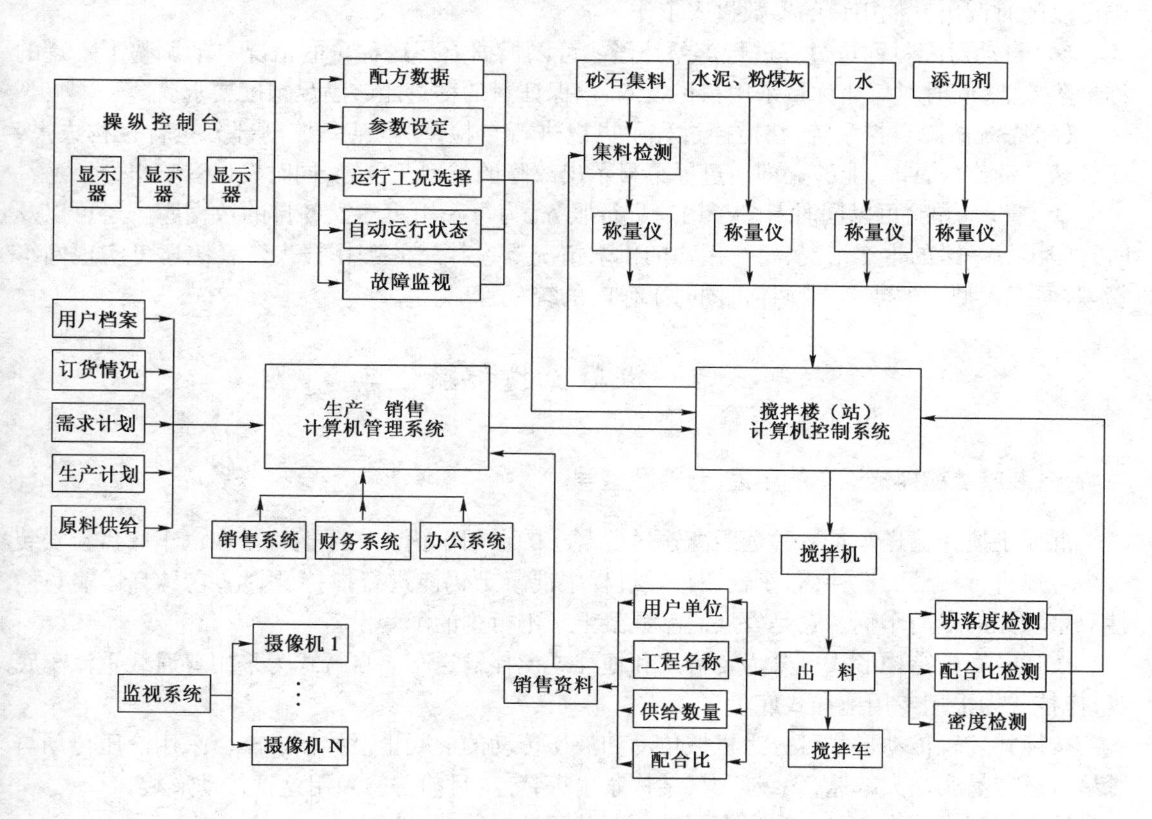

图 6-27　控制系统硬件构成

图6-28　计算机控制系统和监控系统结构图

(3)可随时通过键盘修改下一罐次混凝土的配方,计算机内可存储混凝土的种类及各种配方值。通过键盘可以调整每一罐的配方值容量系数,搅拌及出料时间;可调含水率的大小;也可以随时调出其他用户的参数投入工作。

(4)自动对配料称量过程进行落差补偿。可以根据上一罐称量的情况自动调整下一罐的称量落差值,同时对每斗称量采用精称技术,以保证料的称量能够满足精度要求。

(5)系统故障自控系统,在搅拌过程中可以进行自检,一旦某一控制部分执行机构失灵,或者某一动作失常时,能够立即通过屏幕显示出故障的类型及位置,同时发出音响报警。

(6)管理功能,可以同时对多个用户进行服务,为每一用户建立各自的数据库。还可以及时打印出每一罐的生产情况,每一用户的供求情况及搅拌站的工作报表。系统还可实现网络管理,便于大型工地或多台搅拌机同时工作时的统一管理。

第三节　混凝土搅拌输送车

一、混凝土搅拌输送车的用途、分类及型号

混凝土搅拌输送车是一种远距离输送混凝土的专用车辆。实际上就是在汽车底盘上安装一个可以自行转动的搅拌筒,车辆在行驶过程中混凝土仍能进行搅拌,因此,它具有运输与搅拌双重功能的专用车辆。它是发展商品混凝土必不可少的配套设备。

按运载底盘结构形式可分为自行式和拖挂式搅拌输送车。自行式为采用普通载重汽车底盘;拖挂式为采用专用拖挂式底盘。

按搅拌装置传动形式可分为机械传动和液压传动的混凝土搅拌输送车。采用液压传动与行星减速器易实现大减速,无级调速,结构紧凑等特点,目前普遍采用这种传动形式。

按搅拌筒驱动形式可分为集中驱动和单独驱动的搅拌输送车。

集中驱动为搅拌筒旋转与整车行驶共用一台发动机。它的特点是结构简单、紧凑、造价低廉。但因道路条件的变化将会引起搅拌筒转速的波动,影响混凝土拌和物的质量。

单独驱动是单独为搅拌筒设置一台发动机。该形式的搅拌输送车可选用各种汽车底盘，搅拌筒工作状态与底盘的行驶性能互不影响。但是其制造成本较高、装车质量较大，适用于大容量搅拌输送车。

按搅拌容量大小可分为小型（搅拌容量为 $3m^3$ 以下）、中型（搅拌容量为 $3\sim8m^3$）和大型（搅拌容量为 $8m^3$ 以上）。中型车较为通用，特别是容量为 $6m^3$ 的最为常用。

混凝土搅拌输送车代号的表示方法见表 6-3。

混凝土搅拌输送车代号的表示方法　　表 6-3

机类	机型	特　性	代号	代　号　含　义	主参数
混凝土搅拌输送车（JC）	自行式	飞轮取力	JC	集中驱动的飞轮取力搅拌输送车	搅拌输送容量（m^3）
		前端取力（Q）	JCQ	集中驱动的前端取力搅拌输送车	
		单独驱动（D）	JCD	单独驱动的搅拌输送车	
		前端卸料（L）	JCL	前端卸料搅拌输送车	
		附带臂架和混凝土泵（B）	JCB	附带臂架和混凝土泵的搅拌输送车	
		附带皮带输送机（P）	JCP	附带皮带输送机的搅拌输送车	
		附带自行上料装置（Z）	JCZ	附带自行上料装置的搅拌输送车	
		附带搅拌筒倾翻机构（F）	JCF	附带搅拌筒倾翻机构的搅拌输送车	

二、混凝土搅拌输送车的主要结构与工作原理

图 6-29 为混凝土搅拌输送车，它主要由传动系统、搅拌筒、供水系统、汽车底盘及车架、进料和卸料装置等组成。搅拌筒 2 的底端支承在轴承座 3 上，上端通过滚道 1 支在两个托滚 13 上，采用三点支承。工作时，发动机通过传动系统驱动搅拌筒转动，搅拌筒正转时进行装料或搅拌，反转时则卸料。

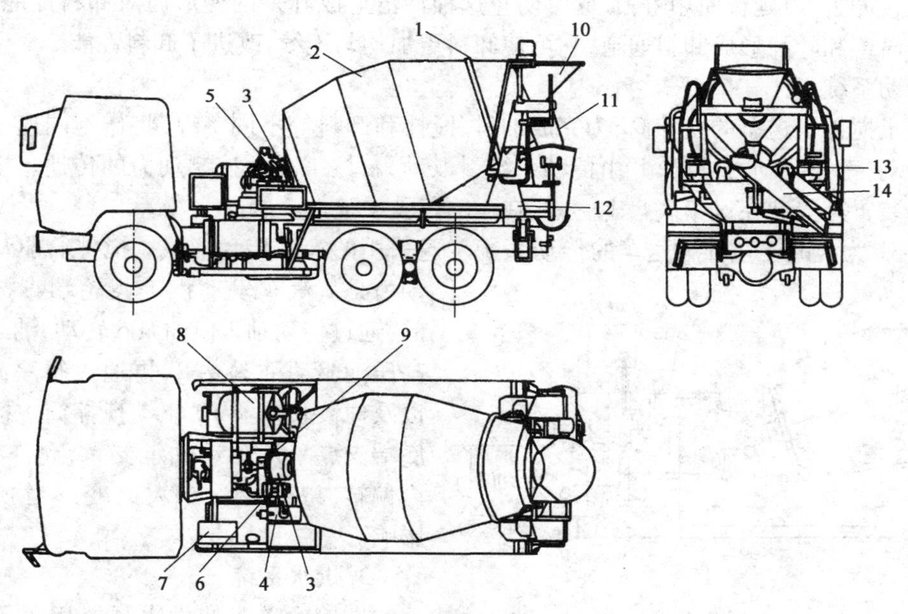

图 6-29　混凝土搅拌输送车结构图

1-滚道；2-搅拌筒；3-轴承座；4-油箱；5-减速器；6-液压马达；7-散热器；8-水箱；9-油泵；10-漏斗；11-卸料槽；12-支架；13-托滚；14-滑槽

1. 搅拌筒

如图6-30所示，搅拌筒的外形呈梨状，从中部直径最大处向两端对接着一对不等长的截头圆锥，上段锥体较长，底段锥体较短，端部为球面形。通过搅拌筒的中心轴线在底端面上安装着中心转轴，该转轴固定在轴承座或通过花键直接插入变速器的输出轴套内。上端锥体的过渡部分有一条环形滚道，它焊接在垂直于搅拌筒轴线的圆周上。另外，卸料口处设有四条辅助出料叶片，更加确保出料的连续均匀性。搅拌筒的中段设有两个安全盖，用于发动机出现故障时对筒内混凝土的清理和维修。

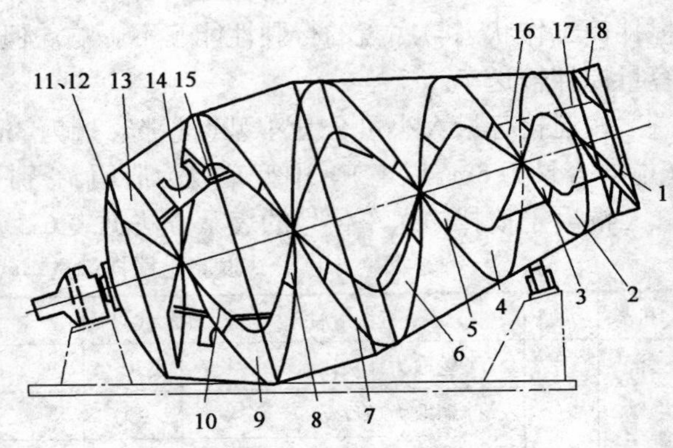

图6-30　搅拌筒的结构

1～13-搅拌叶片；14、15-辅助叶片；16-密封叶片；17-进料导管；18-筒口叶片

为了适应在同一筒口处反转卸料和正转进料搅拌的工艺要求，搅拌筒从筒口到筒体沿内壁对称的焊接着两条连续的带状螺旋叶片，当搅拌筒转动时，两条叶片即被带动作围绕搅拌筒轴线的螺旋运动。筒内还装有为提高搅拌效果的辅助搅拌叶片。

在搅拌筒的筒口处，沿两条螺旋叶片的内边缘焊接了一段进料导管，进料导管与筒壁将筒口分割为两部分，导管内部分为进料口，导管与筒壁形成的环形空间为出料口，从出料口的端面看它被两条螺旋叶片分割成两半，卸料时，混凝土在叶片反向螺旋运动的顶推作用下，从此流出。进料导管的作用是：①使导管口与加料漏斗的泄孔紧密吻合，防止加料时混凝土外溢，并引导混凝土迅速进入搅拌筒内部；②保护筒口部分的筒壁和叶片，使之在加料时不受混凝土集料的直接冲击，以延长使用寿命，同时防止这种冲击造成叶片的变形而对卸料性能的影响；③导管与筒壁和叶片形成卸料通道，它可使卸料更加均匀连续，改进了卸料性能。

2. 传动系统

混凝土搅拌输送车的搅拌筒，为完成加料、搅拌和卸料等不同工况，将作不同速度和不同方向的转动，都需要动力供给，并由传动系统引取动力，按工况而控制动力的传递。搅拌输送车的搅拌装置是安装在汽车底盘上，并能在运输行驶中工作。

图6-31为混凝土搅拌输送车的传动系统普遍采用的液压传动形式。搅拌筒驱动机构的动力是从汽车发动机1飞轮端直接传出来的，通过传动轴2使油泵6转动，油泵泵出的高压油驱动油马达8，再通过行星减速器9以及球铰联轴器10驱动搅拌筒。搅拌筒的底端支点采用浮动轴承支承，允许在10°以内偏转，以避免汽车大梁变形对搅拌筒的影响。

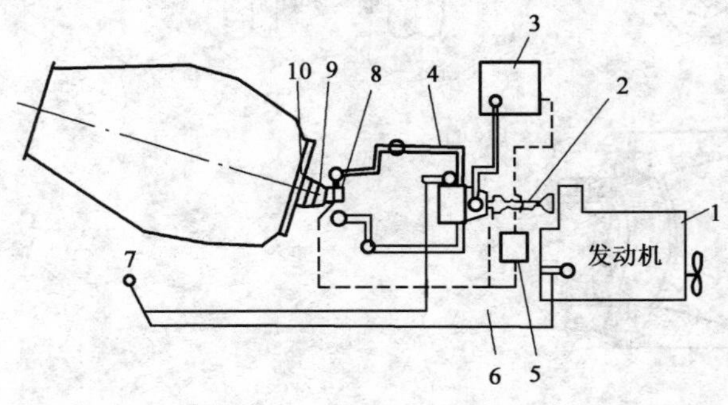

图6-31　液压传动系统示意图

1-发动机；2-传动轴；3-油箱；4-配管；5-油液冷却器；6-油泵；7-后部控制柄；8-油马达；9-行星减速器；10-球铰联轴器

3. 供水系统

搅拌输送车的供水系统用于给搅拌系统供水和清洗搅拌装置，用水一般由搅拌站供应。

图 6-32 为搅拌输送车的供水系统,由电动机 7 驱动水泵 6 对搅拌筒内加水。在进行干式搅拌时,进水由 C 阀 15 控制,水从支承轴中心孔向搅拌筒内注入;另一路由排水龙头 8 控制,通过 D 阀 10 从进料口加水。清洗水管 9 可对搅拌车进行清洗。

4. 装料和卸料装置

搅拌输送车的装料和卸料装置是辅助搅拌筒工作的重要机构,如图 6-33 所示。加料斗 1 的外形为喇叭状,下斗口插入搅拌筒的进料导管。整个加料斗铰接在门形支架 3 上,可以绕铰

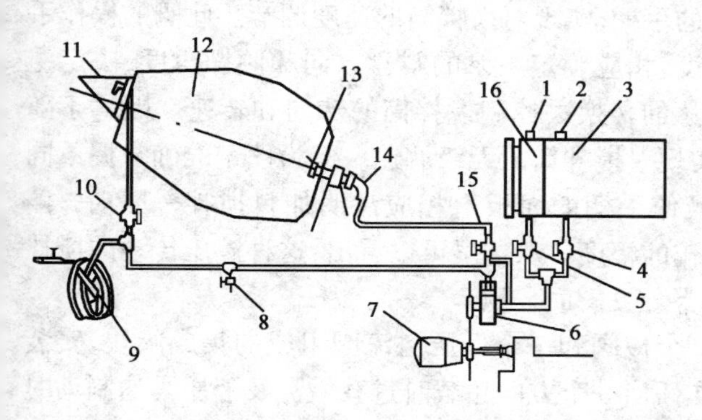

图 6-32 搅拌输送车的供水系统示意图

1、2-盖;3-搅拌水箱;4-A 阀;5-B 阀;6-水泵;7-发动机;8-排水龙头;9-清洗水管;10-D 阀;11-装料斗;12-搅拌筒;13-钟式喷嘴;14-球形接头;15-C 阀;16-清洗水水箱

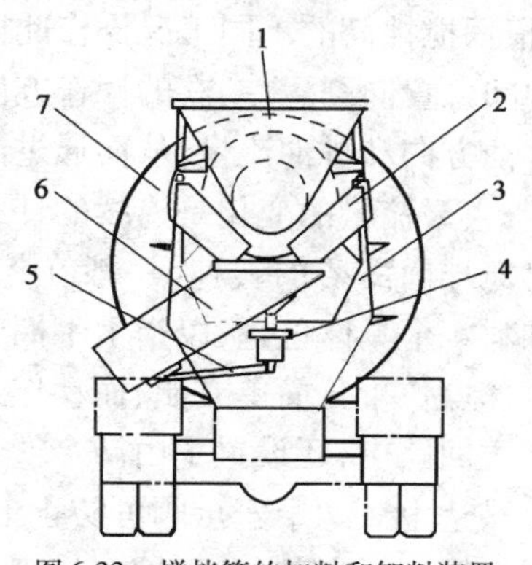

图 6-33 搅拌筒的加料和卸料装置

1-加料斗;2-固定卸料溜槽;3-门形支架;4-活动溜槽调节转盘;5-活动溜槽调节臂;6-活动卸料溜槽;7-搅拌筒

接轴向上翻转,以便对搅拌筒进行清洗和维护。在搅拌筒卸料口两侧,V 形设置两片断面为弧形的固定卸料槽 2,它们分别固定在两侧的门架上,其上端包围着搅拌筒的卸料口,下端向中间聚拢对着活动卸料滑槽 6。活动卸料滑槽通过调节机构斜置在汽车尾部的机架上,并能使活动卸料滑槽在水平面内作 180°的扇形转动,丝杆式伸缩臂又可使活动卸料滑槽在垂直平面内作一定角度的仰状。从而使卸料滑槽适应不同卸料位置,并加以锁定。

5. 液压系统

图 6-34 是搅拌输送车的一个比较典型的液压传动系统,它是由双向(伺服)变量柱塞泵和定量柱塞液压马达以及随动控制阀等组成,是一个闭式液压系统,采用典型的变量泵容积式无级调速,由变量柱塞泵和定量柱塞液压马达组成,还有与柱塞泵(以下简称主泵)同泵设置并

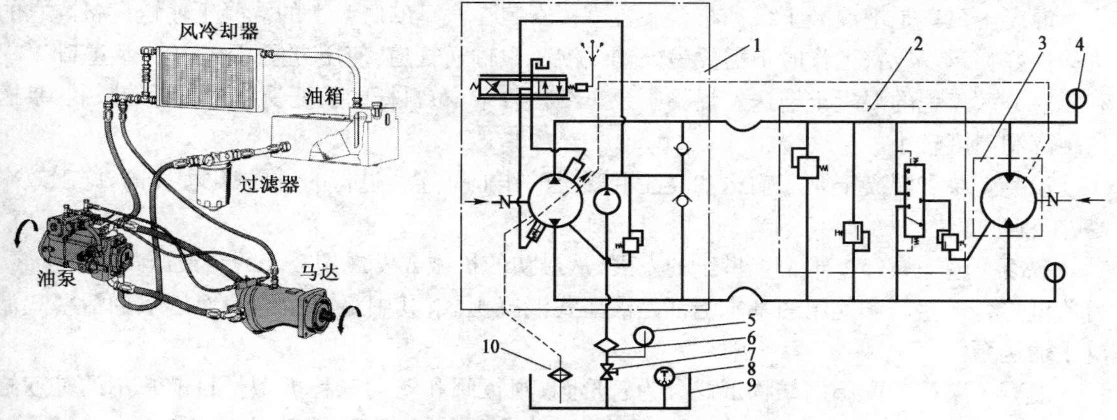

图 6-34 搅拌输送车液压系统结构和原理图

1-手动伺服变量柱塞泵;2-集成阀;3-定量柱塞液压马达;4-压力表;5-真空表;6-精滤器;7-截止阀;8-温度计;9-油箱;10-冷却器

装成一体的辅助泵(摆线转子泵)和由它组成的辅助低压回路以及冷却回路等。辅助泵一路通过两个单向阀向主回路低压区补油;一路经手动伺服控制阀与调节主泵斜盘倾摆角度的伺服液压缸相通,组成液压泵的伺服变量机构油路;还有一路是经溢流阀通入主泵和液压马达壳体,最后经冷却器回油箱,对工作中的泵和液压马达进行冷却保护。

为完成工作所需要的性能,在主油路中设置了手动伺服控制阀。它是主泵斜盘伺服液压缸的随动阀,与主泵斜盘伺服液压缸一齐配合控制其排油量。它经常与主泵做成一体。工作中,可根据搅拌筒的不同工况操作此控制阀的手柄,实现对搅拌筒的速度调节。此阀的操作手柄从中间位置向图示左、右的操作方向和幅度,相应确定主泵的斜盘方向和倾摆角度,决定主泵的排油方向和排油流量,从而通过液压马达的转换去控制搅拌筒的转向和转速。因属于随动控制,主泵流量的变化是连续的,因而可实现对搅拌筒的无级调速。但为便于准确掌握不同工况时搅拌筒需要的转速,一般在控制阀操作手柄的面板上相应注明加料搅拌—搅动—停止—卸料4个具体位置,以指示手柄应该操作的幅度。从这里可以看出,这种液压传动的搅拌筒其调速操作十分简单方便,而动作又可以十分灵敏而平顺。

在主回路中,还设置了由两个安全阀、一个梭阀和一个低压溢流阀组成的集成阀块,安装在液压马达上。两个安全阀可防止主回路在任何一个方向超载时过载溢流及液压马达制动时过载补油用,并可起制动作用。梭阀确保工作时给主回路低压油路提供一个溢流通道,并由低压溢流阀保持低压区压力(此压力低于辅助泵的补油溢流阀的压力),同时也使其溢流油加入冷却油路。冷却回路是使冷却油带走液压马达在工作时所产生的热量,保证它们的正常运转。其油流由辅助泵的溢流阀和集成阀的低压溢流阀供给。

第四节　混凝土输送泵和混凝土泵车

一、混凝土输送泵和混凝土泵车用途、分类及编号

混凝土泵是利用水平或垂直管道连续输送混凝土到浇注点的机械,能同时完成水平和垂直输送混凝土,工作可靠。混凝土泵适用于混凝土用量大、作业周期长及泵送距离和高度较大的场合,是高层建筑施工的重要设备之一。目前,德国普茨迈斯特BS21000H混凝土泵最大水平输送距离为2015m,最大垂直距离为523m。

混凝土泵车是把混凝土泵和布料装置直接安装在汽车的底盘上的混凝土输送设备。它的机动性好,布料灵活,工作时不需要另外铺设混凝土输送管道,使用方便,适合于大型基础工程和零星分散工程的混凝土输送。混凝土泵车结构复杂,布料杆的长度受汽车底盘的限制,泵送的距离和高度较小。

混凝土泵和混凝土泵车输送和浇注混凝土的作业是连续进行的,机械化程度高,施工效率高,工程进度快。

混凝土输送泵经过半个多世纪的发展,从最初的机械式发展到今天的全液压式混凝土泵。目前世界各地生产和使用的基本上都是液压式混凝土泵,其中最典型的为液压双缸活塞式混凝土输送泵。

混凝土泵按分配阀的结构形式分为管形阀、闸板阀和转阀三种类型。目前常用的是双缸活塞式管形阀和闸板阀的液压式混凝土泵。本节重点介绍这两种类型的混凝土泵。

根据排量大小可分为小型(泵排量小于$30m^3/h$)、中型(泵排量为$30 \sim 80m^3/h$)和大型混

凝土泵(泵排量大于80m^3/h)。

根据驱动形式可分为电动式和内燃式混凝土泵。

根据移动方式分为固定式、拖挂式和自行式混凝土泵(混凝土泵车)。固定式混凝土泵多由电动机驱动,适用于工程量大,移动少的施工场合。拖挂式混凝土泵是把泵安装在简单的台车上,由于装有车轮,所以既能在施工现场方便地移动,又能在道路上牵行拖运,这种形式在我国使用较普遍。

混凝土输送泵的代号的表示方法见表6-4。

混凝土输送泵的代号的表示方法 表6-4

机　类	机　型	代号	代 号 含 义	主参数
混凝土输送泵(HB)	固定式(G)	HBG	固定式混凝土输送泵	搅拌输送量(m^3/h)
	拖挂式(T)	HBT	拖挂式混凝土输送泵	
	车载式(C)	HBC	车载式混凝土输送泵	

二、混凝土泵的结构和工作原理

图6-35为拖挂式HBT60型混凝土输送泵,为液压双缸活塞式混凝土泵,采用柴油机驱动,泵送系统采用闭式油路,恒功率控制,并具备液压无级调速及调节混凝土输送量功能。该泵主要由动力装置、混凝土推送机构、混凝土分配阀、混凝土搅拌机构、液压系统、电控控制系统、润滑系统和支承行走机构等组成。

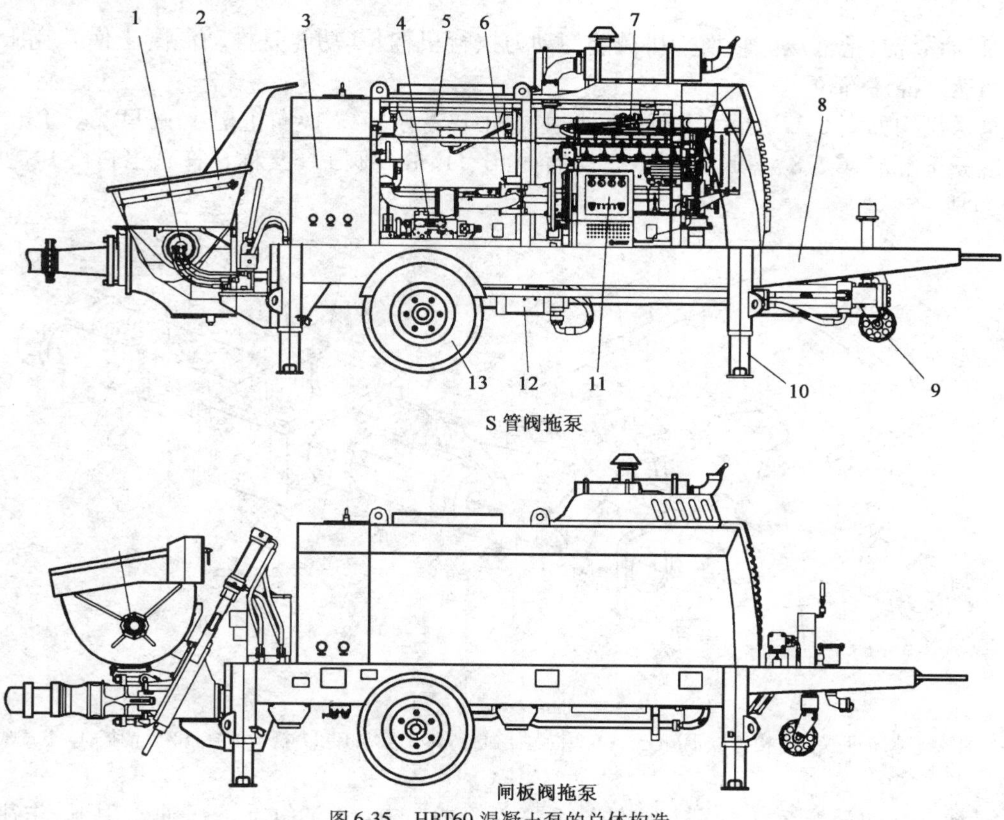

图6-35　HBT60混凝土泵的总体构造

1-搅拌机构;2-料斗总成;3-液压油箱;4-液压阀;5-冷却系统;6-液压泵;7-发动机;8-车架;9-支地轮;10-支腿;11-电气系统;12-泵送系统;13-拖运桥

（一）动力装置

混凝土拖泵动力装置有柴油机和电动机两种，由柴油机（或电动机）1、联轴器2、泵座3、主泵4和齿轮泵5等组成，如图6-36所示。发动机（电动机）功率和主油泵的选择必须匹配，主油泵采用轴向柱塞式变量泵，输出流量与驱动转速及泵的排量成正比，并可在最大与零之间无级变化，具有恒功率控制、压力切断和电比例流量调节功能

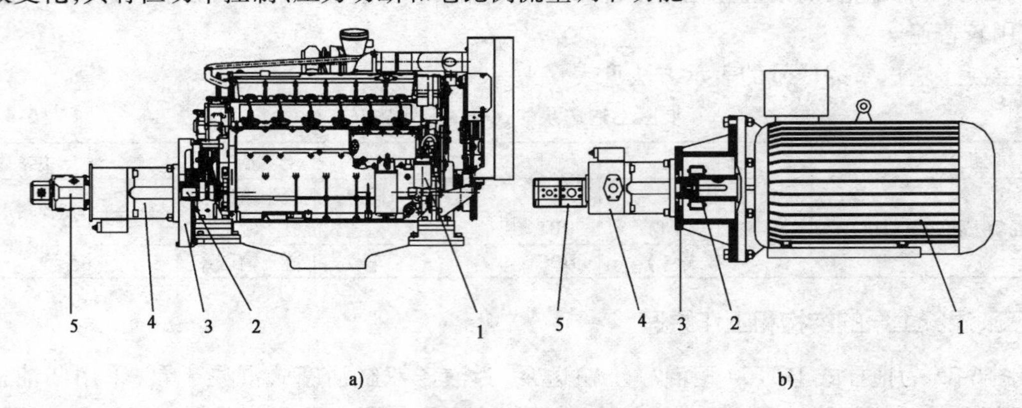

图6-36 动力装置结构图

a）柴油机动力装置；b）电动机动力装置

1-柴油机（或电动机）；2-联轴器；3-泵座；4-主油泵；5-齿轮泵

（二）泵送机构

泵送系统是把液压能转换为机械能的动力执行机构，其功能是推动混凝土使其克服管道阻力而达到浇注部位。

泵送机构如图6-37所示，主要由两只主油缸1、2、水箱3、换向机构4、两只混凝土缸5、6、两只混凝土缸活塞7、8、摆臂9、两只摆动油缸10、11、分配阀13（又称S管）、出料口14和料斗15等组成。

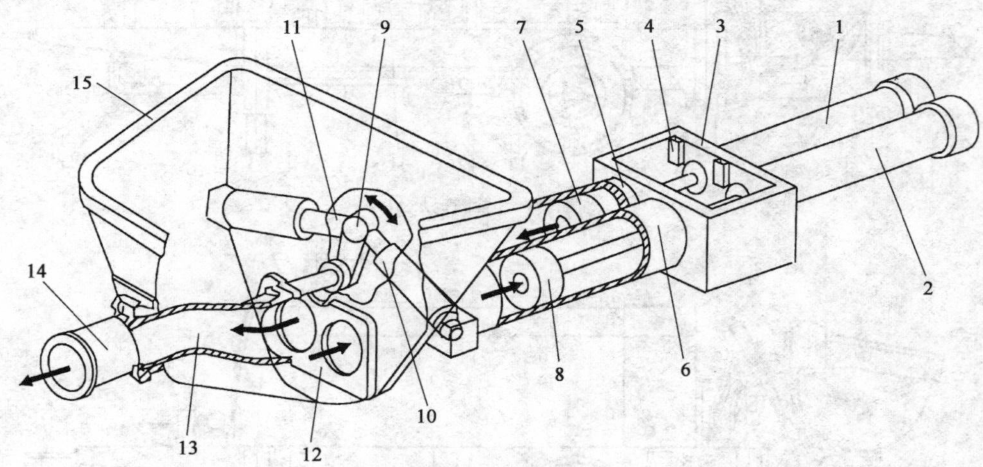

图6-37 泵送机构

1、2-主油缸；3-水箱；4-换向机构；5、6-混凝土缸；7、8-混凝土缸活塞；9-摆臂；10、11-摆动油缸；12-眼镜板；13-分配阀；14-出料口；15-料斗

混凝土缸的活塞7、8分别与主油缸1、2活塞杆连接，主油缸在液压油作用下，作往复运动，一缸前进，则另一缸后退；混凝土缸出口与料斗连通，分配阀一端接出料口，另一端通过花键轴与摆臂连接，在摆动油缸作用下，可以左右摆动。

泵送混凝土料时，在主油缸作用下，活塞7前进，活塞8后退，同时在摆动油缸作用下，分配阀13与混凝土缸5连通，混凝土缸6与料斗连通。这样活塞8后退便将料斗内的混凝土料吸入混凝土缸，活塞7前进，将混凝土缸内的混凝土料送入分配阀泵出。

当混凝土活塞8后退至行程终端时，触发水箱3中的换向装置4，主油缸1、2换向，同时摆动油缸10、11换向，使分配阀13与混凝土缸6连通，混凝土缸5与料斗连通，这时活塞7后退，活塞8前进。如此循环，从而实现连续泵送。

推送机构两只主油缸的行程总长度大于其工作行程，因为在泵送完毕需对混凝土缸活塞进行冲洗时，或维修需更换混凝土缸活塞时，必须将混凝土缸活塞及连接器退至水箱之中。

水箱3的功能是防止液压油和空气渗入混凝土拌和物中，同时水箱还有冷却和冲洗混凝土缸，对混凝土缸活塞密封润滑等作用。水箱可以检查混凝土缸活塞的密封性能，如果水箱中的水变混浊，说明活塞密封已失效，当发现水箱中有砂粒渗入时，应立即更换活塞，否则将降低吸入效率影响泵送。

水箱中装有换向机构4。工作时，混凝土缸活塞利用定程器进行定位；更换或清洗混凝土缸活塞时，取出定程器使行程达到最大值，活塞方可退至水箱中换洗。

混凝土缸由缸体6和活塞8组成。混凝土缸活塞通过连接器同主油缸的活塞杆连接，混凝土活塞的推力由油液作用在主油缸活塞上的压力通过活塞杆传递而获得。混凝土缸活塞的密封由耐磨橡胶制成，呈双向唇形结构，其前端唇形密封用来防止混凝土拌和物进入水箱，后端唇形密封与水共同防止空气进入混凝土拌和物中。活塞密封的中部呈凹形，以便用润滑脂进行润滑。

（三）混凝土分配阀

分配阀的功用是控制料斗、两个混凝土缸及输送管道中的混凝土流道。分配阀是活塞式混凝土泵的一个关键部件，混凝土泵的结构形式主要差异在分配阀。它直接影响混凝土泵的结构形式、吸入性能，压力损失和适用范围。如集料斗及搅拌装置的布置、泵的出口形式、输送容积效率以及工作可靠性等；泵送混凝土的堵塞故障90%发生在分配阀处。

混凝土泵两个缸共用一个集料斗，两个缸分别处于吸入行程和排出行程。处于吸入行程的工作缸和料斗相通。而处于排出行程的工作缸则与输送管相通，所以分配阀应具有二位四通（通料斗、两缸及输送管）的性能。对混凝土分配阀的要求主要有以下几点：

①流道合理，通道短而流畅，截面和形状变化小，吸入排出性能好；

②换向速度快，避免混凝土倒流；

③密封性能好，不致因漏浆而降低混凝土的可泵性；

④结构简单且耐磨，更换方便。

分配阀可分为转阀、闸板阀及管形阀三大类。目前在液压式混凝土泵中普遍使用的分配阀为闸板阀和管阀两种形式。

1. 管形阀

管形阀是一种性能良好的分配阀，它既是混凝土分配阀，又是混凝土输送管道的组成部分。它装在料斗内，出料端总是和输送管道接通，吸料端沿眼镜板来回摆动，交替地同两个混凝土缸接通。与管形阀接通的混凝土缸处于排料冲程，不接通的另一个混凝土缸从料斗中吸料。其特点是：结构新颖，流通合理，截面变化平缓，泵送阻力小，阀部不容易堵塞。

管形阀主要有平置式S形分配阀、立置式C形分配阀和裙阀等三种形式。

（1）S形分配阀。S形分配阀是目前混凝土泵使用最广泛的一种分配阀。S形分配阀的结构如图6-38a)所示。阀体9形状呈S形,其壁厚也是变化的,磨损大的地方壁厚也大。摇臂轴6与摇臂2相连,摇臂轴6穿过料斗时,有一组密封件起密封作用。大部分S管在切割环8内有弹性(橡胶)垫层,可对眼镜板7与切割环8之间密封起一定的补偿作用。

S形分配阀的工作原理如图6-38b)所示。工作时,摆动油缸推动S形分配阀左右摆动,当水平S形管摆至与混凝土缸I对接时,处于压送过程,而另一混凝土缸II则处于吸料过程;当S形管摆到与工作缸II对接时,该缸处于压料过程,而缸I则处于吸料过程。

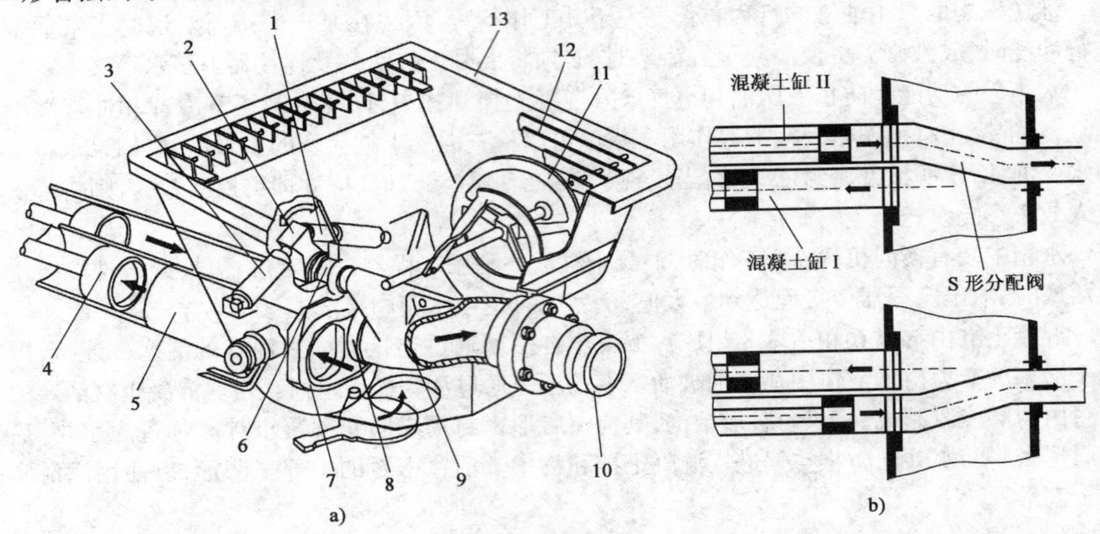

图6-38　S形分配阀结构和工作原理图

a)S形分配阀结构图;b)工作原理图

1、3-摆动油缸;2-摆臂;4-混凝缸活塞;5-混凝土缸;6-摆臂轴;7-眼镜板;8-切割环;9-S形分配阀;10-出料口;11-搅拌轮;12-网格;13-料斗

(2)C形分配阀。C阀主要用于臂架式混凝土泵车,因为它能将混凝土拌和物经较短的通道引上臂架,如图6-39所示。左侧混凝土缸处于进料状态,与料斗相通,右侧混凝土缸处于压送状态,其出料口与C形分配阀相通。在摆阀油缸的作用下,C形阀的进料口交替地与两个混凝土缸对接进行吸料和泵送。C形阀的最大特点是摆动点(或摆动点的支承轴承)位于料斗之上,转动部分不易被混凝土砂浆侵入,所以寿命长、可靠性高。阀口与切割环磨损也可以进行自动补偿。C形阀的摆动管在下弯道处由于曲率半径较小,阻力较大;另外C形管与料斗壁之间会有粗集料堆积,引起摆动困难。尽管C形管阀有自身的缺点,但由于结构上的优点与修理上的优点,目前仍被广泛地使用在拖泵与泵车中。

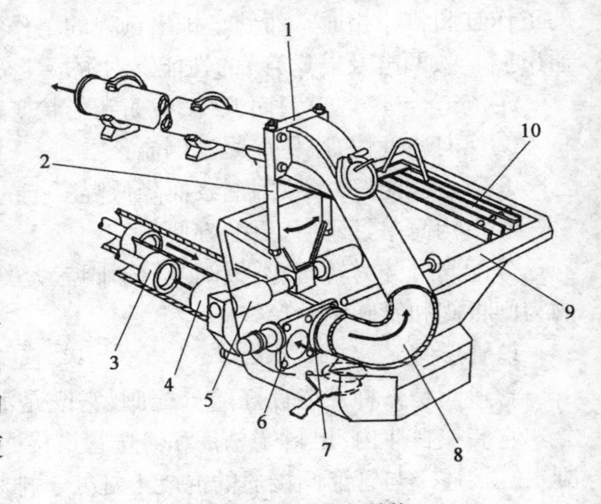

图6-39　C形分配阀结构

1-C形阀摆动轴承;2-摆臂;3-混凝缸活塞;4-混凝土缸筒;5-摆动油缸;6-眼镜板;7-切割环;8-C形阀;9-料斗;10-网格

(3)裙阀。裙阀的出料端与回转轴线不重合,存在回转半径,裙阀的几何形状类似喇叭短裙形,如图6-40所示。泵送时,大端为输出

端,小端为输入端。裙阀的摆动轴横穿料斗前后壁板支承,摆动油缸带动裙阀摆动,摆动时裙阀的前后端面均作摆动。裙阀回转阻力比一般S阀要小,阀口切割环与眼镜板的间隙可以自动补偿。阀体短,内径大不节流,压力损失小。裙阀内产生堵塞故障的可能性大为减少,清洁方便。

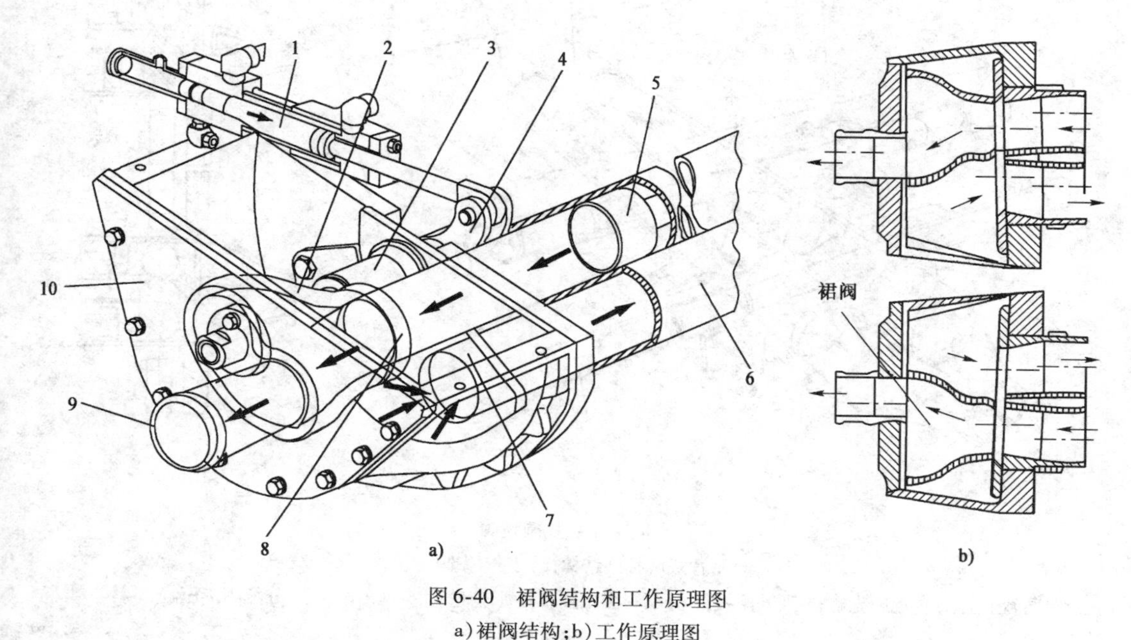

图6-40 裙阀结构和工作原理图

a)裙阀结构;b)工作原理图

1-裙阀;2-摆动油缸;3-摆臂轴;4-摆臂;5-混凝缸活塞;6-混凝土缸筒;7-眼镜板;8-切割环;9-出料口;10-料斗

2. 闸板阀

闸板阀是靠两套作往返直线运动的闸板,周期地开闭两个工作缸的进料口和出料口。它的特点是构造简单、耐磨损、寿命长、适应性强;闸门关闭通道时,像一把刀切断混凝土流,所以比较省力;闸板由油缸直接驱动,开闭迅速及时。但是,闸板磨损后与阀口的间隙无法补偿,因而失去密封性,不能作高压输送。不过,目前市场上已生产有闸板与阀口之间的间隙可在工作压力下进行自动补偿的产品。闸板阀分斜置式和平置式两种。

(1)平置式闸板阀。平置式闸板阀的结构及原理如图6-41所示。闸板分为吸入闸板3与排出闸板6,它们的开闭使左右混凝土缸与Y形管通路和与料斗相通路。在图示的位置上,吸入闸板3封闭料斗与混凝土2缸的通路,料斗与混凝土缸1的通路,同时排出闸板6关闭Y形出料管与混凝土缸1的通路。Y形管与混凝土缸2通路。混凝土缸1的活塞向右运动,将料斗中的混凝土料吸入,混凝土缸2活塞向左运动将混凝土泵出。

液压缸4、7交替使闸板阀来回运动,该运动由液压系统控制与混凝土缸的运动互相匹配,从而使混凝土连续输出。这类阀的动作准确迅速。

(2)斜置式闸板阀。斜置式闸板分配阀的结构及原理如图6-42所示。它设置在料斗侧面与混凝土流道呈60°布置,左右阀板导杆3通过活塞杆支架4同分配阀油缸1的活塞杆相连,闸板7通过闸板导杆3被分配阀油缸驱动而沿阀框导向孔上下移动。

斜置式闸板分配阀特别适用于集料较大、坍落度较小的混凝土的泵送。由于其通入口面积大,吸入流道截面由小变大,故吸入混凝土的平均流速小,吸入阻力小,混凝土不易离析,较平置式闸板阀能更有效地防止堵塞和吸空现象。

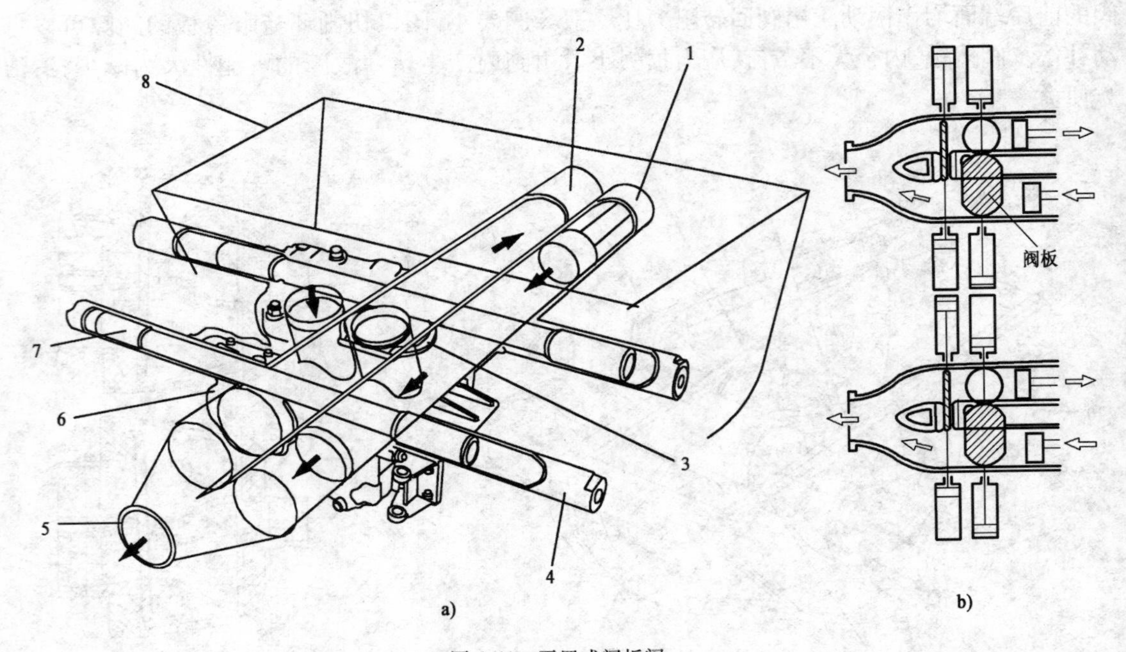

图 6-41　平置式闸板阀

a) 平置式闸板阀结构;b) 工作原理图

1-右混凝土缸;2-左混凝土缸;3-吸入闸板;4-分配阀液压缸;5-Y 形输送管;6-推出闸板;7-分配阀液压缸;8-料斗

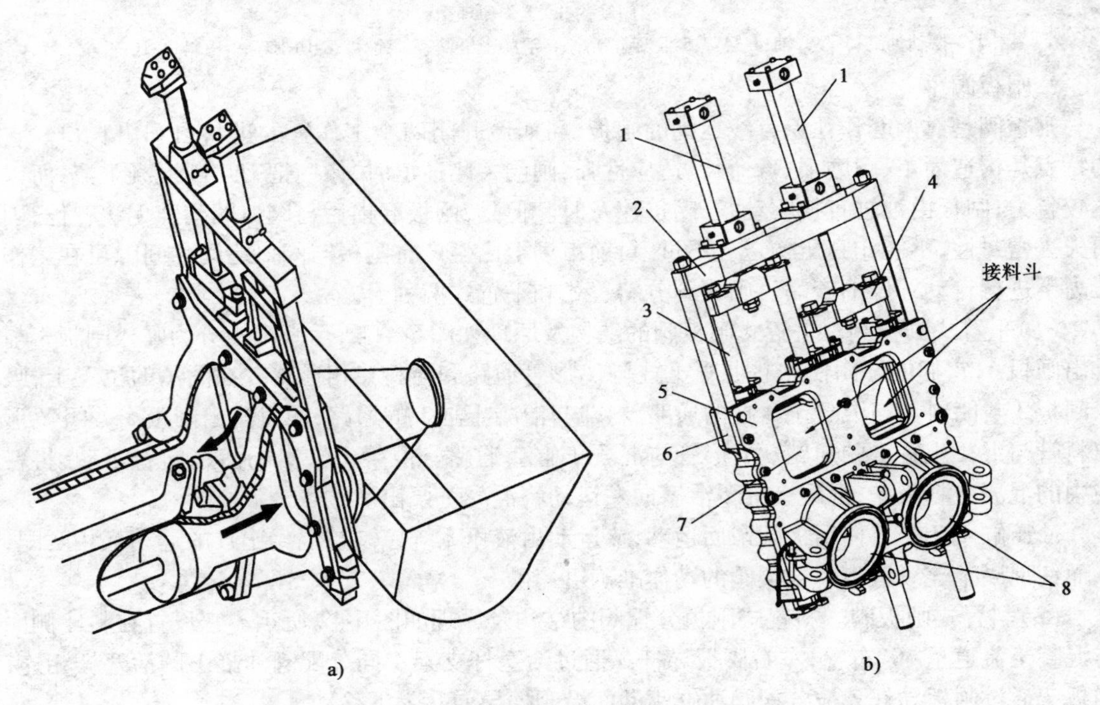

图 6-42　斜置式闸板阀

a) 斜置式闸板阀结构;b) 工作原理图

1-分配阀油缸;2-液压缸支架;3-闸板导杆;4-活塞杆支架;5-阀框板;6-阀架;7-闸板;8-出料口

闸板阀的优点：

①闸板阀移动时与混凝土料流动方向垂直，或接近垂直，有较强的剪切能力，可以泵送低坍落度的混凝土。

②闸板阀设置在料斗下面，不会造成混凝土拌和物的剧烈运动，混凝土拌和物不易离析，吸入性能较好，俗称可以吃"粗粮"。

闸板阀的缺点：

①闸板阀的密封性能较差，影响泵送性能，适用于输送压力不大的场合。

②对于双缸混凝土泵，闸板阀有两个出料孔，故须设置Y形管。Y形管的流道不合理，输送性能较差、容易堵塞。

③平置式闸板阀反泵操作时因混凝土拌和物要通过直角流道，故不易返回集料斗，排除堵塞能力较差。斜置式闸板阀需在这方面有所改善。

（四）料斗与搅拌系统

料斗与搅拌系统包括：料斗4，搅拌轴组件9、10、11，传动装置13及润滑装置等部分组成，如图6-43所示。

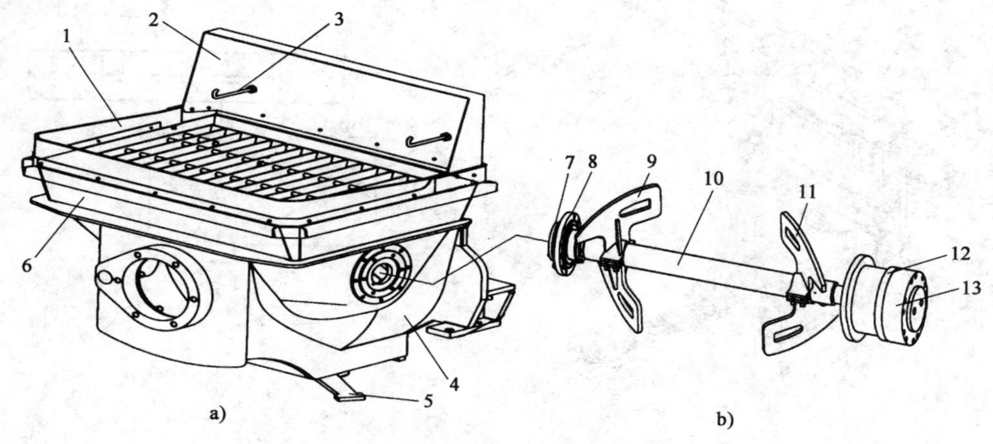

图6-43 料斗与搅拌机构

a）料斗结构；b）搅拌机构

1-筛网；2-后板；3-止动钩；4-料斗体；5-料门；6-上斗体；7-端盖；8-轴承座；9-左搅拌叶片；10-搅拌轴；11-右搅拌叶片；12-马达座；13-搅拌马达

料斗的容积应与泵的混凝土输送量相适应，料斗上部均设有方格筛网，防止大块集料或杂物进入集料斗。料斗中有搅拌叶片，对混凝土拌和物进行二次搅拌，并具有把混凝土拌和物推向混凝土分配阀口的喂料作用。搅拌叶片通过搅拌轴由液压马达驱动，搅拌轴转速一般为20～25r/min，由于液压马达转速较高，故在液压马达和搅拌轴之间还设有蜗轮减速箱或摆线针轮减速箱。搅拌轴轴端密封形式较多，其中以压力润滑脂密封形式最理想。

为了排除搅拌叶片工作时被大集料或其他硬物卡阻，搅拌轴应能反转，所以搅拌液压马达均为双向马达。

（五）泵的支承和行走机构

支承和行走机构主要由底架、车桥（含行走轮）、导向轮和支腿等组成。

底架是拖泵各部件连接的基础件，由型材和钢板焊接而成，对各部件起支承作用。主要由料斗固定座1、液压油箱固定架2、主阀块支座3、水箱固定座4、柴油机安装座5、电瓶箱座6、导向轮安装板 7、拖架 8、活动支腿 9、工具箱 10、车轿安装座 11 和框架 12 等部件组成，如图 6-44 所示。

底架前与料斗相连，后有拖架，可将拖泵由一个工地转运到另一个工地。

(六)水泵装置

水泵装置是闸板阀拖泵用于清洗管道和泵机的一种水洗装置。由水缸 1、水过滤器 2、水压力表 3、油缸 4、水阀四通块 5 及吐阀 6、7、吸阀 8、9 等组成。水泵装置结构如图 6-45 所示。

水泵装置的工作原理：当压力油从 A 点进入水泵活塞油缸中的有杆腔，油缸中的活塞向

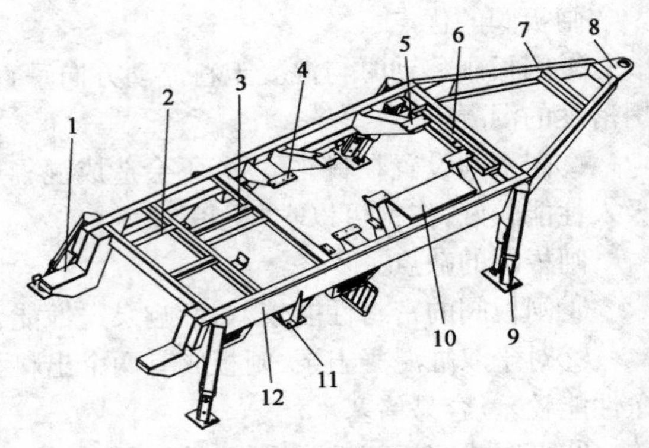

图 6-44　底架结构

1-料斗固定座；2-液压油箱固定架；3-主阀块支座；4-水箱固定座；5-柴油机安装座；6-电瓶箱座；7-导向轮安装板；8-拖架；9-活动支腿；10-工具箱；11-车轿安装座；12-框架

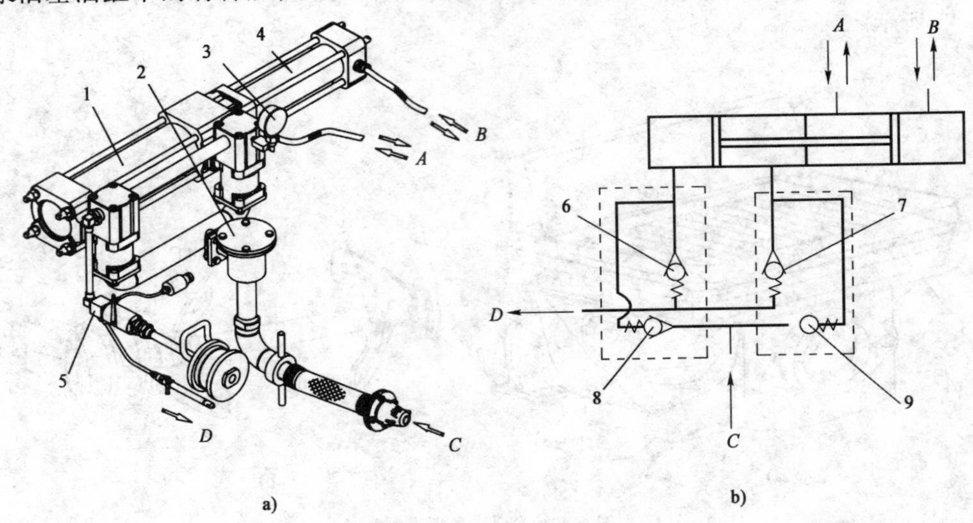

图 6-45　水泵装置结构

a) 水泵结构；b) 水泵工作原理图

1-水缸；2-水过滤器；3-水压力表；4-油缸；5-水阀四通块；6、7-吐阀；8、9-吸阀；A、B-进出油口；C-进水口；D-出水口

后运动，无杆腔中的压力油从 B 点排出。此时，吸阀 8 和吐阀 7 处于开启状态，而吸阀 9 和吐阀 6 处于关闭状态。水从 C 点通过过滤器，吸阀 8 吸水，被吸入水缸的无杆腔中，而水缸有杆腔中的高压水，通过吐阀 7 从 D 处排出，当油缸作用到位后自动换向，压力油从 B 点进入水泵油缸中的无杆腔，油缸活塞向前运动，有杆腔中的压力油从 A 点排出。此时，吸阀 8 和吐阀 7 处于关闭状态，而吸阀 9 和吐阀 6 处于开启状态，水从 C 点通过过滤器、吸阀 9 被吸入水缸的有杆腔中，而水缸无杆腔中的高压水，通过吐阀 6 也从 D 处排出，完成一个工作循环，如此往复，水源源不断地从 C 端吸入，从 D 端排出。

(七)冷却系统

液压油的冷却有水冷、风冷、风冷 + 水冷三种方式，根据地区气候的差异及施工条件，可选用不同的冷却方式。

1. 水冷却系统。水冷却系统是由进出水接管 1、阀门 2、回油管 3、冷却器 4、进油管 5 等组

成，如图6-46所示。一般安装在底架的下方。使用方便，结构简单，冷却速度快，冷却水易获得，成本较低。

冷却范围：ΔT＝50℃。当油温≥50℃时，打开冷却器水闸阀，水从进水口流进，经冷却器从出水口流出，此时液压油在冷却器中与水进行热交换，液压油得到冷却。

2. 风冷却系统。风冷却系统是由散热器1、液压马达2、风扇3、胶管等部件组成，如图6-47所示。

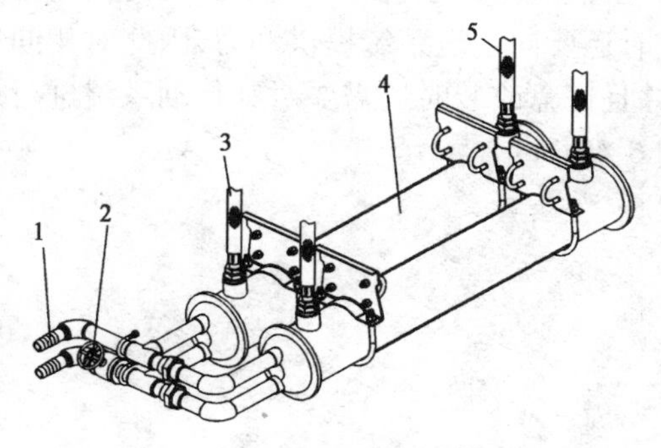

图6-46　水冷却系统简图

1-进出水口；2-阀门；3-回油管；4-冷却器；5-进油管

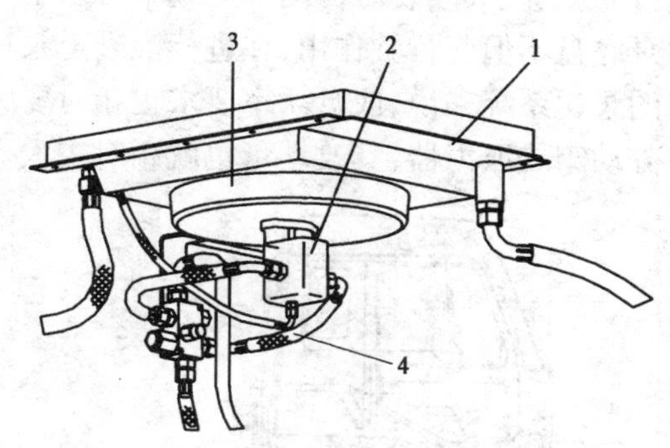

图6-47　风冷却系统

1-散热器；2-液压马达；3-风扇；4-胶管

冷却范围：ΔT＝40℃。当液压油的油温高于55℃时，温控开关触点自动闭合，发出动作指令使液压马达电磁铁动作，液压马达开始工作，在散热器的作用下，对液压油进行冷却；当液压油温度低于38℃时，温控开关的触点自动断开，液压马达停止工作，冷却停止。

该冷却器使用高性能的散热器和液压马达，可在恶劣的环境下长期工作。液压驱动，利于环保；制冷性好，占空间小，便于安装。拆卸方便，低成本，对冷却介质（如空气来说）无需附加冷却循环。

三、车载式混凝土泵

车载混凝土泵是一种具有行驶功能的混凝土泵，泵送系统工作原理与拖泵基本相同，但底盘、支撑系统、液压系统、电气系统的构造与拖泵不同。车载泵不管是动力共用型还是动力独立型，一般可分为底盘1、动力系统2、冷却系统3、电气系统4、液压系统5、支撑系统6、水清洗系统7、润滑系统8和泵送系统9等组成，如图6-48所示。

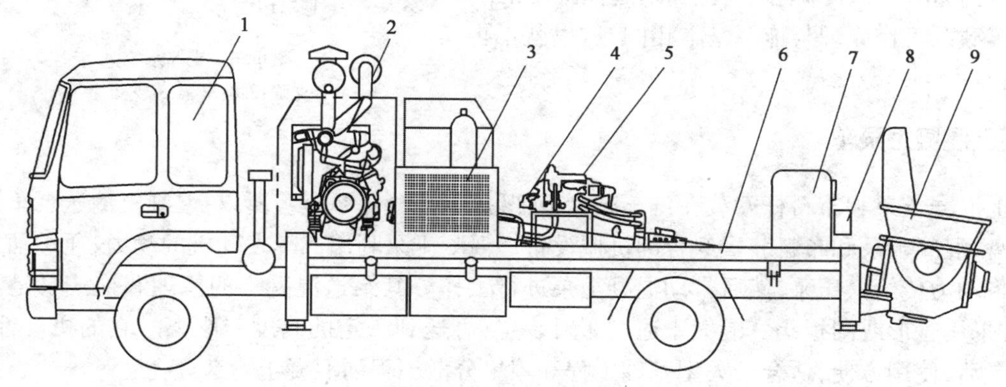

图6-48　车载泵基本构造

1-底盘；2-动力系统；3-冷却系统；4-电气系统；5-液压系统；6-支撑系统；7-水清洗系统；8-润滑系统；9-泵送系统

车载混凝土泵由发动机带动液压泵产生压力油，驱动两个主油缸带动两个混凝土输送缸内的活塞产生往复活动。再通过S阀与主油缸之间的有序动作，使得混凝土不断从料斗被吸入混凝土缸并压出，再通过输送管道送到施工现场。

车载泵底盘一般都由普通载货汽车底盘(4×2)改装而成，但是根据动力共用与否，其所起作用也不尽相同。动力独立型车载泵底盘主要是起行驶作用，其功率要求也不高，只要能满足行驶就够了，改装时传动部分基本可以不作改动，底盘改动量也就相对较小。动力共用型车载泵底盘不但起行驶作用，在进行混凝土泵送作业时还要向泵送系统提供动力，因此对相同规格的泵送系统来说，底盘功率要求也相对要大些；并且底盘改装时还需要对其传动系统进行加装分动箱或取力器，其改动量也就相对较大。如图6-49所示。

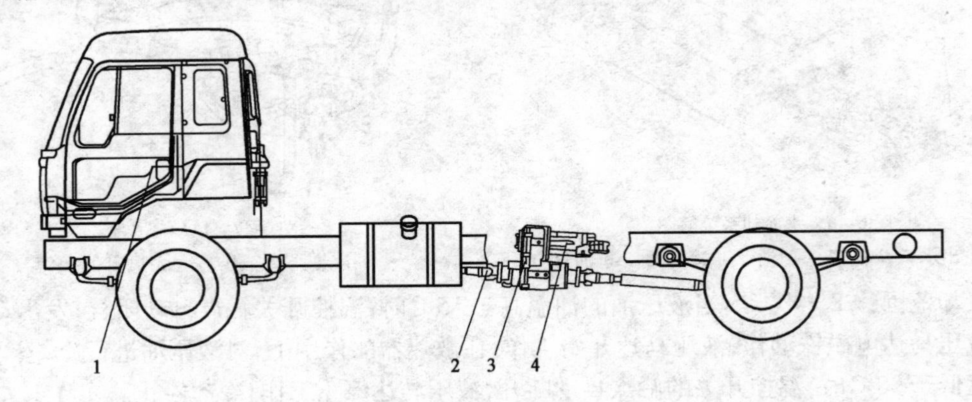

图6-49　底盘改装
1-底盘；2-传动轴；3-分动箱；4-油泵组

支撑系统主要包括副车架、前后支腿等。车载泵进行泵送时将整机支起，保证机器的稳定性。如图6-50所示。副车架包括副梁架、平台、料斗支承、梯子等，主要是用来固定发动机、泵送系统，并将上装部分与底盘连成一台整机。支腿包括支腿油缸、支腿座等，支腿液压回路是采用液压锁的锁紧回路，可以将液压油缸较长时间锁定在工作位置，并可防止由于外部油路泄漏而引起油缸下滑。

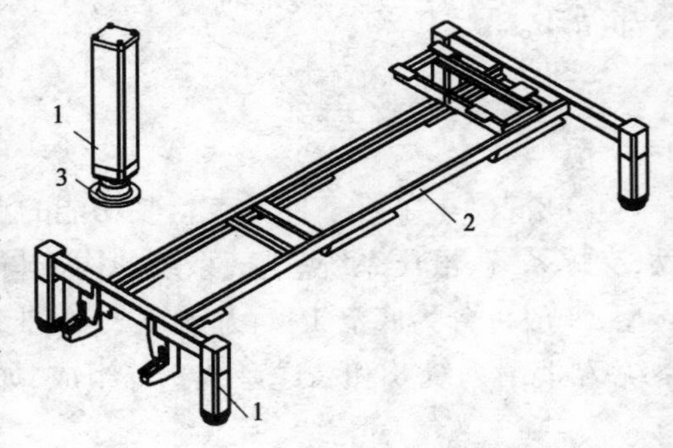

图6-50　支撑系统
1-支腿；2-副车架；3-支腿座

车载泵工作原理与拖泵基本相同，这里就不再赘述。

四、混凝土泵车

把混凝土泵和布料杆安装在汽车底盘上，既成为混凝土泵车。所以，混凝土输送泵车是汽车底盘、混凝土泵和布料装置组合的机械设备。混凝土泵利用汽车发动机的动力，通过动力分动箱将动力传给液压泵，然后带动混凝土泵进行工作。其泵送混凝土的原理和拖式泵是一样的，常采用管形或闸板阀。混凝土通过布料装置，可送到一定的高度与距离。它的机动性好，布料灵活，使用方便，适合于大型基础工程和零星分散工程的混凝土输送。

混凝土泵车主要由汽车底盘1、回转机构2、布料装置3、混凝土泵4和支腿5等组成。如图6-51所示。

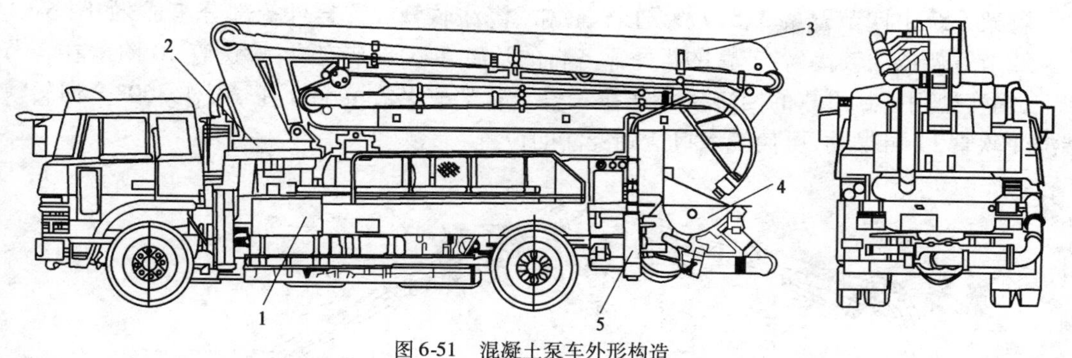

图 6-51　混凝土泵车外形构造

1-汽车底盘;2-回转机构;3-布料装置;4-混凝土泵;5-支腿

混凝土泵 4 装在汽车底盘的尾部上,以便于混凝土搅拌车向泵的料斗卸料,混凝土泵的结构与拖式混凝土泵结构和工作原理基本相同。上车装有布料装置 3,臂架为“回折”形三节折叠臂。

图 6-52 是 HTB37 型混凝土泵车,采用五十铃 CXZ51Q 汽车底盘,发动机功率 287kW/1 800rpm,工作压力 32MPa,四节臂架,水平输送距离 32. 62m,垂直输送距离 36. 6m,理论排量 $120m^3/h$。主要由底盘、臂架系统、转塔、泵送机构、液压系统和电气系统等组成。泵送机构安装在汽车底盘的尾部,卸入料斗的混凝土料由泵送机构压送到输送管,经浇注软管排出。各节臂架的展开和收拢靠各个臂架的液压油缸来完成,在回转马达及减速机驱动下臂架可 360°旋转。

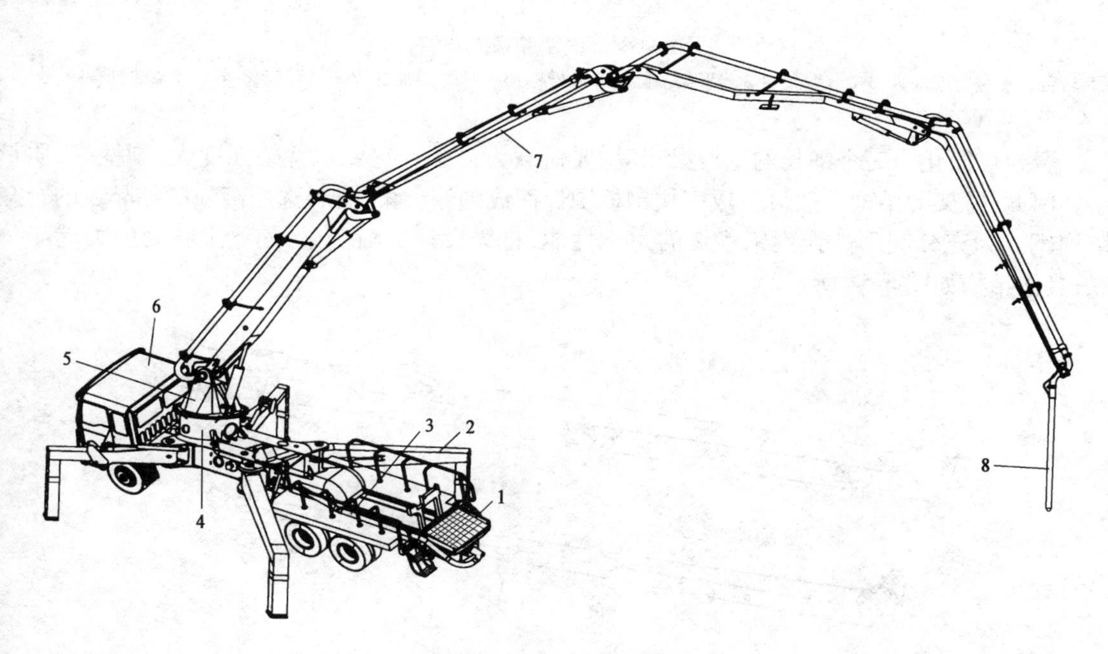

图 6-52　HTB37 型混凝土泵车

1-泵送机构;2-支腿;3-配管总成;4-固定转塔;5-转台;6-汽车底盘;7-臂架总成;8-浇注软管

底盘部分由汽车底盘、分动箱、传动轴等几部分组成。用于泵车移动和工作时提供动力。通过气动装置推动分动箱中的拔叉,拔叉带动离合套,可将汽车发动机的动力经分动箱切换。切换到汽车后桥使泵车行驶,切换到液压泵则进行混凝土的输送和布料。

臂架系统由四节臂架3、5、7、9、连杆、油缸、浇注软管和连接件等部分组成,如图6-53所示。四节臂架依次铰接,各节臂的折叠靠各自的油缸4、6、8来完成;输送管10附着在各节臂架上,拐弯处用密封可靠的回转接头连接。整个臂架安装在转台1上,可作360°全回转。臂端浇注软管11可摆动,可使浇灌口达到浇注的位置。

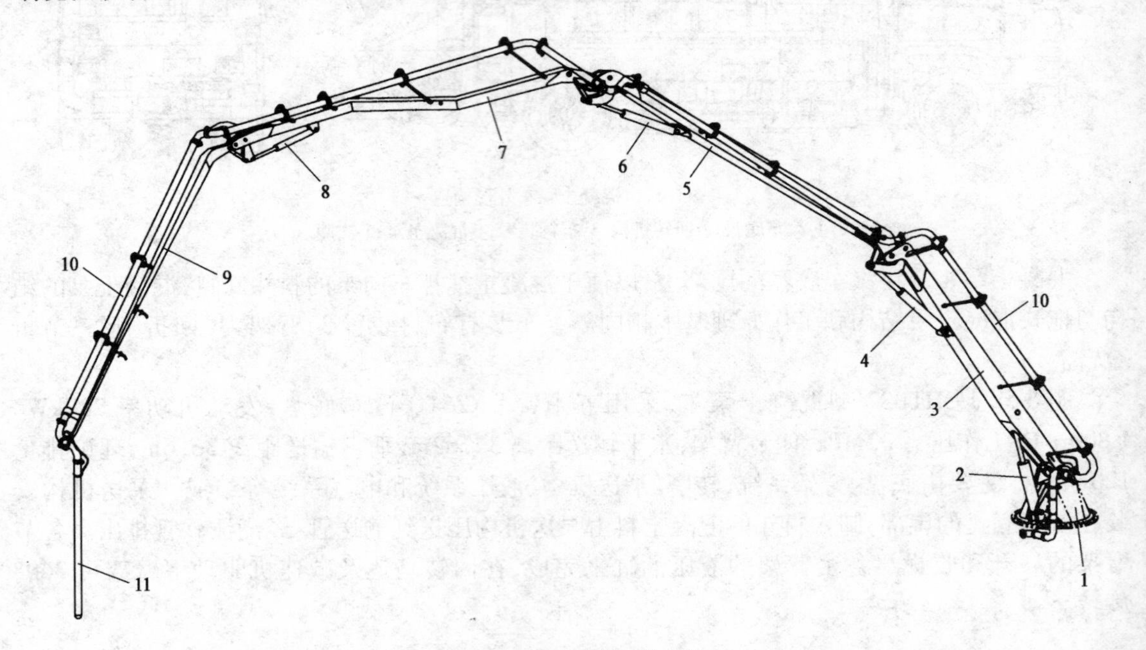

图6-53 泵车臂架系统结构

1-转台;2-1号臂架油缸;3-1号臂架;4-2号臂架油缸;5-2号臂架;6-3号臂架油缸;7-3号臂架;8-4号臂架油缸;9-4号臂架;10-输送管;11-浇注软管

臂架可简化为一个细长的悬臂梁,其主要荷载为自重。它要求臂架强度大、刚性好、质量小。因此,臂架的结构一般设计成四块钢板围焊而成的箱形梁,材料选用高强度细晶粒的合金结构钢。为充分利用高强度钢优良的力学性能,将梁设计成渐变梁,使梁上各处应力趋于一致,具体结构如图6-54所示。

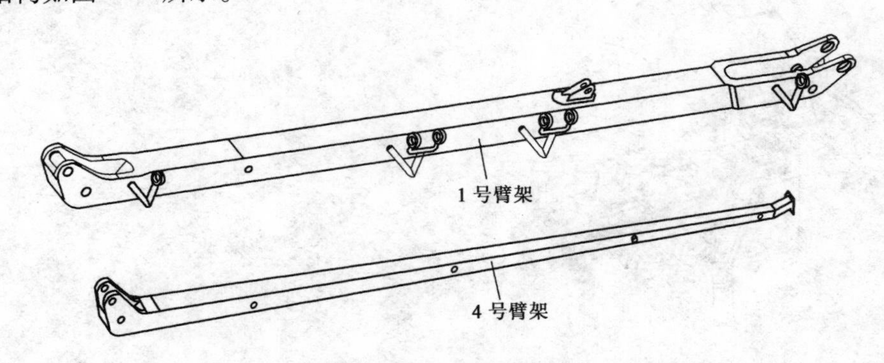

图6-54 1号和4号臂架结构图

臂架系统用于混凝土的输送和布料。通过臂架油缸伸缩、转台转动,将混凝土经由附在臂架上的输送管,直接送达臂架末端所指位置即浇注点。图6-55是37m混凝土泵车臂架在一个固定点的某一平面内的工作范围图,因为有回转机构,故工作范围实际上可以形成一个立体空间。该泵车臂架的水平输送距离32.62m,垂直输送距离36.6m。

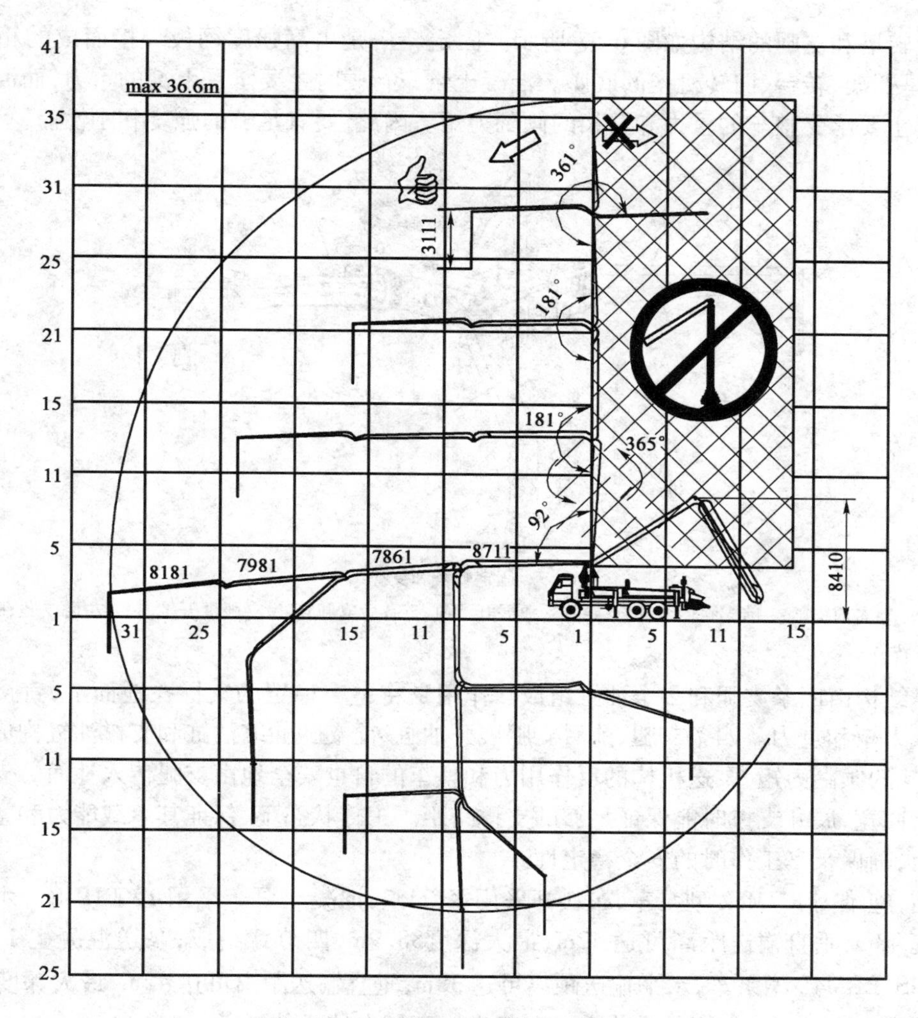

图 6-55 37m 混凝土泵车臂架的工作范围图

臂架有多种折叠形式如 R 型、Z 型(或 M 型)、综合型等,如图 6-56 所示。各种折叠方式都有其独到之处。R 型结构紧凑;Z 型臂架在打开和折叠时动作迅速;综合型则兼有前两者的优点而逐渐被广泛采用。由于 Z 型折叠臂架的打开空间更低,而 R 型折叠臂架的结构布局更紧凑等各自的特点,臂架的 Z 型、R 型及综合型等多种折叠方式均被广泛采用。

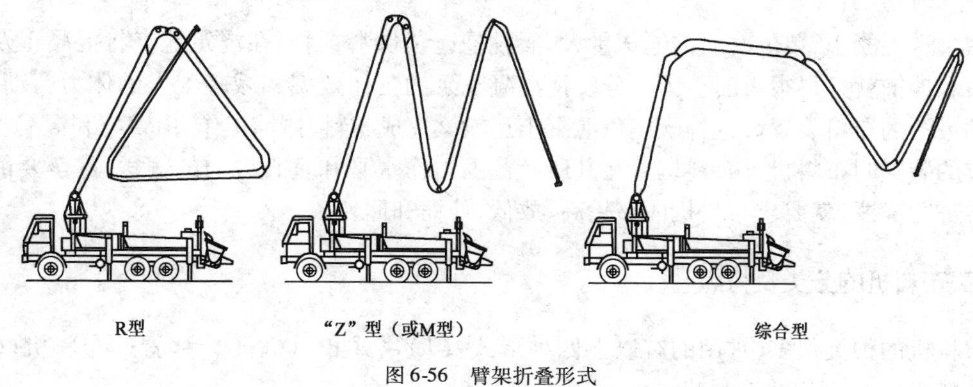

图 6-56 臂架折叠形式

固定转塔和支腿的结构如图6-57所示。固定转塔是由高强度钢板焊接而成的箱形受力结构件，是臂架、转台、回转机构的底座。混凝土泵车行驶时主要承受上部的重力，而混凝土泵车泵送时主要承受整车的重力和臂架的倾翻力矩。因此，要有足够的强度和刚性。

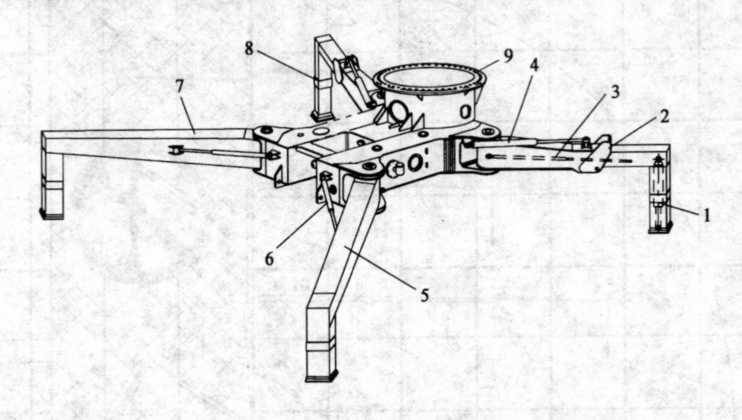

图6-57　固定转塔和支撑结构

1-支撑油缸；2-右前支腿；3-前支腿伸缩油缸；4-前支腿展开油缸；5-右后支腿；6-后支腿展开油缸；7-左后支腿；8-左前支腿；9-固定转塔

支撑结构由四条支腿和多个油缸组成。作用是将整车稳定的支撑在地面上，直接承受整车的负载力矩和重力。四条支腿、前后支腿展开油缸、前支腿伸缩油缸和支撑油缸构成大型框架，将臂架的倾翻力矩、泵送机构的反作用力和整车的自重安全地由支腿传入地面。支腿收拢时与底盘同宽，展开支撑时能保证足够的支撑跨距。工作状态下，保证其承载能力和整车的抗倾翻能力，确保泵车工作时的安全稳定性。

目前，施维因KVM52型泵车，布料杆采用KVM52；混凝土泵车采用1200HDR。水平输送距离可达48m，垂直输送距离可达42m，最大深度38.9m，四节臂组成，泵送混凝土130m^3/h。PUTZMEISTERM42型泵车，水平输送距离可达38m，垂直输送距离可达42m，最大深度29.4m，泵送混凝土150m^3/h。它们是目前市场上工作幅度最大的两种泵车。

第五节　混凝土布料机

一、概述

用泵送混凝土，单位时间内输送量大，而且是连续供料，因而在浇筑地点将混凝土及时进行分布和摊铺就显得很重要。为充分发挥混凝土泵的工作效率和减轻工人的体力劳动，就需要机动灵活的布料装置。这种既担负混凝土运输又完成布料、摊铺工作；由臂架和混凝土输送管组成的装置叫布料机。布料机要在其所及范围内作水平和垂直方向的输送，甚至要能够跨越障碍进行浇注，就要求布料机能够抬高、放低、伸缩和回转。

二、布料机的分类及特点

布料机的种类很多，常用的有以下四种形式：(1)塔式布料机；(2)移置式布料机；(3)爬升式布料机；(4)固定式布料机。

1. 塔式布料机

图 6-58 是 HGT41 型塔式布料机，是将折叠式臂架装在塔吊的塔身上，布料范围大（布料半径 41m），臂架 360°回转，一般用于高层建筑施工。主要由折叠式臂架 1、转台 2、回转机构 3、平衡臂 4、配重 5、液压泵站 6、顶升机构 7、塔套 8、附着装置 9、塔身 10、浇注管 11 和固定基础 12 等组成。布料机的塔身 10 固定在地面的基础 12 上，随着建筑物的增高，通过顶升机构 7 加装标准节增加布料机的工作高度，利用附着装置 9 将塔身附着在建筑物外墙的主体上，保证整机稳定。臂架 1 的结构与混凝土泵车的臂架基本相同，由四节臂架、连杆、液压缸、浇注软管和连接件等组成。由液压泵站 6 驱动回转机构和臂架的相应液压缸，来调节臂架工作位置完成浇注混凝土和收折臂架。

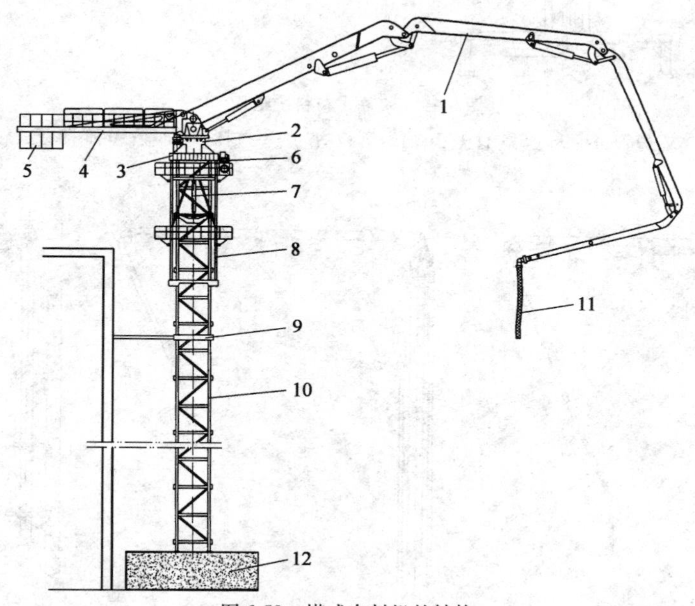

图 6-58　塔式布料机的结构

1-折叠式臂架；2-转台；3-回转机构；4-平衡臂；5-配重；6-液压泵站；7-顶升机构；8-塔套；9-附着装置；10-塔身；11-浇注管；12-固定基础

塔式布料机的最大布料半径一般在 38 ~ 41m，适合大范围面积的浇注工程。

塔式布料机的回转机构、塔套、塔身、顶升机构和附着装置与塔式起重机相同，详细结构见塔式起重机一节。

2. 移置式布料机

图 6-59 为 HGY15 型移置式布料机，最大布料半径 15m，臂架 360°全回转。主要由浇注管 1、拉杆 2、旋转输送管 3、回转座 4、臂架 5、输送管 6、塔顶 7、拉杆 8、配重 9、平衡臂 10、回转机构 11、塔身 12 和支腿 13 等组成。移置式布料机通常放置在建筑物的施工面上，塔身高度不变，臂长较短，布料范围小。工作时需要塔机吊移位置来满足大范围的布料要求。

移置式布料机最大布料半径一般在 15 ~ 18m，适合作业面较小的工程施工。由于结构简单、重量轻、移置方便和价格低等特点，在实际工程中应用广泛。

3. 爬升式布料机

爬升式布料机有楼层固定式、电梯井式和挂臂式三种结构，如图 6-60 所示。采用折叠式臂架，方形立柱，臂架 360°回转，全液压驱动，最大布料半径一般在 28 ~ 32m。整机可随建筑物的增高自动爬升，用于高层建筑施工。

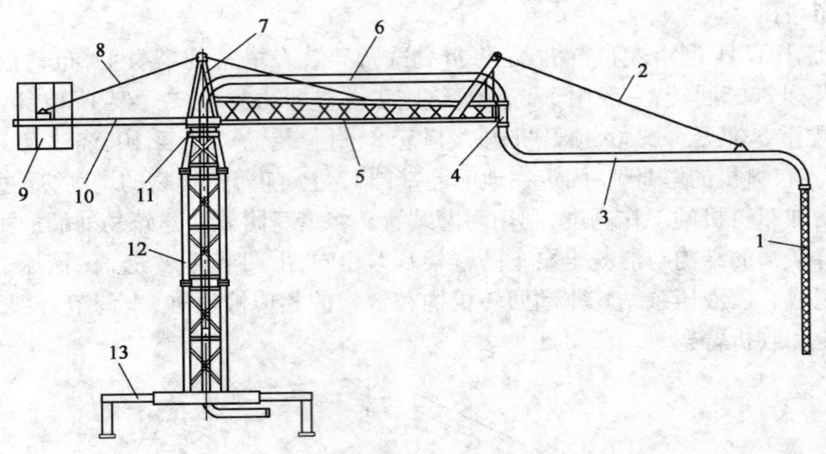

图 6-59 移置式布料机结构

1-浇注管;2-拉杆;3-旋转输送管;4-回转座;5-臂架;6-输送管;7-塔顶;8-拉杆;9-配重;10-平衡臂;11-回转机构;12-塔身;13-支腿

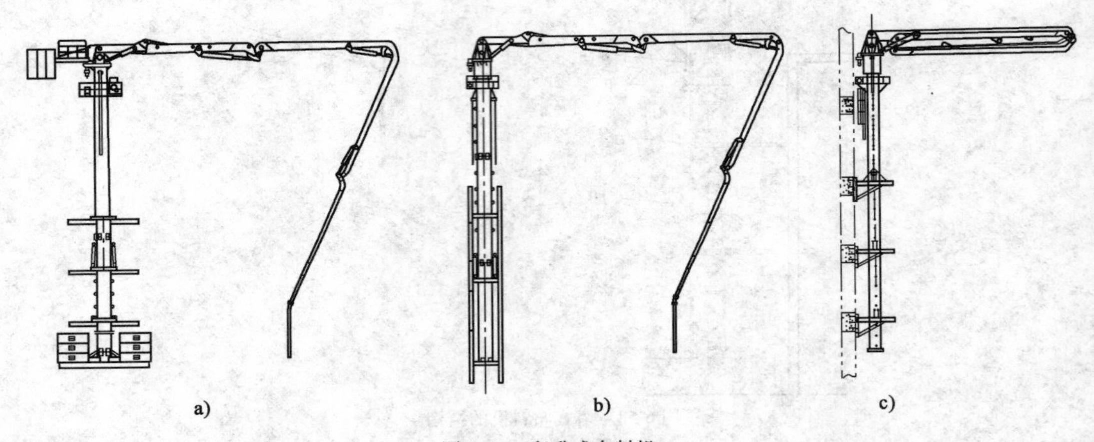

图 6-60 爬升式布料机

a)楼层固定式;b)电梯井式;c)挂臂式

图 6-61 为 HGD32 型电梯井式布料机,布料半径 32m。主要由折叠式臂架 1、转台 2、回转机构 3、液压系统 4、提升机构 5、立柱 6、爬升装置 7、顶升油缸 8 和浇注管 9 等组成。转台 2 为臂架 1 提供支撑,回转机构 3 将转台与立柱连成一体。回转机构由回转轴承和马达减速器组成。提供旋转驱动力带动转台和臂架进行 360°旋转。液压系统 4 给臂架、回转、提升机构和顶升油缸提供动力。

布料机有三节立柱,立柱和立柱之间通过高强度螺栓连接。每节立柱采用高强度钢板折成[形对焊而成,两条 V 形焊缝,焊缝成形好,质量相对较轻。立柱两侧每隔一定的距离焊接有钢管,作用有两个:一是立柱局部的刚性得到加强,二是在布料机顶升时,安装顶升油缸的插销,可实现布料机的连续顶升。

布料机由三个爬升装置,它既是布料机的固定部分,同时布料机的爬升靠它来实现。爬升装置为矩形框架结构,内腔有 8 个楔块副,通过调节楔块副的距离,将布料机立柱胀紧,依靠摩擦力来支撑布料机。提升机构 5 可实现爬升装置在立柱上作上下运动。

整机固定在电梯井内,配置自动爬升机构,利用液压油缸顶升,在电梯井内自动爬升,使布料机随着楼层的升高而升高。爬升过程如图 6-62 所示。

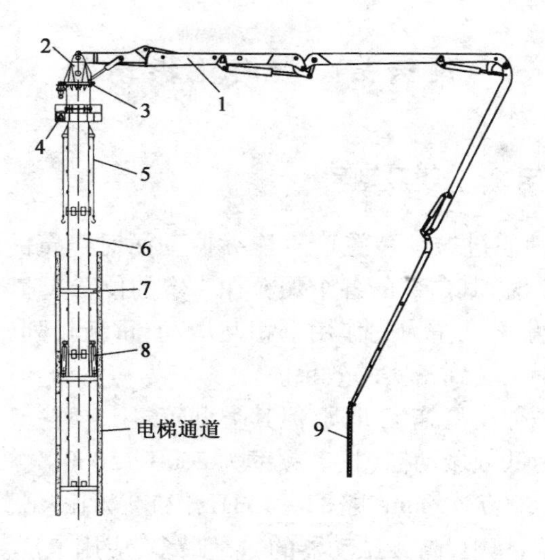

图 6-61　HGD32 型电梯井式布料机

1-臂架;2-转台;3-回转机构;4-液压系统;5-提升机构;6-立柱;7-爬升装置;8-顶升油缸;9-浇注管

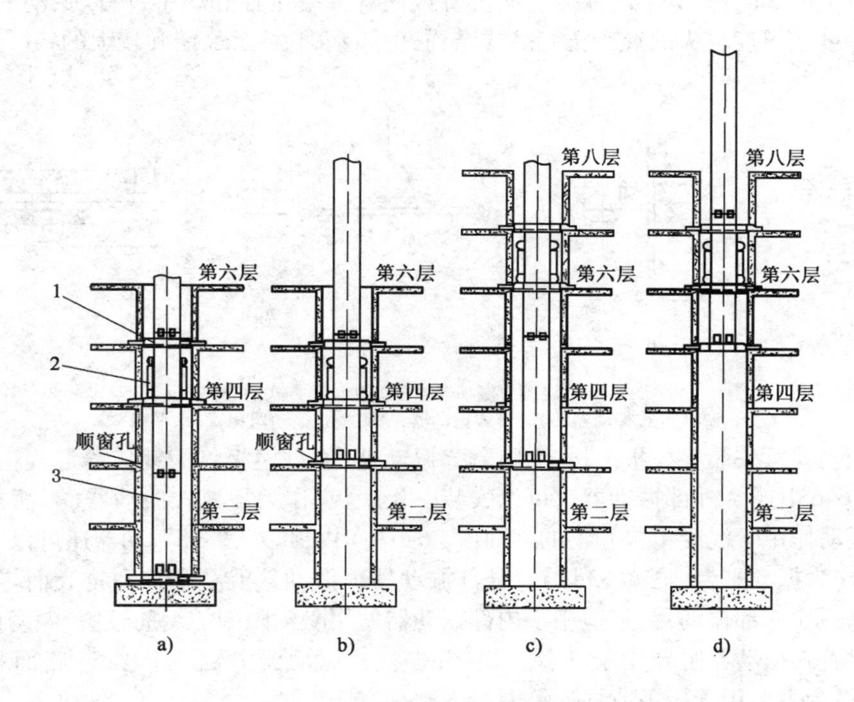

图 6-62　电梯井式布料机爬升过程示意图

a)立柱固定在一层;b)立柱爬升到三层;c)立柱固定在三层;d)立柱爬升到五层

对于施工作业面大,受电梯井位置限制,电梯井式布料机不能覆盖整个作业面时,应采用楼面固定式布料机。HGY28 楼层固定式混凝土布料机如图 6-60a)所示,利用框架将布料机的立柱固定在楼板预留孔内(每二层固定),即可进行作业,一次固定可以实现两个楼层的浇注,使用方便,安全可靠。楼面较大时,可安装几个立柱,通过转移臂架至相应的立柱来实现大范围面积的浇注,经济实用。

第六节　混凝土振动器

一、混凝土振动器的用途、分类及型号

混凝土振动器是一种通过振动装置产生连续振动而对浇筑的混凝土进行振动密实的机具。混凝土拌和物在振动时,其内部的各个颗粒在一定的位置上产生振动,从而使之间的摩擦力和黏着力急剧地下降,集料在重力的作用下相互滑动,重新排列,集料之间的间隙由砂浆所填充,气泡被挤出,使混凝土达到密实的效果。

混凝土振动器虽为一种小型施工机具,但其类型较多。

按振动的频率可分为低频振动器(振动频率为2000~5000次/min,即33~83Hz)、中频振动器(振动频率为5000~8000次/min,即83~133Hz)和高频振动器(振动频率为8000~12000次/min,即133~350Hz)。其中,高频振动器的数量最多,应用最广。

按振动传递的方式可分为内部振动器和外部振动器。

内部振动器又称插入式振动器。施工时将它插入混凝土拌和物中,直接对混凝土拌和物进行密实[图6-63a)]。由于内部振动器可直接插入混凝土拌和物中,所以振动密实效果好。它适用于深度或厚度较大的混凝土制品或结构,例如基础、柱、梁、墙和较大的板。其使用非常普遍。

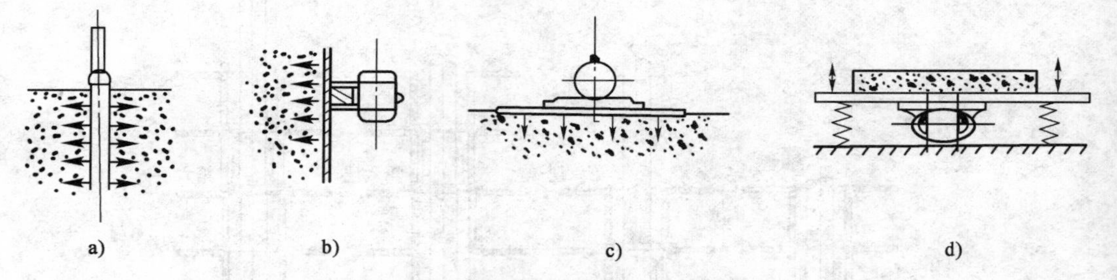

图6-63　混凝土振动器根据振动传递方式的分类

a)插入式振动器;b)附着式振动器;c)平板式振动器;d)振动平台

外部振动器可安装在模板上,作为附着式振动器,通过模板将振动传给混凝土拌和物,使之密实[图6-63b)]。外部振动器也可以安装一块底板,作为平板式振动器(表面振动器),通过底板将振动作用于混凝土拌和物的表面[图6-63c)]。此外,外部振动器还可以安装在各种振动台上,作为振动平台[图6-63d)]。外部振动器因振动从混凝土拌和物表面传递进去,振动密实效果不如内部振动器,它适用于内部振动器使用受到限制的钢筋较密、深度或厚度较小的构件。附着式振动器主要用于柱、墙、拱等;平板式振动器主要用于楼板、路面和地坪等施工;而振动平台主要用于板条或柱形等混凝土制品。

按振动产生的原理,可分为行星式和偏心式振动器。

插入式振动器的振动子形式有行星式和偏心式。

行星振动子的结构原理如图6-64所示。它主要由装在壳体4内的滚锥5、滚道6及万向联轴节3等组成。转轴通过万向联轴节带动滚锥在滚道上作行星运动,滚道在滚锥之外的称为外滚式[图6-64a)],滚道在滚锥内的称为内滚式[图6-64b)]。目前使用的行星振动器多属外滚式。

所以,行星振动器的工作原理为:转轴1的滚锥除了绕其轴线与驱动轴同速自转外,同时

还沿着滚道2确定的轨迹作周期的反向公转运动，如图6-65所示。滚锥沿滚道每公转一周，就使振动棒振动一次。

行星振动子的滚锥直径与滚道直径越接近时，振动频率就越高。因此，采用行星振动子可在滚锥转速较低的情况下得到高频的振动，这对于延长软轴及轴承的使用寿命十分有利。

行星式振动器滚锥的公转数一般取其自转数的3~4倍，也就是滚锥的公转数为原动机转数的3~4倍较为合适。

偏心振动子的结构原理如图6-66所示。它是依靠偏心轴在振动棒体内旋转时产生的离心力来造成振动。其特点是振动频率和偏心轴的转速相等。因此，常用于中频振动器和适用于振捣塑性和半干硬性的混凝土。但是，随着轴承和软轴质量的提高，有些偏心式振动器的频率已提高到1200次/min，也能适用于干硬性混凝土的振捣。

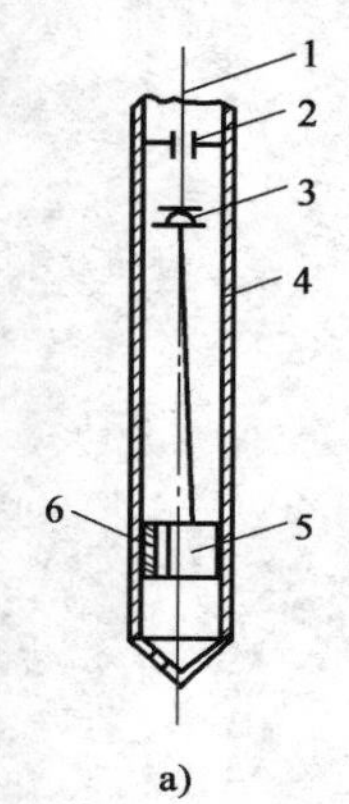

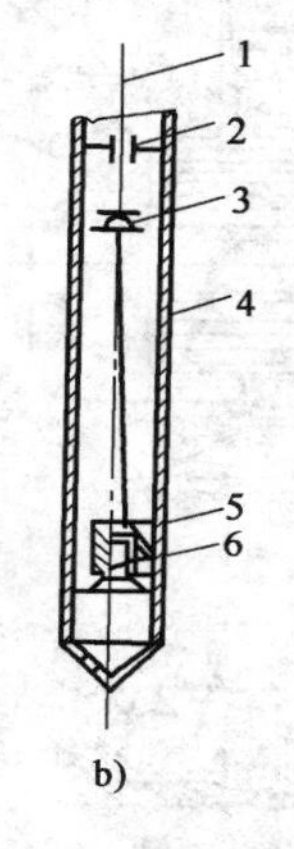

图6-64　行星振动子原理图
a)外滚式；b)内滚式
1-转轴；2-轴承；3-万向联轴节；4-壳体；5-滚锥；6-滚道

图6-65　滚锥的行星运动轨迹
1-转轴；2-滚道

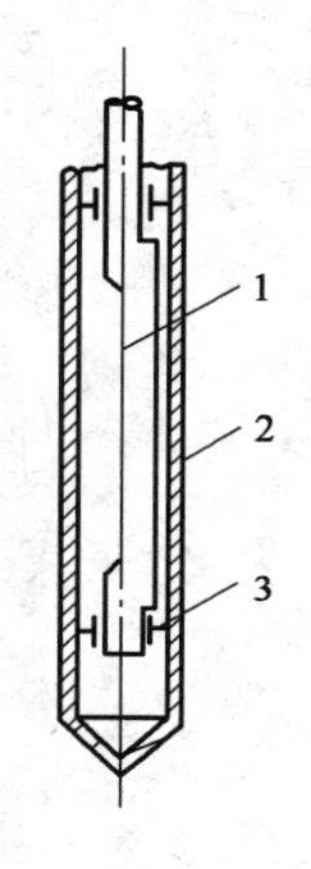

图6-66　偏心振动子原理图
1-偏心轴；2-外壳；3-轴承

混凝土振动器型号的表示方法见表6-5。

混凝土型号的表示方法　　表6-5

机类	机型	特性	代号	代号含义	主参数
混凝土振动器Z（振）	插入式振动器（内部振动器）	电动软轴行星式（X）	ZX	电动软轴行星插入式振动器	振动棒直径（mm）
		电动软轴偏心式（P）	ZP	电动软轴行星插入式振动器	
		内燃行星式（R）	ZR	内燃行星式插入式振动器	
	外部振动器（W）	附着式（F）	ZWF	外部电动附着式振动器	电动机功率（kW）
		平板式（B）	ZWB	外部电动平板式振动器	
		振动台（T）	ZT	电动混凝土振动台	台面尺寸（mm）

二、插入式混凝土振动器

插入式振动器又称内部振动器，是由原动机、传动装置和工作装置三部分组成。其工作装置是一个棒状空心圆柱体，通常称为振动棒，内部装有振动子。在动力源驱动下，振动子的振动使整个棒体产生高频低幅的机械振动。作业时，将它插入已浇好的混凝土中，通过棒体将振动能量直接传给混凝土内部各种集料，一般只需20~30s的振动时间。即可把棒体周围10倍于棒径范围的混凝土振动密实。内部振动器主要适用于振实深度和厚度较大的混凝土构件或结构，对塑性、干硬性混凝土均可适应。

插入式振动器绝大部分采用电动机驱动，根据电动机和振动棒之间传动形式的不同，可分为软轴式和直联式两种，一般小型振动器多采用软轴式，而大型振动器则多采用直联式。

图 6-67 为 ZP-70 型中频偏心软轴插入式振动器，它由电动机 10、增速器 8、软轴 5、偏心轴 3 和振动棒外壳 2 等组成。在电动机轴上安装有防逆装置，以防软轴反向旋转，同时在电动机输出轴与软轴 5 之间设置有增速器 8，以提高振动棒的振动频率。振动棒采用偏心式振动，依靠偏心轴回转时产生的离心，惯性力作用，使振动棒产生振动，振动频率一般为 6 000 ~ 7 000 次/min，适用于振捣塑性和半干硬性混凝土。

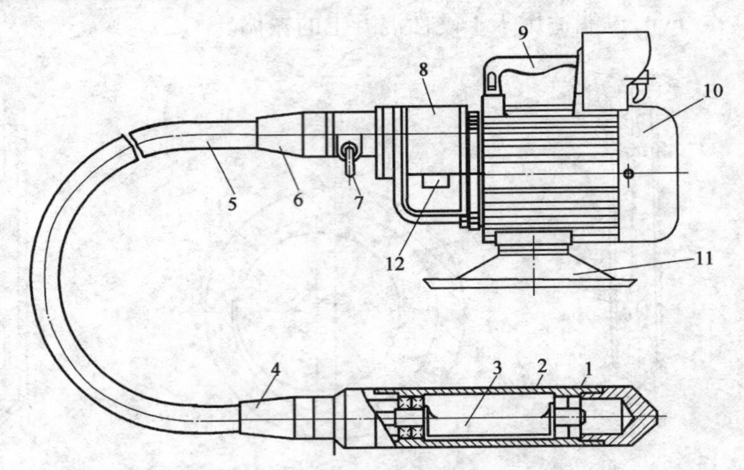

图 6-67　ZP-70 型中频偏心式振动器

1-轴承；2-振动棒外壳；3-偏心轴；4、6-软管接头；5-软轴；7-软管锁紧扳手；8-增速器；9-提手；10-电动机；11-底座；12-电源开关

三、外部混凝土振动器

外部振动器是在混凝土上或表面进行振动密实混凝土的振动设备。通常在建筑工程中使用的外部振动器一般都是电动的。根据作业的需要，可分为附着式和平板式振动器以及振动平台三种形式。

1. 电动附着式混凝土振动器

电动附着式振动器依靠底部螺栓或其他锁紧装置固定在混凝土构件的模板外部，通过模板间接将振动传给混凝土使其密实。如图 6-68 所示，它由电动机、偏心块式振动子等组成。外形如一台电动机。电动机为特制铸铝外壳的三相两极电动机，机壳内除装有电动机定子和转子外，在转子轴的两个伸出端上还装有一个圆盘形的扇形偏心轮，振动器两端用端盖封闭。偏心块随同转子轴旋转，由此离心力而产生振动。

2. 电动平板式振动器

电动平板式振动器又称表面振动器，除在振动器底部安装一块船形底板外，其他结构和原理与附着式振动器相同。平板式振动器由底板 1、外壳 2、电动机定子 3、转子轴 4 和偏心振动子 5 等组成，如图 6-69 所示。工作时，电动机转子旋转，固定在转子轴上的偏心振动子产生偏心力矩，使主机振动并将振动传给底板，进而传递给其下部的混凝土，从而达到振实混凝土的目的。主要适用于塑性、半塑性、半干硬性以及干硬性等多种性质混凝土。

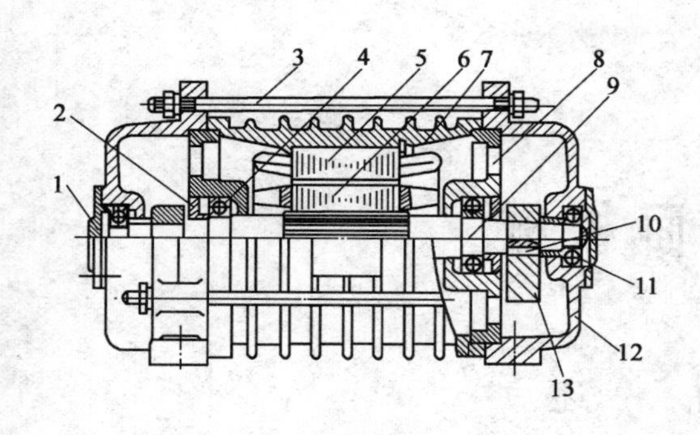

图 6-68 电动附着式振动器

1-外压盖；2-内压盖；3-长螺栓；4-滚动轴承；5-电动机定子；6-电动机转子；7-机壳；8-轴承座盖；9-转子轴；10-键；11-滚动轴承；12-端盖；13-偏心振动子

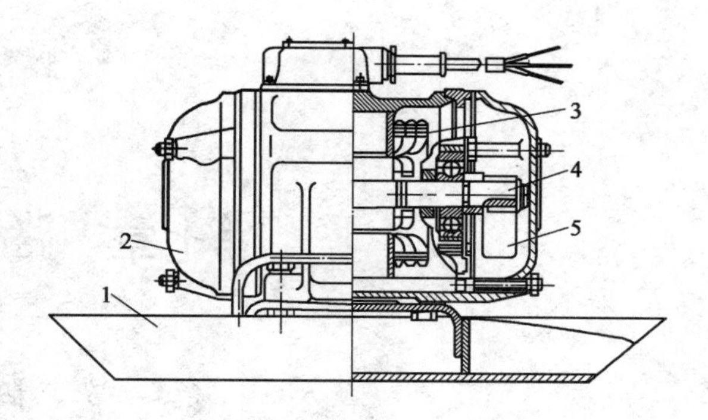

图 6-69 电动平板式振动器

1-底板；2-外壳；3-电动机定子；4-转子轴；5-偏心振动子

作业与复习题

1．叙述双锥反转出料搅拌机的结构和工作原理。

2．叙述双卧轴强制式搅拌机的结构和工作原理。

3．说明自落式与强制式搅拌机在搅拌原理上有何不同？各适合搅拌何种混凝土？

4．混凝土搅拌楼与搅拌站有何区别？各适合于什么工作场合？

5．叙述混凝土搅拌楼的基本组成和各部分的作用。

6．叙述混凝土搅拌站的基本组成和各部分的作业。

7．叙述混凝土输送车的用途和基本组成。

8．叙述混凝土泵的构造和工作原理。

9．混凝土泵和混凝土泵车各适合什么工作场合作业？布料杆的组成和作用是什么？

10．叙述混凝土振动器的类型和作用。

11．在混凝土机械化施工中需要哪些机械？它们各起什么作用？

第七章 路面机械

第一节 概 述

路面机械是用于道路修筑与维修养护的专用机械设备,主要包括沥青、水泥路面及相应路基的修筑与维修养护所需的机械设备,桥梁专用的维修养护以及道路检测设备等。产品特点是品种繁多、功能专一。

修筑沥青路面的机械设备主要有沥青混合料搅拌设备、摊铺机、沥青洒布车、石屑撒布机、沥青熔化与加热设备、沥青运输车以及乳化沥青设备等。

修筑水泥路面的机械设备主要有水泥混凝土搅拌设备、滑模及轨道式摊铺设备、路面拉毛及切缝设备等。

修筑路基的机械设备主要有稳定土厂拌和路拌设备、稳定剂(水泥、石灰、乳化沥青等)撒布及喷洒设备等。

道路维修养护主要设备有沥青路面综合维修车、补缝设备、各种形式沥青路面再生设备、路面铣刨设备、水泥路面破碎设备、多功能养护车、路标清洗设备、清障车、清扫车、画线设备、桥梁专用检测维修车等。

道路检测设备主要有检测道路压实度、平整度、抗滑能力、几何形状等各种专用设备。

路面机械型号分类及表示方法见表 7-1。

路面机械型号分类及表示方法 表 7-1

类型				特性	产品		主参数代号		
名称	代号	名称	代号	代号	名称	代号	名称	单位	表示法
沥青混凝土搅拌设备	L(沥)	滚筒式	G(滚)	Y(移)	滚筒式移动沥青混凝土搅拌设备	LGY	生产率	t/h	主参数
				G(固)	滚筒式固定沥青混凝土搅拌设备	LGG			
				C(拆)	滚筒式可拆装沥青混凝土搅拌设备	LGC			
		强制式	Q(强)	Y(移)	强制式移动沥青混凝土搅拌设备	LQY			
				G(固)	强制式固定沥青混凝土搅拌设备	LQG			
				C(拆)	强制式可拆装沥青混凝土搅拌设备	LQC			
沥青乳化设备	R(乳)	搅拌式	J(搅)	—	搅拌式沥青乳化设备	RJ			
		胶体磨式	M(磨)	—	胶体磨式沥青乳化设备	RM			
		喷嘴式	P(喷)	—	喷嘴式沥青乳化设备	RP			
沥青罐车	LG(沥罐)	汽车式	Q(汽)	—	汽车式沥青罐车	LGQ	油罐容积	m^3	主参数
		拖挂式	T(拖)	—	拖挂式沥青罐车	LGT			

续上表

类型				特性	产品		主参数代号		
名称	代号	名称	代号	代号	名称	代号	名称	单位	表示法
沥青熔化加热设备	R（熔）	蒸汽加热	Z（蒸）	G（固）	蒸汽加热式固定沥青熔化加热设备	RZG	生产率	t/h	主参数
				Y（移）	蒸汽加热式移动沥青熔化加热设备	RZY			
		电加热	D（电）	G（固）	电加热式固定沥青熔化加热设备	RDG			
				Y（移）	电加热式移动沥青熔化加热设备	RDY			
		导热油加热式	Y（油）	G（固）	导热油加热式固定沥青熔化加热设备	RYG			
				Y（移）	导热油加热式移动沥青熔化加热设备	RYY			
		红外线加热式	H（红）	G（固）	红外线加热式固定沥青熔化加热设备	RHG			
				Y（移）	红外线加热式移动沥青熔化加热设备	RHY			
		火焰加热式	U（火）	G（固）	火焰加热式固定沥青熔化加热设备	RUG			
				Y（移）	火焰加热式移动沥青熔化加热设备	RUY			
沥青泵	P（泵）	齿轮式	C（齿）	N（内）	内啮合齿轮式沥青泵	BCN	流量	L/min	主参数
				W（外）	外啮合齿轮式沥青泵	BCW			
		柱塞式	Z（柱）		柱塞式沥青泵	BZ	流量	L/min	主参数
沥青混合料再生设备	S（生）	滚筒式	G（滚）	G（固）	液筒式固定沥青混合料再生设备	SGG	额定生产率	t/h	主参数
				Y（移）	滚筒式移动沥青混合料再生设备	SGY			
				C（拆）	滚筒式可拆装沥青混合料再生设备	SGC			
		强制式	Q（强）	G（固）	强制式固定沥青混合料再生设备	SQG			
				Y（移）	强制式移动沥青混合料再生设备	SQY			
				C（拆）	强制式可拆装沥青混合料再生设备	SQC			
沥青路面加热设备	LR（沥热）	红外线式	H（红）	—	红外线沥青路面加热设备	LRH			
		热风循环节	Y（循）	—	热风循环式沥青路面加热设备	LRY			
		红外线热风循环式	S（双）	—	红外线热风循环沥青路面加热设备	LRS			
沥青乳化机	R（乳）	搅拌机	J（搅）	D（单）	单轴搅拌式沥青乳化机	RJD	生产率	L/h	主参数
				P（偏）	偏心轴搅拌式沥青乳化机	RJP			
				H（回）	回转槽搅拌式沥青乳化机	RJH			
		胶体磨式	A（胶）	—	胶体磨式沥青乳化机	RA			
		喷嘴式	Z（嘴）	—	喷嘴式沥青乳化机	RZ			
沥青喷洒机	P（喷）	自行式	Z（自）	—	自行式沥青喷洒机	PZ	额定容积	L	主参数
		拖式	T（拖）	—	拖式沥青喷洒机	PT			
		手推式	S（手）	—	手推式沥青喷洒机	PS			

续上表

类型				特性	产品		主参数代号		
名称	代号	名称	代号	代号	名称	代号	名称	单位	表示法
乳化沥青喷洒机	PR（喷乳）	自行式	Z（自）	—	乳化沥青喷洒机	PRZ	额定容积	L	主参数
		拖式	T（拖）	—	拖式乳化沥青喷洒机	PRT			
		手推式	S（手）	—	手推式乳化沥青喷洒机	PRS			
沥青混凝土摊铺机	LT（沥摊）	轮胎式	L（轮）	—	轮胎式沥青混凝土摊铺机	LTL	摊铺宽度	mm	
		履带式	U（履）	—	履带式沥青混凝土摊铺机	LTU			
路面铣刨机	B（刨）	旋切式	U（旋）	Z（自）	自行式旋切路面铣刨机	BUZ	铣刨宽度		
				T（拖）	拖式旋切路面铣刨机	BUT			
		滚切式	G（滚）	Z（自）	自行式滚切路面铣刨机	BGZ			
				T（拖）	拖式滚切路面铣刨机	BGT			
路面养护车	Y（养）	—	—	L（沥）	沥青路面养护车	LY	载质量	t	主参数×10
		—	—	D（道）	道路养护车	DY			
混凝土摊铺机	HT（混摊）	轨道式	—	G（轨）	轨道式轨模混凝土摊铺机	HTG	摊铺宽度	mm	主参数
			—	D（斗）	轨道式斗铺混凝土摊铺机	HTD			
			—	L（螺）	轨道式螺旋混凝土摊铺机	HTL			
			—	U（刮）	轨道式刮板混凝土摊铺机	HTU			
		滑模式	H（滑）	—	滑模混凝土摊铺机	HTH			
混凝土路面填缝机	HF（混缝）	轨道式	G（轨）	—	轨道式混凝土路面填缝机	HFG	填缝宽度		
		手推式	S（手）	—	手推式混凝土路面填缝机	HFS			
混凝土路面切缝机	HQ（混切）	轨道式	G（轨）	—	轨道式混凝土路面切缝机	HQG	切缝宽度		
		轮胎式	L（轮）	—	轮胎式混凝土路面切缝机	HQL			
		手扶式	S（手）	—	手扶式混凝土路面切缝机	HQS			
混凝土整面机	H（混）	轨道式	G（轨）	—	轨道式混凝土整面机	HG	生产率	m^2/h	
混凝土拉毛机	HL（混拉）	—	—	—	混凝土拉毛机	HL	作业面积	m^2	主参数
混凝土路面振动梁	H（混）	单梁式	D（单）	—	单梁式混凝土路面振动梁	HD	有效长度	mm	
		双梁式	S（双）	—	双梁式混凝土路面振动梁	HS			
路缘机	Y（缘）	挤压成型	C（成）	—	路缘石成型机	YC	生产长度	m	
		铺砌	P（铺）	—	路缘石铺砌机	YP			
路面画线机	H（画）	自行式	Z（自）	—	自行式路面画线机	HZ	功率	kW	
		牵引式	Q（牵）	—	牵引式路面画线机	HQ			
		手扶式	F（扶）	—	手扶式路面画线机	HF			

续上表

类型				特性	产品		主参数代号		
名称	代号	名称	代号	代号	名称	代号	名称	单位	表示法
石屑撒布机	SA（石撒）	自行式	Z(自)	—	自行式石屑撒布机	SAZ	撒布宽度	m	主参数×10
		拖式	T(拖)	—	拖式石屑撒布机	SAT			
石料摊铺机	ST（石摊）	自行式	Z(自)	—	自行式石料摊铺机	STZ	摊铺宽度		
		拖式	T(拖)	—	拖式石料摊铺机	STT			
稳定土拌和机	WB（稳拌）	自行式	Z(自)	—	自行式稳定土拌和机	WBZ	拌和宽度		
		路拌式	L(路)	—	自路拌式稳定土拌和机	WBL			
稳定土厂拌设备	WC(稳厂)	自落式	Z(自)	—	自落式稳定土厂拌设备	WCZ	生产率	t/h	主参数

第二节　稳定土拌和机

一、稳定土拌和机用途与分类

稳定土拌和机是一种在行驶过程中，以其工作装置对土壤就地松碎，并与稳定剂（石灰、水泥、沥青、乳化沥青或其他化学剂）均匀拌和，以提高土的稳定性的机械。使用这种方法获得稳定混合料的施工工艺习惯上称为路拌法，而稳定土拌和机又称为稳定土路拌机。

根据结构特点，稳定土拌和机可以按以下几个方面进行分类：

1）按行走部分形式：分为履带式、轮胎式和复合式（履带和轮胎结合），见图7-1a）、b）、c）。

2）按移动方式：分为自行式、半拖式和悬挂式，见图7-1d）、e）、f）。

3）按动力传动的形式：分为机械式、液压式和混合式（机液结合）。

4）按其工作装置（铣刀式拌和机的工作装置称为铣削筒，又称为转子）在机器上的位置：分为中置式和后置式两种，见图7-1g）、h）。一般来说，后置式稳定土拌和机的整机稳定性较差，但更换刀具及拌和转子容易，保养方便；中置式稳定土拌和机由于轴距较大，转弯半径大，机动性受到限制。

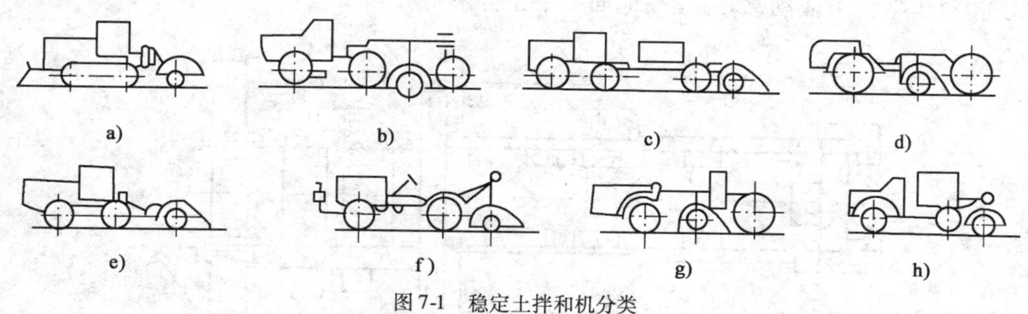

图7-1　稳定土拌和机分类

a）履带式；b）轮胎式；c）轮履结合式；d）自行式；e）半拖式；f）悬挂式；g）中置式；h）后置式

5）按拌和转子旋转方向可分为正转和反转两种。正转：即拌和转子由上向下切削；反转：即拌和转子由下向上切削。正转相对反转拌和阻力小，因此所消耗功率较小，但反转转子对稳定材料反复拌和与破碎较好，拌和质量也比正转好，且正转只适用于拌和松散的稳定材料。

稳定土拌和机主要用于公路工程施工中，完成稳定土基层的现场拌和作业。由于该机型拌和幅度变化范围大，所以它既适用于高等级公路稳定土基层施工，又适用于中、低级路面或县乡道路路面施工，可以拌和Ⅰ、Ⅱ级土，也可以拌和Ⅲ、Ⅳ级土；附设有热态沥青或乳化沥青再生作业、自动洒水装置，可就地改变稳定土的含水率并完成拌和；通过更换作业装置，装上铣削滚筒，还可完成沥青混凝土或水泥混凝土路面铣刨作业。

二、结构与工作原理

稳定土拌和机的部件结构与作业装置的构造和安装位置有不同的形式，但均由主机、工作装置和稳定剂喷洒控制系统三大部分组成。在筑路工程上，较为常见的拌和机是铣刀轮式，本节主要叙述此种机型。图7-2为WBY21型稳定土拌和机外形结构。

图7-2　WBY21型稳定土拌和机外形图

(一)主机

主机是稳定土拌和机的基础车辆，主要由发动机、传动系统、行走驱动桥、转向桥、操纵机构、电气系统、液压系统、驾驶室和主机车架等组成。各部件均安装在主机车架上。

主机车架要求有较强的整体性、较大的刚度和抗扭强度。图7-3所示的主机车架为整体框架结构，由大梁及横梁焊接而成。主机架前端可以加焊或安装长方形配重箱，配重箱又可作为保险横梁。尾部支座通过转轴与工作装置相连，由于拌和机行驶速度不高，所以采用刚性悬挂。车机架与后桥刚性连接；前桥作为转向桥与机架的连接方式采用摆动桥铰接式连接，使前桥可以相对车架上下摆动，以适应在地面不平条件下行驶。

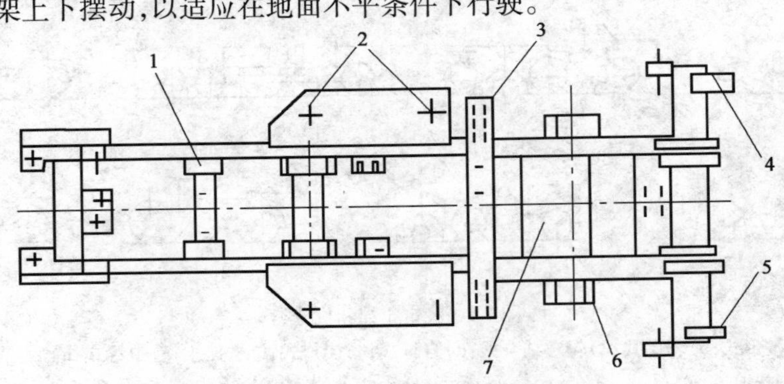

图7-3　WYB21型稳定土拌和机的主机车架结构

1-前桥支架；2-驾驶室安装座孔；3-保护架安装座；4-拌和装置安装架；5-铰接支座；6-储气筒安装座；7-后桥支架

动力传动由行走传动系统和工作装置传动系统组成。行走传动系统必须满足运行与作业速度要求；工作装置(转子)传动系统必须满足因拌和土的性质不同而转速不同的要求；同时，拌和机在拌和作业过程中，被拌材料的种类及物理特性的变化会引起其外阻力的变化，这就要求其传动系统能根据机器外阻力的变化自动调节其行走传动系统与转子传动系统之间的功率分配比例；另外，当转子遇到埋藏在被拌材料中的大石块、树根等类杂物的突然冲击荷载时，则要求传动系统有过载安全保护装置。

稳定土拌和机常用的传动形式有两种：一种是行走与转子传动系统均为液压式，或称全液压式；另一种是行走为液压，转子为机械式，或称液压-机械式。

图 7-4 所示为国产 WBY21 型稳定土拌和机传动原理图，其传动型式为全液压式。其行走传动路线为：发动机 1→万向节传动轴 2→分动箱 6→行走变量泵 4→行走定量马达 8→两速变速器 9→驱动桥 10；转子传动路线为：发动机→万向节传动轴 2→分动箱 6→转子变量泵 7→转子定量马达 11→转子 12。该拌和机行走操纵系统如图 7-5 所示。操纵阀 1 的操纵手柄控制行走变量泵斜盘角度的大小和方向，从而达到改变机器行走方向、调节速度和停车的目的。操纵手柄置于中间为零位，向前推机器前进，向后拉机器倒退。变速器为两挡，由操纵杆通过推拉软轴进行变速操纵，操纵杆上抬为高速挡，且可通过操纵阀手柄实现无级调速，行走速度(进退)为 0 ~ 24.5km/h；操纵杆下压为低速挡。行走速度(进退)为 0 ~ 3.4km/h，从而满足行驶与作业速度要求。转子工作操纵是采用无级摩擦盘及推拉软轴带动连杆，连杆带动转子泵柄来实现的，转于泵柄角度的变化即改变了泵斜盘的角度，从而使转子的转速可实现无级变化以适应外载的变化。

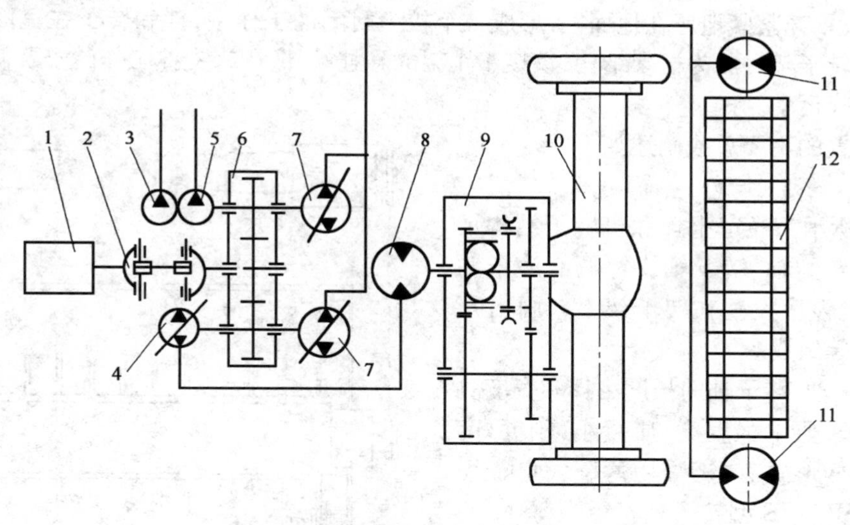

图 7-4　WBY21 型稳定土拌和机传动原理图

1-发动机；2-万向节传动轴；3-转向油泵；4-行走油泵；5-操纵系统油泵；6-分动箱；7-转子油泵；8-行走马达；9-变速器；10-驱动桥；11-转子马达；12-转子

全液压式的传动形式具有无级调速且调速范围宽，液压缓冲冲击荷载可保护发动机等优点，但造价较贵。液压机械式的转子采用机械传动，由于转子的速比不大且范围要求不宽，因此是简便可行的，但转子的过载保护装置安全保险销剪断后安装对中困难。

(二)工作装置

工作装置又称拌和装置，主要由转子、转子架以及转子升降油缸、罩壳后斗门开启油缸等组成，参见图 7-2 及图 7-6。

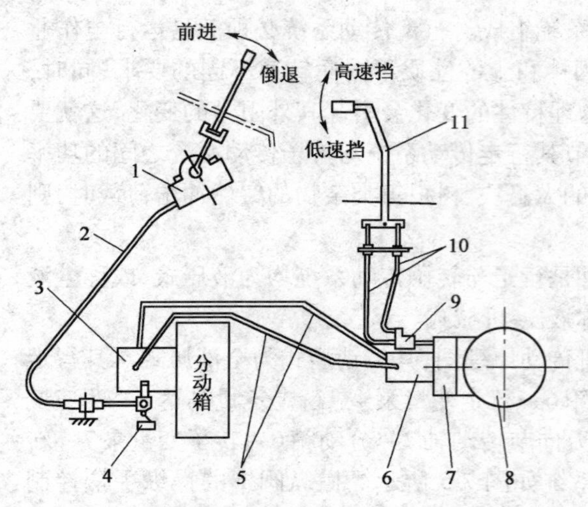

图7-5 WBY21型稳定土拌和机行走操纵系统简图
1-操纵阀;2-行走泵操纵软轴;3-行走泵;4-零位控制5-油管;6-液压马达;7-变速器;8-驱动桥;9-变速软轴支架;10-变速操纵软轴;11-变速操纵杆

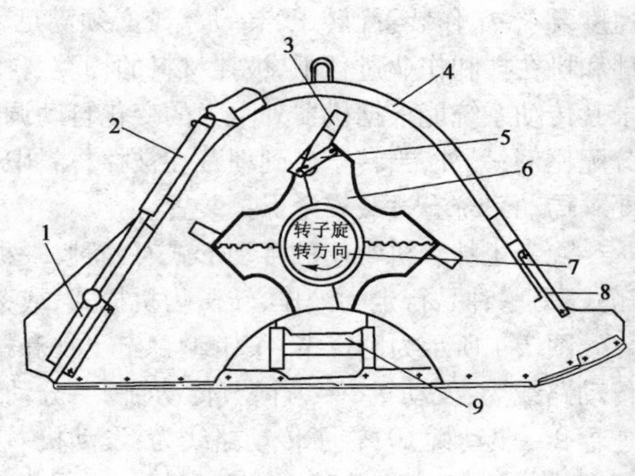

图7-6 稳定土拌和机转子及罩壳结构示意图
1-后斗门;2-后斗门开启油缸;3-刀片;4-转子罩壳;5-压板;6-刀盘;7-转子轴;8-前斗门;9-深度调节垫片

在运输状态,通过转子升降油缸使转子被抬起,罩壳支撑在转子两端的轴颈上,因此也被抬起;在工作状态,转子通过转子升降油缸被放下来,罩壳便支撑在地面上,此时,转子轴颈则借助于罩壳两侧长方形孔内的深度调节垫块支撑在罩壳上。因此,在自身重力和转子重力的共同作用下,罩壳紧紧地压在地面上,形成一个较为封闭的工作室,拌和转子在里面完成粉碎拌和作业。转子架一般为框架结构,铰接于车架的悬挂端部,用来支撑工作转子及使转子相对于地面作升降运动。

工作装置的主要总成阐述如下:

1. 转子

图7-7所示为稳定土拌和机转子结构示意图。它由转子轴、转子轴支撑调心滚子轴承及轴承座(该座设置在转子架上未画出)、刀盘及刀片等组成。

(1)转子轴:转子轴的长度由拌和宽度决定,一般较长,要求强度高,质量小,刚度好。转子轴的结构形式有:①采用薄壁大口径无缝钢管,如SPDM-E型转子轴直径为500mm;②采用钢板拼焊而成的大口径管状结构,如国产WB230型转子轴,以上两种为整体式;③采用分开式的两端轴与中间拌和轴用螺栓连接在一起,如日本的PM-170型转子轴,其制造简单,拆装方便。

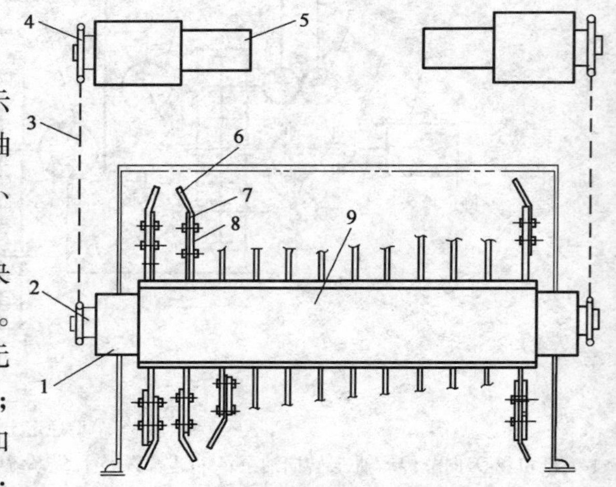

图7-7 稳定土拌和机转子结构示意图
1-调心滚子轴承;2-轴颈;3-链轮;4-链条;5-油马达;6-弯头刀片;7-刀盘;8-压板;9-转子轴

(2)转子轴支承:转子轴支承方式根据转子轴不同而不同,一般整体式转子轴采用半轴瓦式支承方式,便于更换转子;分开式转子轴采用调心滚子轴承支承方式,便于两轴端调心对中。

（3）刀盘：刀盘一般是焊接在转子轴上，用于安装刀片，要求强度、刚度好。刀盘的数目根据拌和宽度而定，一般不少于10，每个刀盘的刀片数目一般为4把或6把。

（4）刀片：刀片是易损件，在最恶劣的砂石料中进行拌和作业，仅8h就需全部拆换刀片，因此拆装方便是必需的。

刀片在刀盘的固定型式有拆卸固定和非拆卸固定。拆卸固定常采用螺栓和楔块固定，如图7-7中的刀片是通过压板用螺栓固定在刀盘上的，螺栓的拆卸由于螺纹被稳定剂粘死而不方便，而SPDM-E型拌和机其刀片直接插入焊在刀盘上的刀库内。刀库由外面穿入两个固定螺栓，刀片上有两个缺口，可直接插入刀库内，两个固定螺栓即可通过刀片上两个缺口将它固定，然后在刀库短边穿过一个开口销，把刀片挡住即可。换装时只需把开口销抽出，刀片即可拿出，既改善了工作条件，又节省了换装时间。模块固定是利用土对刀把上的楔面产生的向心楔力使刀片越来越固定于刀盘上，拆卸方便。不可拆卸的固定一般是将刀片直接焊接在刀盘上，此时刀片的材料一般为弹簧钢。

刀片在转子轴上一般布置为螺线形，以保证拌和均匀和受力均匀。螺旋可为一个方向，也可为左右螺旋，此时转子轴向力抵消，受力更好。螺旋可为二头、三头或四头螺旋线。

刀片的形状一般为铣刀形，参见图7-7。目前国产的刀片材料有四类：A型：铬钼合金钢刀体加焊硬质合金刀片；B型：耐磨高合金钢精铸后水韧处理；C型：合金钢刀体刃部熔铸耐磨材料；D型：高碳合金钢精铸后热处理。

2. 罩壳

如图7-6所示，罩壳由罩盖、后斗门、后斗门开启油缸、前斗门等组成。罩壳借助于两侧的长方形孔支承在转子的两端轴颈上。

罩壳和转子形成拌和间，液压传动的后斗门及手动可调的前斗门可使拌和间内物料容量保持正常及与拌和深度和前进速度成合适的比例。这样就可为物料的拌和提供最适宜的控制并保持均匀性。

第三节　稳定土厂拌设备

一、稳定土厂拌设备用途与分类

稳定土厂拌设备是路面工程机械的主要机种之一，是专用于拌制各种以水硬性材料为结合剂的稳定混合料的搅拌机组。由于混合料的拌制是在固定场地集中进行，使厂拌设备能够方便地具有材料级配准确、拌和均匀、节省材料、便于计算机自动控制统计打印各种数据等优点，因而广泛用于公路和城市道路的基层、底基层施工，也适用于其他货场、停车场、机场等需要稳定材料的工程。使用这种方法获得稳定混合料的施工工艺习惯上称为厂拌法。厂拌需配备大量的汽车、装载机来装运土、石方和拌和好的稳定材料，当稳定材料运到现场后，还需要摊铺设备来摊铺稳定材料，因此厂拌法施工造价较高。

稳定土厂拌设备可以根据主要结构、工艺性能、生产率、机动性及拌和方式等进行分类。

根据生产率大小，稳定土厂拌设备可分为小型（生产率小于200t/h）、中型（生产率200～400t/h）、大型（生产率400～600t/h）和特大型（生产率大于600t/h）4种。

根据设备拌和工艺可分为非强制跌落式、强制间歇式、强制连续式3种。在强制连续式中又可分为单卧轴强制搅拌式和双卧轴强制搅拌式。在诸多的形式中，双卧轴强制连续式是最常用的搅拌形式。

根据设备的布局及机动性，稳定土厂拌设备可分为移动式、分总成移动式、部分移动式、可搬式、固定式等结构形式。

移动式厂拌设备是将全部装置安装在一个专用的拖式底盘上，形成一个较大型的半挂车，可以及时转移施工地点。设备从运输状态转到工作状态时不需要吊装机具，仅依靠自身液压机构就可实现部件的折叠和就位。这种厂拌设备一般是中、小型生产能力的设备，多用于工程分散、频繁移动的公路施工工程。

分总成移动式厂拌设备是将各主要总成分别安装在几个专用底盘上，形成两个或多个半挂车或全挂车形式。各挂车分别被拖动到施工场地，依靠吊装机具使设备组合安装成工作状态，并可根据实际施工场地的具体条件合理布置各总成。这种形式多在中、大生产率设备中采用，适用于工程量较大的公路施工工程。

部分移动式厂拌设备也是常见的一种布局方式。采用这种布局的设备在转移工地时将主要的部件安装在一个或几个特制的底盘上，形成一组或几组半挂车或全挂车形式，依靠拖动来转移工地，而将小的部件采用可拆装搬移的方式，依靠汽车运输完成工地转移，这种形式在中、大生产率设备中采用，适用于城市道路和公路施工工程。

可搬移式厂拌设备是我国一种布局方式采用最多的厂拌设备，这种设备将各主要总成分别安装在两个或两个以上的底架上，各自装车运输实现工地转移，再依靠吊装机具将几个总成安装组合成工作状态。这种形式在小、中、大生产率设备中均采用，具有造价较低、维护保养方便等特点，适用于各种工程量的城市道路和公路施工工程。

固定式厂拌设备固定安装在预先选好的场地上，一般不需要搬迁，形成一个稳定材料生产工厂。因此，一般规模较大，具有大、特大生产能力，适用于城市道路施工或工程量大且集中的施工工程。

二、结构与工作原理

稳定土厂拌设备主要由矿料（土、碎石、砂砾、粉煤灰等）配料机组、集料皮带输送机、粉料配料机、搅拌机、供水系统、电气控制柜、上料皮带输送机、混合料储仓等部件组成（图 7-8）。由于厂拌设备规格型号较多，结构布局多样，因此，各种厂拌设备的组成会有所不同。

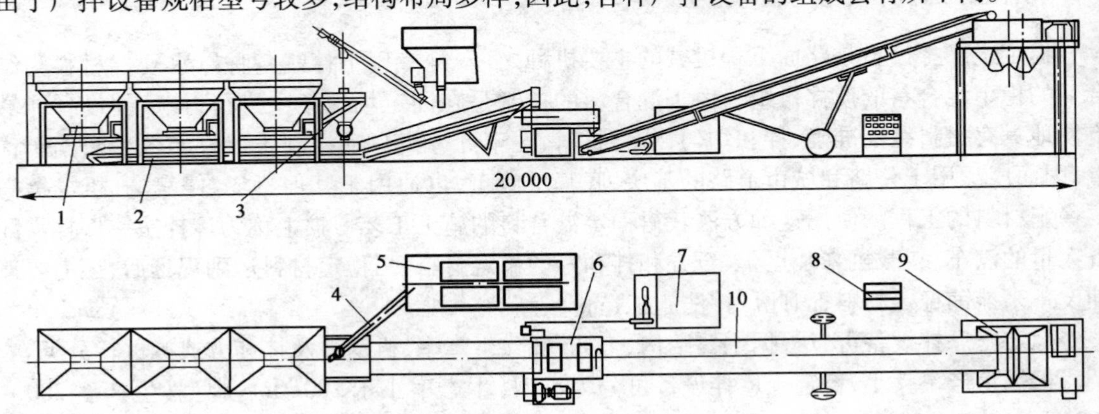

图 7-8　WCB200 型稳定土厂拌设备外型图（尺寸单位：mm）

1-配料机；2-集料机；3-粉料配料机；4-螺旋输送机；5-卧式存仓；6-搅拌机；7-供水系统；8-电气控制柜；9-混合料储仓；10-上料皮带机

稳定土厂拌设备的工作流程：把不同规格的矿料用装载机装入配料机组的各料仓中，配料机组按规定比例连续按量将矿料配送到集料皮带输送机上，再由集料皮带输送机送到搅拌机中；结合料（也称粉料）由粉料配料机连续计量并输送到集料皮带输送机上或直接输送到搅拌机中；水经流量计计量后直接连续泵送到搅拌机中；通过搅拌机将各种材料拌制成均匀的成品混合料；成品料通过上料提升皮带输送机输送到混合料储仓中，然后装车运往施工工地。

1. 配料机组

配料机组一般由几个料斗1和相对应的配给机4、水平集料皮带输送机2、机架3等组成。水平集料皮带输送机放置在配给机下边，将各配给机配出的物料集中送往集料皮带输送机上（图7-9）。

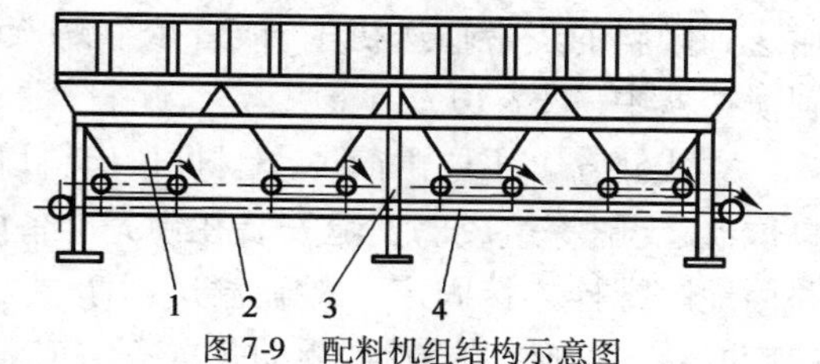

图7-9　配料机组结构示意图

1-料斗；2-水平集料皮带输送机；3-机架；4-配给机

配给机一般由料斗、料门、配料皮带输送机及驱动装置等组成。料斗由钢板焊成，通常在上口周边装有挡板，以增加料斗的容量；斗壁上装有仓壁振动器，以消除物料起拱现象。料斗上口还装有倾斜的栅网，以防在装载机上料时将粒径过大的矿料装入料斗而影响供料性能。装黏性材料用的料斗内部必须装置有强制破拱器，破拱形料斗一定要装栅网，才能保证安全生产。出料闸门安装在料斗下方，调节开启高度可改变配料皮带输送机的供料量。配料皮带输送机用调速电机或液压马达通过减速机驱动，皮带输送机后部有张紧装置，用于调节皮带输送机正常张紧度和修正皮带跑偏量。配给机的作用是将物料从料斗中带出并对材料计量，其计量方式有容积式和称重式两种。

容积式计量方式是用调节料斗闸门的开启高度和调节皮带机转速的方法改变配料的容积量。称重式计量方式是在容积计量的基础上，用电子传感器测出物料单位时间内通过的重量信号，并根据重量信号调节皮带输送机转速。这种方式用重量作为计量和显示单位，因此计量精度高于容积式。称重式计量器形式很多，有电子皮带秤、减量秤、冲量秤、核子秤等。

机架为型钢焊成的框架结构，起支承作用。

在移动式的配料机组中，还应有轮系，制动装置、拖架装置、灯光系统等，必须具备行走功能及保证行驶的安全性。

在我国生产并广泛应用的稳定土厂拌设备中，配料机组多采用容积计量方式，用几个配料机组配而成。每个配料机又是一个完整的独立部分，可根据用户的需要进行组配。斗门的启闭采用手轮操作，齿条传动，开启高度可在1～200mm范围内调节，一般最小开启高度应大于所装物料最大粒径的2倍。在实际作业中，相应选择斗门开启高度和皮带机转速，并注意调速电机应避免在低于500r/min的工况下工作。

2. 集料皮带输送机

集料皮带输送机用于将配料机组供给的集料输送到搅拌机中，其结构和工作原理与通用的皮带输送机相同。主要由接料斗、输送带、机架、传动滚筒、改向滚筒、驱动装置、张紧装置、托辊、清扫装置等组成。清扫装置有托辊式、螺旋式、刮板式等，其作用是清除黏附在皮带上的物料。在皮带输送机上方应安装有罩壳，以防止尘土及粉料的飞扬。

3. 粉料配料机

粉料配料机的结构分为立式储仓型和卧式储仓型两种形式。其中立式储仓具有占地面积小、容量大、出料顺畅等优点，这种料仓更适合于固定式厂拌设备使用。卧式储仓同立式储仓相比，仓底必须增设一个水平螺旋输送装置，才能保证出料顺畅。但卧式储仓具有安装和转移方便、上料容易等优点，广泛应用于移动式、可搬式等厂拌设备。下面主要介绍立式储仓给料系统。

立式储仓给料系统主要由立式储仓 1、螺旋输送器 2、小料仓 3、计量装置 4 等组成。水泥、石灰等结合料由散装罐车运送到拌和厂，依靠气力输送至立式储仓 1 中。工作时布置在底部的螺旋输送器 2 将粉料送到小料仓 3 中，经计量装置 4 计量后输送到倾斜的皮带输送机上，或者依靠螺旋输送器 2 直接输送到搅拌器中（图 7-10）。

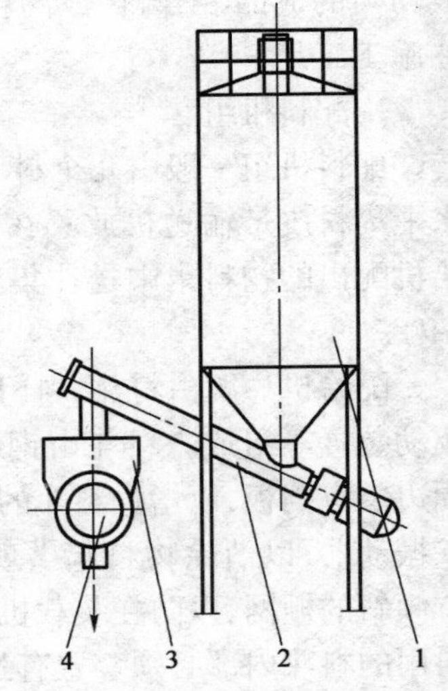

图 7-10　立式储仓给料系统示意图

1-立式储仓；2-螺旋输送器；3-小料仓；4-计量装置

立式储仓 1 主要由筒体、上料口、出料口、除尘透气孔、上下料位器、支腿等组成。支腿安装在预先准备好的混凝土基础上，并用地脚螺栓连接固定。螺旋输送器 2 主要由螺旋体（心轴和螺旋叶片）、壳体、联轴器、驱动装置等组成。

小料仓 3 的设置是为了使计量装置在工作时工作平稳，调节幅度小，提高计量准确性。

粉料计量装置 4 可分为容积计量和称重计量两种方式。容积计量大都采用叶轮给料器，它主要由叶轮、壳体、接料口、出料口、动力驱动装置等组成。可用改变叶轮转速的方法来调节粉料的输出量。此种计量方式是国内外设备中普遍采用的形式，其结构简单，计量较可靠。称重计量一般采用螺旋秤、减量秤等方式，连续动态称量并反馈控制给料器的转速以调节粉料输出量。

4. 搅拌机

搅拌机是厂拌设备的关键部件。它的结构有多种形式，其中双卧轴强制连续式搅拌机具有适应性强、体积小、效率高、生产能力大等特点，是常用的结构形式。图 7-11 是这种搅拌机的结构示意图。

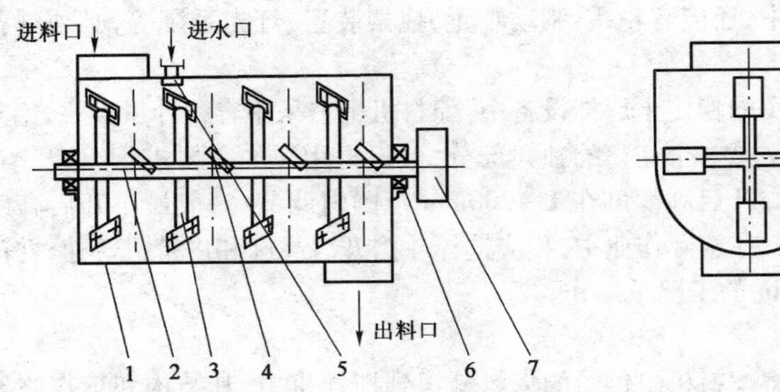

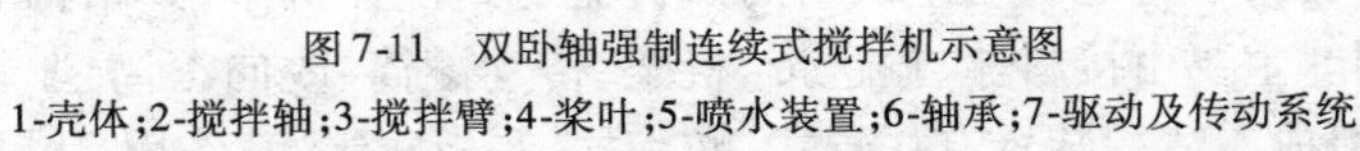
图 7-11　双卧轴强制连续式搅拌机示意图

1-壳体；2-搅拌轴；3-搅拌臂；4-桨叶；5-喷水装置；6-轴承；7-驱动及传动系统

双卧轴强制连续式搅拌机主要由壳体 1、搅拌轴 2、搅拌臂 3、桨叶 4、喷水装置 5、进料口、出料口、盖板（图上未画出）、轴承 6、驱动及传动系统 7 等组成，这种搅拌机的工作原理为：级配料和粉料从进料口连续进入搅拌机，搅拌机的双轴由里向外作相反方向转动，带动桨叶旋转。在桨叶的作用下，各种级配料和水快速掺和。桨叶沿轴向安装成一定角度，使物料沿轴向和横向快速移动拌和，到达出料口时已被搅拌成均匀的混合料并从出料口排出。有些厂拌设备的桨叶与搅拌轴的安装角度是可以调节的，以适应不同工况的要求。

搅拌机壳体通常作成双圆弧底型，由钢板焊制而成。为保证壳体不受磨损，在壳体内侧装有耐磨衬板。

搅拌轴可用方形或六方形钢管等制成。搅拌臂用螺栓连接或焊接在搅拌轴上。桨叶用螺栓固定在搅拌臂上，也有在桨叶和搅拌臂之间加装桨叶座的结构形式。搅拌桨叶有方形带圆角、矩形等各种形状。

搅拌器的驱动系统结构形式多样，可归纳为如下几种形式：

电动机→减速器→链轮→搅拌轴；

电动机→液压泵→液压马达→齿轮减速器→搅拌轴；

电动机→蜗轮蜗杆减速器→搅拌轴；

电动机→液压泵→液压马达→皮带轮传动→锥齿轮传动→搅拌轴；

发动机→分动箱→液压泵→液压马达→齿轮减速器→搅拌轴。

双轴搅拌器必须保证双搅拌轴同步旋转。在大型或特大型设备中，搅拌器的驱动采用双电动机经蜗轮蜗杆减速后驱动搅拌轴的传动方式。而链传动是常用的较可靠的传动方式，在厂拌设备中广为采用。图 7-12 是采用链传动搅拌器的传动示意图。

随着液压技术的发展，液压技术在稳定土厂拌设备搅拌器传动系统中的应用逐渐增多，图 7-13 所示是液压传动形式搅拌器传动示意图。

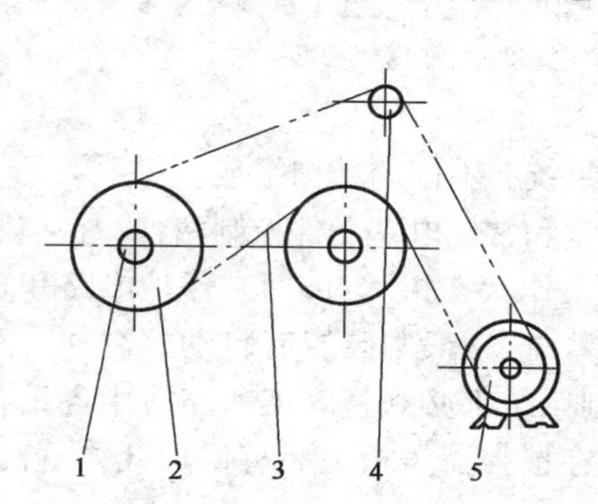

图 7-12　链传动搅拌器传动示意图

1-搅拌轴；2-被动链轮；3-链条；4-张紧轮；5-动力及减速器

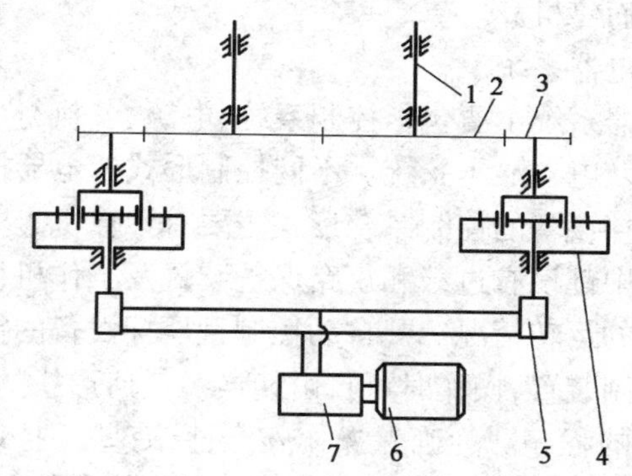

图 7-13　液压传动搅拌器传动示意图

1-搅拌轴；2-大齿轮；3-小齿轮；4-行星减速器；5-液压马达；6-电机；7-液压泵

5. 供水装置

供水装置是厂拌设备的必要组成部分，由水箱、管路、水泵、调节阀、流量计、喷嘴或喷孔和管路等组成。供水量的控制调节有手动和自动控制两种形式。采用手动控制调节方法时，预先操作调节阀以达到一定的供水流量，再根据生产中成品料检验的结果，再次精确调节供水流量。采用自动控制调节方法时，在控制器上按预先设定的供水流量进行操作，作业过程中依据矿料中的含水率及矿料量的变化自动调整供水流量。这种自动检测和调节的方式较为先进，能保证成品料中的含水率的恒定。

6. 成品料上料皮带输送机

成品料上料皮带输送机是将搅拌器拌制好的成品料连续输送到混合料储仓中,以备运输车辆装载并运到工地。此皮带输送机和通用皮带输送机的工作原理和结构形式相同,故不作详细叙述。

7. 混合料储仓

混合料储仓(图7-14)用来暂时存放拌和好的成品混合料,这样既便于装车,又可减少混合料的离析。混合料储仓主要包括立柱、平台、料斗、溢料管和启闭斗门的液压或气压传动机构等。为了便于装车,储料仓用4根立柱架高,以保证自卸汽车能在出料口下方顺利通过。4根立柱用地脚地螺栓固定在混凝土基础上,立柱的上端固定着平台。搅拌机、储料仓和启闭斗门用的液压传动装置等都设置在这个平台上。当混合料储仓装满拌和好的混合料时,可用手动控制液压系统打开放料门,将混合料卸入自卸汽车运走。在储仓内还设有液动导料槽,以便当自卸汽车不足或需要进行堆料时,可将导料槽放下,使搅拌机拌和好的成品混合料通过导料槽卸入溢料管,流进堆料皮带输送机中,再由堆料皮带输送机进行堆料。这样,可以保证设备连续生产,不致因一时自卸汽车不足而停机。

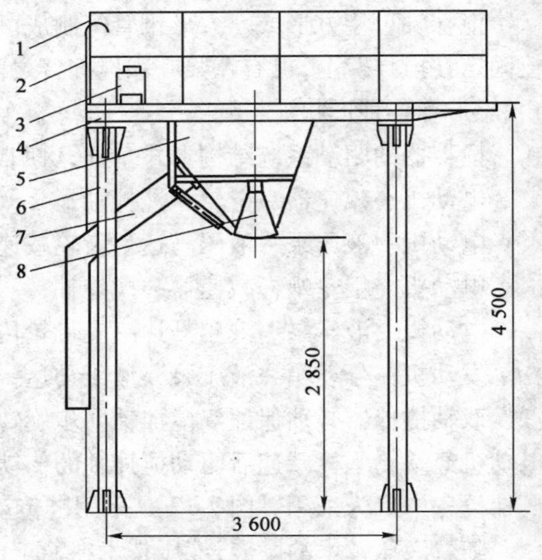

图7-14 混合料储仓结构示意图(尺寸单位:mm)

1-栏杆;2-梯子;3-液压系统;4-平台;5-料仓;6-立柱;7-溢料管;8-放料门

8. 电器系统

电器系统主要包括控制系统、电源、各执行电器元件及电器显示系统。不同控制形式的电器控制系统有不同的结构组成。

厂拌设备的控制系统形式主要有计算机集中控制和常规电器元件控制两种。在控制系统的电路中都设有过载和短路保护装置及工作机构的工作状态指示灯,用来保护电路和直接显示设备的运转情况。凡自动控制型厂拌设备的控制系统,一般都装置有自动控制和手动控制两套控制装置,操作时可自由切换。任何形式的控制系统都必须遵守工艺路线中各设备启动和停机的程序。为确保操作安全性,有些厂拌设备在搅拌器盖板上装有位置开关,盖板打开时,整个稳定土厂拌设备不能启动工作,以保证安全生产。

第四节 沥青混凝土搅拌设备

一、沥青混凝土搅拌设备用途与分类

沥青混凝土搅拌设备是生产拌制各种沥青混合料的机械装置,适用于公路、城市道路、机场、码头、停车场、货场等工程施工部门。沥青混凝土搅拌设备的功能是将不同粒径的集料和填料按规定的比例掺和在一起,用沥青作结合料,在规定的温度下拌和成均匀的混合料。常用的沥青混合料有沥青混凝土、沥青碎石、沥青砂等。沥青混凝土搅拌设备是沥青路面施工的关键设备之一,其性能直接影响到所铺筑的沥青路面的质量。沥青混凝土搅拌设备的分类、特点及适用范围见表7-2。

沥青混凝土搅拌设备的分类、特点及适用范围　表7-2

分类形式	分　类	特点及适用范围
生产能力	小　型 中　型 大　型	生产能力30t/h以下 生产能力30～350t/h 生产能力400t/h以上
搬运方式	移动式 半固定式 固定式	装置在拖车上,可随施工地点转移,多用于公路施工 装置在几个拖车上,在施工地点拼装,多用于公路施工 不搬迁,又称沥青混凝土工厂,适用于集中工程、城市道路施工
工艺流程	间歇强制式 连续滚筒式	按我国目前规范要求,高等级公路建设应使用间歇强制式搅拌设备,连续滚筒式搅拌设备用于普通公路建设

二、结构与工作原理

(一)工艺流程与总体结构

由于机型不同,其工艺流程亦不尽相同。目前国内外最常用的机型有两种,一种是间歇强制式,一种是连续滚筒式。它们的工艺流程分别见图7-15和图7-16。

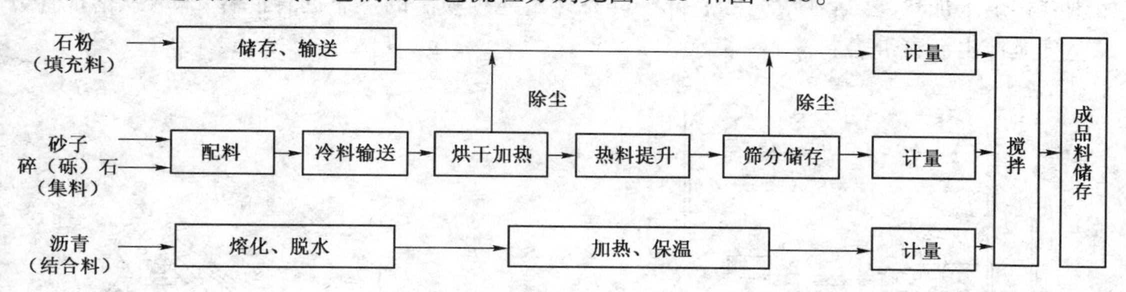

图7-15　间歇强制式搅拌设备工艺流程

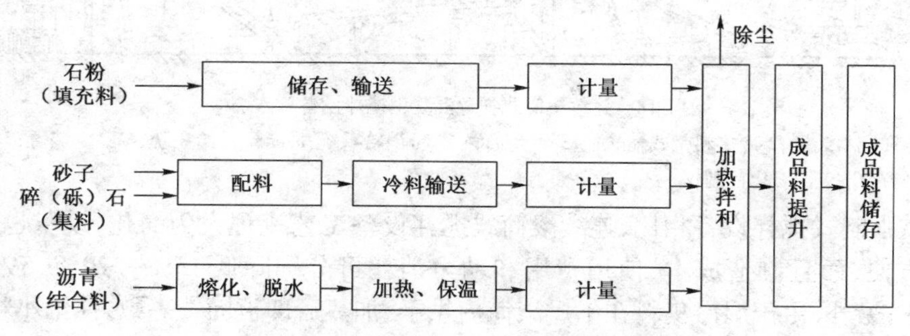

图7-16　连续滚筒式搅拌设备工艺流程

间歇强制式沥青混凝土搅拌设备总体结构如图7-17所示。其特点是初级配的冷骨料在干燥滚筒内采用逆流加热方式烘干加热,然后经筛分计量(质量)在搅拌器中与按质量计量的石粉和热态沥青搅拌成沥青混合料。

由于结构的特点,间歇强制式搅拌设备能保证矿料的级配,矿料与沥青的比例可达到相当精确的程度,另外也易于根据需要随时变更矿料级配和油石化,所以拌制出的沥青混合料质量好，可满足各种施工要求。因此，这种设备在国内外使用较为普遍。其缺点是工艺流程长、设备庞杂、建设投资大、耗能高、搬迁困难、对除尘设备要求高（有时所配除尘设备的投资高达整套设备费用的 30% ~50%）。

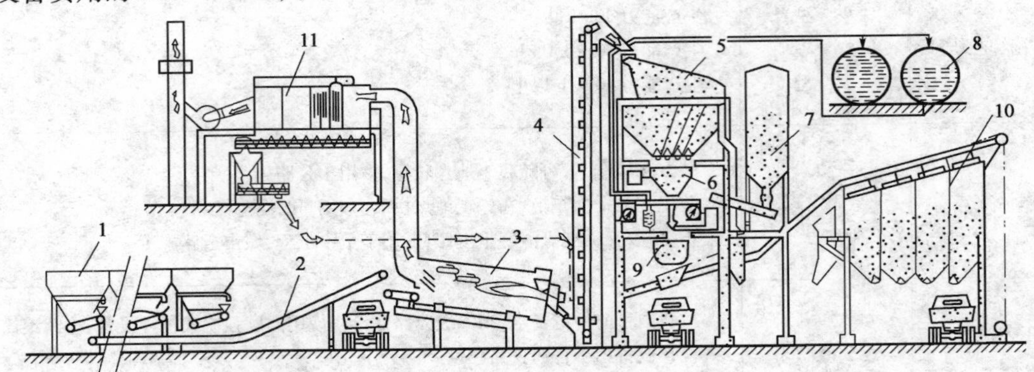

图 7-17　间歇式沥青混凝土搅拌设备总体结构

1-冷集料储存及配料装置；2-冷集料带式输送机；3-冷集料烘干、加热筒；4-热集料提升机；5-热集料筛分及储存装置；6-热集料计量装置；7-石粉供给及计量装置；8-沥青供给系统；9-搅拌器；10-成品料储存仓；11-除尘装置

连续滚筒式沥青混凝土搅拌设备的总体结构如图 7-18 所示。其特点是沥青混合料的制备在烘干滚筒中进行，即动态计量级配的冷集料和石粉连续从干燥滚筒的前部进入，采用顺流加热方式烘干加热，然后在滚筒的后部与动态计量连续喷洒的热态沥青混合，采取跌落搅拌方式连续搅拌出沥青混合料。

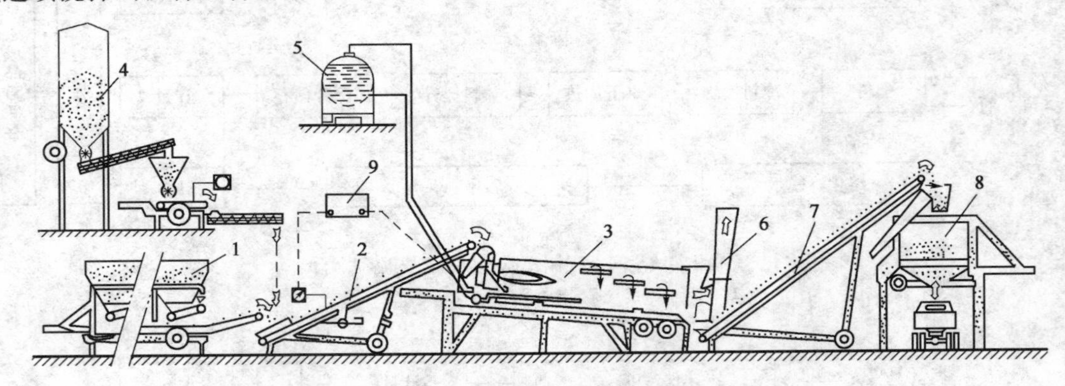

图 7-18　连续滚筒式沥青混凝土搅拌设备总体结构

1-冷集料储存和配料装置；2-冷集料带式输送机；3-干燥筒；4-石粉供给系统；5-沥青供给系统；6-除尘装置；7-成品料输送机；8-成品料储存仓；9-油石比控制仪

与间歇强制式搅拌设备相比，连续滚筒式搅拌设备工艺流程大为简化，设备也随之简化，不仅搬迁方便，而且制造成本、使用费用和动力消耗可分别降低 15% ~20%、5% ~12% 和 25% ~30%；另外，由于湿冷集料在干燥滚筒内烘干、加热后即被沥青裹敷，使细小粒料和粉尘难以溢出，因而易于达到环保标准的要求。

（二）冷集料供给系统

冷集料供给系统包括给料器和输送机。给料器的功能是对冷集料进行计量并按工程的要求进行级配；输送机的功能是将级配后的冷集料集料输送至干燥滚筒。

1. 冷集料给料器

（1）电磁振动式给料器

电磁振动式给料器(图7-19)是在料斗下部弹性地悬挂倾斜一定角度的卸料槽,在卸料槽上装置电磁振动器,依靠电磁振动器的高频振动把集料均匀卸出。给料量的大小,通过改变电磁振动器的振幅及料斗闸门来调整。

(2)板式给料器

板式给料器(图7-20)的工作原理与带式给料器相同,只是把皮带换成装在链条上的链板,把滚筒换成链轮。板式给料器一般都在滚筒连续式搅拌设备中采用。因为板式给料器工作稳定,同时也不存在带式给料器因皮带打滑而影响给料量的情况,实践证明,只要各种集料符合规定要求(粒径和含水率),通过板式给料器进行集料级配计量是能达到规范指标要求的。

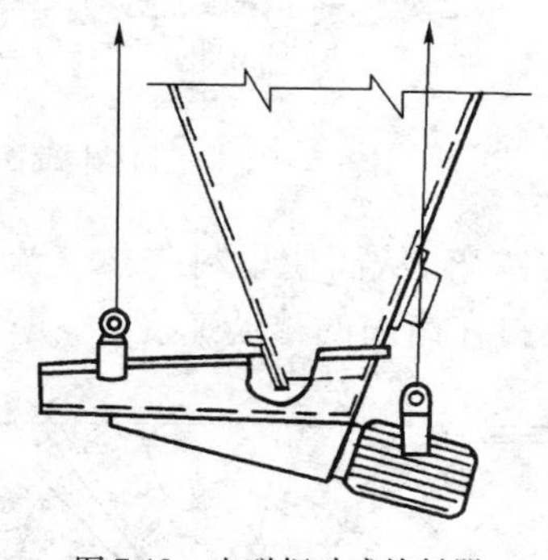

图7-19 电磁振动式给料器

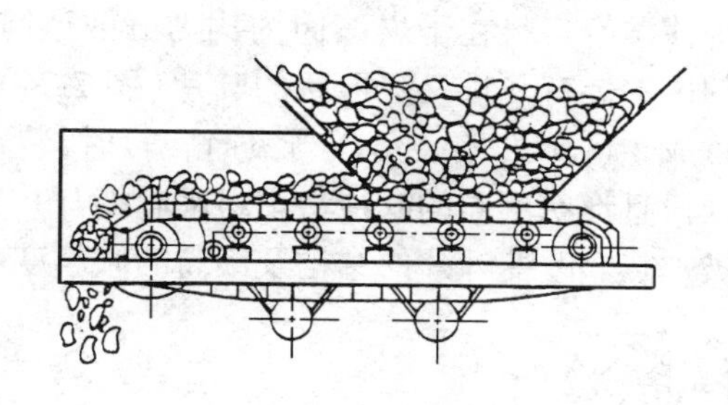

图7-20 板式给料器

2. 冷集料输送机

将经给料器级配计量的冷集料集料送至干燥滚筒的输送机,一般可用带式输送机或斗式提升机。由于带式输送机工作可靠,不易产生卡阻现象,工作时噪声小,架设简便。因此,在场地允许的情况下,应优先选用。

对于连续滚筒式搅拌设备,其连续搅拌是通过各种材料连续供给和成品料连续排出来实现的。因此,为了保证油石比的精度,可在给料器后面的集料皮带和集料输送机之间设一计量装置(一般采用电子皮带秤)。图7-21是一种速度回路控制给料机,它采用称重转换器及速度传感器输出放大的信号与设定值比较后改变输送带的速度,来控制给料机维持在给料量要求的速度范围内,以保证供料均匀精确。

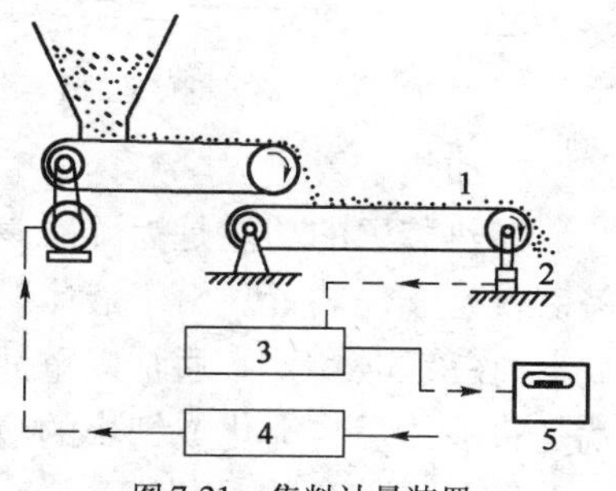

图7-21 集料计量装置

1-恒速称重输送带;2-计量元件;3-给料速度测量器;4-给料流量控制器;5-给料流量指示器

(三)冷集料烘干加热系统

集料烘干加热系统的功能是将集料加热到一定温度并充分脱水,以保证计量精确和结合料(沥青)对它的裹覆,使成品具有良好的摊铺性能。集料的加热温度一般为160~180℃,对连续滚筒式搅拌设备可略低一些,一般为140~160℃。无论何种形式的沥青混凝土搅拌设备,集料的烘干加热系统都是不可缺少的重要组成部分。冷集料烘干加热系统包括干燥滚筒和加热装置两大部分。

1. 干燥滚筒

干燥滚筒是湿冷集料烘干加热的装置。为了使湿冷的集料在较短的时间内,用较低的燃料消耗充分脱水,要求:①集料在滚筒内应均匀分散,并在筒内有足够的运行时间;②集料在干燥滚筒内应直接与燃气充分接触;③干燥滚筒应有足够的空间,不致使内部空气受热膨胀后压力过大。对于滚筒连续式搅拌设备,因为搅拌工序也在干燥滚筒内完成,所以还应考虑集料与沥青的搅拌空间和搅拌时间。

目前,干燥滚筒均采用旋转的长圆柱筒体结构,由耐热的锅炉钢板卷制焊接而成。其外壁前后装有两个支承大滚圈,大滚圈通过托轮支撑在底架上。两个滚圈之间装有一个驱动齿圈,用于驱动干燥滚筒旋转(图7-22),这种齿轮驱动方式在小型及早期设备中应用较多。中型以上设备多以链条驱动取代齿轮驱动(图7-23),其结构简单,制造、安装较方便。对于大型设备一般都采用摩擦驱动,4个托轮均为主动轮;为增加驱动力,有的机型还在托轮上贴附橡胶。

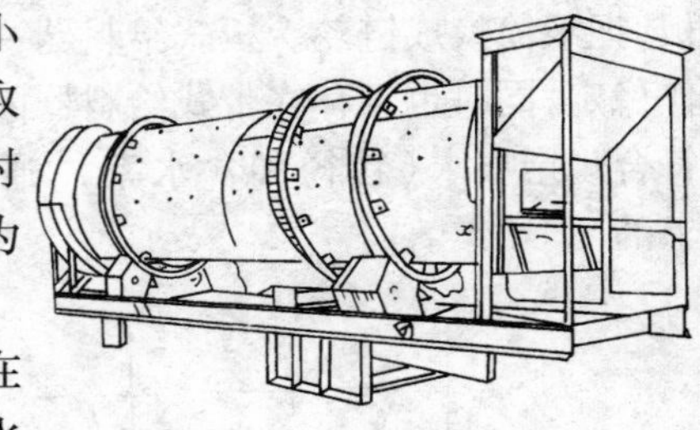

图7-22　干燥滚筒结构简图

为使湿冷集料在干燥滚筒内均匀分散地前进,通常在滚筒的内壁装有几排一定形状的叶片(图7-24),滚筒与水平倾置成3°~6°的安装角。当滚筒旋转时,装在滚筒内壁不同区段且形状不同的叶片将集料刮起提升并于不同位置跌落,从而使集料与热气流充分接触而被加热。改变叶片的结构及滚筒的倾斜度可以改变集料在筒内的移动速度。

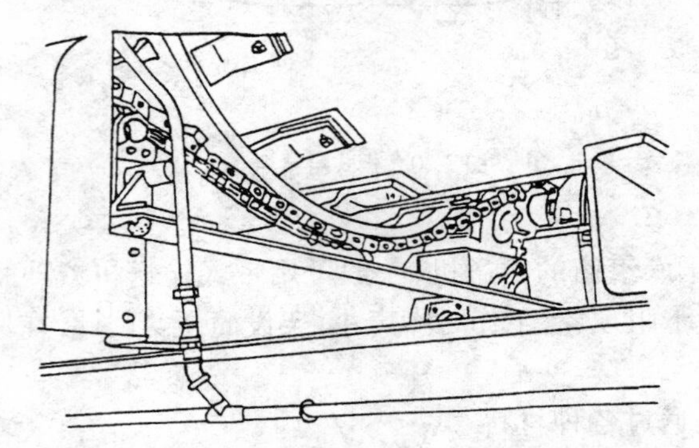

图7-23　链传动的干燥滚筒

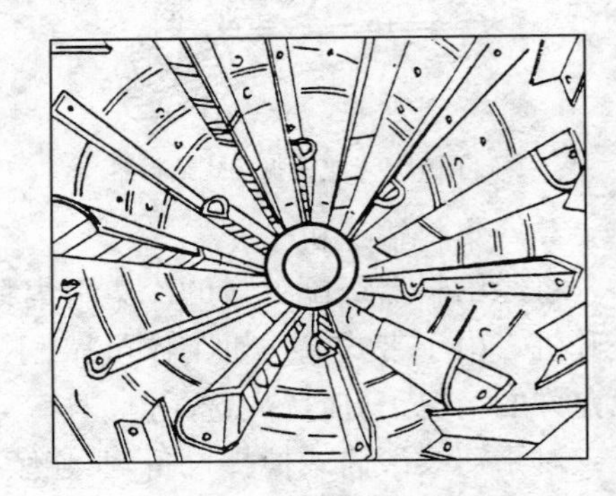

图7-24　干燥滚筒内部结构

2. 加热装置

加热装置的功能是为湿冷集料烘干、加热提供热源。提供热源的条件除了合适的燃料外,关键就是燃烧装置。由于液体燃料的许多优点,使它被国内外搅拌设备普遍采用。考虑生产成本,在液体燃料中,通常以重油和柴油为主。液体燃料燃烧装置的核心是燃烧喷嘴,其作用就是将液体燃料雾化成细小的液滴,并使这些液滴均匀地与空气充分混合,以利于完全燃烧。

(四)热集料提升机

热集料提升机是强制间歇式搅拌设备的必备装置,其功能是把从干燥滚筒中卸出的热集料提升到一定的高度,送入筛分装置内,它通常采用链斗提升机。而链斗提升机一般多选用深形料斗、离心卸料方式(图7-25),但在大型搅拌设备上,则多用导槽料斗,重力卸料方式(图7-26)。重力卸料方式,链条运动速度低,可减少磨损及噪声。此外,值得注意的是,提升机运转中途停止时,链条有载侧在集料的重力作用下提升机有可能倒转,使集料积存在提升机底部,再次起动困难。因此必须设置防倒转机构。

(五)集料筛分及储料计量装置

热集料筛分及储料计量装置是强制间歇式搅拌设备的特有装置。

1. 筛分装置

筛分装置的功能是将经干燥滚筒烘干加热后混杂在一起不同规格的集料按粒径大小重新分开，以便在搅拌之前进行精确的计量与级配。

筛分装置主要有滚筒筛和振动筛两种形式。由于滚动筛的技术经济指标（筛分效率和生产率）落后，故在搅拌设备中已很少使用。振动筛按其结构和作用原理又可分为单轴振动筛、双轴振动筛和共振筛几种形式。其中，前两种在搅拌设备中应用比较广泛；而共振筛尽管生产效率高，但由于结构复杂，使用维修不方便，故在搅拌设备中也使用不多。

单轴振动筛（图7-27）通过单根偏心轴的旋转运动，使倾斜放置的筛网产生振动，从而进行筛分。振幅通常为4～6mm，振动频率为20～25Hz。

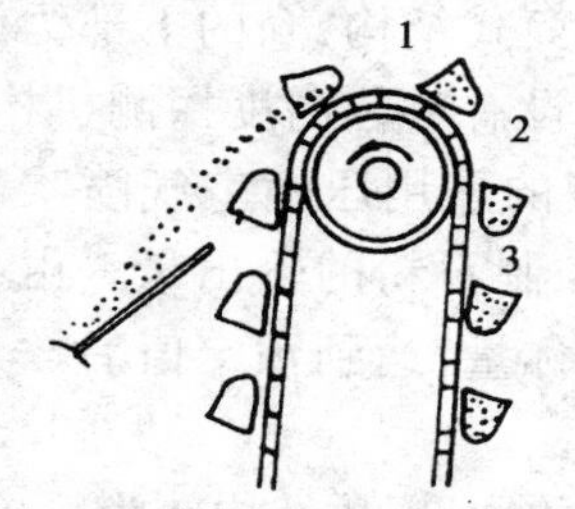

图7-25　离心卸料型斗式提升机
1-深形料斗；2-牵引链；3-链轮

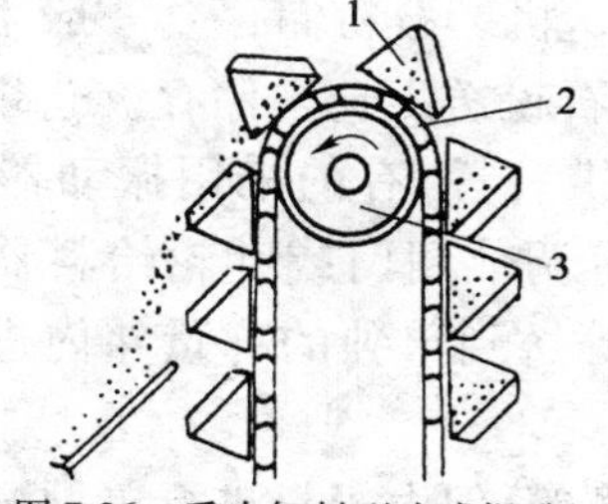

图7-26　重力卸料型斗式提升机
1-导槽料斗；2-牵引链；3-链轮

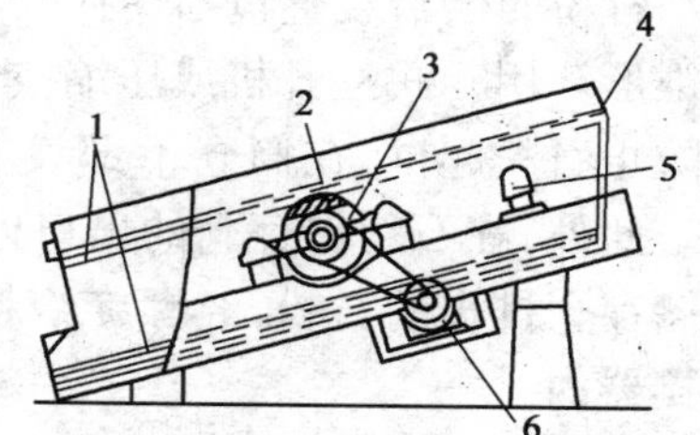

图7-27　单轴下振式振动筛
1-筛网；2-偏心块；3-振动器；4-集料；5-弹簧；6-电动机

双轴振动筛通过两根倾斜布置的偏心轴同步旋转，使水平放置的筛网产生定向振动而进行筛分。振幅通常为9～11mm，振动频率一般为18～19Hz。

筛网主要有编织、整体冲孔和条状三种形式。筛孔形状有方形、圆形和长方形：编织筛网多为方形孔，冲孔筛网多为圆形孔，条状筛网均为长方形孔。

搅拌设备的筛分装置通常应安装在密闭的箱体内，以防止灰尘逸散。筛箱与除尘管道相通，以便将灰尘收集起来，提高环境净化程度。

另外，使用振动筛应注意防振，以保证其他机件和操作者的正常工作。再者就是筛分装置的生产能力应大于热集料提升机的生产能力，以保证充分筛分。

2. 热集料储存计量装置

筛分的目的是为了分别对不同规格的集料进行计量。为此，应按集料的规格种类设置集料储存斗，一般为3～5个。各料斗底部均设有能迅速启闭的斗门，其开度与配合比相适应。斗门的启闭可用机械操纵，也可通过电磁阀和汽缸来控制。热集料储存斗内装有高低料位传感器，可将信号及时传给操作人员，以便发现问题及时采取必要的措施。

集料的计量采用质量计量方式，通过称量斗和计量秤来完成（图7-28）。称量斗吊装在储料斗下，不同规格的集料按级配质量比先后落入称量斗叠加计量，达到预定值后，开启斗门，将集料放入搅拌器内。

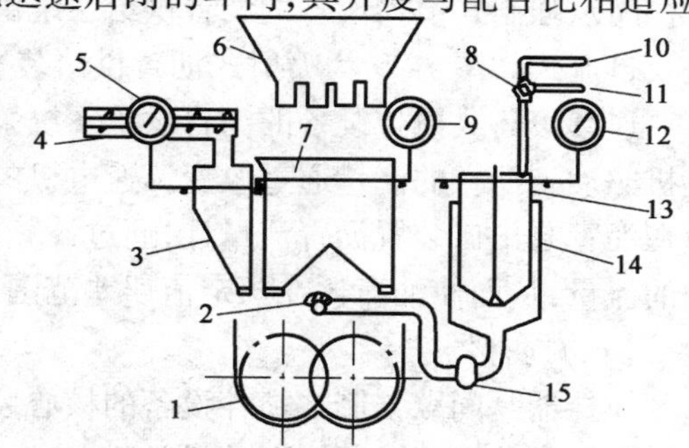

图7-28　间歇强制式搅拌设备计量装置简图
1-搅拌器；2-喷嘴；3-石粉称量斗；4-石粉螺旋给料器；5-石粉计量器；6-储料仓；7-矿料称量斗；8-二通阀；9-矿料计量秤；10-回油管路；11-进油管路；12-沥青计量秤；13-沥青称量桶；14-沥青保温桶；15-沥青喷射泵

计量秤有杠杆秤、电子秤等不同形式。杠杆秤结构简单，维修方便，粉尘和高温等恶劣条件对其影响不大，但人工操作时，计量精度较低，不易实现远距离自动控制。电子秤体积小，精度高，安装方便，适用于远距离控制，然而，电子秤对安装环境要求较高，且维修较为复杂。电子计量装置所测得的质量经过转换送入电子仪器放大、显示和输出控制信号。由于在电子仪器上预先选好各种材料的给定值，因此可以自动控制执行机构来启闭各储料斗斗门。随着电子技术的提高，传感器性能的不断完善，电子秤已越来越广泛地在沥青混凝土搅拌设备中得以采用。

（六）石粉供给及计量装置

根据工程需要，拌制沥青混凝土时必须加入适量的石粉。因此，沥青混凝土搅拌设备均应设有石粉供给及计量装置。

石粉的供给装置包括储存仓和输送机。石粉储存仓一般采取筒式结构，仓的下部为倒圆锥形。用斗式提升机或压缩空气将石粉送入仓内储存。仓顶上设有料位高度探测机构。为防止石粉起拱，在筒仓下部设有破拱装置，有的采用振动器，有的采用压缩空气喷吹破拱。此外，在石粉储存仓的出口处设有调节闸门或叶轮给料器，控制石粉的输出量。由石粉储存仓排出的石粉，经螺旋给料器等送到单独的称量斗内进行称量，达到预定值后放入搅拌器内。

石粉的计量也采用杠杆秤和电子秤等，但由于只进行单种物料的称量，故结构较为简单。也有采用气力输送方式将石灰送入称量斗的结构形式。

对于连续滚筒式搅拌设备，与冷集料一样，石粉也是按一定流量连续供给的。为控制其流量，置于石粉储存仓下的螺旋给料器应由调速电机驱动，石粉流量的大小通过调整电机转速来调节。为提高石粉配比精度，实现自动控制，可在螺旋给料器和送至干燥滚筒的输送机之间设皮带电子秤，由计算机根据预定配比进行自动控制。

除了精确计量外，如何使石粉在加进滚筒后不致随热气流逸失，以提高石粉的利用率，这对连续滚筒式搅拌设备是十分重要的。为此，可采取适当的石粉加入方式，例如美国采用的与沥青混合加入的方式就是其中的一种。

（七）沥青供给系统

沥青供给系统的功能就是为搅拌提供沥青。但由于搅拌设备的机型不同，沥青提供方式也各异。间歇强制式搅拌设备，要求适时、定量地提供沥青，连续滚筒式搅拌设备要求按一定流量连续稳定地供给沥青。

间歇强制式搅拌设备的沥青供给系统由沥青称量及添加装置组成，沥青添加装置有喷射式及自流式。图 7-29 为喷射式沥青供给装置。

连续滚筒式搅拌设备的沥青供给系统采用沥青泵直接将沥青送入滚筒内，沥青泵由调速电机驱动。沥青的流量通过改变调速电机的转速来调节。为实现自动控制，提高油石比精度，可在沥青泵出口装置沥青流量计，通过计算机根据沥青流量信号和集料流量信号自动调节它们的流量，从而使油石比在预定值误差范围内呈动态平稳状态。

（八）搅拌器

搅拌器是间歇强制式搅拌设备的核心装置，其功能是把按一定配合比称量好的集料、石粉和沥青均匀地搅拌成所需要的成品料。

图 7-30 为间歇强制式搅拌设备搅拌器结构简图。它由壳体、衬板，搅拌轴、搅拌臂、拌料浆叶、卸料门、同步齿轮等组成。搅拌器的两根轴，通过一对啮合齿轮带动而反向旋转，转速一般为 40～80r/min。每根轴上装有数对搅拌臂，臂端装有耐磨材料制成的拌料浆叶，搅拌器壳体内侧装有耐磨材料制成的衬板，其使用寿命不低于 10^5 批次。卸料口一般设在搅拌器底部

中间位置,卸料门的启闭装置有电动、气动或液压等不同操作形式。

连续滚筒式搅拌设备混合料的搅拌是在滚筒的后部,通过材料的跌落完成。因此,搅拌质量主要通过材料在干燥滚筒中的跌落方式和运动时间来保证。

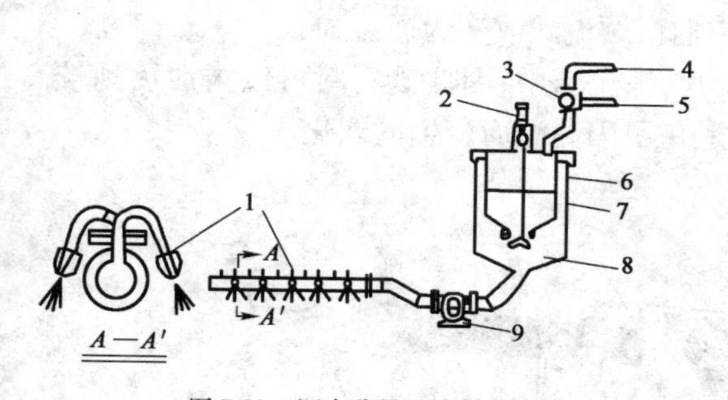

图 7-29 沥青称量及喷射装置

1-喷嘴;2-操作旋钮;3-三通阀;4-回油管路;5-进油管路;6-称量桶;7-保温桶;8-阀门;9-沥青喷射泵

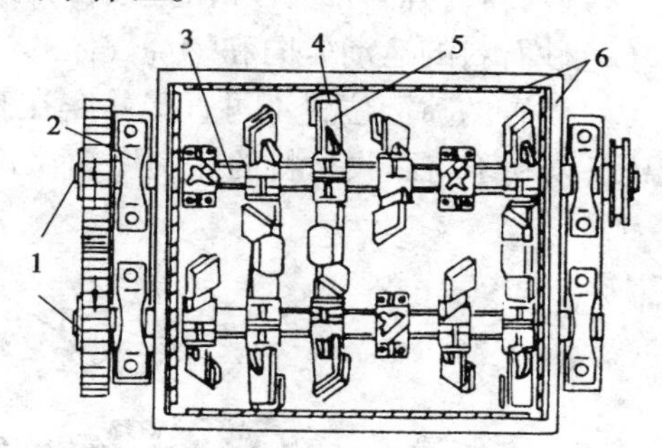

图 7-30 强制间歇式搅拌设备搅拌器

1-传动齿轮;2-轴承;3-搅拌轴;4-拌料桨叶;5-搅拌臂;6-衬板

(九)成品料储存仓

设置成品料储存仓的目的是:(1)提高搅拌设备的生产效率,加速运输车辆的周转;(2)满足小批量用户需求,减少频繁开机停机。对于滚筒式搅拌设备,由于成品料出口高度低,则必须通过储料仓来解决成品料的装车问题。

成品仓结构比较简单,一般只在仓体外侧设保温层,或者在卸料口处安装电加热器,以利于卸料。如果储存仓用于较长时间储存成品料时,则除了设保温层外,还应采用导热油加热,并向仓内通入惰性气体,以防止沥青氧化变质,仓内应设有防混合料离析装置。

(十) 除尘装置

除尘设备的作用是减少粉尘排放浓度,保护大气环境。沥青混凝土搅拌设备用除尘器有一级除尘器和二级除尘器。一般小型搅拌设备只配一级除尘器,大型搅拌设备为达到环保除尘要求,采用两级除尘,一级一般采用重力式或离心式干式除尘器,二级则常采用湿式除尘或袋式除尘。经湿式除尘后排尘量低于 400mg/m^3,袋式除尘后排尘量低于 50mg/m^3。

(十一)控制系统

控制系统是沥青混凝土搅拌设备的重要组成部分,搅拌设备的生产全过程由它来指挥,所生产的沥青混凝土质量由它来保证。

沥青混凝土搅拌设备的控制系统有三种,即手动系统、程序控制系统和计算机控制系统。但不论何种方式,都必须根据搅拌设备的工艺要求,按下列程序进行:(1)准备程序,其任务是预定有关参数;(2)起动程序,其任务是起动设备各装置正常运转;(3)主程序,其任务是处理检测数据实施调节;(4)子程序,其任务是处理与生产有关的其他工作。

上述四个程序中,主程序无疑是整个控制系统的关键,而主程序的工作效果又取决于检测数据的精度、对检测数据的处理可行性以及对处理结果的调节准确性。随着传感技术、计算机处理技术和控制技术的进步,计算机控制的全自动沥青混凝土搅拌设备已广泛使用。

对于沥青混凝土搅拌设备,自动控制的对象主要是集料的加热温度、集料的级配和计量、石粉的含量以及油石比。

(十二)双滚筒式沥青混合料搅拌设备简介

双滚筒式沥青混合料搅拌设备的主要结构如图7-31所示，从图上可以看出，尽管它是由滚筒式搅拌设备演变而来，但是失去了原有滚筒式的基本特征，已成为一种全新的设备：

(1)砂石料与沥青的拌和由连续自行跌落式改变为连续强制式；

(2)砂石料的运动方向和燃烧气体的流动方向由顺流式改变为逆流式；

(3)沥青的喷洒位置不再直接暴露在高温的燃气流当中，因此砂石料可以被加热到较高的温度，以利于与回收材料的热交换；而沥青也避免了因高温而产生的老化。

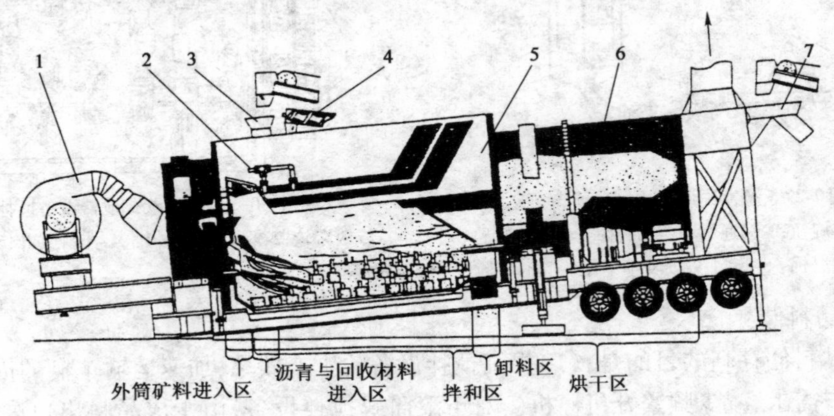

图7-31　双滚筒式沥青混合料搅拌设备

1-燃烧器；2-新沥青入口；3-回收材料入口；4-矿粉入口；5-外筒；6-内滚筒；7-新矿料入口

所谓双滚筒，即烘干—拌和滚筒采用了双层结构。内筒相当于一个大的旋转主轴，其内部结构、支撑和驱动方式与间歇式搅拌设备的干燥滚筒相类似；筒内仍作为冷矿料的加热空间，但采取了逆流加热的方式，冷矿料在这里被烘干、加热后，从燃烧器这一端的内筒筒壁的缝隙中流入到外筒的内腔中；在内筒的外壁上装有许多可更换的搅拌叶桨，当内筒旋转时，叶桨就拨动外筒内腔中的各种混合料向与燃烧器相反的方向作螺旋推进运动，变自落式拌和为强制式拌和，并且沿滚筒经历了较长的运动轨迹(即较长的拌和时间)，从而得到了均质的成品料。外筒与机架固定是不旋转的，筒壁外侧包有绝热材料和密封薄铁板，筒壁内侧装有耐磨衬板。外筒的内腔提供了一个大的裹覆空间；收回材料从燃烧器这一端进入外筒，首先与从内筒流入的已加热的新鲜砂石料混合，吸收新鲜砂石料所携带的热量，使旧沥青得以软化、升温；再生料中的水蒸气和轻油气则从新鲜砂石料流出的缝隙中被吸入燃烧器而焚化，因而大大降低了因采用回收材料所造成的污染，并使回收材料的比例可高达50%；回收材料的热量90%来自新鲜的热砂石料，10%来自内筒壁和搅拌叶桨的热传导，因此即使提高砂石料的加热温度，也不致造成筒壁的热损失，相反可以节约10%的燃料；随后，矿粉等添加剂也从外筒加入到这一裹覆空间，由于避开了热气流，所以解决了单滚筒搅拌设备难以避免的矿粉失散问题，并且在叶桨的强制搅动下，可以均匀地分散在混合料中；最后，在外筒壁适当的位置，喷入新鲜的沥青，实现对上述各种集料的裹覆，在这里沥青也因避开了燃烧器的烈焰，而防止了可能出现的老化，其分裂出来的轻质油，同样被吸入燃烧火焰中而焚化。优质成品料从外筒远离燃烧器一端卸出，充分燃烧后不再有烟雾的气体从内筒进料端一侧经集尘装置排入大气。由于回收材料和沥青中的轻质油已被充分燃烧，布袋式集尘装置的过滤袋不再被油污侵蚀，因而大大提高了使用寿命；另外外筒底侧开有一个液压操纵的大的活门，可供操作人员进入腔内检查、维修之用。

综上所述，双滚筒搅拌设备的设计，较成功地实现了如下的目标：①回收材料的利用率可高达50%,并且无黑烟排放;②粉尘排放可降低至$95mg/m^3$;③较高的砂石料加热温度。④可使用多种再生料;⑤可使用较软的沥青;⑥节省燃料达10%;⑦提高产量15%。

第五节 沥青混凝土摊铺机

一、沥青混凝土摊铺机用途与分类

1. 概述

沥青混凝土摊铺机是沥青路面专用施工机械。它的作用是将拌制好的沥青混凝土材料均匀地摊铺在路面底基层或基层上,并对其进行一定程度的预压实和整形,构成沥青混凝土基层或沥青混凝土面层。摊铺机能够准确保证摊铺层厚度、宽度、路面拱度、平整度、密实度。因而广泛用于公路、城市道路、大型货场、停车场、码头和机场等工程中的沥青混凝土摊铺作业,也可用于稳定材料和干硬性水泥混凝土材料的摊铺作业。

2. 分类与特点

(1)按摊铺宽度,可分为小型、中型、大型和超大型四种。

小型:最大摊铺宽度一般小于3 600mm,主要用于路面养护和城市巷道路面修筑工程。

中型:最大摊铺宽度在4 000~6 000mm之间,主要用于一般公路路面的修筑和养护工程。

大型:最大摊铺宽度一般在7 000~9 000mm之间,主要用于高等级公路路面工程。

超大型:最大摊铺宽度为12 000mm,主要用于高速公路路面施工。使用装有自动调平装置的超大型摊铺机摊铺路面,纵向接缝少,整体性及平整度好。

(2)按走行方式,摊铺机分为拖式和自行式两种。其中自行式又分为履带式、轮胎式两种。

拖式摊铺机:拖式摊铺机是将收料、输料、分料和熨平等作业装置安装在一个特制的机架上组成的摊铺作业装置。工作时靠运料自卸车牵引或顶推进行摊铺作业。它的结构简单,使用成本低,但其摊铺能力小,摊铺质量低,所以拖式摊铺机仅适用于三级以下公路路面的养护作业。

履带式摊铺机:履带式摊铺机(图7-32)一般为大型和超大型摊铺机,其优点是接地比压小、附着力大,摊铺作业时很少出现打滑现象,运行平稳。其缺点是机动性差、对路基凸起物吸收能力差、弯道作业时铺层边缘圆滑程度较轮胎式摊铺机低,且结构复杂,制造成本较高,主要用于大型公路工程的施工。

轮胎式摊铺机:轮胎式摊铺机靠轮胎支撑整机并提供附着力,它的优点是转移运行速度快、机动性好、对路基凸起物吸收能力强、弯道作业易形成圆滑边缘。其缺点是附着力小,在摊铺路幅较宽、铺层较厚的路面时易产生打滑现象,另外它对路基凹坑较敏感。轮胎式摊铺机主要用于道路修筑与养护作业。

(3)按动力传动方式,摊铺机分为机械式和液压式两种。

机械式摊铺机:机械式摊铺机的行走驱动、输料传动、分料传动等主要传动机构都采用机械传动方式。这种摊铺机具有工作可靠、维修方便、传动效率高、制造成本低等优点,但其传动装置复杂,操作不方便,调速性和速度匹配性较差。

液压式摊铺机:液压式摊铺机的行走驱动、输料和分料传动、熨平板延伸、熨夹板和振捣器的振动等主要传动采用液压传动方式,从而使摊铺机结构简化、质量减轻、传动冲击和振动减缓、工作速度等性能稳定，并便于无级调速及采用电液全自动控制。随着液压传动技术可靠性的提高，在摊铺机上采用液压传动的比例迅速增加，并向全液压方向发展。全液压和以液压传动为主的摊铺机，均设有电液自动调平装置，具有良好的使用性能和更高的摊铺质量，因而广泛应用于高等级公路路面施工。

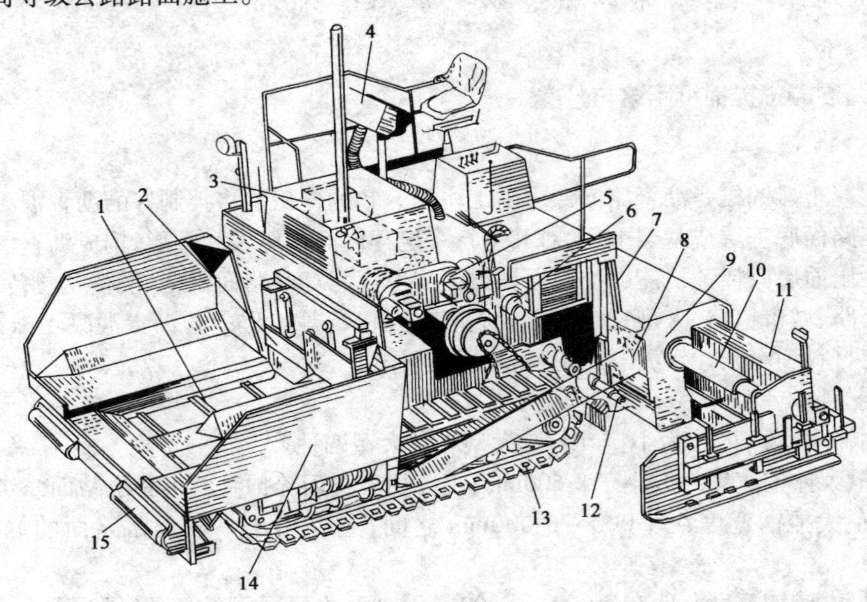

图 7-32　履带式沥青混凝土摊铺机

1-液压独立驱动双排刮板输送器；2-闸门；3-带吸音罩的发动机；4-操纵台；5-带差速器和制动器的变速器；6-轴承集中润滑装置；7-大臂升降液压油缸；8-大臂（牵引臂）；9-带有振动器和加热器的振捣熨平装置；10-熨平装置伸缩液压油缸；11-伸缩振捣熨平装置；12-独立液压驱动双排螺旋分料器；13-具有橡胶板和永久润滑的履带行走装置；14-接收料斗；15-顶推辊

（4）按熨平板的延伸方式，摊铺机分为机械加长式和液压伸缩式两种。

机械加长式熨平板：它是用螺栓把基本（最小摊铺宽度的）熨平板和若干加长熨平板组装成所需作业宽度的熨平板。其结构简单、整体刚度好、分料螺旋（亦采用机械加长）贯穿整个摊铺槽，使布料均匀。因而大型和超大型摊铺机一般采用机械加长式熨平板，最大摊铺宽度可达 8 000 ~ 12 500mm。

液压伸缩式熨平板：液压伸缩式熨平板靠液压缸伸缩无级调整其长度，使熨平板达到要求的摊铺宽度。这种熨平板调整方便省力，在摊铺宽度变化的路段施工更显示其优越性。但与机械加长式熨平板相比其整体刚性较差，在调整不当时，基本熨平板和可伸缩熨平板间易产生铺层高差，并因分料螺旋不能贯穿整个摊铺槽，可能造成混合料不均而影响摊铺质量。因而，采用液压伸缩式熨平板的摊铺机最大摊铺宽度不超过 8 000mm。

（5）按熨平板的加热方式，分为电加热、液化石油气加热和燃油加热三种形式。

电加热：由摊铺机的发动机驱动的专用发电机产生的电能来加热，这种加热方式加热均匀、使用方便、无污染，熨平板和振捣梁受热变形较小。

液化石油气（主要用丙烷气）加热：这种加热方式结构简单，使用方便，但火焰加热欠均匀，污染环境，不安全，且燃气喷嘴需经常清洗。

燃油（主要指轻柴油）加热：燃油加热装置主要由小型燃油泵、喷油嘴、自动点火控制器和小型鼓风机等组成，其优点是可以用于各种工况，操作较方便，燃料易解决，但同样有污染，且结构较复杂。

二、结构与工作原理

1. 总体结构

一般来说，沥青混合料摊铺机是由主机和熨平装置两大部分以及连接它们的牵引大臂组成的（图 7-32）。主机主要包括柴油发动机及动力传动系统 3、驾驶控制台 4、行走机构 13、螺旋摊铺器 12、刮板输送器 1、接收料斗 14、大臂提升液压油缸 7 和调平浮动油缸（即调平系统液压油缸）。主机用以提供摊铺机所需要的动力和支承机架，并接收、储存和输送沥青混合料给螺旋摊铺器。熨平装置 9 主要包括振动机构、振捣机构、熨平板、厚度调节器、路拱调节器和加热系统。熨平板是对铺层材料作整形与熨平的基础机件，并以其自重对铺层材料进行预压实。厚度调节器为一手动调节装置，用以调节平板底面的纵向仰角，以改变铺层的厚度；路拱调节器是一种位于熨平板中部的螺旋调节装置，用以改变熨平板底面左右两半部分的横向倾角，以保证摊铺出符合给定路拱要求的铺层来；加热系统用于加热熨平板的底板以及相关运动部件，使之不与沥青混合料相粘、保证铺层的平整，即使在较低的气温下也能正常施工；振捣机构和振实机构则先后依次对螺旋摊铺器摊铺好的铺层材料进行振捣和振实，予以初步压实。

2. 工作原理

作业前，首先把摊铺机调整好，并按所铺路段的宽度、厚度、拱度等施工要求，调整好摊铺机的各有关机构和装置，使其处于“整装待发”状态；装运沥青混合料的自卸车对准接收料斗 14 倒车，直至汽车后轮与摊铺机料斗前的顶推辊 15 相接触，汽车挂空挡，由摊铺机顶推其运行，同时自卸车车箱徐徐升起，将沥青混合料缓缓卸入摊铺机的接收料斗 14 内；位于接收料斗 14 底部的刮板输送器 1 在动力传动系统的驱动下以一定的转速运转，将料斗 14 内的沥青混合料连续均匀地向后输送到螺旋摊铺器 12 前通道内的路基上；螺旋摊铺器 12 则将这些混合料沿摊铺机的整个摊铺宽度向左右横向输送，摊铺在路基上。摊铺好的沥青混合料铺层经熨平装置 9 的振捣梁初步捣实，振动熨平板的再次振动预压、整形和熨平而成为一条平整的有一定密实度的铺层，最后经压路机终压而成为合格的路面（或路面基层）。在此摊铺过程中，自卸车一直挂空挡由摊铺机顶推着同步运行，直至车内混合料全部卸完才开走。另一辆运料自卸车立即驶来，重复上述作业，继续给摊铺机供料，使摊铺机不停顿地进行摊铺作业。

3. 发动机

摊铺机一般选用高速柴油机做动力。由于摊铺机始终处在较高的环境温度下工作，较多地选用风冷柴油机以保证其工作可靠性。摊铺机应稳定在选定的作业速度下连续工作，这一原则对选用发动机提出了更高的要求。即发动机应具有足够的持续功率和良好的外特性，发动机应与液压传动和机械传动有最佳的功率匹配。

4. 传动系统

摊铺机的传动系统主要包括行走传动和供料传动两大部分，另外还有控制系统及熨平装置的动力传动。目前国内外摊铺机的传动系统有机械传动及液压传动两种。机械传动在中小型摊铺机中采用较多，如国产 LT6 摊铺机行走系统为机械传动，料斗及熨平板的提升等以液压为动力，大型摊铺机均采用液压传动。

图 7-33 为 LT6 型沥青混凝土摊铺机的传动系统简图，系统包括离合器、主变速器、高低速变速器、摩擦离合器及传动链等。行走系统传动路线：发动机→离合器→主变速器→链传动→高低速变速器→差速器→半轴→链传动→后轮。离合器、主变速器及差速器均选用汽车部件，主变速器有 5 个挡位，高低速变速器分高低速两个挡位，两者组合使摊铺机具有低速摊铺和高

速运行的性能。另外从高低速变速器引出动力，经摩擦离合器及链传动驱动刮板输送器及螺旋分料器。LT6 液压动力从发动机前端和主变速器取力齿轮取力驱动液压泵，为前料斗、熨平板及转向等提供液压动力。

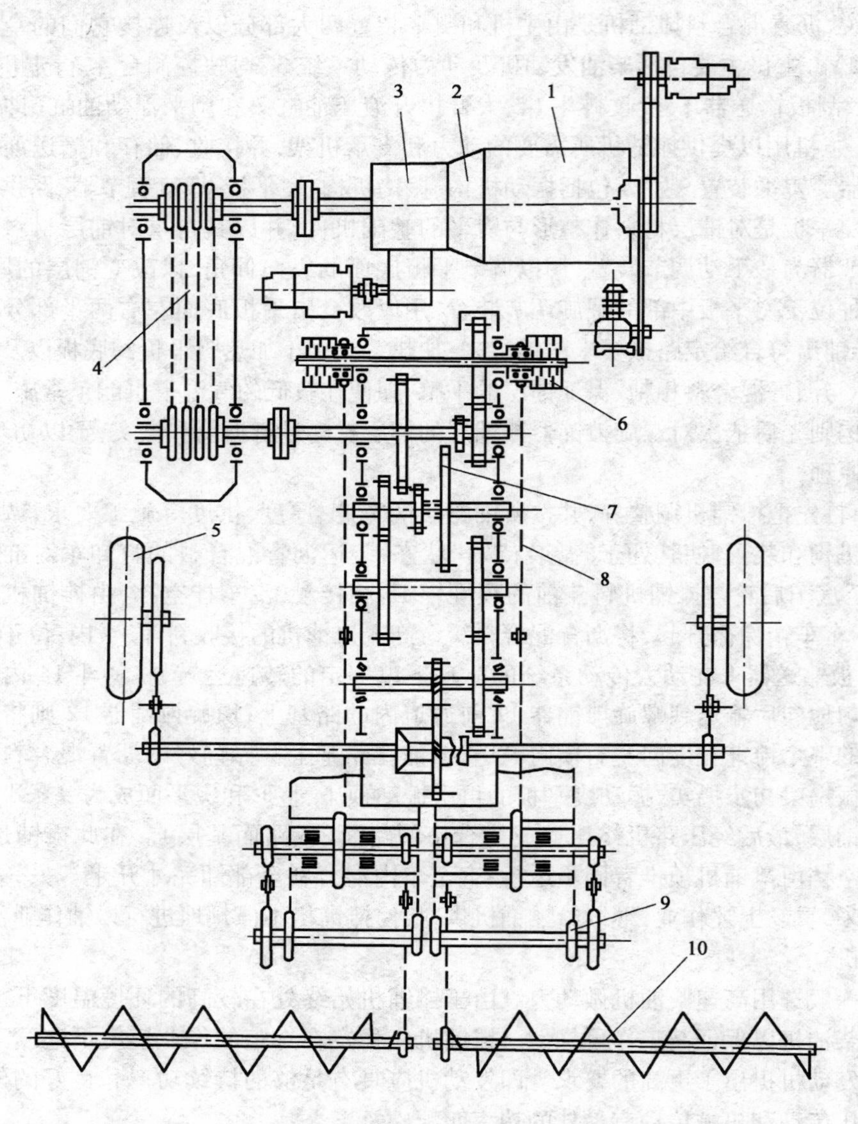

图 7-33　机械传动系统简图

1- 发动机；2-离合器；3-主变速器；4-传动链；5-后轮；6-摩擦离合器；7-高低速变速器；8-传动链；9-刮板输送器；10-螺旋分料器

液压传动已在大型摊铺机上普遍使用，不同型号的摊铺机其液压系统各有差异，但其基本构成大致相同，均由发动机通过动力箱驱动各液压泵，并将液压油输送到液压马达或油缸等液压元件，再通过控制系统操纵液压元件，完成摊铺机的各项作业。例如，德国 SUPER1600 摊铺机的发动机飞轮端装有动力箱，动力箱有多根动力轴分别驱动行走、刮板、螺旋、振捣等液压泵。行走系统的液压传动一般采用闭式回路，有变量泵—变量马达和变量泵—定量马达两种结构形式。液压马达将动力传给齿轮变速器，一般变速器内设 2 ~ 3 个挡位，动力经差速器及链传动等驱动行走系统。刮板和螺旋分为左右两个独立的系统，操作方便。

5. 前料斗

前料斗位于摊铺机的前部,是接受运料车的卸料及存放沥青混合料的容器。前料斗由左右边斗、铰轴、支座、起升油缸等组成,左右边斗之间有刮板输送器,运料车卸入前料斗的混合料由刮板输送器送到螺旋分料器前,随着摊铺机的前行作业,前料斗中部的混合料逐渐减少,此时需升起左右边斗,使两侧的混合料滑落移动到中部,以保证供料的连续性。

6. 刮板输送器

刮板输送器位于前料斗的底部,是摊铺机的供料机构,刮板输送器将前料斗内的混合料向后输送到螺旋分料器的前部。小型摊铺机设置一个刮板输送器,中、大型摊铺机设置两个输送器,便于控制左右两边的供料量。在前料斗的后壁还设置有供料闸门,调节闸门高低可调节供料量。刮板输送器由驱动轴、张紧轴、刮板链、刮板等组成。

7. 螺旋分料器

螺旋分料器设在摊铺机后方摊铺室内(图7-34)。其功能是把刮板输送器输送到摊铺室中部的热混合料,左右横向输送到摊铺室全幅宽度。螺旋分料器由两根大螺距、大直径叶片的螺杆组成,其螺杆旋向相反,以使混合料由中部向两侧输送,为控制料位高度,左右两侧设有料位传感器。螺旋叶片采用耐磨材料制造,或进行表面硬化处理。左右两根螺旋轴固定在机架上,其内端装在后链轮或齿轮箱上,由左右两个传动链或锥齿轮分别驱动(液压传动的螺旋轴亦通过链传动或锥齿轮传动)。为适应不同摊铺厚度的需要,有的摊铺机螺旋分料器可调节离地高度。螺旋轴左右两侧各成独立系统,既可同时工作,又可单独工作。

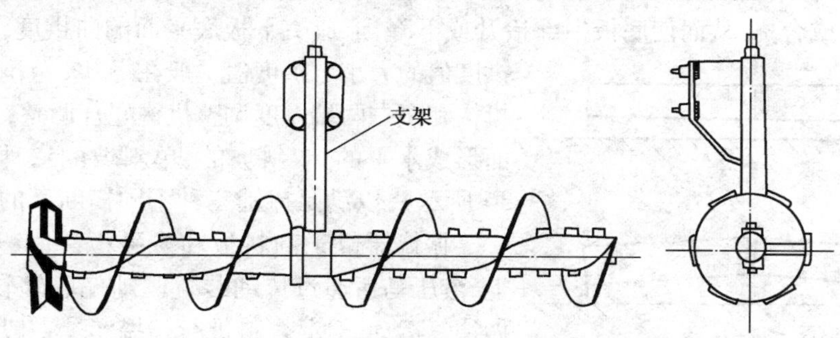

图7-34 装配式螺旋分料器

8. 机架

机架是摊铺机的骨架,一般均为焊接结构件。机架与前后桥(轮胎式摊铺机)或驱动轮座、从动轮座、托链轮座(履带式摊铺机)无弹性悬挂,都采用刚性连接。摊铺机机架最前方设有顶推辊,其作用是顶推运料自卸车后轮胎,使自卸车和摊铺机同步前进,向料斗连续卸料。行进中顶推辊与自卸车后轮胎接触并处于滚动状态。顶推辊的离地高度,应与汽车轮胎相适应。

9. 行走系统

轮胎式摊铺机的行走系统由前轮和后轮组成。前轮位于前料斗下部,采用铁芯挂胶实心轮以降低前料斗的高度。前轮又是摊铺机的转向轮系,大型轮胎式摊铺机由于负荷较大,有的采用双前桥结构。为了改善大型轮胎式摊铺机的驱动性能,已出现前后桥双驱动的摊铺机。摊铺机的后轮为整机的驱动轮系,选用直径较大的充气或充液轮胎。前后轮一般固定于机架外侧,构成四支点结构,对地面不平度的适应性较差。为改善对地面的适应性,新机型的前桥采用铰接式结构,使行走系统成为三支点与地面接触,增加了摊铺机的稳定性和驱动性能。

履带式摊铺机的行走系统和一般工程机械的结构相同,但其履带为无刺型履带,履带板上粘附有橡胶板,以增加附着力和改善行走性能。

10. 熨平装置

熨平装置是摊铺机的主要工作装置,其功能是将输送到摊铺室内全幅宽度的热混合料摊平、捣实和熨平。一般摊铺机的熨平装置有牵引臂、刮料板、振捣梁、熨平板、厚度调节机构、拱度调整机构等组成。熨平板和振捣梁设置在螺旋分料器的后部,最前端设有刮料板,熨平板两端装有端面挡板。熨平板、前刮料板和左右端面挡板所包容的空间称摊铺槽或摊铺室,端面挡板可使摊铺层获得平整边缘。

左右两牵引臂铰接在机架中部,整个熨平装置靠提升油缸悬挂在机身后部,自动调平装置的控制油缸装在牵引臂和机架的铰接点位置,用以自动调整熨平板与地面的仰角。整个机构形成一套悬挂装置。工作时,熨平装置于铺层上呈浮动状态。

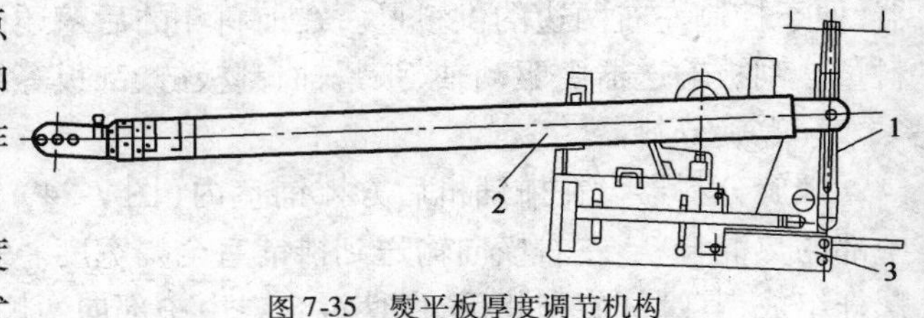

图 7-35　熨平板厚度调节机构

1-厚度调节机构;2-侧臂;3-熨平板

熨平板后部外端设有左右两个厚度调节机构,一般采用垂直螺杆结构形式(图 7-35),靠旋动螺杆调整摊铺厚度。牵引臂铰接点处设有多组连接孔的牵引板,靠不同连接位置和牵引臂连接,以调整熨平板的初始工作角。摊铺厚度的控制,是通过厚度调节机构调节熨平板底板与地面的夹角实现的。

熨平装置框架内部装有拱度调整机构,由螺杆、锁定螺母和标尺等组成。旋动螺杆可使两熨平板上端分开或合拢,从而使底板中部抬升或下降,形成熨平板底平面的曲拱度,在标尺上示出拱度值的大小。拱度值一般在 ±3% 范围内调整。调拱机构和左右两端厚度调整机构配合调整,可使熨平板底面形成水平的、双斜坡的、单斜坡的三种形式(如图 7-36 所示),以满足摊铺三种不同横断面的需要。

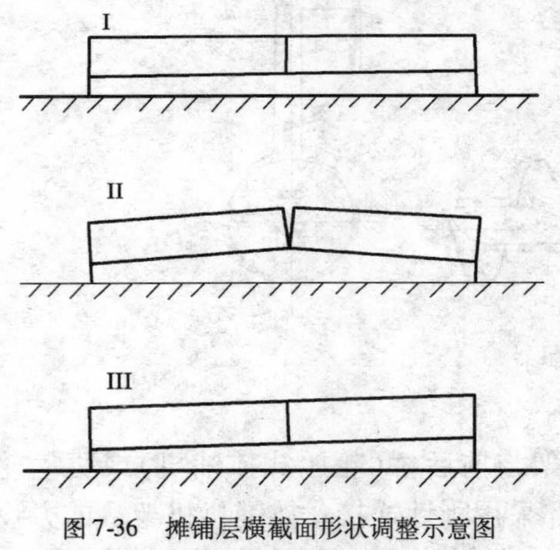

图 7-36　摊铺层横截面形状调整示意图

I-水平横截面;II-双斜坡拱横截面;III-单斜坡拱横截面

振捣器位于刮料板和熨平板之间,悬挂在偏心轴上,液压马达通过传动装置驱动偏心轴转动,使振捣梁做往复运动,对混合料进行初捣实。一般都采用定量的齿轮泵和齿轮马达,马达的正向或反向旋转由换向阀控制,其正反方向旋转和偏心装置的配合可以改变振捣梁的振幅。振捣器只能调幅(有级或无级调整行程),但不能变频。一般振频为 30Hz,振幅 4mm 和 8mm 两级。

机械偏心振动器安装在熨平板框架内。振捣熨平板分左右两块,两根偏心轴安装其内并以万向节连接。两根偏心轴的偏心轮错开 180°,液压马达驱动偏心轴,左右两块熨平板交替对摊铺层施振。这种振动器振频和振幅均为定值,高振频可达 70Hz,但一般振幅 4 ~ 5mm,偏心轴转速一般在 1 000 ~ 1 500r/min。

垂直液压振动器与机械偏心式振动器不同之处在于,其液压马达驱动的垂直振动体弹性悬挂在熨平板框架上部,使熨平板产生共振。其恒定振幅为 4mm 或 5mm,振频可在 0 ~ －75Hz间无级调节。

液压伸缩式熨平装置因其摊铺宽度可随时调整,在宽度变化频繁的路段(如城市道路等)有较好的适应性能,其结构有两件式和三件式两种。三件式是通常采用较多的一种结构形式,如图7-37所示，伸缩部分缩回时即为基本摊铺宽度，当需加宽时，伸缩部分分别向两边伸缩。为达到平整度的要求，可伸缩部分熨平板底面设有高度调节机构，在改变摊铺宽度时必须及时调整伸缩部分熨平板的高度，才能保证铺面平整一致。

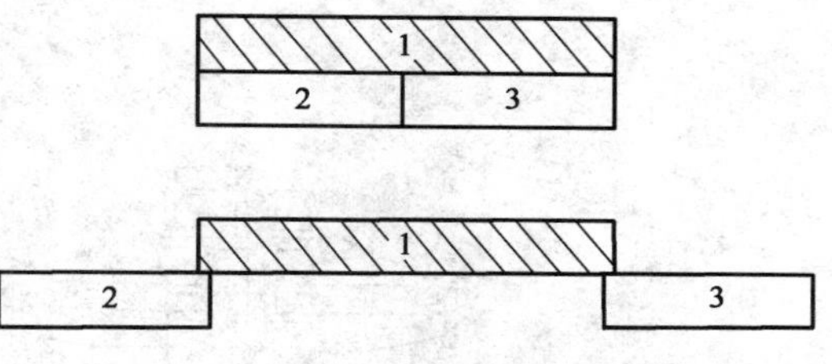

图7-37 液压伸缩熨平板结构示意图

11. 操纵控制系统

摊铺机的操纵控制系统比较复杂，由于摊铺机的类型、结构和自动控制程度不同，操纵控制系统的区别较大。一般结构有行走、变速、差速器操纵、转向、料斗倾翻、发动机油门控制、熨平板升降、刮板输料和螺旋分料速度控制、熨平板加热、熨平板延伸、拱度和厚度的操纵等。大型全液压摊铺机为便于作业，将方向行走等操作系统做成可移动式，按作业需要可任意移到方便的位置。

第六节 滑模式水泥混凝土摊铺机

一、滑模式水泥混凝土摊铺机用途与分类

在给定摊铺宽度（或高度）上，能将新拌水泥混凝土混合料进行布料、计量、振动密实和滑动模板成型并抹光，从而形成路面或水平构造物的处理加工机械统称为滑模式水泥混凝土摊铺机。

（一）滑模式水泥混凝土摊铺机的分类

1. 按功能和用途分类

（1）路面滑模摊铺机

用于市政道路、公路、航空港、码头、车站、竞赛场、停车场和桥面施工。

（2）路缘滑模摊铺机

主要用于路缘石的修筑，还可用于道路中间和公园里的花池围墙的建筑等。

（3）隔离带滑模摊铺机

可用来修筑公路中间隔离带、低挡土墙、隔音和消音设施等公路附属物。

（4）沟渠滑模摊铺机

用来修筑公路排水沟、边坡、水渠和排污设施等。

2. 按行走方式和行走装置的形式分类

（1）履带式滑模水泥混凝土摊铺机

摊铺机行走机构采用履带装置，是最常用的一种行走方式。按履带数目又分为四履带、三履带和两履带滑模摊铺机，分别如图7-38、图7-39和图7-40所示。

中小型滑模式水泥混凝土摊铺机以两履带为主，如CMI公司的SF250型，COMACO公司的GP1500型，一般采用四立柱双履带行走机构。它在结构上和四履带摊铺机大同小异，比较适合我国目前一般工程规模不大的使用场合。

大型滑模式水泥混凝土摊铺机以四履带为主，通常其发动机功率在250kW以上，作业宽度可达15m，作业厚度可达500mm。其生产能力很大，每小时可摊铺混凝土540～2 100m^3，它的每条履带均可绕其支腿与机架的铰接点水平摆动一定角度，以改变宽度尺寸。它适用于双车道或三车道全幅施工、规模较大的路面铺筑工程。

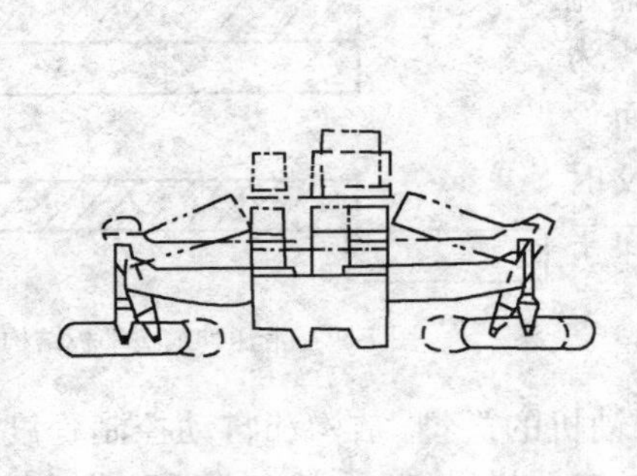
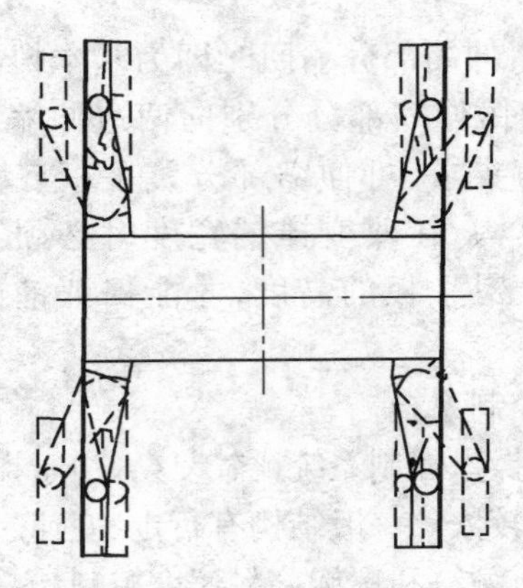

图 7-38　四履带滑模式水泥混凝土摊铺机

图 7-39 是一台三履带滑模式水泥混凝土摊铺机。这种结构形式常见于机动性很强的多功能摊铺机。它的 3 条履带也可以绕其支腿和机架的铰接点摆动一定角度,且支腿高度可以独立调整,能够满足铺筑各种交通设施的施工要求。它附带有各种结构形式的滑动成型模板,可以随机更换,完成路缘石、边沟水槽、中央隔离带、人行道等多种混凝土结构的铺筑作业。三履带容易适应于"零隙"或"小隙"摊铺,所以零隙滑模摊铺机均采用三履带。

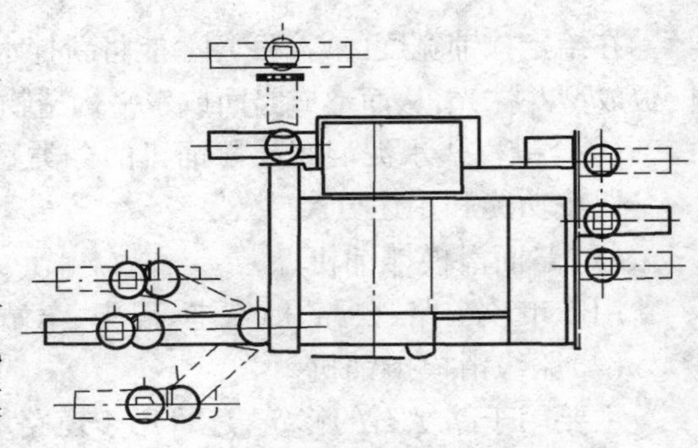

图 7-39　三履带滑模式水泥混凝土摊铺机

(2)轮式滑模式水泥混凝土摊铺机

由于滑模摊铺要求较好的机器地面附着和承载性能,因而,大多数滑模摊铺机采用履带行走机构。四轮式滑模摊铺机多用于简易式的机场滑模摊铺。

3. 按主机架形式分类

(1)箱型框架伸缩式滑模水泥混凝土摊铺机

如图 7-40 所示,摊铺机主机架横向采用类似于汽车起重机起吊臂结构梁形式,与箱型端梁形成封闭性矩形框架。该框架在可调宽度范围内可以伸缩成任意宽度以适应摊铺宽度的调整。大多数滑模摊铺机主机架采用这种结构。

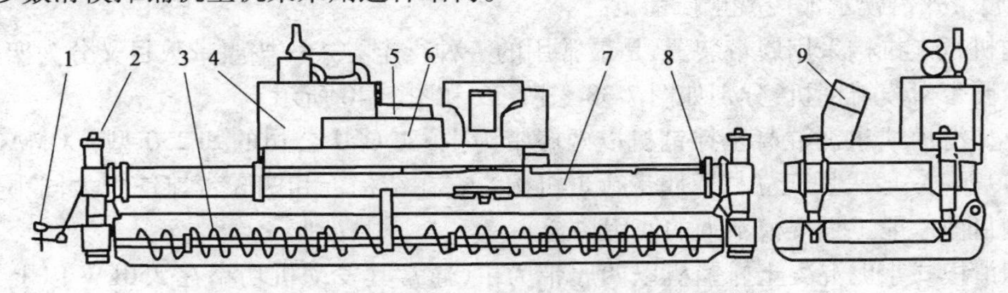

图 7-40　两履带滑模式水泥混凝土摊铺机

1-找平和转向自动控制系统;2-主柱浮动支撑系统;3-工作装置;4-动力装置;5-传动装置;6-辅助装置;7-机架;8-行走及转向装置;9-电液控制和操纵装置

(2)桁架型滑模式水泥混凝土摊铺机

桁架型滑模摊铺机也采用履带行走方式，自带随机器滑动的成型模板。但它的机架结构采用可拼装的桁架式结构，可以在较大范围内加长和减短，适宜于摊铺面积较大的混凝土设施，如图 7-41 所示。

4. 其他分类方式

(1)按路面滑模摊铺工序分类

按路面滑模摊铺工序的不同，水泥混凝土路面摊铺机主要有两种类型：一种以美国 COMACO 公司的 GP 系列为代表，它把内部振捣器置于整机前方螺旋布料器的下方，然后通过外部振捣器振捣和成型盘成型，最后由抹光板抹光。另一种以美国 CMI 公司的 SF 系列为代表，它首先用螺旋布料器分料，由虚方计量闸门控制摊铺宽度上的水泥混凝土虚铺厚度，然后通过内部振捣器振捣，再进入成型模板，之后再通过浮动抹光盘。这两种类型中，前者的优点是机械的纵向尺寸短，易于布置；后者纵向尺寸大，但更能使水泥混凝土路表面的摊铺质量得到保证。另外，按照第一种滑模摊铺工序施工时，要求摊铺机前均布虚铺混合料，才能较好地完成路面的摊铺作业。

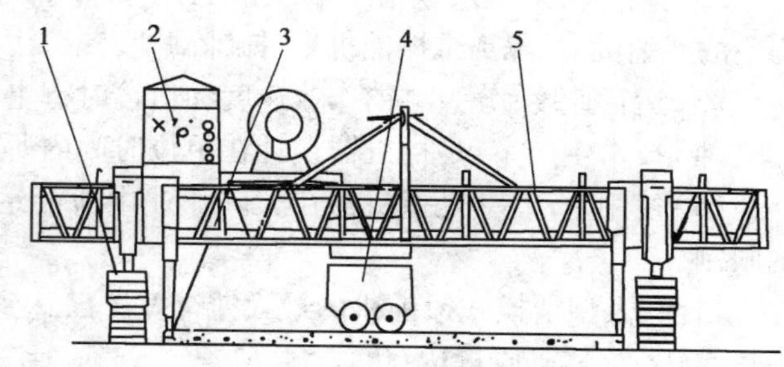

图 7-41 桁架型水泥混凝土摊铺机

1-履带；2-控制箱；3-滑模板；4-作业机构；5-机架

(2)按自动找平系统形式分类

按自动找平系统的形式不同，滑模式摊铺机可分为两大类：一类是电液自动找平系统（以美国 COMACO 公司 GP 系列为代表）；另一类是全液压自动找平系统（以美国 CMI 公司的 SF 系列为代表）。电液自动找平系统的基本结构是把电路元件装在一个长方体盒子内，一根转轴从盒子里面伸出来，在转轴上装有触杆，工作时该触杆与样线相接触。这种自动找平系统结构简单、便于安装、对电气元件的保护可靠，但对环境的温度、湿度反应比较敏感。而全液压自动找平系统的基本结构是在其转轴上装有一个偏心轮，偏心轮推动一个高精度的滑阀阀芯，工作时利用滑阀阀芯的位移直接改变系统液压油的流量和方向。这种自动找平系统的特点是由全液压传感器从样线上得到的信号直接反馈，控制液压缸升降实现自动找平。第二种形式的控制系统结构简单、工作可靠、成本较低、对环境的要求不高，但对系统中液压油的品质和过滤精度要求较高。美国 PRO-HOFF 公司生产的 PAV-SAVER 系列滑模式摊铺机也采用这种自动找平系统。

(3)按振动器形式分类

按振动装置采用的振动器形式，滑模式摊铺机分为电动振动式和液压振动式。电动振动式采用的电动振捣棒，其内部电动机直接驱动偏心块，没有普通电动振捣棒上的行星滚锥高频机构，因而更为可靠。CMI 公司生产的 SF500 型滑模式摊铺机采用的电动振捣棒，同步转速为 10 800r/min；Wirtgen 公司所有的滑模式摊铺机均采用电动振动式，同步转速可达 12 000r/min，它们均采用调整发电机转速的办法实现调速。液压振捣系统采用液压振捣棒，利用一个高速马达驱动偏心块振动。这种系统简单、易调速，但由于振捣棒内空间有限，转速又高，内泄漏难以控制。CMI 公司的 SF250、SF350、SF450 摊铺机均采用液压振动式。

(二)滑模式水泥混凝土摊铺机的主要参数

滑模摊铺机的主要参数包括摊铺宽度、摊铺厚度（高度）、运行速度、发动机功率、技术生产率和使用生产率、机器质量及整机外形尺寸等。

(1)摊铺宽度:摊铺宽度分为标准摊铺宽度和可选摊铺宽度。前者为机器依靠机架自动伸缩所达到的最大摊铺宽度,后者为安装加长机架后所能达到的最大摊铺宽度。

(2)摊铺厚度:一般地单层摊铺厚度可达350mm。双层摊铺厚度可达610mm。以摊铺墙体为主的摊铺机(如隔离带摊铺机)用摊铺高度表示。以摊铺沟渠为主的摊铺机用摊铺深度表示。

(3)运行速度:分为摊铺作业速度和运输时行走速度。

(4)技术生产率:是指机器设计在单位时间内所能加工处理的混凝土体积。

(5)使用生产率:是指机器在实际作业中所能达到的生产率。它受配套机械和组织管理的限制。

目前,大型滑模式摊铺机的最大摊铺宽度已达到21m,最大摊铺厚度已达610mm,驱动功率达500kW,整机质量达60t。

二、结构与工作原理

由于滑模摊铺机的类型较多,所以它的组成部分也是各种各样的。但无论哪一种滑模摊铺机,它最基本的组成部分包括(图7-42):动力系统11、传动系统12、行走转向装置6、摊铺装置5、机架3和9、浮动支腿1、自动转向系统7、自动找平系统8、操作台4和一些辅助装置(横向拉杆打入装置、横向拉杆中央打入装置、喷洒水系统、照明系统等)。下面就上述组成部分概述如下。

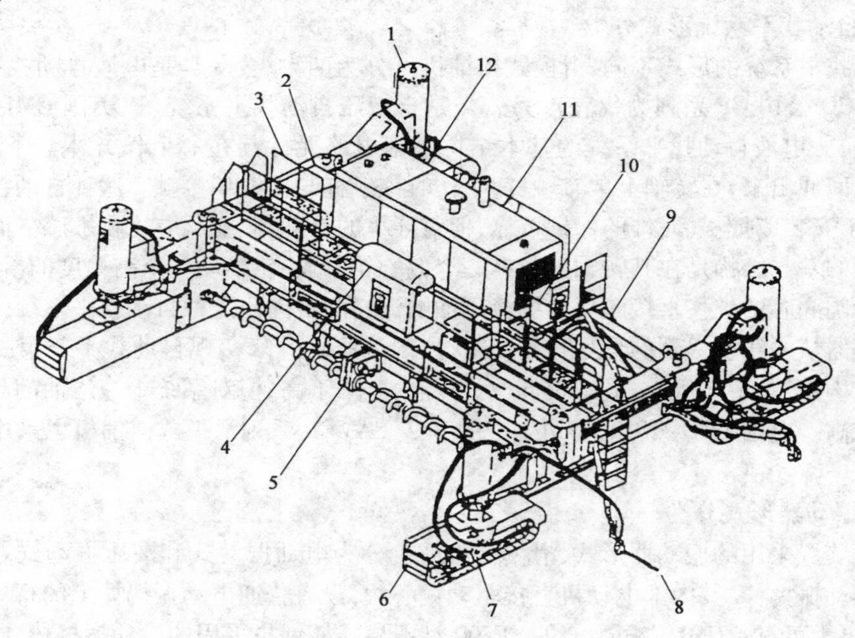

图7-42　四履带滑模式水泥混凝土摊铺机

1-浮动支腿;2-喷洒水系统;3-固定机架;4-操作控制台;5-摊铺装置;6-行走转向装置;7-自动转向系统;8-自动找平系统;9-伸缩机架;10-人行通道;11-动力系统;12-传动系统

(一)动力装置

动力装置一般由发动机和分动箱组成。早期的滑模式摊铺机曾使用汽油机作动力,目前,均采用柴油机,且以四冲程柴油机为主。分动箱以3~4个输出轴的为多,多联泵可减小输出轴数量,传动方式为定轴齿轮式。

(二)传动装置

目前均采用液压传动装置。主要用来将动力传给地面行走系统、各个工作装置、伸缩升降机构以及液压控制元件。

(三)地面行走系统

行走系统大多采用液压驱动履带式,以变量泵定量马达为主。在液压马达后面设计有高传动比的行星减速装置。四轮一带与履带式工程机械通用。履带板为无刺履带板,以增加摊铺机行走时的平顺性,且转移时可在路面上行驶。小型滑模摊铺机以两履带为主,大型的滑模摊铺机以四履带为主。无隙或小隙滑模摊铺机、路缘滑模摊铺机、隔离带滑模摊铺机以及沟渠滑模摊铺机多数采用三履带。两履带滑模摊铺机的转向方式为差速转向,三履带和四履带滑模摊铺机大多采用偏转履带方式进行转向。转向可以手动或自动控制。

个别形式的滑模摊铺机行走系统采用液压驱动车轮方式。小型的路缘石滑模摊铺机就是采用车轮行走。车轮对路面不会带来损伤或破坏,但履带对于不平路基具有滤波和二次找平功能。而轮胎弹性变形随负载变化以及轮胎对路基不平度感应比履带敏感,并且滑模摊铺机对找平精度要求较高。因此,绝大多数滑模摊铺机采用履带行走装置。

(四)摊铺装置

摊铺装置由几个完成不同功能的部件组合而成。主要有:螺旋分料装置1、计量装置2、侧模装置3、修边器4、内部振捣装置5、抹光装置6、拱度调节装置7、中间支梁8、外部振捣装置9、成型装置10和两端支梁11等组成,如图7-43所示。

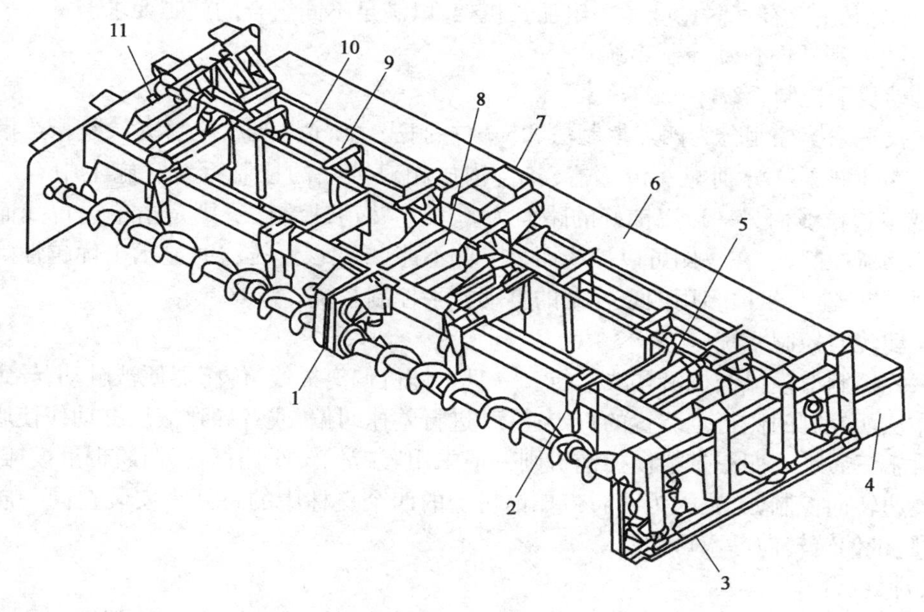

图7-43 摊铺装置

1-螺旋分料装置;2-计量装置;3-侧模装置;4-修边器;5-内部振捣装置;6-定型抹光装置;7-拱度调节设置;8-中间支梁;9-外部振捣装置;10-成型装置;11-两端支梁

各工作装置具有对混凝土不同的加工功能。螺旋分料装置1是将倾倒在机器前的水泥混凝土混合料沿所要摊铺路面的宽度均匀地摊开;计量装置2将水泥混凝土刮平,使其具有合理的厚度以满足进入成型装置的要求;内部振捣装置5对水泥混凝土混合料进行密实;外部振捣装置9主要经过夯板的上、下捶打动作，使大骨料下沉，在面层出现砂浆和细小骨料，以利于成型装置和左、右侧模将水泥混凝土混合料挤压成型；成型装置10和左、右侧模装置3主要将水泥混凝土混合料挤压成设计的路面；定型抹光装置6对成型后的水泥混凝土路面进一步进行整型抹光、抹平；左、右修边器4主要对路面的边角进行修整；安放传力杆装置是将路面横向接缝的传力杆进行机械化安放；拉杆打入装置依照一定的间隔，将拉杆打入水泥混凝土路面之内；调拱装置7主要调节成型装置、定型抹光装置的拱度，使所摊铺的路面拱度符合设计要求。

各种机型的滑模摊铺机摊铺装置的工作原理基本上相同。主要区别在加工处理工序和螺旋分料装置、定型装置、定型抹光装置、调拱装置及外部振捣装置的具体结构或驱动方式上。

(五)支柱浮动支撑系统

支柱浮动支撑系统的作用是连接车架和行走系统，并支撑车架及车架上安装的动力装置、传动装置、工作装置和辅助装置等。它由四个厚壁圆筒两两列于两侧履带或车轮的支架上。圆筒内有液压缸，缸两端的铰耳分别与履带或车轮支架和车架相连。厚壁圆筒起导向作用。液压缸用于车架和工作装置的升降，且液压缸由电液控制系统的手动开关控制，也可由调平传感器通过电液控制阀控制。

(六)机架

机架部分由矩形钢板焊接成的框架构成，两端用螺栓与支柱相连。在框架的下部左、右各有两个吊架用来悬挂工作装置，中部有两个吊架用来悬挂成型装置和定型抹光装置的起拱装置。框架由前后布置的水平液压缸控制横向伸缩，用以调节摊铺宽度。为获得较大幅度的摊铺宽度，机架上还设有不同宽度的一组加长机架，以满足不同组合的施工要求。

(七)找平和转向自动控制系统

1. 自动找平控制系统

自动找平系统控制分为四点控制法和横坡控制法。所谓"四点控制法"，是指给滑模摊铺机的四个支柱液压缸分别配一传感器，各自构成相对独立的控制系统。施工中有双边拉线(样线)或单边拉线而另一边以铺好的路面为基准。"横坡控制法"则是指单边拉线而另一边靠横坡传感器控制，这在一侧可以拉线而另一侧不能(或不易)拉线时显示出优越性。但由于横坡控制不够理想，目前多用四点控制的自动找平控制系统。

2. 自动转向控制系统

该系统控制滑模摊铺机沿样线运行。一旦摊铺机偏离样线，传感器便被触动，导致电液伺服阀动作从而控制两侧行走装置的行走速度，进行差速纠偏，或者导致液压缸动作使履带偏转纠偏。对于三履带或四履带滑模摊铺机则一般采用履带偏转纠偏；对于两履带滑模摊铺机，通常采用差速转向控制，这是因为两履带摊铺机上的四个支柱中的每两个安装在同一履带装置的前后，履带偏转转向已不可能。

(八)操纵台

该装置主要用来手工启动和关闭发动机，控制各动作执行电气元件和液压元件，完成手工和自动控制的切换。其次，该装置安装各种仪表，用来监视压力、速度、温度等参数的变化，以便控制和保护机器。此外，该装置还包括电液自动保护元件，以防止机器过载或油温过高等。

(九)辅助装置

辅助装置主要包括机器清洗系统(如水泵、水箱等)、供电设施(如微型发电机、蓄电池等)以及照明装置。

作业与复习题

1. 在道路工程的修筑与维修养护中需要哪些机械设备,它们各自起什么作用?
2. 叙述 WBY21 型稳定土拌和机的主要结构组成和工作原理?
3. 稳定土厂拌设备主要由哪几部分组成,它们各部分起什么作用?
4. 沥青混凝土搅拌设备有哪些类型?其各有何特点?
5. 沥青混凝土搅拌设备主要有哪几部分组成,各部分起什么作用?
6. 沥青混凝土摊铺机的作用是什么?主要有哪几种形式?
7. 沥青混凝土摊铺机主要有哪几部分组成,各部分起什么作用?
8. 叙述滑模式水泥混凝土摊铺机主要由哪些部分组成,并说明其工作原理。

第八章 桩工机械

在土木建筑、港口、深水码头、公路和铁路桥梁以及海底石油开采工程中，桩基础是最常用的基础形式。桩基础以承载力大、施工周期短、成本低等优点而被广泛采用。

桩的类型可分为两大类，预制桩和就地灌注桩。预制桩有预应力钢筋混凝土方桩、管桩、钢管桩和 H 型钢桩等。灌注桩需要在桩位的地层中先做出孔，然后在孔中浇灌混凝土（或在孔内先放置钢筋笼，再浇灌混凝土），形成灌注桩。

预制桩采用打入法、振动法和静压法三种方法施工。所用的机械有：打入法用柴油锤、液压锤等；振动法用振动锤；静压法用静力压桩机。将预制桩从地层中拔出的机械称为拔桩机。

灌注桩的成孔方法主要有挤土成孔和取土成孔两种。挤土成孔可用打入法或振动法将一端封闭的钢管沉入土层中，然后拔出钢管，即可成孔。它不适用于较大直径的灌注桩，桩径一般不超过 500mm；取土成孔可以用冲抓斗、抓斗、成孔机、螺旋钻孔机、回转斗钻孔机和潜水钻机等机械。

地下连续墙可以看作是成排的灌注桩。它先在地层中挖成沟槽，再放置钢筋笼，然后浇灌混凝土形成墙体。地下连续墙可以是基础的一部分，或者只作挡土墙或截水墙用。挖槽的机械有双轮滚切成槽机、垂直轴多头钻机、连续墙抓斗挖槽机等。

在桩基础的施工中所采用的各种机械，通称为桩工机械。桩工机械按其工作原理分为冲击式、振动式、静压式和成孔灌注式四类。常用的有柴油打桩机、液压打桩机、振动打桩机、静力压桩机、各种成孔机、连续墙挖槽机以及与桩锤配套使用的各种桩架等。各种桩锤和成孔机都必须由桩架配合工作，用它来支持和导向，桩架与桩锤（成孔机）合起来称为打桩机。

桩工机械的类型及表示方法见表 8-1。

桩工机械的类型及表示方法　　表 8-1

类型				产品		主参数代号	
名称	代号	名称	代号	名称	代号	名称	单位
柴油打桩锤	D（打）	筒式	—	筒式柴油打桩锤	D	冲击部分质量	$kg \times 10^{-2}$
		导杆式	D（导）	导杆式柴油打桩锤	DD		
液压锤	CY	液压式		液压锤	CT	冲击部分质量	$kg \times 10^{-2}$
振动桩锤	D、Z（打、振）	机械式	—	机械式振动桩锤	DZ	振动锤功率	kW
		液压式	Y（液）	液压式振动桩锤	DZY		
压桩机	Y、Z（压，桩）	液压式	Y（液）	液压压桩机	YZY	最大压桩力	$kN \times 10^{-1}$
成孔机	K（孔）	长螺旋式	L（螺）	长螺旋钻孔机	KL	最大成孔直径	mm
		短螺旋式	D（短）	短螺旋钻孔机	KD		
		回转斗式	U（斗）	回转斗钻孔机	KU		
		动力头式	T（头）	动力头钻孔机	KT		
		冲抓式	Z（短）	冲抓式成孔机	KZ		
		冲抓式	D（短）	全套管钻孔机	KZT		
		潜水式	Q（短）	潜水式钻孔机	KQ		
		转盘式	P（短）	转盘式钻孔机	KP		

续上表

类型				产品		主参数代号	
名称	代号	名称	代号	名称	代号	名称	单位
桩架	J(架)	轨道式 履带式 步履式 简易式	G(轨) U(履) B(步) J(简)	轨道式桩架 履带式桩架 步履式桩架 简易式桩架	JG JU JB JJ	最大成孔直径	mm

第一节 桩　　架

桩架是桩工机械的重要组成部分。用来悬挂桩锤，吊桩并将桩就位，打桩时为桩锤及桩帽导向。它还用来安装各种成孔装置，为成孔装置导向，并提供动力，完成成孔工作。现代的桩架一般可配置多种桩基施工的工作装置。

桩架需要回转、变幅和行走等功能，一般有多台卷扬机，完成各种升降工作。有的还需要支腿，保持桩架的稳定或承受各种支撑反力。常用的桩架有履带式、轨道式、步履式和滚管式等。履带式桩架使用最方便，应用最广，发展最快。轨道式桩架造价较低，但使用时需要铺设轨道，被步履式桩架取代。步履式和滚管式桩架用于中小桩基的施工。

一、履带式桩架

履带式桩架以履带为行走装置，机动性好，使用方便，它有悬挂式桩架、三支点桩架和多功能桩架三种。

1. 悬挂式桩架

它以通用履带起重机为底盘，卸去吊钩，吊臂顶端与桩架连接，桩架立柱底部有支撑杆与回转平台连接，如图 8-1 所示。桩架立柱可用圆筒形，也可用方形或矩形横截面的桁架。为了增加桩架作业时整体的稳定性，在原有起重机底盘上，需附加配重。底部支撑架是可伸缩的杆件，调整底部支撑杆的伸缩长度，立柱就可从垂直位置改变成倾斜位置，这样可满足打斜桩的需要。由于这类桩架的侧向稳定性主要由起重机下部的支撑杆 7 保证，侧向稳定性较差，只能用于小桩的施工。

2. 三支点履带桩架

三支点式履带桩架为专用的桩架，主机的平衡重至回转中心的距离以及履带的长度和宽度比起重机主机的相应参数要大些，整机的稳定性好。桩架的立柱上部由两个斜撑杆与机体连接，立柱下部与机体托架连接，因而称为三支点桩架。斜撑杆支撑在横梁的球座上，横梁下有液压支腿。

图 8-2 为 JUS100 型三支点式履带桩架，采用液压传动，动力用柴油机。桩架由履带主机 12、托架 7、桩架立柱 8、顶部滑轮组 1、后横梁 13、斜撑杆 9 以及前后支腿等组成。履带主机由平台总成、回转机构、卷扬机构、动力传动系统、行走机构和液压系统等组成。本机采用先导、超微控制，双导向立柱(导向架)，立柱高 33m，可装 8t 以下各种规格的锤头，顶部滑轮组能摆动，可装螺旋钻孔机和修理用的升降装置。

托架用四个销子与主机相连，托架的上部有两个转向滑轮用于主副吊钩起重钢丝绳的转向。托架的前部有一矩形滑道，导向架底节销轴两端的滑动轴承可在滑道中滑动，滑动的动力由前托架滑动液压缸提供。导向架底节的轴孔为椭圆形,当桩架偏移时,在销轴处引起的力矩可以通过轴在椭圆孔中的位移加以消除。导向架和主机通过两根斜撑杆支撑。后斜撑杆为管形杆与斜撑液压缸连接而成。斜撑液压缸的支座与后横梁伸出部位相连,构成了三点式支撑形式的打桩架结构。

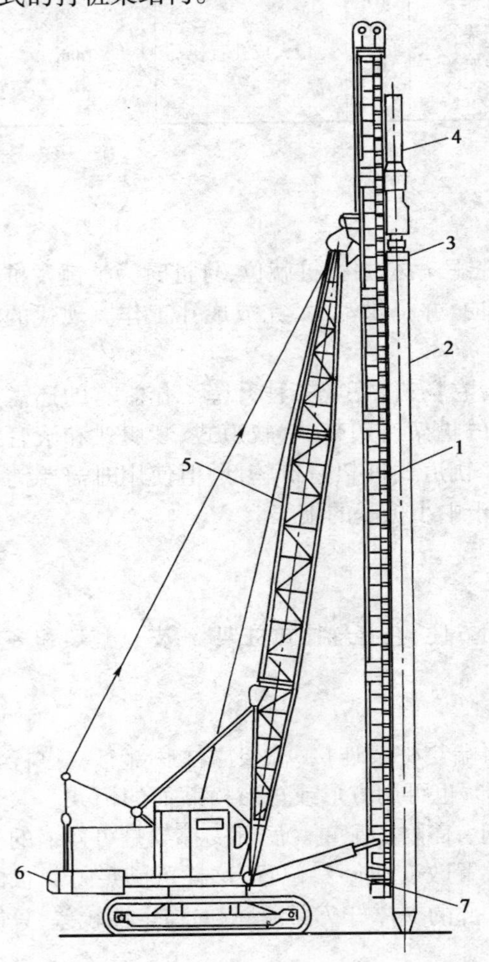

图 8-1　悬挂式履带桩架构造

1-桩架立柱;2-桩;3-桩帽;4-桩锤;5-起重臂;6-机体;7-支撑杆

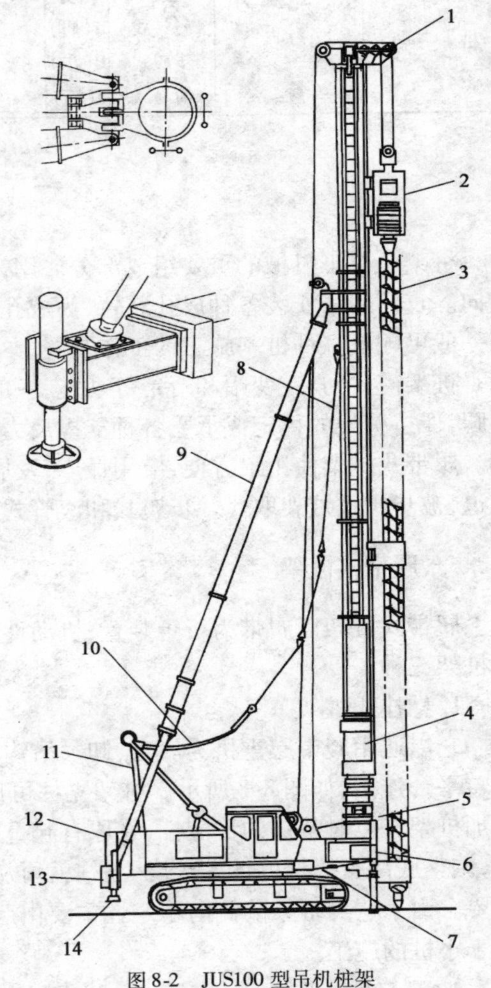

图 8-2　JUS100 型吊机桩架

1-顶部滑轮;2-钻机动力头;3-长螺旋钻杆;4-柴油锤;5-前导向滑轮;6-前支腿;7-托架;8-桩架立柱;9-斜撑;10-导向架起升钢丝绳;11-三角架;12-主机;13-后横梁;14-后支腿

在后横梁 13 两侧有两个后支腿 14,上面各有一个支腿液压缸,主要用于打斜桩时克服桩架后倾压力。在前托架左右两侧装有两个前支腿液压缸,在使用螺旋钻机在钻孔上拔螺旋钻时,可以支撑导向架,使之不要前倾。

在导向架顶部有顶部滑轮组及支架,两组不同的滑轮组对应两种不同的工况:330mm 滑道与 600mm 滑道。

平台上安装有四卷筒卷扬机,如图 8-3 所示。包括主卷扬机 6、副卷扬机 9、第三卷扬机 10 及立柱安装用卷扬机 7。除立柱安装卷扬机外,各卷筒都装有离合器和制动器,这样可进行桩锤或钻孔装置自由下降的操作。

3. 多功能履带桩架

图 8-4 为意大利土力公司的 R618 型多功能履带桩架总体构造图。它由滑轮架 1、立柱 2、立柱伸缩油缸 3、平行四边形机构 4，主、副卷扬机 5、伸缩钻杆 6、进给油缸 7、液压动力头 8、回转斗 9、履带装置 10 和回转平台 11 等组成。回转平台可 360°全回转。这种多功能履带桩架可以安装回转斗、短螺旋钻孔器、长螺旋钻孔器、柴油锤、液压锤、振动锤和冲抓斗等工作装置。它还可以配上全液压套管摆动装置，进行全套管施工作业。另外还可以进行地下连续墙施工，逆循环钻孔。做到一机多用。

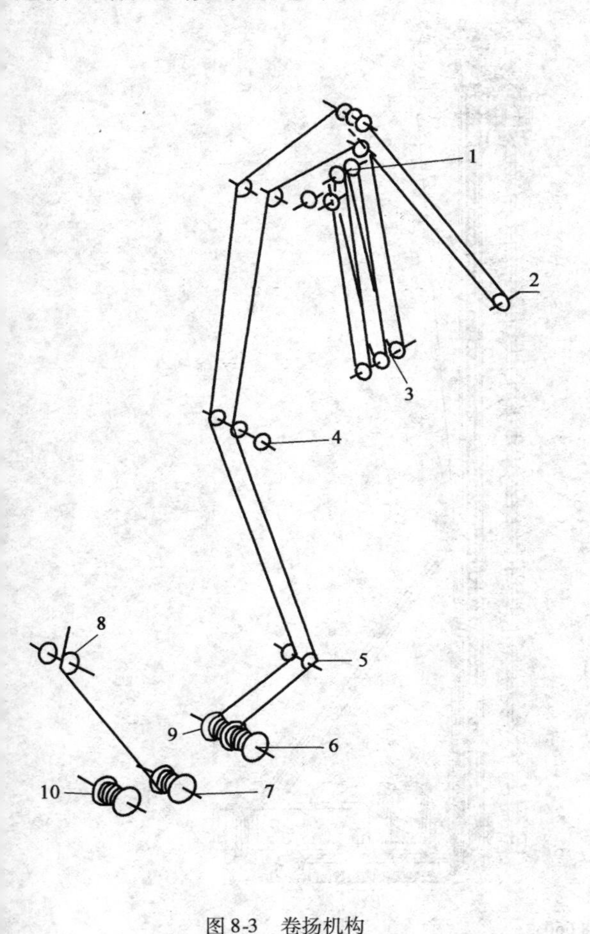

图 8-3　卷扬机构

1-两门定滑轮组；2-吊桩滑轮；3-起锤滑轮组；4-导向滑轮；5-前托架导向滑轮；6-主卷扬卷筒；7-导向架起升卷筒；8-A 形架滑轮；9-副卷扬卷筒；10-第三卷筒

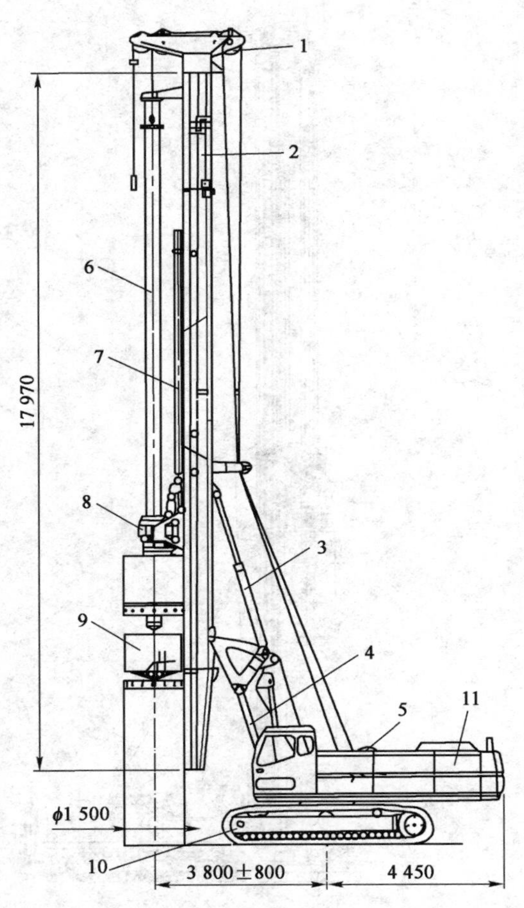

图 8-4　R6188 多功能履带桩架（尺寸单位：mm）

1-滑轮架；2-立柱；3-立柱伸缩油缸；4-平行四边形机构；5-主、副卷扬机；6-伸缩钻杆；7-进给油缸；8-液压动力头；9-回转斗；10-履带装置；11-回转平台

本机采用液压传动，液压系统有三个变量柱塞液压泵和三个辅助齿轮油泵。各个油泵可单独向各工作系统提供高压液压油。在所有液压油路中，都设置了电磁阀。各种作业全部由电液比例伺服阀控制，可以精确地控制机器的工作。

平台的前部有各种不同工作装置液压系统预留接口。在副卷扬机的后面留有第三个卷扬机的位置。立柱伸缩油缸和立柱平行四边形机构，一端与回转平台连接，另一端则与立柱连接。平行四边形机构可使立柱工作半径改变，但立柱仍能保持垂直位置。这样可精确地调整桩位，而无需移动履带装置。履带的中心距可依靠伸缩油缸在 2.5 ~ 4m 范围内进行调整。履带底盘前面预留有套管摆动装置、液压系统接口和电气系统插座。如需使用套管进行大口径及超深度作业，可装上全液压套管摆动装置。这时只要将套管摆动装置的液压系统和电气系统与底盘前部预留的接口相连，即可进行施工作业。在运输状态时，立柱可自行折叠。

这种多功能履带桩架自重65t，最大钻深60m，最大桩径2m，钻进转矩172kN · m，配上不同的工作装置，可适用于砂土、泥土、砂砾、卵石、砾石和岩层等成孔作业。

图8-5为芬兰JUNTTAN公司的PM28型和PM30型多功能桩架，可以安装各种桩锤，通用性好。

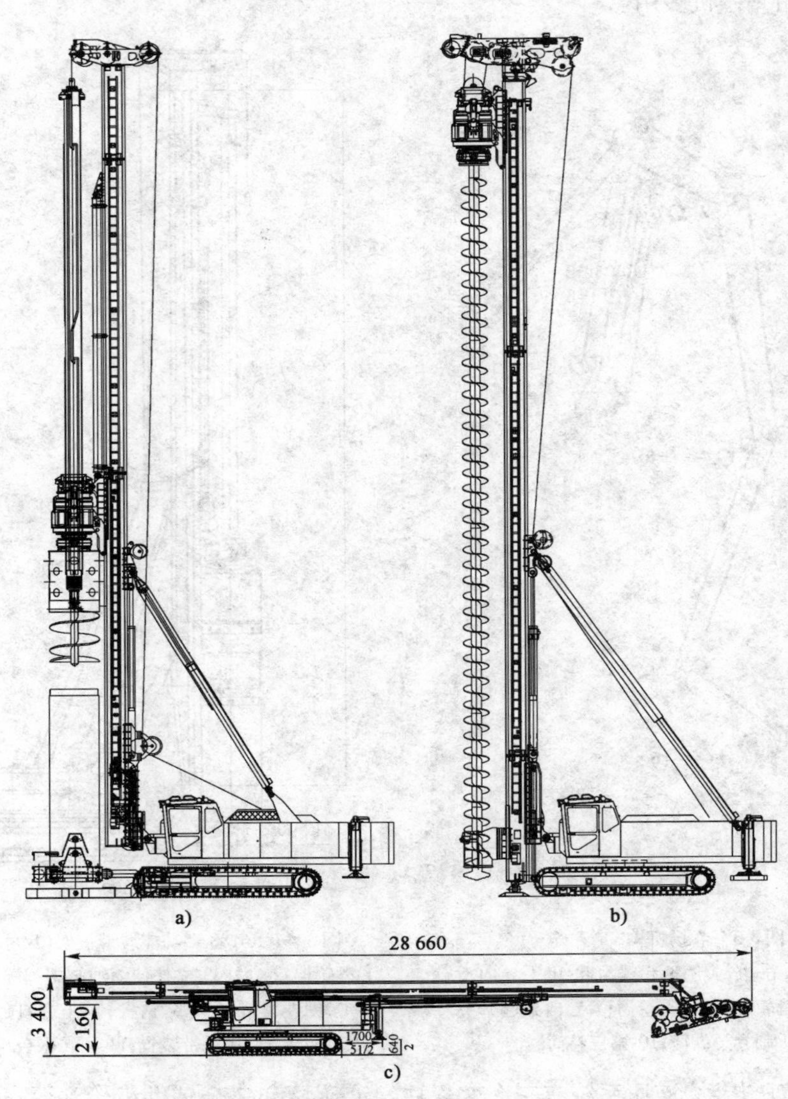

图8-5 PM28型和PM30型多功能桩架(尺寸单位:mm)

a)PM28型多功能桩架;b)PM30型多功能桩架;c)PM30型多功能桩架折叠状态

二、步履式桩架

步履式桩架结构简单、价格低。在步履式桩架上可配用长、短螺旋钻孔器，柴油锤，液压锤和振动桩锤等设备进行钻孔和打桩作业。

图 8-6 为 DZB1500 型液压步履式钻孔机，它由短螺旋钻孔器和步履式桩架组成。

步履式桩架由平台 9、底座 14、步履靴 11、前支腿 6、后支腿 10、回转机构 12、行走液压缸 13、卷扬机构 7、电缆卷筒 2、液压系统 8、操作室 16 和电气系统等组成。

桩架立柱 3 的起落由液压缸 5 完成。在施工现场整机移动对准桩位时，不用落下桩架立柱。转移施工场地时，可以将桩架立柱放下，安上行走轮胎。图 8-6b）所示为运输状态下的步履式钻孔机。

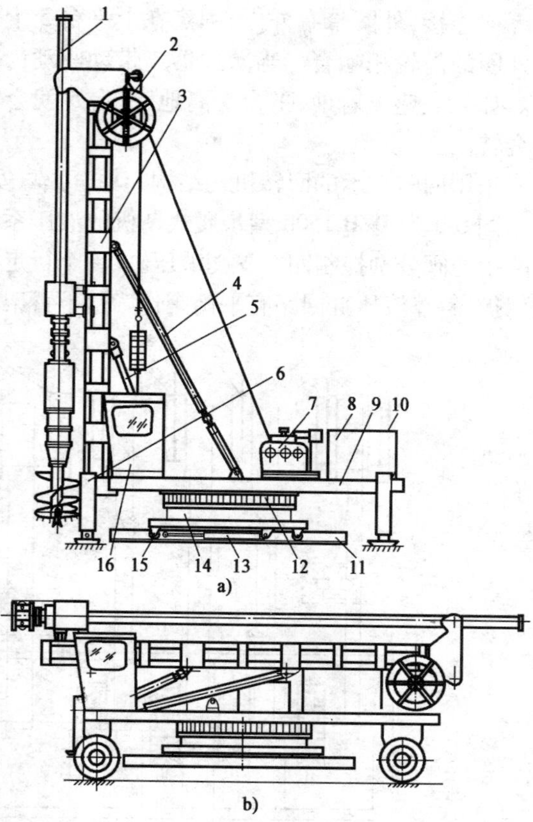

图 8-6　DZB1500 型液压步履式短螺旋钻孔机

a）工作状态；b）运输状态

1-钻机部分；2-电缆卷筒；3-桩架立柱；4-斜撑；5-起架液压缸；6-前支腿；7-卷扬机；8-液压系统；9-平台；10-后支腿；11-步履靴；12-回转机构；13-行走液压缸；14-底座；15-行走台车；16-操作室

行走与回转部分的结构如图 8-7 所示。四个行走台车 7 安装在底座 5 的四角（底架通常为方形），并支承在两条步履靴 4 的轨道上。平台 3 上装有四个支腿 2，每个支腿上安装有支腿油缸 1，支腿油缸活塞杆球头端装有支承座板 9。当支腿油缸 1 收缩时，步履靴 4 着地，支腿油缸的支承座板离开地面后，便可以由步履靴 4 中的行走油缸推动行走台车，使桩架在步履靴中行走，但每次行走的长度有限。这时上平台也可以进行回转。当支腿油缸 1 伸长，支承座板 9 着地，并将步履靴 4 顶离地面后，行走液压缸既可移动步履靴为下一步行走作准备，这时底座也可以回转为步履靴选择行走方向。重复上述动作可使整个钻机一步一步地行走到指定位置，步履式桩架也以此得名。

回转机构的结构如图 8-8 所示。回转支承 2 的内圈与平台 5 用螺栓连接，外圈与底座 1

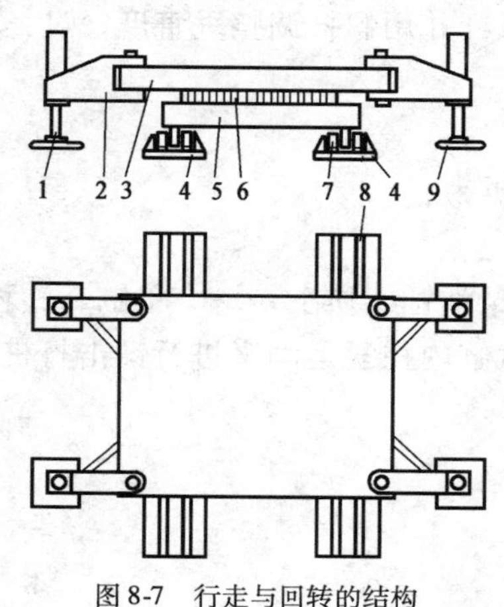

图 8-7　行走与回转的结构

1-支腿油缸；2-支腿；3-平台；4-步履靴；5-底座；6-回转机构；7-行走台车；8-轨道；9-支承座板

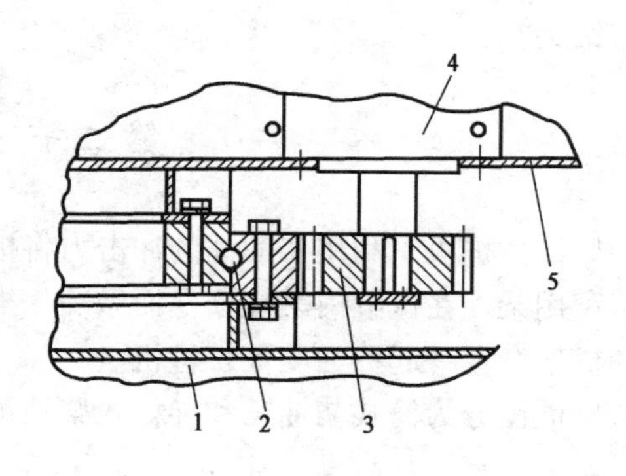

图 8-8　回转支承式回转机构

1-底座；2-回转支承；3-驱动齿轮；4-减速器；5-平台

用螺栓连接,外圈带有外齿,固定在上平台5上的减速器4通过安装在输出轴上的驱动齿轮3与外圈的齿轮相啮合。当减速器4带动驱动齿轮3转动时,平台与底座之间就会发生相对转动。如果底座1着地,平台5离地,平台5就会转动;反之如果平台5着地,底座1离地,底座1就会转动。

采用回转支承的回转机构结构简单、可靠、安装方便、使用寿命长,但回转支承的价格较贵。

图8-9为DZB-1500型步履式钻机的液压系统原理图,液压泵给6个三位四通手控阀供油。六路手控阀分别控制四个支腿液压缸、一个行走液压缸与两个斜撑液压缸,支腿液压缸均有液压锁保护,斜撑液压缸回路有平衡阀作为落下臂架时的保险。整个液压回路简单可靠,使用方便。

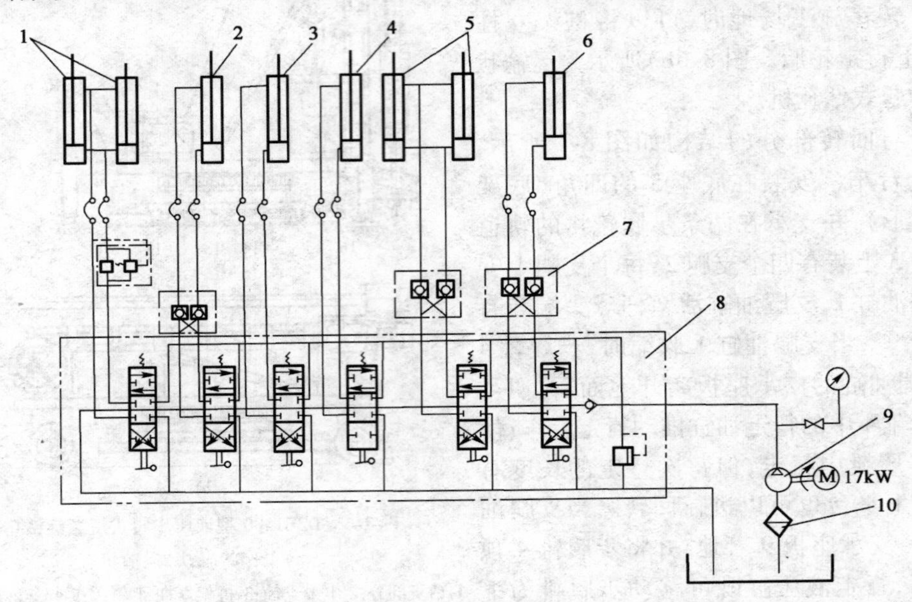

图8-9 DZB1500型液压步履式桩架液压系统

1-支臂液压缸;2-前右支腿液压缸;3-行走液压缸;4-回转液压缸;5-后支腿液压缸;6-前左支腿液压缸;7-液压锁;8-换向阀;9-液压泵;10-滤清器

钻机长途运输可用汽车拖运或火车装运,到达工地后,接通电源,调整液压泵站,打开支腿,卸去轮胎,用斜撑液压缸将钻架竖起。然后安装斜撑杆并用螺杆调整垂直度,然后安装主机与钻头。

第二节 柴油打桩机

柴油打桩机是利用柴油锤的冲击力将桩打入地下,柴油锤实质上是一个单缸二冲程发动机。利用柴油在汽缸内燃烧爆发而做功。推动活塞在汽缸内往复运动来进行锤击打桩,柴油锤和桩架合在一起称为柴油打桩机。

柴油锤分为筒式柴油锤和导杆式柴油锤两种。

一、筒式柴油锤

1. 构造

筒式柴油锤依靠活塞上下跳动来锤击桩,构造如图8-10所示。它由锤体、燃料供给系统、润滑系统、冷却系统和起动系统等构成。

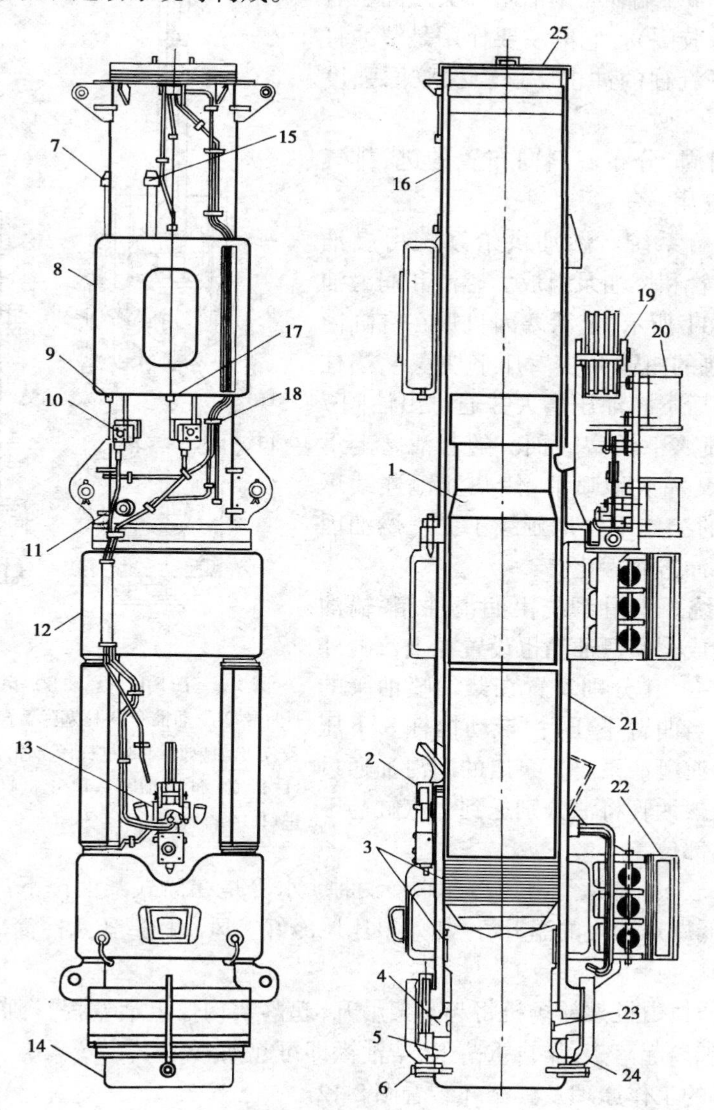

图 8-10　D72 型筒式柴油锤构造

1-上活塞；2-燃油泵；3-活塞环；4-外端环；5-缓冲垫；6-橡胶环导向；7-燃油进口；8-燃油箱；9-燃油排放旋塞；10-燃油阀；11-上活塞保险螺栓；12-冷却水箱；13-燃油和润滑油泵；14-下活塞；15-燃油进口；16-上汽缸；17-导向缸；18-润滑油阀；19-起落架；20-导向卡；21-下汽缸；22-下汽缸导向卡爪；23-铜套；24-下活塞保险卡；25-顶盖

（1）锤体。锤体主要由上汽缸 16、导向缸 17、下汽缸 21、上活塞 1、下活塞 14 和缓冲垫 5 等组成。导向缸在打斜桩时为上活塞引导方向，还可防止上活塞跳出锤体。上汽缸介于导向缸和下汽缸之间，是上活塞的导向装置。下汽缸是工作汽缸，它与上、下活塞一起组成燃烧室，是柴油锤爆炸冲击工作的场所。由于要承受高温、高压及冲击荷载，下汽缸的壁厚要大于上汽缸，材料也较优良。上、下汽缸用高强度螺栓连接。在上汽缸外部附有燃油箱及润滑油箱，通过附在缸壁上的油管将燃油与润滑油送至下汽缸上的燃油泵与润滑油泵。上活塞和下活塞都是工作活塞，上活塞又称自由活塞，不工作时位于下汽缸的下部，工作时可在上、下汽缸内跳动，上、下活塞都靠活塞环密封，并承受很大的冲击力和高温高压作用。

在下汽缸底部外端环与下活塞冲头之间装有一个缓冲垫5(橡胶圈)。它的主要作用是缓冲打桩时下活塞对下汽缸的冲击。这个橡胶圈强度高、耐油性强。

在下汽缸四周,分布着斜向布置的进、排气管,供进气和排气用。

(2)燃油供给系统。燃油供给系统由燃油箱、滤清器、输油管和燃油泵组成。燃油和润滑油泵的构造如图8-11所示,上活塞因自重在汽缸内落下,打击燃油泵的曲臂1,曲臂压下柱塞4,当柱塞封闭了进油孔后下腔油压增大并通过出油阀7(单向阀)将油喷入下活塞表面。随着活塞上下运动,油泵一次又一次地喷油,使柴油锤连续爆炸,于是柴油锤的工作不停地延续下去。燃油因上活塞对下活塞冲击而雾化。

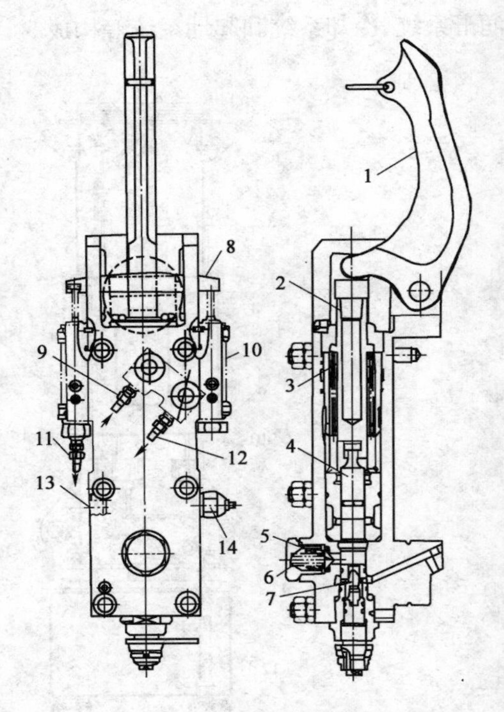

图8-11　燃油和润滑油泵构造

1-曲臂;2-滑动推杆;3-柱塞弹簧;4-柱塞;5-回流阀;6-弹簧;7-出油单向阀;8-推杆;9-润滑油进口;10-润滑油泵;11-下汽缸润滑油出口;12-上汽缸润滑油出口;13-燃油进口;14-排气阀

(3)润滑系统。润滑系统由润滑油箱、输油管及润滑油泵组成。润滑油箱也设置在上汽缸外侧。两个润滑油泵10分别安置在柴油喷油泵的两侧(图8-11),当曲臂下压时,带动推杆8下压两个润滑油泵将润滑油泵出。泵出的润滑油通过两个出口再由数根油管将油分别送到上汽缸与下汽缸的各个运动部位。

(4)冷却系统。冷却系统有风冷和水冷两种。水冷是在筒式柴油锤下汽缸外部设置冷却水套,用水来降低爆炸产生的温升,冷却效果比风冷好。风冷构造比水冷简单,使用方便。

2. 工作原理

柴油锤启动时,由桩架卷扬机将起落架吊升,起落架钩住上活塞提升到一定高度,吊钩碰到碰块,上活塞脱离起落架,靠自重落下,柴油锤即可起动。

筒式柴油锤的工作原理及其循环参看图8-12。

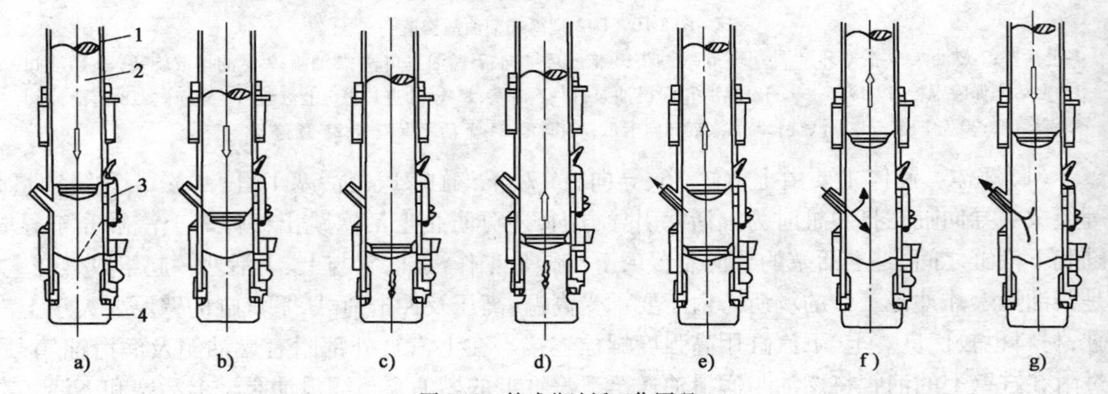

图8-12　筒式柴油锤工作原理

a)喷油;b)压缩;c)冲击、雾化;d)燃爆;e)排气;f)吸气;g)降落

1-汽缸;2-上活塞;3-燃油泵;4-下活塞

(1)喷油过程[图8-12a)]。上活塞被起落架吊起,新鲜空气进入汽缸,燃油泵进行吸油。上活塞提升到一定高度后自动脱钩掉落,上活塞下降。当下降的活塞碰到油泵的压油曲臂时,把一定量的燃油喷入下活塞的凹面。

(2)压缩过程[图8-12b)]。上活塞继续下降,吸、排气口被上活塞挡住而关闭,汽缸内的空气被压缩,空气的压力和温度均升高,为燃烧爆发创造条件。

(3)冲击、雾化过程[图8-12c)]。当上活塞快与下活塞相撞时,燃烧室内的气压迅速增大。当上、下活塞碰撞时,下活塞冲击面的燃油受到冲击而雾化。上、下活塞撞击产生强大的冲击力,大约有50%的冲击机械能传递给下活塞,通过桩帽,使桩下沉。被称为"第一次打击"。

(4)燃烧过程[图8-12d)]。雾化后的混合气体,由于受高温和高压的作用,立刻燃烧爆炸,产生巨大的能量。通过下活塞对桩再次冲击(即第二打击),同时使上活塞跳起。

(5)排气过程[图8-12e)]。上跳的活塞通过排气口后,燃烧过的废气便从排气口排出。上活塞上升越过燃油泵的压油曲臂后,曲臂在弹簧作用下,回复到原位;同时吸入一定量的燃油,为下次喷油作准备。

(6)吸气过程[图8-12f)]。上活塞在惯性作用下,继续上升,这时汽缸内产生负压,新鲜空气被吸入汽缸内。活塞跳得越高,所吸入的新鲜空气越多。

(7)扫气过程[图8-12g)]。上活塞的动能全部转化为势能后,又再次下降,一部分新鲜空气与残余废气的混合气由排气口排出直至重复喷油过程,柴油锤便周而复始地工作。

二、导杆式柴油锤

导杆式柴油锤和筒式柴油锤的不同是导杆式用汽缸为锤击部分,做升降运动。而筒式柴油锤则以上活塞作锤击部分;导杆式柴油锤的燃油用高压雾化,筒式柴油锤则用冲击雾化;导杆式柴油锤打击能量比筒式锤小。但结构简单,操作方便,一般用于小型轻质桩的施工。

1. 构造

如图8-13所示,导杆式柴油锤由活塞6、缸锤4、导杆3、顶部横梁1、起落架2、燃油系统9和基座11等组成。

(1)活塞。活塞与基座铸成一体,形成冲击砧,活塞上有四道活塞环,活塞中部有油道通到活塞顶的喷油嘴。活塞内腔为燃油箱,基座的一侧有与桩架轨道匹配的滑槽。

(2)汽缸。又称缸锤,是导杆式柴油锤的冲击部分,它的质量分别有600kg、1200kg、1800kg三种。

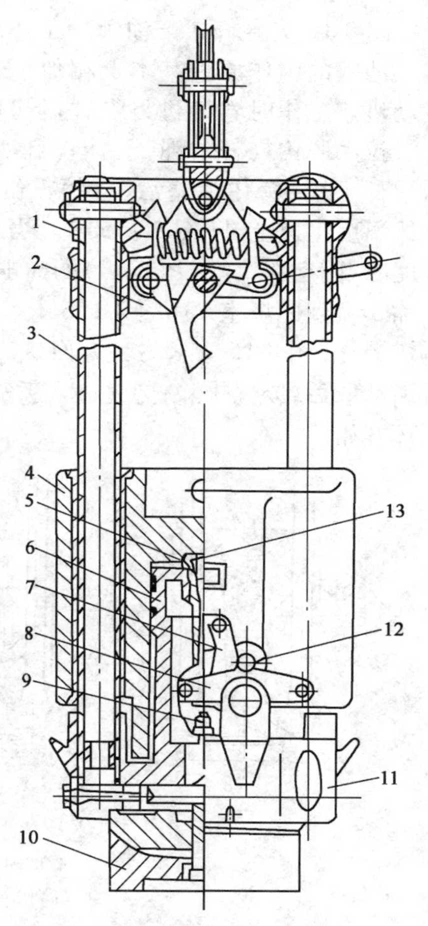

图8-13 导杆式柴油打桩锤构造图

1-顶部横梁;2-起落架;3-导杆;4-缸锤;5-喷油嘴;6-活塞;7-曲臂;8-油门调整杆;9-燃油系统;10-桩帽;11-基座;12-撞击销;13-燃烧室

(3)导杆。导杆由两根无缝钢管制成,表面光滑,导杆两端与顶部横梁和下部基座相连,给汽缸和起落架导向。

(4)顶座。顶座由顶部横梁1与起落架2组成。它的作用是既固定导杆,又与起落架相连。

(5)燃油系统。燃油系统由燃油泵、喷油嘴和油门调整杠杆组成。当汽缸下落到接近压缩完时,撞击销12与曲臂7的斜面接触,推动曲臂旋转,驱动燃油泵工作。

燃油泵构造及工作原理如图8-14所示。曲臂1压下燃油泵顶杆2,顶杆2推动柱塞5下移,压迫燃油打开出油单向阀10供油,喷油嘴把燃油喷入燃烧室。燃烧爆发后,汽缸沿导杆上升,撞击销脱离曲臂,燃油泵柱塞在弹簧作用下回位,单向阀关闭,吸油口打开,油箱的燃油被吸入燃油泵,为下一次压缩与喷油作准备。

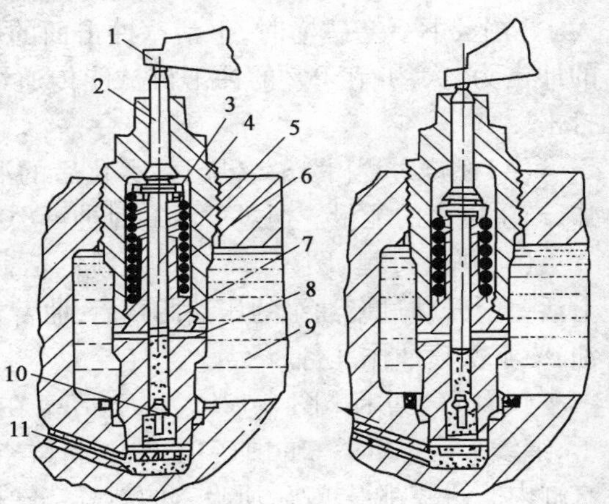

图8-14 燃油泵的构造和工作原理示意图

1-曲臂;2-顶杆;3-弹簧座;4-弹簧套;5-柱塞;6-柱塞弹簧;7-泵体;8-吸油口;9-燃油箱;10-单向阀;11-出油道

2. 工作原理

图8-12为导杆式柴油锤的工作原理。导杆式柴油锤的工作原理基本上相似于二冲程柴油发动机。工作时卷扬机将汽缸提起挂在顶横梁上。拉动脱钩杠杆的绳子,挂钩自动脱钩,汽缸沿导杆下落,套住活塞后,压缩汽缸内的气体,气体温度迅速上升[图8-15a)]。当压缩到一定程度时,固定在汽缸(图8-13)的撞击销12推动曲臂7旋转,推动燃油泵柱塞,使燃油从喷油嘴5喷到燃烧室13[图8-15b)]。呈雾状的燃油与燃烧室内的高压高温气体混合,立刻自燃爆炸[图8-15c)],另一方面将活塞下压,打击桩下沉,一方面使汽缸跳起,当汽缸完全脱离活塞后,废气排除,同时进入新鲜空气[图8-15d)]。当汽缸再次下落时,一个新的工作循环开始。

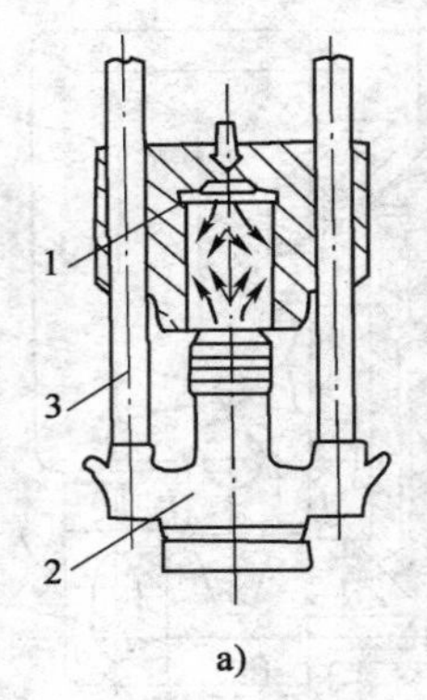

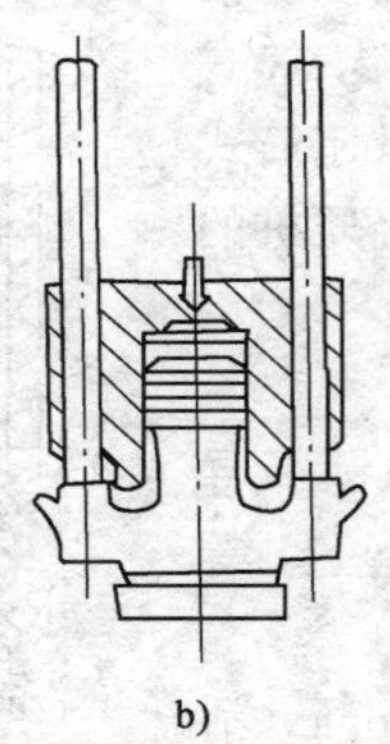

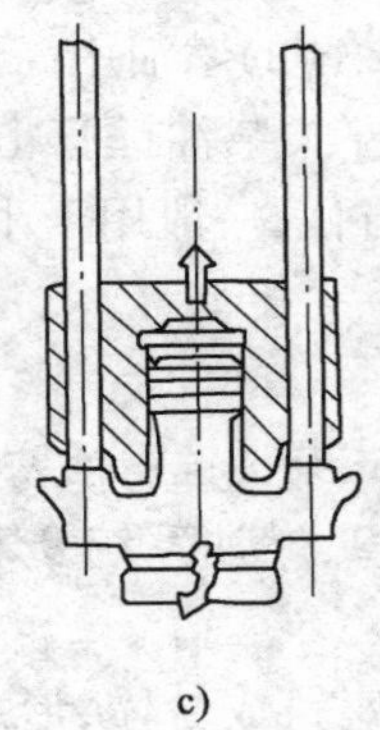

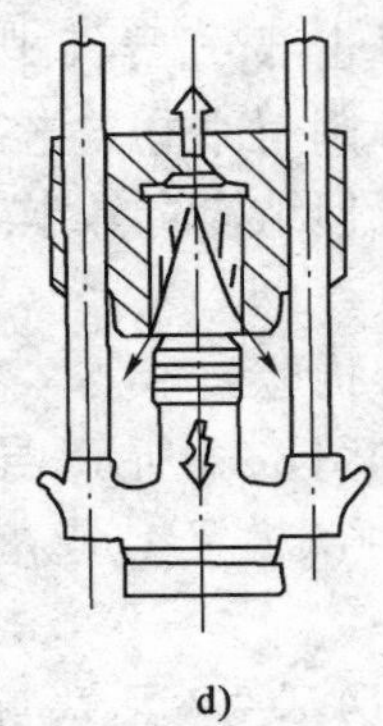

图8-15 导杆式柴油锤的工作原理

a)压缩;b)供油;c)燃烧;d)排气、吸气

1-缸锤(汽缸);2-活塞;3-导杆

3. 主要技术性能

筒式柴油锤和导杆式柴油锤的性能见表8-2。

筒式柴油锤和导杆式柴油锤的性能　　表 8-2

名　称	单　位	型　　号									
		DD6	DD18	DD25	D12	D25	D36	D40	D50	D60	D72
冲击体质量	kN		14	30	12	25	36	40	50	60	72
冲击能量	kN · m	7.5			30	62.5	120	100	125	160	180
冲击次数	次/min				40 ~ 60	40 ~ 60	36 ~ 46	40 ~ 60	40 ~ 60	35 ~ 60	40 ~ 60
燃油消耗	L/h				6.5	18.5	12.5	24	28	30	43
冲程	m				2.5	2.5	3.4	2.5	2.5	2.67	2.5
锤总重	kN	12.5	31	42	2.7	65	84	93	105	150	180
锤总高	m	3.5	4.2	4.5	3.83	4.87	5.28	4.87	5.28	5.77	5.9

第三节　液　压　锤

随着液压技术的发展,加之柴油打桩锤发出的噪声给城市造成的污染,其使用受到一定的限制。20 世纪 70 年代以后,各国先后开发了液压打桩锤以适应建设工程的需要。液压锤的优点是打击能量大,噪声低,环境污染少,操作方便。目前液压锤已成为建设工程中不可缺少的设备。

一、液压锤的分类

液压锤利用液压能将锤体提升到一定高度,锤体依靠自重或自重加液压能下降,进行锤击。从打桩原理上可分为单作用式和双作用式两种。单作用式即自由下落式,打击能量较小,结构比较简单。双作用液压锤在锤体被举起的同时,向蓄能器内注入高压油,锤体下落时,液压泵和蓄能器内的高压油同时给液压锤提供动力,促使锤体加速下落,使锤体下落的加速度超过自由落体加速度。打击力大,结构紧凑,但液压油路比单作用锤要复杂些。

目前液压锤的锤体质量从 1 000kg 到 18 000kg 成一系列,落下高度可从 100mm 到 1 200mm 之间调节。

二、液压锤的构造

如图 8-16 所示,液压锤由锤体部分 1、液压系统 2 和电气控制系统 3 等组成。图 8-17 为锤体结构图。

1. 锤体部分

锤体由起吊装置 1、液压缸 2、蓄能器 3、锤体 8、壳体 9、上壳体 13、下壳体 10 和下锤体 11、桩帽 12 和导向装置 14 等组成。

(1)起吊装置。起吊装置主要由滑轮架、滑轮组与钢丝绳组成,通过打桩架顶部的滑轮组与卷扬机相连。利用卷扬机的动力,液压锤可在桩架的导向轨上上下滑动。

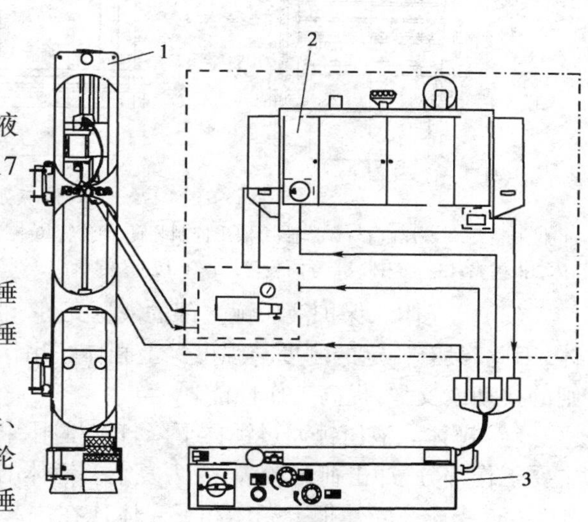

图 8-16　液压锤总体构造

1-锤体部分;2-液压系统;3-电气控制系统

(2)导向装置。导向装置与柴油锤的导向

夹卡基本相似,它用螺栓将导向装置与壳体和桩帽相连,使其与桩架导轨的滑道相配合,锤体可沿导轨上下滑动。导向装置的受力情况变化无常,冲击荷载大,磨损严重。

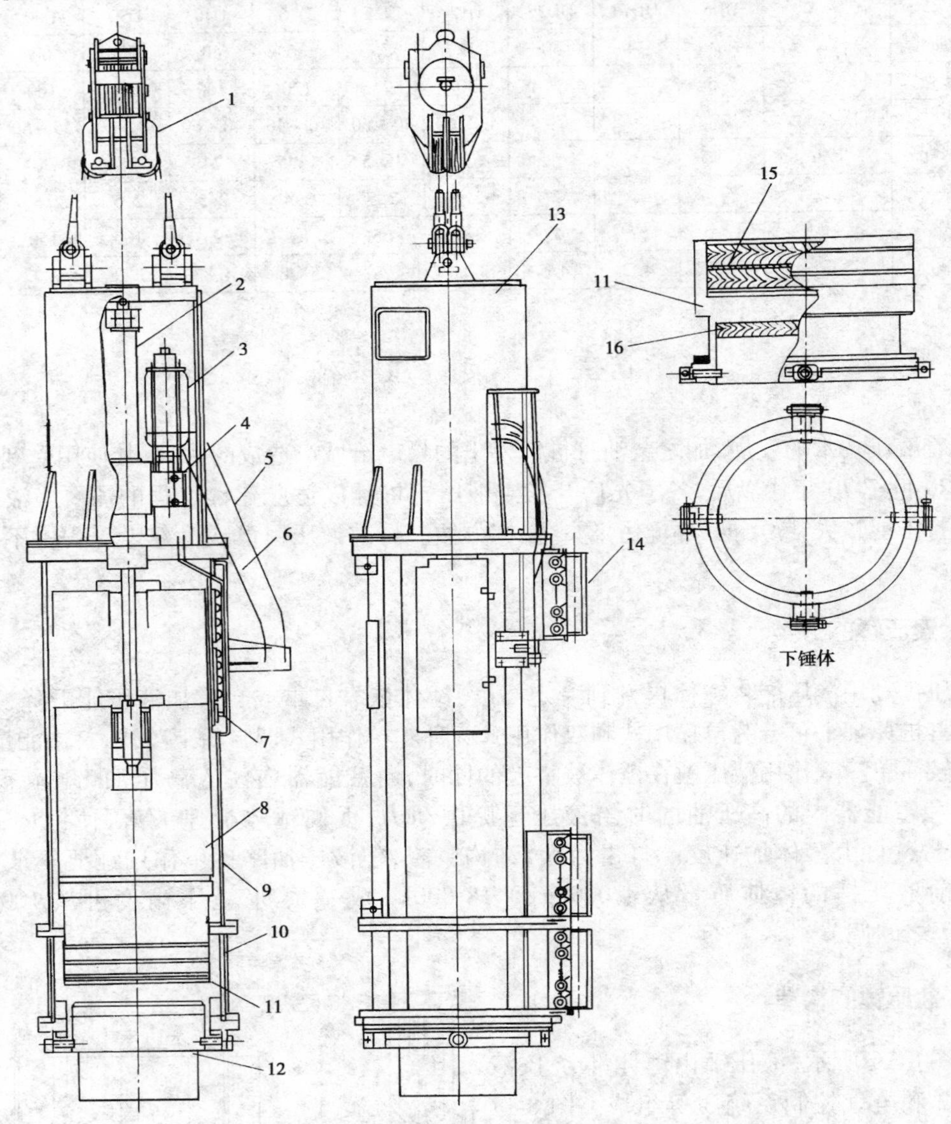

图 8-17　日本 NH 系列液压锤结构简图

1-起吊装置;2-液压缸;3-蓄能器;4-液压控制装置;5-油管;6-控制电缆;7-无触点开关;8-锤体;9-壳体;10-下壳体;11-下锤体;12-桩帽;13-上壳体;14-导向装置;15、16-缓冲垫

(3)上壳体。保护液压锤上部的液压元件、液压油管和电气装置,同时连接起吊装置和壳体,因此,具有一定的刚度与强度。上壳体还用作配重使用,可以缓解和减少工作时锤体不规则的抖动或反弹,提高工作性能。

(4)锤体。液压锤通过锤体下降打击桩帽,将能量传给桩,实现桩的下沉。锤体是沉桩的主要工作部分,冲击荷载较大,受力复杂。锤体的上部与液压缸活塞杆头部由法兰连接。

(5)壳体。壳体把上壳体和下壳体连在一起,在它外侧安装着导向装置、无触点开关、液压油管和控制电缆的夹板等。液压油缸的缸筒与壳体连接,锤体上下运动锤击沉桩的全过程均在壳体内完成,壳体板较厚,除去有足够的强度与刚度之外,还有一定的隔音作用。

(6)下壳体。下壳体将桩帽罩在其中，上部与上壳体下部相连，下部支在桩帽上。

(7)下锤体。下锤体上部有两层缓冲垫，与柴油锤下活塞的缓冲垫作用一样，防止过大的冲击力打击桩头。液压锤工作时，下锤体受力情况最恶劣，冲击荷载大，材料多选用锻件。

(8)桩帽及缓冲垫。打桩时桩帽套在钢板桩或混凝土预制桩的顶部，除导向作用外，与缓冲垫一起既保护桩头不受到破坏，也使锤体及液压缸的冲击荷载大为减少。在打桩作业时，应注意经常更换缓冲垫。

2. 液压系统

液压系统是液压锤的关键部件，图8-18为日本 NH 系列液压锤的液压系统原理图，为双作用液压锤。

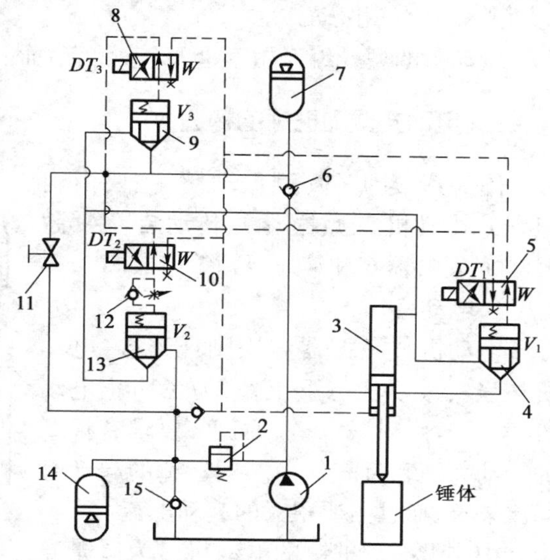

图 8-18 NH 系列液压锤的液压系统原理图

1-液压泵；2-安全阀；3-液压锤油缸；4、9、13-插装阀；5、8、10-电磁阀；6-单向阀；7-高压蓄能器；11-开关；12-单向节流阀；14-低压蓄能器；15-背压阀

(1)中立位置。启动液压泵，使电磁阀 5、电磁阀 10 和电磁阀 8 断电，使三个电磁阀右位工作，此时插装阀 4 开启；插装阀 13 和插装阀 9 关闭。

液压泵 1 输出的压力油进入液压锤油缸 3 的下腔，并且通过阀 4 进入液压缸的上腔，形成差动油路。由于液压缸上腔活塞面积大于下腔活塞面积，活塞向下移动，锤体下落，直至行程终点。同时，高压油通过单向阀 6 流入高压蓄能器 7，蓄能器储存系统的压力能。接着系统油压升高，当超过安全阀 2 压力调定值后，阀溢流，油流回油箱。

(2)锤体上升。电磁阀 5 和电磁阀 10 通电，电磁阀 8 断电时，插装阀 4 和插装阀 9 关闭，插装阀 13 开启。泵输出的压力油进入液压缸下腔，活塞杆向上提升锤体，液压缸上腔的油通过阀 13 回油箱。同时，给高压蓄能器 7 蓄能。安装在插装阀 13 上的单向节流阀用来控制主阀开启的速度，防止液压缸上腔的排油突然流回油箱，避免液压冲击。在回油路上安装低压蓄能器 14，它能缓和冲击，吸收压力脉动。适当调节单向节流阀的开度，可减少排油软管的强烈振动。

(3)锤体加速下降。当锤体提升到行程所要求的高度时，使电磁阀 5 和电磁阀 10 断电，电磁阀 8 通电，插装阀 4 和插装阀 9 开启，阀 13 关闭，液压缸上下腔油路连通，下腔油液送到上腔。在液压力和锤体重力作用之下，推动锤体加速下打。由于插装阀 9 的开启，蓄能器 7 快速释放压力油，通过插装阀 9 进入液压缸上腔，给锤体施加更大的作用力用以打桩。

三、主要技术性能

液压锤性能参数主要有锤头质量、最大冲程、冲击频率、工作压力、流量和功率等。

第四节 振 动 桩 锤

一、振动桩锤的用途、分类及编号

振动桩锤是基础施工中应用广泛的一种沉桩设备。沉桩工作时，利用振动桩锤产生的周期性激振力,使桩周边的土壤液化,减小了土壤对桩的摩阻力,达到使桩下沉的目的。振动锤不但可以沉预制桩,也可作灌注桩施工。它既可用于沉桩,也可用于拔桩。

振动桩锤按工作原理可分为振动式和振动冲击式;按动力装置与振动器连接方式可分成刚性振锤与柔性振锤;按振动频率可分成低频(15 ~ 20Hz),中频(20 ~ 60Hz),高频(100 ~ 150Hz)与超高频(1500Hz 以上);若按原动机还可分成电动式、气动式与液压式。按构造分为振动式和中心孔振动式。

振动锤的型号编号用字母 DZ 表示,后面的数值表示振动锤的功率(kW)。

二、电动式振动桩锤的构造

图 8-19 为 DZ30 型振动锤,主要由扁担梁 1、电动机 2、减振器 3、传动装置 4、激振器 5、夹持器 6 和液压泵站等组成。

1. 电动机

电动机与激振器多用刚性连接,电动机在强烈振动状态下工作,为了防止电动机损坏,常用耐振电机。而且,要求有很高的起动力矩和过载能力。振动锤的起动时间比较长,而且需要很大的起动电流。

中小型振动桩锤的电动机多为鼠笼异步耐振电机。由于功率较小,一般采用自耦减压起动,也有采用 Y—Δ 起动,在城市有较好的供电条件下,起动无困难。大功率振动桩锤采用无负荷起动。

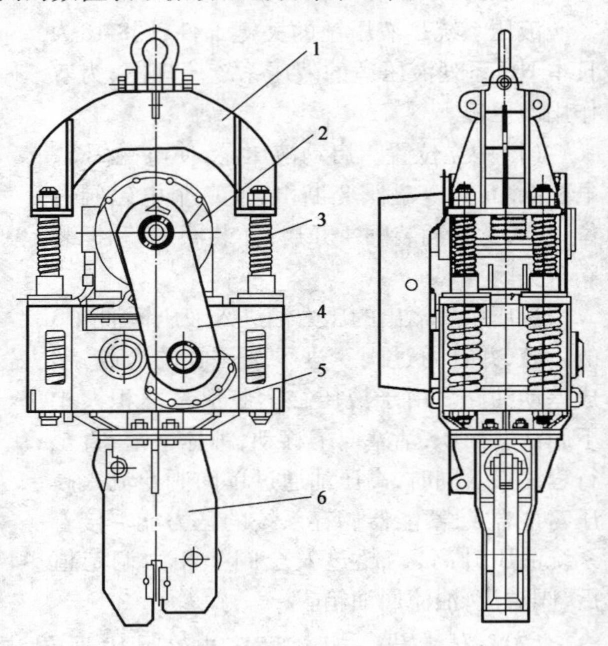

图 8-19　DZ30 振动锤的构造

1-扁担梁;2-电动机;3-减振装置;4-传动机构;5-激振器;6-夹桩器

2. 激振器

激振器是振动锤的振源,一般均采用机械式定向激振器。常用的是两轴激振器。大功率的振动锤也有采用四轴甚至八轴激振器。

图 8-20 为双轴激振器结构。箱体有两根装有偏心块的轴,每个轴上装有两组偏心块。每组偏心块由一个固定块和一个活动块组成。两个偏心块的相互位置通过定位销轴固定。调整两者的相互位置可改变偏心力矩,也就是改变激振器所产生的激振力,如图 8-21 所示。这样可以适应各种沉桩和拔桩的要求。

原动机通过三角皮带传动,带动其中一根轴旋转。两根偏心轴通过一对互相啮合的同步齿轮连接,所以两根轴以相同的转速反向转动。每个偏心轴绕轴转动时产生一个离心力。

如果偏心力矩和偏心轴的角速度不变,激振力 F 的大小不变,但方向随时间而变化。两根轴上装有偏心力矩相同的偏心块,由于两根偏心轴转速相同,转向相反,因而激振力 F 产生的水平分力相互抵消,垂直分力互相叠加,从而只在垂直方向振动,见图8-22。

振动桩锤的激振力与频率有关,频率越高,激振力越大。激振力与频率的平方成正比。对于低频锤(15 ~20Hz),通过强迫振动与土体共振达到使桩下沉的目的,主要用于钢管桩与钢筋混凝土管桩的下沉。中频(20 ~60Hz)振动。激振加速度很大,但振幅较小,对黏土层,桩下沉很困难,适应在松散的冲积层与松散砂土中沉桩。高频(100 ~ 150Hz),利用桩的弹性波对土壤进行高能冲击迫使桩下沉,主要用于硬土层。

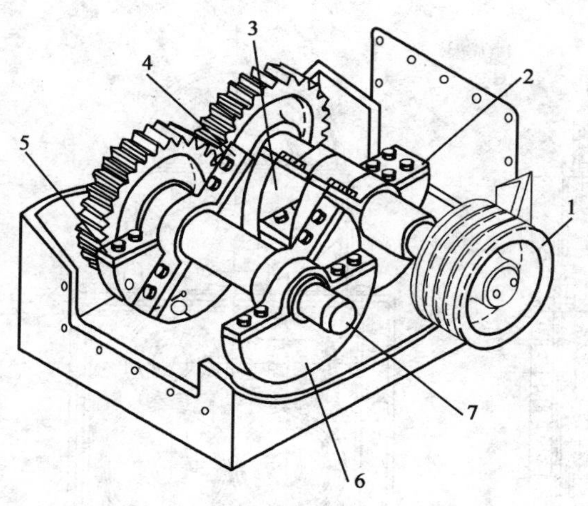

图 8-20 激振器构造图

1-皮带轮;2、5、6-固定偏心块;3、4-可调整活动偏心块;7-偏心块传动轴

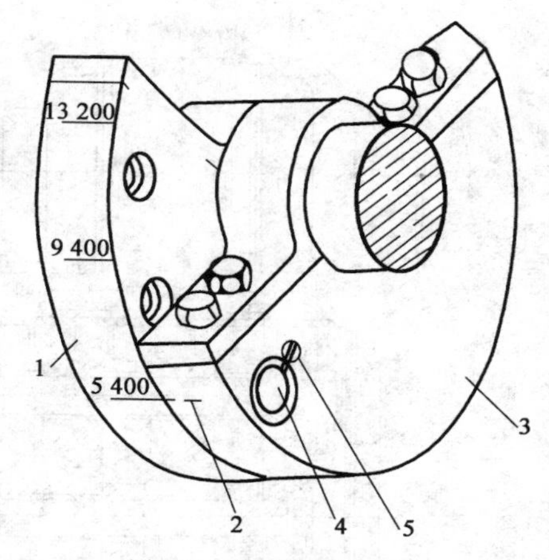

图 8-21 偏心块调整方法

1-固定偏心块;2-基准线;3-活动偏心块;4-固定销轴;5-止动销

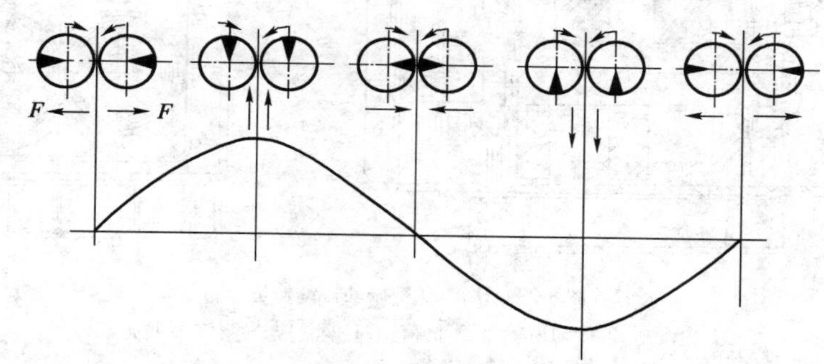

图 8-22 振动桩锤的定向振动激振器作用原理

拔桩作业最理想的状态是振锤与土共振。若能改变频率,就可达到最佳的拔桩效果。

大型振动锤采用多轴激振器,有 4 ~ 8 根偏心轴。所有偏心轴都用同步齿轮连接起来,以保证偏心轴转速同步。多轴激振器把偏心块分散装在多根轴上,使每根轴和轴承的受力情况得到改善,从而延长了激振器的寿命。但轴数增多,箱体增大,构造复杂 。

图 8-23 为 DZ-160 型振动锤,有四组大偏心块和四组小偏心块,变速器有低速、中速和高速三挡。大偏心块轴转速分别为 404r/min、449r/min、505r/min,小偏心块轴转速是上述转速的一倍,对应三种转速的激振力为 1 009kN、1 225kN、1 560kN,有三种振动频率。激振力的周期性变化如图 8-24 所示。激振器安装时,必须注意所有偏心块的相位,在静止位置时,所有的偏心块质心都应处于最低位置。

3. 夹桩器

夹桩器为振动桩锤与桩刚性连接的夹具,可以无滑动地将力传给桩,使桩与振动锤连成一体,一起振动。夹持器有液压式、气动式和直接式。目前最常用的是液压式,液压夹桩器夹紧力大,操作方便,构造简单。

图 8-25 是 DZ30 型振动锤的夹桩器,由液压缸 1、杠杆 3 和夹钳等组成。液压缸活塞向前推行时,杠杆 3 绕着杠杆销轴 4 转动,滑块销轴 5 将力传给滑块 6,夹钳将桩板夹紧。该夹桩器适用于夹持型钢桩和板桩。图 8-26 为夹桩器液压泵站结构图,图 8-27 为液压夹桩器液压系统原理图。

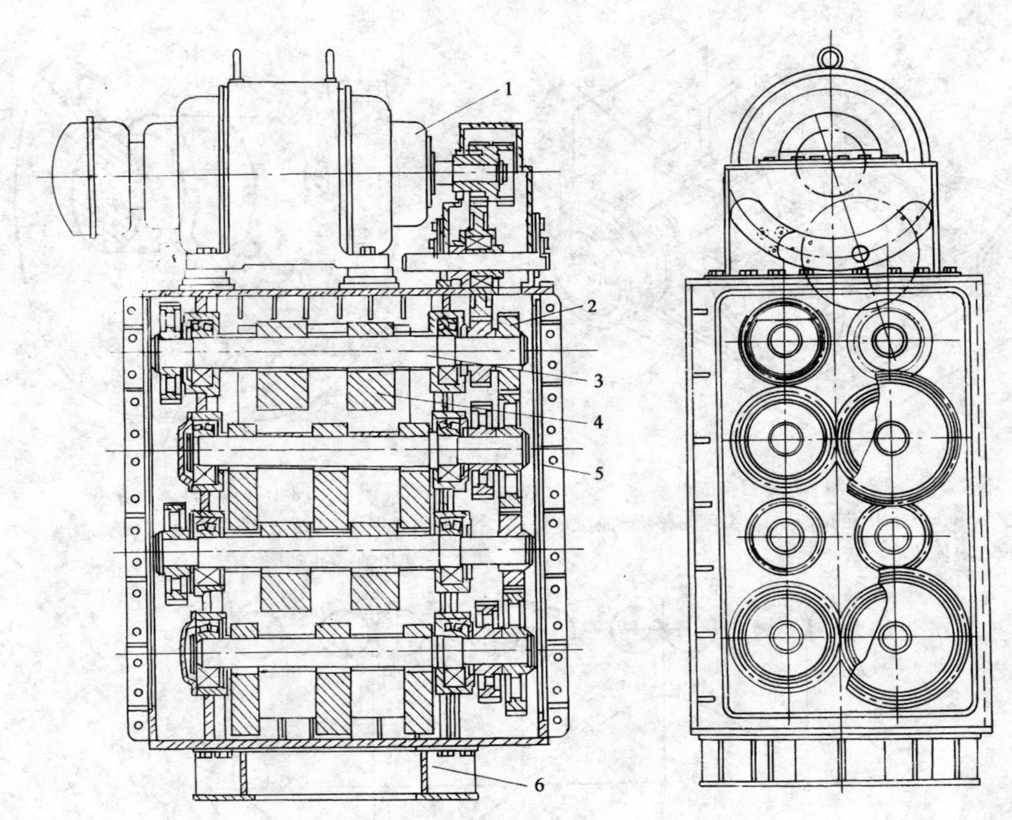

图 8-23 DZ-160 型振动桩锤构造

1-电动机；2-传动齿轮箱；3-负荷轴；4-偏心块；5-箱体；6-底座

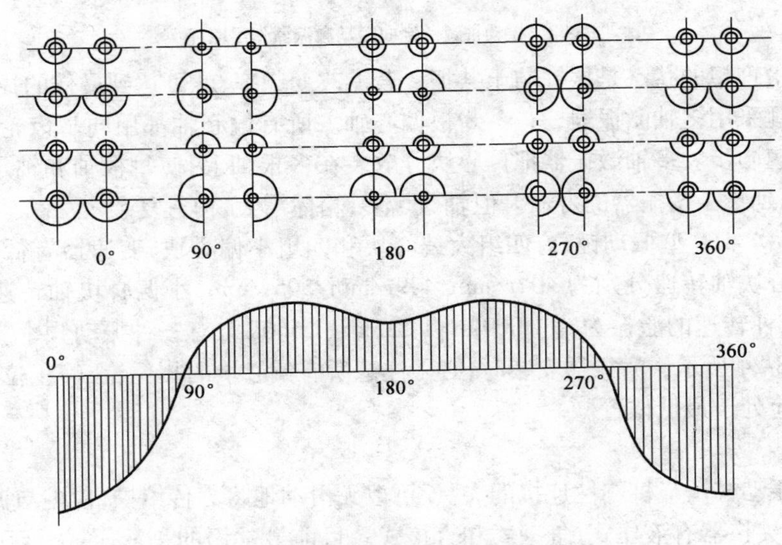

图 8-24 轴激振器的激振力变化曲线

桩的形状改变时，夹桩器就应相应的变换。振动桩锤用作灌注桩施工时，桩管用法兰以螺栓和振动桩锤连接，不用夹桩器。

图 8-28 为 DZ-160 型振动桩锤下沉大型钢管柱用的大型液压夹桩器，带四个夹爪，夹爪可以在横梁 2、3 上调节安装位置，可夹持 ϕ2 000 ~ ϕ2 500mm 的钢管柱。

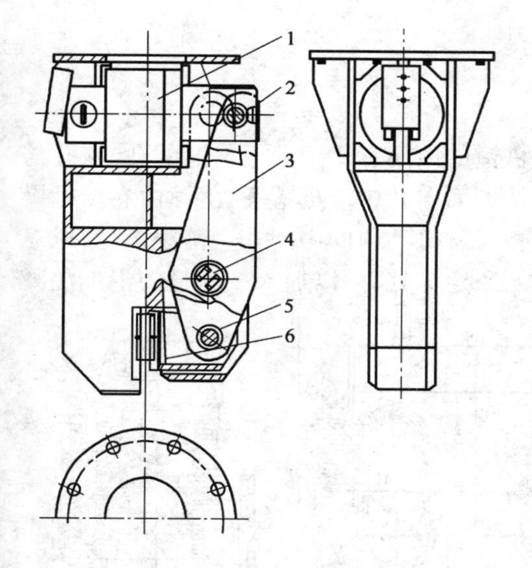

图 8-25　液压夹桩器

1-液压缸；2-液压缸销轴；3-杠杆；4-杠杆销轴；5-滑块销轴；6-滑动块

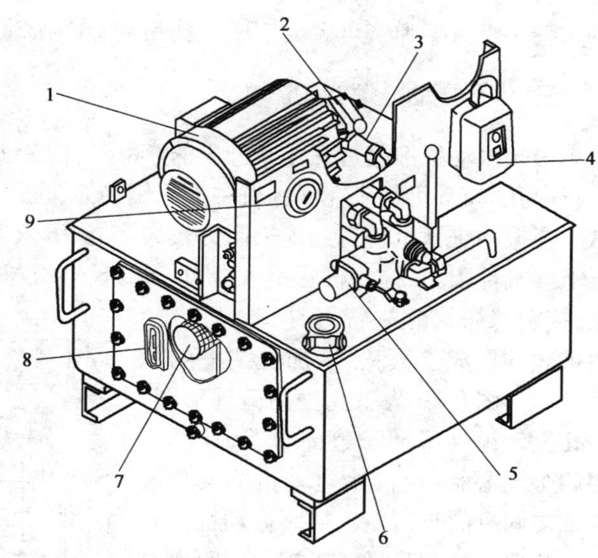

图 8-26　液压泵站构造图

1-电动机；2-液压泵；3-控制阀；4-配电箱按钮开关；5-溢流阀；6-加油口；7-滤网；8-液位表；9-压力表

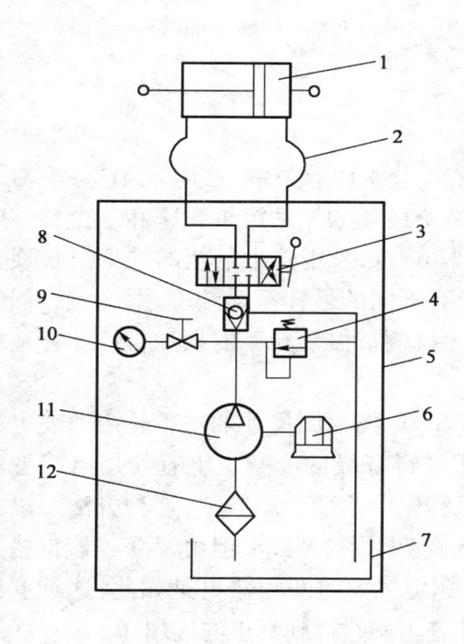

图 8-27　液压系统

1-液压缸；2-高压软管；3-换向阀；4-安全阀；5-液压泵站；6-电动机；7-油箱；8-单向阀；9-压力表开关；10-压力表；11-液压泵；12-滤油器

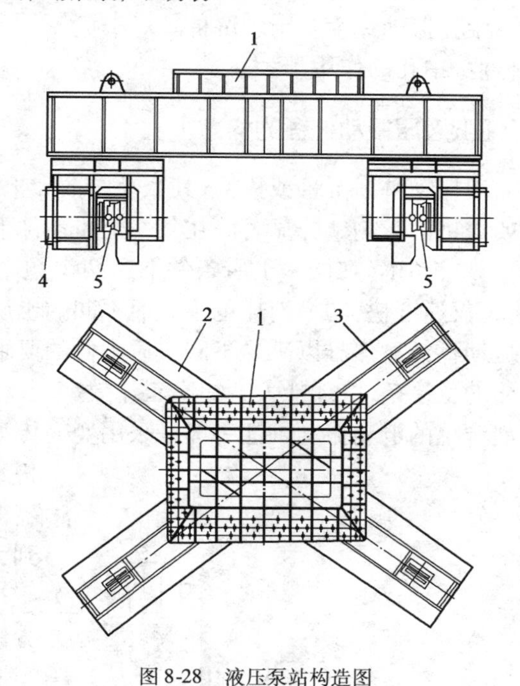

图 8-28　液压泵站构造图

1-固定底座；2、3-横梁；4-液压缸控制阀；5-钳口

4. 减振装置

减振装置由几组组合弹簧与起吊扁担构成，防止激振器的振动传到悬吊它的桩架或起重机上去。

除大型振动桩锤外，多数振动桩锤既可用于沉桩，也可用于拔桩。拔桩时在吊钩与激振器之间有一组减振弹簧可大大削弱传到吊钩上的振动力。

三、中孔振动桩锤的构造

中孔振动桩锤是近几年新开发的产品。在振动桩锤的中间有一个上下贯通的孔，该孔与桩管内孔同心，可用来在灌注桩中放入钢筋笼，也可从上面向孔中放进落锤，落锤由卷扬机操纵。当振动桩锤沉桩遇到地层阻力较大，无法沉入时，可从振动锤的中间孔用落锤击打，以克服土壤端部阻力，提高桩管贯入能力。另外，当沉桩到预定深处，可以加入一定量的干性混凝土，接着稍微提起桩管，利用落锤锤击，使桩底部形成扩大头，增加灌注桩的承载能力。图8-29为中孔振动锤外形图。中孔振动锤为了便于整体布置，一般都用四个偏心轴，由两个电动机驱动。偏心轴之间有同步齿轮连接。振动桩锤有导向装置。由四只导向轮按一定距离对称安装在激振器箱体的后面。四个导向轮在桩架的导轨上滚动，起垂直导向作用。中孔振动锤主要用于沉桩。对于拔桩作业，中孔的作用不大。

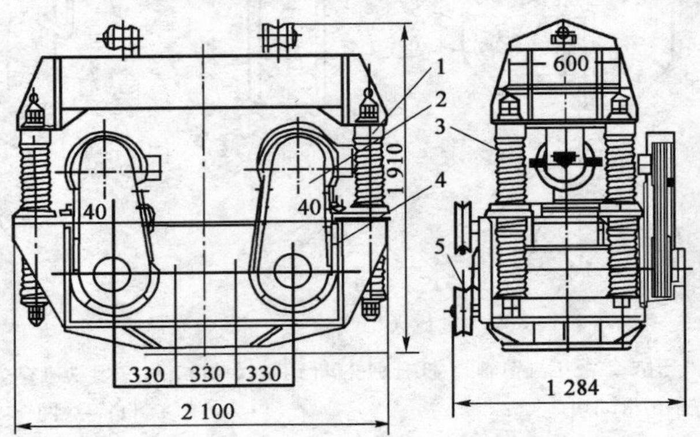

图8-29　DZ75中孔振动桩锤(尺寸单位:mm)

1-减振系统;2-动力传动装置;3-加压滑轮;4-激振器;5-导向装置

四、液压振动桩锤的构造

用振动桩锤沉桩或拔桩，其振动参数和土壤条件有十分密切的关系，尤其是振动频率对沉桩或拔桩的影响十分显著。在某一土质条件下，存在一个最佳的振动沉桩频率和一个最佳的振动拔桩频率(在同一土质条件下这两个频率是不一样的)。采用这个最佳的频率沉桩或拔桩，不仅速度快，功率消耗也小。而不同的土质条件又有不同的最佳振动频率，那么频率固定的振动桩锤显然难以满足不同土质条件的要求，而能无级调节振动频率的振动桩锤才能适应不同的土质条件，才能大大提高工作效率。

传统的电动振动桩锤一般是采用变换传动齿轮速比、更换不同尺寸的皮带轮或改变电机极数等方式进行有级的变频。也有使用电机变频器调节电机转速以改变振动频率，这种方法可以达到无级调节振动频率的要求，但由于变频器价格过于昂贵，尤其功率大的变频器更是如此，这种变频方法未能在施工实践得到真正的应用。

液压振动桩锤是一种可以方便地改变振动频率的振动桩锤。它和电动振动桩锤最主要的不同点就是将电机驱动改成了液压马达驱动。通过无级地改变液压马达的供油量，可以无级地改变液压马达的转速，从而达到无级地改变振动频率。

液压振动桩锤一般由动力装置、振动桩锤、液压夹头三部分组成。动力装置与桩锤，液压夹头之间在工作时用液压软管相连接，如图8-30所示。

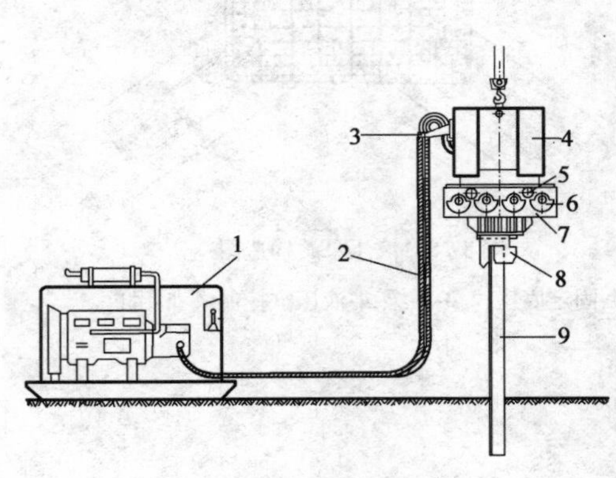

图8-30　液压振动桩锤的组成

1-动力装置;2-液压软管;3-软管弹性悬挂装置;4-隔振器;5-液压马达;6-偏心块;7-振动箱;8-液压夹头;9-桩

图 8-31 和图 8-32 为两种桩锤的外形图。液压振动桩锤的振动箱和电动振动桩锤的振动箱基本相同。都是由偏心轴上成对的偏心块相对旋转而产生振动;不同的是液压振动桩锤是由液压马达取代电机进行驱动。

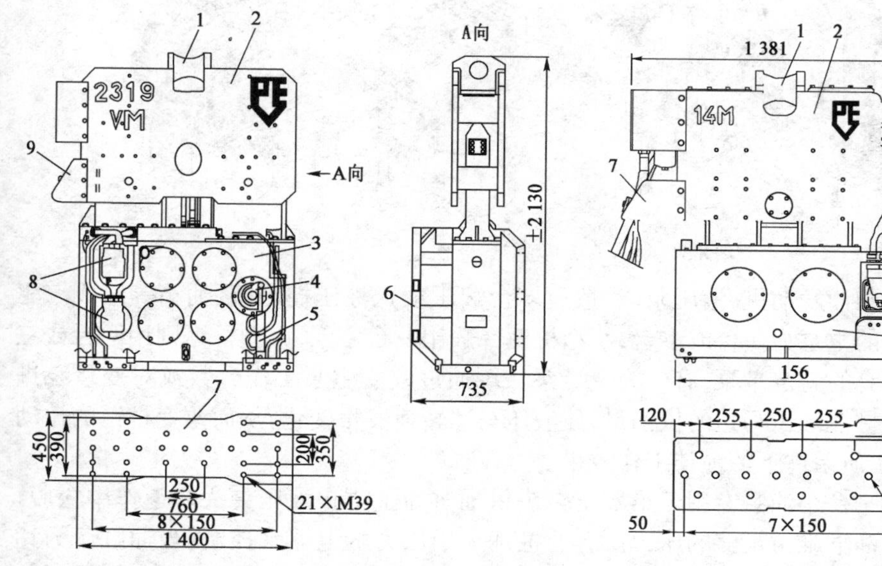

图 8-31　PVE-2319VM 振动桩锤外形图(尺寸单位:mm)

1-吊点;2-隔振器;3-振动箱;4-调幅装置;5-调幅液压缸;6-保护罩;7-夹持器固定座;8-液压马达;9-软管弹性悬挂装置

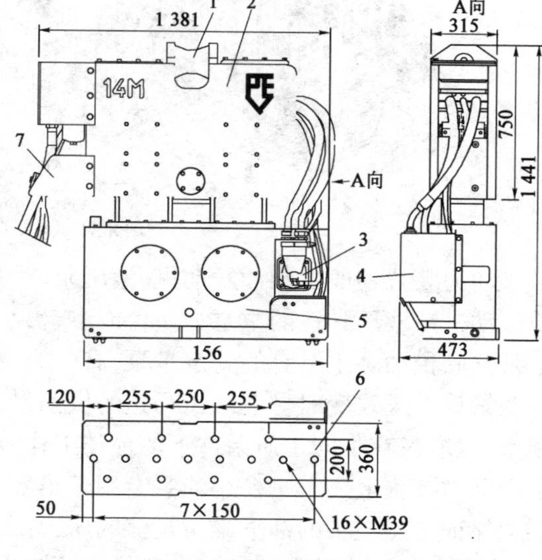

图 8-32　PVE-14M 振动桩锤外形图(尺寸单位:mm)

1-吊点;2-隔振器;3-液压马达;4-保护罩;5-振动箱;6-夹持器固定座;7-软管弹性悬挂装置

PVE-2319VM 型液压振动桩锤的调幅装置和调幅液压缸可以无级地调节偏心力矩的大小,将振动频率的调节与偏心力矩的调节相结合,可以极大地提高液压振动桩锤适应各种土质条件的能力,获得最佳的打桩效果。

液压振动桩锤的振动箱下部,一般都预留有安装多种液压夹头的安装孔,用于选装不同的液压夹头。

隔振器是用于在桩锤和悬挂它的桩架或吊车之间隔离振动的。由于液压振动桩锤一般功率都比较大,其所允许的最大拔桩力也大,而且液压振动桩锤振动频率可在较大范围内调节,故一般金属螺旋弹簧很难满足隔振器的要求。国外液压振动桩锤的隔振器大都采用橡胶块隔振器。

液压振动桩锤的液压夹头用于夹持桩进行施工,液压夹头的夹紧力比较大,有的高达数千千牛。对于桩锤来说,液压夹头的夹紧力和夹头与桩的静摩擦系数的乘积必须大于桩锤的最大拔桩力。否则拔桩时夹头可能打滑或滑脱。由于桩有多种形式和规格,所以液压夹头也有多种不同的形式。图 8-33 是 PVE 系列液压振动锤采用的两种液压夹头结构图。一种采用螺栓与振动锤固定,另一种采用燕尾槽与振动锤固定。

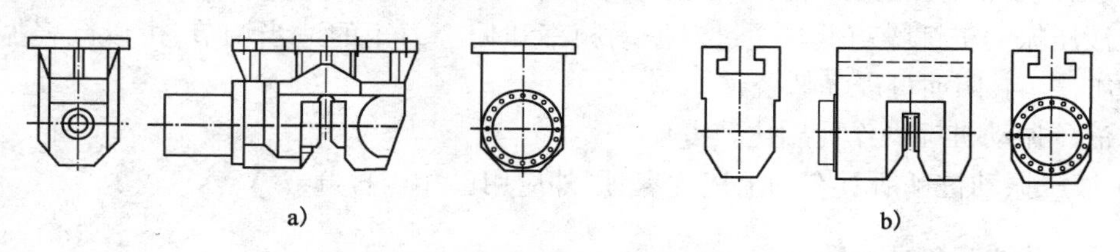

图 8-33　PVE 系列液压振动锤两种液压夹头结构

a)螺栓固定式;b)燕尾槽固定式

液压夹头与桩锤的连接根据桩的形状和尺寸不同有多种连接形式，图 8-34 是液压夹头与桩锤常用的几种连接形式。

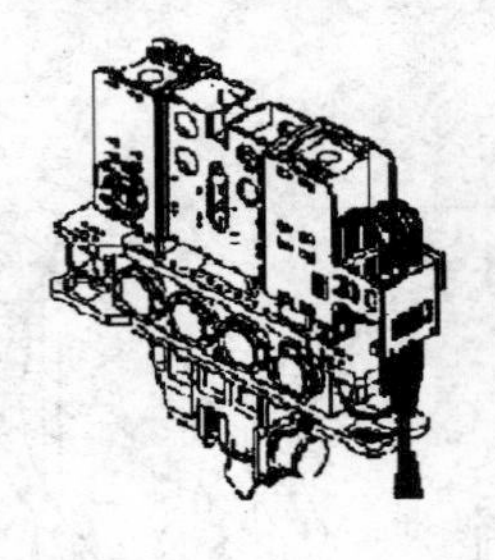 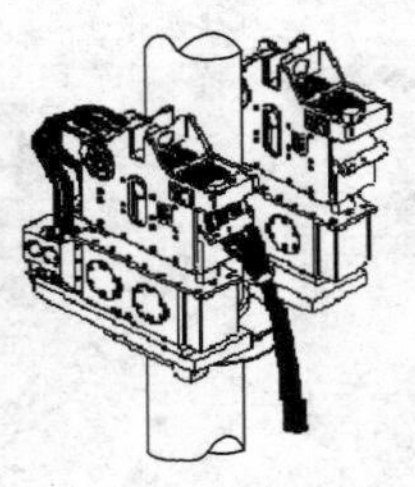 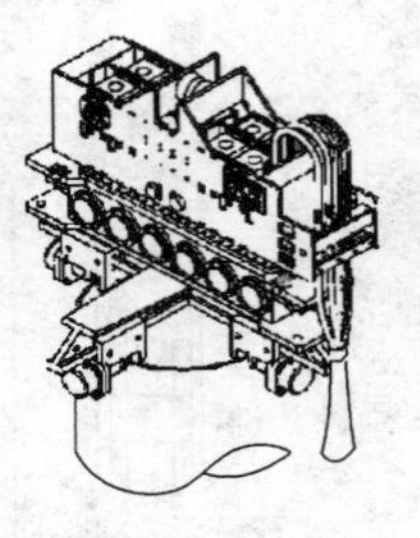 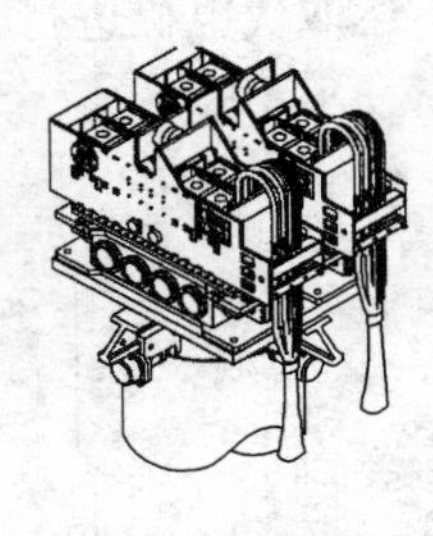

图 8-34 液压夹头与桩锤连接形式

动力装置一般由柴油发动机、液压泵(一般有多台液压泵)、液压控制阀、油箱等组成。驱动振动桩锤液压马达的主泵为一台或多台，小型桩锤一般用一台主泵，大型桩锤则用两台或三台泵并联供油。主泵有的为定量泵，有的为变量泵。可通过改变主泵工作台数或对变量泵进行变量等方式改变对桩锤液压马达的供油量，使液压马达转速发生变化，从而改变桩锤的振动频率，以取得在不同土质条件下的最佳工作效果。

动力装置上还有一台小油泵专用于给液压夹头供油。为了防止液压夹头在工作中松脱，必须保证液压夹头的油缸维持足够的压力。有的桩锤上用压力继电器来控制，当油缸压力达到要求值时，压力继电器控制电磁换向阀动作，将油泵的压力油排回油箱；当油缸压力低于某一值时，压力继电器又控制电磁换向阀动作，将油泵的压力油输往油缸。如此反复，从而将液压夹头的压力控制在一个给定的范围内。另外，有些桩锤也有采用溢流阀来保持液压夹头的压力。这时小油泵通过换向阀持续地向液压夹头的油缸供油，当压力超过额定压力时，溢流阀开启，多余的压力油从溢流阀流回油箱。

图 8-35 为 PVE200M 大型液压振动锤和动力装置的外形结构图，主要技术参数为功率 1 130kW，工作压力 350bar，最大流量 1 600l/min，动力装置质量 16 000kg，液压锤质量 19 000kg，拔桩力 1 800kN，激振力 4 400kN。

液压振动桩锤和电动振动桩锤相比，有以下优点：

(1)液压振动桩锤能够在工作中随时方便地无级调节振动频率，使液压振动桩锤可以在不同的土质条件下取得最佳的沉桩和拔桩效果。如果配合无级调节偏心力矩，使这种效果更加明显。

(2)液压振动桩锤由柴油机直接提供动力，起动方便，其柴油发动机的功率一般只略大于桩锤的功率。而传统的电动振动桩锤如果由柴油发电机组供电，柴油发电机组的功率必须大于桩锤功率的 2 ~ 2.5 倍以上，否则桩锤难于起动。如果由电网提供动力，也必须考虑变压器的容量，施工地点距变压器的距离等因素。若条件不满足，桩锤也会难以起动。

(3)液压振动桩锤噪声低。通过对振动频率和偏心力矩的适当调节，可以减轻振动和噪声对周边的影响，因而可以降低公害。

(4)液压振动桩锤操作使用比较方便。

由于液压振动桩锤所具有的上述优点，国外应用已相当普遍。

五、振动桩锤的技术参数

振动桩锤的主要技术参数为功率、激振力、振幅和频率等。

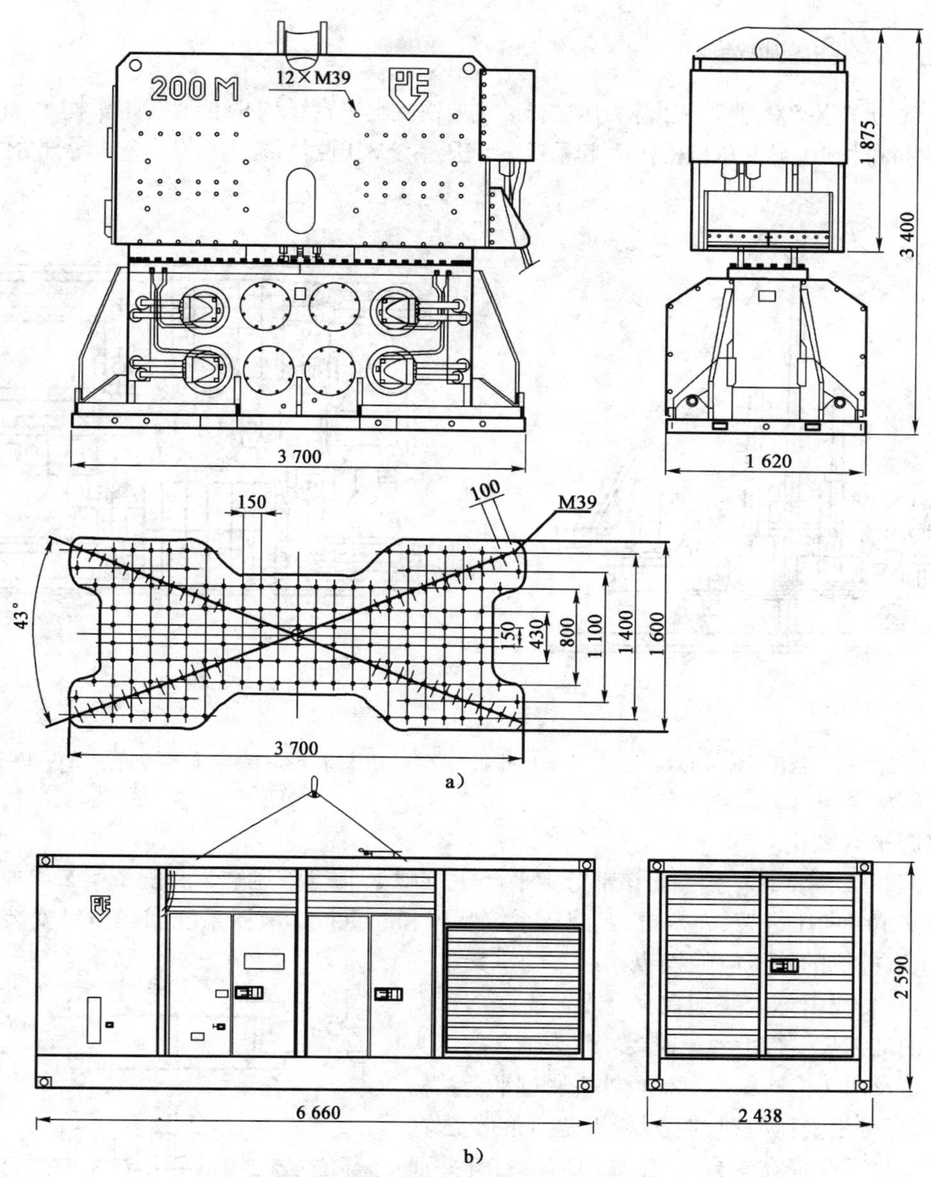

图 8-35 PVE200M 液压振动锤和动力装置的外形结构(尺寸单位:mm)
a)PVE200M 液压振动锤;b)液压动力装置

第五节 静力压桩机

一、静力压桩机的用途和分类

静力压桩机是依靠静压力将桩压入地层的工程机械。当静压力大于沉桩阻力时,桩就沉入土中。压桩机施工时无振动,无噪声,无废气污染,对地基及周围建筑物影响较小。能避免冲击式打桩机因连续打击桩而引起桩头和桩身的破坏。它适用于软土地层及沿海沿江淤泥地层中施工。在城市中应用对周围的环境影响小。

静力压桩机分机械式和液压式两种。机械式已很少采用。

二、静力压桩机的构造

图 8-36 为 YZY-500 型全液压静力压桩机。主要由支腿平台结构 9、长船行走机构 8、短船行走机构 11、夹持机构 10、导向压桩机构 7、起重机 2、液压系统 3、电器系统 4 和操作室 1 等部分组成。

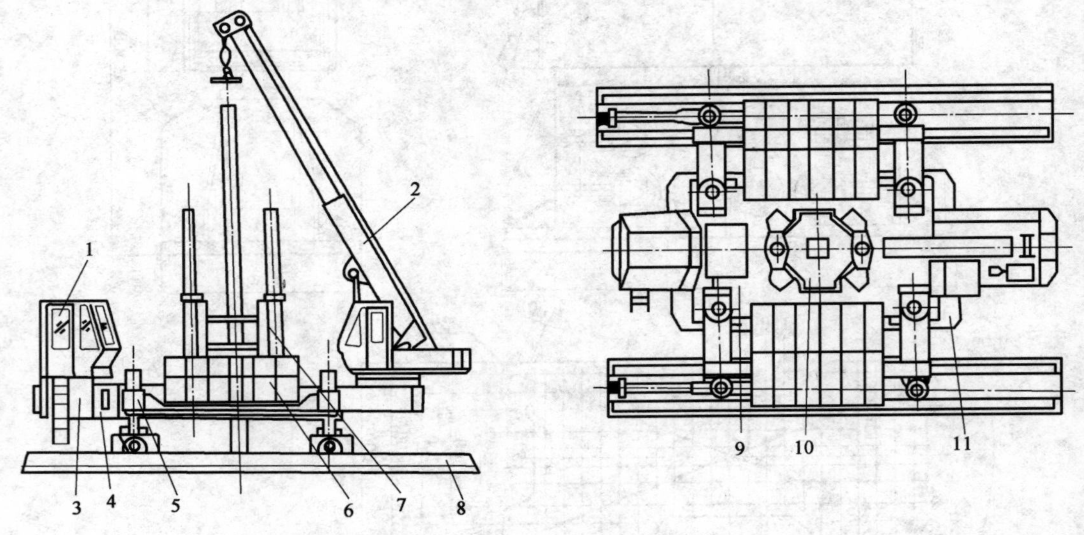

图 8-36 静力压桩机

1-操作室;2-起重机;3-液压系统;4-电器系统;5-支腿;6-配重铁;7-导向压桩架;8-长船行走机构;9-平台结构;10-夹持机构;11-短船行走及回转机构

1. 支腿平台结构

图 8-37 为支腿平台结构图。该部分由平台 6、支腿 1、顶升液压缸 2 和配重梁 5 组成。平台的作用是支承导向压桩架、夹持机构、液压系统装置和起重机。液压系统和操作室安装在平台上,组成了压桩机的液压电控操纵系统。配重梁上安置了配重块,支腿由球铰装配在平台上。支腿前部安装的顶升油缸与长船行走台车铰接。球头轴 3 的球头与短船行走及回转机构相连。整个桩机通过平台结构连成一体,直接承受压桩时的反力。底盘上的支腿在拖运时可以收回并拢在平台边,工作时支腿打开并通过连杆与平台形成稳定的支撑结构。

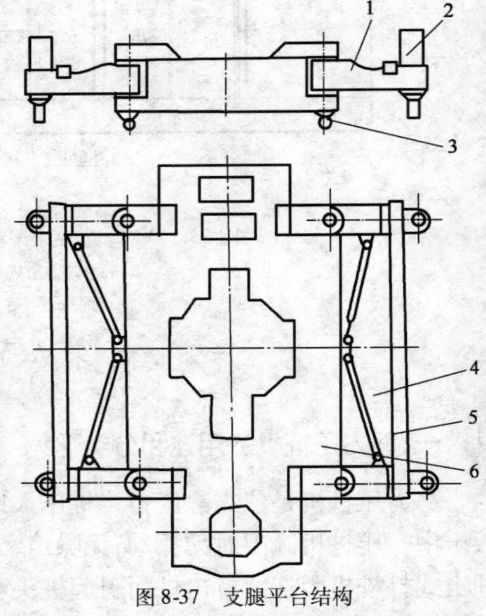

图 8-37 支腿平台结构

1-支腿;2-顶升液压缸;3-球头轴;4-拉杆;5-配重梁;6-平台

2. 长船行走机构

图 8-38 为长船行走机构,它由船体 3,长船液压缸 2、行走台车 1 和顶升液压缸 4 等组成。长船液压缸活塞杆球头与船体相连接。缸体通过销铰与行走台车相连,行走台车与底盘支腿上的顶升液压缸铰接。工作时,顶升液压缸顶升使长船落地,短船离地,接着长船液压缸伸缩推动行走台车,使桩机沿着长船轨道前后移动。顶升液压缸回缩使长船离地,短船落地。短船液压缸动作时,长船船体悬挂在桩机上移动,重复上述动作,桩机即可纵向行走。

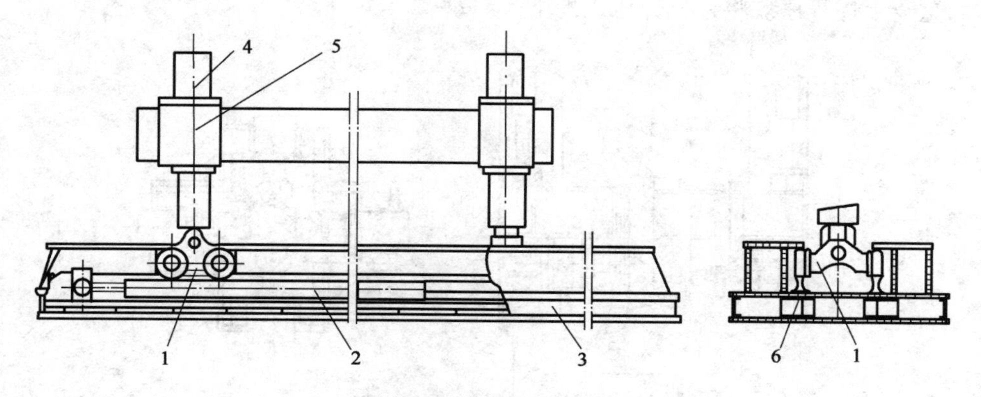

图 8-38　长船行走机构

1-长船行走台车;2-长船液压缸;3-长船船体;4-顶升液压缸;5-支腿;6-轨道

3. 短船行走机构与回转机构

图 8-39 为短船行走机构与回转机构,它由船体 11、行走梁 5、回转梁 2、挂轮 7、行走轮 10、短船液压缸 9、回转轴 4 和滑块 6 组成。回转梁 2 两端通过球头轴 1 与底盘结构铰接,中间由回转轴 4 与行走梁 5 相连。行走梁上装有行走轮 10,正好落在船体的轨道上,用船体上的挂轮机构 10 挂在行走梁 5 上,使整个船体组成一体。短船液压缸的一端与船体铰接,另一端与行走梁铰接。

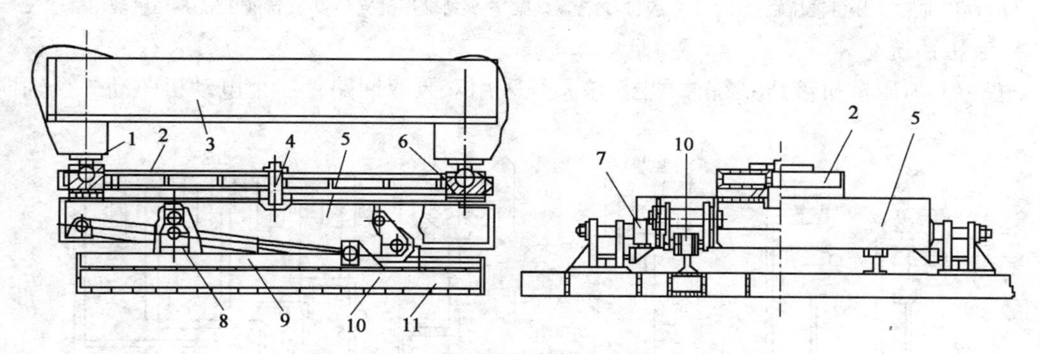

图 8-39　短船行走机构及回转机构

1-球头轴;2-回转梁;3-底盘;4-回转轴;5-行车梁;6-滑块;7-滑块;8-挂轮支座;9-短船液压缸;10-行走轮;11-船体

工作时,顶升液压缸动作,使长船落地,短船离地,然后短船液压缸工作使船体沿行走梁前后移动。顶升液压缸回程,长船离地,短船落地,短船液压缸伸缩推动行走轮沿船体的轨道行走,带动桩机左右移动。上述动作反复交替进行,实现桩机的横向行走。桩机的回转动作是:长船接触地面,短船离地,两个短船液压缸各伸长 1/2 行程,然后短船接触地面,长船离地,此时让两个短船液压缸一个伸出一个收缩,于是桩机通过回转轴使回转梁上的滑块在行走梁上做回转滑动。油缸行程走满,桩机可转动 10°左右,随后顶升液压缸让长船落地,短船离地,两个短船液压缸又恢复到 1/2 行程处,并将行走梁恢复到回转梁平行位置。重复上述动作,可使整机回转到任意角度。

4. 夹持机构与导向压桩架

图 8-40 为夹持机构与导向压桩架,该部分由夹持器横梁 5、夹持液压缸 7、导向压桩架 1 和压桩液压缸 2 等组成。夹持油缸装在夹持横梁里面,压桩油缸与导向压桩架相连。压桩时先将桩吊入夹持器横梁内,夹持液压缸通过夹板 4 将桩夹紧。然后压桩油缸伸长,使夹持机构在导向压桩架内向下运动,将桩压入土中。压桩液压缸行程满后,松开夹持液压缸,压桩液压

缸回缩，重复上述程序。将桩全部压入地下。

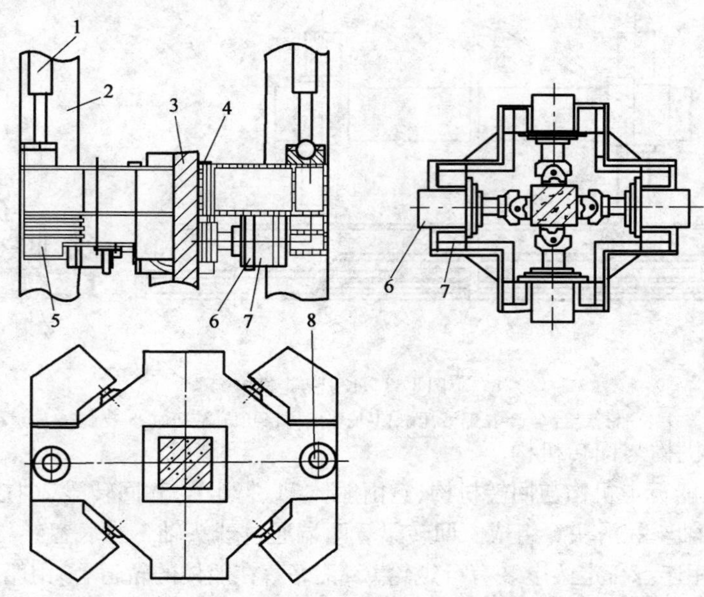

图 8-40　夹持机构与导向压桩机构

1-导向压桩架；2-压桩液压缸；3-桩；4-夹板；5-夹持器横梁；6-夹持液压缸支架；7-夹持液压缸；8-压桩液压缸球铰

5. 液压系统

图 8-41 为压桩机液压系统原理图，该系统采用双泵双回路，二个电动机驱动二个轴向柱

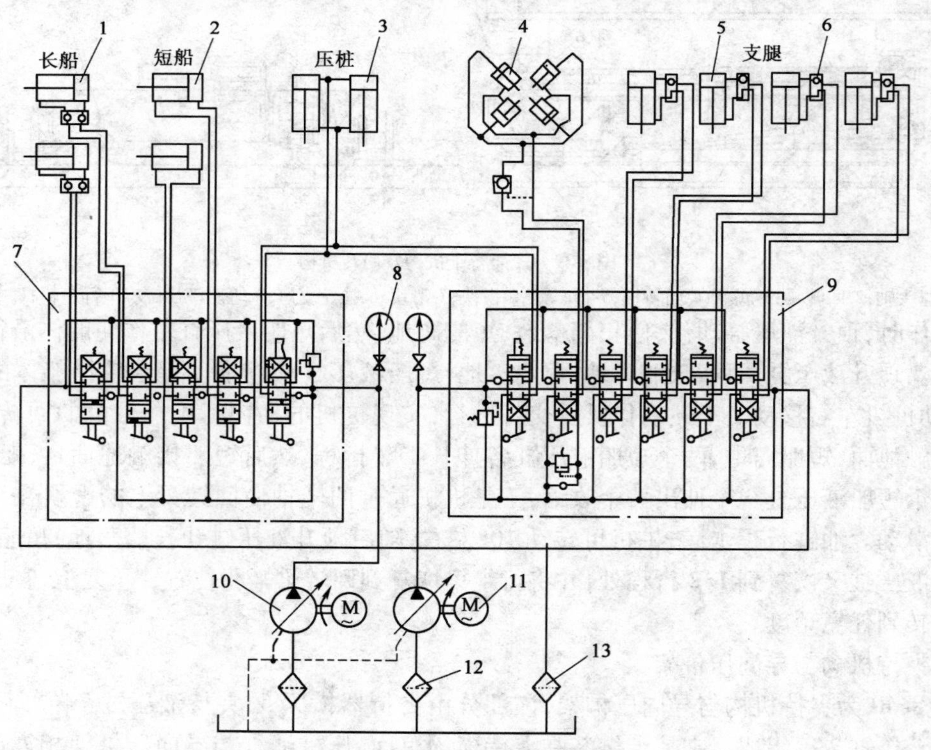

图 8-41　YZY-500 静压桩机液压系统图

1-长船液压缸；2-短船液压缸；3-压桩液压缸；4-夹桩液压缸；5-支腿液压缸；6-双向液压锁；7、9-多路换向阀；8-压力表；10-液压泵；11-电动机；12-吸油滤清器；13-回油滤清器

塞液压泵 10 给系统提供动力。多路换向阀 7 控制两个长船行走液压缸 1、两个短船行走液压缸 2 和两个压桩液压缸 3。多路换向阀 9 控制四个夹持液压缸 4、四个支腿液压缸 5 和两个压桩液压缸 3。两个泵既可单独给两个压桩液压缸 3 供油,也可双泵同时给两个压桩液压缸 3 供油,提高压桩的工作速度。

每个支腿液压缸和长船液压缸上安装有双向液压锁 6,保证支腿安全、可靠地工作。

第六节　成　孔　机

成孔机是用于现场钻孔灌注桩施工的主要机械。灌注桩就是在预定桩位进行钻孔,或取土成孔,然后放置钢筋笼,并灌注混凝土,成为钢筋混凝土桩,如不放钢筋笼就灌注混凝土,就是混凝土桩。其特点是取土成孔灌注,施工过程无噪声、无振动,不受地质等条件限制。因此,在各种建设工程中得到广泛应用。

目前常用的成孔机械有长螺旋钻孔机、短螺旋钻孔机、套管式钻机、回转式钻孔机、潜水钻孔机和冲击式钻孔机等。

一、螺旋钻孔机

螺旋钻孔机工作原理与麻花钻相似,钻具旋转,钻具的钻头刃口切削土壤,它与桩架配合使用,分长螺旋钻孔机和短螺旋钻孔机两种。

1. 长螺旋钻孔机

长螺旋钻孔机由履带桩架和长螺旋钻孔器组成。适合于地下水位较低的黏土及砂土层施工。

长螺旋钻孔器由动力头 2、钻杆 4、下部导向器 5 和钻头 6 等组成,如图 8-42 所示。钻孔器通过滑轮组 1 悬挂在桩架上。钻孔器的升降、就位由桩架控制。为使钻杆钻进时的稳定和准确性,在钻杆下部装有导向器 5。导向圈固定在桩架立柱上。

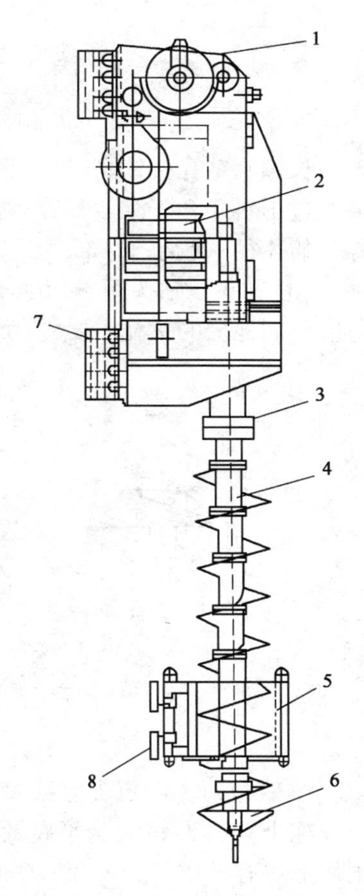

图 8-42　长螺旋钻孔器

1-滑轮组;2-动力头;3-连接法兰;4-钻杆;5-下部导向器;6-钻头;7-导向卡爪;8-稳定器固定座

(1)动力头。动力头是螺旋钻机的驱动装置,有电动机驱动和液压驱动两种方式。由电动机(或液压马达)和减速器组成。国外多用液压马达驱动,液压马达自重轻,调速方便。

螺旋钻机应用较多的为单动单轴式,由液压马达通过行星减速器(或电动机通过减速器)传递动力。此种钻机动力头传动效率高,传动平稳,其结构外形及传动如图 8-43 所示。

(2)钻杆。钻杆在作业中传递转矩,使钻头切削土层,同时将切下来的泥土通过钻杆输送到地面。钻杆是一根焊有连续螺旋叶片的钢管,长螺杆的钻杆分段制作,钻杆与钻杆的连接可采用阶梯法兰连接,也可用六角套筒并通过锥销连接。螺旋叶片的外径比钻头直径小 20 ~ 30mm,这样可减少螺旋叶片与孔壁的摩擦阻力。螺旋叶片的螺距约为螺旋叶片直径的 0.6 ~ 0.7 倍。

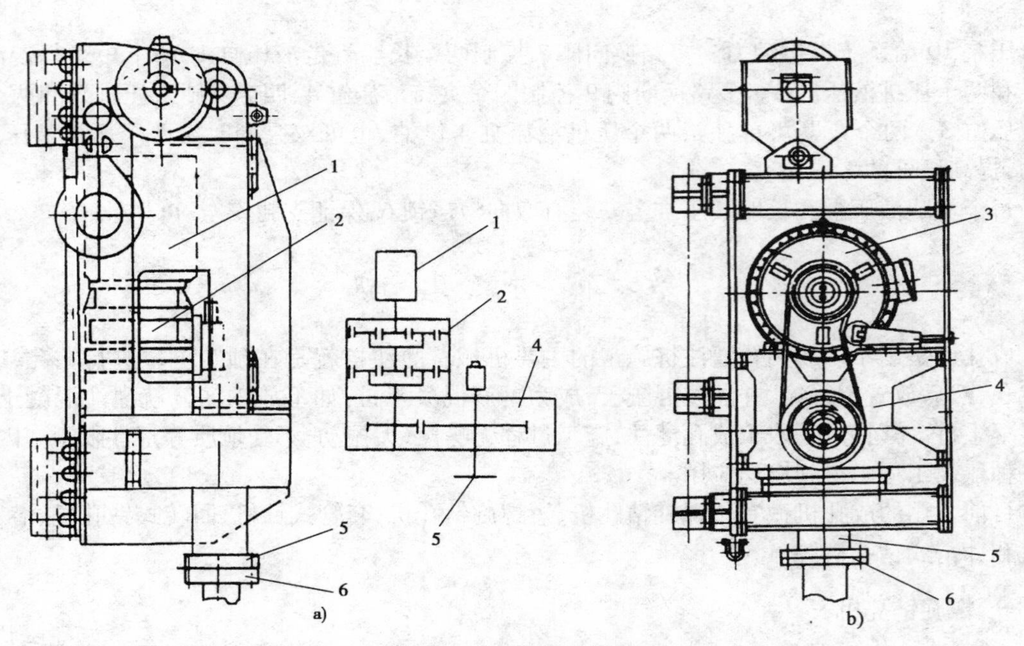

图 8-43　单动单轴式动力头

a）液压式动力头；b）电动式动力头

1-液压马达；2-行星齿轮减速器；3-电动机；4-齿轮减速器；5-输出轴；6-连接盘

长螺旋钻孔机钻孔时，孔底的土沿着钻杆的螺旋叶片上升，把土卸于钻杆周围的地面上，或通过出料斗卸于翻斗车等运输工具运走。它的切土和排土都是连续的，成孔速度较快，但长螺旋的孔径一般小于 1m，深度不超过 20m。

（3）钻头。钻头用于切削土层，钻头的直径与设计的桩孔直径一致，考虑到钻孔的效率，适应不同地层的钻孔需要，应配备各种不同的钻头，如图 8-44 所示。

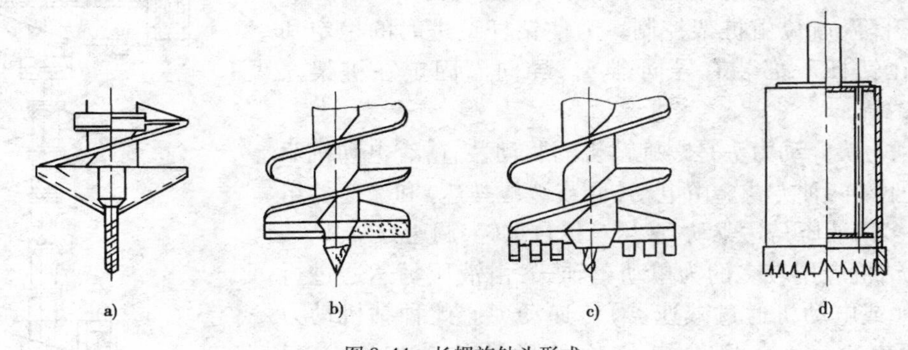

图 8-44　长螺旋钻头形式

a）双翼尖底钻头；b）平底钻头；c）耙齿钻头；d）筒式钻头

图 8-44a）为双翼尖底钻头是最常用的一种，在翼边上焊有硬质合金刀片，可用来钻硬黏土或冻土。图 8-44b）为平底钻头，适用于松散土层。在双螺旋切削刃带上有耙齿式切削片，耙齿上焊有硬质合金刀片。图 8-44c）为耙齿钻头，适用于有砖块瓦块的杂填土层。图 8-44d）为筒式钻头，适用于钻混凝土块、条石等障碍物。每次钻取厚度小于筒身高度，钻进时应加水冷却，这种钻头有些类似取岩心的勘探钻头。

（4）下部导向器。长螺旋钻机由于钻杆长，为了使钻杆施钻时稳定和初钻时插钻的正确性，在下部安装导向器。而导向器基本上固定在桩架立柱的最低处。

目前,新型的长螺旋杆钻孔机的钻孔器采用中空形,在钻孔器当中有上下贯通的垂直孔,它可以在钻孔完成后,从钻孔器的孔中,直接从上面浇灌混凝土。一边浇灌,一边缓慢地提升钻杆。这样有助于孔壁稳定,减少坍孔,提高灌注桩的质量。

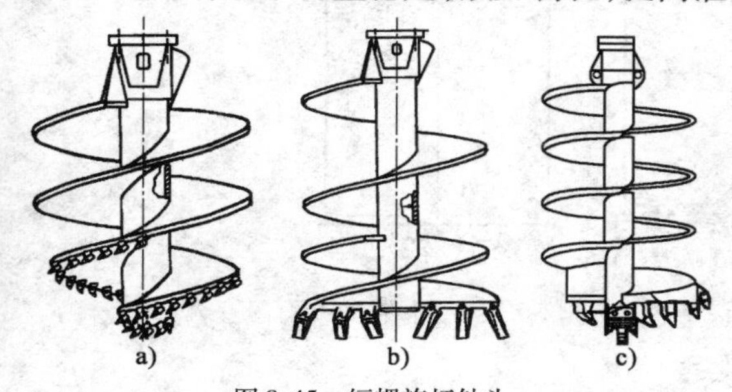

图 8-45 短螺旋杆钻头

a)岩心螺旋钻头;b)双刃螺旋钻头;c)单刃螺旋钻头

2. 短螺旋钻孔机

短螺旋钻机与长螺旋杆钻孔机相比差异主要在钻杆。短螺旋杆钻的钻头一般只有 2 ~ 3 个螺旋叶片,叶片直径要比长螺旋钻机大得多,如图 8-45 所示。使用加长钻杆,钻孔深度大大增加。

工作时,动力头带动钻杆转动,钻杆底部的螺旋部位正转切土,钻头逐渐下钻,当叶片中的土基本塞满后,用卷扬机提拉动力头把螺旋钻头提出孔面,然后桩架回转一个角度,短螺旋反向旋转,将螺旋叶片上的碎土甩到地面上。短螺旋钻的转速要比长螺旋钻机转速低,钻进转速一般在 40r/min 以下,甩土时,钻杆高速反转。因此,短螺旋钻机大多有两种转速。

由于短螺旋钻孔机钻孔和出土是断续的,工作效率较低。但钻孔的直径和深度大,钻孔的直径超过 2m,钻孔深度可达 100m。因此,应用较为广泛。

二、回转斗成孔机

回转斗成孔机由伸缩钻杆 1、回转斗驱动装置 2、回转斗 3、支撑架 4 和履带桩架 5 等组成,如图 8-46 所示。也可将短螺旋钻头换成回转斗即可成为回转斗钻孔机。

回转斗是一个直径与桩径相同的圆斗,斗底装有切土刀,斗内可容纳一定量的土。回转斗与伸缩钻杆连接,它由液压马达驱动。工作时,落下钻杆,使回转斗旋转并与土壤接触,回转斗依靠自重(包括钻杆的重量)切削土壤,即可进行钻孔作业。斗底刀刃切土时将土装入斗内。装满斗后,提起回转斗,上车回转,打开斗底把土卸入运输工具内,再将钻斗转回原位,放下回转斗,进行下一次钻孔作业。

图 8-47 为回转斗成孔机常用的回转钻头,可根据土壤的不同选择回转钻头,图 8-47a)适合钻硬土,图 8-47b)适合钻软土,图 8-47c)不带斗底,适合钻岩石。

为了防止坍孔,也可以用全套管成孔机作业。这时可把套管摆动装置与桩架底盘固定。利用套管摆动装置将套管边摆动边压入,回转斗则在套管内作业。灌注桩完成后可把套管拔出,套管可重复使用。回转斗成孔的直径现已可达 3m,钻孔深度因受伸缩钻杆的限制,一般只能达 50m 左右。

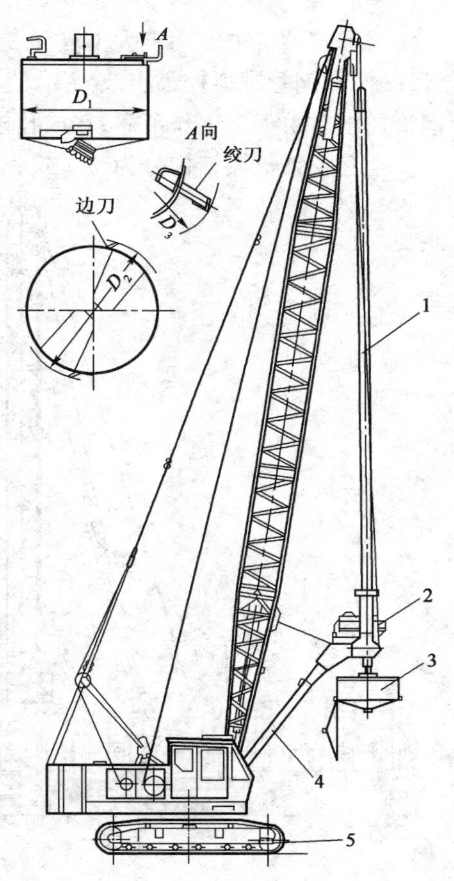

图 8-46 回转斗成孔机

1-伸缩钻杆;2-回转斗驱动装置;3-回转斗;4-支撑架;5-履带桩架

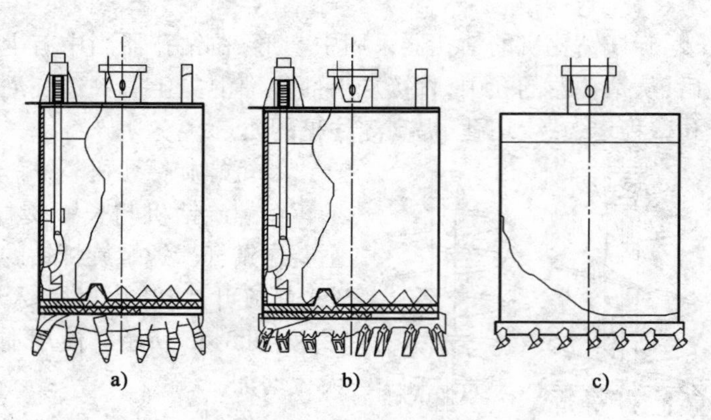

图 8-47　回转斗结构

a)带底双刃回转钻头;b)带底双刃回转钻头;c)岩心回转钻头

回转斗成孔机的缺点是钻进速度低,工效不高,因为要频繁地进行提起、落下、切土和卸土等动作,而每次钻出的土量又不大。在孔深较大时,钻进效率更低。但它可适用于碎石土、砂土、黏性土等地层的施工,地下水位较高的地区也能使用。

三、全套管钻机

全套管钻机主要用于大型建筑桩基础的施工。施工时在成孔的过程中一面下沉钢质套管,一面在钢管中抓挖黏土或砂石,直至钢管下沉到设计深度,成孔后灌注混凝土,同时逐步将钢管拔出。由于它工作可靠,在成孔桩施工中广泛应用。

全套管钻机按结构分为整机式和分体式两大类,如图 8-48 所示。

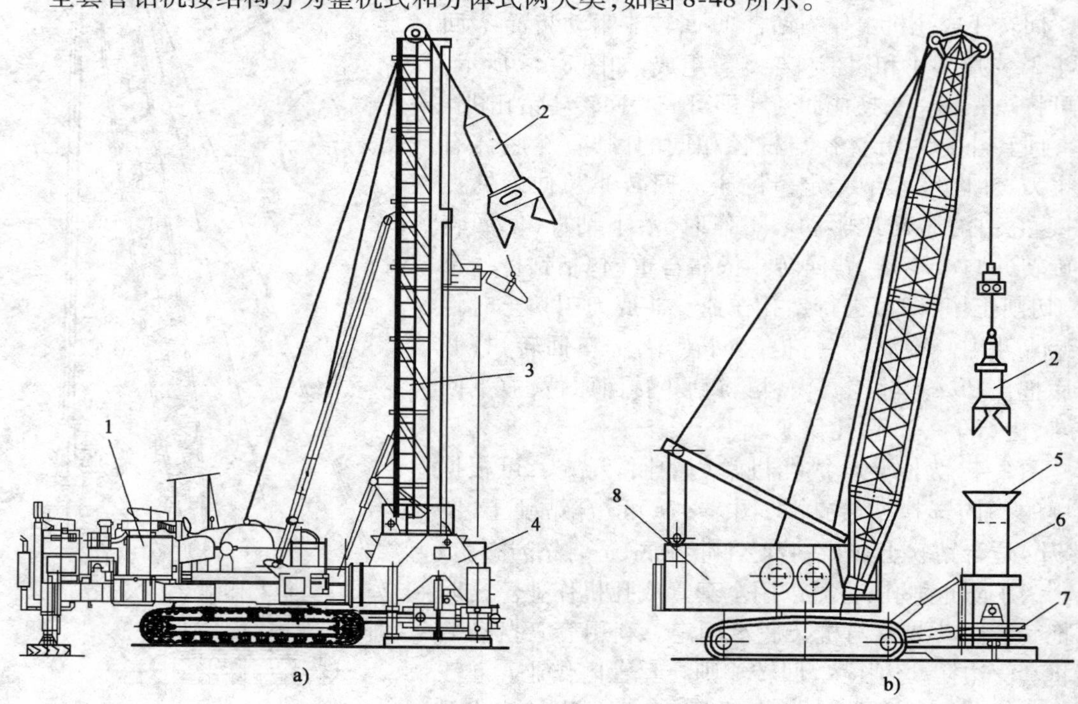

图 8-48　全套管钻机

a)整体式全套管钻机;b)分体式套管钻机

1-履带主机;2-落锤式抓斗;3-钻架;4-套管作业装置;5-导向口;6-套管;7-独立摇动式钻机;8-履带起重机

图 8-48a)为整机式全套管钻机,以履带式底盘为行走系统,将动力系统、钻机作业系统等合为一体。分体式是以压拔管机构作为一个独立系统,施工时必须配备机架(如履带起重机),才能进行钻孔作业。分体式由于结构简单,又符合一机多用的原则,目前已广泛采用。

图 8-48b)为分体式套管钻机,由履带起重机 1、锤式冲抓斗 2、套管作业装置 4 和独立摇动式钻机 7 等组成。冲抓斗悬挂在桩架上,钻机与桩架底盘固定。独立摇动式钻机结构如图 8-49 所示,由导向及纠偏机构 4、摆动(或旋转)装置 7、夹击机构 8、夹紧油缸 9、压拔管油缸 6 和底架 10 等组成。

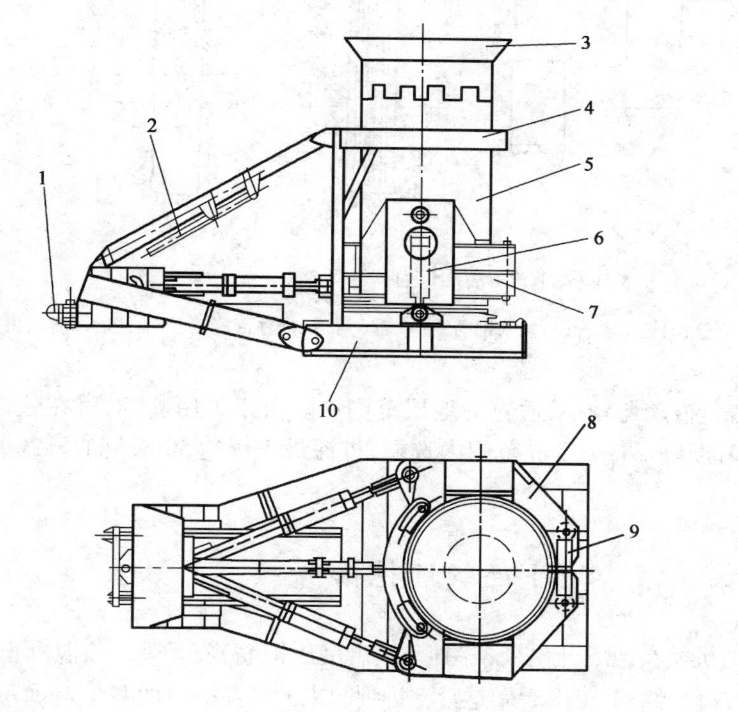

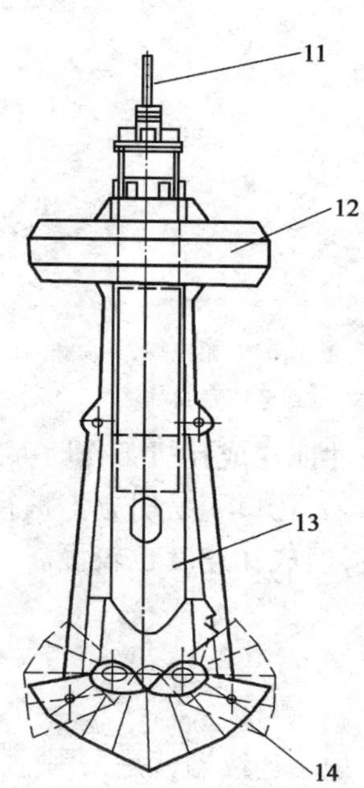

图 8-49　独立摇动式套管钻机

1-连接座;2-纠偏油缸;3-导向口;4-导向及纠偏机构;5-套管;6-压拔管油缸;7-摆动(或旋转)装置;8-夹击机构;9-夹紧油缸;10-底架;11-专用钢丝绳;12-导向器;13-连接圆杆;14-抓斗

抓斗成孔机用全套管钻机,施工中在给套管加压的同时使其摆动或旋转,迫使套管下沉,然后用冲抓斗取出套管下端的土。套管采用摆动或旋转方法,可以大大减少土与套管间的摩擦力。冲抓斗在初始状态时,呈张开状态。放松卷扬机,冲抓斗以自由落体方式向套管内落下插入土中,用钢丝绳提升动滑轮,抓斗片即通过与动滑轮相连接的连杆,使其抓斗片合拢。卷扬机继续收缩,冲抓斗被提出套管。桩机回转,松开卷扬机,动滑轮靠自重下滑,带动专用钢绳向下,使抓斗片打开卸土。冲抓斗有二瓣式和三瓣式。二瓣式适用于土质松软的场合,抓土较多;三瓣式适用于硬土层,抓土较少。

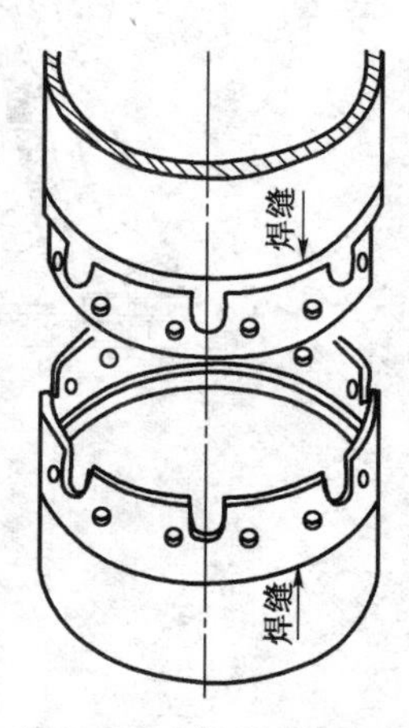

图 8-50　套管连接构造图

钻机所用套管一般分 1m、2m、3m、4m、5m、6m 等不同的长度。套管之间采用径向的内六角螺母连接,如图 8-50 所示。成孔后,放入钢筋笼,在灌注混凝土的同时逐节拔出并拆除套管,最后将套管全部取尽(图 8-51)。

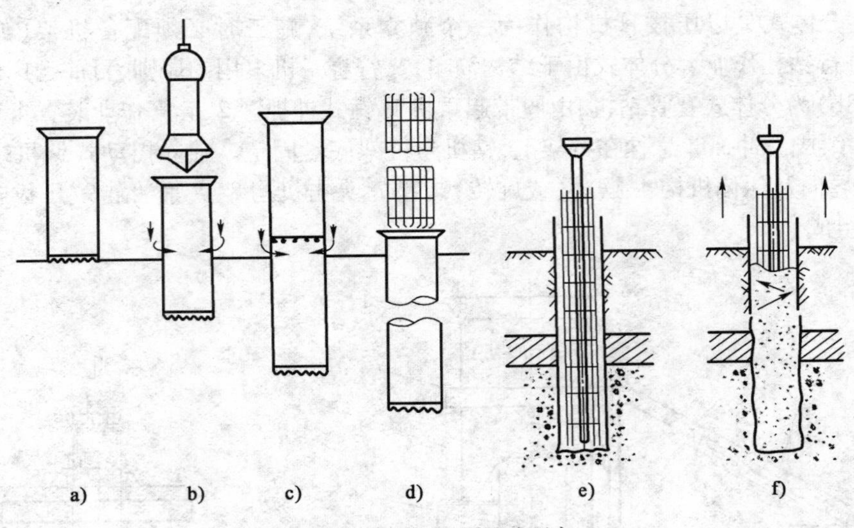

图 8-51　套管施工法几个程序

a)插入套管;b)开始挖掘、晃动和加压套管;c)连接套管;d)插入钢筋笼;e)插入导管、灌注混凝土;f)灌注的同时拔出套管与导管,直到灌注完成

冲抓斗成孔机工作时噪声、振动均较小,适应的地层范围广。由于采用套管,可在软地基上施工,孔口不易坍方。桩径能从 0.6 ~2.5m 范围内选择,桩深最大可达 50m,桩的承载能力较高,但成孔速度也较慢。

第七节　地下连续墙挖槽机

地下连续墙就是采用挖槽机械在地下开出一条深槽,然后吊放钢筋笼,逐段灌注混凝土,在地下形成一个坚实的墙体状混凝土结构,可以看做是紧密排列起来的灌注桩。如图 8-52 所示。

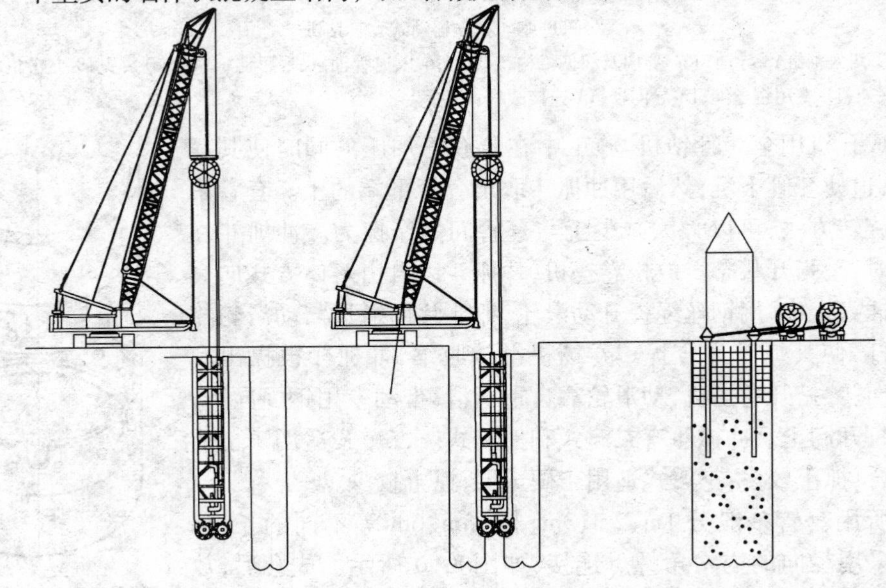

图 8-52　连续墙挖槽机工作示意图

地下连续墙近十几年来在国内得到了较快的发展。它可直接用于承重、防渗水、挡土和截水墙用等。它适用于建筑物的地下室、地下商场、地下油库、挡土墙、高层建筑的基础、工业建筑深池、深坑、竖井以及堤坝防渗墙等。

连续墙的施工中，目前常用的设备有双轮滚切成槽机、抓斗成槽机和垂直轴多头钻机。

一、双轮滚切成槽机

滚切式挖槽机是近年来新发展的连续墙施工设备，整机由履带桩架、双轮滚切成槽机、液压系统、除砂器和循环系统等组成。整套设备如图 8-53 所示。双轮滚切成槽机由履带桩架用钢绳悬挂，由桩架定位进行工作。

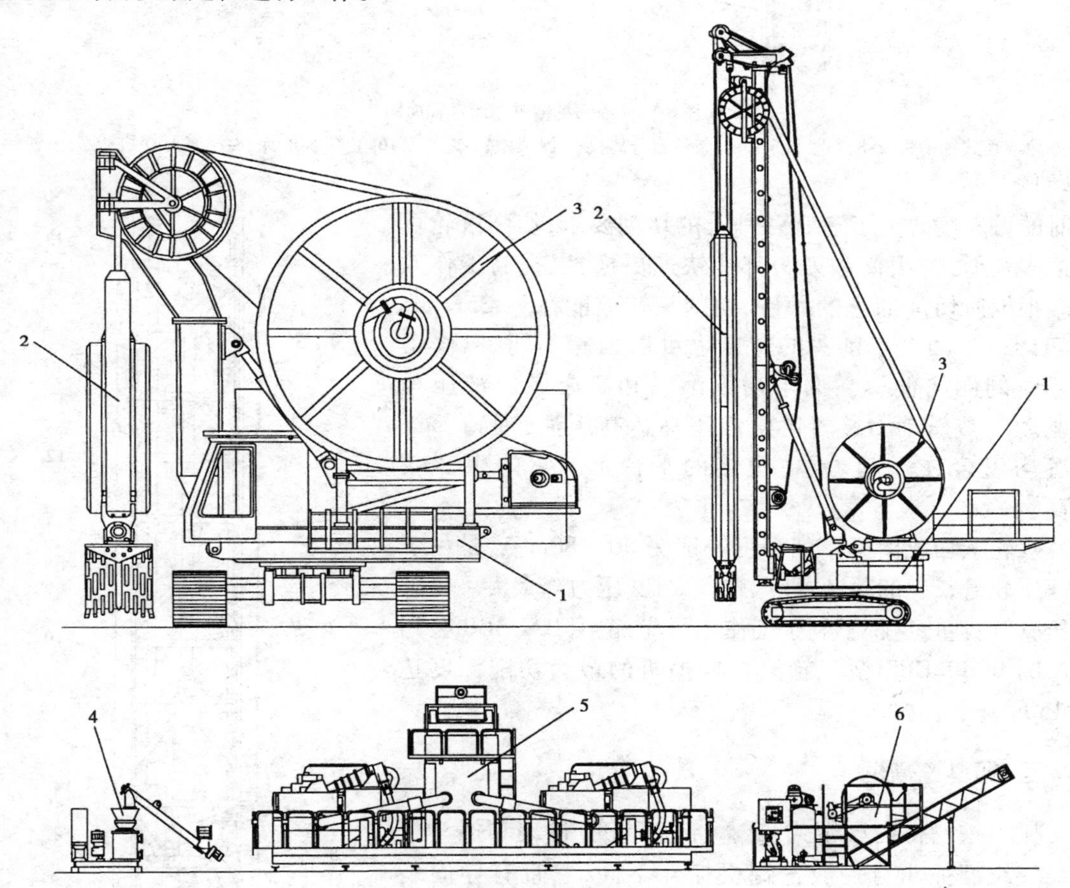

图 8-53　滚切式挖槽机成套设备

1-履带桩架;2-滚切式挖槽机;3-液压软管卷绕机构;4-斑脱土搅拌机;5-泥浆沙石分离机;6-离心分离机

工作时，液压马达带动两个切削滚轮以相反方向旋转，切削滚轮连续不断切削下土并移向中心，大块的土(石块)颗粒被破碎，并与循环的泥浆混合。利用泥浆吸料泵通过管道把混有切削的土的泥浆输送到地面上的泥浆沙石分离机和循环系统，经处理后把切削的土分离出来，泥浆继续循环使用。整个生产工艺如图 8-54 所示。

双轮滚切成槽机由两个切削滚轮 1，滚切轮驱动马达 3、机架 11、泥浆吸料泵 6 及液压动力装置等组成。如图 8-55 所示。两个切削滚轮以相反方向旋转，用于切削土。二个切削滚轮之间的泥浆抽吸头 2 除抽吸土壤泥浆外，还用来与二个切削滚轮配合破碎较大颗粒的土和石块。如图 8-56 所示。因此，抽吸头应有足够强度和硬度。机架上装有四个导向纠偏板，可修正切

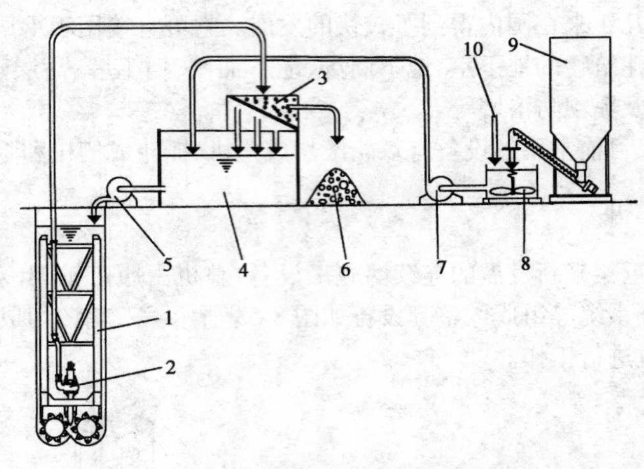

图 8-54　滚切挖槽机生产过程简图

1-双轮滚切式挖槽机;2-离心吸料泵;3-泥浆沙石分离机;4-泥浆池;5-离心泵;6-土;7-离心泵;8-泥浆搅拌机;9-泥浆粉储料仓筒;10-水

槽时的偏斜度。为了适宜各种土的切削要求,切削滚轮可更换多种形式,滚筒和刀头都能快速更换,以提高工作效率。根据所切削的土的条件,切削头转速能在5 ~35r/min之间调节。两个切削头的转速也可以稍有不同,以修正切削时的侧向偏移。两个切削滚轮和离心泵由液压马达驱动。液压动力装置供给液压马达高压油,油箱、泵、阀等均组合在一起,放在机体的平台上。它的生产效率高。

双轮滚切成槽机切削深度一般为 50 ~ 80m,这是由于受液压软管长度的限制,液压软管太长、压力降太大。另外液压软管较重,这都不利于工作。目前,德国 BAUSER 公司生产的 BC30/CBS 型双轮滚切成槽机的最大切削深度达到 150m。

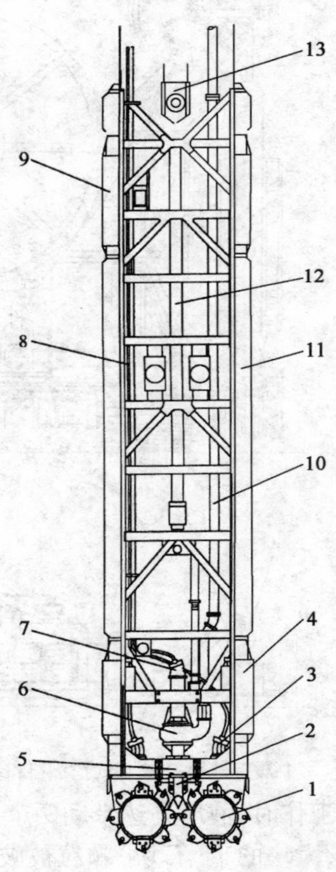

图 8-55　滚切式挖槽机结构

1-滚切轮;2-泥浆抽吸头;3-滚切轮马达;4-下导向板;5-变速器;6-泥浆吸料泵;7-泥浆泵马达;8-液压油管;9-上导向板;10-泥浆输送管;11-机架;12-液压油缸;13-滑轮组

二、抓斗挖槽机

抓斗挖槽机由履带式(或履带起重机)桩架和抓斗组成。连续墙抓斗与一般挖掘机抓斗不同,它带有导向装置,可防止抓斗任意偏转。目前常用的有导杆式液压抓斗和悬挂式液压抓斗,如图 8-57 所示。其中最先进的是悬挂式液压抓斗。它刀口闭合力大(最大闭合力可达1 700kN),成槽深度大(最深 150m),同时配有自动纠偏装置可保证抓斗的工作精度在 1/1000 左右。是大中型地下连续墙施工的主要机械。导杆式液压抓斗是在履带主机上挂有一个可伸缩的导杆作导向,可以保证槽的垂直度。但由于导杆的长度有限,成槽深度一般不超过 40m,应用并不普及。

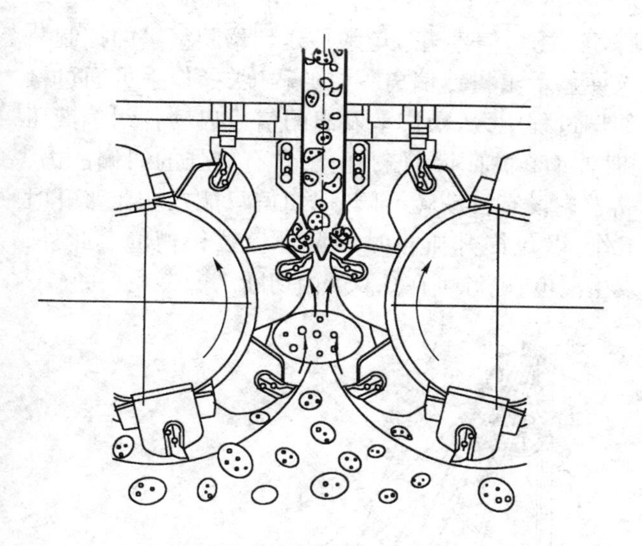

图 8-56　石块破碎原理

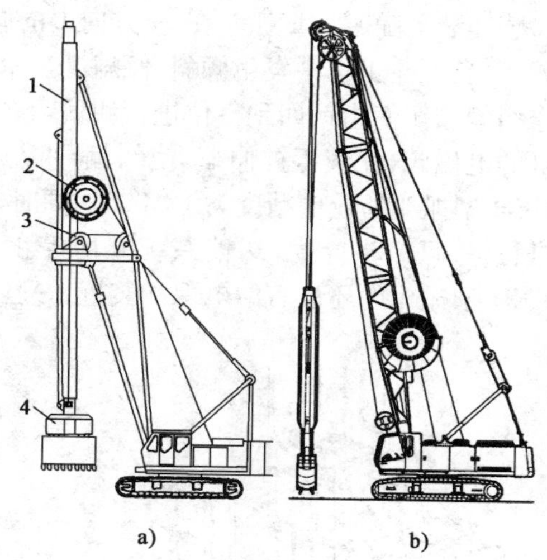

图 8-57　抓斗挖槽机

a）导杆式液压抓斗；b）悬挂式液压抓斗

1-履带桩架；2-导杆；3-液压软管卷筒；4-抓斗

图 8-58 为 Liebherr HS843 型液压抓斗。主要由抓斗 1、抓斗油缸 5、抓斗导向装置 3、抓斗纠偏油缸 9、垂直传感器 10 和抓斗机架 6 等组成。

液压抓斗的动力由履带起重机上的液压泵站提供，卷盘上的油管通过导送滑轮将液压油送到抓斗液压缸，液压缸推动抓斗的张开与合闭。抓斗的成槽深度 70m，切削宽度 0.6～0.8m。在抓斗的两侧安装有两组纠偏油缸 9 和倾斜传感器 10，抓斗与垂直方向的任何偏斜经垂直度传感器测量通过电缆传到驾驶室里的控制装置，并显示在操作室的屏幕上，两个纠偏油缸 9 可调整抓斗相对外体偏斜 ±2°，操作人员可以在不中断正常作业的情况下，随时纠正在垂直方向的挖掘偏差，保持垂直度。抓斗顶部采用交叉钢丝绳悬挂装置，两组钢丝绳分层、交错和垂直轴向排列悬挂着滑轮，可防治抓斗扭转，当一个卷扬机提升抓斗时可消除抓斗的倾斜。万一钢丝绳断裂，仍可用另一组钢丝绳提升抓斗。抓斗中部有较长的四块固定导向板起导向作用。

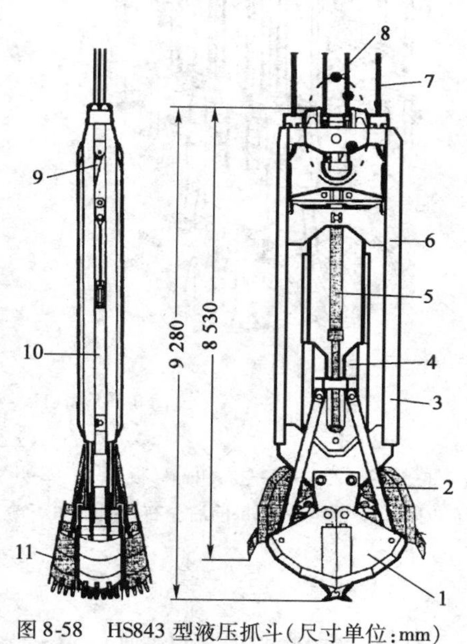

图 8-58　HS843 型液压抓斗（尺寸单位：mm）

1-抓斗；2-推杆；3-抓斗导向装置；4-推杆导向装置；5-抓斗油缸；6-抓斗机架；7-液压油管；8-悬挂钢丝绳；9-抓斗纠偏油缸；10-垂直传感器；11-抓斗校正

图 8-59a）为日本真砂公司 MEH 大型电液抓斗，一般工作深度为 100m，最大工作深度为 150m；成槽宽度为 1.5～2m，最宽可达 3m。它的自身质量最大可达 39t，连抓取物合在一起质量可达 45t，因此常配用 100t 级以上的履带起重机如 KH500-3、DCH-1000 等。如图 8-59b）所示。

MEH 型抓斗的整个动力装置和液压油箱置于抓斗的内部，动力由电缆传递给抓斗内部的驱动电动机，电动机带动工作液压泵工作。而不用软管进行液压油的输送，这样不但减少了软管送油的故障，也减少了由于长距离输送液压油造成的压力损失。抓斗由 4 个液压缸推动，具有较高的切向关闭力（最大可达 1760kN）。在抓斗四周有 12 个由液压缸控制的纠偏导板，倾斜感知装置随时测量抓斗在 xy 方向上的倾斜度,测量信号通过电缆传送到驾驶室里的控制装置,一旦抓斗工作中发生倾斜,倾斜度显示仪便显示出指针偏离零位的程度,操作手可通过操作纠偏按钮使指针回到零位进行纠偏。在纠偏过程中,从操作室发出的信号启动各纠偏液压缸的电磁阀,让液压缸伸缩,使纠偏导板同时伸缩,对抓斗纠偏。由于具有较强的纠偏能力,MEH 型抓斗的成槽精度为 1/1000。同时,机器内设有自动转换阀,使纠偏只能在抓斗张开时进行,一旦抓斗合拢,纠偏系统立即停止工作,以免提升抓斗时纠偏导板拉伤槽壁。此外,MEH 型抓斗内还设有漏电保护装置,一旦发生漏电,电源可在 0.05s 内切断。

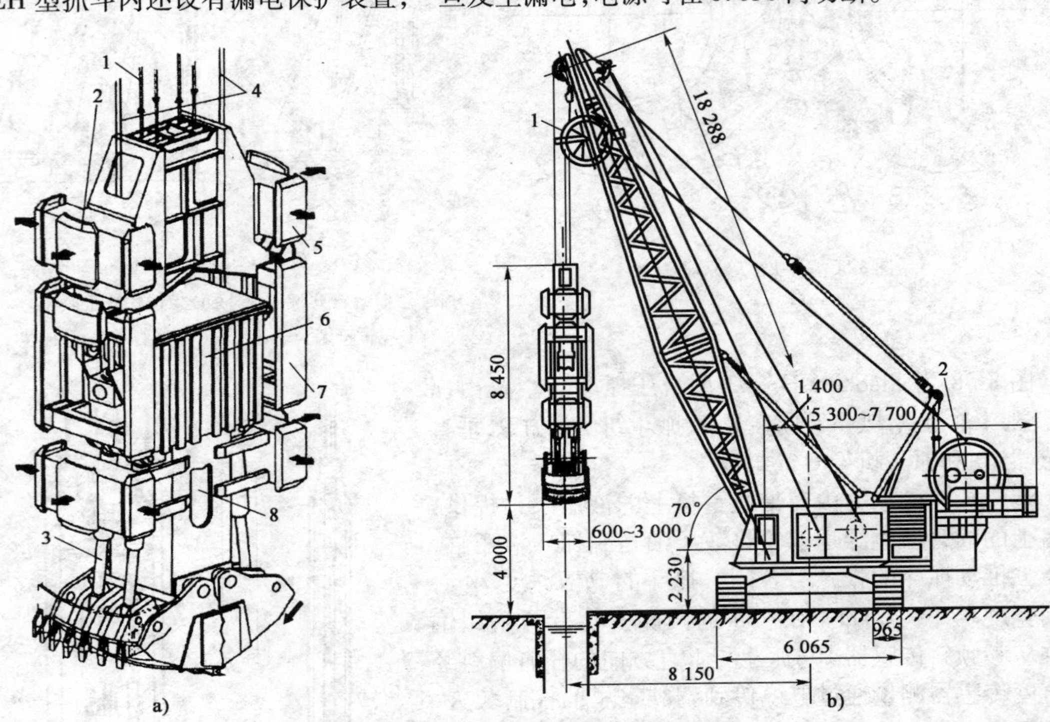

图 8-59 MEH 悬挂式液压抓斗和整机结构(尺寸单位:mm)

a)悬挂式液压抓斗;b)整机结构

1-支撑绳(2×2 根);2-左右纠偏导板(4 块);3-开闭用液压缸;4-电源操作电缆(2 根);5-前后纠偏导板(8 块);6-液压动力装置(内设);7-固定导板;8-前后左右倾斜感知装置

作业与复习题

1. 桩工机械采用的桩架有几种类型?各有什么特点?
2. 叙述筒式柴油打桩锤的构造和工作原理。
3. 叙述液压式打桩锤的构造和工作原理。
4. 叙述振动打桩锤的构造和工作原理。
5. 叙述静力压桩机的构造和工作原理。
6. 预制桩施工采用什么设备?各设备有何特点?
7. 长螺旋杆钻孔机与短螺旋杆钻孔机有何区别?
8. 叙述全套管钻孔机的结构组成和应用场合。
9. 灌注桩施工中采用哪些成孔机械?说明其工作原理。
10. 地下连续墙施工设备有哪几部分组成?各部分起什么作用?

第九章　起重机械

起重机械用来对物料做起重、装卸、运输、安装和人员运送等作业，能在一定范围内垂直和水平移动物品，是一种间歇、循环动作的搬运机械。它被广泛应用在国民经济各个部门，对节省人力、提高生产率和降低成本方面起着重要的作用。

起重机械按其功能和构造可分为轻小起重设备、升降机和起重机三大类，详见图 9-1。

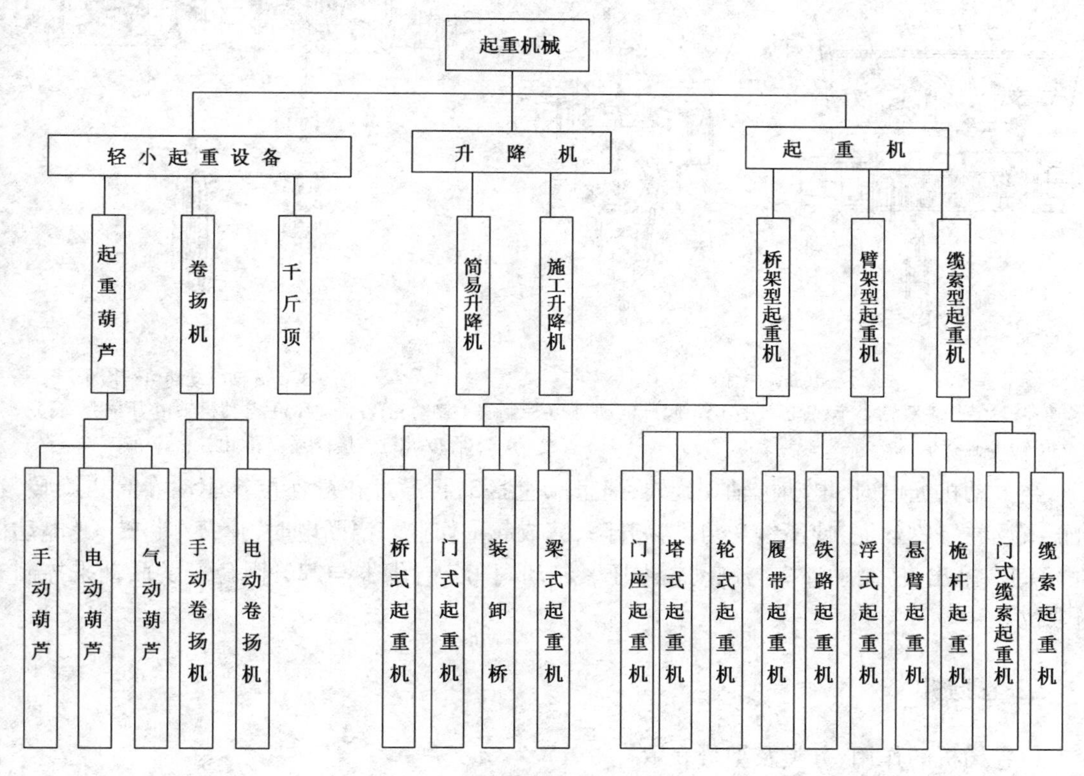

图 9-1　起重机械的类型

在各种工程建设中广泛应用的起重机又被称为工程起重机，它主要包括轮胎式起重机、履带式起重机、塔式起重机、桅杆起重机、缆索式起重机和施工升降机。

第一节　轻小起重设备

轻小起重设备包括千斤顶、起重葫芦和卷扬机等，它们共同的特点是只有一个或较少的工作机械。结构比较简单，使用方便，造价低，易于维修。

一、起重葫芦

常用的起重葫芦有手动和电动两种。电动起重葫芦是一种具有起升和行走两个机构的轻小型起重机械,通常它安装在直线或曲线的工字钢轨上,用于起升和运移重物,重物只能在已安装好的线路上运行,如图9-2所示。

由于电动葫芦具有体积小、质量小、结构紧凑、操作和维修方便等特点,应用广泛。

如图9-3为AS型电动葫芦结构图。这种类型电动葫芦的构造特点是电动机输出轴左端直接铣齿与减速器连接,右端与制动器相连。电动机轴既是制动器轴又是减速器的高速轴。电机、制动器和减速器三个装置通过电机轴形成一个独立的三合一驱动装置。

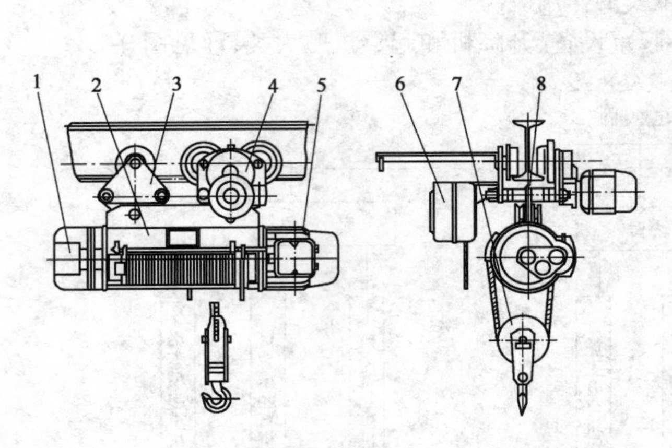

图9-2　电动起重葫芦

1-减速器;2-卷筒;3-双轮小车;4-电动小车;5-起升电动机;6-控制箱;7-吊钩;8-连接架

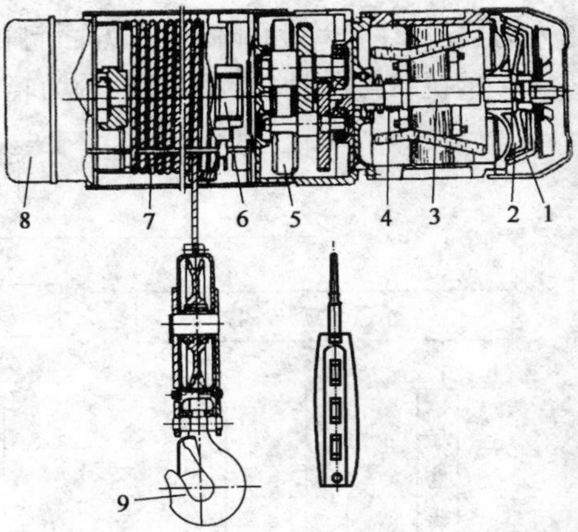

图9-3　AS型电动葫芦结构

1-制动轮;2-制动环;3-电动机轴;4-压力弹簧;5-减速器;6-花键连接;7-卷筒;8-电控箱;9-吊钩

当电动机通电时,电动机轴3旋转,通过减速器5,再通过花键连接6驱动卷筒7旋转,卷筒正或反卷绕钢丝绳,使吊钩9与重物升降,完成起重作业。当断电时,弹簧4将转子(电动机轴3)向右推出,使制动环2与制动轮1压紧制动刹车。导绳器与起升限位开关联动来控制升降限位。

二、卷扬机

1. 卷扬机的作用、分类及型号表示

卷扬机是最常用、最简单的起重设备之一,广泛应用在建筑施工中。它既可单独使用,也可作为其他起重机械上的主要工作机构。如起重机的起升机械和变幅机构,门式和井式起降机的动力装置等,用来起吊和运移各种物料。

卷扬机的种类很多。按动力装置分为电动式、内燃式和手动式三种,电动式占多数。按工作速度分为快速、慢速和调速三种。按卷筒的数量分为单卷筒、双卷筒和多卷筒。

卷扬机的型号由类、组、型、特性和主要参数组成如下页所示。

2. 卷扬机的构造和工作原理

(1)JK系列快速卷扬机

图9-4所示为JK系列单卷筒卷扬机传动结构简图。主要由电动机1、减速器5、卷筒3、电磁制动器6、联轴器7和机架等组成。

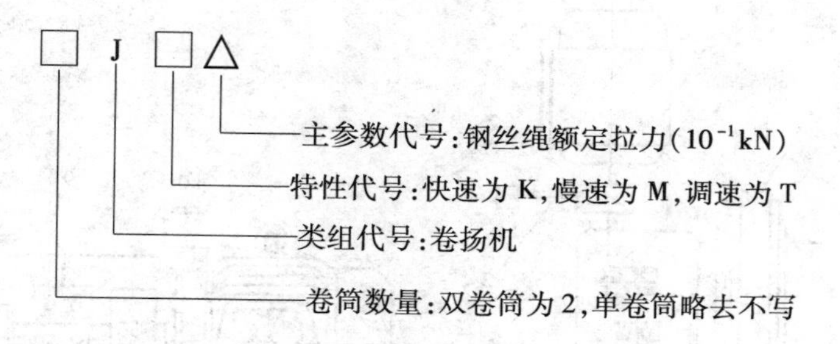

标记示例:2JK5 型卷扬机—钢丝绳额定拉力为50kN的双卷筒快速卷扬机。

电动机1与减速器5的高速轴用弹性柱销联轴器7连接,在联轴器7的外部安装有制动器6,卷筒3固定在卷筒心轴2上,十字滑块联轴器4与减速器5的低速轴连接,卷筒心轴另一端用双列向心球轴承固定在轴承座上。制动器6为短行程常闭式制动器。当制动器电磁铁与电动机同时通电时,电磁铁吸合,制动瓦张开,卷筒运转。断电时制动瓦将制动轮抱紧,卷筒停止运转。

图9-5为2JK型双卷筒快速卷扬机,属于摩擦式卷扬机。电动机通过减速器带动两个卷筒机转动。摩擦锥7和锥套8结合与分离,使减速器传给卷筒的动力接通与断开。

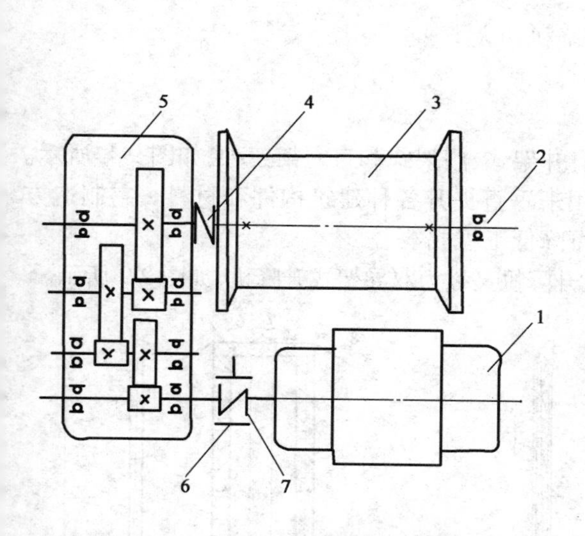

图9-4 JK型卷扬机传动机构示意图

1-电动机;2-卷筒心轴;3-卷筒;4-十字滑块联轴器;5-减速器;6-制动器;7-联轴器

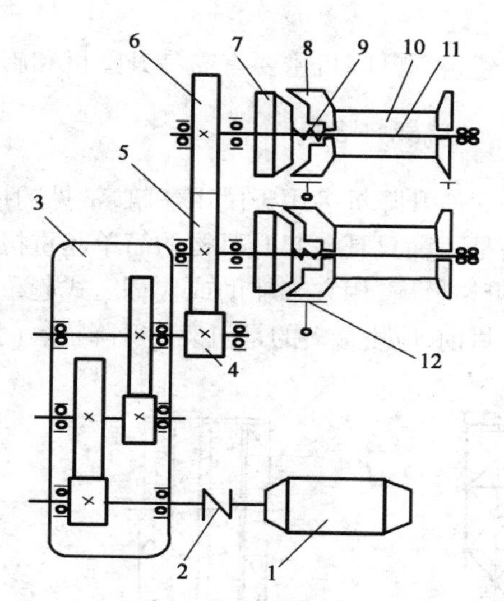

图9-5 2JK型卷扬机传动机构示意图

1-电动机;2-联轴器;3-减速器;4、5、6-开式齿轮;7-摩擦锥;8-锥套;9-弹簧;10-卷筒;11-轴;12-带式制动器

(2)JM系列慢速卷扬机

图9-6为单卷筒慢速卷扬机的传动机构简图,与快速卷扬机的区别是采用蜗轮—蜗杆减速器,传动比大,使卷扬速度变慢。

(3)JD系列卷扬机

图9-7为JD系列卷扬机,其采用行星齿轮传动,传动比大,整个行星减速机构安装在卷筒内,利用带式制动器和带式离合器控制卷扬机的动作。结构紧凑、体积小。

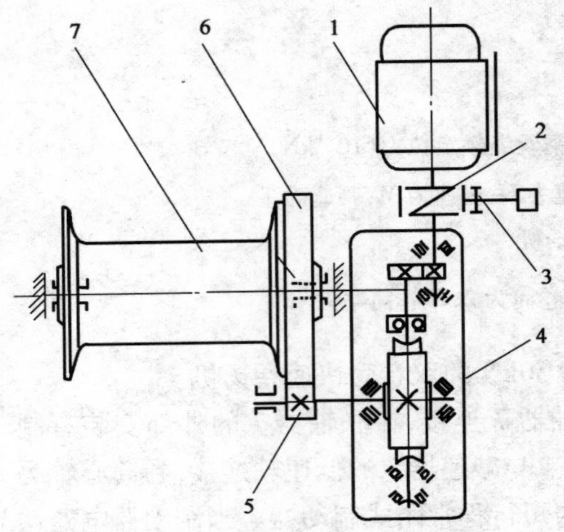

图 9-6　JM-10 型卷扬机传动机构示意图

1-电动机；2-联轴器；3-重锤电磁制动器；4-蜗轮减速器；5、6-圆柱齿轮；7-卷筒

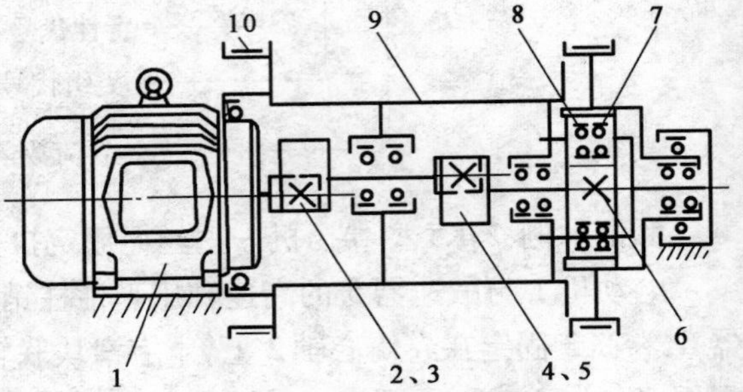

图 9-7　JD 系列卷扬机传动机构简图

1-电动机；2-圆柱齿轮；3、4-内齿轮；5、6-联轴齿轮；7-行星齿轮；8-大内齿轮；9-卷筒；10-带式制动器

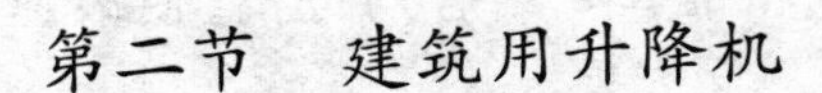

第二节　建筑用升降机

建筑用升降机主要有简易升降机和施工升降机两大类。

一、简易升降机

简易升降机多用于民用建筑，常见的形式有井架式、门架式和自立架三种，如图 9-8 所示。它们是一种只具备起升机构的简单起重机械，用来垂直提升各种建筑构件和材料。它制造方便，价格低廉，用它来辅助或代替塔式起重机，可降低工程成本。

目前，应用最多的是门架式升降机。门架式升降机又称为双导架式升降机，如图 9-9 所示。

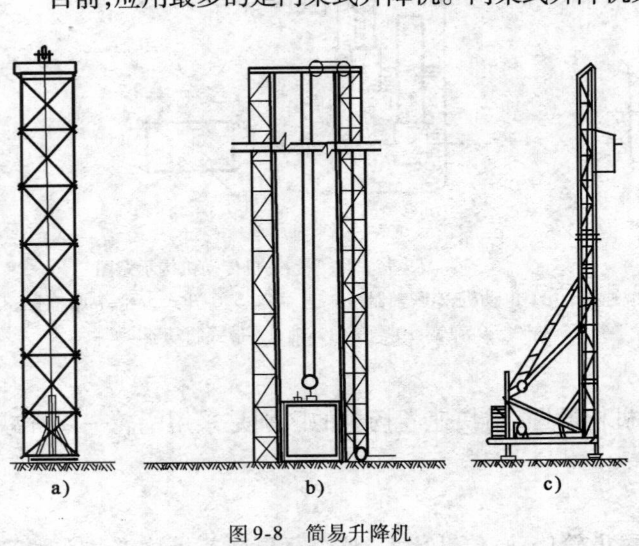

图 9-8　简易升降机

a）井架式；b）门架式；c）自立架

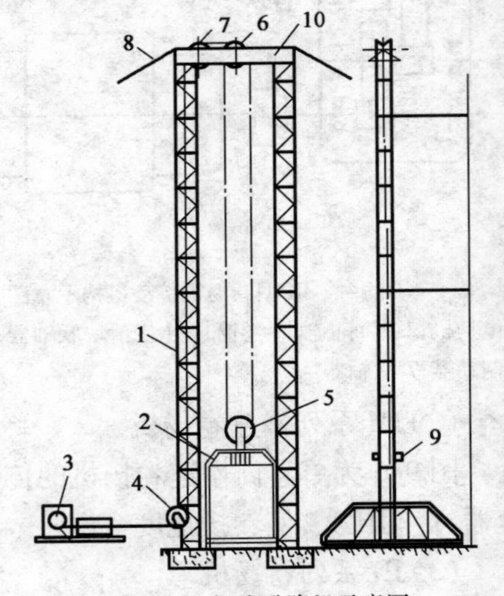

图 9-9　门式升降机示意图

1-导架；2-起重平台；3-卷扬机；4～7-滑轮；8-缆风绳；9-滚轮；10-横梁

由导架1、起重平台2、卷扬机3、横梁10、滚轮9和钢丝绳滑轮组等组成。两根导架可用钢管或角钢焊成的三角形或正方形桁架标准节，各节之间用螺栓连接，节数多少根据建筑物高度确定。横梁用两根型号较大的工字钢或槽钢制成。门形架安装在靠近建筑物的混凝土基础上，门架平行于建筑物，可分段与建筑物用拉杆锚固或用多根缆风绳固定。起重平台由槽钢或角钢焊接而成，平台上铺设木板，两侧有围栏保证安全。平台上有四组滚轮9，可沿导架上下滚动。平台升降靠安装在地面的卷扬机3及钢丝绳滑轮组实现的。钢丝绳一端固定在横梁上，另一端绕过滑轮5、6、7，经滑轮4连接到卷扬机卷筒上。卷扬机安装在离导架20~30m的地面上，以保证操纵人员安全，视野开阔。这种升降机的卷扬机常使用快速卷扬机，可实现重力下降，提高工作效率。它的优点是结构简单，制作容易，拆装方便，使用较可靠，是目前中小建筑工地常用的起重机械。

二、施工升降机

（一）施工升降机的作用、分类及型号表示

施工升降机是一种采用齿轮齿条啮合方式或采用钢丝绳提升方式，使吊笼作垂直或倾斜运动的起重机械。在高层建筑、大型桥梁和井下作业等施工中广泛应用，它既可以运送各种建筑物料和设备，又可以运送施工人员。对提高劳动生产率效果非常明显。

施工升降机按驱动方式分为齿轮齿条驱动、卷扬机钢丝绳驱动和混合型驱动三种类型。混合型多用于双吊笼升降机，一个吊笼由齿轮齿条驱动，另一个吊笼由卷扬机钢丝绳驱动。

施工升降机的型号由类、组、型、特性、主参数和变型代号组成如下：

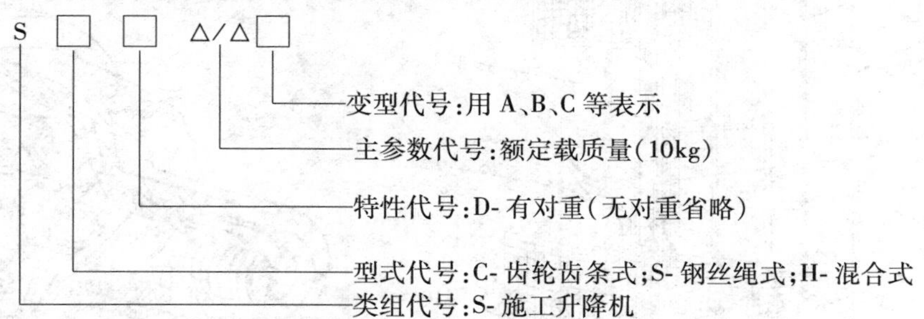

标记示例：SC600—单吊笼额定载质量为6 000kg的齿轮齿条式施工升降机；

SCD200/200—双吊笼、有对重、额定载质量为2 000kg的齿轮齿条式施工升降机。

（二）施工升降机的基本构造

目前，施工升降机主要采用齿轮齿条传动方式，驱动装置的齿轮与导轨架上的齿条相啮合。当控制驱动电机正反转，吊笼就会沿着导轨上下移动。并装有多级安全装置，安全可靠性好，可以客货两用。

图9-10所示为SCD200/200施工升降机，采用笼内双驱动的齿轮齿条传动，双吊笼，在导轨的两侧各装一个吊笼，有对重。每个吊笼内有各自的驱动装置，并可独立地上下移动，从而提高了运送客货的能力。由于附臂式升降机既可载货，又可载人，因而，设置了多级安全装置。每个吊笼额定载重2 000kg，最大起升速度35~40m/min，最大架设高度200m。

SCD200/200施工升降机主要由天轮装置1、顶升套架2、对重机构3、吊笼4、电气控制系统5、驱动装置6、限速器7、导轨架8、吊杆9、底笼11、附墙架14和安全装置等组成。

1. 驱动装置

驱动装置由带常闭式电磁制动器的电动机1、蜗轮蜗杆减速器5、驱动齿轮3和背轮2等组成,如图9-11所示。驱动装置安装在吊笼内部,驱动齿轮与导轨架上的齿条相啮合转动,使吊笼上下运行。

2. 防坠限速器

在驱动装置的下方安装有防坠限速器构造如图9-12所示,主要由外壳1、制动锥鼓2、摩

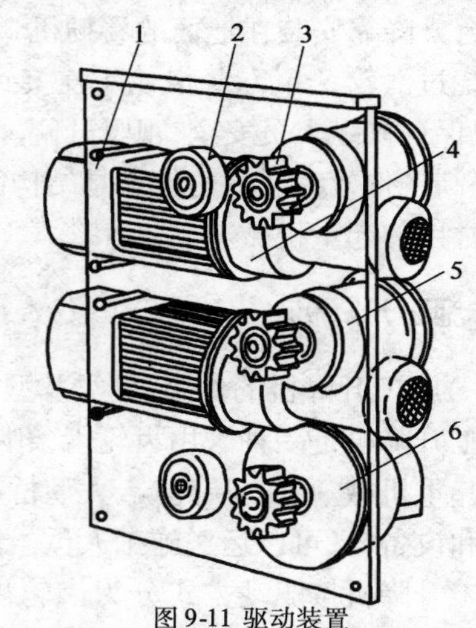

图9-11 驱动装置

1-制动电机;2-背轮;3-驱动齿轮;4-联轴器;5-减速器;6-限速器

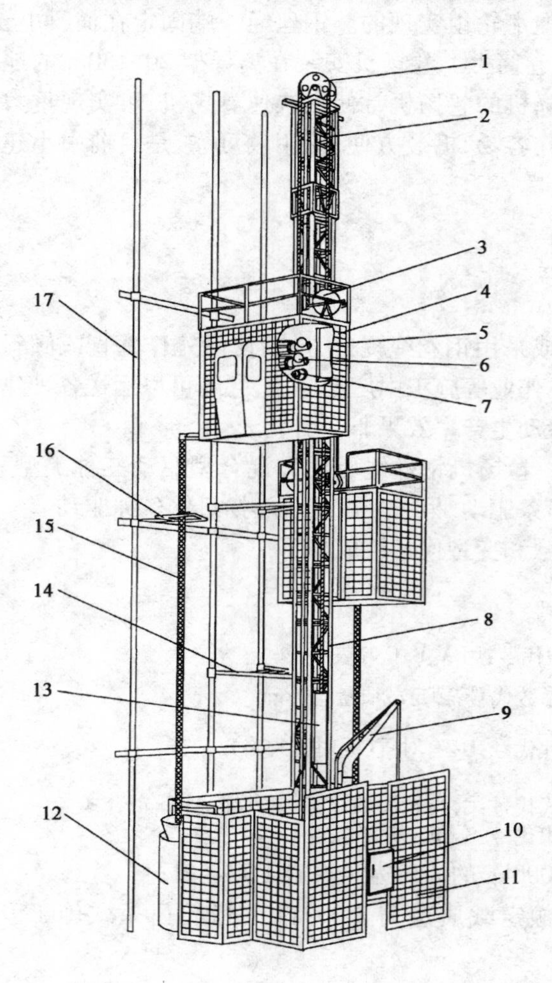

图9-10　SCD200/200施工升降机构造

1-天轮装置;2-顶升套架;3-对重绳轮;4-吊笼;5-电气控制系统;6-驱动装置;7-限速器;8-导轨架;9-吊杆;10-电源箱;11-底笼;12-电缆笼;13-对重;14-附墙架;15-电缆;16-电缆保护架;17-立管

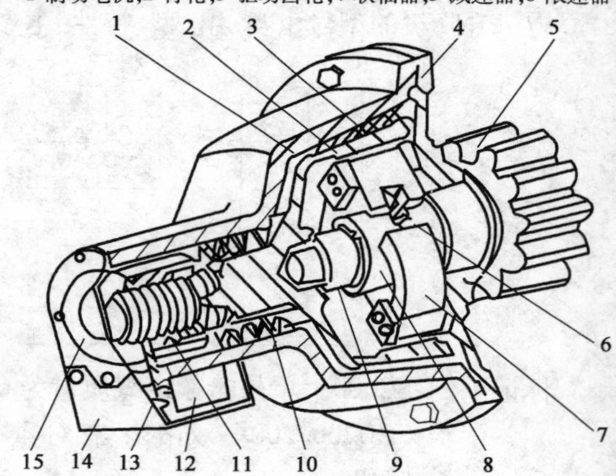

图9-12　防坠限速器结构

1-外壳;2-制动锥鼓;3-摩擦制动块;4-前端盖;5-齿轮;6-拉力弹簧;7-离心块;8-中心套架;9-旋转轴;10-碟形弹簧;11-螺母;12-限速保护开关;13-限位磁铁;14-安全罩;15-尾盖

擦制动块3、前端盖4、齿轮5、拉力弹簧6、离心块7、中心套架8、旋转轴9、碟形弹簧10、限速保护开关12和限位磁铁13等组成。当吊笼在防坠安全器额定转速内运行时,离心块7在拉力弹簧6的作用下与离心块座紧贴在一起。当吊笼发生异常下滑超速时,防坠限速器里的离心块克服弹簧拉力带动制动鼓旋转,与其相连的螺杆同时旋进,制动锥鼓与外壳接触逐渐增加摩擦力,通过啮合着的齿轮齿条,使吊笼平缓制动,同时通过限速保护开关12切断电源保证人机安全。其工作原理如图9-13所示。防坠限速器经调整复位后施工升降机则可正常运行。

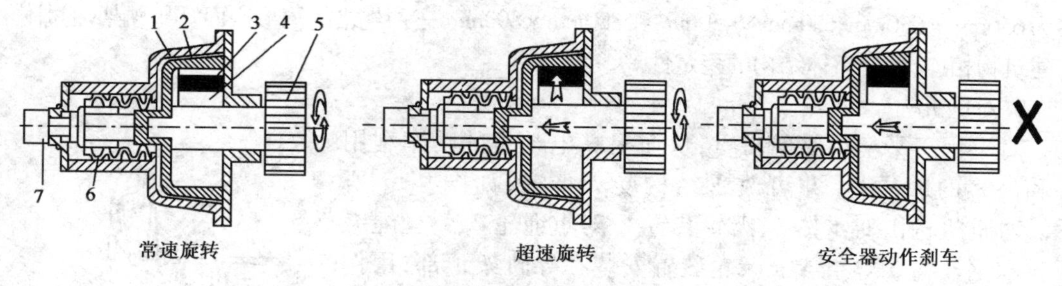

图 9-13　防坠限速器结构

1-外壳;2-制动锥鼓;3-离心块;4-弹簧;5-齿轮;6-碟形弹簧;7-锁紧螺母

3. 吊笼

吊笼构造如图 9-14 所示,为型钢焊接钢结构件,周围有钢丝保护网,有单开或双开门,吊笼顶有翻板门和护身栏杆,通过配备的专用梯子可作紧急出口和在笼顶部进行安装、维修、保养和拆卸等工作。吊笼顶部还设有吊杆安装孔,吊笼内的立柱上有传动机构和限速器安装底板。吊笼是升降机的核心部件。吊笼在传动机构驱动下,通过主槽钢上安装的四组导向滚轮,沿导轨运行。

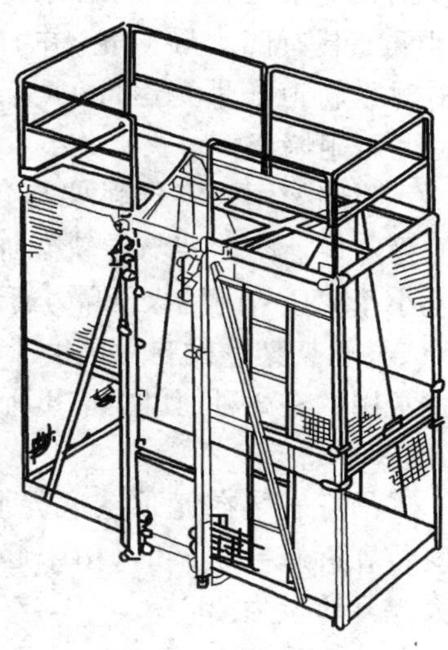

图 9-14　吊笼结构

4. 底笼

底笼由固定标准节的底盘 2、防护围栏 1、吊笼缓冲弹簧 3 和对重缓冲弹簧 4 等组成,如图 9-15 所示。底盘上有地脚螺栓安装孔,用于底笼与基础的固定。外笼入口处有外笼门 6。

当吊笼上升时,外笼门自动关闭,吊笼运行时不可开启外笼门,以保证人员安全。底盘上的缓冲弹簧用以保证吊笼或对重着地时柔性接触。

5. 导轨架

导轨架由多节标准节通过高强度螺栓连接而成,作为吊笼上下运行的轨道。标准节用优质无缝钢管和角钢等组焊而成。标准节上安装着齿条 2 和对重滑道 3,如图 9-16 所示。标准节长 1.5m,

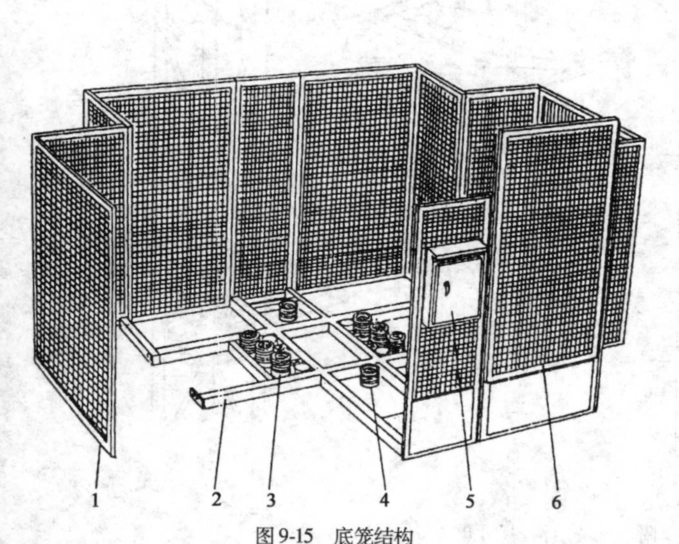

图 9-15　底笼结构

1-护网;2-底盘;3-吊笼缓冲弹簧;4-对重缓冲弹簧;5-下电箱;6-外笼门

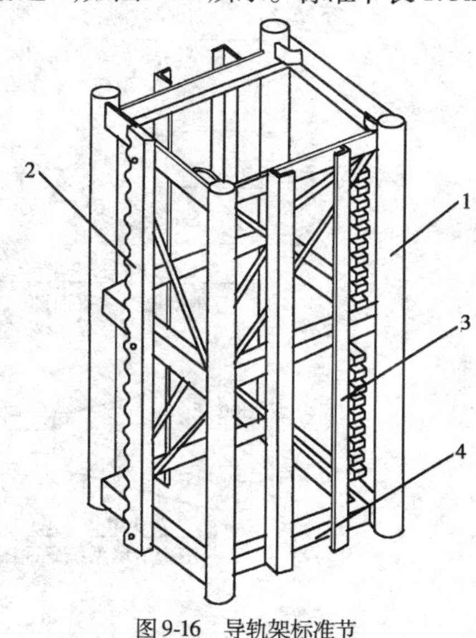

图 9-16　导轨架标准节

1-标准节立柱管;2-齿条;3-对重轨道;4-角钢框架

多为650mm×650mm,650mm×450mm和800mm×800mm三种规格的矩形截面。导轨架通过附墙架与建筑物相连,保证整体结构的稳定性。

6. 对重机构

对重用于平衡吊笼的自重,从而提高电动机的功率利用率和吊笼的载质量,并可改善结构受力情况,如图9-17所示。对重机构由对重体6、天轮装置1、对重绳轮2、钢丝绳夹板3和钢丝绳5等组成。天轮装置安装在导轨架顶部,用作吊笼与对重连接的钢丝绳支承滑轮。钢丝绳一端固定在笼顶钢丝绳架上,另一端通过导轨架顶部的天轮与对重相连。对重上装有四个导向轮,并有安全护钩,使对重在导轨架上沿对重轨道随吊笼运行。

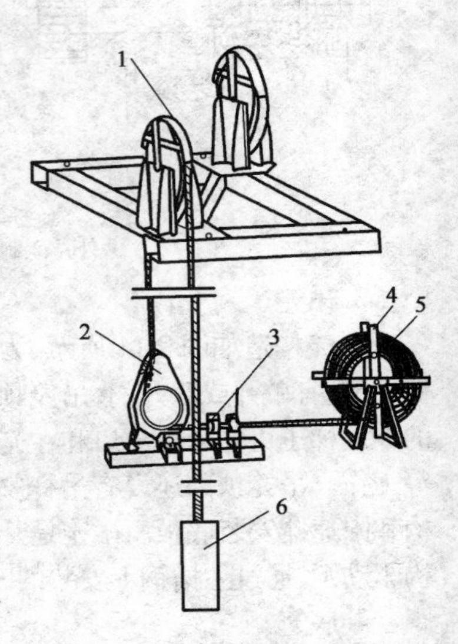

图9-17 对重机构

1-天轮装置;2-对重绳轮;3-钢丝绳夹板;4-钢丝绳架;5-钢丝绳;6-对重体

7. 附墙架

附墙架用来将导轨架与建筑物附着连接,以保证导轨架的稳定性。附着架与导轨架加节增高应同步进行。导轨架高度小于150m,附墙架间隔小于9m。超过150m时,附墙架间隔6m,导轨架架顶的自由高度小于6m。附墙架与建筑物连接形式常用的有3种,如图9-18所示。

8. 吊杆

吊杆安装在笼顶或底笼底盘上,有手动和电动两种。在安装和拆卸导轨架时,用来起吊标准节和附墙架等部件。最大起升质量为200kg。

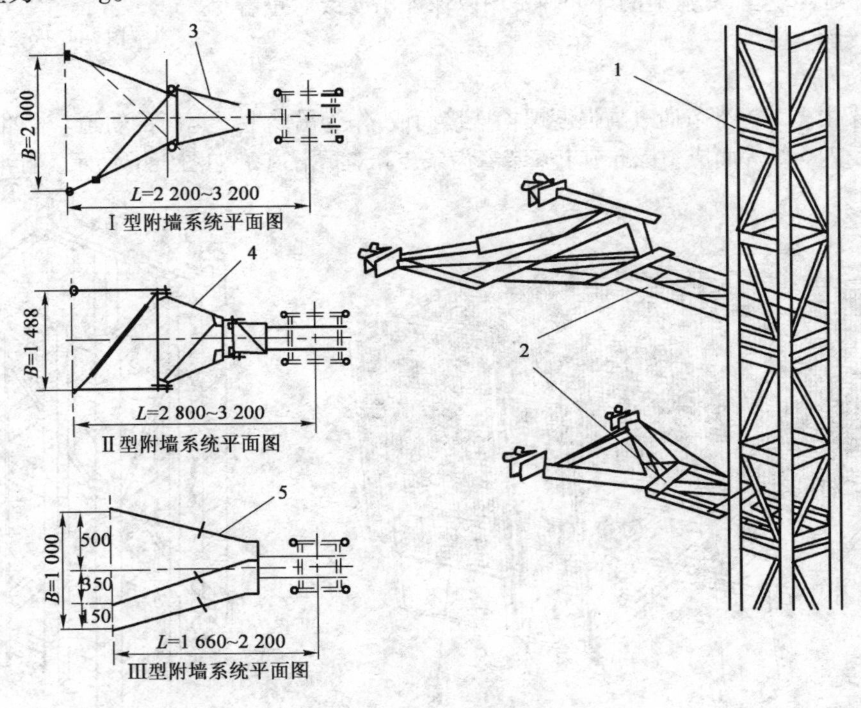

图9-18 附墙系统结构(尺寸单位:mm)

1-导轨架;2-附墙架;3-I型附墙架;4-II型附墙架;5-III型附墙架

吊杆上的手摇卷扬机具有自锁功能,起吊重物时按顺时针方向摇动摇把,停止摇动并平缓地松开摇把后,卷扬机即可制动,放下重物时,则按相反的方向摇动。

9. 电缆保护架和电气设备

电缆保护架使接入笼内的电缆随线在吊笼上下运行时,不偏离电缆笼,保持在固定位置。电缆保护架 2 安装在立管 1 上。电缆通过吊笼上的电缆托架 7 使其保持在电缆保护架的"U"形中心,如图 9-19 所示。当导轨架高度大于 120m 时,可配备电缆滑车系统。电缆滑车架安装在吊笼下面,由四个滚轮沿导轨架旁边的电缆导轨架运行,固定臂与电缆臂之间的随行电缆靠电缆滑车拉直,如图 9-20 所示。

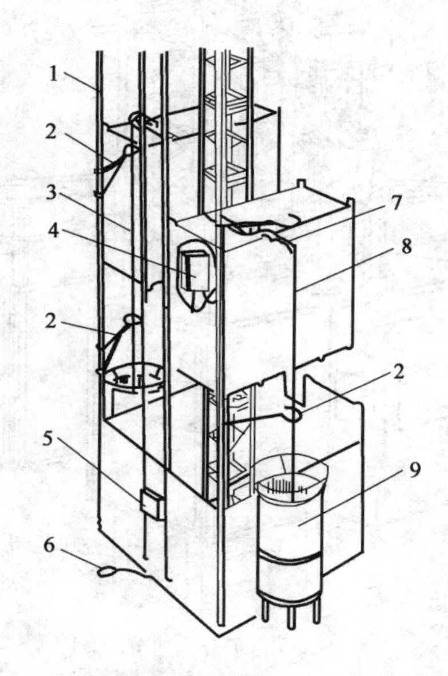

图 9-19　电缆保持架和电气设备

1-立管;2-电缆保护架;3-电缆;4-电控箱;5-电源箱;6-坠落试验专用按钮;7-电缆托架;8-电缆;9-电缆笼

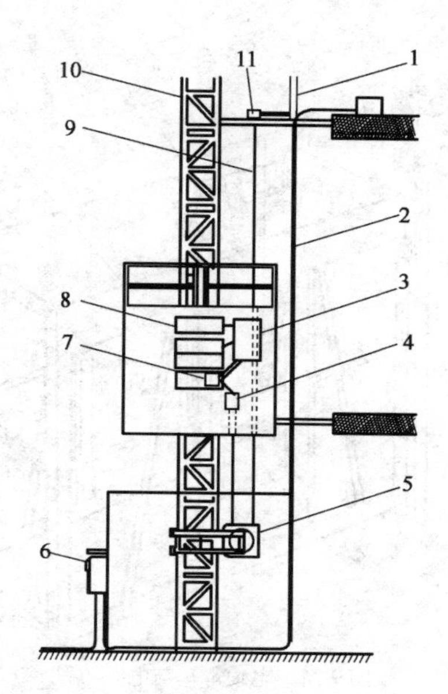

图 9-20　电缆滑车与电缆布置

1-立管;2-固定电缆;3-上电箱;4-电缆臂;5-电缆滑车;6-下电箱;7-极限开关;8-驱动装置;9-随行电缆;10-导轨架;11-固定臂

升降机电气设备如图 9-19 所示,由电源箱 5、电控箱 4 和安全控制系统等组成。每个吊笼有一套独立的电气设备。由于升降机应定期对安全装置进行试验,每台升降机还配备专用的坠落试验按钮盒 6。电源箱安装在外笼结构上,箱内有总电源开关给升降机供电。电控箱位于吊笼内,各种电控元器件安装在电控箱内,电动机、制动器、照明灯及安全控制系统均由电控箱控制。

10. 安全控制系统

安全控制系统由施工升降机上设置的各种安全开关装置和控制器件组成。当升降机运行发生异常情况时,将自动切断升降机的电源,使吊笼停止运行,以保证施工升降机的安全。

图 9-21 为吊笼上设置的各种安全控制开关,确保吊笼工作时安全。在吊笼的单、双门上及吊笼顶部活板门上均设置安全开关,如任一个门有开启或未关闭,吊笼均不能运行。吊笼上装有上、下限位开关和极限开关。当吊笼行至上、下终端站时,可自动停车。若此时因故不停车超过安全距离时,极限开关动作切断总电源,使吊笼制动。钢丝绳锚点处设有断绳保护开关。

在两套驱动装置上设置了常闭式制动器,当吊笼坠落速度超过规定限额时,限速器自行启动，带动一套止动装置把吊笼刹住。在限速器尾盖内设有限速保护开关，限速器动作时，通过机电联锁切断电源。吊笼内还设有驾驶员作为紧急制动的脚踏制动器。

万一吊笼在运行中突然断电，吊笼在常闭式制动器控制下可自动停车；另外还有手动限速装置，使吊笼缓慢下降。笼内设有楼层控制装置，对每个停靠站由按钮控制。

（三）安装标准节方法与过程

（1）用底笼的吊杆将标准节吊至笼顶，带锥套的一端向下，每个笼顶最多放两节标准节。将底笼吊杆用插销锁定（图9-22）。

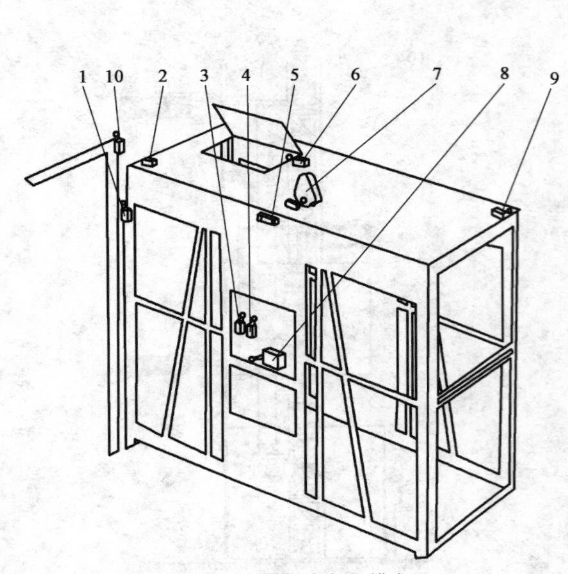

图9-21　电缆滑车与电缆布置

1-吊笼门联锁；2-单开门开关；3-上限位开关；4-下限位开关；5-防冒顶开关；6-顶盖门开关；7-断绳保护开关；8-极限手动开关；9-双开门开关；10-外护栏联锁

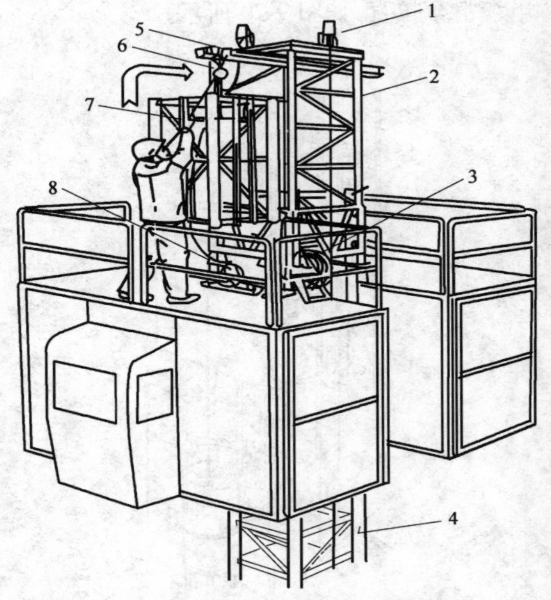

图9-22　自顶升式加节示意图

1-天轮装置；2-顶升套架；3-钢丝绳架；4-导轨架；5-标准节引进横梁；6-手动葫芦滑车；7-标准节；8-对重绳轮

（2）升起吊笼至上限位磁块处，卸去上限位、极限限位和防冒顶开关，调整好松绳保护限位。

（3）拆掉顶升套架与导轨架的连接螺栓，用吊笼把顶升套架顶起能进入一个标准节的高度，利用顶升套架上的手动葫芦将标准节吊起。然后，将标准节随加节滑车一起推入，使锥套对正轨道架的接口后，把标准节放下，用连接螺栓把新加的标准节与轨道架紧固。重复以上操作，可依次加节到所需的高度。

（4）安装并调整好上限位、极限限位和防冒顶限位开关。安装调整对重机构，使施工升降机正常工作。

（四）施工升降机的主要技术参数

施工升降机的主要技术参数有额定载质量、最大架设高度、起升速度和功率等。

第三节　起　重　机

一、起重机的类型和用途

起重机有桥架型、缆索型和臂架型三大类型。根据用途和使用场合的不同，起重机有多种形式，详见图9-1。其共同的特点是整机结构和工作机构较为复杂。工作时，能独立和同时完成多个工作动作。建设工程中主要应用臂架型起重机。

1. 桥架型起重机

桥架型起重机主要有梁式起重机、桥式起重机、装卸桥和门式起重机四种类型。如图9-23所示。特点是吊钩悬挂在可沿桥架运行的起重机小车或起重葫芦上，使重物在空间垂直升降和水平移动。

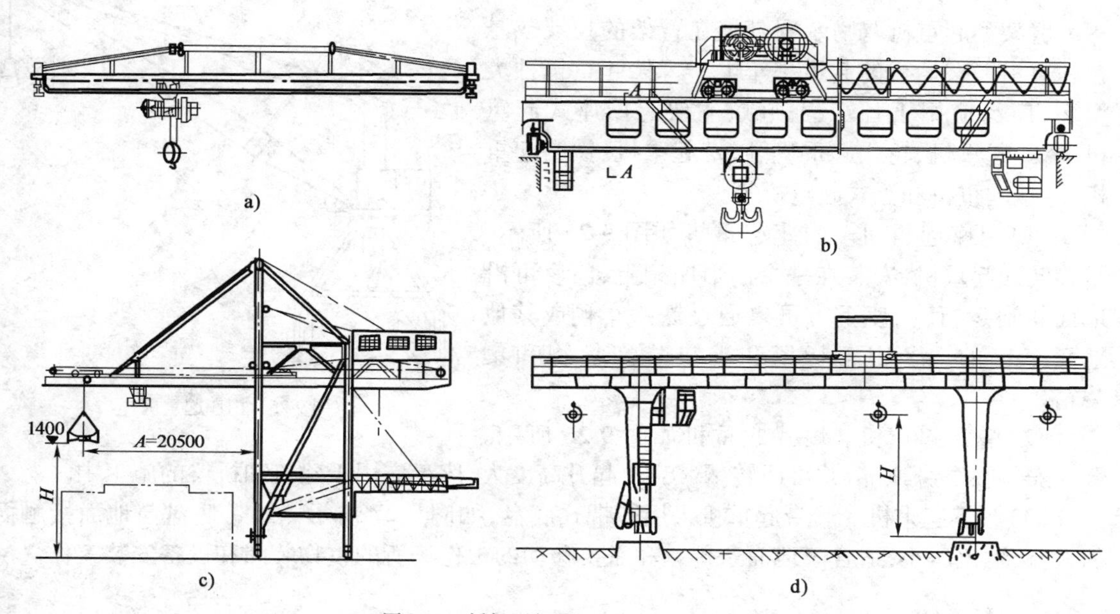

图9-23　桥架型起重机（尺寸单位：mm）

a）梁式起重机；b）桥式起重机；c）装卸桥起重机；d）门式起重机

（1）梁式起重机。梁式起重机如图9-23a）所示。采用电动梁结构，跨度小，结构简单，在地面操作起重机的工作。用于起重量较小的工作场所。

（2）桥式起重机。桥式起重机如图9-23b）所示。采用电动双梁桥式结构，主梁为箱形结构，强度高，跨度大，在主梁的下有操纵驾驶室。用于起重量大，工作速度快的工作场所。

（3）装卸桥起重机。装卸桥起重机如图9-23c）所示。多采用桁架结构，主梁跨度大，要求起重小车运行速度快。从而保证装卸生产率。用于冶金厂、发电厂、码头装卸散料以及港口集装箱的装卸工作。

（4）门式起重机。门式起重机如图9-23d）所示。桥架两端通过两侧支腿支承在地面轨道或基础上的桥架型起重机，类似“门”字的形状，亦称龙门起重机，即就是带腿的桥式起重机。起重量大，广泛应用于工厂、货场、码头和港口的各种物料装卸和搬运工作。

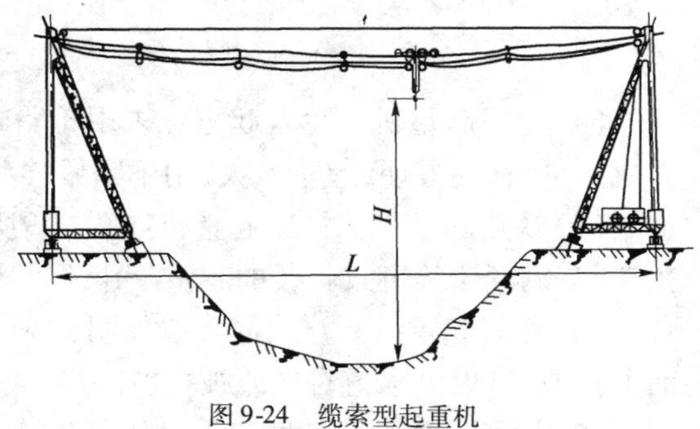

图9-24　缆索型起重机

2. 缆索型起重机

缆索型起重机如图9-24所示。构造特点是取物装置的起重小车沿着架空的承载钢丝绳索运行。

承载索的两端分别固定在主、副塔架的顶

部，塔架固定在地面的基础上。小车在钢丝绳索上运行，起升卷筒和运行卷筒安装在主塔架上，另一侧副塔架上装有调整钢丝绳索张力的液压拉伸机。应用在跨度特别大，地势复杂、起伏不平或各种类型起重机难以驶达的工作场地。如林场、煤厂、江河、山区和水库等。

缆索型起重机一般是为已确定的工地专门制作的，它的结构和工作性能起决定于它所服务工地的轮廓尺寸和工作性质。

3. 臂架型起重机

臂架型起重机取物装置悬挂在臂架的顶端或悬挂在可沿臂架运行的起重小车上。臂架起重机种类繁多，广泛应用于各工程领域，主要有门座式起重机、塔式起重机、轮式起重机、履带起重机、铁路起重机、悬挂起重机和浮式起重机等。

(1)门座起重机。门座起重机如图 9-25 所示。是旋转式起重机，安装在一个门形座架上，门座可沿地面轨道运行，门座下方可以通过铁路车辆或其他地面车辆的。多用于货场和港口装卸货物和集装箱。

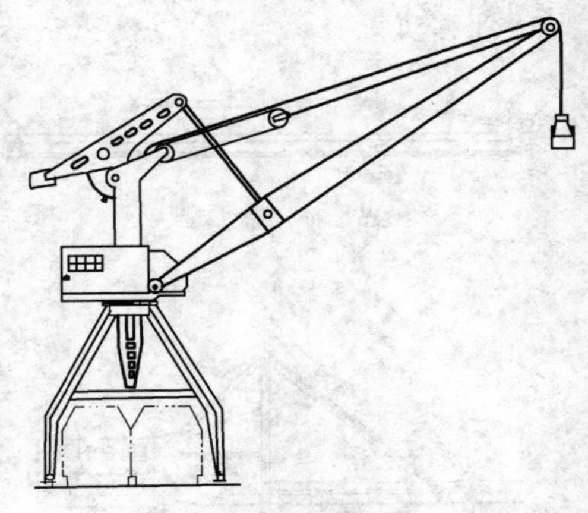

图 9-25　门座起重机

(2)塔式起重机。塔式起重机如图 9-26 所示。臂架安装在塔身顶部，并可回转，臂架长，起升高度大，广泛应用于建筑和桥梁的施工中。

(3)履带起重机。履带起重机采用履带式底盘，如图 9-27 所示。履带底盘与地面接触面积大，接地比压小，适合于地面条件差和需要移动的工作场所的重物装卸和设备安装工作。

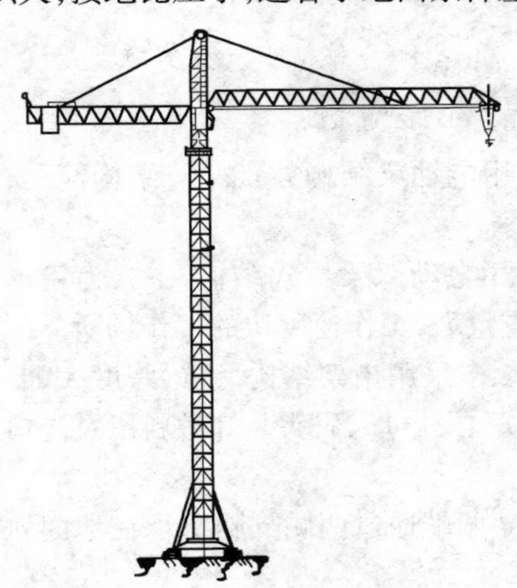

图 9-26　塔式起重机

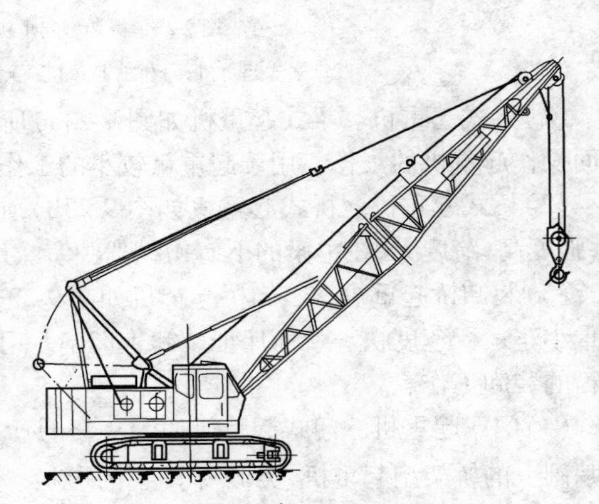

图 9-27　履带起重机

(4)轮式起重机。轮式起重机采用轮胎式底盘，如图 9-28 所示。有汽车起重机和轮胎起重机两种，移动方便，起重量大，用于频繁移动工作场所的重物装卸和设备安装工作。

(5)铁路起重机。铁路起重机如图9-29所示。在铁路轨道上运行，从事装卸作业以及铁路机车、车辆颠覆等事故救援的起重工作。

(6)浮式起重机。浮式起重机如图 9-30 所示。以专用浮船作为支承及运行装置，浮在水面上作业，可以沿水道自航或被拖航。

(7)桅杆起重机。桅杆起重机如图 9-31 所示。在安装工程中广泛应用，是一种临时的简易起重机。

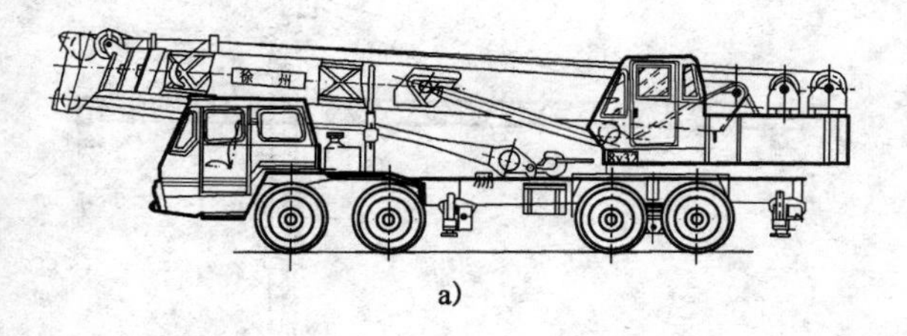

a)

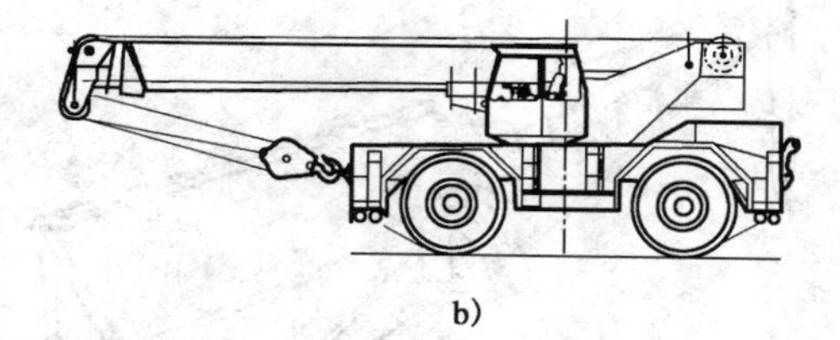
b)

图 9-28 汽车起重机

a)汽车起重机;b)轮胎起重机

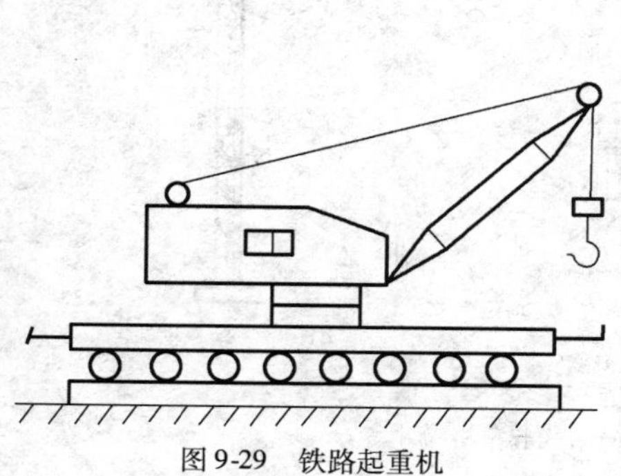

图 9-29 铁路起重机

图 9-30 浮式起重机

在各种建设工程中广泛应用的起重机有轮胎式起重机、履带式起重机、塔式起重机、桅杆起重机和缆索式起重机等。这些起重机又被称为工程起重机。用于各种建设工程的各种材料、构件的垂直运输和装卸工作。

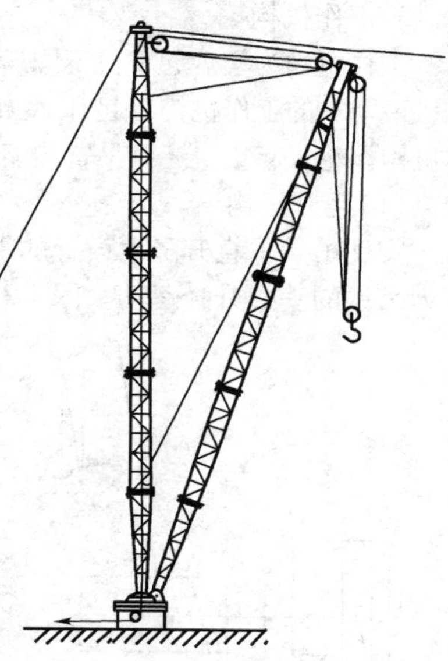

图 9-31 桅杆起重机

二、起重机的基本构造

各种类型的起重机都是由金属结构、工作机构、动力装置和控制系统四大部分组成。以图 9-32 所示在建设工程中广泛应用的三种起重机为例说明起重机的基本组成。

1. 金属结构

金属结构是起重机的骨架。它包括用金属材料制作的吊臂、回转平台、人字架、底架(车架大梁)、支腿和塔式起重机的塔身、平衡臂和塔顶等,是起重机的重要组成部分。起重机各工作机构和零部件都安装或支承在这些金属结构上。它承受起重机的自重以及作业时的各种外荷载。

2. 动力装置

动力装置是起重机的动力源,是起重机的最重要组成部分。它在很大程度上决定了起重机的性能和构造特点。轮胎式起重机和履带式起重机的动力装置多为内燃机。可由一台内燃机对上车和下车的各工作机构供应动力;对于有些大型汽车起重机的上车和下车需各设一台内燃机,分别供应工作机构(起升、变幅和回转机构)动力和行走机构动力。塔式起重机和固定场所工作起重机的动力装置采用电动机。

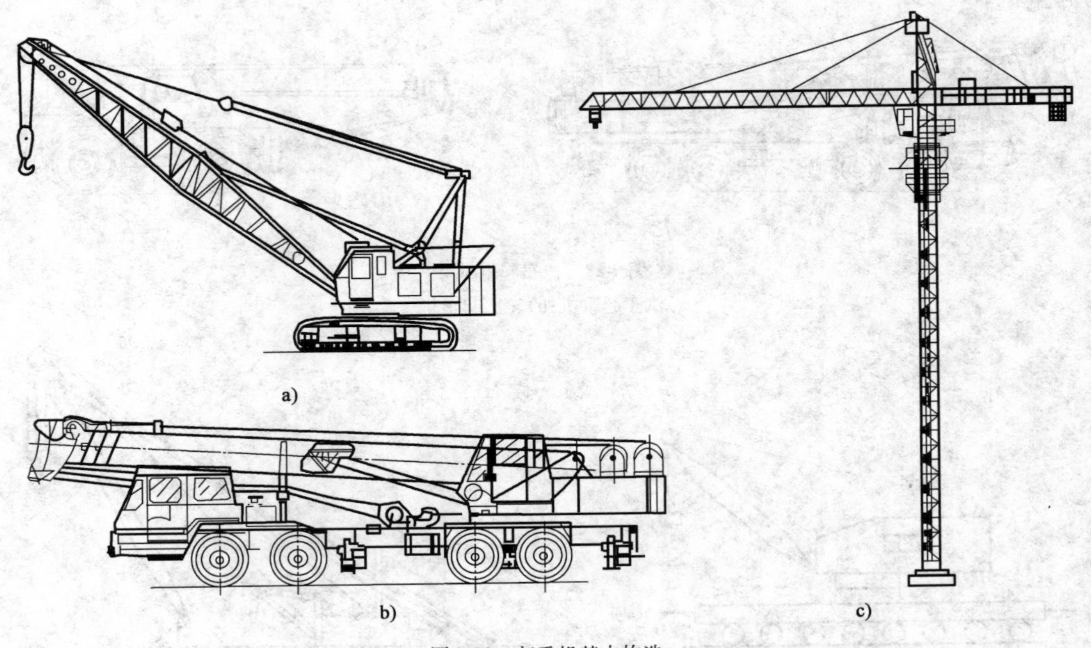

图 9-32　起重机基本构造

a)履带式起重机;b)汽车式起重机;c)塔式起重机

3. 工作机构

工作机构为实现起重机不同运动要求而设置的,不同类型的起重机工作机构有所不同。起重机最基本的工作机构有起升、变幅、回转和行走四大工作机构,而复杂的起重机械还有其他工作机构。轮式起重机还有吊臂伸缩机构和支腿收放机构,塔式起重机还有塔身顶升机构等。

(1)起升机构

实现吊具垂直升降而设置的零部件组合称为起升机构。作用就是将原动机的旋转运动转变为吊钩的垂直升降运动。图 9-33 为三种典型的起升机构示意图。

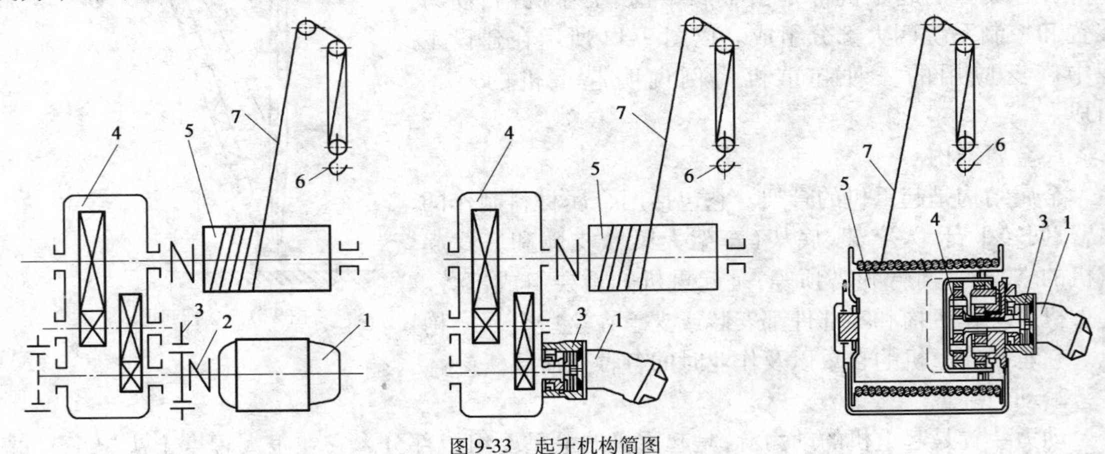

图 9-33　起升机构简图

1-原动机;2-联轴器;3-制动器;4-减速器;5-卷筒;6-吊钩;7-钢丝绳

它是由原动机 1、减速器 4、卷筒 5、钢丝绳 7、滑轮组和吊钩 6、离合器、制动器 3 等组成。原动机旋转时,通过减速器带动卷筒旋转,缠绕在卷筒上的钢丝绳,通过滑轮组,带动吊钩做垂直上下的直线运动,从而实现起升或下放重物。

为使重物在空中停止在某一位置，在起升机构中必须设置制动器和停止器等控制部件。为了适应不同吊重对作业速度的不同要求和安装作业准确就位的要求，起升速度应能调节，并具有良好的微动控制性能。微动速度一般不大于0.25～0.4m/min，大吨位起重机取小值。

（2）变幅机构

起重机变幅是指改变吊钩中心与起重机回转中心轴线之间的距离。这个距离称为幅度。变幅使吊钩作业范围扩大到一个平面上的运动。轮式和履带式起重机常用的变幅机构有钢丝绳变幅和液压缸变幅两种类型，塔式起重机目前常采用小车牵引变幅，如图9-34所示。

（3）回转机构

回转机构将起重机的上车与行走装置或塔机的塔顶与塔身连接起来，使吊臂实现全回转，使起重机械的平面运动范围扩展成为一个空间运动范围。回转机构由回转驱动装置和回转支承组成。如图9-35所示。

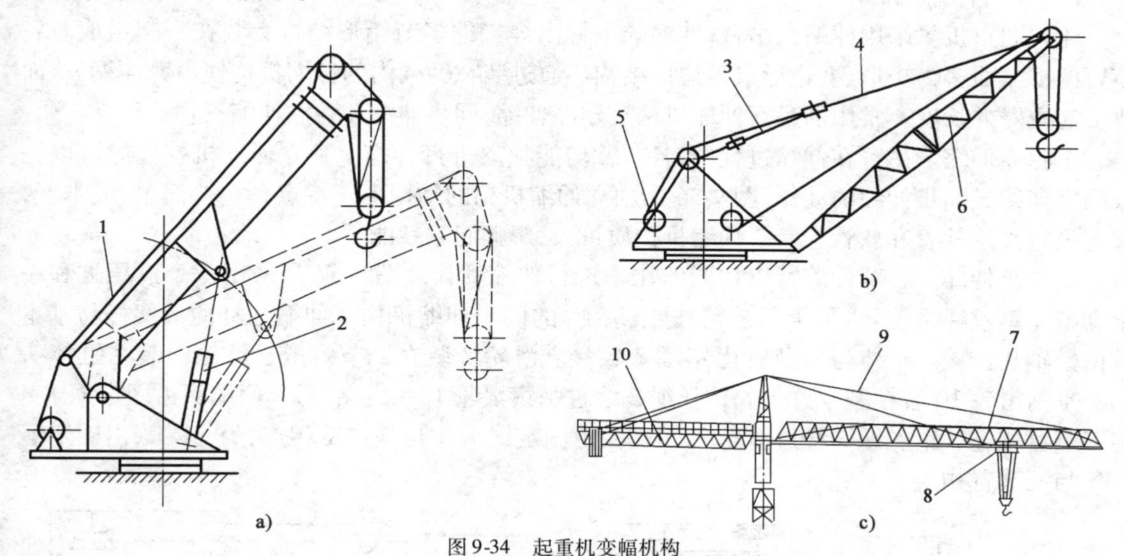

图9-34　起重机变幅机构

a）油缸变幅机构；b）钢丝绳变幅机构；c）小车牵引变幅

1-吊臂；2-变幅油缸；3-吊臂变幅钢丝绳；4-悬挂吊臂绳；5-变幅卷筒；6-桁架式吊臂；7-吊臂；8-变幅小车；9-拉杆；10-平衡臂

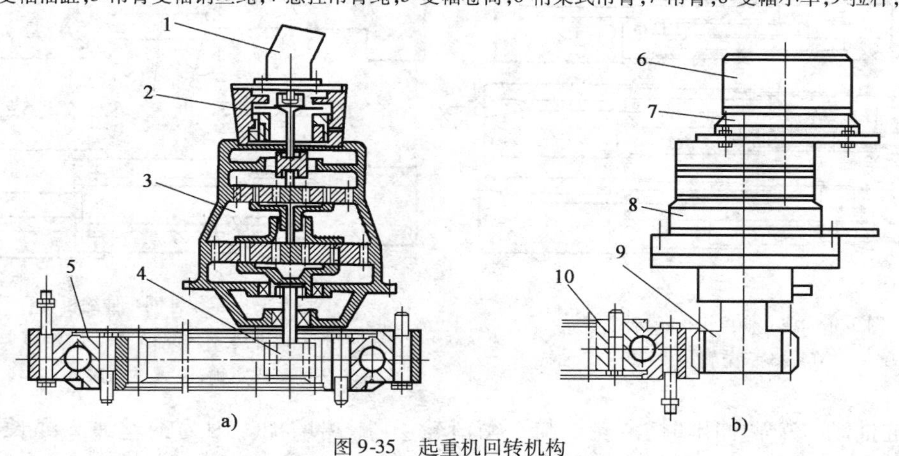

图9-35　起重机回转机构

a）轮式、履带式回转机构；b）塔式起重机回转机构

1-液压马达；2-制动器；3-行星减速器；4-回转小齿轮；5-回转支承；6-电动机；7-制动器；8-行星减速器；9-回转小齿轮；10-回转支承

图9-35a)为轮式和履带式起重机常采用的回转机构,回转支承的内圈与行走底盘连接,外圈与回转平台连接。液压马达驱动,回转小齿轮与回转支承内啮合传动。

图9-35b)为塔式起重机常采用的回转机构,回转支承的内圈与塔顶连接,外圈与顶升套架连接。电动机驱动,回转小齿轮与回转支承外啮合传动。

液压马达(或电动机)通过减速器减速后带动小齿轮旋转,小齿轮与固定在下车的内齿圈或外齿圈啮合,小齿轮围绕大齿圈做行星运动,既自转又围绕大齿圈公转,从而带动转台旋转运动。

(4)行走机构

轮胎式起重机的行走机构就是采用通用或专用汽车底盘或专门设计的轮胎底盘。履带式起重机的行走机构就是采用履带底盘。塔式起重机的行走机构是专门设计的在轨道上运行的行走台车。

(5)吊臂伸缩机构

轮式起重机多采用伸缩式吊臂,伸缩式吊臂由焊接的多节箱形结构套装在一起组成。各节臂的横截面多为矩形、五边形或多边形结构。通过装在臂架内的伸缩机构使吊臂伸缩,从而改变起重臂的长度。常用的吊臂伸缩机构有顺序伸缩、同步伸缩和独立伸缩三种。

①独立伸缩。吊臂在伸缩过程中,各节臂均能独立进行伸缩。独立伸缩机构显然可以完成顺序伸缩或同步伸缩的动作,图9-36为独立伸缩机构的结构图。特点是构造简单,成本低,但需设置高压软管和软管卷筒。伸缩机构质量大,影响起重性能。

②同步伸缩。各节伸缩臂以相同的比率进行伸缩动作。图9-37是采用一个液压缸和一套动滑轮钢丝绳系统(也可采用链轮、链条系统)的同步伸缩机构。伸缩油缸的活塞杆与基本臂由销轴9铰接。缸体与二节臂由销轴8铰接。滑轮7装在二节臂上。滑轮1装在缸体头部。平衡滑轮10装在基本臂上。钢丝绳2绕过平衡滑轮10和滑轮1,其两端头由固定绳卡4与三节臂相连。钢丝绳5绕过滑轮7,一端头由固定绳卡6与基本臂相连,另一端头由固定绳卡3与三节臂相连。

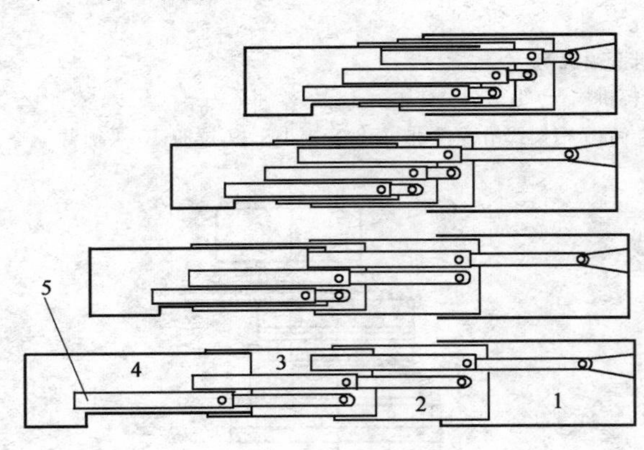

图9-36　独立伸缩机构示意图

1-基本臂;2-二节臂;3-三节臂;4-四节臂;5-油缸

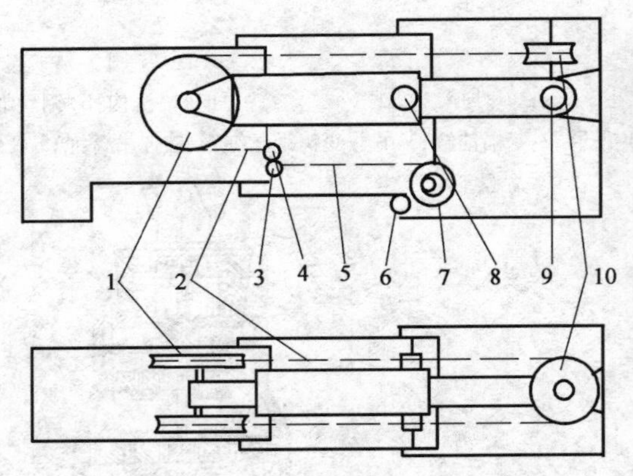

图9-37　半柔性同步伸缩机构

1、7-导向滑轮;2-伸臂钢丝绳;3、4、6-固定绳卡;5-缩臂钢丝绳;8、9-油缸固定销;10-平衡滑轮

当油缸推动二节臂伸出时,滑轮1与平衡滑轮10距离增加。因为钢丝绳2绳长度不变,所以固定绳卡4到滑轮1的距离减少。这样,在二节臂相对基本臂伸出的同时,三节臂也相对二节臂伸出了同样的距离,实现了同步伸缩。吊臂回缩时,油缸推动二节臂回缩,三节臂的回缩是由缩臂钢丝绳5来完成的。回缩时,二节臂上的滑轮7与固定绳卡6的距离增大,由于缩

臂钢丝绳 5 长度不变,只有三节臂回缩,使固定绳卡 3 与滑轮 7 减小同样距离,来补充这段距离。实现了同步回缩。

实际应用中,吊臂伸缩机构采用是以上几种伸缩机构的组合形式,很少单独使用某一种伸缩机构。

(6)支腿收放机构

支腿是安装在车架上可折叠或收放的支承结构。它的作用是在不增加起重机宽度的条件下,为起重机工作时提供较大的支承跨度。从而在不降低起重机机动性的前提下,提高起重特性。轮胎式起重机的支腿均采用液压传动,常采用的支腿收放机构有蛙式、H 式、X 式和辐射 H 式四种类型。

滑槽式蛙式支腿工作原理如图 9-38 所示。支腿的收放是由一个液压缸完成的。支腿和液压缸铰接在车架上,液压缸活塞杆头部卡在活动支腿的滑槽中。当油缸收缩时,支腿收起。油缸推出时,支腿放下,支腿着地后支起整机。这种支腿用于小型起重机。

H 式支腿工作原理如图 9-39 所示。每个支腿由两个液压缸控制收放。水平油缸可使支腿在水平方向伸缩,可以改变起重机的支撑跨距,垂直油缸可使支腿支承地面,并可适应地面起伏不平。支腿外伸后,呈"H"形。为保证足够的外伸距离,左右支腿交错布置。H 式支腿跨距大,易调平,广泛应用在大中型起重机上。

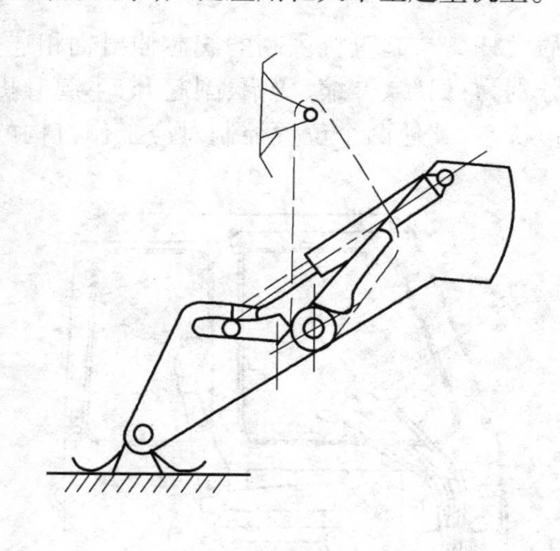

图 9-38 滑槽式蛙式支腿

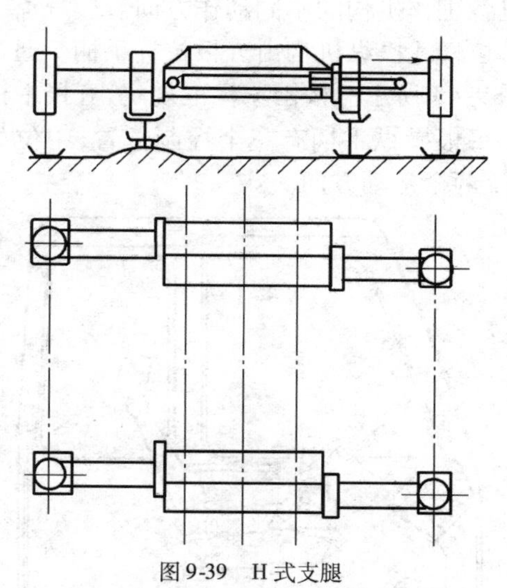

图 9-39 H 式支腿

X 式支腿工作原理如图 9-40 所示,每个支腿也由两个液压缸控制收放。固定支腿一端铰接于车架,中间与垂直液压缸活塞杆相连接。活动支腿套装在固定支腿内,靠装在其内的油缸控制伸缩。当左右支腿伸出后,呈"X"形。这种支腿比 H 式支腿稳定性好,但离地间隙小。常与 H 式支腿混合使用。

近些年来,由于大型轮胎式起重机的出现,支腿压力极大,所以造成与支腿连接的车架大梁做得非常高大。为了减轻车架质量,减小车架变形,出现了辐射 H 式支腿,支腿与回转支承底座铰接,如图 9-41 所示。这样,回转支承承受全部力和力矩直接传送到支腿上,可以减轻整个底盘质量 5% ~10% 。

4. 控制系统

控制系统包括操纵装置和安全装置。操纵装置主要包括:离合器、制动器、停止器、液压控制阀、各种类型的调速装置。安全装置包括:起重力矩限制器、荷载限制器、力矩传感器、工作

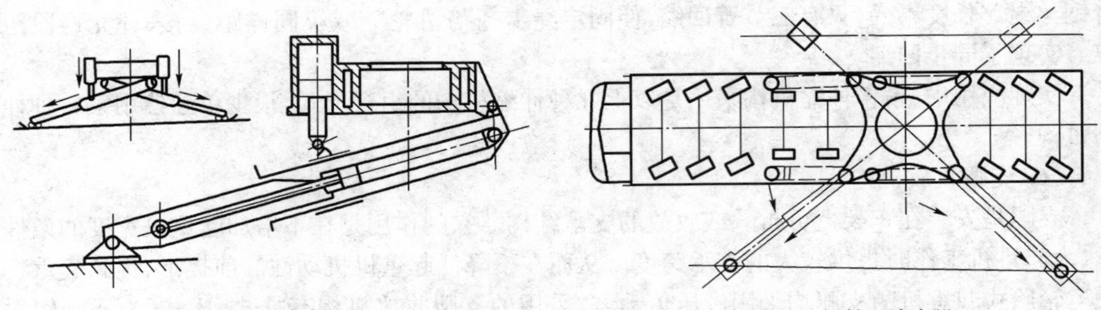

图 9-40　X 式支腿图　　　　图 9-41　辐射 H 式支腿

机构行程限位开关、工作性能参数显示仪表和电脑控制装置等。通过控制系统实现各机构的起动、调速、换向、制动和停止，从而达到起重机作业所要求的各种动作。同时，保证起重机安全作业。

(1)操纵装置

操纵机构用于控制起重机各工作动作，常用的有先导式操纵机构和拉杆式操纵机构。先导控制机构采用液压先导控制手柄实现不同动作操作，如图 9-42 所示。先导控制手柄用油管与主液压阀连接，通过控制主液压阀控油路的供油方向，来改变各片阀芯的不同位置，实现起重机各工作机构的不同动作方向。

拉杆式操纵机构由五根拉杆手柄 7 通过相应的力杆 2 与起重机主阀的阀芯伸出轴相连，如图 9-43 所示。按国家标准规定，五根手柄排列分别为：回转、伸缩、变幅、副起升、主起升机构。每根操纵手柄有三个控制位置，中位处于停止状态；其他两个位置控制对应工作机构的正、反两个运动方向。

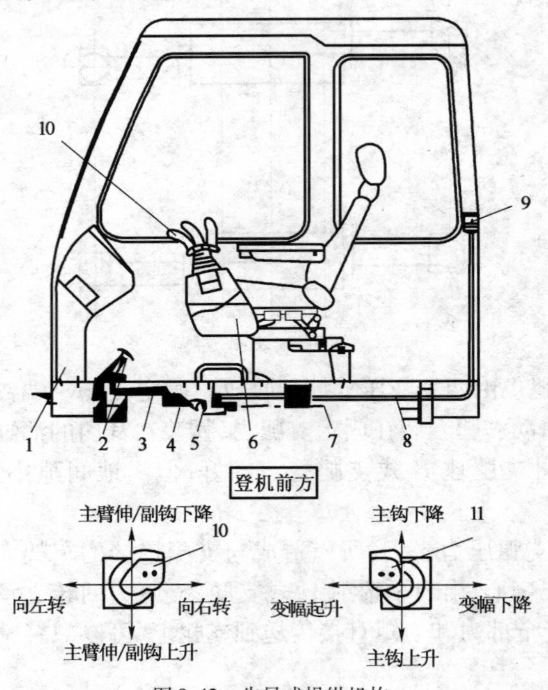

图 9-42　先导式操纵机构

1-电控柜；2-油门踏板；3-连接叉；4-推杆；5-总泵总成；6-扶手箱；7-上车输油管；8-补油管；9-油杯；10-左先导控制手柄；11-右先导控制手柄

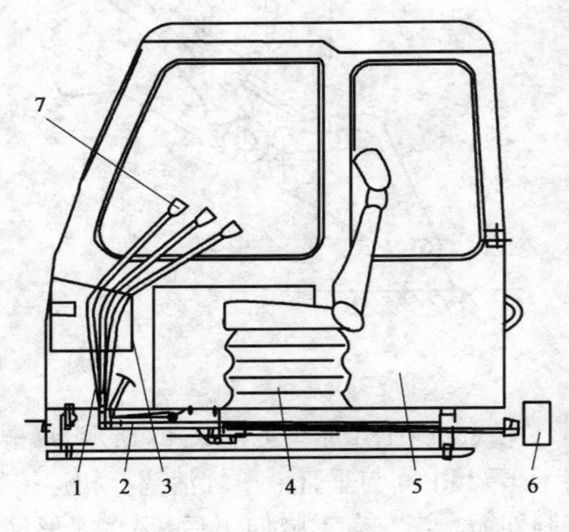

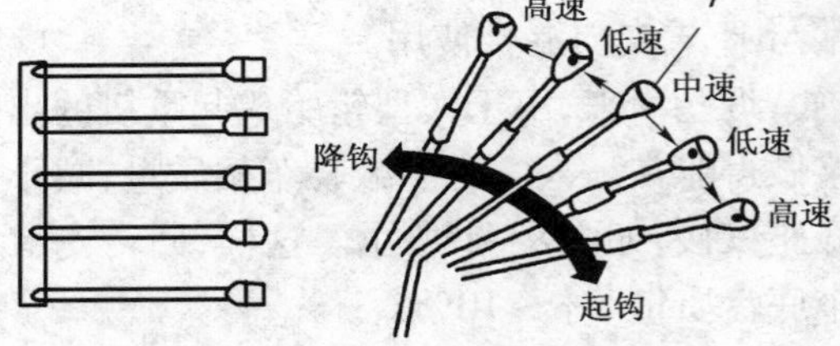

图 9-43　拉杆式操纵机构

1-操纵手柄总成；2-力杆；3-电控柜；4-坐椅；5-上车操纵室；6-上车主阀；7-操作杆

图 9-44 为棘轮停止器,用来做起升和变幅机构中防止逆转的制逆装置。由棘轮 1 和棘爪 2 等组成。棘轮只能按箭头所示方向旋转,这时棘爪在棘轮的齿背上滑过。当棘轮在外力作用下企图反转时,棘爪在片簧 3 的作用下插入棘轮的齿间,阻止其反转。当机构需要做逆转时,如提起棘爪 2,棘轮即可逆转。

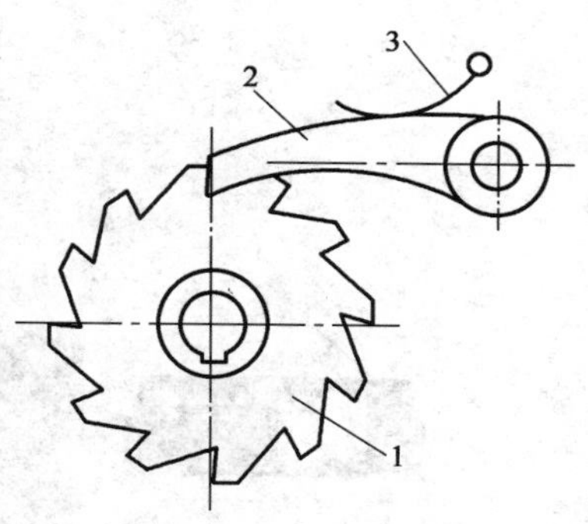

图 9-44　棘轮停止器

1-棘轮;2-棘爪;3-片簧

(2)安全装置

图 9-45 为轮式起重机使用的安全装置。由控制主机、起重机工作状态显示器、力传感器、限位传感器、吊臂角度传感器和吊臂长度传感器等组成。控制主机是电脑控制中心,处理传感器的信号,控制起重机的安全工作,具有操作、显示和报警功能。安全装置的工作原理如图 9-46 所示。

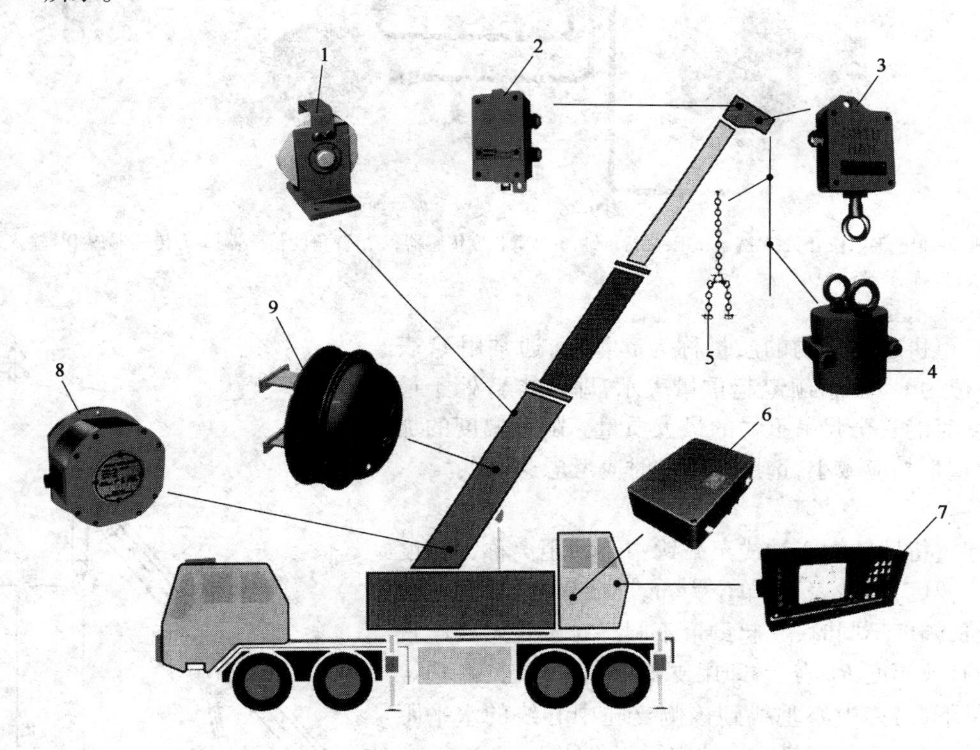

图 9-45　安全装置安装位置示意图

1-力传感器;2-插座;3-限位开关;4-限位器重锤;5-链条;6-主机;7-显示器;8-吊臂角度传感器;9-吊臂长度传感器

安全装置可以完成起升高度、幅度、吊臂角度和长度、工作荷载和起重力矩等参数测试和超范围作业时的报警和控制。

三、起重机的主要性能参数

起重机的主要性能参数包括起重量、起升高度、幅度、各机构工作速度和质量指标等。对于塔式起重机还包括起重力矩和轨距等参数。这些参数表明起重机工作性能和技术经济指标,它是设计起重机的技术依据,也是使用中选择起重机技术性能的依据。

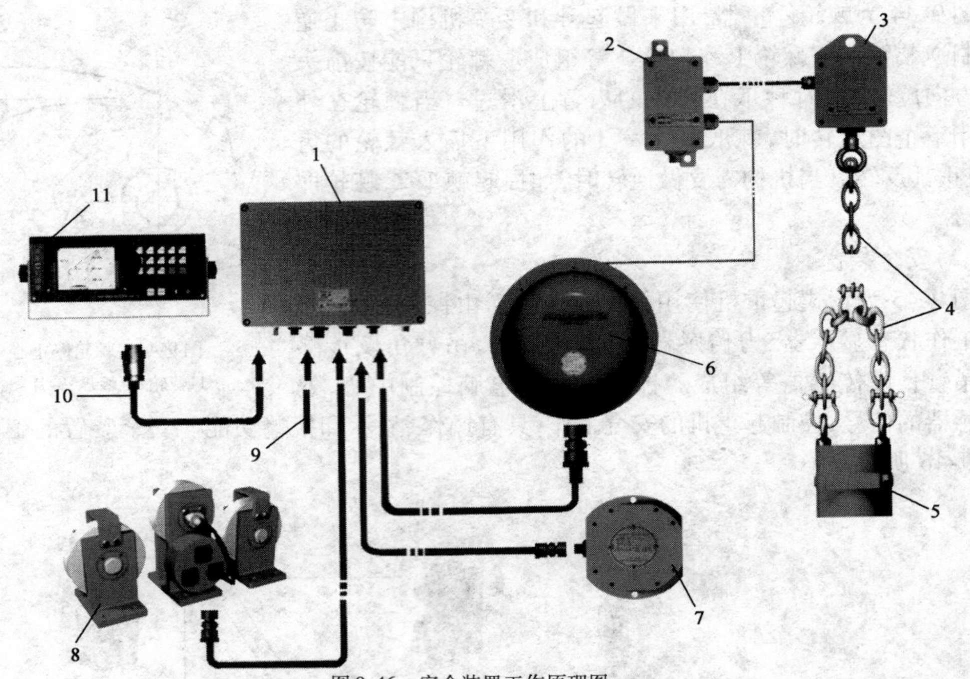

图 9-46　安全装置工作原理图

1-主机;2-插座;3-限位开关;4-链条;5-限位器重锤;6-吊臂长度传感器;7-吊臂角度传感器;8-力传感器;9-DC 输入;10-屏蔽电线;11-显示器

1. 起重量

起重机起吊重物的质量称为起重量,通常用 Q 表示,单位为 t。常用额定起重量表示,即基本臂处于最小幅度时能安全起吊重物的最大质量。随着幅度的加大,起重量相应减小,选用起重机时应考虑这一点。

2. 幅度

起重机回转中心轴线至吊钩中心的距离称为幅度或工作幅度,用 A 表示,单位为 m。(图 9-47)。同一台起重机,幅度不同时,其起重量不同。对于轮胎式起重机,用有效幅度 R_1 表示,即用支腿侧向工作时,在额定起重量下,吊钩中心垂线到该侧支腿中心线的水平距离,有效幅度反映了起重机的实际工作能力。

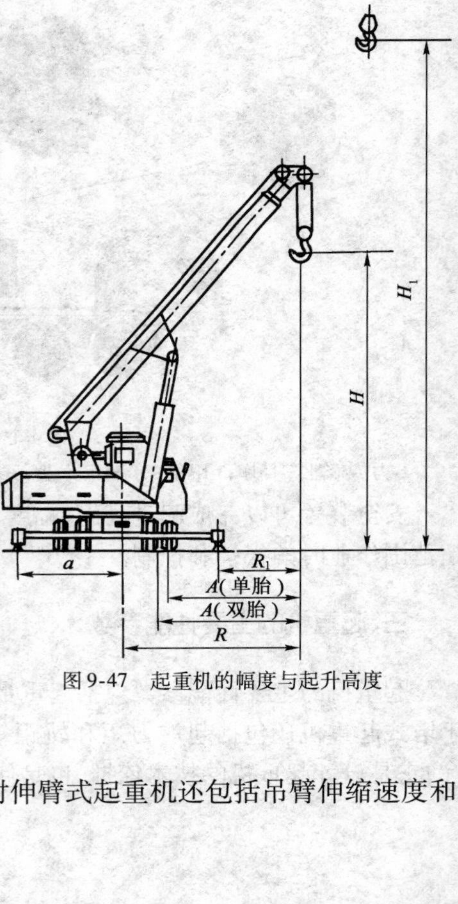

3. 起升高度

起升高度是指自地面或轨面到吊钩钩口中心的距离,用 H 表示,单位为 m。通常以额定起升高度表示。额定起升高度是指满载时吊钩上升到最高极限位置的距离。对于动臂式起重机,当吊臂长度一定时,起升高度随幅度的减少而增加。在吊装工程中,额定起升高度是重要的性能参数之一。

图 9-47　起重机的幅度与起升高度

4. 工作速度

工作速度主要包括起升、变幅、回转和行走速度。对伸臂式起重机还包括吊臂伸缩速度和支腿收放速度。选择起重机各机构工作速度时，应根据工作性质来确定。装卸工作希望生产率高，可取较高的工作速度；安装就位工作要求工作平稳、准确，宜取较低的工作速度，甚至要求能实现微动的速度。

5. 起重力矩

起重机的工作幅度与相应于此幅度下的起重量的乘积称为起重力矩，用 M 表示，单位为 t · m。如图 9-48 所示。它是起重机综合起重能力参数，是塔式起重机的主要性能参数。我国是以基本臂最大工作幅度与相应的起重量的乘积作为起重力矩的标定值。

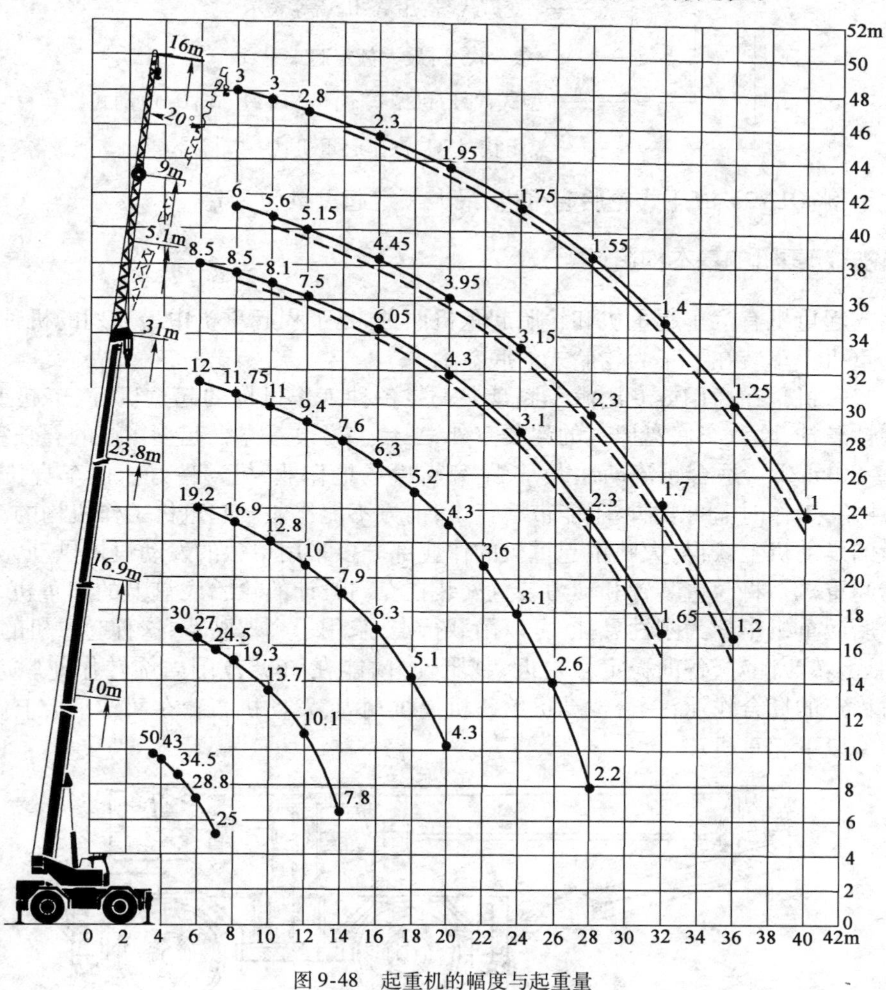

图 9-48　起重机的幅度与起重量

第四节　轮式起重机

一、轮式起重机的用途、分类和型号

轮式起重机本身自带行走装置，机动性好，转场方便、快速，作业适应性好。用于各种建设工程和设备安装工程的结构与设备安装及各种材料、构件的垂直运输和装卸工作。

轮式起重机按行走装置的结构分为汽车起重机和轮胎起重机，汽车起重机应用广泛。

按起重量大小分为小型(起重量12t以下)、中型(起重量16~40t)、大型(起重量大于40t)和特大型(起重量100t以上)。

按吊臂形式分为桁架臂和箱形臂两种。

按传动形式分为机械传动、电力—机械传动和液压—机械传动三种。

轮式起重机的型号由类组、型、主参数及变型代号组成如下:

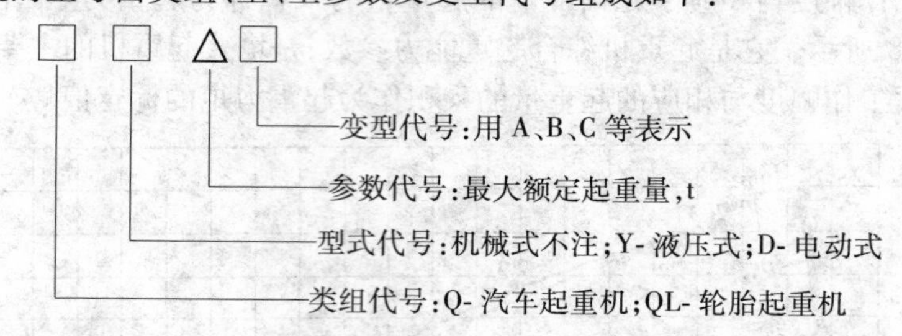

标注示例:QLY25-液压式轮胎起重机,最大额定起重量为25t。

二、轮式起重机的基本构造

轮胎式起重机有汽车起重机和轮胎起重机两种,是工程起重机中最通用的机种,它们共同特点是起重机上车装在下车为轮胎式的底盘上。

汽车起重机是在通用或专用汽车底盘上安装各种工作机构的起重机,汽车起重机车桥多数采用弹性悬挂,除汽车底盘原有的驾驶室外,平台上另设一操纵起重作业的驾驶室。运行速度高(50~80km/h),适合于流动性大,长距离转换场地作业,机动性好。但车身长,转弯半径大,通过性差,工作时需打支脚,不能带载行走,前方不能作业。起重机工作机构的动力通常从汽车底盘的发动机上获得,大吨位起重机的作业部分多采用单独的发动机提供动力。

轮胎起重机是将起重装置和动力装置安装在专门设计的轮胎底盘上的起重机,如图9-49所示。轮胎起重机车架为刚性悬挂,可以吊载行走,采用一个驾驶室,这种起重机的轮距较小,与轴距相近,转弯性好,各向稳定性接近,越野性好,能在360°范围内旋转作业。适合于作业场地相对稳定的场合作业,一台发动机给整机提供动力,发动机布置在回转平台上。轮胎起重机多为中型以下起重机。

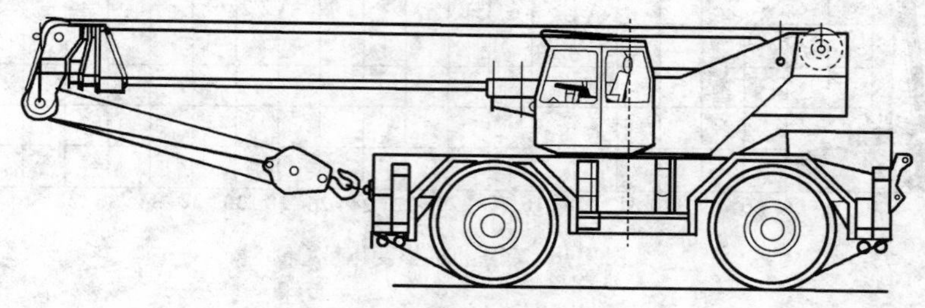

图9-49 轮胎起重机示意图

QY32B汽车起重机介绍如下。

QY32B汽车式起重机,如图9-50所示。采用日本K303LA汽车专用底盘(驱动形式8×4),具有四节伸缩主起重臂,二节副起重臂,H型支腿,双缸前支变幅,主、副卷扬装置独立驱动。最大起重力矩为96t·m,使用基本臂工作时,最大起重量为32t,工作幅度为3m,最大起升高度是10.60m;主臂全伸(臂长为32m)时,最大起重量为7t,工作幅度为8m,最大起升高度为31.8m。全伸主臂加二节副臂(32m+14m),工作幅度为10m时,最大起升高度为46m,最大起重量为1.45t。

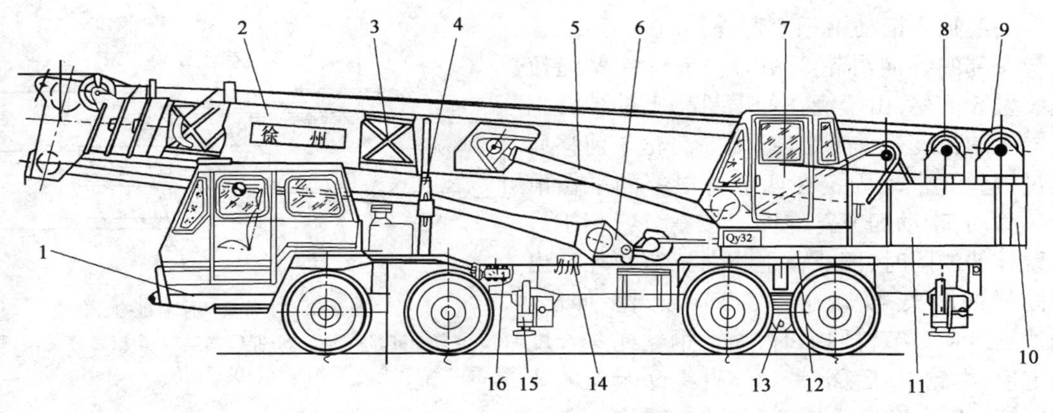

图 9-50　QY32B 起重机整体结构图

1-汽车底盘;2-主吊臂;3-副臂;4-吊臂支架;5-变幅油缸;6-主吊钩;7-驾驶室;8-副卷扬机;9-主卷扬机;10-配重;11-转台;12-回转机构;13-弹性悬架锁死机构;14-下车液压系统;15-支腿;16-取力装置

1. 主臂与副臂架

主臂采用高强钢材制成,其断面为大圆角的五边形结构,如图 9-51a)所示。主臂共分四节,一节基本臂和三节套装伸缩臂,各节臂间(两侧和上下面)用滑块支承,基本臂根部铰接在转台上,中部与变幅油缸铰接。

副臂架采用高强结构钢制成。如图 9-51b)所示。第一节副起重臂为桁架式结构,第二节副起重臂为箱形结构。第二节副臂套装在第一节副臂内,靠托滚支承。工作时靠人工将二节副臂拉出,然后用销轴 6 固定。通过调节轴销 5 的位置,可实现 5°、30°两种副起重臂补偿角的起重作业。整个副臂采用侧置式,收存时置于主起重臂的侧方,通过固定销轴和拖架与主起重臂相连。

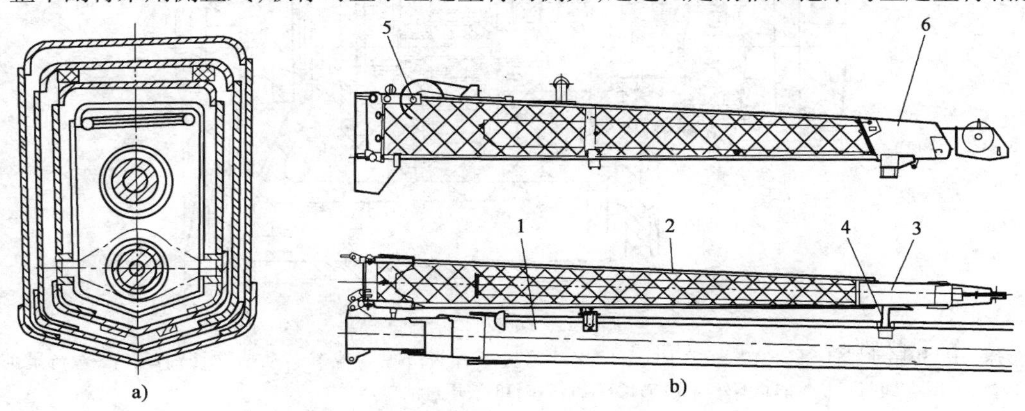

图 9-51　主臂与副臂架结构

1-主臂;2-第一节副臂架;3-第二节副臂架;4-副臂固定座;5、6-销轴

2. 工作机构

(1)臂架伸缩机构。臂架的伸缩机构由两个双作用油缸及钢丝滑轮系统组成。如图 9-52 所示。油缸 1 推动一节臂和二节臂顺序伸缩,油缸 2 推动后三节臂(三、四、五节臂)实现同步伸缩。推动二节臂伸缩的油缸 1 的活塞杆头部与基本臂铰接,缸体与二节臂铰接,推动三节臂伸缩油缸 2 的活塞杆头部与二节臂铰接,缸体与三节臂铰接,三节臂的头部装有两个导向滑轮 3,伸臂绳 4 绕过固定在四节臂根部的平衡滑轮 7,两端分别通过两个导向轮 3,用拉紧装置 5 固定在二节臂的头部,缩臂绳 9 绕过固定在二节臂上的平衡轮 6,两端分别绕过装在三节臂根部的两个导向轮 10,用绳卡 8 固定在四节臂的根部。

当油缸2推动第三节臂外伸时，固定于三节臂头部的导向滑轮3相对二节臂伸臂绳拉紧装置5前移，由于绕在伸缩机构上的伸臂钢丝绳4的长度是一个定值，则导向轮3前移后通过钢丝绳带动固定在四节臂根部的平衡滑轮7移动，带动四节臂外伸。在三节臂相于二节臂外伸的同时，四节臂也相对三节臂外伸出了同样的距离，实现了三、四节臂同步伸出。当油缸带动三节臂回缩时，缩臂钢丝绳9长度是定值，滑轮10后移，带动缩臂绳9牵拉四节臂回缩，从而实现三、四节臂的同步回缩。

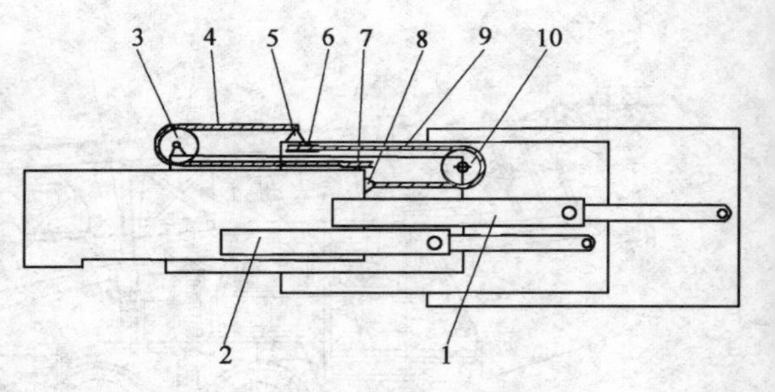

图9-52　主臂及其伸缩机构

1、2-伸臂油缸；3-导向轮；4-伸臂钢丝绳；5-拉紧装置；6、7-平衡轮；8-绳卡；9-缩臂钢丝绳；10-导向轮

(2)变幅机构。采用双变幅油缸改变吊臂的仰角。在油缸上装有平衡阀，以保证变幅平稳，同时在液压软管突然破裂时，也可防止发生起重臂跌落事故。

(3)起升机构。起升机构采用高压自动变量马达驱动，形星齿轮减速器变速，液压多片制动器制动。如图9-53所示。由马达、制动器、行星齿轮减速器、钢丝绳、滑轮组、卷筒吊钩和后支座等部分组成。

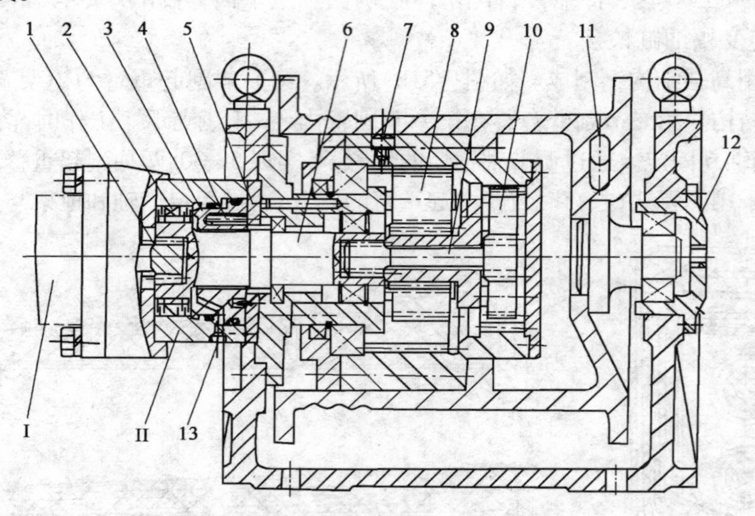

图9-53　起升机构示意图

I-液压马达；II-制动器；1-马达输出轴；2-干式摩擦片；3-滑块；4-弹簧；5-密封盖；6-传动轴；7-注油口；8-一级行星机构；9-传动轴；10-二级行星机构；11-钢丝绳楔槽；12-右轴承座；13-液压进油口

变量马达通过行星减速机带动卷筒转动，从而使绕在卷筒上的钢丝绳带动吊具上升或下降。液压马达用五位换向阀控制，可以实现单泵供油或双泵供油，以获得起升机构有级和无级多种工作速度。

减速机动力输入端配置一个常闭式制动器，减速器工作时，液压油从进油口13通入时，滑块3即在油压作用下向着密封盖5的方向移动，使弹簧4压缩，内外摩擦片即松开，从而打开了制动器。卷筒旋转，起升机构工作。当起升手柄回到中位时，马达和制动器都停止供油，滑块3在弹簧4的作用下，重新压紧内外摩擦片，起升机构制动。

为了提高作业效率，起重机设置两个起升机构，即主起升机构和副起升机构，两个机构可采用各自独立的驱动装置。主副起升机构的动作由主副离合器及制动器控制。

(4)回转机构。回转机构采用液压马达驱动,双级行星齿轮减速,常闭式制动器制动。如图9-54所示。

制动器为液压控制的常闭式制动器,动摩擦片7与减速器输入轴啮合,滑块8在压缩弹簧9作用下把动摩擦片7与静摩擦片6压紧,起制动作用,并传递一定的转矩。制动片由于受压缩弹簧的作用而常闭,工作时,借助工作压力打开。当制动器由液压油口通入液压油时,滑块8在油压作用下向下滑动,弹簧受到压缩,打开制动器,回转机构带动转台回转。当回转马达和制动器停止供油,压缩弹簧9重新压紧摩擦片7,锁死回转机构。

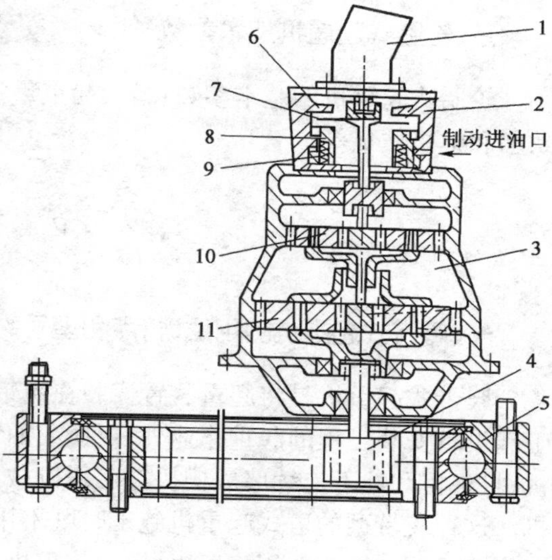

图9-54　回转机构结构

1-液压马达;2-制动器;3-行星减速器;4-回转小齿轮;5-回转支承;6-静摩擦片;7-动摩擦片;8-滑块;9-压缩弹簧;10-第一级行星排;11-第二级行星排

3. 轮胎式起重机弹性悬架锁死机构

刚性悬架对于轮胎式起重机很合适,工作时,可以不用打开支腿吊重和吊重行驶。当行驶速度大于30km/h时,由于道路不平引起的底盘振动较大,宜用弹性悬架。具有弹性悬架的轮胎式起重机在吊重或吊重行驶时(仅限于轮胎起重机)必须把弹性悬架锁死。因为具有弹性悬架的轮胎式起重机用支腿工作时,车架被抬起,而轮胎仍接触地面。不利于起重机的稳定。另外,有弹性悬架的轮胎起重机不能在不用支腿时吊重。因此,起重机工作时,必须将悬架弹簧锁死。

图9-55为用液压缸钢丝绳稳定器的悬架锁死机构原理图。液压缸不工作时,钢丝绳下垂,桥与车架之间的弹簧可以在行驶时起缓冲作用。支腿撑地后,稳定器液压缸外伸,钢丝绳抬起轮轴,使悬挂弹簧处于压紧状态,轮胎不能落地。若轮胎起重机不用支腿吊重时,悬挂弹簧已压紧,失去弹性如同刚性悬挂。

图9-56为杠杆式稳定器悬架锁死机构。当液压缸6外伸,将挡块4推入滑座5和杠杆之间,压住杠杆拉起悬挂弹簧,使弹簧压紧失去弹性,达到锁死的目的。当支腿撑地时,车轮也被抬起,而不能触地。

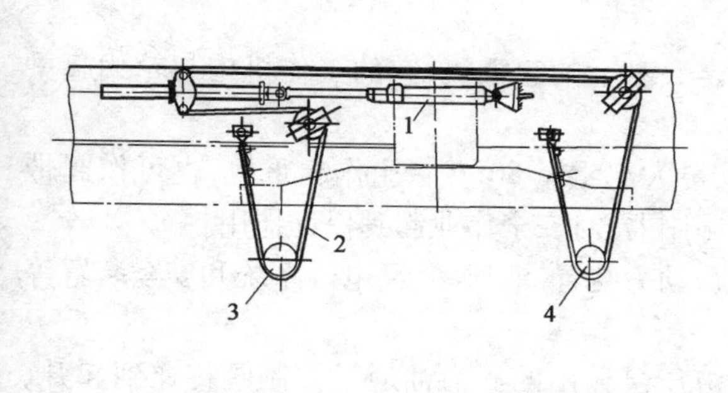

图9-55　钢丝绳式稳定器

1-稳定器油缸;2-钢丝绳;3-起重机前桥;4-起重机后桥

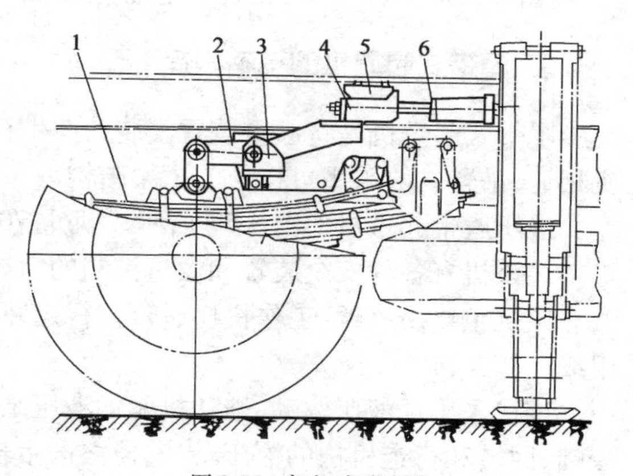

图9-56　杠杆式稳定器

1-板簧;2-杠杆;3-支座;4-挡块;5-滑座;6-油缸

三、轮胎式起重机技术参数

轮胎式起重机的基本参数：最大起重量、最大起重力矩、幅度、起升高度、工作速度、发动机功率和整机质量等。

第五节　履带式起重机

一、履带式起重机的用途、特点和型号

履带式起重机是将起重装置安装在履带行走底盘上的起重机，除用于工业与民用建筑施工和设备安装工程的起重作业外，更换或加装其他工作装置，又可作为正铲、拉铲、抓斗、钻孔机、打桩机和地下连续墙成槽机等工程机械。就起重作业来说，它能改装成履带型的塔式起重机。这种履带型的塔式起重机施工时既不用铺设道轨，也不用浇筑混凝土基础，能大大减少施工作业场地和施工费用。所以，履带起重机是一种应用广泛的起重设备。

履带式起重机传动方式有机械式、液压式和电动式三种。目前，多采用液压传动。

由于履带式起重机的履带与地面的接触面积大，重心低，平均比压小，约为 0.05 ~ 0.25MPa，可在松软、泥泞地面作业。它的牵引能力大，爬坡能力强，能在崎岖不平的场地上行驶，起重量大（可达 1000t），稳定性好。大型履带起重机的履带装置可设计成横向伸缩式，以扩大支承宽度。履带起重机的缺点是自重大，行驶速度较低（2 ~ 5km/h），不宜作长距离运行，转移作业时，需通过铁路运输或用平板车拖运，以防止对路面的损害。

履带式起重机的型号由类组、型、主参数及变型代号组成如下：

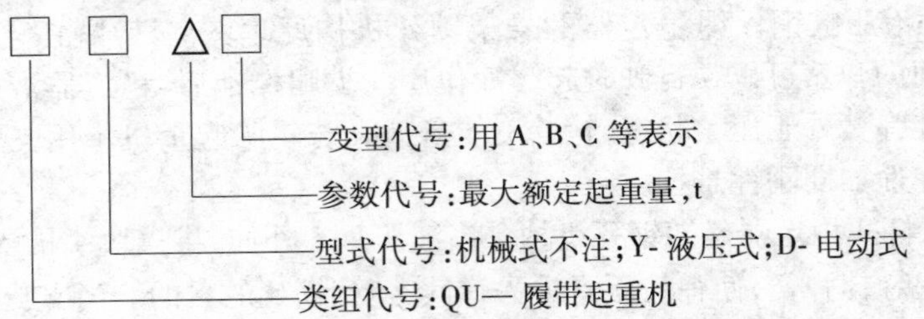

标注示例：QUY100—液压式履带起重机，最大额定起重量为 100t。

二、履带式起重机的基本构造

履带式起重机是将起重装置安装在履带行走底盘上的起重机，它的工作机构与轮式起重机相近，吊臂一般采用可接长的桁架结构。

液压履带起重机如图 9-57 所示。机重 70t，最大起重量 80t。除用作起重机，也可作履带桩架。该机有各种安全装置和微机控制的力矩限制器，对安全作业起到保证作用。

该机主要由吊臂、工作机构、转台、行走装置、动力装置、液压系统、电气系统和安全装置等组成。

该机采用全液压驱动，柴油机驱动液压泵，液压泵输出的压力油通过控制阀传递到起升、变幅、回转和行走机构的液压马达，使之产生转矩，再通过减速器后传给卷筒、驱动轮等，实现各种动作。履带起重机的起升和回转机构与轮式起重机近似或相同，行走机构与液压挖掘机近似或相同。变幅机构采用钢丝绳拉动绕性变幅。

履带式起重机主要技术。参数:最大起重量、最大起升高度、工作幅度、工作速度、机重和功率等。

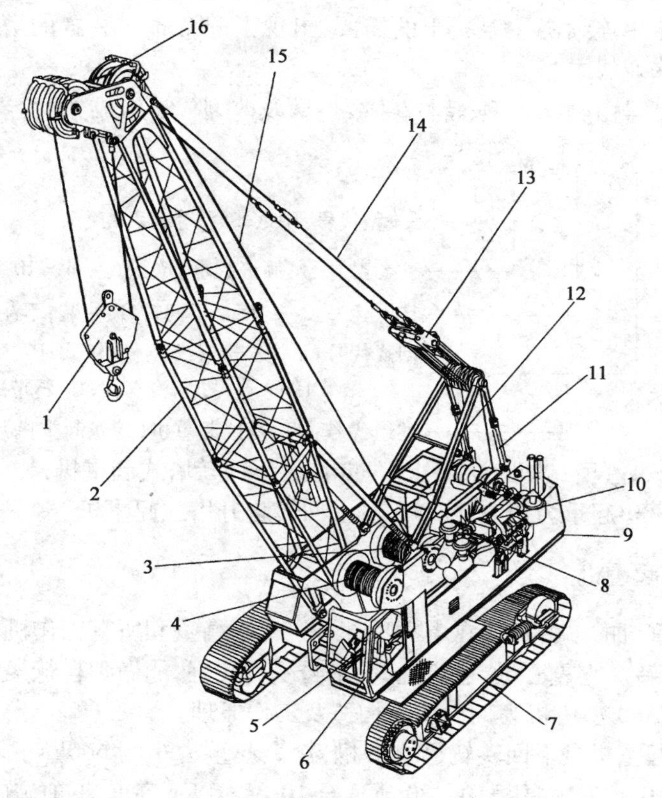

图9-57　履带起重机构造

1-吊钩;2-吊臂;3-变幅卷扬机构;4-起升卷扬机构;5-操作系统;6-驾驶室;7-行走机构;8-液压泵;9-平台;10-发动机;11-变幅钢丝绳;12-支架;13-拉紧器;14-吊挂钢丝绳;15-起升钢丝绳;16-滑轮组

第六节　塔式起重机

一、塔式起重机的用途、分类和型号表示

塔式起重机是工业与民用建筑、桥梁工程和其他建设工程的重要工程机械之一。用于起吊和运送各种预制构件、建筑材料和设备安装等工作。它的起升高度和有效工作范围大,操作简便,工作效率高。

塔式起重机的类型很多,其共同特点是有一个垂直的塔身,在其上部装有起重臂,工作幅度可以变化,有较大的起吊高度和工作空间。通常按下列方式分类:

按安装方式分为快速安装式和非快速安装式两类。快速安装式是指可以整体拖运自行架设,起重力矩和起升高度都不大的塔机;非快速安装式是指不能整体拖运和不能自行架设,需要借助辅助其他起重机械完成拆装的塔机,但这类塔机的起升高度、臂架长度和起重力矩均比快速架设式塔机大得多。

按行走机构可分为固定式、移动式和自升式三种。固定式是将起重机固定在地面或建筑物上,移动式有轨道式、轮胎式和履带式三种。自升式有内爬式和外附式两种。

按变幅方式分为起重臂的仰角变幅和水平臂的小车变幅。

按回转机构的位置分为上回转和下回转两种。目前应用最广泛的是上回转自升式塔机。

由于在建筑施工中连续浇注混凝土的需要，出现了配备布料装置的塔式起重机，一机多用，提高工效，降低作业成本。

塔式起重机的型号由类、组、型、特性、主要参数及改型代号组成如下：

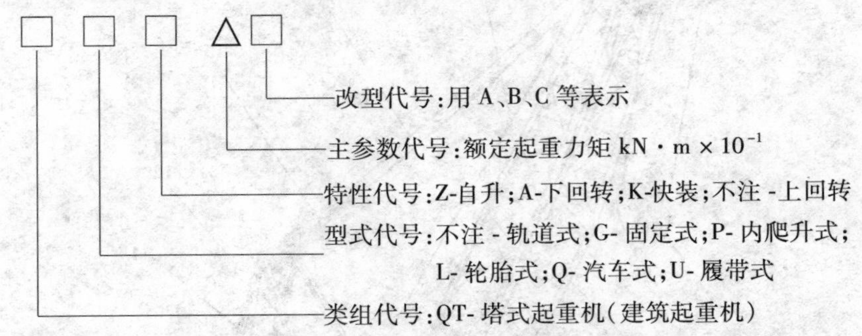

型号举例：QTK25A-第一次改型 250kN · m 快装下回转塔式起重机；

QTZ800-起重力矩 8000kN · m 上回转自升塔式起重机。

二、下回转塔式起重机

下回转塔式起重机的吊臂铰接在塔身顶部，塔身、平衡重和所有工作机构均装在下部转台上，并与转台一起回转。它重心低、稳定性好、塔身受力较好，能做到自行架设，整体拖运，起升高度小。下面以 QTA60 型塔机为例说明其构造及工作原理。

QTA60 型塔式起重机是下回转轨道式塔机，额定起重力矩为 600kN · m，最大起重量 6t，最大起升高度 39 ~ 50m，工作幅度 10 ~ 20m，适合 10 层楼以下高度建筑施工和设备安装工程。该机主要由吊臂 11、塔身 10、转台 4、底架 2、行走台车 1、工作机构、驾驶室 7 和电气控制系统等组成，如图 9-58 所示。

1. 金属结构部分

（1）起重臂。起重臂用 16 锰钢管焊接的格构式矩形截面，中间为等截面，两端的截面尺寸逐渐减小。

（2）塔身。由 16 锰钢管钢焊接的格构式正方形断面，上端与起重臂连接，下端与平台连接。

（3）回转平台。由型钢及钢板焊接成平台框架结构，平台前部安装塔身，后面布置两套电动机驱动的卷扬机构，用于完成起升和变幅工作。回转平台与底架用交叉滚柱式回转支承连接。通过回转驱动装置使平台回转。

（4）底架。用钢板焊接成的方形底座大梁及四条辐射状摆动支腿，支腿与底架用垂直轴连接，并用斜撑杆与底架固定，每个支腿端部安装一个两轮行走台车。其中两个带动力行走台车，布置在轨道的一侧。行走台车相对支腿可以转动，便于塔机转弯。整体拖运时，支腿可向里收拢，减少拖运宽度。

2. 工作机构部分

（1）起升机构。采用单卷筒卷扬机提供的动力拉动起升滑轮机构，带动吊钩上下运动，实现吊重。

（2）变幅机构。采用单卷筒卷扬机提供的动力拉动变幅滑轮机构，改变吊臂仰角，实现吊重的水平移动。

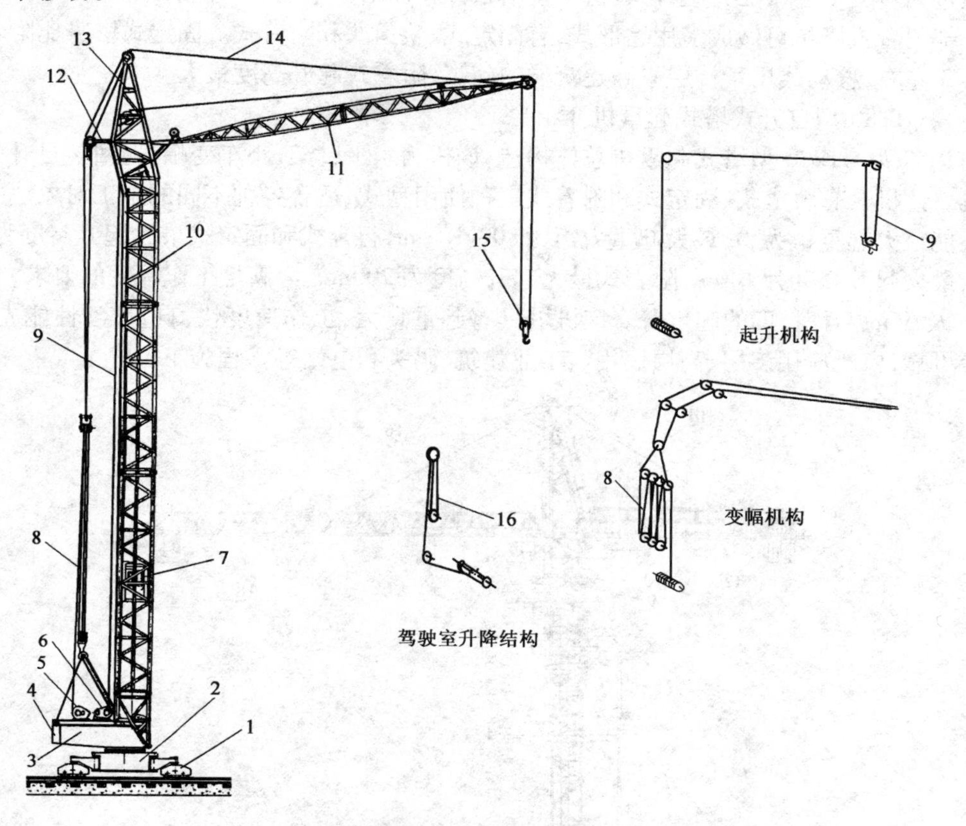

图 9-58　QTA60 型塔式起重机

1-行走台车;2-底架;3-回转机构;4-转台及配重;5-变幅卷扬机;6-起升卷扬机;7-驾驶室;8-变幅滑轮组;9-起升滑轮组;10-塔身;11-起重臂;12-塔顶撑架;13-塔顶;14-起重臂拉索滑轮组;15-吊钩滑轮;16-驾驶室卷扬机构

(3)回转机构。采用立式鼠笼式电机通过液压耦合器和行星减速器驱动回转小齿轮绕回转支承外齿圈回转。在减速器输入端还装有开式制动器。

(4)行走机构。由行走台车和驱动装置组成。四个双轮台车装在摆动支腿的端部,并可绕垂直轴转动。其中两个带有行走动力的台车布置在轨道的同一侧,电机通过液压耦合器和行星摆线针轮减速器及一对开式齿轮驱动车轮。

行走机构和回转机构的电动机与减速器之间用液力耦合器连接,运动比较平稳。

(5)驾驶室升降机构。塔身下部安装一个小卷扬机构用于提升和放下驾驶室。

该机转场移动时可以整体拖运和整体装拆,因此转移工地方便。由于下回转塔机的起升高度较小,使用的范围受到很大的限制。随着城市建设的发展,高层建筑越来越多,施工企业购买的塔机应适合各类建设工程的需要,使下回转塔机的发展和应用空间越来越小。

三、上回转塔机

当建筑高度超过 50m 时,一般必须采用上回转自升式塔式起重机。它可附着在建筑物上,随建筑物升高而逐渐爬升或接高。自升式塔机可分为内部爬升式和外部附着式两种。内部自升式的综合技术经济效果不如外部附着式塔机,一般只在工程对象、建筑形体及周围空间等条件不宜采用外附式塔机时,才采用内爬式塔机。上回转塔机的起重臂装在塔顶上,塔顶和塔身通过回转支承连接在一起，回转机构使塔顶回转而塔身不动。

外部附着式塔机可做成多用途形式，有固定式、轨道式和附着式。固定式塔身比附着式塔机低 2/3 左右，移动式用于楼层不高建筑群的施工，附着式起升高度最大。

（一）QTZ80 型自升式塔式起重机介绍

图 9-59 为 QTZ80 型塔式起重机总体构造，该机为水平臂架，小车变幅，上回转自升式多用途塔机。该机具有轨道式、固定式和附着式三种使用型式，适合各种不同的施工对象。主要的技术性能最大起重量为 8t，最大起重力矩为 800kN · m，行走式和固定式最大起升高度为 45m，自爬式最大起升高度为 140m，附着式最大起升高度为 200m。为满足工作幅度的要求，分别设有 45m 及 56m 两种长度的起重臂。该机塔具有起重量大，工作速度快，自重轻，性能先进，使用安全可靠，广泛应用多层、高层民用与工业建筑、码头和电站等工程施工。

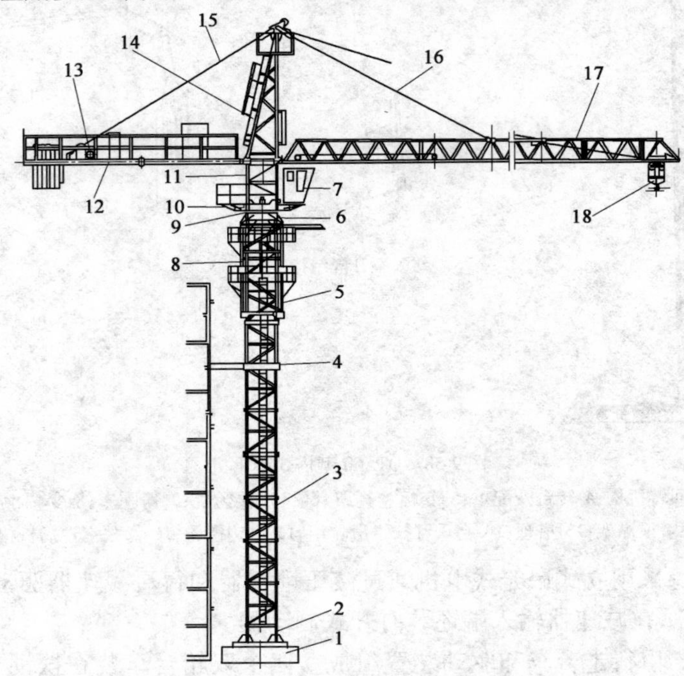

图 9-59 QTZ280 型塔式起重机

1-固定基础；2-底架；3-塔身；4-附着装置；5-套架；6-下支座；7-驾驶室；8-顶升机构；9-回转机构；10-上支座；11-回转塔身；12-平衡臂；13-起升机构；14-塔顶；15-平衡臂拉杆；16-起重臂拉杆；17-起重臂；18-变幅机构

1. 金属结构

（1）底架。固定式和附着式塔机有井字型和压重型两种底架。

井字型底架由一个整体框架 4、8 个压板 3 组成，如图 9-60 所示。底架通过 20 只预埋在混凝土基础中的地脚螺栓 2 固定在基础上，底架上焊接有 4 个支腿 1，通过高强度螺栓与塔身基础节相连，并采用双螺母防松结构。

压重型底架由两节基础节 1 和 3、十字架 5、斜撑杆 2 和拉杆 6 等组成。如图 9-61 所示。十字梁之间用拉杆连接，通过 8 只预埋在混凝土基础中的地脚螺栓固定在基础上。塔身的基础节用高强度螺栓固定在十字梁的连接座上，并用四根斜撑杆把基础节与十字梁加固连接。压重放置在十字梁上，压重总质量 64t。塔身基础节上端与塔身标准节相连。

（2）塔身与标准节。塔身安装在底架上，由许多标准节用螺栓连接而成。标准节有加强型和普通型两种，两种标准节的截面中心尺寸为 1.7m × 1.7m，每节长度均为 2.8m，如图 9-62

所示。每节之间采用 8 个高强度螺栓相连,并采用双螺母防松结构。

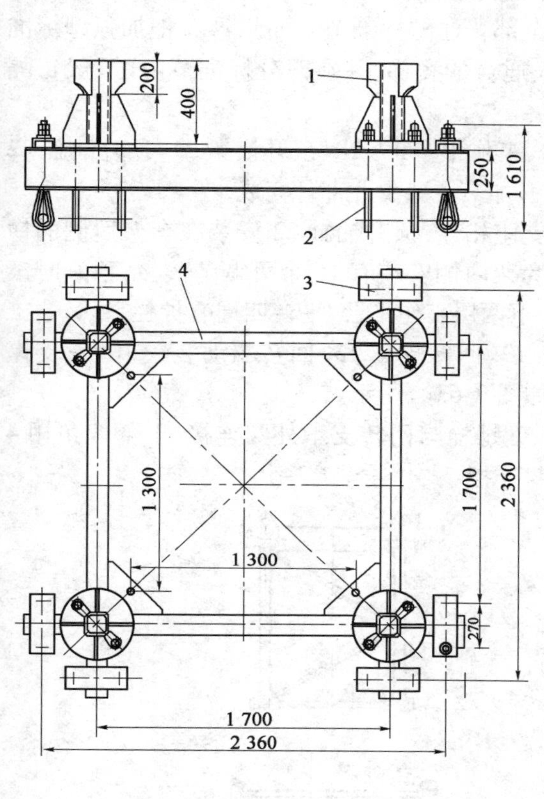

图 9-60　井字型底架(尺寸单位:mm)

1-支腿;2-地脚螺栓;3-压板;4-整体框架

图 9-61　压重型底架(尺寸单位:mm)

1-基础节 I;2-撑杆;3-基础节 II;4-压重;5-十字架;6-拉杆

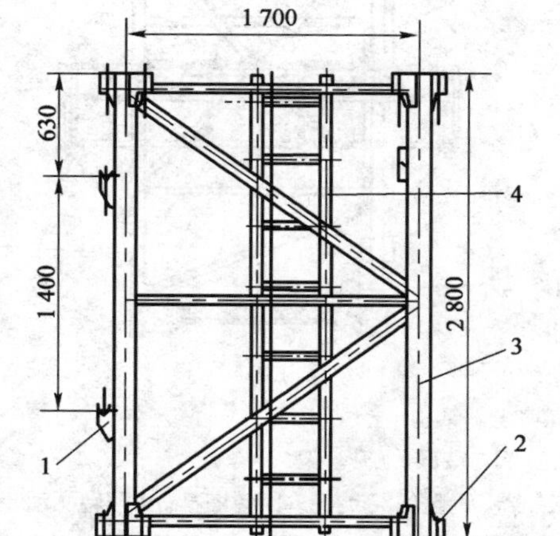

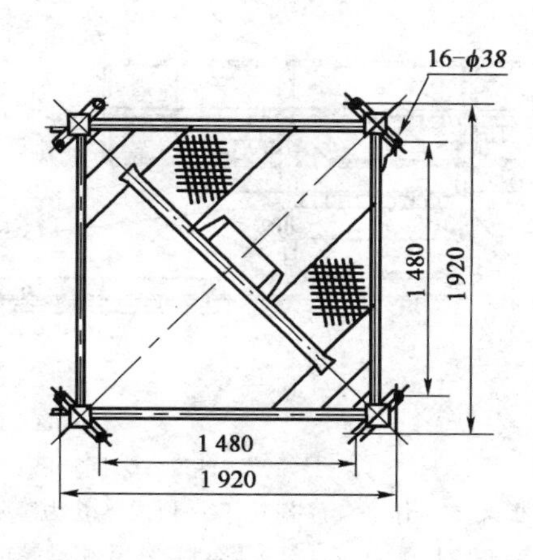

图 9-62　标准节(尺寸单位:mm)

1-踏步;2-固定座;3-标准节;4-爬梯

加强型标准节主弦杆为 135×135×12 方钢管焊接而成，采用压重型底架时，每台塔机有三节加强型标准节，采用井字型底架时，每台塔机有五节加强型标准节。普通型标准节主弦杆为 135×135×10 方钢管焊接而成，其数量根据塔机高度而定。

加强型标准节全部安装在塔身最下部（即在全部普通型标准节下面），严禁把加强型标准节和普通型标准节混装。各标准节内均设有供人通行的爬梯，并在部分标准节内（一般每隔三节标准节）设有一个休息平台。

（3）顶升套架。顶升套架主要由套架结构 19、工作平台 17、18、顶升横梁 21、顶升油缸 22 和爬爪 20 等组成。如图 9-63d）所示。塔机的自升加节主要由此部件完成。

顶升套架在塔身外部，上端用 4 个销轴与下支座相连，顶升油缸 22 安装在套架后侧的横梁上。液压泵站安放在油缸一侧的平台上；顶升套架内侧安装有 16 个可调节滚轮，顶升时滚轮起导向支承作用，沿塔身行走。塔套外侧有上、下两层工作平台，平台四周有护栏。

（4）回转支承总成。回转支承总成由上支座 12、回转支承 13、回转驱动装置 10、下支座 14、标准节引进导轨 15 和引进滑车 16 等组成。如图 9-63c）所示。

下支座为整体箱形结构。下支座上部用高强度螺栓与回转支承外圈连接，下部四角用 4 个销轴与爬升套架连接，用 8 个高强度螺栓与塔身连接。

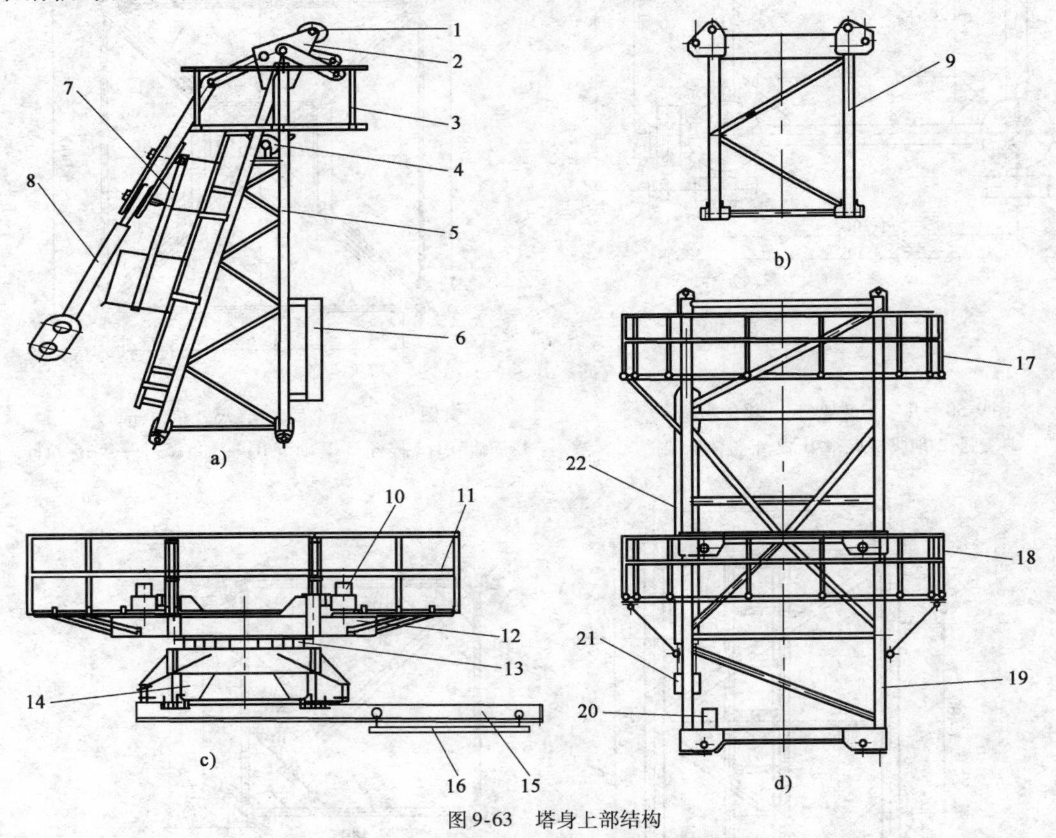

图 9-63 塔身上部结构

a）塔顶；b）回转塔身；c）下支座；d）顶升套架

1-滑轮；2-拉板架；3-工作平台；4-滑轮；5-塔顶框架；6-力矩限制器；7-爬梯；8-拉杆；9-回转塔身；10-回转驱动装置；11-工作平台；12-上支撑座；13-回转支承；14-下支撑座；15-引进导轨；16-引进滑车；17-上工作平台；18-下工作平台；19-套架框架；20-爬爪；21-顶升横梁；22-顶升油缸

上支座为板壳结构，上支座的下部用高强度螺栓与回转支承内圈连接，上部用 8 个高强度螺栓与回转塔身9连接。左右两侧焊接有安装回转机构的法兰盘,对称安装二套回转驱动装置。上支座的三方设有工作平台,右侧工作平台的前端焊接有连接驾驶室的支座耳板,用于固定驾驶室。

(5)回转塔身。回转塔身为整体框架结构,如图9-63b)所示。下端用8个高强度螺栓与上支座连接;上端设有四组耳板,通过8个销轴分别与塔顶、平衡臂和起重臂连接。

(6)塔顶。塔顶是斜锥体结构,如图9-63a)所示。塔顶下端用销轴与回转塔身连接。顶部焊接有拉板架2、起重臂和平衡臂通过刚性组合拉杆及销轴与拉板架2相连,塔顶后部设有带护圈的爬梯7。另外还安装有起升钢丝绳滑轮4和安装起重臂拉杆的滑轮1。

(7)起重臂。起重臂上、下弦杆都是采用两个角钢拼焊成的钢管,整个臂架为三角形截面的空间桁架结构,高1.2m,宽1.4m,臂总长56m,共分为9节,节与节之间用销轴连接,采用两根刚性拉杆的双吊点,吊点设在上弦杆。下弦杆有变幅小车的行走轨道。起重臂根部与回转塔身用销轴连接,并安装变幅小车牵引机构。变幅小车上设有悬挂吊篮,便于安装与维修。

(8)平衡臂。平衡臂是由槽钢及角钢拼焊而成的结构,长12.5m,平衡臂根部用销轴与回转塔身连接,尾部用两根平衡臂拉杆与塔顶连接。平衡臂上设有护栏和走道,起升机构和平衡重均安装在平衡臂尾部,根据不同的臂长配备不同的平衡重,56m臂时平衡重为13.8t。

2.工作机构

(1)起升机构。起升机构如图9-64所示。起升卷扬机安装在平衡臂的尾部,由电动机10、联轴节15、减速器13、卷筒12、制动器14、涡流制动器9和高度限位器11等组成。采用YZRDW250型涡流绕线电动机,借助涡流制动器的调速作用获得5m/min的最低稳定速度,在电机和减速器之间装有液压推杆式制动器14,制动平稳可靠,卷筒轴的末端上安装有多功能高度限位器,通过调整可以控制起升钢丝绳放出和卷入的长度,控制起升高度。

(2)变幅机构。变幅机构如图9-65所示。小车牵引机构安装在吊臂的根部,由电动机9、

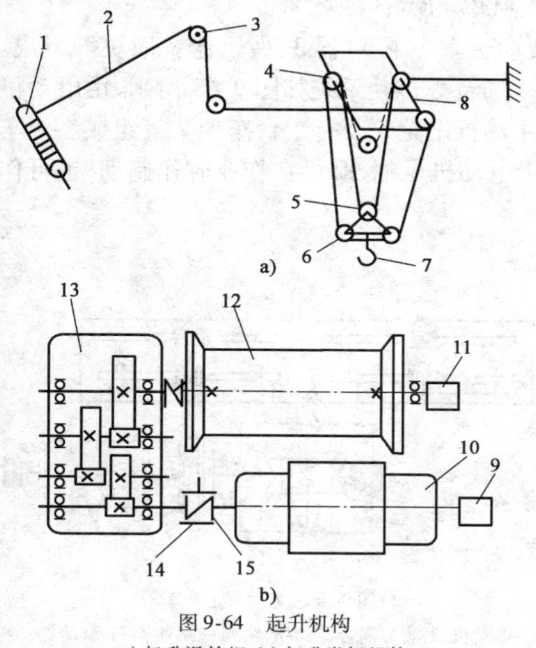

图9-64 起升机构

a)起升滑轮组;b)起升卷扬机构

1-卷筒;2-钢丝绳;3-塔顶滑轮;4-小车滑轮组;5-变倍率滑轮;6-吊钩滑轮;7-吊钩;8-变幅小车;9-涡流制动器;10-电动机;11-高度限位器;12-卷筒;13-减速器;14-制动器;15-联轴节

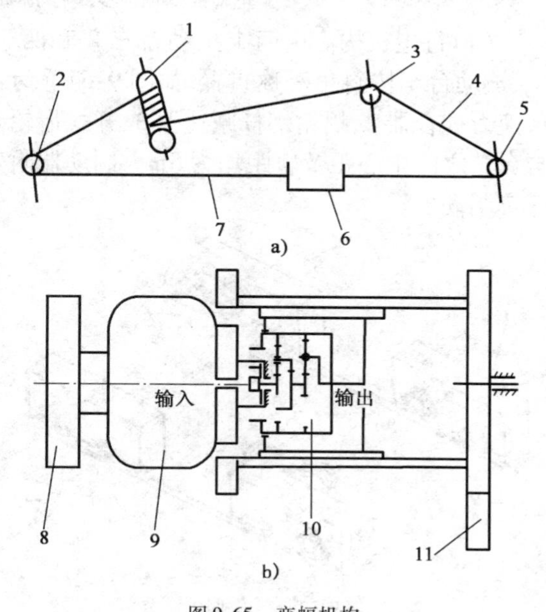

图9-65 变幅机构

a)变幅滑轮组;b)变幅卷扬机构

1-臂根导向滑轮;2-卷筒;3-滑轮;4-长钢丝绳;5-臂头滑轮;6-变幅小车;7-短钢丝绳;8-制动器;9-电动机;10-行星减速器;11-变幅限位器

制动器8、行星减速器10、卷筒2和变幅限位器11等组成。采用常闭式制动器的三速电动机经由行星减速器带动卷筒旋转，使卷筒上的两根钢丝绳带动小车在起重臂臂架轨道上来回运动。牵引钢丝绳一端缠绕后固定在卷筒上，另一端则固定在载重小车上。变幅时靠绳的一收一放来保证载重小车正常工作。该牵引机构减速器内置在卷筒之中，结构紧凑，能实现慢、低、高三种速度。卷筒一端装有幅度限位器，控制小车的运行范围。

(3)回转机构。回转机构有两套，对称布置在大齿圈两侧，由涡流力矩电机1驱动行星减速器3，带动小齿轮4驱动回转支承转动从而带动塔机上支座左右回转，起重臂和平衡臂随之转动。如图9-66所示。回转电动机采用交流变频控制技术，通过专用变频器改变电动机的输入频率从而改变电动机运转速度，达到无冲击和无级调速的目的。无级调速速度为0～0.65r/min，变频器能控制电机软启动、软制动，使回转起、制动平稳。电动机带常开式制动器，与电机分开控制，只是在塔机加节或有风状态工作时，才通电吸合制动塔机回转。

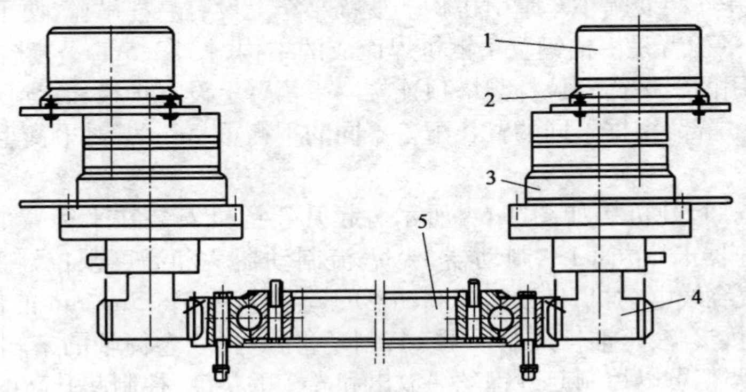

图9-66 塔式起重机回转机构

1-电动机;2-制动器;3-行星减速器;4-回转小齿轮;5-回转支承

(4)行走机构。由两个主动台车2和两个被动台车1、限位器3、夹轨器及撞块等组成。主、被动台车按斜角对称布置，如图9-67所示。主动台车传动系统如图9-68所示，由电动机1、液力耦合器2、蜗轮蜗杆减速器3、开式齿轮6、主动行走轮5及行走台车架7等组成。台车与台车之间中心距及轨距均为5m。制动器附着于电动机尾端，既可在作业时作制动，也可作停车制动器。

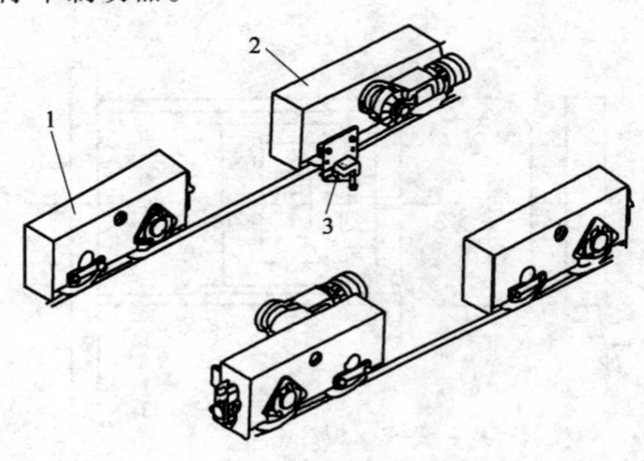

图9-67 行走机构

1-被动行走台车;2-主动行走台车;3-限位器

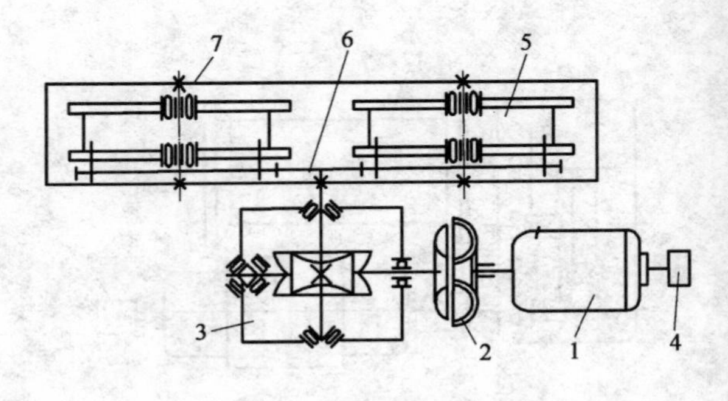

图9-68 主动行走台车

1-电动机;2-液力耦合器;3-蜗轮蜗杆减速器;4-制动器;5-行走轮;6-开式齿轮;7-行走台车架

(5)顶升机构液压系统。顶升机构的工作是靠安装在爬架侧面的顶升油缸和液压泵站来完成。液压泵站是由液压泵5、控制阀3、滤油器7和油箱8等组成的一体动力装置。如图

9-69所示。液压泵站安装在顶升套架的平台上。

3. 塔身标准节的安装方法和过程

塔身标准节的安装如图9-70所示。方法和过程如下：

(1)将起重臂旋转至引入塔身标准节的方向。吊起一节标准节4挂到引进轨道的引进滑车3上，然后再吊起一节，并将载重小车运行至使塔身两边平衡，使得塔机的上部重心落在顶升横梁的位置上。实际操作中，观察到爬升架四周16个导轮基本上与塔身标准节主弦杆脱开时，即为理想位置。

(2)调整油缸7的长度，使顶升横梁6挂在塔身的踏步9上，一定要挂实。然后卸下塔身与下支座的8个连接螺栓。

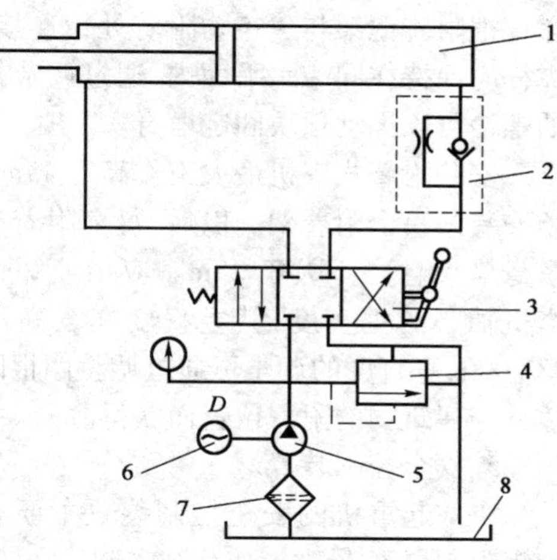

图9-69　顶升机构液压系统

1-顶升油缸；2-节流阀；3-控制阀；4-安全阀；5-液压泵；6-电动机；7-滤油器；8-油箱

(3)开动液压系统使顶升油缸全部伸出，如图9-70a)所示。再稍缩活塞杆，使得爬升架上的爬爪8搁在塔身的踏步9上。代替顶升横梁支撑顶升套架。使顶起塔身上半部分及套架与固定塔身成为一体。如图9-70b)所示。

(4)油缸7全部缩回，如图9-70c)所示。重新使顶升横梁6挂在塔身再上面的一个踏步9上，再次全部伸出顶升油缸，此时塔身上方恰好有装入一个标准节的空间。

(5)拉动挂在引进滑车上的标准节，把标准节引至塔身的正上方，如图9-70d)所示。对准标准节的螺栓连接孔，微缩回油缸。至上下标准节接触时，用8个高强度螺栓将上下塔身标准节连接。

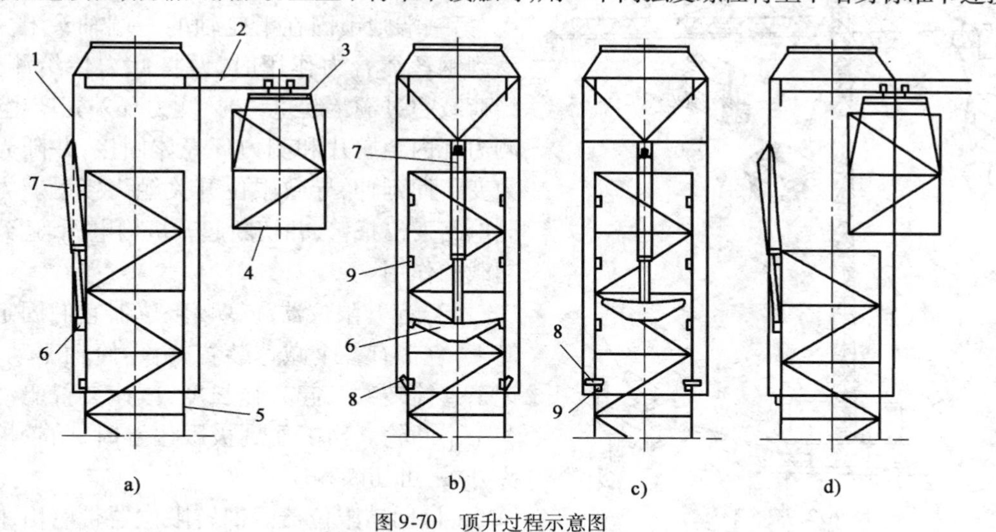

图9-70　顶升过程示意图

1-爬升套架；2-引进轨道；3-引进滑车；4-标准节；5-塔身；6-顶升横梁；7-顶升油缸；8-爬爪；9-踏步

(6)调整油缸的伸缩长度，将下支座与刚装好的塔身标准节连接牢固，即完成一节标准节的加节工作，若连续加几节标准节，则可按照以上步骤连续几次操作即可。

4. 安装附着架

附着装置由两个半环梁2和四根撑杆3和4组成。用来把塔机与建筑物固定，起依附作用。如图9-71所示。安装时，将环梁提升到附着点的位置，两个半环梁套在塔身的标准节上，用螺栓紧固成附着框架,用四根带调节螺栓的撑杆把附着框架与建筑物附着处铰连接,四根撑杆应保持在同一水平面内,通过调节拉杆上的螺栓可以推动顶块固定塔身。

安装附着式塔机最大工作高度 45m 时,必须安装第一个附着架。以后,每个附着架以上塔身最大悬高不大于 25m。应用经纬仪检查塔机轴心的垂直度,其垂直度在全高不超过 4/1 000,垂直度的调整可通过调整四根附着用撑杆与建筑物的附着位置而获得。

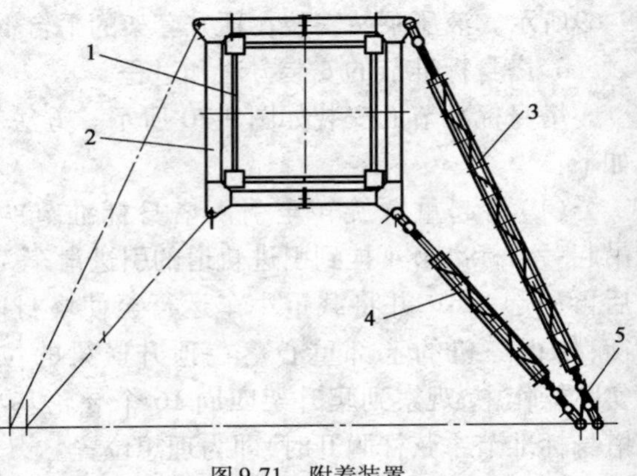

图 9-71 附着装置

1-标准节;2-半环梁;3-外撑杆;4-内撑杆;5-调节螺杆

5. 安全控制装置

塔式起重机的安全控制装置主要有起重力矩限制器 1、最大工作荷载限制器 2、起升高度限位器 3、回转限位器 4、幅度限位器 5 和行走限位器 6 等。如图 9-72 所示。

(1)力矩限制器。力矩限制器由两条弹簧钢板和三个行程开关和对应调整螺杆等组成。安装在塔顶中部前侧的弦杆上。当起重机吊重物时,塔顶主弦杆会发生变形。当荷载大于限定值,其变形显著,当螺杆与限位开关触头接触时,力矩控制电路发出报警,并切断起升机构电源,达到防止超载的作用。

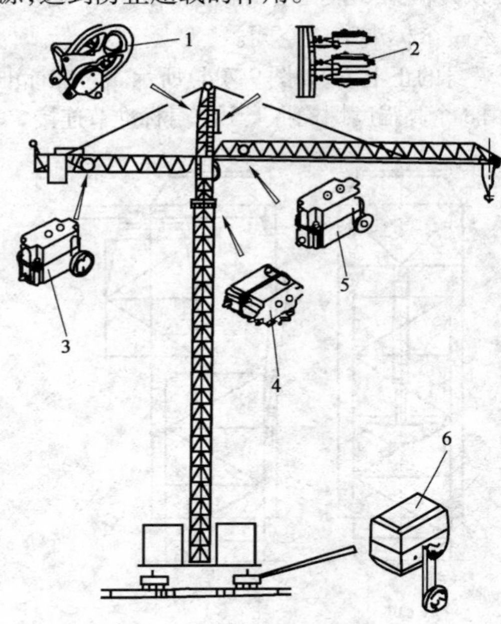

图 9-72 安全装置

1-力矩限制器;2-起重量限制器;3-起升高度限位器;4-回转限位器;5-幅度限位器;6-行走限位器

(2)起重量限制器。起重量限制器用于防止超载发生的一种安全装装置。由导向滑轮、测力环及限位开关等组成。测力环一端固定于支座上,另一端则锁固在滑轮轴的一端轴头上。滑轮受到钢丝绳合力作用时,便将此力传给测力环。当荷载超过额定起重量时,测力环外壳产生变形。测力环内金属片和测力环壳体固接,并随壳体受力变形而延伸,导致限位开关触头接触。力矩控制电路发出报警,并切断起升机构电源,达到防止超载的作用。

(3)起升限位器和变幅限位器它们固定在卷筒上,它带有一个减速装置,由卷筒轴驱动,它可记下卷筒转数及起升绳长度,减速装置驱动其上若干个凸轮。当工作到极限位置时,凸轮控制触头开关,可切断相应运动。

(4)回转限位器。回转限位器带有由小齿轮驱动的减速装置,小齿轮直接与回转齿圈啮合。当塔式起重机回转时,其回转圈数在限位器中记录下来。减速装置带动凸轮控制触头开关,便可在规定的回转角度位置停止回转运动。

(5)行程限位器。行程限位器用于防止驾驶员操纵失误,保证塔式起重机行走在没有撞到轨道缓冲器之前停止运动。

(6)超程限位器。当行走限位器失效时,超程限位器用以切断总电源,停止塔式起重机运行。所有限位装置工作原理都是通过机械运动加上电控设备而达到目的。

(二)内爬式塔式起重机

内爬式塔式起重机安装在建筑物内部,并利用建筑物的骨架来固定和支撑塔身。它的构造和普通上回转式塔式起重机基本相同。不同之处是增加了一个套架和一套爬升机构,塔身较短。利用套架和爬升机构能自己爬升。内爬式起重机多由外附式改制而成的。

QTP40 型内爬式塔式起重机介绍如下。

QTP40 内爬式塔式起重机,最大起重量 4t,最大起重力矩 400kN · m,工作幅度 2.4 ~ 20m,构造如图 9-73 所示。

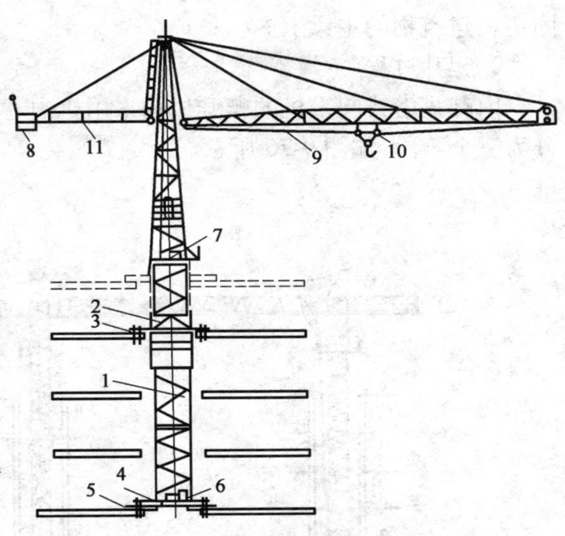

图 9-73 QTP40 型内爬式塔式起重机

1-塔身;2-套架;3-套架横梁;4-塔身底座横梁;5-旋转支腿;6-提升塔身卷扬机;7-起重机构;8-平衡重箱;9-起重臂;10-起重小车;11-平衡臂

1. 金属结构

金属结构主要由底座、套架、塔身、起重臂和平衡臂等组成。

(1)底座。底座如图 9-74 所示。塔身 1 安装在底座横梁 2 上,底座横梁成对角布置,底座横梁下面固定旋转支腿 3,旋转支腿用螺栓与建筑物的主梁相连接,以支撑塔身。提升塔身时,应先拆下螺栓 5 和 6,将旋转支腿 3 旋至底座横梁的下面,然后才能提升塔身。

(2)套架。套架设置在塔身外围,其结构如图 9-75 所示。在套架 3 的上下四角靠近塔身

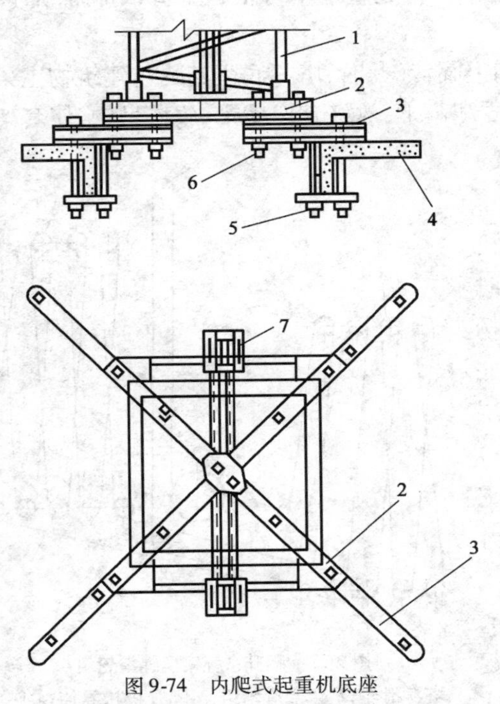

图 9-74 内爬式起重机底座

1-塔身;2-底座横梁;3-旋转支腿;4-支撑梁;5、6-螺栓;7-提升塔身滑轮组

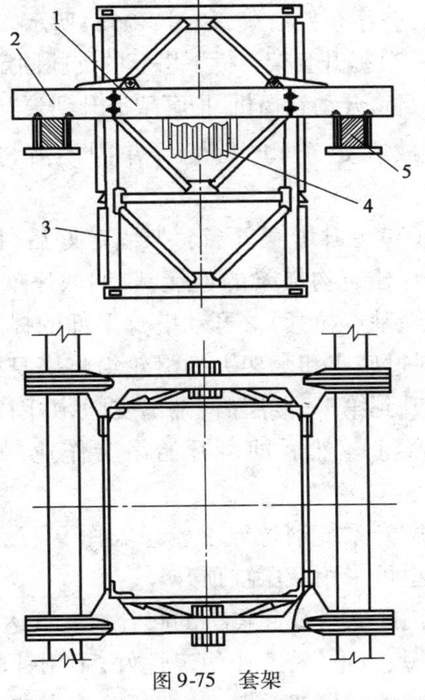

图 9-75 套架

1-套架横梁;2-支腿;3-套架;4-塔身提升滑轮组;5-建筑物主梁

处各装有两个滚轮，滚轮与塔身之间有4~6mm间隙，以减少提升阻力。在套架上部固定有两根横梁1，横梁的端部铰装有翻转支腿2，在提升套架时支腿上翻，在提升塔身时将支腿用螺栓固定在建筑物的主梁上。

2. 爬升过程

内爬式塔式起重机的爬升机构采用机内卷扬机和钢丝绳滑轮组来进行，整个爬升过程可分为三个阶段，如图9-76所示。

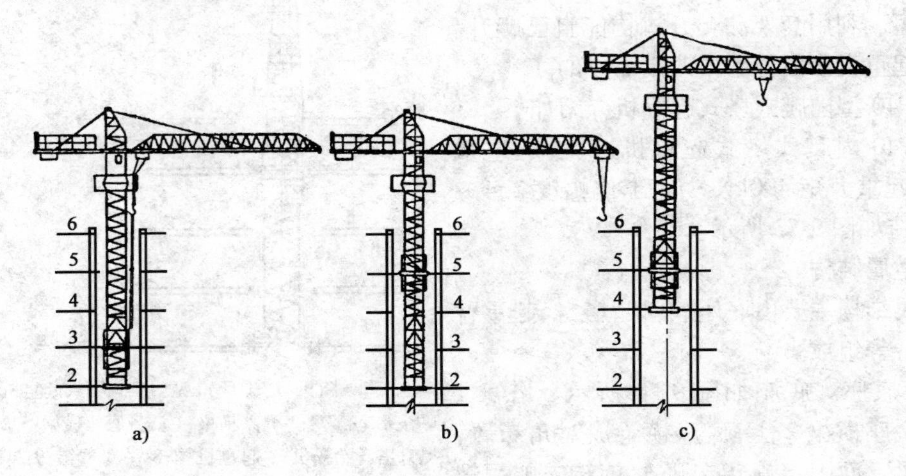

图9-76 内爬式自升塔式起重机的爬升过程

a)准备状态；b)提升套架；c)提升塔身

(1)准备状态。自升塔式起重机吊装作业时，其底座固定在建筑物的框架梁上，套架位于塔身下端。在吊装完IV、V层构件后，准备提升套架。将起重小车行至起重臂根部，然后放下吊钩，套住套架横梁，如图9-76a)所示。

(2)提升套架。拆下塔套的支腿固定螺栓并向上翻转(此时，塔身底座支腿与建筑物主梁连接固定)，开动卷扬机，把套架提升到第V楼层，将支腿翻下，放好套架横梁，放松吊钩，使套架垂直地放在建筑物主梁上，并固定好，如图9-76b)所示。

(3)提升塔身。当套架固定好后，松开起重机底座与建筑物横梁的连接，收回底座的支腿(此时钢丝绳基本拉紧)。开动塔身下部的提升塔身卷扬机，通过底座和套架上的滑轮组将塔身提升。使底座提升到第IV楼层后，翻出支腿，并固定在该楼层的主梁上。然后即可开始吊装作业，如图9-76c)所示。

爬升系统钢丝绳滑轮组如图9-77所示。爬升机构也可采用液压缸顶升。

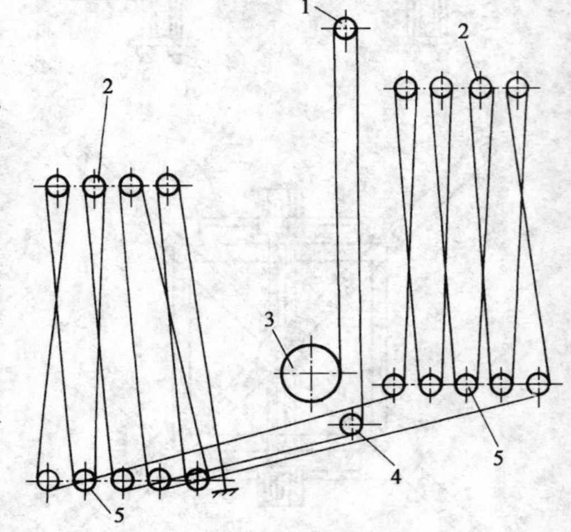

图9-77 爬升系统钢丝绳滑轮组

1-塔身滑轮；2-套架滑轮组；3-爬升机构卷筒；4-底座导向滑轮；5-底座滑轮

内爬式塔式起重机的起升高度可达80~160m，塔身短、自重轻、工作稳定性好、不用铺轨。由于起重机支承在框架主梁上，必须验算支撑梁的强度或根据荷载情况加临时支撑。

作业与复习题

1. 简述起重机械的作用和类型。
2. 卷扬机有哪些类型？各种卷扬机有何特点？
3. 叙述 SCD200/200 施工升降机的结构组成和各部分的作用。
4. 升降机与施工升降机在使用上有何区别？各适合于什么工作场合？
5. 起重机的主要工作机构有那些？在起重机的作业中各完成什么工作？
6. 起重力矩的概念是什么？说明起重量与幅度的关系？
7. 叙述 QY32B 汽车起重机的基本组成和各工作机构的作用。
8. 汽车、轮胎、履带起重机各有什么特点？各适合于什么工作场合？
9. QTZ80 塔式起重机的组成和各部分的作用是什么？
10. 起重机选用时应考虑哪些主要参数？这些参数之间有什么关系？
11. 起重机在使用过程中主要注意事项有哪些？

第十章 钢筋及预应力机械

在建筑、市政、公路、桥梁等工程中，广泛采用钢筋混凝土和预应力钢筋混凝土结构。作为钢筋混凝土结构的骨架，钢筋在构筑物和构件中起着极其重要的作用。因此，钢筋机械已成为建设施工中一种重要的机械。

钢筋就外形来说有光面和带肋两种；就直径不同分为盘圆的细钢筋和直条的粗钢筋。钢筋的加工生产程序为：盘圆钢筋→开盘→冷加工→调直→切断→弯曲→点焊或绑扎成型；直条钢筋→除锈→对焊→冷拉→切断→弯曲→焊接或机械连接成型；直条粗钢筋→调直→除锈→对焊→切断→弯曲→焊接或机械连接成型。

钢筋及预应力机械是完成这一系列加工工艺过程的机械设备，主要包括钢筋强化机械、钢筋成型机械、钢筋连接机械和预应力机械等。其型号分类及表示方法见表10-1。

钢筋及预应力机械型号分类及表示方法 表10-1

类	型	特性	代号	代号含义	主参数	
					名称	单位
钢筋强化机械 G(钢)	钢筋冷拉机 L(拉)	—	GL	钢筋冷拉机	钢筋最大公称直径	mm
	钢筋冷拔机 B(拔)	W(卧)	GBW	卧式钢筋冷拔机		
		L(立)	GBL	立式钢筋冷拔机		
	钢筋轧扭机 U(扭)	—	GU	钢筋轧扭机		
钢筋加工机械 G(钢)	钢筋切断机 Q(切)	—	GQ	卧式钢筋切断机		
		L(立)	GQL	立式钢筋切断机		
	钢筋调直机 T(调)	—	GT	钢筋调直机	钢筋最小直径×最大直径	mm×mm
		S(数)	GTS	数控钢筋调直机		
		J(机)	GTJ	机械钢筋调直机		
	钢筋弯曲机 W(弯)	—	GW	钢筋弯曲机	钢筋最大公称直径	mm
	钢筋镦头机 D(镦)	—	GD	钢筋镦头机		
钢筋焊接机械 G(钢)	钢筋点焊机 H(焊)	—	GH	钢筋点焊机	公称容量	kVA
	钢筋对焊机 DH(对焊)	—	GDH	钢筋对焊机		
钢筋挤压连接机械 G(钢)	钢筋挤压连接机 J(挤)	—	GJ	钢筋挤压连接机	钢筋最大公称直径	mm
钢筋螺纹连接机械 G(钢)	钢筋锥螺纹成型机	—	—	钢筋锥螺纹成型机		
	钢筋直螺纹成型机	—	—	钢筋直螺纹成型机		
预应力机械 Y(预)	预应力千斤顶 D(顶)	L(拉)	YDL	拉杆式预应力千斤顶	张拉力/最大行程	kN/mm
		C(穿)	YDC	穿心式预应力千斤顶		
		Z(锥)	YDZ	锥锚式预应力千斤顶		
		T(台)	YDT	台座式预应力千斤顶		
	预应力液压泵 B(泵)	Z(轴)	YBZ	轴向式电动液压泵	公称流量	L/m^3
		J(径)	YBJ	径向式电动液压泵	公称压力	kPa
	预应力张拉机 L(拉)	D(电)	YLD	电动钢筋张拉机	张拉力	kN

第一节　钢筋强化机械

为了挖掘钢筋强度的潜力，通常是对钢筋进行冷加工。冷加工的原理是：利用机械对钢筋施以超过屈服点的外力，使钢筋产生变形，从而提高钢筋的强度和硬度，减少塑形变形。同时还可以增加钢筋长度，节约钢材。钢筋冷加工主要有冷拉、冷拔、冷轧和冷轧扭四种工艺。钢筋强化机械是对钢筋进行冷加工的专用设备，在施工现场主要使用钢筋冷拉机和钢筋冷拔机。

一、钢筋冷拉机

钢筋冷拉是在常温下对钢筋进行强力拉伸的一种工艺，主要目的是提高钢筋的屈服极限。常用的钢筋冷拉机有卷扬机式、液压式和阻力轮式等。

图 10-1 为卷扬机式钢筋冷拉机的结构示意图。它主要由卷扬机 2、地锚 1、定滑轮组 3、导向滑轮 13、测力器 10 和动滑轮组 5 等组成。其工作原理是：卷扬机卷筒上的钢丝绳正、反向绕在两副动滑轮组上，当卷扬机旋转时，夹持钢筋的一副动滑轮组被拉向卷扬机，钢筋被拉长。另一副动滑轮组被拉向导向滑轮，为下一次冷拉时交替使用。钢筋所受的拉力，经传力杆 11 和活动横梁 7 传给测力器，测出拉力的大小。钢筋拉伸长度通过机身上的标尺直接测量或用行程开关控制。

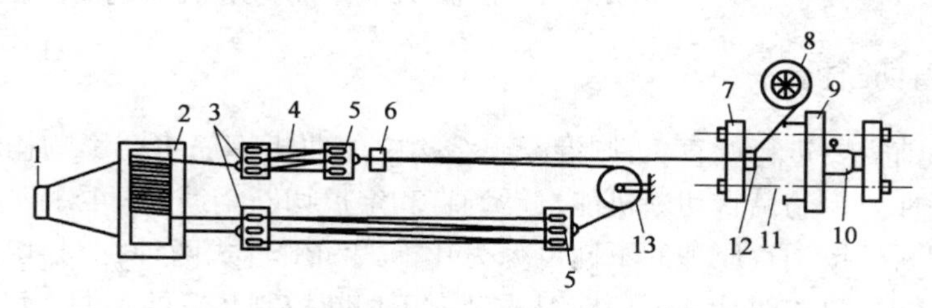

图 10-1　卷扬机式冷拉机

1-地锚；2-卷扬机；3-定滑轮组；4-钢丝绳；5-动滑轮组；6-前夹具；7-活动横梁；8-放盘器；9-固定横梁；10-测力器；11-传力杆；12-后夹具；13-导向滑轮

卷扬机式冷拉机的特点是：结构简单，适应性强，冷拉行程不受设备限制，可冷拉不同长度的钢筋，便于实现单控和双控。

二、钢筋冷拔机

钢筋冷拔是在常温下将直径为 6 ~ 10mm 的钢筋，以强力拉拔的方式，通过比原钢筋小 0.5 ~ 1mm 的钨合金制成的拔丝模（图 10-2），使钢筋被拉拔成直径较小的高强度钢丝。

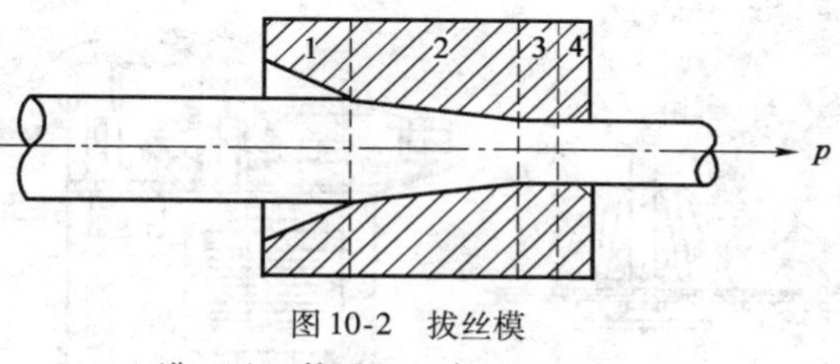

图 10-2　拔丝模

1-进口区；2-挤压区；3-定径区；4-出口区

钢筋冷拔机按卷筒的布置方式分为立式和卧式两种。每种又有单卷筒和双卷筒之分。

立式单卷筒钢筋冷拔机的结构如图 10-3 所示。电动机 1 通过减速器 2 和一对锥齿轮 3 和传动 4，带动固套在立轴 5 上的卷筒 6 旋转。将圆盘钢筋的端头轧细后穿过拔丝模架 7 上的拔丝模，固结在卷筒上，开动电动机即可进行拔丝。

图10-4所示为卧式双卷筒冷拔机的结构示意图。由电动机1驱动，通过减速器2带动卷筒3旋转，钢筋在卷筒旋转产生的强拉力作用下，通过拔丝模盒4完成冷拔工序，并将拔出的钢丝缠绕在卷筒上。

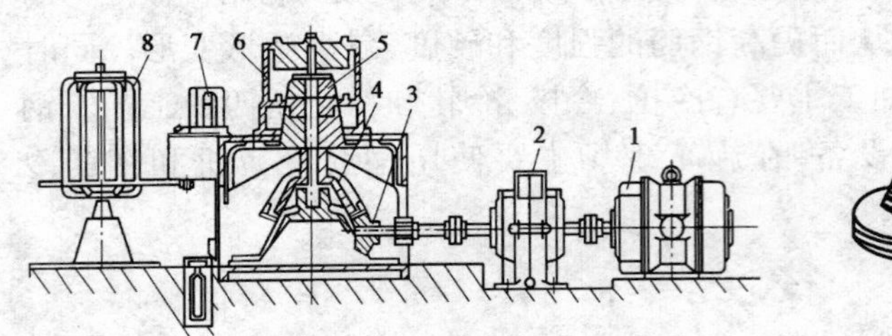

图10-3 立式单卷筒钢筋冷拔机

1-电动机；2-减速器；3、4-锥齿轮；5-立轴；6-卷筒；7-拔丝模架；8-承料架

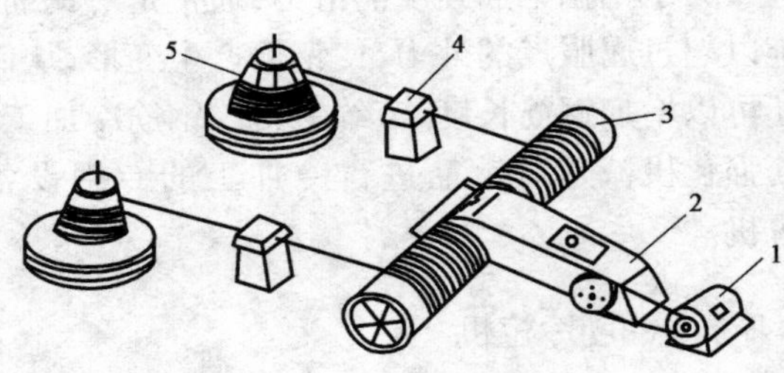

图10-4 卧式双卷筒钢筋冷拔机

1-电动机；2-减速器；3-卷筒；4-拔丝模盒；5-承料架

卧式冷拔机相当于卷筒处于悬臂状态的卷扬机，其结构简单，操作方便。

第二节 钢筋加工机械

钢筋加工机械是把原料钢筋按照各种混凝土结构所用钢筋制品的要求进行加工的机械设备，主要有钢筋调直切断机、钢筋切断机、钢筋弯曲机、钢筋弯箍机和钢筋镦粗机。

一、钢筋调直切断机

钢筋在使用前需要进行调直，否则混凝土结构中的曲折钢筋将会影响构件的受力性能及钢筋长度的准确性。钢筋调直切断机能自动调直和定尺切断钢筋，并可对钢筋进行除锈。

钢筋调直切断机按调直原理的不同可分为孔模式和斜辊式两种；按其切断机构的不同有下切剪刀式和旋转剪刀式两种。下切剪刀式又由于切断控制装置的不同还可分为机械控制式和光电控制式。

1.孔模式钢筋调直切断机

图10-5为GT4/8型孔模式钢筋调直切断机的结构图。由调直滚筒2、传动箱3、定长器6、承料架5和机座4等组成。其工作原理是：电动机的输出轴端装有两个带轮，大带轮带动调直筒旋转，小带轮通过传动箱带动送料辊和牵引辊旋转，并且驱动切断装置。当调直后的钢筋进入承料架滑槽内时被切断。

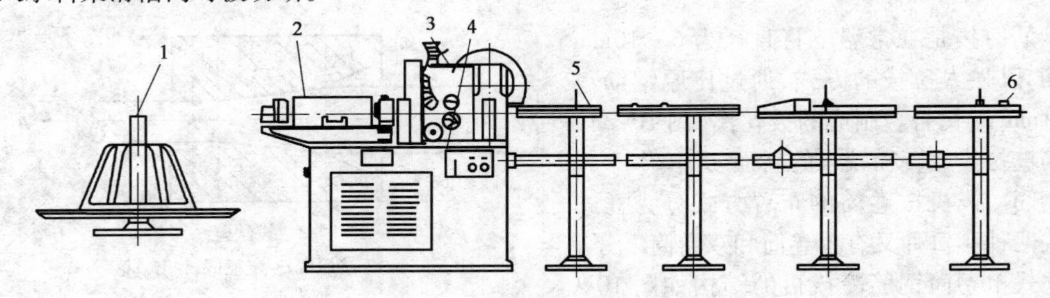

图10-5 GT4/8型钢筋调直切断机

1-盘料架；2-调直筒；3-传动箱；4-机座；5-承料架；6-定长器

孔模式钢筋调直切断机调直工作原理如图 10-6 所示。钢筋经进料导向轮 1 进入调直筒 2,调直筒内装有一组不在同中心线上的调直模,钢筋在每个调直模的中心孔中穿过,由牵引轮 4 向前送进。调直筒高速旋转,调直模反复连续弯曲钢筋,将钢筋调直。孔模式钢筋调直切断机适用于盘圆钢筋和冷拔低碳钢丝的调直。

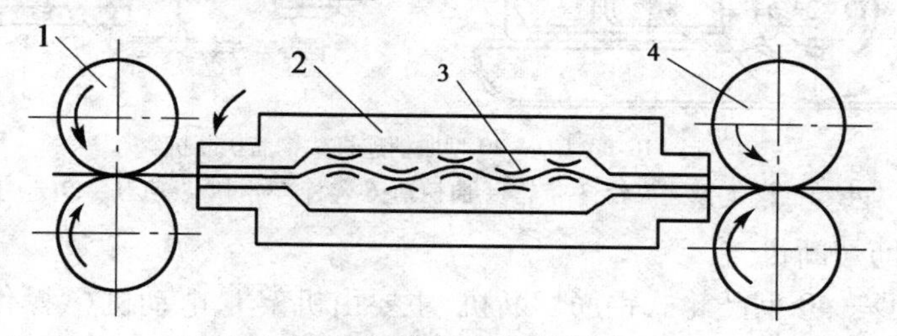

图 10-6 孔模式钢筋调直切断机调直原理

1-进料导向轮;2-调直筒;3-调直模;4-牵引轮

2. 数控钢筋调直切断机

数控钢筋调直切断机是采用光电测长系统和光电计数装置,自动控制钢筋的切断长度和切断根数,切断长度的控制更准确。GTS3/8 型数控钢筋调直切断机的工作原理如图 10-7 所示。其调直、送料和牵引部分与 GT4/8 型钢筋调直切断机基本相同,在钢筋的切断部分增加了一套由穿孔光电盘 9、光电管 6 和 11 等组成的光电测长系统及计量钢筋根数的计数信号发生器。

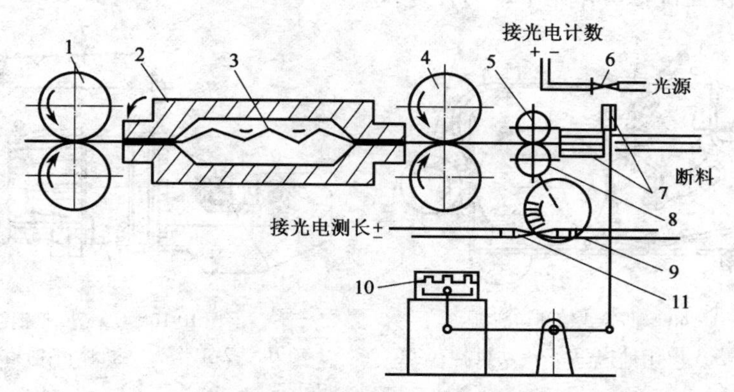

图 10-7 GTS3/8 型数控钢筋调直切断机

1-送料辊;2-调直筒;3-调直模;4-牵引辊;5-传送压辊;6、11-光电管;7-切断装置;8-摩擦轮;9-光电盘;10-电磁铁

二、钢筋切断机

钢筋切断机是用于对钢筋原材或调直后的钢筋按混凝土结构所需要的尺寸进行切断的专用设备。按结构型式分为卧式和立式;按传动方式分为机械式和液压式。机械式切断机又分为曲柄连杆式和凸轮式。

1. 曲柄连杆式钢筋切断机

图 10-8 是 GQ—40 型曲柄连杆式钢筋切断机的外形和传动系统。主要由电动机 1、带轮 3、两对减速齿轮 2 和 5、曲柄轴 4、连杆 6、滑块 7、动刀片 8 和定刀片 9 等组成。曲柄连杆式钢筋切断机由电动机驱动,通过皮带传动、两对减速齿轮传动使曲柄轴旋转。装在曲柄轴上的连杆带动滑块和动刀片在机座的滑道中做往复运动,与固定在机座上的定刀片相配合切断钢筋。

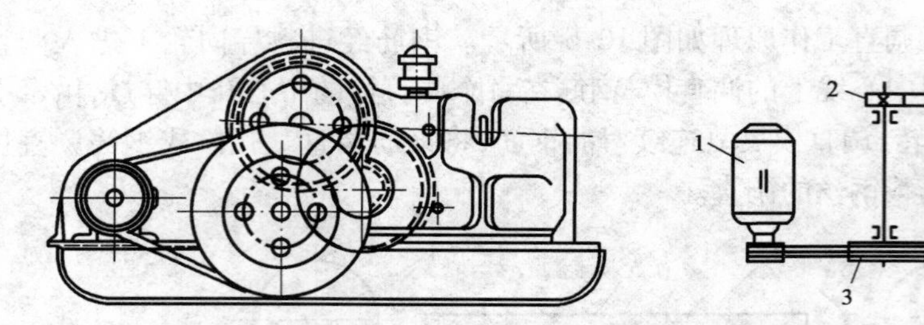

图 10-8　GQ—40 型曲柄连杆式钢筋切断机

1-电动机;2、5-减速齿轮;3-带轮;4-曲柄轴;6-连杆;7-滑块;8-动刀片;9-定刀片

2. 凸轮式钢筋切断机

图 10-9 为 GQ—40 型凸轮式钢筋切断机,主要由机架 1、电动机 6、操作机构 3、传动机构 4 和 5 组成。电动机通过带传动,使凸轮机构旋转,由于凸轮的偏心作用,使动刀片在机体轴中做往复摆动,与固定在机体上的定刀相配合切断钢筋。

3. 液压钢筋切断机

液压钢筋切断机有电动和手动两种,电动液压钢筋切断机又分为移动式和手持式。图 10-10 是 GQ—20 型手持式电动液压钢筋切断机,主要由电动机 5、油箱 4、工作头 2、机体 3 和动刀片 1 等组成。电动机 5 带动机体 3 内的柱塞泵工作,产生压力油推动液压缸活塞,再推进动刀片 1 与工作头 5 配合动作,进行钢筋切断。切断钢筋后,限位回流阀自动打开,压力油自动返回,同时在回位弹簧作用下动刀片复位。

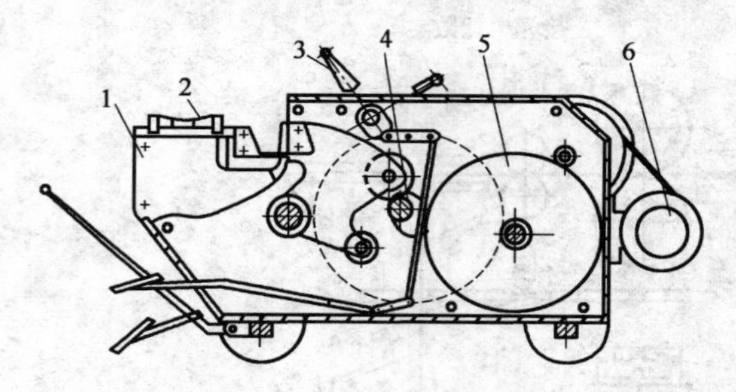

图 10-9　GQ—40 型凸轮式钢筋切断机

1-机架;2-托料装置;3-操作机构;4、5-传动机构;6-电动机

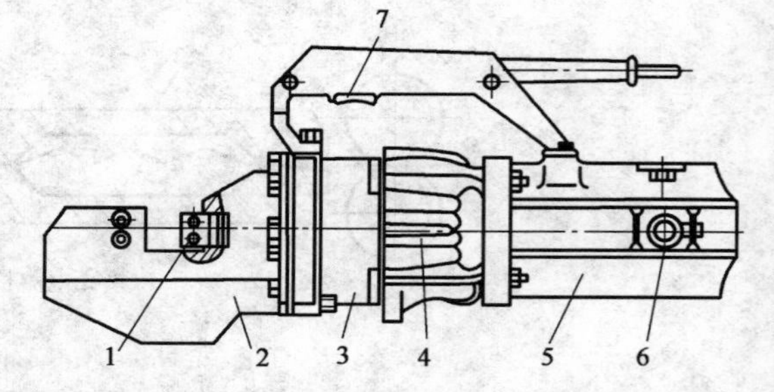

图 10-10　GQ—20 型钢筋切断机

1-动刀片;2-工作头;3-机体;4-油箱;5-电动机;6-碳刷;7-开关

三、钢筋弯曲机

钢筋弯曲机是将钢筋弯曲成所要求的尺寸和形状的设备。常用的台式钢筋弯曲机按传动方式分为机械式和液压式两类。机械式钢筋弯曲机又有蜗轮蜗杆式和齿轮式。

GW—40 型钢筋弯曲机的结构如图 10-11 所示。它主要由电动机 11、蜗轮箱 6、工作圆盘 9、孔眼条板 12 和机架 1 等组成。图 10-12 为 GW—40 型钢筋弯曲机的传动系统。它由电动机 1 经三角带 2、配换齿轮 6 和 7、齿轮 8 和 9、蜗杆 3 和蜗轮 4 传动,带动装在蜗轮轴上的工作盘 5 转动。工作盘上一般有 9 个轴孔,中心孔用来插心轴,周围的 8 个孔用来插成型轴。当工作盘转动时,心轴的位置不变,而成型轴围绕着心轴做圆弧运动,通过调整成型轴位置,即可将被加工的钢筋弯曲成所需要的形状。更换配换齿轮,可使工作盘获得不同转速。钢筋弯曲机的工作过程如图 10-13 所示。将钢筋 5 放在工作盘 4 上的心轴 1 和成型轴 2 之间,开动弯曲机使工作盘转动,由于钢筋一端被挡铁轴 3 挡住,因而钢筋被成型轴推压,绕心轴进行弯曲,当达到所要求的角度时，自动或手动使工作盘停止，然后使工作盘反转复位。如要改变钢筋弯曲的曲率，可以更换不同直径的心轴。

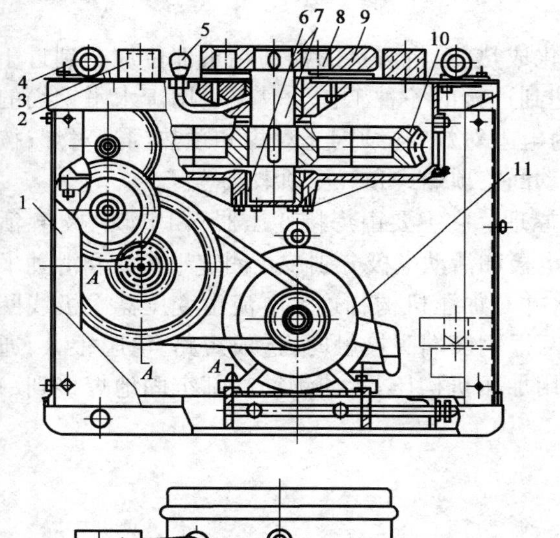

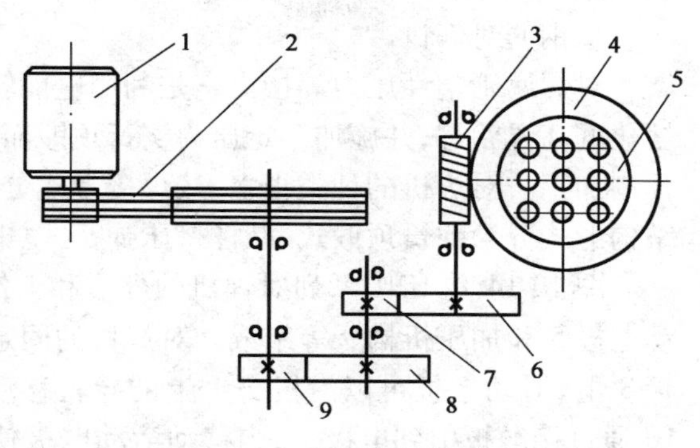

图 10-12　GW—40 型钢筋弯曲机传动系统

1-电动机；2-三角带；3-蜗杆；4-蜗轮；5-工作盘；6、7-配换齿轮；8、9-齿轮

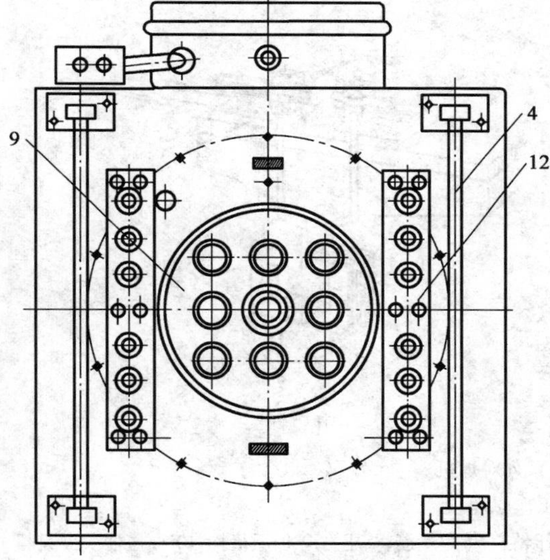

图 10-11　GW—40 型钢筋弯曲机

1-机架；2-工作台；3-插座；4-滚轴；5-油杯；6-蜗轮箱；7-工作主轴；8-立轴承；9-工作圆盘；10-蜗轮；11-电动机；12-孔眼条板

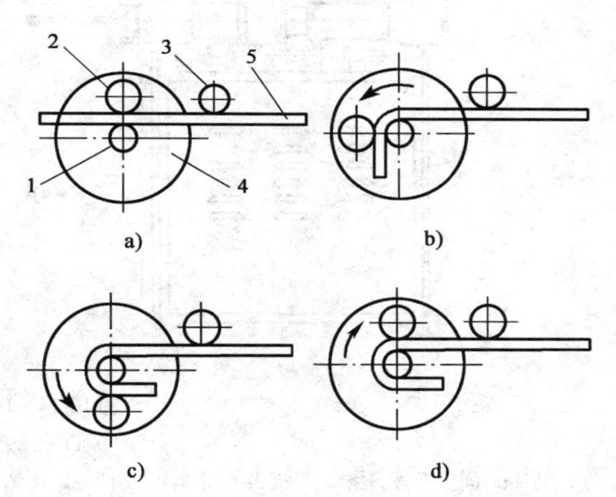

图 10-13　钢筋弯曲机工作过程

a）装料；b）弯 90°；c）弯 180°；d）回位

1-心轴；2-成型轴；3-挡铁轴；4-工作盘；5-钢筋

第三节　钢筋连接机械

钢筋混凝土结构中，大量的钢筋需进行连接。因此，钢筋连接成为结构设计和施工中的重要环节。钢筋连接采用搭接绑扎连接，不仅受力性能差，浪费材料，而且影响混凝土的浇筑质量。随着高层建筑的发展和大型桥梁工程的增多，结构工程中的钢筋布置密度和直径越来越大，传统的钢筋连接方法已不能满足需要，出现了新的钢筋连接技术。目前应用较广泛的钢筋连接有钢筋焊接连接和钢筋机械连接两类。

一、钢筋焊接机械

混凝土构件中的钢筋网和骨架以及施工现场的钢筋连接，广泛采用焊接连接。它不仅提高了劳动生产率，减轻了劳动强度，还可保证钢筋网和骨架的刚度，并节约材料。目前普遍采用闪光对焊、点焊、电渣压力焊。

1. 钢筋对焊机

对焊属于塑性压力焊接。它是利用电能转化成热能，将对接的钢筋端头部位加热到近于熔化的高温状态，并施加一定压力实行顶锻而达到连接的一种工艺。对焊适用于水平钢筋的预制加工。对焊机的种类很多，按焊接方式分为电阻对焊、连续闪光对焊和预热闪光对焊；按结构形式分为弹簧顶锻式、杠杆挤压弹簧式、电动凸轮顶锻式和气压顶锻式等。

图 10-14 是 UN1 系列对焊机的外形和工作原理。它主要由焊接变压器 6、固定电极 4、活动电极 5 和加压机构 9 等组成。对焊机的固定电极和活动电极分别装在固定平板 2 和滑动平板 3 上，滑动平板可以沿机身 1 上的导轨移动，并与加压机构相连。电流由变压器次极线圈 10 通过接触板引到电极上，当移动活动电极使两根钢筋端头接触时，造成短路，电阻很大，通过电流很强，钢筋端部温度升高而熔化，同时利用加压机构压紧，使钢筋端部牢固地焊接到一起，随即切断电流，便完成焊接。

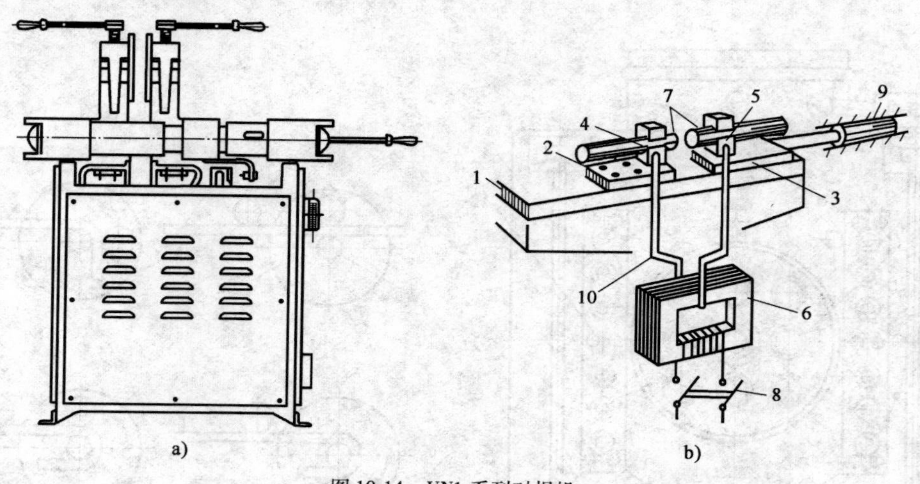

图 10-14　UN1 系列对焊机

a）外形；b）工作原理

1-机身；2-固定平板；3-滑动平板；4-固定电极；5-活动电极；6-变压器；7-待焊钢筋；8-开关；9-加压机构；10-变压器次极线圈

2. 钢筋点焊机

点焊是使相互交叉的钢筋，在其接触处形成牢固焊点的一种压力焊接方法。其工作原理与对焊基本相同。适合于钢筋预制加工中焊接各种形式的钢筋网。电焊机的种类也很多，按结构形式可分为固定式和悬挂式；按压力传动方式可分为杠杆式、气动式和液压式；按电极类型又可分为单头、双头和多头等形式。

图 10-15 是点焊机的外形和工作原理。它主要由焊接变压器次极线圈 4、变压器调节级数开关 7、断路器 6、电极 1 和脚踏板 8 等组成。点焊时，将表面清理好的钢筋交叉叠合在一起，放在两个电极之间预压夹紧，使两根钢筋 2 在交叉点紧密接触，然后踏下踏板，弹簧 5 使上电极压到钢筋交叉点上，同时断路器也接通电路，电流经变压器次极线圈引到电极，两根钢筋的接触处在极短的时间里产生大量的电阻热，把钢筋熔化，在电极压力作用下形成焊点。当松开脚踏板时，电极松开，断路器断开电源，点焊结束。

3. 钢筋电渣压力焊机

钢筋电渣压力焊因其生产率高、施工简便、节能节材、质量好、成本低而得以广泛应用。主要

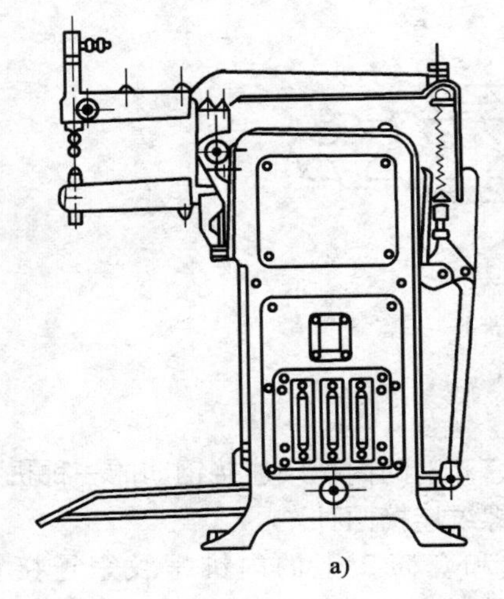

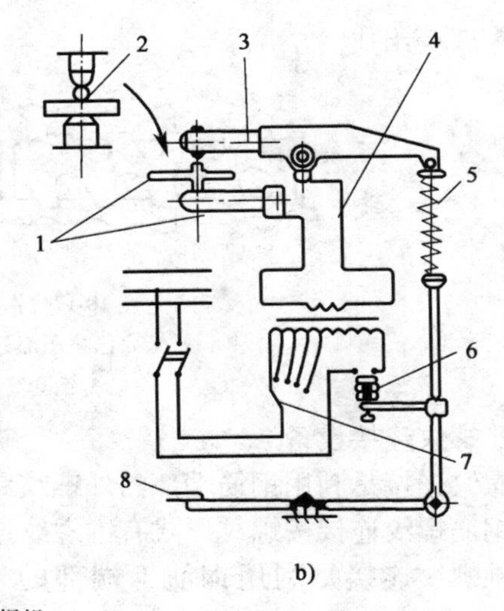

图 10-15　点焊机

a)外形结构图;b)工作原理

1-电极;2-钢筋;3-电极臂;4-变压器次级线圈;5-弹簧;6-断路器;7-变压器调节级数开关;8-脚踏板

适合现浇钢筋混凝土结构中竖向或斜向钢筋的连接。一般可焊接 $\phi14\sim40$mm 的钢筋。钢筋电渣压力焊实际是一种综合焊接方法,它同时具有埋弧焊、电渣焊和压力焊的特点。其工作原理如图10-16所示。它利用焊机 6 提供的电流,通过上下两根钢筋 2 和 7 端面间引燃的电弧,使电能转化为热能,将电弧周围的焊剂 3 不断熔化,形成渣池(称为电弧过程)。然后将上钢筋端部潜入渣池中,利用电阻热能使钢筋端面熔化并形成有利于保证焊接质量的端面形状(称为电渣过程)。最后,在断电的同时,通过夹具 1 迅速进行挤压,排除全部熔渣和熔化金属,形成焊接接头。

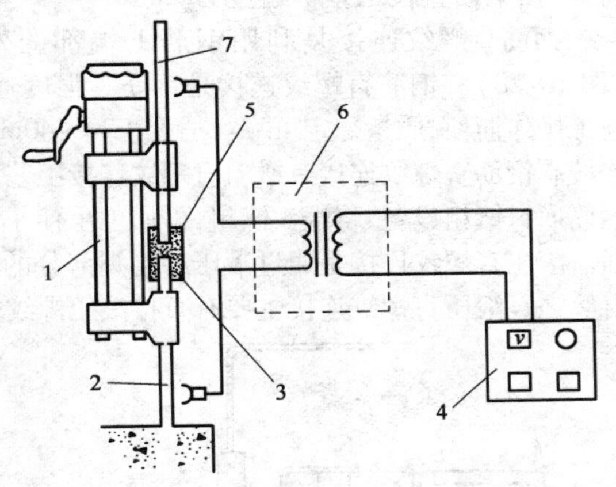

图 10-16　钢筋电渣压力焊工作原理图

1-夹具;2、7-钢筋;3-焊剂;4-控制器;5-焊剂盒;6-焊机

钢筋电渣压力焊机按控制方式分为手动式、半自动式和自动式;按传动方式分为手摇齿轮式和手压杠杆式。它主要由焊接电源、控制系统、夹具(机头)和辅件(焊接填装盒、回收工具)等组成。

二、钢筋机械连接设备

1. 钢筋挤压连接设备

钢筋挤压连接是将需要连接的螺纹钢筋插入特制的钢套筒内,利用挤压机压缩钢套筒,使之产生塑性变形,靠变形后的钢套筒与钢筋的紧固力来实现钢筋的连接。这种连接方法具有节电节能、节约钢材、不受钢筋可焊性制约、不受季节影响、不用明火、施工简便、工艺性能良好和接头质量可靠度高等特点。适合于任何直径的螺纹钢筋的连接。钢筋挤压连接技术有径向挤压工艺和轴向挤压工艺两种。钢筋径向挤压连接应用广泛。

钢筋径向挤压连接是利用挤压机将钢套筒 1 沿直径方向挤压变形,使之紧密地咬住钢筋 2 的横肋,实现两根钢筋的连接(图 10-17)。径向挤压方法适用于连接 $\phi12\sim40$mm 的钢筋。

图 10-18 是钢筋径向挤压连接设备的示意图,它主要由超高压泵站 1、挤压钳 3、平衡器 4

和吊挂小车 2 等组成。

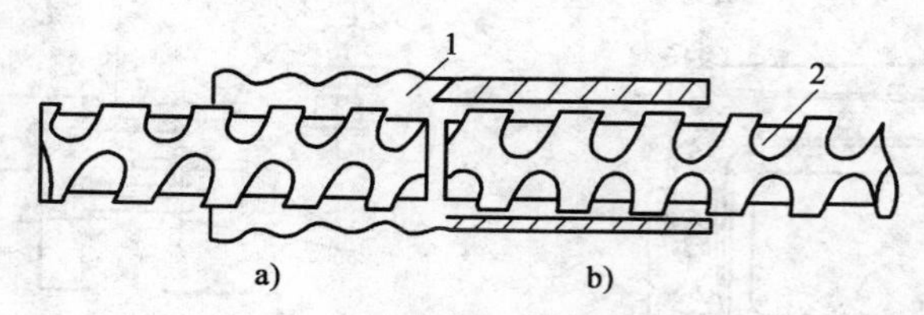

图 10-17　钢筋径向挤压连接

a）已挤压部分；b）未挤压部分

1-钢套筒；2-带肋钢筋

2. 钢筋螺纹连接设备

钢筋螺纹连接是利用钢筋端部的外螺纹和特制钢套筒上的内螺纹连接钢筋的一种机械连接方法。钢筋螺纹连接按螺纹形式有锥螺纹连接和直螺纹连接两种。

钢筋锥螺纹连接是利用钢筋 1 端部的外锥螺纹和套筒 2 上的内锥螺纹来连接钢筋（图 10-19）。钢筋锥螺纹连接具有连接速度快、对中性好、工艺简单、安全可靠、无明火作业、可全天候施工、节约钢材和能源等优点。适用于在施工现场连接 $\phi16\sim40$mm 的同径或异径钢筋，连接钢筋直径之差不超过 9mm。

钢筋直螺纹连接是利用钢筋 1 端部的外直螺纹和套筒 2 上的内直螺纹来连接钢筋（图 10-20）。钢筋直螺纹连接是钢筋等强度连接的新技术。这种方法不仅接头强度高，而且施工操作简便，质量稳定可靠。适用于20～40mm 的同径、异径、不能转动或位置不能移动钢筋的连接。钢筋直螺纹连接有镦粗直螺纹连接工艺和滚压直螺纹连接工艺两种。镦粗直螺纹连接是钢筋通过镦粗设备，将端头镦粗，再加工出使小径不小于钢筋母材直径的螺纹，使接头与母材等强。滚压直螺纹连接是通过滚压后接头部分的螺纹和钢筋表面因塑性变形而强化，使接头与母材等强。滚压直螺纹连接主要有直接滚压螺纹、挤（碾）压肋滚压螺纹和剥肋滚压螺纹三种形式。

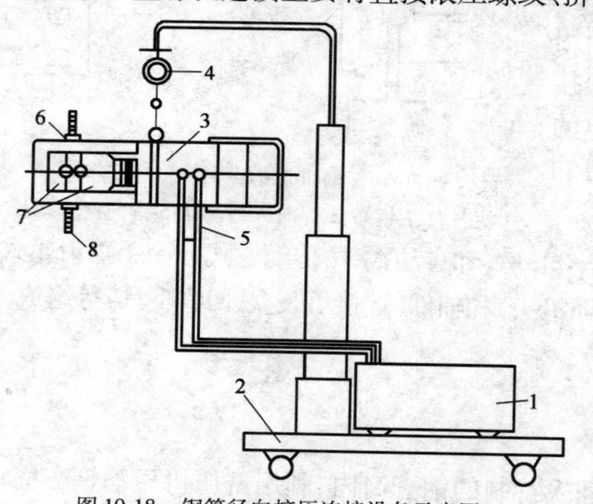

图 10-18　钢筋径向挤压连接设备示意图

1-超高压泵站；2-吊挂小车；3-挤压钳；4-平衡器；5-软管；6-钢套管；7-压模；8-钢筋

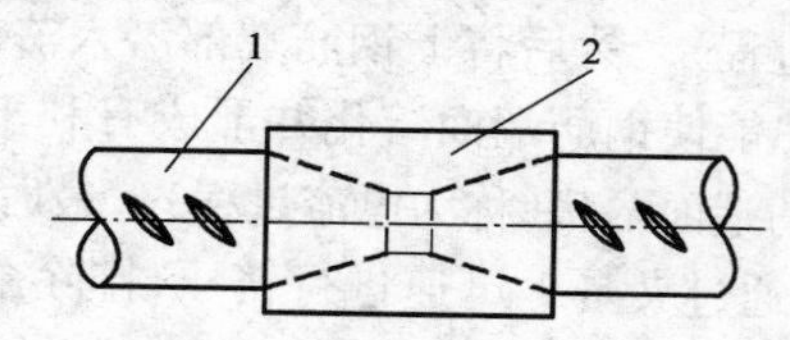

图 10-19　钢筋锥螺纹连接

1-钢筋；2-套筒

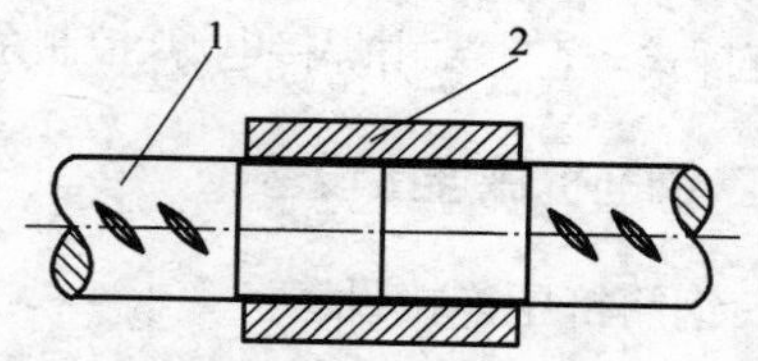

图 10-20　钢筋直螺纹连接

1-钢筋；2-套筒

钢筋锥螺纹连接所用的设备和工具主要有钢筋套丝机、量规和力矩扳手等。图 10-21 为钢筋锥螺纹套丝机的结构图，主要由电动机 2、减速器 3、连接器 4、前支架 5、切削头 6、前导套 8、圆导轨 9、夹紧机构 10、固定导套 11、钢筋 12 和机架 13 等组成。螺纹钢头部的锥螺纹可在筋套丝机上一次加工成型。

滚压直螺纹连接所用设备和工具主要由滚压直螺纹机、量具、管钳和力矩扳手等组成。图

10-22 是剥肋钢筋滚压直螺纹成型机结构示意图。主要由台钳 1、剥肋机构 4、滚丝头 5、减速机 7 和机座 12 等组成。工作原理是：钢筋夹持在台钳上，扳动进给手柄 8，减速机向前移动，剥肋机构对钢筋进行剥肋，到调定长度后，通过涨刀触头 2 使剥肋机构停止剥肋，减速机继续向前进给，涨刀触头缩回，滚丝头开始滚压螺纹，滚到设定长度后，行程挡块与限位开关接触断电，设备自动停机并延时反转，将钢筋退出滚丝头，扳动进给手柄后退，通过收刀触头 2 收刀复位，减速机退到极限位置后停机，松开台钳、取出钢筋，完成螺纹加工。

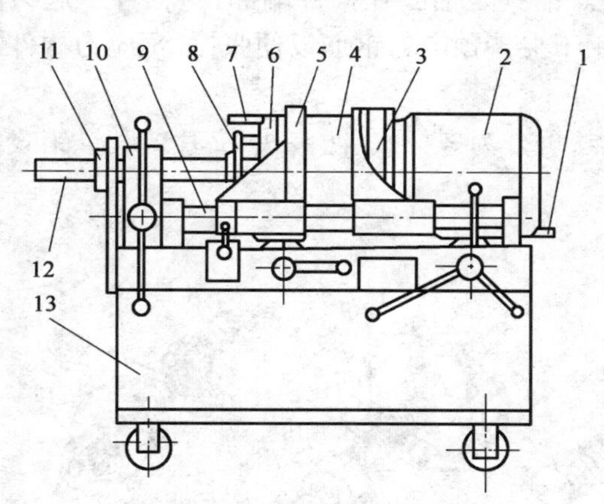

图 10-21 钢筋锥螺纹套丝机

1-进水管；2-电动机；3-减速器；4-连接器；5-前支架；6-切削头；7-斜尺；8-前导套；9-圆导轨；10-夹紧机构；11-固定导套；12-钢筋；13-机架

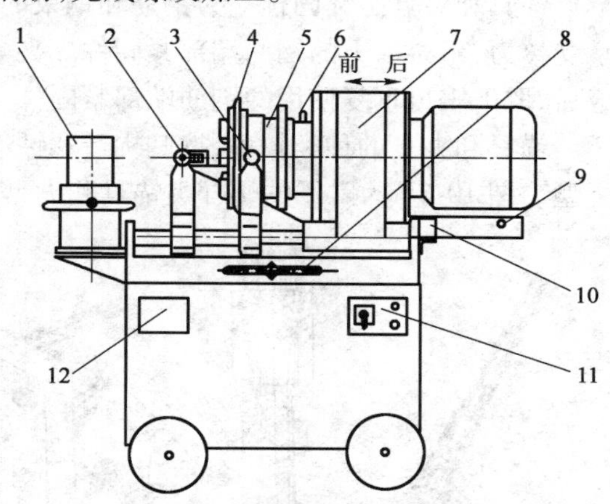

图 10-22 剥肋滚压直螺纹成型机

1-台钳；2-涨刀触头；3-收刀触头；4-剥肋机构；5-滚丝头；6-上水管；7-减速机；8-进给手柄；9-行程挡块；10-行程开关；11-控制面板；12-机座

第四节 预应力机械

预应力钢筋混凝土是在承受外荷载前，其结构内部在使用时产生拉应力的区域预先受到压应力，压应力能抵消部分或全部荷载作用时产生的拉应力。通常把这种压应力称为预应力。预应力钢筋混凝土因其具有抗裂度和刚度高，耐久性好，节约材料和构件质量小等优点，而被广泛应用。

施加预应力的方法是将混凝土受拉区域的钢筋，拉长到一定数值后，锚固在混凝土上，放松张拉力，钢筋产生弹性回缩，被锚固钢筋的回缩力传给混凝土，混凝土被压缩，产生预应压力。预应力混凝土按施加预应力的时间不同分为先张法和后张法两种。图 10-23 为先张法张拉钢筋示意图，先张法为先张拉钢筋，后浇筑混凝土。施工过程为：张拉机械 4 张拉钢筋 3 后，用夹具 1 将其固定在台座 2 上，浇筑混凝土，混凝土具有一定强度后，放松钢筋，钢筋回缩，使混凝土产生预应力。图 10-24 为后张法张拉钢筋示意图，后张法为先浇筑混凝土，后张拉钢筋。施工过程为：构件中配置预应力钢筋的部位预先留出孔道 1，混凝土具有一定强度后，把钢筋 2 穿入孔道，张拉机械 4 张拉钢筋后，用锚具 3 将其固定在构件两端，钢筋的回缩力使混凝土产生预应力。

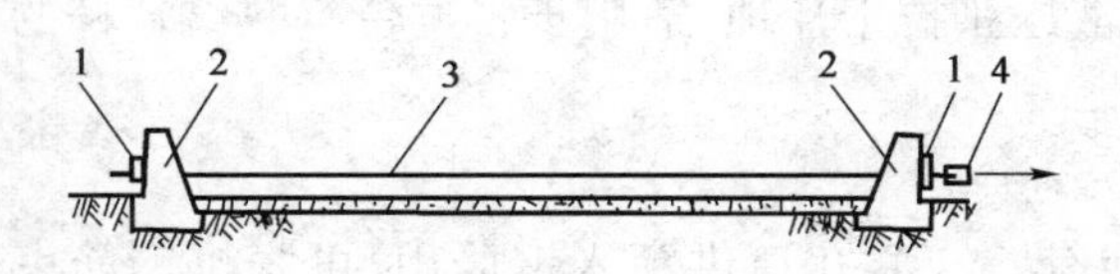

图 10-23 先张法张拉钢筋示意图

1-夹具；2-台座；3-钢筋；4-张拉机械

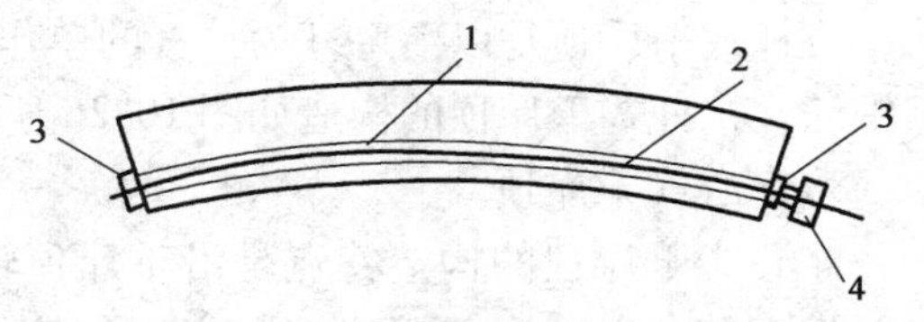

图 10-24 后张法张拉钢筋示意图

1-预留孔道；2-钢筋；3-锚具；4-张拉机械

预应力机械是对预应力混凝土构件中钢筋施加张拉力的机械。分为液压式、机械式和电热式三种。常用的为液压式和机械式。预应力张拉机械张拉钢筋时,需要配套使用张拉锚具和夹具。

一、预应力张拉锚具和夹具

锚具和夹具是锚固预应力钢筋和钢束的工具。锚具是锚固在构件端部,与构件一起共同承受拉力,不再取下的钢筋端部紧固件。夹具是用于夹持预应力钢筋以便张拉,预应力构件制成后,取下来再重复使用的钢筋端部紧固件。

锚具和夹具的种类较多,按其构造和性能特点,可分为螺杆式、镦头式、夹片式和锥销式等类型。图10-25为常用的螺杆类锚具和夹具。

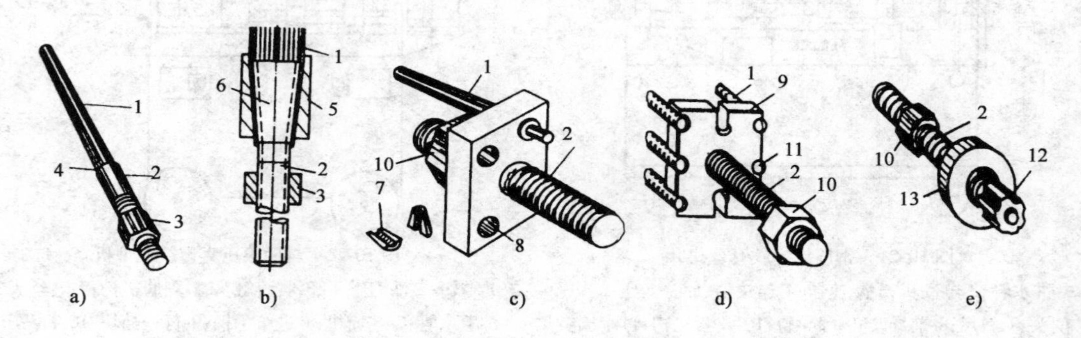

图10-25 螺杆类锚具和夹具

a)螺纹端杆锚具;b)锥形螺杆锚具;c)螺杆销片夹具;d)螺杆镦头夹具;e)螺杆锥形头夹具

1-钢筋;2-螺纹端杆;3-锚固用螺母;4-焊接接头;5-套筒;6-带单向齿的锥形杆;7-锥片;8-锥形孔;9-锚板;10-螺母;11-钢筋端的镦粗头;12-锥形螺母;13-夹套

二、预应力张拉机

(一)液压式张拉机

液压式张拉机由千斤顶、高压油泵、油管和各种附件组成。

1. 液压千斤顶

液压千斤顶是液压张拉机的主要设备,按工作特点分为单作用、双作用和三作用三种型式;按构造特点分为台座式、拉杆式、穿心式和锥锚式四种形式。

1)台座式千斤顶

台座式千斤顶是一种普通的油压千斤顶,须和台座、横梁或张拉架等装置配合才能进行张拉工作,主要用于张拉粗钢筋。

2)拉杆式千斤顶

拉杆式千斤顶是以活塞杆为拉杆的单作用液压张拉千斤顶,适用于张拉带有螺纹端杆的粗钢筋。拉杆式千斤顶的构造如图10-26所示。

3)穿心式千斤顶

穿心式千斤顶的构造特点是沿千斤顶轴线有一穿心孔道供穿入钢筋用,可张拉钢筋束或单根钢筋。是一种通用性强,应用较广的张拉设备。穿心式千斤顶的构造如图10-27所示。

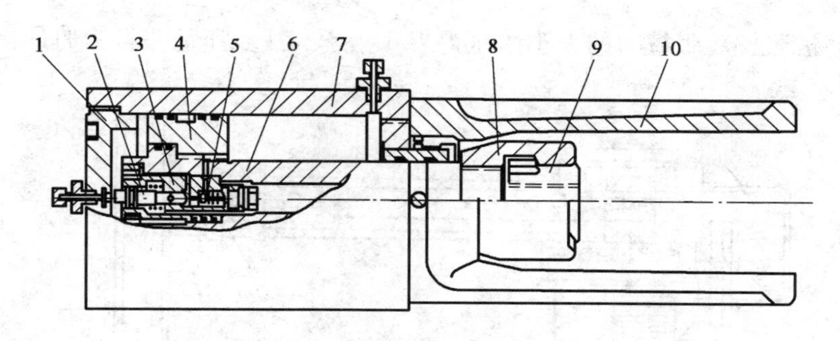

图 10-26　YL60 型拉杆式液压千斤顶

1-端盖；2-差动阀活塞杆；3-阀体；4-活塞；5-锥阀；6-拉杆；7-液压缸；8-连接头；9-张拉头；10-撑套

4）锥锚式千斤顶

锥锚式千斤顶是双作用的液压千斤顶，用于张拉钢筋束。锥锚式千斤顶的构造如图 10-28 所示。

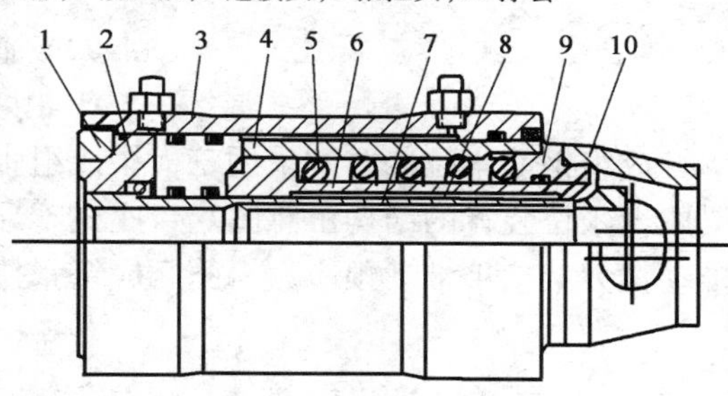

图 10-27　YC-60 型穿心式液压千斤顶

1-螺母；2-堵头；3、5-液压缸；4-弹簧；6-活塞；7-穿心套；8-保护套；9-连接套；10-撑套

2. 高压油泵

高压油泵是液压张拉机的动力装置，根据需要，供给液压千斤顶用高压油。高压油泵有手动和电动两种形式，电动油泵又分为轴向式和径向式两种。图 10-29 是电动油泵车的外形结构示意图。

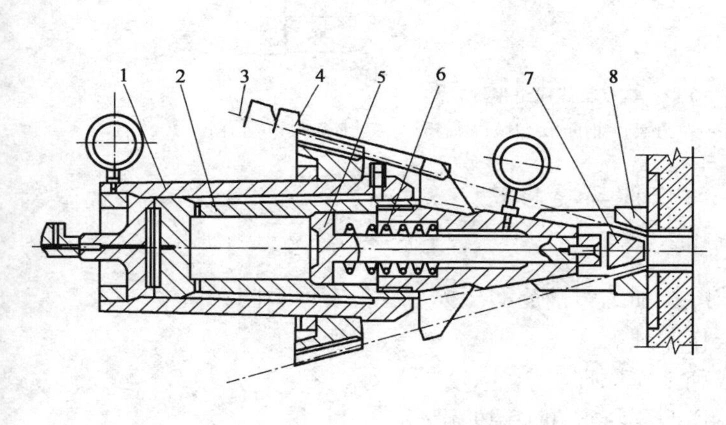

图 10-28　TD60 型锥锚式液压千斤顶

1-张拉缸；2-顶压缸；3-钢丝；4-楔块；5-活塞杆；6-弹簧；7-对中套；8-锚塞

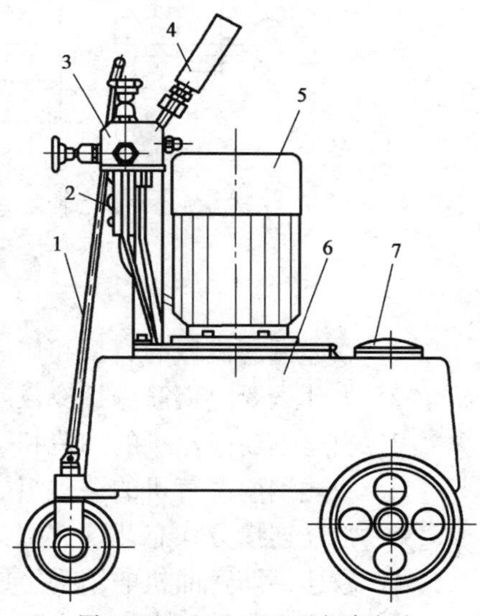

图 10-29　ZB4－500 型电动油泵

1-拉手；2-电器开关；3-组合控制阀；4-压力表；5-电动机及泵体；6-油箱小车；7-加油口

（二）钢筋张拉装置

钢筋张拉装置分单根钢筋张拉装置和成组钢筋张拉装置。单根钢筋张拉装置由双横梁式台座配穿心式千斤顶或拉杆式千斤顶进行钢筋的张拉，螺杆夹具或夹片夹具锚固。

图 10-30 为千斤顶测力卷扬式电动张拉机的结构示意图。工作原理是：顶杆 4 顶在台座 9 横梁上，钢筋端头夹紧在夹具中，开动电动机 2，钢丝绳带动千斤顶 5 向后移动，千斤顶和夹具

连在一起，钢筋被张拉。张拉力的大小由压力表6指示。达到所需张拉力时停机，将钢筋用锚具8锚固在台座上。

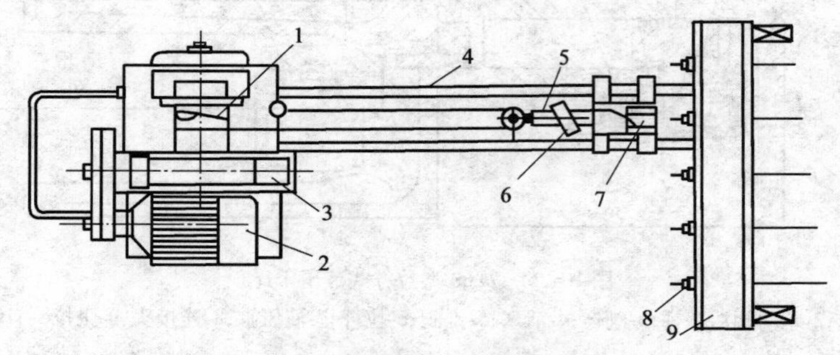

图10-30　卷扬机式电动张拉车

1-卷筒;2-电动机;3-变速器;4-顶杆;5-千斤顶;6-压力表;7-夹具;8-锚具;9-台座

成组钢筋张拉装置常采用三横梁成组张拉装置和四横梁成组张拉装置。图10-31是四横梁成组张拉装置的结构示意图。台座式千斤顶9与前横梁组装在一起，张拉时，台座式千斤顶推动拉力架1、4带动预应力钢筋5成组张拉，然后用螺母逐步锚固。

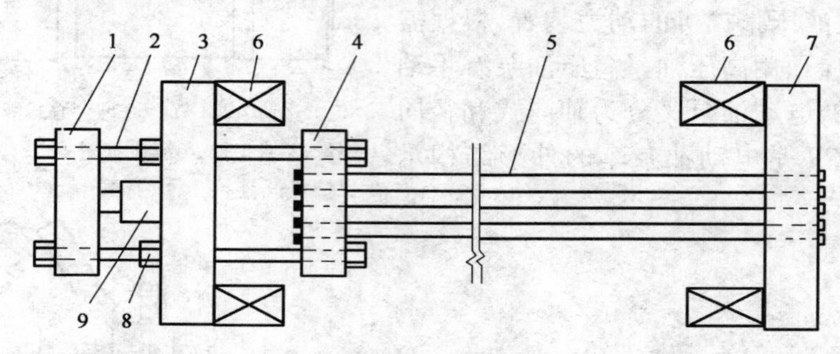

图10-31　四横梁式成组张拉装置

1-拉力架;2-丝杠;3-前横梁;4-拉力架;5-钢筋;6-台座;7-后横梁;8-丝杠螺母;9-千斤顶

作业与复习题

1. 叙述钢筋机械的类型和作用。
2. 为什么要对钢筋进行冷拔或冷拉加工？钢筋的冷拔与冷拉有何不同？
3. 叙述钢筋拔丝机的构造和工作原理。
4. 叙述钢筋调直机的结构组成和工作原理。
5. 钢筋连接方式有几种类型？说明其特点和采用的设备。
6. 叙述钢筋弯曲机的结构组成。GW-40型弯曲机具有哪些功能？
7. 预应力钢筋加工机具有哪些？各自的作用是什么？

第十一章 装修机械

装修机械是建筑物主体结构完成以后，对建筑物表面和内部进行修饰和加工处理的机械。主要用于房屋内外墙面和顶棚的装饰，地面、屋面的铺设和修整，以及水、电、暖气和卫生设备等的安装。而且，装修工程的内容繁多，所以装修机械的种类也很多。

装修工程的特点是工种技术复杂，劳动强度大，大型机械使用不便，传统上多靠手工操作。因此，发展小型的、手持式的轻便装修机具，是实现装修工程机械化的有效途径。

装修机械目前有灰浆制备及喷涂机械、涂料喷刷机械、油漆制备及喷涂机械、地面修整机械、屋面装修机械、高处作业吊篮、擦窗机、建筑装修机具及其他装修机具 9 大类。

第一节 灰浆制备及喷涂机械

灰浆制备及喷涂机械用于灰浆材料加工、灰浆搅拌、灰浆输送、墙体抹灰等工作，主要包括灰浆搅拌机、灰浆泵、灰浆喷枪等。

一、灰浆搅拌机械

灰浆搅拌机是将砂、水、胶合材料(如水泥、石膏、石灰等)均匀搅拌成灰浆混合料的机械。其工作原理与强制式混凝土搅拌机相同。工作时，搅拌筒固定不动。而靠固定在搅拌轴上的叶片的旋转来搅拌物料。

灰浆搅拌机按其生产状态可分为周期作业式和连续作业式，按搅拌轴的布置方式可分为卧轴式和立轴式，按出料方式可分为倾翻卸料式和底门卸料式。目前，建筑工地上使用最多的是周期作业的卧轴式灰浆搅拌机。

HJ-200 型灰浆搅拌机的结构图 11-1 所示，主轴 10 上用螺栓固定着叶片 6 以 30r/min 的转速回转。叶片对主轴的倾角以 45°为宜，采用组合式叶片，叶片磨损后易于更换。搅拌时使

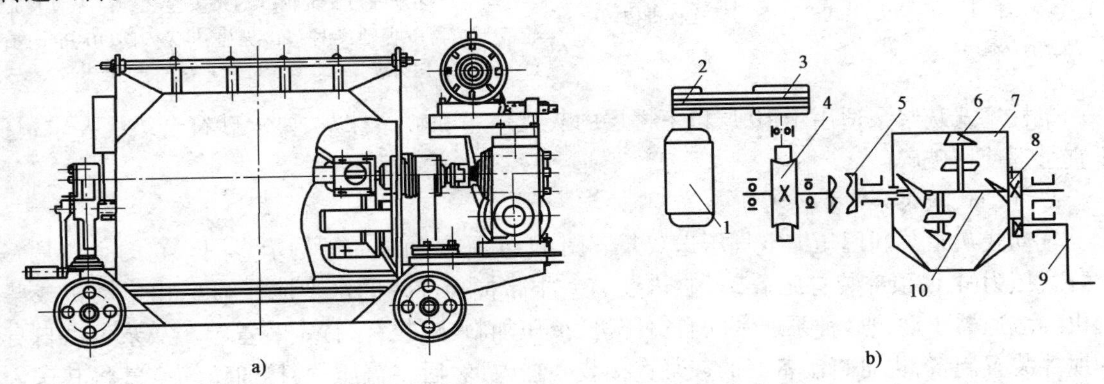

图 11-1 HJ－200 型灰浆搅拌机的外形与传动系统

1-电动机；2、3-小、大皮带轮；4-蜗轮减速器；5-十字滑块联轴节；6-叶片；7-搅拌筒；8-扇形内齿轮；9-摇把；10-主轴

拌和料既产生周向运动又产生轴向相向运动，使之既搅拌又互相掺和从而得到良好的拌和效果。卸料时，转动摇把9，通过小齿轮带动与筒体固定的扇形齿圈，使搅拌筒以主轴为中心进行倾翻，此时叶片仍继续转动，协助将灰浆卸出。搅拌筒的顶部装有用钢条制成的格栅，防止大块物料及装料工具不慎绞入。

此类搅拌机轴端密封不好，造成漏浆，流入轴承座而卡轴承、烧毁电动机，有待于改进和提高。

二、灰浆喷涂机械

灰浆喷涂机械是用于输送、喷涂和灌注水泥灰浆的设备。按结构形式可分为柱塞式、隔膜式、挤压式、气动式和螺杆式，目前最常用的是柱塞式灰浆泵和挤压式灰浆泵。

1. 柱塞式灰浆泵

柱塞式灰浆泵利用柱塞在密闭缸体里的往复运动，将进入柱塞缸中的灰浆直接压送入输浆管，再送到使用地点。它有单柱塞式和双柱塞式两种。

单柱塞式灰浆泵的结构如图11-2所示，主要由电动机3、减速器4、曲柄连杆机构5、三通阀6、输出口7和输送管道等组成。电动机3通过三角皮带传动和减速器4使曲轴6旋转，再通过曲柄连杆机构使柱塞7做往复运动。图11-3是单柱塞式灰浆泵的传动系统图。柱塞回程吸浆，柱塞伸长压浆。吸入阀和压出阀随着柱塞的往复运动而轮番的启闭，从而吸入和压出灰浆。气罐内有空气，依靠空气储能，当柱塞回程吸浆时，气罐内的灰浆因空气压力继续输出，并减少灰浆输送的脉动现象。气罐上装有压力表，当工作压力超过1.5MPa时，装在三角皮带轮上的过载安全装置能够使大皮带轮停止运转，以保证安全。

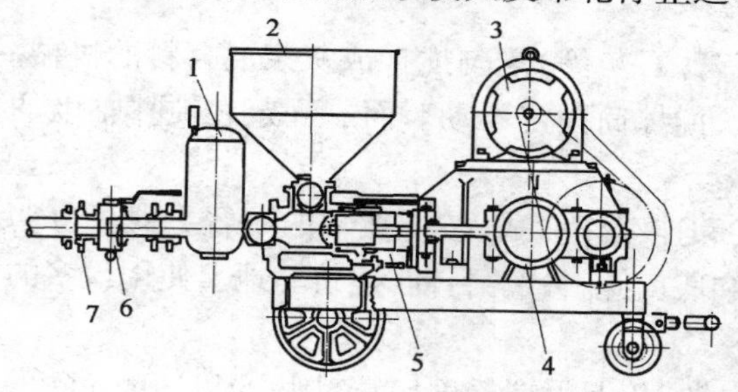

图11-2　单柱塞式灰浆泵

1-气罐；2-料斗；3-电动机；4-减速器；5-曲柄连杆机构；6-三通阀；7-输出口

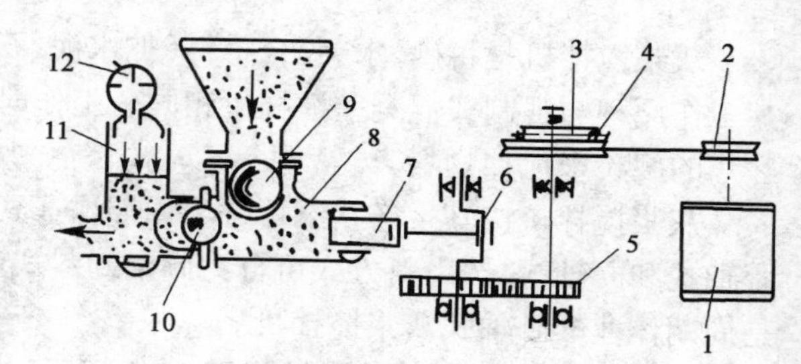

图11-3　单柱塞式灰浆泵工作原理图

1-电动机；2-主动三角皮带轮；3-过载安全装置；4-从动皮带轮；5-减速器；6-曲轴；7-柱塞；8-泵缸；9-吸入阀；10-压出阀；11-气罐；12-压力表

单柱塞式灰浆泵适用于10层以下楼层的灰浆输送和喷涂抹灰，要求砂符合级配要求，且不宜全部使用破碎砂。

2. 气动式灰浆泵

气动式灰浆泵利用压缩空气压送灰浆。图11-4是气动泵的结构示意图。它的主体是一个卧式压力缸1，顶部装有压盖3。缸内装有一根带搅拌叶片的水平搅拌轴6，由电动机或柴油机经减速器驱动。这种泵通常配有空压机、液压加料斗、拉铲、行走装置等。灰浆可由自身的搅拌装置制备，也可将制备好的灰浆直接装入缸内，然后将盖压紧，接通压缩空气将其送入密闭的压力缸内，使用时打开出料口，即可将灰浆压出。该机用途广泛，除了用作灰浆输送泵和灰浆搅拌机外，还可以用来搅拌和输送细石混凝土或干料。

3. 灰浆喷枪

灰浆喷枪是灰浆泵的配套机具，泵送来的灰浆通过它喷涂到墙面上，是灰浆喷涂机械不可缺少的组成部分。常用的灰浆喷枪有普通喷枪和万能喷枪两种，其结构如图11-5所示。普通喷枪用来喷涂石灰灰浆，它是一个成锥形口的套管，下接输浆管，压缩空气沿输气管进入锥形口的空间，压缩空气喷出时，带动周围灰浆从锥形口一起喷出，并由开关控制输气量的大小。万能喷枪用来喷涂混合灰浆（石灰水泥灰浆或石灰石膏灰浆），它由三段锥形管组成，灰浆由输浆管送入，压缩空气沿输气管进入，由于锥形管之间的空间减小，可以使压缩空气和灰浆很好地混合，输气量也由开关来控制。

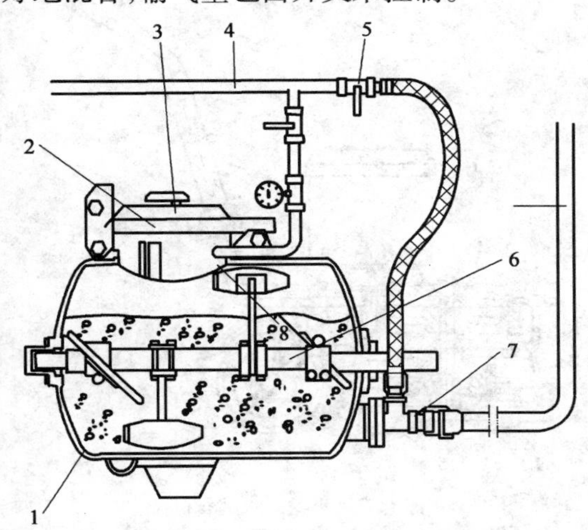

图11-4 气动式灰浆泵结构示意图

1-压力缸；2-进料口；3-压盖；4-压缩空气管道；5-开关；6-搅拌轴；7-出料口；8-输出管道

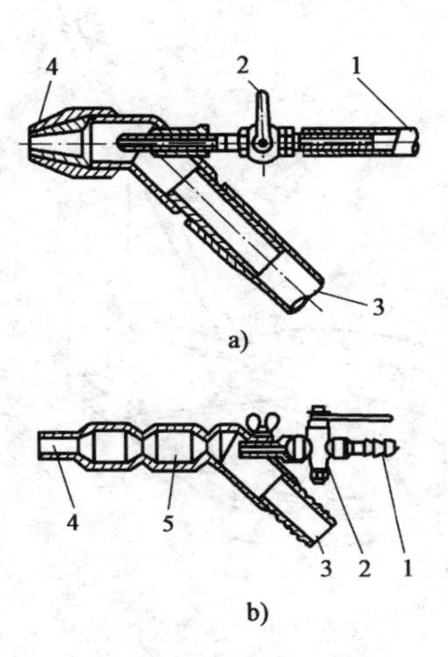

图11-5 灰浆喷枪

a）普通喷枪；b）万能喷枪

1-输气管；2-气门开关；3-输浆管；4-喷嘴；5-混合室

第二节 地面修整机械

地面修整机械用于水泥地面、水磨石地面和木地板表面的加工和修整，常用的有地面抹光机、水磨石机和地板磨光机等。

一、地面抹光机

地面抹光机用于房屋地面、室外地坪、道路、混凝土构件的水泥灰浆或细石混凝土表面的压平抹光工作。

图11-6所示是地面抹光机的外形图。电动机通过三角皮带驱动转子，转子是一个十字架形的转架，其底面装有2～4把抹刀，抹刀的倾斜方向与转子的旋转方向一致，并能紧贴在所修整的水泥地面上。抹刀随着转子旋转，对水泥地面进行抹光工作。抹光机由操纵手柄操纵行进方向，由电气开关控制电动机的开停。

二、水磨石机

水磨石是由灰、白、红、绿等石子做集料与水泥混合制成砂浆，铺抹在地面、楼梯等处后，待其凝固并具有一定强度之后，使用水磨石机将地面抹光而成。

水磨石机分为单盘式、双盘式、侧式、立式和手提式5种。单盘式、双盘式水磨石机主要用于水磨较大面积的地坪;侧式水磨石机专用于水磨墙围、踢脚;立式水磨石机主要用于磨光卫生间高墙围的水磨石墙体;而手提式水磨石机主要适用于窗台、楼梯、墙角等狭窄处。

如图11-7所示为单盘式水磨石机的结构。在转盘底部装有3个磨石夹具,每个夹具能夹住一块三角形的金刚砂磨石,由电机通过减速器中的一对大、小齿轮传动。冷却水从管接头通入,以保护金刚石磨块和防止灰尘飞扬。水量的大小由阀门调节。

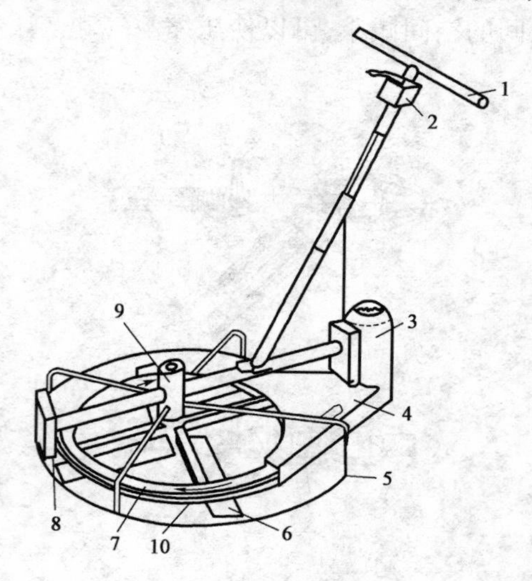

图11-6　地面抹光机

1-操纵手柄;2-电气开关;3-电动机;4-保护罩;5-保护圈;6-抹刀;7-转子;8-配重;9-轴承架;10-三角皮带

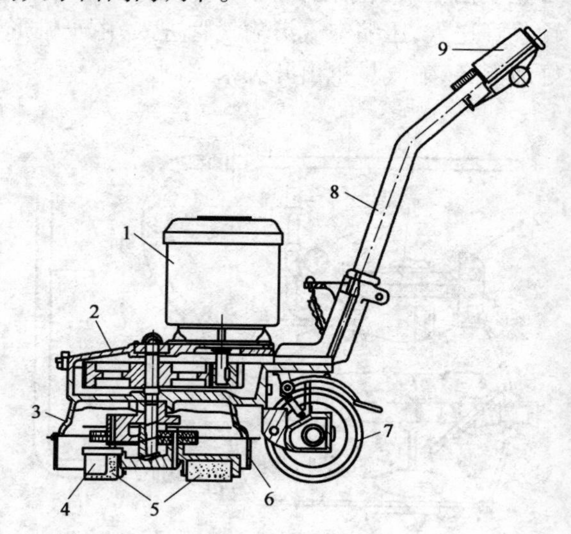

图11-7　单盘式水磨石机

1-电动机;2-变速器;3-磨盘外罩;4-磨石夹具;5-金刚石磨石;6-护圈;7-移动滚轮;8-操纵杆;9-电气开关

当磨盘上的金刚石磨块的厚度还剩下2~3mm时,应及时更换新磨块,以免钢盘磨损。金刚石磨块分为粗、细、精三种。粗磨块工作效率高、寿命长,一般用于第一遍抹平工作。用细磨块可以提高光洁度,在第二遍抹平时使用。细磨后再用精磨块进行精磨。单盘磨石机每小时可磨光地面3.5~4.5m^2。

磨石机在使用中要注意:水磨石机的最佳工作状态,是当混凝土强度达到设计强度的70%~80%时,如强度到100%时,虽能正常有效工作,但磨盘寿命会有所降低。

更换新磨块时应先在废水磨石地坪上或废水泥制品表面先磨,待金刚石切削刀磨出后再在工作面上作业,否则会打掉石子。

第三节　高空作业吊篮

高空作业吊篮主要用于高层及多层建筑物的外墙施工及装饰和装修工程。例如:抹灰浆、贴面、安装幕墙、粉刷涂料、油漆以及清洗、维修等,也可用于大型罐体、桥梁和大坝等工程的作业。使用本产品,可免搭脚手架,从而节约大量钢材和人工,使施工成本大大降低,并具有操作简单灵活、移位容易、方便实用、技术经济效益好等优点。

高处作业吊篮按驱动方式分有手动式和电动式两种。按起升机构不同有爬升式和卷扬式两种。目前国内外大多采用电动爬升式吊篮。

爬升式电动吊篮主要由屋面悬挂机构、悬吊平台、电控系统及工作钢丝绳和安全钢丝绳等组成,如图11-8所示。悬吊平台主要由安全锁3、平台篮体4、提升机5、电控箱6和限位开关9等组成。

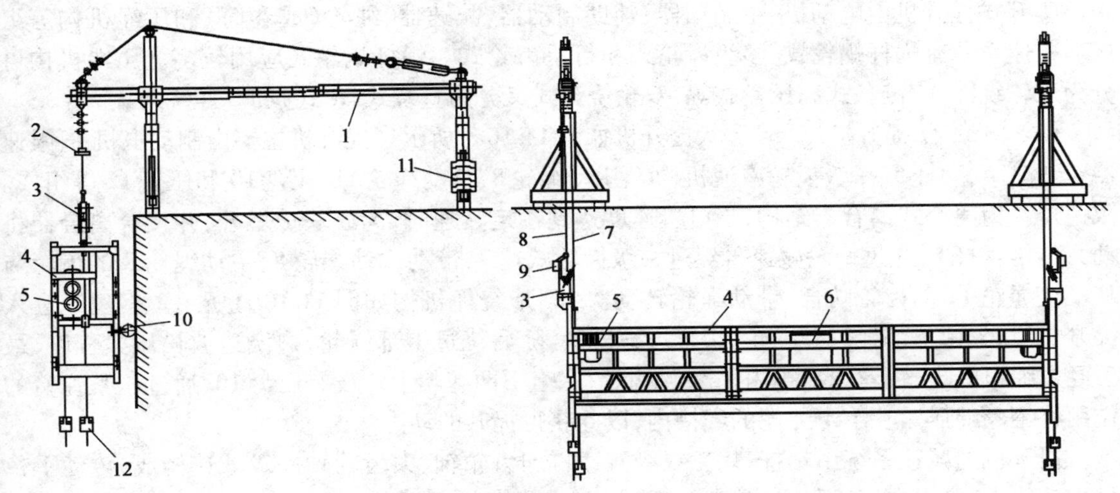

图11-8 爬升式电动吊篮

1-悬挂机构;2-撞顶止挡板;3-安全锁;4-吊篮;5-提升机;6-电气控制箱;7-工作钢丝绳;8-安全钢丝绳;9-撞顶限位开关;10-靠墙轮;11-配重块;12-绳坠铁

一、平台篮体

平台篮体有整体式和组合式两种。工程中常用组合式篮体,组合式篮体可由一到三节不同长度的篮体对接,用螺栓连接而成,如图11-9所示。可根据实际工作需要改变篮体的长度。

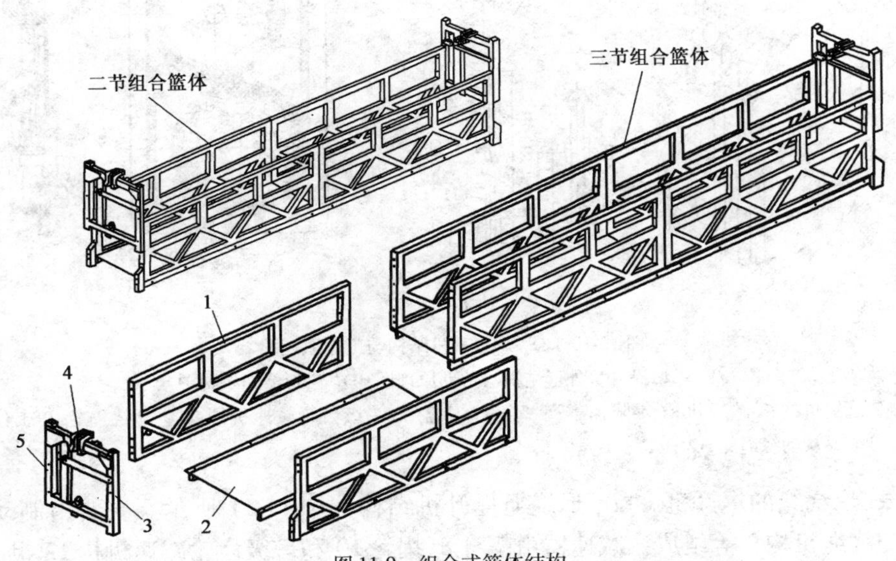

图11-9 组合式篮体结构

1-栏杆;2-底板;3-侧栏杆;4-安全锁固定座;5-提升机固定座

二、提升机

提升机是高空作业吊篮的动力装置。根据卷扬方式的不同,分为卷扬式和爬升式两种提升机。目前吊篮常用爬升式提升机,它是利用绳轮与钢丝绳之间产生的摩擦力作为吊篮爬升的动力,工作时钢丝绳静止不动,提升机的绳轮在钢丝绳上爬行,从而带动吊篮整体提升。

爬升式提升机由电动机、主制动器、辅助制动器、减速器、绳轮(或卷筒)和压绳机构等组成。减速系统有蜗杆蜗轮式、多级齿轮式和行星齿轮式。蜗杆蜗轮式应用较多。压绳机构可分为双轮绕绳式、链条式和压盘式等,双轮绕绳式又分为直绕式(α 式)和 S 弯绕绳式。

(1)"S"形状提升机。"S"形状提升机如图 11-10a)所示。提升机主要由制动电机 1、限速器 4、蜗轮 6、蜗杆 5、一级齿轮减速机构 7、主动绳轮 8、从动绳轮 11、压盘 10 和压簧 12 等组成。限速器 4 为离心式离合器结构,当电机速度达到额定转速时,离心块被甩开,并接合离合器将动力传给蜗杆 5,通过蜗轮减速再经过一级齿轮减速 7,带动主动绳轮 8,主动绳轮 8 的齿轮与从动绕绳轮 11 的齿轮啮合,带动绳轮转动。"S"形绕绳机构如图 11-10b)所示。钢丝绳进入提升机后,先由下部经过一绳轮,边绕边被压紧,随后绕过上部绳轮,边绕边放松压紧程度,最后经过绳口吐出,钢丝绳在机内呈"S"形状。在上下两绳轮上均设有压盘 10,通过压紧弹簧的作用将钢丝绳压紧在上下绳轮的绳槽内,以此获得提升的动力。

提升机的减速系统由蜗杆、蜗轮一级减速再加齿轮轴、大齿轮轴一级减速构成,传动平稳且减速比大,可以自锁,但传动效率较低。在电机的输入端设有一限速器,当电机严重损坏或手动释放制动导致悬吊平台下降过快时,限速器的飞锤由于离心力的作用向外张开,与制动毂的内壁产生摩擦消耗能量,从而限制悬吊平台下降的速度,保证人员的安全。该机采用电磁制动电机,在电磁制动器上设有下滑手柄,以备在停电状态下使用。

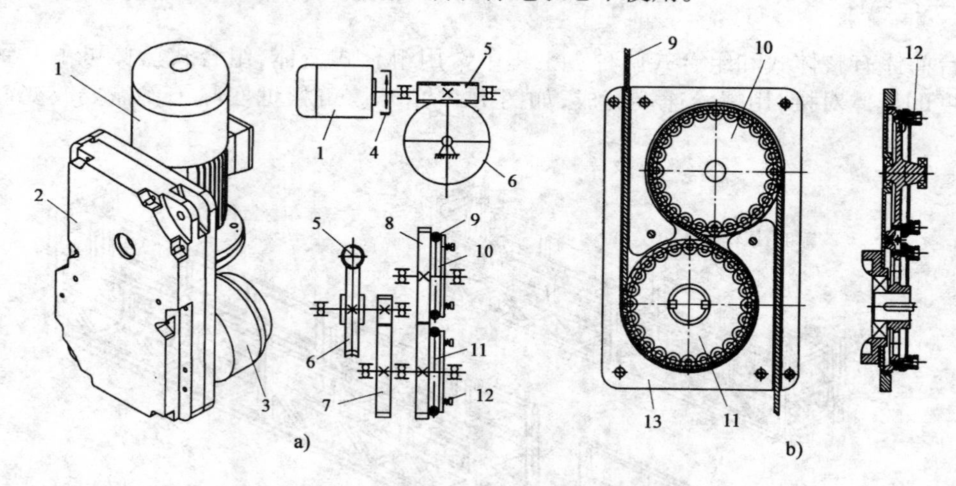

图 11-10 "S"形提升机结构与工作原理图

a)"S"型提升机外形结构与传动原理图;b)"S"形绕绳机构图

1-制动电机;2-绕绳机构;3-减速机构;4-限速器;5-蜗杆;6-蜗轮;7-一级齿轮减速机构;8-主动绕绳轮;9-工作钢丝绳;10-钢丝绳压盘;11-从动绕绳轮;12-压簧;13-壳体

(2)"α"形绕绳的提升机。"α"形绕绳提升机结构如图 11-11 所示。主要由制动电机 1、减速器 2 和绕绳机构 3 等组成。减速器由蜗杆 8、蜗轮 10 和一级齿轮减速机构 12 组成。通过蜗杆 8、蜗轮 10 与一级齿轮减速机构 12 驱动绕绳轮 7 转动的,钢丝绳从上方入绳口穿入后,进入绕绳轮 7 和压绳轮 6,绕行近一周,最后排出提升机,压绳轮 6 将工作钢丝绳 5 紧压在绕绳轮 7 的槽内,使钢丝绳与绕绳轮之间产生足够的摩擦力。绕绳轮转动时,带动吊篮沿钢丝绳上下爬行。钢丝绳在机内呈"α"形状,故命名为"α"形提升机。

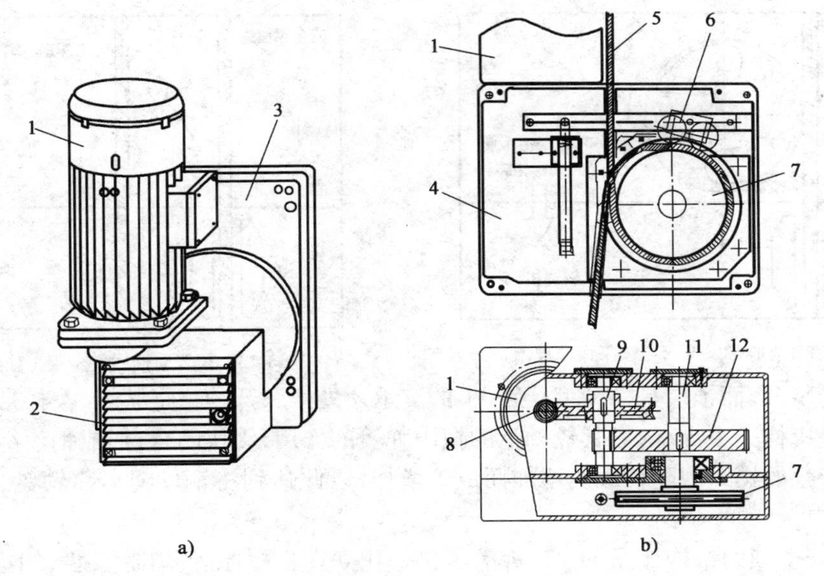

图 11-11 “α”形提升机结构与工作原理图

a)“α”形提升机外形结构图；b)“α”形提升机结构图

1-制动电机；2-减速机构；3-绕绳机构；4-壳体；5-工作钢丝绳；6-压绳轮；7-绕绳轮；8-蜗杆；9-齿轮轴；10-蜗轮；11-输出轴；12-一级齿轮减速机构

三、安全锁

安全锁是保证吊篮安全工作的重要部件。当提升机构钢丝绳突然切断或发生故障产生超速下滑等意外发生时，它应迅速动作，在瞬时将悬吊平台锁定在安全钢丝绳上。

按照其工作原理不同安全锁分为离心触发式和摆臂防倾式两种。

1. 离心触发式安全锁工作原理

图 11-12 为离心触发式安全锁。具有绳速检测及离心触发机构。安全钢丝绳由入绳口穿入压紧轮与飞块转盘间，吊篮下降时钢丝绳以摩擦力带动两轮同步逆向转动，在飞块转盘上设有飞块，当吊篮下降速度超过一定数值时，飞块产生的离心力克服弹簧的约束力向外甩开到一定程度，此时触动等待中的某执行元件带动锁绳机构动作，将锁块锁紧在安全钢丝绳上，从而使吊篮整体停止下降，锁绳机构可以有多种形式，如楔块式、凸轮式等，一般均设计为自锁形式。

2. 摆臂防倾式安全锁工作原理

如图 11-13 所示，该安全锁的基本特征为均具有锁绳角度探测机构。当吊篮发生倾斜或工作钢丝绳断裂、松弛时，锁绳角度探测装置发生角度位置变化，从而带动执行元件使锁绳机构动作，将锁块锁紧在安全钢丝绳上。

3. 安全锁典型结构

离心触发式安全锁的结构如图 11-14 所示。主要由飞块 1、拨杆 4、拉簧 5、旋转压板 6、滑轮 7、压紧滑轮 8、压杆 10、叉形凸轮 11 和锁块 12 等组成。两飞块 1 一端铰接于旋转压板 6 上，另一端则通过拉簧 5 相互连接。钢丝绳从导向套 9 进入后，从两只锁块 12 之间穿入（锁块间留有足够的间隙），穿出前与旋转压板 6 联动的滑轮 8 通过弹簧 13 将钢丝绳挤紧，以保证飞块轮盘能与钢丝绳同步转动。当吊篮下降时，飞块旋转压板 6 被钢丝绳带动旋转，当超过某一设 定值时，飞块1就会克服拉簧的拉力向外张开，直至触发拨杆4为止，由于拨杆4与叉型凸

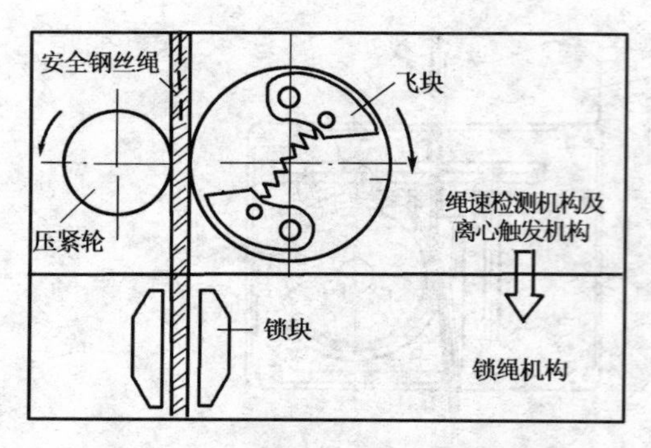

图 11-12　离心触发式安全锁工作原理图

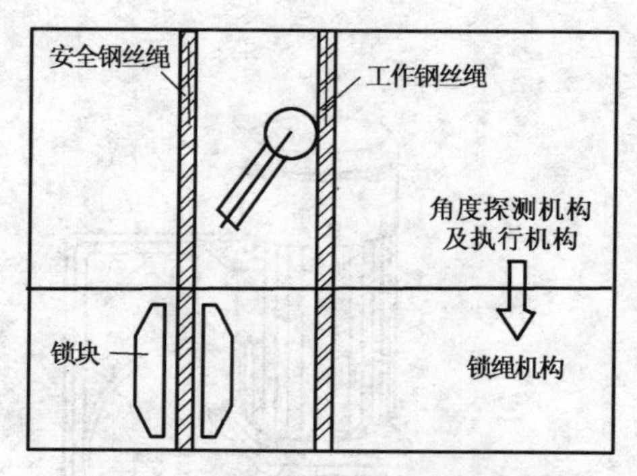

图 11-13　摆臂防倾式安全锁工作原理图

轮 11 是联动装置，而锁块是靠叉型凸轮 11 的支承才处于张开的稳定状态，拨杆带动叉型凸轮动作后，锁块机构失去支承，靠其铰轴上的扭力弹簧的作用，锁块闭合，形成钢丝绳产生自锁的状态，此后产生的锁绳力随荷载的增加而成倍增加，以此达到将钢丝绳可靠锁紧，阻止吊篮整体进一步下滑。

防倾式安全锁的结构如图 11-15 所示。它是建立在杠杆原理基础上，由动作控制部分和锁绳部分组成。控制部分主要零件有滚轮 5、摆臂 2、转动轴 7 等组成，锁绳部分有锁块 3、绳夹板 4 和扭力弹簧 8 等组成，防倾斜打开和锁紧的动作控制由工作钢丝绳的状态决定。

吊篮正常工作时，工作钢丝绳通过防倾斜锁滚轮与限位之间穿入提升机。当工作钢丝绳处于绷紧状态，使得滚轮 5 和摆臂 2 向上抬起，摆臂转动轴 7 带动锁块向下，锁块处于张开状态，安全钢丝绳得以自由通过防倾斜安全锁。当吊篮发生倾斜（悬吊平台倾斜角度达到锁绳角度时）或工作钢丝绳断裂时，滚轮 5 失去支撑，导致锁块机构失去支承，靠其铰轴上的扭力弹簧的作用，锁块闭合，形成钢丝绳产生自锁的状态，悬吊平台就停止下滑，达到确保安全的目的。

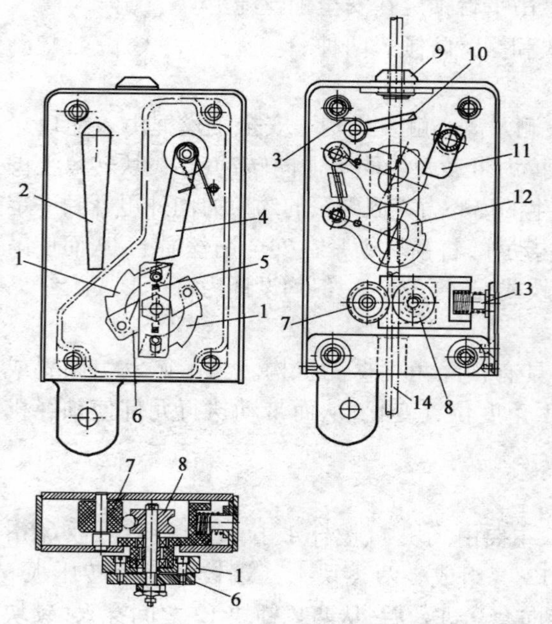
图 11-14　离心触发式安全锁

1-飞块；2-手柄；3-S 形弹簧；4-拨杆；5-拉簧；6-旋转压板；7-滑轮；8-压紧滑轮；9-导向套；10-压杆；11-叉形凸轮；12-锁块；13-弹簧；14-安全钢丝绳

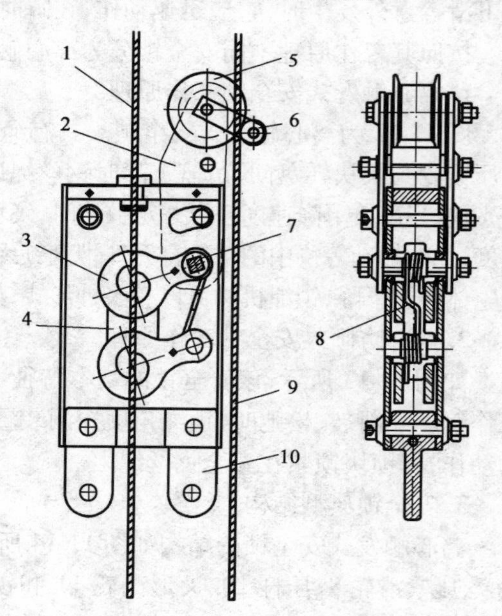
图 11-15　摆臂防倾式安全锁

1-安全钢丝绳；2-摆臂；3-锁块；4-绳夹板；5-滚轮；6-防脱绳轮；7-轴；8-扭力弹簧；9-工作钢丝绳；10-固定耳板

四、屋面悬挂机构

屋面悬挂机构是架设在建筑物上（不一定是顶部），通过钢丝绳悬挂悬吊平台的装置总称。它根据建筑物的不同可以有多种结构形式。

1. 托建筑物的悬挂机构

荷载完全由女儿墙或檐口、外墙面承担。主要有以下几种常见形式（图 11-16）。使用时必须注意：依设计要求装全、紧固所有的辅助安全部件，如固定钢索等，并要确认屋顶受力的女儿墙或檐口等能够安全承受吊篮系统所有荷载。

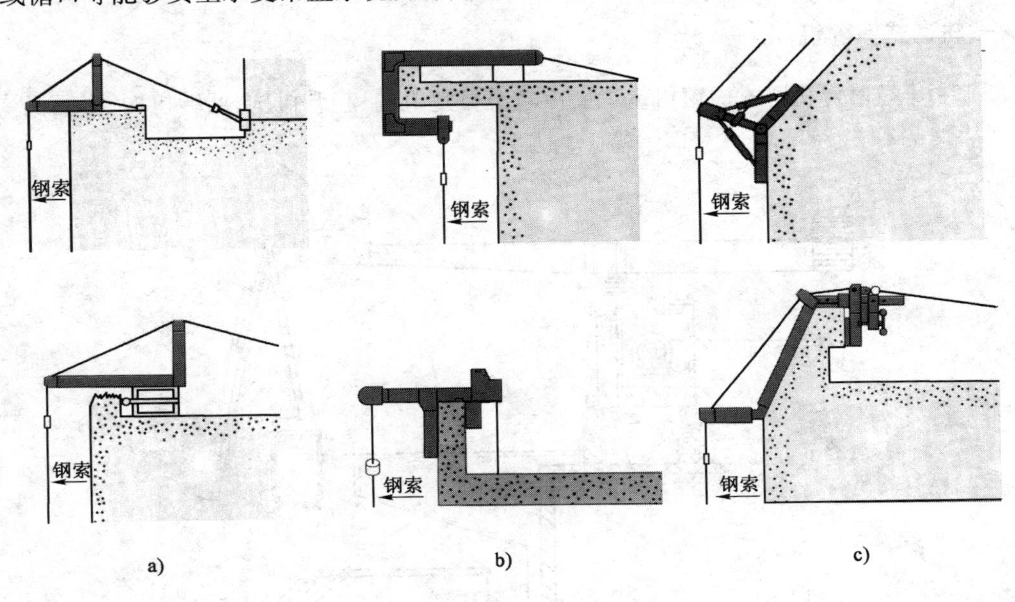

图 11-16 依托建筑物的悬挂机构

a）L 形悬挂机构；b）勾形悬挂机构；c）特殊悬挂机构

2. 屋面悬挂机构的典型结构

悬挂机构的最常见的典型结构如图 11-17 所示。为方便搬运和吊篮移位，悬挂机构设计成组合结构。主梁由前梁 1、中梁 4、后梁 6 组成，互相插接形成主梁，而且前梁、后梁均可以伸缩，使结构具有不同的悬伸长度，以及解决屋顶作业平面狭窄等问题。前支架 10 上的伸缩支架 3 和后支架 9 上的后伸缩支架 7 可调整主梁的高度。并且，前支架和后支架下装有脚轮，以便整体横向移位。后支架 9 的底座上焊有四个立管，配重铁的中心孔就穿过立管摆放整齐，使配重铁在吊篮使用中不会晃掉。在整个横梁上安装一根张紧钢丝绳 5（加强钢丝绳），其目的是增强主梁的承载能力，改善受力状况。但要注意不得过度张紧钢丝绳，以避免内力过大产生失稳状况。

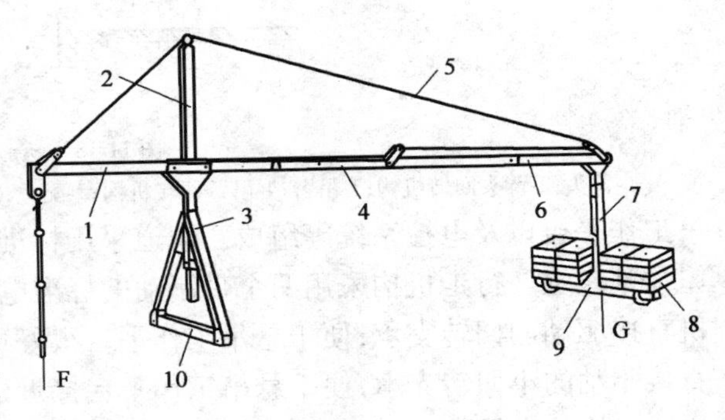

图 11-17 悬挂机构最常见的典型结构

1-前梁；2-上支架；3-前伸缩支架；4-中梁；5-加强钢丝绳；6-后梁；7-后伸缩支架；8-配重铁；9-后支梁；10-前支架

第四节　擦　窗　机

擦窗机是墙面清洗和维护设备的俗称,也是高层建筑维护施工的常设专用设备。该设备主要进行墙面的清洗保洁、墙面设施及幕墙的维护和检查以及墙面的装饰装修等施工。由于建筑结构多种多样,擦窗机种类也很多,但必须按照不同的建筑结构特点选择合适的机型。根据我国现行的国家标准,按照产品的安装和移位方式目前擦窗机有轨道式、轮载式、悬挂轨道式、插杆式四种形式。

一、轨道式擦窗机

图 11-18 为单臂轨道式擦窗机。主要由轨道行走机构、起升机构、回转机构、变幅机构、悬

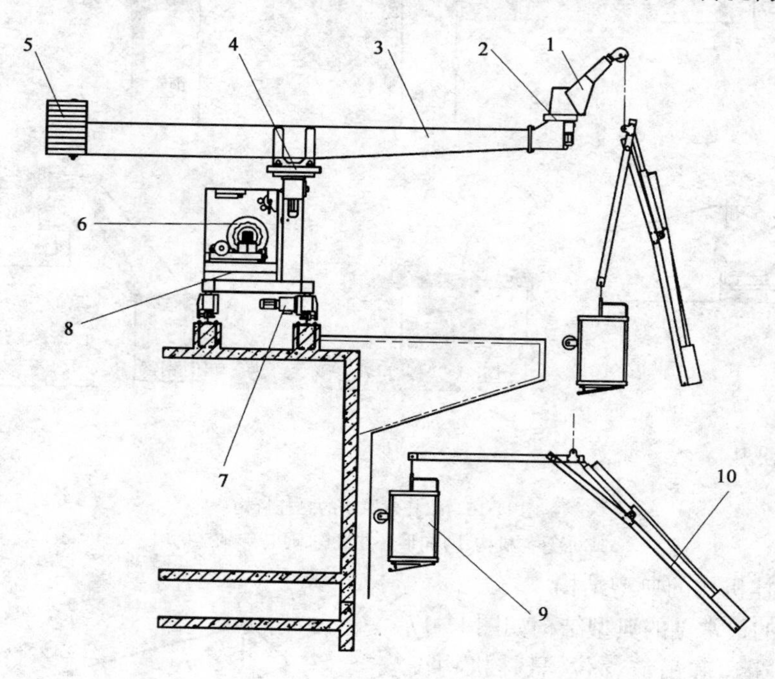

图 11-18　轨道式擦窗机

1-臂头;2-臂头回转机构;3-吊臂;4-吊臂回转机构;5-配重;6-卷扬机构;7-行走机构;8-机体;9-吊船;10-伸展机构

吊工作平台以及电控系统等组成。轨道采用标准的工字钢或“H”形钢,铺设在提前预制好的屋顶基座上。行走机构采用两个带制动的标准电机减速机直接驱动。主机立柱带有电机减速机直接驱动的回转支承,便于悬吊工作平台很好地收回立面。主机臂头也带一个电机减速机直接驱动的小回转支承,便于悬吊工作平台接近建筑物不同拐角立面。主机架箱体中装有带排绳机构的卷扬装置,用于悬吊工作平台的升降,它也是擦窗机的主要核心部件,其工作原理如图 11-19 所示。卷扬装置配有四根钢丝绳 4,由带制动的标准电机减速机 2 通过齿轮减速直接驱动,排绳机构由卷筒左端的链传动 7 通过齿轮减速带动双线螺旋曲轴 8,使整个卷扬机构和活动机架一体相对导向滑轮 5 做往复运动,实现钢丝绳定点等长度的收放,往复运动限位由链传动 7 通过齿轮变速带动限位锣杆转动并由限位开关控制。钢丝绳通过卷筒 3 经导向滑轮连接到悬吊工作平台上,实现悬吊工作平台的升降作业。在卷筒 3 上带有后备制动保护装置

6,防止电机减速机制动失灵后超速下降发生。为解决凹进立面的清洗维护问题,悬吊工作平台上独立设计了带伸展机构的吊架,保证工作平台伸缩时重量的平衡。

图 11-20 为沿女儿墙内侧铺设的轨道式擦窗机,行走机构的导向轮装在上轨道上,驱动轮装在下轨道上。为便于悬吊工作平台很好地收回立面,双吊臂带有电机减速机直接驱动的丝杠变幅机构。主机不带起升卷扬机构,吊篮上配装带有收绳装置和安全装置进行升降作业。

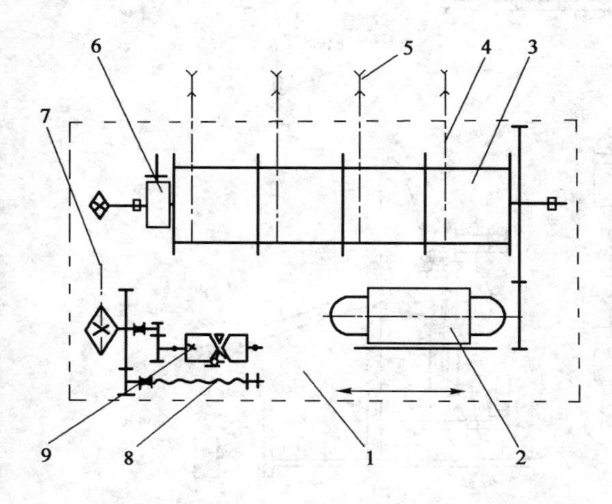

图 11-19　卷扬装置工作原理图

1-活动机架;2-电机减速机;3-卷筒;4-钢丝绳;5-导绳轮;6-后备制动器;7-链传动机构;8-螺旋曲轴;9-限位螺杆

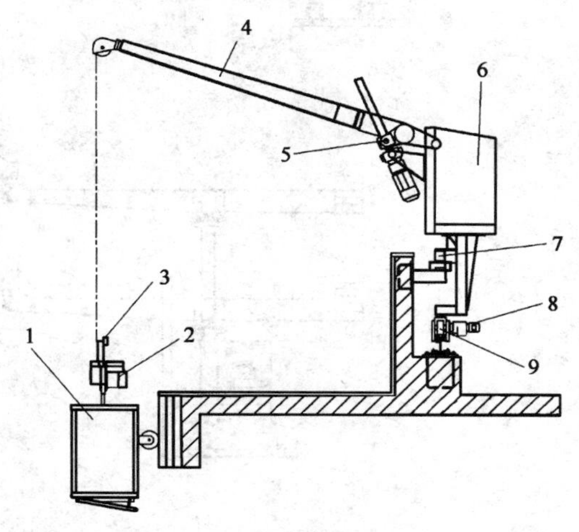

图 11-20　轨道式擦窗机

1-吊篮;2-提升机;3-安全锁;4-吊臂;5-变幅机构;6-机体;7-行走导向轮;8-电机减速器;9-驱动轮

随着城市现代化的发展,各种造型新颖、个性化高层建筑不断涌现,完成整个建筑的清洗和维护工作的要求和难度提高。为了满足不同建筑结构的工作要求,轨道式擦窗机有多种结构形式,在实际工程中轨道式擦窗机使用方便、安全性好、应用最多。常用的轨道式擦窗机如图 11-21 所示,一般应根据建筑物的高度、立面的结构形式以及清洗面积的大小来确定擦窗机的结构形式。

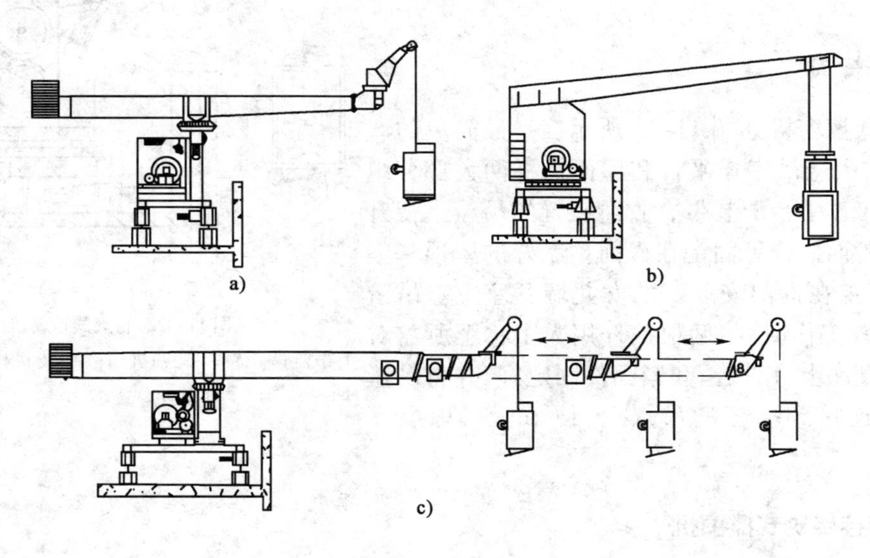

图　11-21

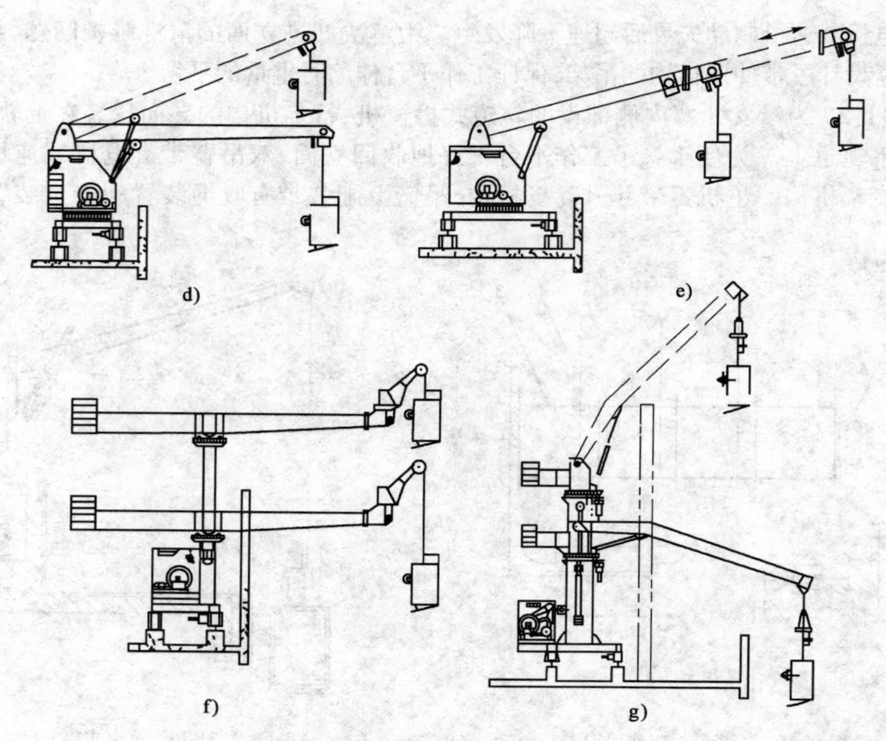

图 11-21　轨道式擦窗机结构形式

a)固定臂式(带平衡臂);b)固定臂式;c)伸缩臂式;d)变幅式;e)变幅和伸缩臂式;f)立柱式升降式;g)立柱升降和变幅式

二、轮载式

轮载式擦窗机如图 11-22 所示。和轨道式擦窗机除行走机构不同外,其他机构大体相同。该行走机构采用实心橡胶轮胎,并由标准电机减速机直接驱动。

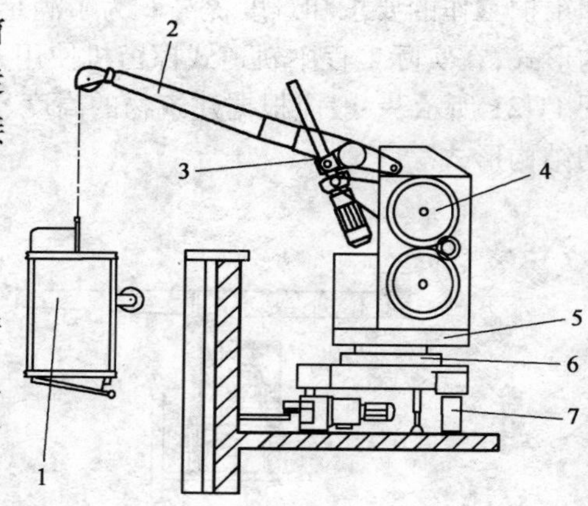

图 11-22　轮载式擦窗机

1-吊篮;2-吊臂;3-变幅机构;4-卷扬机构;5-机体;6-回转机构;7-行走轮胎

三、插杆式

插杆式擦窗机如图 11-23 所示。是最简单的产品形式,它由悬吊工作平台和屋面插杆两大部分组成。悬吊工作平台配装带有收绳装置的吊篮进行升降作业。屋面插杆可固定在提前预制好的屋顶基座上;也可固定在提前安装好的女儿墙基座上。吊篮在所需位置工作时,将两根插杆用人工移至所需对应位置的基座上,用插销和紧固件固定好,并将吊篮的钢丝绳连接到插杆的吊点上,使吊篮可以上下工作。

四、悬挂单轨式擦窗机

悬挂单轨式擦窗机如图 11-24 所示。由悬吊工作平台、悬挂轨道及轨道行走装置 3 个部分组成。悬吊工作平台配装带有收绳装置的吊篮进行升降作业。悬挂轨道由特制的高强铝合金或工字钢制成,并固定在与墙面安装好的牛腿上。轨道行走装置由带制动的电机减速机驱动行走轮构成。工作时将吊篮的钢丝绳连接到行走机构(爬轨器)吊点上,使吊篮可以上下工作。行走机构(爬轨器)通过吊篮上的电控系统带动吊篮水平移动,以更换工作位置。

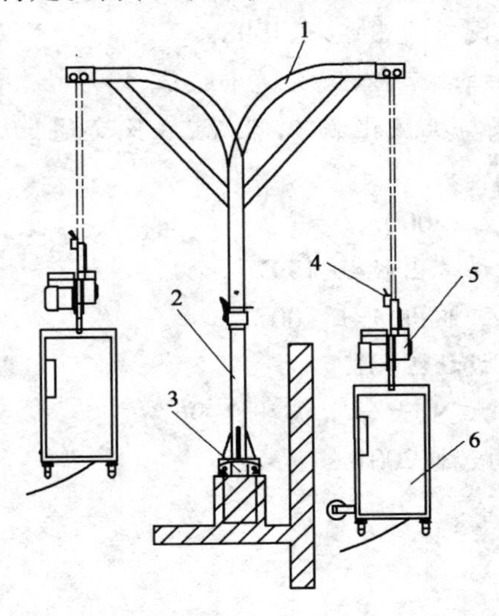

图 11-23　插杆式擦窗机

1-插杆;2-屋顶插杆;3-固定基座;4-安全锁;5-提升机;6-吊篮

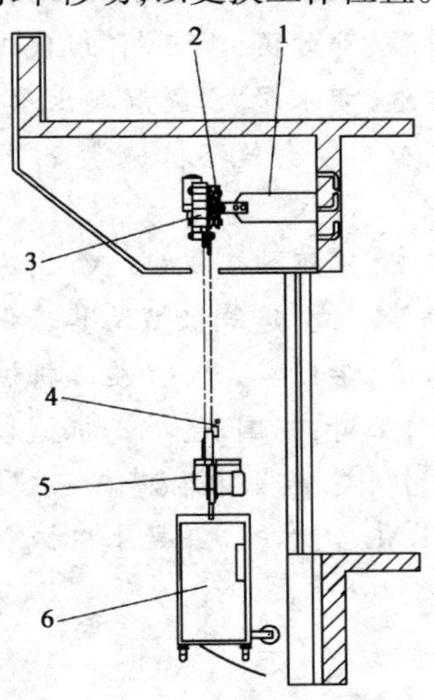

图 11-24　悬挂单轨式擦窗机

1-固定基座;2-悬挂轨道;3-行走机构;4-安全锁;5-提升机;6-吊篮

第五节　手持建筑装修机具

手持建筑装修机具是指工作机构依靠动力驱动,而用手工操作的小型工具。由于是手持操作,故其质量一般不超过10kg,具有质量轻、体积小、搬移方便、操纵简单、价格低廉、使用费低等优点,在建筑施工中得到广泛应用。

手持建筑装修机具按照动力分为电动和气动两大类;按照工作机构的运动性质,分为旋转式、往复式、冲击式三种。

电动工具是最常见的手持建筑装修机具,其特点是由外电源提供电力,使用方便、工作效率高。电动工具所采用的电动机的类型有三相工频电动机、三相中频电动机、永磁直流电动机、交直流两用串激电动机等。近年来研制了双重绝缘结构,使电动工具的使用安全性得到保证,在建筑装修工程、钢木制品加工和房屋修缮中使用较普遍。

手持建筑装修机具种类繁多,常见的产品有电锤、电钻、点刨、瓷片切割机、手持钢筋切断机等。由于结构比较简单,就不再作介绍。

作业与复习题

1. 在建筑装修工程中常用哪些机械和机具,各自起什么作用?
2. 叙述高空作业吊篮的组成、作用和应用场合。
3. 叙述吊篮提升机和安全锁的作用和工作原理。
4. 擦窗机的类型有哪些? 叙述轨道式擦窗机的组成和各部分的作用。

参 考 文 献

[1] 何挺继,朱文天,邓世新. 筑路机械手册. 北京:人民交通出版社,1998.
[2] 周萼秋,邓爱民,李万莉. 现代工程机械. 北京:人民交通出版社,1998.
[3] 何挺继,胡永彪. 水泥混凝土路面施工与施工机械. 北京:人民交通出版社,1999.
[4] 中国公路学会筑路机械学会. 沥青路面施工机械与机械化施工. 北京:人民交通出版社,1999.
[5] 高文安. 建筑施工机械. 武汉:武汉工业大学出版社,2000.
[6] 汪锡龄. 新型建筑机械及其应用. 北京:中国环境科学出版社,1997.
[7] 纪士斌,李世华,章晶. 施工机械. 北京:中国建筑工业出版社,2001.
[8] 刘古,王渝,胡国庆. 桩工机械. 北京:机械工业出版社,2001.
[9] 李之钊,赵中燕. 机械基础与建筑机械. 西安:西北工业大学出版社,1996.
[10] 黄长礼,刘古岷. 混凝土机械. 北京:机械工业出版社,2001.